Strömungstechnik der gasbeaufschlagten Axialturbine

unter besonderer Berücksichtigung der Strahltriebwerksturbine

Von

Prof. Dr. phil. **Gerhard Cordes**

Dresden

Mit 217 Abbildungen und einer Gastafel

Springer-Verlag

Berlin/Göttingen/Heidelberg

1963

Softcover reprint of the hardcover 1st edition 1963
Library of Congress Catalog Card Number: 63-22471

ISBN-13: 978-3-540-02955-7 e-ISBN-13: 978-3-642-94859-6
DOI: 10.1007/ 978-3-642-94859-6

Vorwort

Der hohe Entwicklungsstand der heute in der Luftfahrt benutzten Strahltriebwerke ist nicht zuletzt auf die erreichte strömungstechnische Güte der darin verwendeten Turbinenteile zurückzuführen. Sie stellt das Ergebnis einer langjährigen intensiven Forschungs- und Entwicklungsarbeit dar, über die in einer Vielzahl von wissenschaftlichen Veröffentlichungen berichtet wird. Ziel des vorliegenden Buches ist es, in möglichst geschlossener Form den Stand der Technik zusammenzufassen und dabei in gleichem Maße dem Standpunkt des Wissenschaftlers wie den Anforderungen des Praktikers gerecht zu werden — eine gewiß schwierige, aber lohnende Aufgabe. Wie weit sie gelöst wurde, möge der Leser beurteilen.

Wird die Turbine hier auch unter dem besonderen Gesichtspunkt ihrer Anwendung als gasbeaufschlagte Axialturbine des Luftfahrttriebwerkes betrachtet, so wird doch stets auf den Grundgesetzen der Turbinentheorie und den allgemeinen Kenntnissen über die Vorgänge in Schaufelgittern mit beschleunigter Strömung aufgebaut und erst dann auf die Besonderheiten der Luftfahrtanwendung übergegangen. Die allgemeinen Gesetzmäßigkeiten sind aber von gleicher Wichtigkeit für den Turbinenteil der stationären Gasturbine und sogar für denjenigen der Dampfturbine, so daß auch von dieser Seite Interesse an den in diesem Buch behandelten Fragen besteht. Bei der stationären Gasturbine kann man sogar sagen, daß die Gemeinsamkeit des Interesses noch über die allgemeinen Gesetzmäßigkeiten hinausgeht und in verschiedener Hinsicht eine immer stärkere Berührung der Arbeitsweisen zu verzeichnen ist. So setzt sich der Gedanke des Leichtbaues auch bei bodengebundenen Anlagen allmählich durch, und das in diesem Zusammenhang für die Gasturbine der Luftfahrt Gesagte gilt in gleicher Weise für die bodenfeste Maschine. Die für das Strahltriebwerk typische Forderung nach Vorliegen des Kennfeldes des Turbinenteils läuft in vielen Fällen parallel zu dem Bedürfnis, auch für die stationäre Maschine Aufschluß über das Teillastverhalten zu bekommen usw. Diesem allgemeineren Standpunkt in der Behandlung des Gegenstandes wurde in der Wahl des Titels für das vorliegende Buch Rechnung zu tragen versucht.

Das Werk ist aus den Vorlesungen hervorgegangen, die ich seit 1955 an der Technischen Universität Dresden halte. Ursprünglich war es als Lehrbuch für fortgeschrittene Studierende des Strömungsmaschinenbaues, insbesondere des Strahltriebwerksbaues, gedacht. Darüber hinaus sollte es dem bereits im Beruf stehenden Ingenieur einen Gesamtüberblick über die Strömungstechnik der gasbeaufschlagten Turbine geben, zumal in den vorhandenen Büchern meist die strömungstechnischen Probleme neben den festigkeitsmäßigen und konstruktiven erscheinen und dementsprechend weniger ausführlich behandelt werden. Ich habe dabei versucht, Theorie und Praxis der strömungstechnischen Berechnung des Turbinenteils von Gasturbinen zu einer solchen Einheit zu verschmelzen, daß einerseits das Verständnis für eine übergeordnete Betrachtungsweise der Probleme vermittelt wird und andererseits genügend Hinweise für den praktischen Turbinenentwurf erfolgen. Naturgemäß baue ich dabei auf den Erfahrungen auf, die ich während meiner eigenen langjährigen Industrietätigkeit sammeln konnte.

Bei dem Bestreben, einen streng didaktischen, lückenlosen Aufbau der Strömungstechnik des Turbinenteils der Gasturbine zu geben, stellte sich nun immer mehr heraus, daß der feste Bestand an grundsätzlichen Erkenntnissen und die Methoden des praktischen Ingenieurs mitunter nur in sehr losem Zusammenhang standen, daß zur Herstellung dieses Zusammenhanges die weitgehende Heranziehung eines ziemlich verstreuten, oft sich widersprechenden Schrifttums erforderlich war, daß dieses Schrifttum manchmal über die eigentlichen Absichten des betreffenden Verfassers hinaus gedeutet werden mußte und daß schließlich eine Reihe eigener Untersuchungen zur Füllung der Lücken durchzuführen war. Dadurch erhielt das Buch wesentliche Merkmale einer Monographie, die als Ausgangspunkt für das Studium der umfangreichen Spezialliteratur dienen kann. Ich glaube nicht, daß es in seinem Wert durch das Hinausgehen über einen reinen Lehrbuchcharakter gelitten hat, sondern bin vielmehr der Meinung, daß es an grundsätzlichem Interesse gewonnen hat.

Zur Anlage des Buches ist folgendes zu sagen:

Nach einem kurzen Einleitungskapitel werden zunächst die Grundlagen der axialen Kreiselradmaschinen gebracht. Sie können in gleicher Weise zur Einführung in die Theorie des Verdichters wie diejenige der Turbine dienen. Wenn es in diesem Buch auch nur um die Turbine geht, so bedeutet es doch praktisch keinen Mehraufwand, sie hinsichtlich ihrer Grundlagen in den größeren Zusammenhang hineinzustellen. Durch den Vergleich mit dem eigentlich nur durch einen Vorzeichenwechsel aus der Turbine entstehenden Verdichter wird deren Eigengesetzlichkeit um so deutlicher.

Es folgt sodann eine kurze Abgrenzung der gasbeaufschlagten gegen die dampfbeaufschlagte Turbine. Da dem Grundsätzlichen nach in der Strömungstechnik kein Unterschied zwischen beiden besteht, muß die Berechtigung zur gesonderten Behandlung des Turbinenteils der Gasturbine nachgewiesen werden — das um so mehr, nachdem wir bereits bemerkten, daß sehr vieles des hier Gebrachten auch für den Dampfturbinenfachmann von größtem Interesse ist. Damit ist dann der Weg frei für die drei großen Abschnitte der Berechnung der Geschwindigkeitsdreiecke, der Schaufelprofilierung und der Bestimmung der wirkenden Gaskräfte.

In diesem Kern des ganzen Buches werden die Einzelfragen der Turbine in der Reihenfolge angeschnitten, wie sie uns im Verlaufe des Turbinenentwurfes tatsächlich entgegentreten. Die grundsätzlichen theoretischen und experimentellen Ergebnisse der bisherigen Forschung werden jeweils dargelegt, erörtert und die sich daraus ergebenden Folgerungen für die Praxis aufgezeigt. Es wird versucht, stets die Verbindung vom manchmal strengeren, manchmal stark idealisierenden Standpunkt des Forschers zu den Notwendigkeiten des Praktikers herzustellen — ein Anliegen, das mir, als der Hochschule und der Industrie durch meine berufliche Tätigkeit in gleichem Maße verbunden, besonders wichtig ist. Auf dieser Linie liegt die weitgehende Durcharbeitung der Entwurfsmethodik bis zur unmittelbaren Handlungsanweisung für den rechnenden Ingenieur. Diesem Ziele dient auch die Bereitstellung einiger thermodynamischer Hilfsmittel (Anhang I) sowie die Durchrechnung eines Beispieles (Anhang II).

Ein ausführliches Schlußkapitel ist der Turbine bei Abweichung vom Auslegungszustand gewidmet. Abgesehen davon, daß hier die Nachrechnung einer gegebenen Turbine im Gegensatz zum bisher behandelten Entwurf zu ihrem Recht kommt, wird an dieser Stelle das Betriebsverhalten der Maschine untersucht, ein für Flugtriebwerke besonders wichtiges, aber auch sonst interessierendes Problem. Dabei wird besonderer Wert auf die Berechnung und Diskussion des Turbinenkennfeldes und die Möglichkeit seines Ersatzes durch Näherungsformeln gelegt.

Es wäre mir in Anbetracht meiner beruflichen Inanspruchnahme nicht möglich gewesen, dieses Buch zu schreiben, wenn ich nicht durch die Übernahme von Teilaufgaben durch einige Mitarbeiter entlastet worden wäre. Mit wesentlichen sachlichen Beiträgen förderten besonders Herr Ing. O. Rademacher und Herr Dipl.-Ing. M. Hultsch das Gelingen des Werkes, wie überhaupt ein Teil der hier geschilderten praktischen Methoden das Ergebnis unserer langjährigen Zusammenarbeit ist. An der Gestaltung des Abschnittes 2 (Grundlagen der axialen Kreiselradmaschinen) hat Herr Dr.-Ing. W. RICHTER, an Abschnitt 4.232.2 (Räumliche Strömung in Schaufelgittern) Herr Dipl.-Ing. H. GATZKE, an Abschnitt 5.1 (Überblick über die Verfahren zur Gitterberechnung) Herr Dipl.-Ing. F. JÜRGENS und an Abschnitt 7.2 (Näherungsformeln für das Betriebsverhalten der Turbine) Herr Dr.-Ing. G. BECKMANN mitgewirkt. Schließlich war mir Herr Ing. D. TOUFAR bei der Manuskript- und Bildredigierung ein unermüdlicher Helfer. Allen Herren möchte ich an dieser Stelle meinen herzlichen Dank sagen. Darüber hinaus danke ich dem Springer-Verlag für weitgehendes Entgegenkommen bei der Herausgabe des Werkes.

Dresden, im Sommer 1963

Gerhard Cordes

Inhaltsverzeichnis

Wichtigste Formelzeichen

Sofern Zeichen hier nicht aufgeführt oder aufgeführte in anderem Sinne verwendet sind, ist ihre Bedeutung ohne weiteres aus dem Zusammenhang zu erkennen. Alle im Buche über Absolutgeschwindigkeit c und Winkel α gemachten Aussagen gelten auch für Relativgeschwindigkeit w und Winkel β und umgekehrt.

1. Lateinische und deutsche Buchstaben

a [m/s] Schallgeschwindigkeit (a_1, a_1'': Bei überkritischem Gittergefälle zu c_1 und c_1'' gehörige Werte)

a_e [m] Kanalbreite an der engsten Stelle des Schaufelkanals

a_k [m] Kanalbreite an der Stelle größter Saugseitenkrümmung

b [m] Axiale Gitterbreite (b_{pr} durch den Profilumriß gegebenes praktisches, b_{th} durch die Sehne bestimmtes theoretisches Maß)

c [J/kg grd] Spezifische Wärme (c_p bei konstantem Druck, c_v bei konstantem Volumen)

c [m/s] Absolutgeschwindigkeit (c_a, c_m, c_r, c_u: Axial-, Meridian-, Radial- und Umfangskomponente. c_u positiv in Richtung von u)

c_0 [m/s] Absolutgeschwindigkeit in der Eintrittsebene der Stufe bei vorn liegendem Leitrad

c_1 [m/s] Absolutgeschwindigkeit hinter dem Leitrad (c_1', c_1'': Geschwindigkeit unmittelbar vor Verlassen und an der engsten Stelle des Schaufelkanals) bzw. Absolutgeschwindigkeit vor dem Laufrad

c_2 [m/s] Absolutgeschwindigkeit hinter dem Laufrad

c_3 [m/s] Absolutgeschwindigkeit in der Austrittsebene der Stufe bei hinten liegendem Leitrad

$c_0 = \sqrt{2H}$ bzw. $\sqrt{2h}$ [m/s]
Fiktive, der Enthalpiedifferenz H bzw. h äquivalente Geschwindigkeit

d [m] Größte Profildicke

F [m²] Fläche (F_0, F_1, usw.: Kanalringflächen in den Ebenen 0, 1, usw. F_P : Profilfläche)

g [m/s²] Erdbeschleunigung

$H = i_{0I} - i_{2z}$ [J/kg]
Statisches Enthalpiegefälle der Turbine

H^* [J/kg] (Spezifische) Arbeit der Turbine ($H_i^* = i_{0I}^* - i_{2z}^*$, $H_s^* = i_{0I}^* - i_{2sz}^*$, $H_s'^* = i_{0I}^* - i_{2sz}'^*$: Innere, auf i_{2sz}^* und auf $i_{2sz}'^*$ bezogene isentrope Arbeit)

$h = i_0 - i_2$ [J/kg]
Statisches Enthalpiegefälle der Turbinenstufe

h^* [J/kg] (Spezifische) Arbeit der Turbinenstufe ($h_i^* = i_0^* - i_2^*$, $h_s^* = i_0^* - i_{2s}^*$, $h_s'^* = i_0^* - i_{2s}'^*$, $h_u^* = i_0^* - i_{2u}^*$: Innere, auf i_{2s}^* und auf $i_{2s}'^*$ bezogene isentrope und Umfangsarbeit)

h [m] Ortshöhe in der BERNOULLIschen Gleichung

h [m] Schaufelhöhe; bei Vernachlässigung der Spalthöhe s auch Kanalhöhe

h_R [J/kg] (Spezifischer) Verlust durch Radscheiben-Luftreibung

h_{Sp} [J/kg] (Spezifischer) Spaltverlust

$i = \alpha_0 - \alpha_{0\,\mathrm{geom}}$ bzw. $\beta_1 - \beta_{1\,\mathrm{geom}}$ [°]
Geometrischer Stoßwinkel, d. h. Winkel zwischen c_0 bzw. w_1 und der Eintrittstangente an die Skelettlinie

$\mathring{i} = \mathring{\alpha}_0 - \alpha_{0\,\mathrm{geom}}$ bzw. $\mathring{\beta}_1 - \beta_{1\,\mathrm{geom}}$ [°]
Eintrittswinkelübertreibung, d. h. geometrischer Stoßwinkel bei aerodynamisch stoßfreier Anströmung

$i - \mathring{i}$ [°] Aerodynamischer Stoßwinkel, d. h. Winkel zwischen c_0 bzw. w_1 und $\mathring{c}_0$ bzw. $\mathring{w}_1$

i [J/kg] (Spezifische) Enthalpie (i_0, i_1, i_2: Vor dem Leitrad, vor und hinter dem Laufrad der Turbinenstufe vorhandene Werte)

i_{2s}^* [J/kg] Zu p_2^* gehörige Enthalpie bei isentroper Arbeit der Turbine

$i_{2s}'^* = i_{2s} + \frac{c_2^2}{2}$ [J/kg] Zu i_{2s} bei Vorhandensein der Geschwindigkeit c_2 gehöriger Gesamtwert

i_{2u}^* [J/kg] Gesamtenthalpie hinter dem Laufrad der Turbinenstufe ohne Berücksichtigung von Radscheiben- und Spaltverlust

l [m] Kennzeichnende Profilgröße (l_{pr} Profillänge, l_{th} Sehnenlänge)

M — MACH-Zahl

M [Nm] Drehmoment

$\dot{m}$ [kg/s] Sekundlicher Gasdurchsatz der Turbine

N [J/s] Leistung

n [1/s] Drehzahl

n — Polytropenexponent. Kann sich auf die statische und auf die Gesamtzustandsänderung beziehen

P [N] Vom Gas auf die Schaufel ausgeübte Kraft (P_a, P_u: Axial- und Umfangskomponente)

Pr — PRANDTL-Zahl

p [N/m²] Statischer Druck (p_0, p_1, p_2: Vor dem Leitrad, vor und hinter dem Laufrad vorhandene Werte)

Q [J/kg] Wärmemenge je Masseneinheit

q — Exponent bei Drallgesetzen

R [J/kggrd] Gaskonstante

Re — REYNOLDS-Zahl

r [m] Radialer Abstand von der Drehachse der Turbine [r_a, r_i: Außen- und Innenradius des Strömungskanals. r_m: Mittlerer Radius $(r_a + r_i)/2$ oder bei Gaskraftberechnungen Radius in der Mittelebene eines Axialgitters]

r_F [m] Fußradius der Schaufel

r_K [m] Kopfradius der Schaufel

r_M [m] Mittelschnittradius (s. hierzu auch Fußnote 2 auf S. 32)

r_e [m] Mittlerer energetischer Radius

r_f [m] Radius des die axial durchströmte Ringfläche halbierenden Kreises

$\mathfrak{r} = \frac{i_{1s} - i_{2s}}{i_0 - i_{2s}}$ — Reaktionsgrad

S — STROUHAL-Zahl

s [m] Hinterkantendicke, gemessen in Umfangsrichtung

s [m] Radialspalt zwischen Schaufelende und Kanalwand

s [J/kg°K] (Spezifische) Entropie

T [°K] Absolute Temperatur (T_0, T_1, T_2: Vor dem Leitrad, vor und hinter dem Laufrad der Turbinenstufe vorhandene Werte)

t [°C] Temperatur

$t = \frac{2\pi r}{z_{\text{Sch}}}$ [m] Gitterteilung, d. h. Abstand entsprechender Punkte zweier benachbarter Gitterprofile

t [s] Zeit

$u = r\omega$ [m/s] Umfangsgeschwindigkeit der Laufschaufel (u_M: Auf dem Mittelschnitt vorhandene Umfangsgeschwindigkeit). Legt die positive Richtung von c_u und w_u fest

$u_T = \sqrt{\sum_{\nu=I}^{z} u_{M\nu}^2}$ [m/s] Umfangsgeschwindigkeit der Gesamtturbine

$\dot{V}$ [m³/s] Sekundlich durchgesetztes Gasvolumen

v [m³/kg] Spezifisches Volumen

w [m/s] Auf die Laufschaufel bezogene Relativgeschwindigkeit (w_a, w_u: Axial- und Umfangskomponente. w_u positiv in Richtung von u)

w_1 [m/s] Relativgeschwindigkeit vor dem Laufrad

w_2 [m/s] Relativgeschwindigkeit hinter dem Laufrad

x [m] Koordinate, insbesondere von r_i aus in radialer Richtung gerechnet

z — Stufenzahl einer Turbine

z_{Sch} — Schaufelzahl im Leit- oder Laufrad

2. Griechische Buchstaben

α — Wärmerückgewinnungsfaktor

α [°] Winkel der Absolutgeschwindigkeitsrichtung gegen die Schaufelgitterfront (α_0, α_1, α_2, α_3: Zu c_0, c_1, c_2, c_3 gehörige Winkel. $\mathring{\alpha}$: Aerodynamisch stoßfreie Anströmung des nachfolgenden Leitschaufelgitters). Bei Vorhandensein wesentlicher Radialkomponenten der Geschwindigkeit durch Gl. (2.49b) definiert

α_{geom} [°] Winkel der Skelettlinienendtangente gegen die Front des Leitschaufelgitters

α_S [°] Staffelungswinkel bei Leitschaufelgittern

β [°] Winkel der Relativgeschwindigkeitsrichtung gegen die Schaufelgitterfront (β_1, β_2: Zu w_1, w_2 gehörige Winkel. $\mathring{\beta}$: Aerodynamisch stoßfreie Anströmung des nachfolgenden Laufschaufelgitters). Bei Vorhandensein wesentlicher Radialkomponenten der Geschwindigkeit analog zu Gl. (2.49b) definiert

β_{geom} [°] Winkel der Skelettlinienendtangente gegen die Front des Laufschaufelgitters

β_S [°] Staffelungswinkel bei Laufschaufelgittern

Δ [°] Durch die Profildicke in reibungsloser Strömung bedingter Anteil der Ein- und Austrittswinkelübertreibung

δ [°] Austrittswinkelübertreibung, d. h. Winkel zwischen w_2 und der Austrittstangente an die Skelettlinie (δ_d, δ_s: Durch die Profildicke bzw. Hinterkantendicke bedingter Anteil der Austrittswinkelübertreibung)

ζ — Verlustkoeffizient ($\zeta_c = 1 - \varphi^2$, $\zeta_w = 1 - \psi^2$)

ζ' — Verlustkoeffizient ($\zeta'_c = 1/\varphi^2 - 1$, $\zeta'_w = 1/\psi^2 - 1$)

ζ_v — Verlustkoeffizient ($\zeta_{vce} = (p_0^* - p_1^*)/q_0$ [Leitrad], $\zeta_{vwe} = (p_1^* - p_2^*)/q_1$ [Laufrad], $\zeta_{vca} = (p_0^* - p_1^*)/q_1$ [Leitrad], $\zeta_{vwa} = (p_1^* - p_2^*)/q_2$ [Laufrad]). Es kann unter ζ_{vce}, ζ_{vwe}, ζ_{vca} und ζ_{vwa} auch der durch Integration über Gitterteilung oder (und) Schaufelhöhe gebildete Mittelwert dieser Größen verstanden werden

$\eta_{i\,\mathrm{pol}\,T} = \dfrac{H_i^*}{H_{\mathrm{pol}}^*}$ — Innerer polytroper Turbinenwirkungsgrad ($\eta_{i\,\mathrm{pol}} = h_i^*/h_{\mathrm{pol}}^*$: Entsprechender Stufenwirkungsgrad. In Abschn. 7.211. auch $\eta_{i\,\mathrm{pol}} = h_i/h_{\mathrm{pol}}$ als innerer polytroper Wirkungsgrad für die statische Zustandsänderung)

$\eta_{iT} = \dfrac{H_i}{H_s^*}$ — Innerer isentroper Turbinenwirkungsgrad, auf i_{2sz}^* bezogen ($\eta_i = h_i^*/h_s^*$: Entsprechender Stufenwirkungsgrad. In Abschn. 7.211. auch $\eta_i = h_i/h_s$ als innerer isentroper Wirkungsgrad für die statische Zustandsänderung)

$\eta'_{iT} = \dfrac{H_i^*}{H_s'^*}$ — Innerer isentroper Turbinenwirkungsgrad, auf $i_{2sz}'^*$ bezogen ($\eta'_i = h_i^*/h_s'^*$: Entsprechender Stufenwirkungsgrad)

$\eta_u = \dfrac{h_u^*}{h_s^*}$ — Umfangswirkungsgrad, auf i_{2s}^* bezogen ($\eta'_u = h_u^*/h_s'^*$: Umfangswirkungsgrad, auf $i_{2s}'^*$ bezogen)

θ [°] Umlenkwinkel der Strömung ($\theta_\alpha = \alpha_0 - \alpha_1$, $\theta_\beta = \beta_1 - \beta_2$)

θ_S [°] Umlenkwinkel der Skelettlinie ($\theta_{S\alpha} = \alpha_{0\,\mathrm{geom}} - \alpha_{1\,\mathrm{geom}}$, $\theta_{S\beta} = \beta_{1\,\mathrm{geom}} - \beta_{2\,\mathrm{geom}}$)

$\varkappa = \dfrac{c_p}{c_v}$ — Isentropenexponent

Λ — Durch Gl. (7.16) definierte Verhältniszahl, die das Radgefälle zu dem gesamten vorausgehenden Gefälle in Beziehung setzt. [$\bar{\Lambda}$: Durch Gl. (7.20) definierter Mittelwert von Λ mit dem Charakter einer Kennzahl]

λ — Luftüberschußzahl

$\lambda = \dfrac{x}{h}$ — Dimensionslose Schaufelerstreckung

$\mu = \dfrac{\sin\alpha_0}{\sin\alpha_1}$ bzw. $\dfrac{\sin\beta_1}{\sin\beta_2}$ — Beschleunigungswert einer Strömung ($\mathring{\mu}$ und μ_{geom}: Durch Übergang auf $\mathring{\alpha}_0$; $\alpha_{1\,\mathrm{geom}}$ bzw. $\mathring{\beta}_1$; $\beta_{2\,\mathrm{geom}}$ und $\alpha_{0\,\mathrm{geom}}$; $\alpha_{1\,\mathrm{geom}}$ bzw. $\beta_{1\,\mathrm{geom}}$; $\beta_{2\,\mathrm{geom}}$ erhaltene unterschiedliche Formen des Beschleunigungswertes eines Schaufelgitters)

$\nu = \dfrac{r_i}{r_a}$ — Nabenverhältnis

$\xi = \dfrac{t - s}{t}$ — Verengungsfaktor

$\pi = \dfrac{p}{p_{0I}^*}$ — Bezogener statischer Druck ($\pi^* = p^*/p_{0I}^*$: Bezogener Gesamtdruck. π_{2z} bzw. π_{2z}^*: Expansions- oder Druckverhältnis der Turbine. π_k bzw. π_k^*: Kritisches Druckverhältnis der Turbine)

$\pi = \pi(T)$ — Thermodynamische Funktion (s. Anhang I.2)

ϱ [kg/m³] Gasdichte

$\varphi = \dfrac{c}{c_s}$ — Geschwindigkeitszahl des Leitrades ($\hat{\varphi}$: Maximalwert in der Mitte einer langen Schaufel; ebene Strömung. φ_{est}, φ_{ast}: Durch Eintritts- bzw. Austrittsstoß beeinflußt)

$\varphi = \dfrac{c_a}{u}$ — Lieferzahl

$\psi = \dfrac{w}{w_s}$ — Geschwindigkeitszahl des Laufrades ($\hat{\psi}$: Maximalwert in der Mitte einer langen Schaufel; ebene Strömung. ψ_{est}, ψ_{ast}: Durch Eintritts- bzw. Austrittsstoß beeinflußt)

$\psi = \dfrac{2H}{u^2}$ bzw. $\dfrac{2h}{u^2}$ — Druckzahl

$\psi_u = \dfrac{dP_u}{dr} \Big/ \varrho_2 \dfrac{w_2^2}{2} b$ — Umfangskraftbeiwert

$\omega = 2\pi n$ [1/s] Winkelgeschwindigkeit

3. Indizes

a Beziehung auf den Außenradius oder Axialkomponente oder Energie des Austrittsdralles als verloren angesehen

i Beziehung auf den Innenradius oder nur innere Verluste im Gegensatz zu den mechanischen Verlusten in Lager, Getriebe usw. berücksichtigt

m Beziehung auf den mittleren Radius oder Meridiankomponente

pol Auf polytrope Zustandsänderung bezogen

s Auf isentrope Zustandsänderung bezogen

T In Abschn. 2.12 zur Unterscheidung der Turbine vom Kompressor; sonst zur Unterscheidung der Gesamtturbine von der einzelnen Turbinenstufe

u Umfangskomponente oder (bei Arbeitsgrößen) auf Δc_u bezogen

v Verlustgröße (Ausnahme: Spezifische Wärme c_v)

z Letzte Stufe einer Turbine

I Erste Stufe einer Turbine

I Anfangszustand einer Gasströmung ohne oder mit Arbeitsabgabe

II Zweite Stufe einer Turbine

II Endzustand einer Gasströmung ohne oder mit Arbeitsabgabe

$*$ Gesamtwerte (bei isentropem Aufstau der zugehörigen Strömung erhalten)

$-$ Mittelwerte

$'$ Auf $i_{2s}'^{*}$ bezogene Werte (Ausnahmen: ζ_c', ζ_w')

$\circ$ Aerodynamisch stoßfreie Anströmung

$\hat{}$ Für den ebenen Strömungszustand in Kanalmitte bei ausreichend langen Schaufeln gültig

1. Einleitung

Wir haben es beim Strahltriebwerk zum Flugzeugantrieb mit einer Verbrennungskraftmaschine zu tun, die eine ausgesprochene Strömungsmaschine — im weiteren Sinne — darstellt; „im weiteren Sinne“ deshalb, weil sie strenggenommen bereits die Kombination einer Reihe von Strömungsmaschinen ist. Sehr große Volumina Luft werden durch den Einlauf angesaugt, in den teils ruhenden, teils mit großer Drehzahl rotierenden Schaufelgittern des Verdichters komprimiert, während der Strömung durch die Brennkammer aufgeheizt, in den Schaufelgittern der Turbine mehr oder weniger weit entspannt und in der Schubdüse beschleunigt. Jeder dieser Teilvorgänge hat seine eigenen strömungstechnischen Probleme.

Beim Einlauf geht es um die Ermittlung von Formen, die weitgehend der Fluggeschwindigkeit im Auslegungszustand (hohe Unterschall- oder Überschallgeschwindigkeit) angepaßt sind, die aber auch im Start noch hinreichend verlustfrei arbeiten sollen. Während die erste Bedingung kleine Nasenradien der Einlaufhaube verlangt, sind beim Start oder im Stand große Nasenradien wünschenswert. Diese tragen auch wesentlich zur Verbesserung der Arbeitsbedingungen des Verdichters (Verschiebung der Abreißgrenze der Strömung nach kleineren Drehzahlen) bei. Verdichter und Turbine erfordern sorgfältige Durchrechnung und Konstruktion der Beschaufelung, um möglichst hohe Wirkungsgrade zu erzielen, die den Kraftstoffverbrauch des Triebwerkes entscheidend beeinflussen. Sie verlangen Vorausberechnung ihrer Kennfelder, um Teillastverhalten der Maschine und Anforderungen an die Regeleinrichtung beurteilen zu können. Die Brennkammer muß sorgfältig durchgebildet werden, um die Aufheizung der Luft bei einem Minimum an Druckverlust durchzuführen. Die Strömungswege von Primär- und Sekundärluft sowie der Mischungsvorgang beider Komponenten müssen genau studiert werden. Die Schubdüse schließlich, in der das Gas auf seine Endgeschwindigkeit beschleunigt wird, stellt den Teil des gesamten Strömungsweges dar, dessen Verluste direkt in den Strahlschub eingehen. Es besteht daher die Aufgabe, diese Verluste trotz möglicher weiterer Anforderungen an die Schubdüse, wie Verstellbarkeit des Endquerschnittes oder Aufnahme einer Nachverbrennungseinrichtung, auf einem Minimum zu halten.

Auch die Strahlumlenkung zur Landebremsung, die Strahlschwenkung zur Auftriebserhöhung und die Schaffung geräuscharmer Schubdüsen sind Strömungsprobleme. Handelt es sich bei dem Triebwerk nicht um eine Strahlturbine, sondern um eine Propellerturbine, so komplizieren sich noch die Einlaufverhältnisse, und als weitere Strömungsmaschine tritt die Luftschraube auf.

Aus der Vielzahl der Probleme wird hier nur die Turbine herausgegriffen. Abgesehen von Propeller und Verdichter erfordert sie den größten Arbeitsaufwand bei der strömungstechnischen Auslegung des Strahltriebwerkes. Wir beschränken uns dabei weiter auf die Axialturbine. Zwar ist auch grundsätzlich die Verwendung des Radialprinzips möglich, doch liegt der Anwendungsbereich aus konstruktiven und wirkungsgradmäßigen Gründen bei sehr kleinen Durchsatzmengen, wie sie beim Luftfahrttriebwerk nicht vorkommen. Im Falle der Kleingasturbine geringster Leistung kann die Radialturbine der Axialturbine überlegen sein, da hierbei die mit den kleinen Turbinenschaufeln verknüpften Schwierigkeiten umgangen werden.

Noch ein Wort über das Verhältnis von Gas- zu Dampfturbine. Wenn die Berechnung der Gas- und Dampfturbinen auch auf die gleichen Grundlagen zurückgeht, so fanden doch bei der Gasturbine erstmalig die Gesetze der Aerodynamik in wesentlichem Ausmaße Beachtung. Gänzlich neuartig waren die Probleme, die mit der radialen Veränderlichkeit der Gasparameter vor der Turbine zusammenhängen. Die Gasturbine mußte noch soviel Neuland urbar machen, um ihre heutige Entwicklungshöhe zu erreichen, daß eine eigene Behandlung berechtigt ist, wobei wir aber das Schwergewicht auf das legen wollen, was über den Rahmen der Dampfturbine hinausgeht.

2. Grundlagen der axialen Kreiselradmaschinen

Verdichter und Turbine sind im Grunde genommen die gleichen Maschinen, wenn man nämlich ihre Antriebsleistung die ganze Skala von positiven nach negativen Werten durchwandern läßt. In der Tat kann ja ein Verdichter auch im Turbinenzustand laufen — beim vielstufigen Axialverdichter trifft das manchmal für die letzten Stufen im Falle kleiner Drehzahlen wirklich zu —, und eine Turbine kann als — wenn auch schlechter — Verdichter arbeiten. Daß man beide Maschinen dennoch unterscheidet, hat nur den Grund, sie so jeweils aufs beste ihrem spezifischen Arbeitszustand anpassen zu können. Immerhin ist es möglich, eine ganze Reihe von Beziehungen aufzustellen, die beiden Gattungen gemeinsam sind. Es hat keinen Sinn, hinsichtlich der Grundlagen die Turbine vom Verdichter trennen zu wollen. Im Gegenteil werden die Eigenarten der einen in der Gegenüberstellung zum anderen besonders deutlich, so daß wir die gemeinsamen Beziehungen nun vorwegschicken, bevor wir uns mit den Besonderheiten der rechnerischen Behandlung der Turbine beschäftigen. Wir fassen uns dabei sehr kurz und verzichten insbesondere auf solche Ableitungen, die aus den einschlägigen Werken der Aero- und Hydrodynamik sowie Thermodynamik bekannt sind.

2.1 Arbeits- und Strömungsgleichungen

Die Energieumsetzung findet bei den axialen Kreiselradmaschinen in Schaufelgittern statt; bei der Turbine sind es Beschleunigungsgitter und beim Verdichter Verzögerungsgitter. Der Gleichdruckkanal bei Reaktion 0 der Turbine (Laufrad Gleichdruck) bzw. Reaktion 1 des Verdichters (Leitrad Gleichdruck) kann als Grenzfall beider Gitter aufgefaßt werden. Die bekannte Empfindlichkeit der Strömung gegen Druckanstieg bedingt in erster Linie die Besonderheiten des Verdichters.

Bei Strömungsmaschinen sind die in den Schaufelgittern auftretenden Kräfte die Folge von Druck- und Geschwindigkeitsänderungen der strömenden Gase. Die Geschwindigkeitsänderungen, die sowohl nach Größe wie nach Richtung vonstatten gehen, werden in den sogenannten Geschwindigkeitsdreiecken dargestellt. Bild 2.1 zeigt beispielsweise den in Umfangrichtung geführten und abgewickelten Schnitt durch die Beschaufelung einer Turbinen- und einer Verdichterstufe. Beide Laufräder sind linksdrehend gezeichnet. Da die Leiträder, die die in den Laufrädern entstehende Umfangsgeschwindigkeit des strömenden Gases zu kompensieren haben, in der Regel auf der Druckseite der Laufräder angeordnet sind, befindet sich das Turbinenleitrad — in Strömungsrichtung gesehen — vor dem Laufrad, das Verdichterleitrad hinter dem Laufrad.

Wir bezeichnen die Absolutgeschwindigkeiten mit c, die — auf die ruhend gedachte Laufschaufel bezogenen — Relativgeschwindigkeiten mit w und die Umfangsgeschwindigkeit mit u. Die Winkel der Absolutgeschwindigkeitsrichtungen gegen die Gitterebene heißen α, die der Relativgeschwindigkeitsrichtungen β.

Es ist zweckmäßig, für den Vergleich von Turbinen- und Verdichterströmung die Ebenen vor, innerhalb und hinter der Stufe bei der Turbine mit den Indizes $0 - 1 - 2$, beim Verdichter mit $1 - 2 - 3$ zu kennzeichnen. Dann arbeitet das Laufrad in beiden Fällen zwischen den gleichen Ebenen, und die Geschwindigkeitsdreiecke sind vergleichbar.

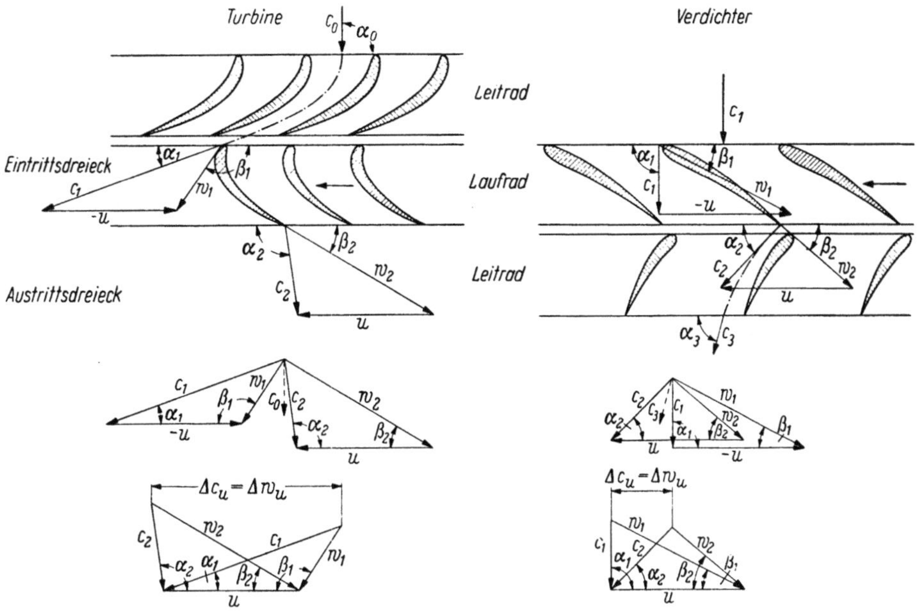

Bild 2.1 Geschwindigkeitsdreiecke einer Turbinen- und einer Verdichterstufe

Die Strömungsverhältnisse am Eintritt in das Laufrad sind durch das Eintrittsdreieck, diejenigen am Austritt durch das Austrittsdreieck gekennzeichnet; in ihnen ist jeweils der Zusammenhang zwischen c, w und u dargestellt. Normalerweise faßt man beide Dreiecke in der unter den Schaufelplänen gekennzeichneten Weise zu einem einheitlichen Diagramm zusammen. Dabei werden entweder die Spitzen (oben) oder Basen (unten) beider Dreiecke zur Deckung gebracht. Die erste Art gibt ein anschauliches Bild von dem Verhalten der Strömung, d. h. ihrer Änderung nach Größe und Richtung im Laufrad. Die zweite Art zeigt direkt die für die Leistung charakteristische Größe $\Delta c_u = \Delta w_u$, d. h. die Änderung der Umfangskomponente der Strömungsgeschwindigkeit im Laufrad. Bei Verdichtern ist Δc_u klein gegenüber u, während bei Turbinen Δc_u im allgemeinen größer ist als u. Die Umlenkung der Strömung im Leitrad geht aus dem Geschwindigkeitsdreieck nicht hervor.

Im Turbinenlaufrad findet im allgemeinen die Umlenkung der Geschwindigkeit w „von der Richtung der Drehachse weg" statt, hingegen im Verdichterlaufrad „zur Richtung der Drehachse hin":

Turbine: $\beta_2 < \beta_1$ für $\beta_1 \leqq 90°$,

$\beta_2 < 180° - \beta_1$ für $\beta_1 \geqq 90°$.

Verdichter: $\beta_2 > \beta_1$.

w_1 und w_2 können in gleichen oder verschiedenen von Achs- und Umfangsrichtung gebildeten Quadranten liegen.

Nach der Erläuterung der Geschwindigkeitsdreiecke sind die Gründe für die oben angegebene Lage der Leiträder zu den Laufrädern leicht einzusehen. Grundsätzlich ist auch die Anordnung der feststehenden Schaufelgitter auf der Saugseite der umlaufenden Gitter möglich; doch setzt sie einen Eintrittsdrall der Strömung voraus, der normalerweise vor

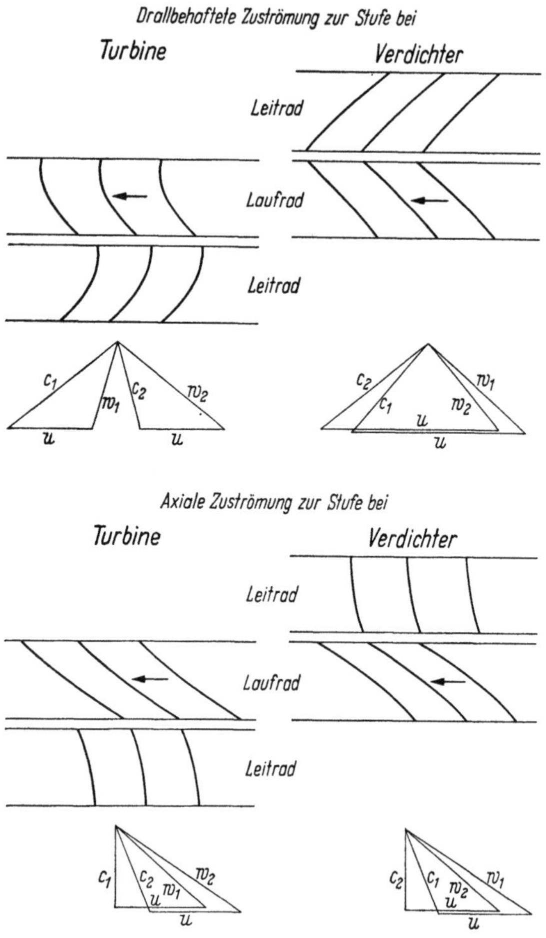

der Kreiselradmaschine nicht vorhanden ist. Man würde dann etwa die in Bild 2.2 oben wiedergegebenen Arbeitsverhältnisse für Turbine und Verdichter haben. Hier ist für Leit- und Laufrad gleiche Energieumsetzung zugrunde gelegt.

Haben wir die übliche axiale Zuströmung zur Stufe (Bild 2.2 unten), so ist im Laufrad der Turbine nur einerelativ kleine Strömungsumlenkung möglich, die Schaufeln werden sehr breit, und das Leitrad muß als Verzögerungsgitter arbeiten. Der letztere Umstand verschlechtert den Turbinenwirkungsgrad. Beim Verdichter muß das Leitrad als Beschleunigungsgitter ausgebildet werden, und die Verdichtungsarbeit der Stufe ist beschränkt. Beide Maschinen arbeiten also bei einer wenig vorteilhaften Reaktion größer als 1.

Wir stellen nun kurz die Gesetze zusammen, welche die Zustandsänderung des Gases in Verdichter und Turbine beherrschen.

Bild 2.2 Geschwindigkeitsdreiecke einer axialen Kreiselradmaschinenstufe bei Anordnung des Leitrades auf der Saugseite des Laufrades

2.11 Ideale Strömungen

Für stationäre Strömungen mit erheblichen Volumenänderungen, um die es sich hier handelt, gibt im Falle der Verlustfreiheit die verallgemeinerte Bernoullische Gleichung

$$\int \frac{dp}{\varrho} + gh + \frac{c_s^2}{2} = \text{const}$$

den Zusammenhang zwischen Druck p, Dichte ϱ, Ortshöhe h und Geschwindigkeit c_s an. Der Index s kennzeichnet die isentrope Zustandsänderung.

Mit Hilfe der Isentropengleichung $p/\varrho^\varkappa = \text{const}$ und unter Vernachlässigung der Schwere wird hieraus

$$\frac{\varkappa}{\varkappa - 1} \frac{p_I}{\varrho_I} \left(\frac{p}{p_I}\right)^{\frac{\varkappa-1}{\varkappa}} + \frac{c_s^2}{2} = \text{const.}$$

p_I und ϱ_I bedeuten dabei die zu einer — als Anfangswert aufzufassenden — Geschwindigkeit c_I gehörigen Werte von Druck und Dichte. Die Geschwindigkeit c_s einer Expansions- oder Kompressionsströmung bzw. die ihr entsprechende Geschwindigkeitsenergie je Masseneinheit ergibt sich dann zu

$$\frac{c_s^2}{2} = \frac{\varkappa}{\varkappa - 1} \frac{p_I}{\varrho_I} \left[1 - \left(\frac{p}{p_I}\right)^{\frac{\varkappa-1}{\varkappa}}\right] + \frac{c_I^2}{2} \tag{2.1}$$

oder

$$\frac{c_s^2}{2} = \frac{\varkappa}{\varkappa - 1} \frac{p^*}{\varrho^*} \left[1 - \left(\frac{p}{p^*}\right)^{\frac{\varkappa-1}{\varkappa}}\right]. \tag{2.2}$$

In der zweiten Form haben wir an Stelle der statischen Größen p_I und ϱ_I die durch ein Sternchen (*) gekennzeichneten „Gesamtwerte“ oder Ruhewerte eingeführt, die zur Geschwindigkeit $c_I = 0$ gehören. Das Rechnen mit Gesamtgrößen, d. h. den der verlustlos aufgestaut gedachten Strömung entsprechenden Parametern, vereinfacht die Schreibweise der Formeln und die Rechnungsgänge beim Entwurf von Strömungsmaschinen beträchtlich. Wir machen daher weitgehend von dieser Möglichkeit Gebrauch.

Verrichtet die Gasströmung beim Übergang vom Zustand I zum Zustand II eine äußere Arbeit, so muß die BERNOULLIsche Gleichung um ein entsprechendes Glied ergänzt werden:

$$\int_I^{II} \frac{dp}{\varrho} + g\,(h_{II} - h_I) + \frac{c_{II}^2 - c_I^2}{2} = -H_s^*,$$

wobei wir unter der Größe H_s^* die Arbeit je Masseneinheit bzw. die Leistung je Durchsatzeinheit verstehen und sie als spezifische Arbeit oder kurz Arbeit bezeichnen.

Die vom Gas nach außen abgegebene Arbeit H_s^* ist positiv bei der Turbine, negativ beim Verdichter. Sie ergibt sich analog zu der eben angeschriebenen Geschwindigkeitsenergie zu

$$H_s^* = \frac{\varkappa}{\varkappa - 1} \frac{p_I^*}{\varrho_I^*} \left[1 - \left(\frac{p_{II}^*}{p_I^*}\right)^{\frac{\varkappa-1}{\varkappa}}\right] \quad (2.3)$$

und gilt ebenso wie die Gl. (2.2) nur für reibungsfreie Strömungen. Das verschiedene Vorzeichen von H_s^* bei Turbinen (Kraft-) und Verdichtern (Arbeitsmaschinen) ist hier dadurch bestimmt, ob p_{II}^* kleiner oder größer als p_I^* ist. Die Gl. (2.3) ist mit Hilfe der allgemeinen Zustandsgleichung für ideale Gase ($p^*/\varrho^* = RT^*$) in Bild 2.3 dimensionslos dargestellt. —

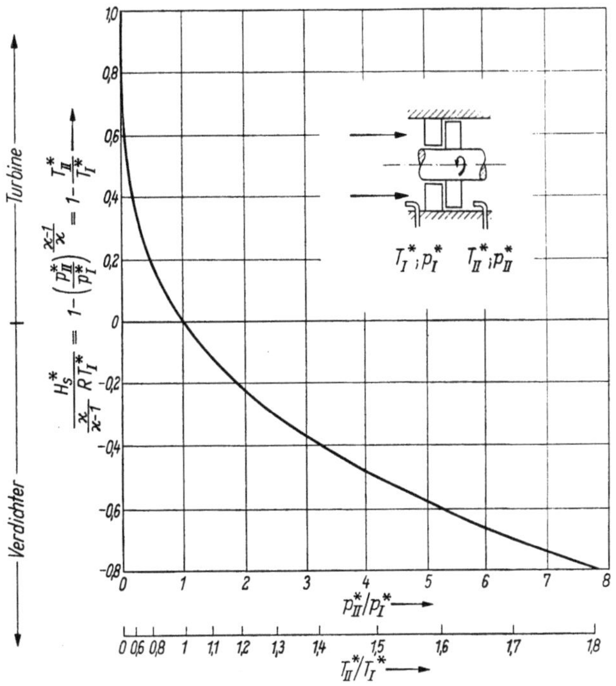

Bild 2.3 Dimensionslose Arbeit als Funktion des Gesamtdruckverhältnisses p_{II}^*/p_I^* (lineare Skala) bzw. des Ruhetemperaturverhältnisses T_{II}^*/T_I^* (nichtlineare Skala)

Die BERNOULLIsche Gleichung ist nur die für die Strömungsmechanik besonders geeignete Form der Energiegleichung. Ihre thermodynamisch wichtige Form ist die Wärmeinhaltsgleichung

$$i_{II} - i_I + g\,(h_{II} - h_I) + \frac{c_{II}^2 - c_I^2}{2} = Q - H_i^*,$$

welche die Änderung des Wärmeinhaltes i, der Ortshöhe h und der Geschwindigkeitsenergie $c^2/2$ mit der von außen zugeführten Wärmemenge Q und der vom Gas verrichteten Arbeit H_i^* verknüpft und im Gegensatz zur BERNOULLIschen Gleichung allgemeingültig ist (reibungsbehaftete Strömung einschließlich Radscheiben-Luftreibung und Spaltverluste). Der Index i in H_i^* kennzeichnet die Gasarbeit als innere Arbeit, bei der im Gegensatz zur isentropen Arbeit H_s^* schon alle inneren Verluste berücksichtigt sind.

Unter Vernachlässigung der Schwere und Fortfall eines Wärmeaustausches mit der Umgebung läßt sich die Wärmeinhaltsgleichung schreiben

$$H_i^* = i_I - i_{II} + \frac{c_I^2 - c_{II}^2}{2} = i_I^* - i_{II}^* = \frac{c_0^{*2}}{2}. \quad (2.4)$$

Hier wurde mit i^* der Wärmeinhalt bezeichnet, der dem Gesamtdruck bei isentropem Aufstau entspricht. Schließlich wird im Turbinenbau für die Größe $H_i^* = i_I^* - i_{II}^*$ auch $c_0^{*2}/2$ geschrieben, wo c_0^* die fiktive Geschwindigkeit darstellt, auf welche das Gas aus der Ruhe heraus durch die Enthalpiedifferenz H_i^* verlustlos beschleunigt würde. Im Falle der idealen Strömung geht Gl. (2.4) über in

$$H_s^* = i_I - i_{IIs} + \frac{c_I^2 - c_{IIs}^2}{2} = i_I^* - i_{IIs}^* = \frac{c_{0s}^{*2}}{2}. \tag{2.5}$$

Die Bedeutung der bisher angeschriebenen Formeln für die verlustlose (isentrope) Zustandsänderung können wir uns sehr einfach im i,s-Diagramm für Luft oder Verbrennungsgase veranschaulichen. Dazu ist in Bild 2.4 das Verhalten einer Strömung mit verschwindender und endlicher Gasarbeit dargestellt.

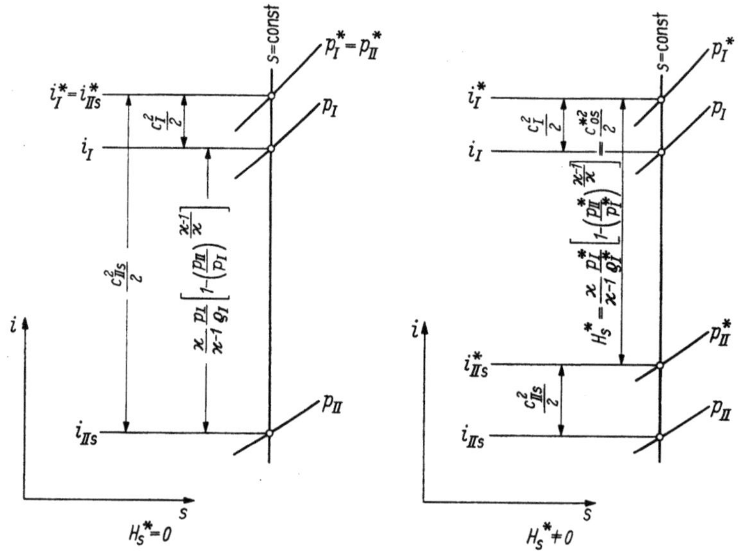

Bild 2.4 Verlustlose Zustandsänderung einer Gasströmung ohne (links) und mit (rechts) Arbeitsabgabe

Bezeichnen p_I, i_I und c_I den Anfangszustand des Gases, so wird der Endzustand im ersteren Falle (linkes Bild) durch die Beziehungen $i_I^* = i_{IIs}^*$ und $p_I^* = p_{II}^*$ charakterisiert, wobei $p_{II} < p_I$ (Expansion) oder $p_{II} > p_I$ (Kompression) ist. Immer aber gilt $p_{II} \leqq p_I^*$. Die eingetragenen Geschwindigkeitsenergien veranschaulichen direkt die Gl. (2.1). Bei nicht verschwindendem Gefälle (rechtes Bild) ist auf Grund von Gl. (2.5) $i_I^* \neq i_{IIs}^*$ und daher auch $p_I^* \neq p_{II}^*$. Bei Verringerung des Gesamtwärmeinhaltes ($i_{IIs}^* < i_I^*$) haben wir eine Turbine, bei Vergrößerung ($i_{IIs}^* > i_I^*$) einen Verdichter vor uns. Der Vergleich der Fälle $H_s^* = 0$ und $H_s^* \neq 0$ in Bild 2.4 zeigt, daß man die Gl. (2.3) auch direkt durch Analogieschluß aus dem linken Diagramm hätte ermitteln können, da es sich in beiden Fällen bei dem Ausdruck

$$\frac{\varkappa}{\varkappa - 1}\frac{p_I}{\varrho_I}\left[1 - \left(\frac{p_{II}}{p_I}\right)^{\frac{\varkappa-1}{\varkappa}}\right] \quad \text{bzw.} \quad \frac{\varkappa}{\varkappa - 1}\frac{p_I^*}{\varrho_I^*}\left[1 - \left(\frac{p_{II}^*}{p_I^*}\right)^{\frac{\varkappa-1}{\varkappa}}\right]$$

um eine Differenz von Wärmeinhalten handelt, die durch die Drücke in den Endpunkten des Isentropenabschnittes dargestellt ist. Man brauchte in dem Ausdruck links nur die gesternten Größen einzuführen, um von einer Differenz von Geschwindigkeitsenergien — Gl. (2.1) — zu einer technischen Arbeit — Gl. (2.3) — zu kommen.

2.12 Verlustbehaftete Strömungen

Es mögen jetzt an Hand einer zu Bild 2.4 analogen Darstellung im i,s-Diagramm kurz die Besonderheiten der wirklichen, verlustbehafteten Strömung aufgezeigt und dabei auch einige Grenzfälle behandelt werden.

Untersuchen wir zunächst wieder die reine Expansion bzw. Kompression ohne Arbeitsabgabe oder -aufnahme des Gases, wie sie zwischen den Ebenen 0 und 1 des Turbinenleitrades bzw. 2 und 3 des Verdichterleitrades vor sich geht, so liegen die möglichen Endzustände der Strömung nun nicht mehr auf der Isentrope $s = \text{const}$ bzw. $pv^{\varkappa} = \text{const}$, sondern auf der Polytrope $pv^n = \text{const}$ durch den Anfangspunkt I (Bild 2.5). Die römische Zahl I steht hier stellvertretend für die Nummer 0 bzw. 2 der jeweiligen Eintrittsebene. Der zugehörige Diagrammpunkt ist durch den Druck p_I und die Temperatur T_I bzw. die Enthalpie $i_I = c_p T_I$ am Anfang des Strömungskanals gegeben. Am Ende des Kanals (Zustand II, in Bild 2.5 je nach Richtung der Druckänderung gekennzeichnet durch die Indizes 1 und 3) herrscht bei Druckabfall der Druck $p_1 < p_I$ und die Temperatur T_1 mit dem Wärmeinhalt $i_1 = c_p T_1$, bei Druckanstieg der Druck $p_3 > p_I$ und

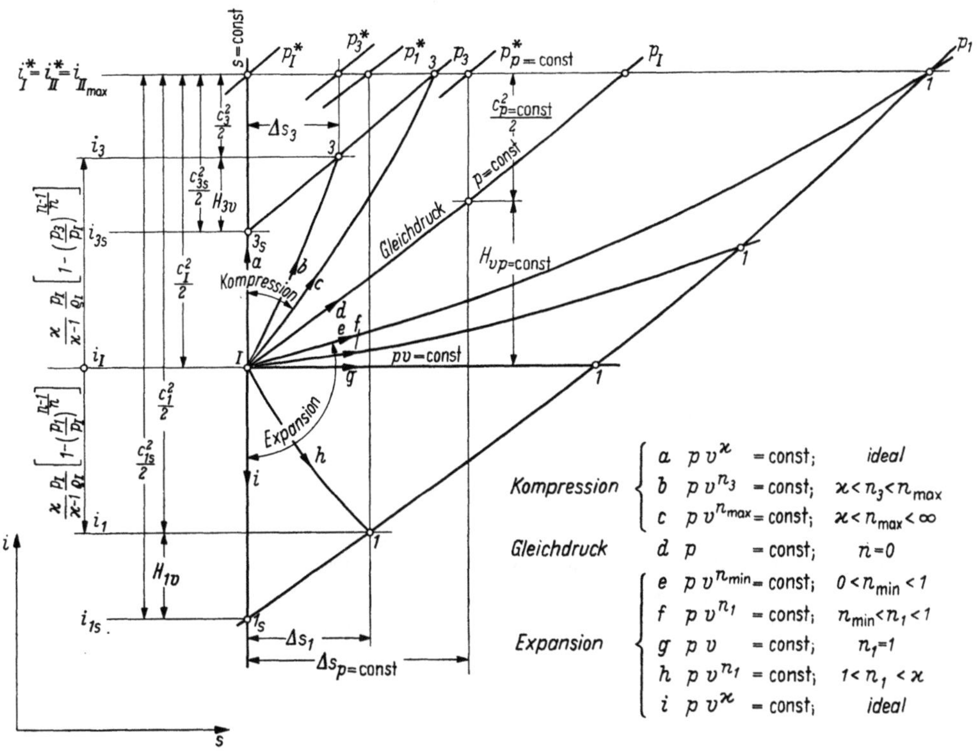

Bild 2.5 Reibungsbehaftete Expansions- (*1*) und Kompressionsströmung (*3*). Für Druckabfall ist $n_1 \leqq \varkappa$, Druckanstieg $n_3 \geqq \varkappa$, Gleichdruck $n = 0$

die Temperatur T_3 mit dem Wärmeinhalt $i_3 = c_p T_3$. Mit Hilfe der Anfangs- und Endwerte erhalten wir den Polytropenexponenten n (unter Fortlassung der Indizes 1 bzw. 3) aus $(p_I/p)^{\frac{n-1}{n}} = T_I/T$ allgemein zu

$$n = \frac{\lg p_I/p}{\lg p_I/p - \lg T_I/T}. \tag{2.6}$$

Für Druckabfall $(p/p_I < 1)$ ist $n \leqq \varkappa$, bei Druckanstieg $(p/p_I > 1)$ ist $n \geqq \varkappa$, und im Falle des Gleichdruckes $(p/p_I = 1)$ wird $n = 0$.

Aus der Darstellung in Bild 2.5 erkennt man, daß für n vom Druckverhältnis p/p_I abhängige Grenzwerte existieren, da T_1 und T_3 maximal nur den Wert T_I^* annehmen können. (In diesen Fällen ist c_1 bzw. c_3 gleich 0.) Die Grenzwerte ergeben sich aus der Gl. (2.6) für reibungsbehaftete Strömungen mit Druckabfall zu

$$0 < n_{\min} < \varkappa,$$

mit Druckanstieg zu

$$\varkappa < n_{\max} < \infty.$$

Die spezifische Geschwindigkeitsenergie am Ende des Strömungsvorganges läßt sich aus Gl. (2.4) für $H_i^* = 0$ ableiten: Es ist bei Expansion bis zum Punkt 1 oder bei Kompression bis zum Punkt 3, wenn man diese Endpunkte wieder allgemein mit dem Index II kennzeichnet,

$$i_I^* = i_{II}^*$$

oder

$$i_I + \frac{c_I^2}{2} = i_{II} + \frac{c_{II}^2}{2}.$$

Mit

$$i = c_p T, \qquad c_p - c_v = R, \qquad \frac{c_p}{c_v} = \varkappa$$

ergibt sich daraus

$$\frac{\varkappa}{\varkappa - 1} R T_I + \frac{c_I^2}{2} = \frac{\varkappa}{\varkappa - 1} R T_{II} + \frac{c_{II}^2}{2}$$

oder mit Fortlassung des Index II

$$\frac{c^2}{2} = \frac{\varkappa}{\varkappa - 1} R T_I \left(1 - \frac{T}{T_I}\right) + \frac{c_I^2}{2}. \tag{2.7}$$

Wegen $p_I/\varrho_I = R T_I$ und der vorausgesetzten polytropen Zustandsänderung $(p/p_I)^{\frac{n-1}{n}} = T/T_I$ kann man auch schreiben

$$\frac{c^2}{2} = \frac{\varkappa}{\varkappa - 1} \frac{p_I}{\varrho_I} \left[1 - \left(\frac{p}{p_I}\right)^{\frac{n-1}{n}}\right] + \frac{c_I^2}{2}. \tag{2.8}$$

Nach dieser Gleichung ist die Geschwindigkeitsenergie am Ende des Strömungskanals um den Betrag H_v, d. h. die den Reibungsverlusten entsprechende Enthalpiedifferenz, kleiner als der nach Gl. (2.1) berechnete Wert für isentrope Umwandlung. Die Verlustenergie H_v ist im i,s-Diagramm auf der Isentrope $s = \text{const}$ durch den Abschnitt zwischen dem Wärmeinhalt i und dem Druck p des Endzustandes gegeben oder — anders ausgedrückt — durch die Differenz

$$H_v = i - i_s$$

der bei wirklicher und isentroper Umwandlung bis zum gleichen Enddruck erreichten Wärmeinhalte. Diese Definition trifft sowohl für die Expansion (Index 1 in Bild 2.5) als auch für die Kompression (Index 3) zu. Auch hier ist zu beachten, daß der Wert i_1 bzw. i_3 seinen Maximalwert $i_{II\max} = i_I^*$ nicht überschreiten kann, d. h. $H_{v\max} = i_I^* - i_{IIs}$. Physikalisch bedeutet das, daß ein Strömungsvorgang ohne Energiezufuhr von einem festen Anfangsdruck zu einem gegebenen, tiefer oder höher liegenden Enddruck p_1 bzw. p_3 unmöglich ist, wenn die auftretenden Verluste größer sind als die Geschwindigkeitsenergien $c_{1s}^2/2$ bzw. $c_{3s}^2/2$. Die Endgeschwindigkeit hat im Fall $H_v = H_{v\max}$ den Wert $c_{II} = 0$ (die Endfläche F_{II} des Strömungskanals geht gegen Unendlich). Auch erreicht der Polytropenexponent sein Minimum bzw. Maximum, wenn die isentrope Geschwindigkeitsenergie am Ende des Strömungskanals gerade zur Deckung der Strömungsverluste aufgebraucht wird. Die in Bild 2.5, Kurve e, eingetragene Polytrope $pv^{n_{\min}} = \text{const}$ zeigt uns im übrigen, daß es genauer ist, zwischen Strömungen mit Druckabfall und -anstieg anstatt zwischen beschleunigten und verzögerten Strömungen zu unterscheiden, da in den Fällen $n_{\min} \leqq n_1 < 1$ trotz Druckabfall eine verzögerte Strömung vorliegt (vgl. auch Bild 2.7).

Für $n = 0$ (Gleichdruck im Strömungskanal, Kurve d in Bild 2.5) wird der zweite Summand in der eckigen Klammer von Gl. (2.8) gleich $1^{-\infty}$. In diesem Fall ist die Geschwindigkeit c am Ende des Strömungsvorganges mit Hilfe von Gl. (2.7) aus dem Temperaturverhältnis T/T_I zu ermitteln.

Die vorangegangenen Betrachtungen lassen erkennen, daß als Wirkung der Reibung bei Expansion nicht die dem Wärmegefälle $(i_I^* - i_{1s})$ entsprechende Endgeschwindigkeit c_{1s} erreicht wird ($c_1 < c_{1s}$), bei Druckanstieg ebenfalls $c_3 < c_{3s}$ ist und im Falle des Gleichdruckes längs des Strömungskanals eine Verringerung der Strömungsgeschwindigkeit stattfindet. In allen Fällen wird auch der Gesamtdruck kleiner. Er läßt sich für das Ende des Strömungsvorganges aus dem i,s-Diagramm ablesen, wie Bild 2.5 zeigt.

Rechnerisch ergibt sich das Gesamtdruckverhältnis p^*/p_I^* für Strömungen mit Druckabfall oder -anstieg als Funktion von p und n zu

$$\frac{p^*}{p_I^*} = \frac{p}{p_I} \left(\frac{p_I}{p}\right)^{\frac{n-1}{n} \frac{\varkappa}{\varkappa-1}} \leqq 1\,. \tag{2.9}$$

Bei idealen Strömungen ($n = \varkappa$) wird natürlich $p^*/p_I^* = 1$.

Zur Ableitung der Gl. (2.9) gehen wir von der für isentrope Umwandlungen gültigen Beziehung (2.1) in der mit $c_s = 0$ und Fortlassung des Indexes I erhaltenen Form

$$p^* = p\left(1 + \frac{\varkappa - 1}{\varkappa R T} \frac{c^2}{2}\right)^{\frac{\varkappa}{\varkappa-1}} \tag{2.10}$$

aus, schreiben das Gesamtdruckverhältnis

$$\frac{p^*}{p_I^*} = \frac{p}{p_I} \left(\frac{1 + \frac{\varkappa - 1}{\varkappa R T_I} \frac{T_I}{T} \frac{c^2}{2}}{1 + \frac{\varkappa - 1}{\varkappa R T_I} \frac{c_I^2}{2}}\right)^{\frac{\varkappa}{\varkappa-1}}$$

und führen hierin $T_I/T = (p_I/p)^{\frac{n-1}{n}}$ und $c^2/2$ aus Gl. (2.8) ein. Der Zähler der Klammer nimmt dann die Form an:

$$1 + \frac{\varkappa - 1}{\varkappa R T_I} \left(\frac{p_I}{p}\right)^{\frac{n-1}{n}} \left\{\frac{\varkappa}{\varkappa - 1} R T_I \left[1 - \left(\frac{p}{p_I}\right)^{\frac{n-1}{n}}\right] + \frac{c_I^2}{2}\right\}$$

$$= 1 + \left(\frac{p_I}{p}\right)^{\frac{n-1}{n}} - 1 + \frac{\varkappa - 1}{\varkappa R T_I} \left(\frac{p_I}{p}\right)^{\frac{n-1}{n}} \frac{c_I^2}{2} = \left(\frac{p_I}{p}\right)^{\frac{n-1}{n}} \left(1 + \frac{\varkappa - 1}{\varkappa R T_I} \frac{c_I^2}{2}\right).$$

Für $n = 0$ (Gleichdruck im Strömungskanal) ist Gl. (2.9) wieder ungeeignet. In diesem Fall bringen wir sie mit $p/p_I = 1$ und $(p_I/p)^{\frac{n-1}{n}} = T_I/T$ auf die Form

$$\frac{p^*}{p_I^*} = \left(\frac{T_I}{T}\right)^{\frac{\varkappa}{\varkappa-1}} < 1\,. \tag{2.11}$$

Im Grenzfall $T = T_I^*$ (Endgeschwindigkeit $c = 0$) wird hier

$$p^* = p_I\,, \qquad \text{da} \quad \left(\frac{T_I}{T_I^*}\right)^{\frac{\varkappa}{\varkappa-1}} = \frac{p_I}{p_I^*}\,.$$

Schließlich sei noch die Bedeutung von $n = \text{const}$ längs eines Strömungskanals veranschaulicht, wobei der Polytropenexponent n nach Gl. (2.6) aus dem Anfangs- (I) und Endwert (II) errechnet wird. Die Annahme polytroper Zustandsänderung mit konstantem Exponenten legt einen ganz bestimmten Verlauf der Wertetripel (p, s, T) längs des Kanals fest, etwa so, wie er durch die ausgezogene Linie von I nach II in Bild 2.6 wiedergegeben wird. Die dabei erhaltenen Zwischenwerte von Druck, Entropie und Temperatur brauchen nicht mit den wirklich vorhandenen Werten übereinzustimmen. Dieser Fall tritt z. B. ein, wenn der wirkliche Strömungsverlauf von I über Z nach II vonstatten geht, also zunächst einer Polytrope mit dem Exponenten $n_{IZ} < \varkappa$ und dann einer solchen mit dem Exponenten $n_{ZII} > \varkappa$ folgt. Die Verwendung eines davon abweichenden, durchgehend konstant gehaltenen Exponenten n stellt lediglich eine vereinfachende, bewußt von der genauen Erfassung der Zwischenwerte absehende Behandlung des Strömungsvorganges dar. Man will lediglich vom Anfangspunkt I zum richtigen Endpunkt II kommen. Verfolgen wir das z. B. an der Entropievermehrung.

Die Entropiezunahme ist unter Fortlassung des Indexes II gegeben durch

$$\Delta s = s - s_I = c_p \ln \frac{T}{T_I} - R \ln \frac{p}{p_I} \geqq 0 . \tag{2.12}$$

Nach kurzer Umformung folgt daraus mit $c_p - c_v = R$, $c_p = \varkappa c_v$ und der polytropen Zustandsänderung $p^{\frac{n-1}{n}} / T = \text{const}$

$$\Delta s = c_v \frac{n - \varkappa}{n} \ln \frac{p}{p_I} = c_v \frac{n - \varkappa}{n - 1} \ln \frac{T}{T_I} . \tag{2.13}$$

Für $n = \varkappa$ wird $\Delta s = 0$; für $n = 0$ wird $\Delta s = c_p \ln \frac{T}{T_I}$.

Es muß nun die Entropiezunahme von I nach II gleich der Summe der Entropievermehrungen von I nach Z und von Z nach II sein, also

$$c_v \frac{n - \varkappa}{n} \ln \frac{p_{II}}{p_I} = c_v \frac{n_{IZ} - \varkappa}{n_{IZ}} \ln \frac{p_Z}{p_I} + c_v \frac{n_{ZII} - \varkappa}{n_{ZII}} \ln \frac{p_{II}}{p_Z} .$$

Diese Gleichung stellt den Zusammenhang zwischen dem Exponenten der Gesamtpolytrope und denen der Teilpolytropen dar. Sie könnte direkt an Stelle von Gl. (2.6) zur Bestimmung von n benutzt werden.

In Bild 2.7 sind die Zustandsgrößen längs eines Strömungskanals dargestellt bei Druckabfall (links) und Druckanstieg (rechts) für ideale ($n = \varkappa$) und reibungsbehaftete ($n \neq \varkappa$) Strömungen. Vorgegeben sind lediglich die Werte p_I, p_I^*, T_I, T_I^*, c_I und F_I im Anfangspunkt, der Druckverlauf längs des Strömungskanals zwischen Anfang I und Ende II und der Polytropenexponent n bezüglich der Anfangs- und Endwerte. Die Bezeichnungen decken sich mit denen in Bild 2.5.

Das Flächenverhältnis berechnet sich für die Isentrope ($n = \varkappa$) als Funktion des Temperaturverhältnisses zu

$$\frac{F_s}{F_I} = \frac{\varrho_I}{\varrho_s} \frac{c_I}{c_s} = \left(\frac{T_I}{T_s}\right)^{\frac{1}{\varkappa - 1}} \sqrt{\frac{T_I^* - T_I}{T_I^* - T_s}} . \tag{2.14}$$

Hierdurch ist die Änderung von F_s mit der Temperatur T_s gegeben. Die Querschnitte F der wirklichen, reibungsbehafteten Strömung ($n \neq \varkappa$) lassen sich auf F_s beziehen. Da der wirkliche und der isentrope Endzustand auf der gleichen Drucklinie liegen ($p = p_s$), gilt auf Grund der Zustandsgleichung $\varrho_s/\varrho = T/T_s$, und es ist

$$\frac{F}{F_s} = \frac{\varrho_s}{\varrho} \frac{c_s}{c} = \frac{T}{T_s} \sqrt{\frac{T_I^* - T_s}{T_I^* - T}} . \tag{2.15}$$

Nun sind T/T_s und $(T_I^* - T_s)/(T_I^* - T)$ immer größer als 1; also folgt

$$F > F_s.$$

Man erkennt aus der Darstellung in Bild 2.7 erneut, daß bei Druckabfall für $n_1 < 1$ ein Geschwindigkeitsabfall in Strömungsrichtung eintritt. In jedem dargestellten Falle mit Reibung sind außer den Flächen auch die Temperaturen größer, die Geschwindigkeiten dagegen kleiner als bei der isentropen Zustandsänderung.

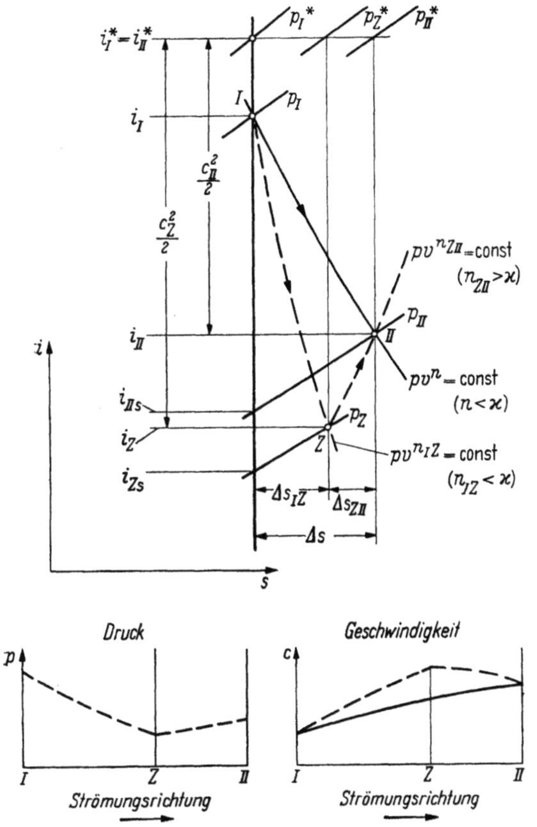

Bild 2.6 Darstellung des Strömungsverlaufes in einem Kanal bei in Strömungsrichtung wechselnden Druckgradienten. Ausgezogene Kurve: die aus den Anfangs- (*I*) und Endwerten (*II*) ermittelte Polytrope; gestrichelt: wirklicher Verlauf. Index *Z*: Zwischenwert im Druckminimum

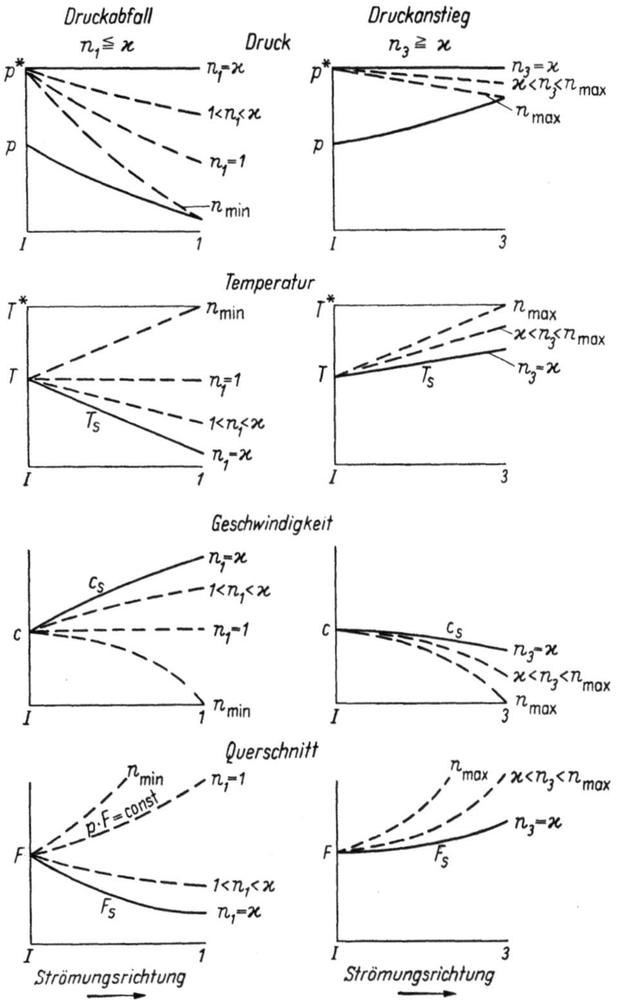

Bild 2.7 Zustandsgrößen in Kanälen gleichen Anfangs- (p_I) und Enddruckes (p_{II}) bei verschiedenen Polytropenexponenten

Die reibungsbehaftete Expansionsströmung wird im Turbinenbau im allgemeinen mit Hilfe der Geschwindigkeitszahl

$$\varphi = \frac{c_1}{c_{1s}} \tag{2.16}$$

behandelt, wo c_1 durch Gl. (2.8) und c_{1s} durch Beziehung (2.1) gegeben ist. Daraus erhält man die Verlustenergie (s. Bild 2.5)

$$H_{v1} = \frac{c_{1s}^2}{2} - \frac{c_1^2}{2} = (1 - \varphi^2)\frac{c_{1s}^2}{2} = \zeta_c \frac{c_{1s}^2}{2} = \zeta_c (i_I^* - i_{1s}). \tag{2.17}$$

Der Zusammenhang zwischen dem Polytropenexponenten n_1 und dem Verlustkoeffizienten $\zeta_c = 1 - \varphi^2$ bzw. der Geschwindigkeitszahl φ ist näherungsweise durch die Gleichung

$$n_1 = \frac{\varkappa[1 + \zeta_c(\delta - 1)]}{1 + \zeta_c(\delta\varkappa - 1)} = \frac{\delta(1 - \varphi^2) + \varphi^2}{\delta(1 - \varphi^2) + \frac{1}{\varkappa}\varphi^2} \tag{2.18}$$

mit $\delta = c_1^2/(c_1^2 - c_I^2)$ gegeben [1]. Im allgemeinen ist also n_1 noch abhängig von c_1. Nur im Fall $c_I = 0$ ist $\delta = 1$, und diese Abhängigkeit verschwindet.

Die Einführung des Koeffizienten φ hat sich für den Turbinenbau sehr bewährt. Bei Kompressionsströmungen ist er in dieser Definition nicht brauchbar, da φ mit c_3 gegen Null gehen müßte; denn hier ist im Fall $c_3 = \varphi c_{3s} = 0$ noch $c_{3s} \neq 0$. Man wählt deswegen besser den Wirkungsgrad

$$\eta = \frac{i_{3s} - i_I}{i_3 - i_I} \tag{2.19}$$

als Ausgangspunkt für die Bestimmung des Polytropenexponenten (s. Bild 2.5). Der Zusammenhang zwischen n_3 und η folgt aus $(p_3/p_I)^{\frac{n_3-1}{n_3}} = T_3/T_I$, wenn man die Gleichung logarithmiert:

$$\frac{n_3 - 1}{n_3} = \frac{\lg \frac{T_3}{T_I}}{\lg \frac{p_3}{p_I}}.$$

Man hat lediglich noch T_3/T_I aus

$$\eta = \frac{T_{3s} - T_I}{T_3 - T_I} = \frac{\frac{T_{3s}}{T_I} - 1}{\frac{T_3}{T_I} - 1} = \frac{\left(\frac{p_3}{p_I}\right)^{\frac{\varkappa-1}{\varkappa}} - 1}{\frac{T_3}{T_I} - 1}$$

zu berechnen, um den Ausdruck

$$\frac{n_3 - 1}{n_3} = \frac{\lg\left\{1 + \left[\left(\frac{p_3}{p_I}\right)^{\frac{\varkappa-1}{\varkappa}} - 1\right]\Big/\eta\right\}}{\lg\left(\frac{p_3}{p_I}\right)} \tag{2.20}$$

zu erhalten.

Diese Gleichung gilt übrigens auch für Expansionsströmungen $(p_3/p_I < 1)$, wenn man für η entsprechend seiner Definition Werte über 1 einsetzt.

Nun bleiben uns noch die Zustandsänderungen mit Verrichtung einer äußeren Arbeit zu untersuchen, also die Strömungsvorgänge in Turbine und Verdichter (s. Bilder 2.8 und 2.9). Sie unterscheiden sich von den eben betrachteten Prozessen dadurch, daß hier $i_0^* \neq i_2^*$ und $i_1^* \neq i_3^*$ ist. Die Differenz dieser Werte ergibt nach Gl. (2.4) die spezifische Expansionsarbeit H_{iT}^* der Turbine bzw. die spezifische Verdichtungsarbeit H_{iK}^* des Kompressors. Mit Hilfe der Polytropengleichung läßt sich diese Arbeit auch zu

$$H_{iT(K)}^* = i_I^* - i_{II}^* = \frac{\varkappa}{\varkappa - 1}\frac{p_I^*}{\varrho_I^*}\left[1 - \left(\frac{p_{II}^*}{p_I^*}\right)^{\frac{n-1}{n}}\right] \tag{2.21}$$

berechnen.

Man beachte, daß sich die wirkliche Geschwindigkeit — Gl. (2.8) — von der isentropen — Gl. (2.1) — und die wirkliche Arbeit — Gl. (2.21) — von der isentropen — Gl. (2.3) —

nur durch den anderen Exponenten unterscheidet, während der Faktor vor der Klammer erhalten bleibt. Wir haben zwar beim polytropen Prozeß auch eine Arbeit

$$H_{\text{pol}\,T(K)}^{*} = \frac{n}{n-1} \frac{p_I^*}{\varrho_I^*} \left[1 - \left(\frac{p_{II}^*}{p_I^*}\right)^{\frac{n-1}{n}}\right], \tag{2.22}$$

doch handelt es sich hierbei wiederum um eine verlustlose Arbeit. Sie ist definiert als

$$H_{\text{pol}\,T(K)}^{*} = \lim_{z\to\infty} \sum_{\nu=I}^{z} h_{s\,T(K)\,\nu}^{*}$$

und unterscheidet sich von $H_{s\,T(K)}^{*}$ dadurch, daß der verlustlose Übergang vom Anfangs- zum Enddruck nicht in einem einzigen endlichen Schritt, sondern in einer unbegrenzten Anzahl verschwindend kleiner, jeweils von der Zufuhr der gerade entstandenen Reibungswärme unterbrochener Schritte erfolgt. Die Reibungsarbeit wird also nicht erst nach Durchlaufen einer fortgesetzten isentropen Zustandsänderung als Ganzes in Ansatz gebracht, sondern unmittelbar bei ihrer Entstehung längs der Polytropen. Obwohl $H_{\text{pol}\,T(K)}^{*}$ und $H_{s\,T(K)}^{*}$ beide gleichzeitig kleiner (Verdichter) oder größer (Turbine) als $H_{i\,T(K)}^{*}$ sind, gilt doch

$$|H_{\text{pol}\,T(K)}^{*}| > |H_{s\,T(K)}^{*}|.$$

Beide Beträge werden (neben anderen Größen) zum Vergleich mit der inneren Arbeit benutzt und führen dann natürlich auf unterschiedliche Werte der Verlustarbeit. Wir betrachten nun kurz die verschiedenen Möglichkeiten der Wirkungsgraddefinition.

Normalerweise vergleicht man zur Ermittlung der Wirtschaftlichkeit der Turbine die von ihr abgegebene innere Arbeit

$$H_{i\,T}^{*} = i_0^* - i_2^* = \frac{c_0^2}{2} + (i_0 - i_2) - \frac{c_2^2}{2} \tag{2.23}$$

mit der im isentropen Prozeß bei gleicher Endgeschwindigkeit c_2 und gleichem Enddruck p_2 möglichen Arbeit (s. Bild 2.8)

$$H_{sT}'^{*} = i_0^* - i_{2s}'^{*} = \frac{c_0^2}{2} + (i_0 - i_{2s}) - \frac{c_2^2}{2} \tag{2.24}$$

und definiert den inneren isentropen Wirkungsgrad

$$\eta_{i\,T}' = \frac{H_{i\,T}^{*}}{H_{sT}'^{*}} = \frac{i_0^* - i_2^*}{i_0^* - i_{2s}'^{*}}. \tag{2.25}$$

Die Bezeichnung als innerer Wirkungsgrad soll dabei analog zum Begriff der inneren Arbeit hervorheben, daß hierin die mechanischen Verluste in Lagerung, Getriebe usw. noch nicht berücksichtigt sind.

Bisweilen bezieht man im Turbinenbau auch die abgegebene Arbeit auf die mögliche Gesamtarbeit ($i_0^* - i_{2s}$) und erhält

$$\eta_{i\,T\,0} = \frac{i_0^* - i_2^*}{i_0^* - i_{2s}}.$$

Diese Definition ist dann berechtigt, wenn die kinetische Energie des aus der letzten Stufe austretenden Gases als verloren angesehen werden muß, wie es bei der Endstufe einer stationären Gasturbine oder Dampfturbine normalerweise der Fall ist. Haben wir es mit Strahltriebwerken zu tun, so dient die kinetische Energie zur Erzeugung des Schubstrahles, und wir ziehen den Wirkungsgrad η'_{iT} vor. Alle folgenden Betrachtungen sind auf diesen abgestimmt[1].

Bei Verdichtern hat man entsprechend den Gl. (2.23) bis (2.25) (s. Bild 2.9)

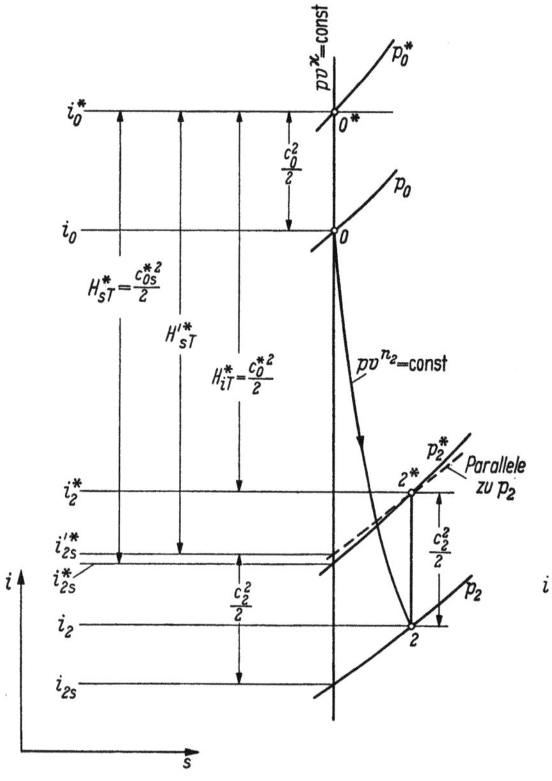

Bild 2.8 Darstellung der Turbinenarbeit im i,s-Diagramm. Index 0 (2) vor (hinter) Turbine

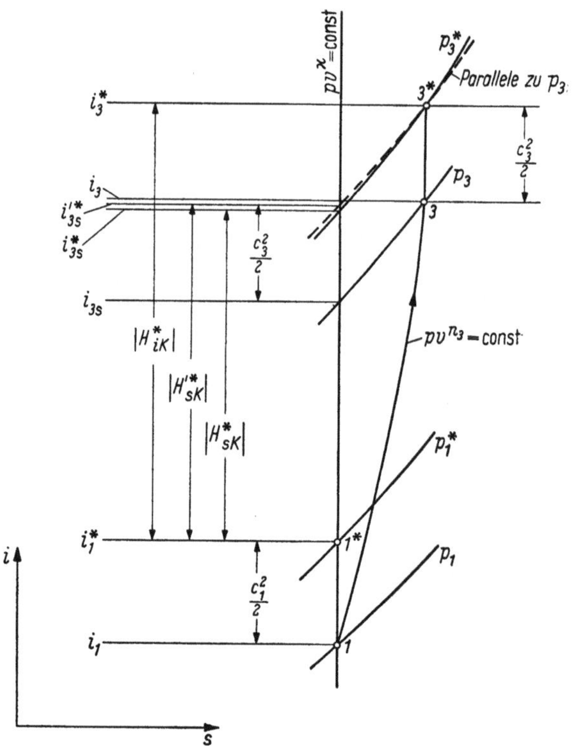

Bild 2.9 Darstellung der Verdichterarbeit im i,s-Diagramm. Index 1 (3) vor (hinter) Verdichter

$$|H^*_{iK}| = i_3^* - i_1^* = \frac{c_3^2}{2} + (i_3 - i_1) - \frac{c_1^2}{2}, \tag{2.26}$$

$$|H'^*_{sK}| = i'^*_{3s} - i_1^* = \frac{c_3^2}{2} + (i_{3s} - i_1) - \frac{c_1^2}{2} \tag{2.27}$$

und

$$\eta'_{iK} = \frac{H'^*_{sK}}{H^*_{iK}} = \frac{i'^*_{3s} - i_1^*}{i_3^* - i_1^*}. \tag{2.28}$$

---

[1] Der vom Dampfturbinenbau kommende Leser mag hierin eine gewisse Schwierigkeit finden, insbesondere deswegen, weil η'_{iT} und η_{iT0} nicht nur auf unterschiedliche Zahlenwerte des Turbinenwirkungsgrades führen, sondern in ihrer Abhängigkeit von den Auslegungsparametern auch unterschiedlichen Optimalbedingungen unterliegen. Er sei darauf hingewiesen, daß bei der Erfassung der Expansionsverluste einer Maschine durch den Turbine und Austritt zusammenfassenden Wirkungsgrad η_{iT0} kein grundsätzlicher Vorteil gegenüber der alleinigen Berücksichtigung der Turbinenverluste in η'_{iT} und gesondertem Ansatz des Austrittsverlustes besteht. Der Unterschied ist nur methodisch bzw. als Frage der Gewohnheit zu werten. Trotz der verschiedenen Formen der Optimalbedingungen für beide Turbinenwirkungsgrade wird sich für die Bestauslegung der Gesamtmaschine unter Berücksichtigung sämtlicher Bauteile stets das gleiche Bild ergeben. Darüber hinaus vereinfacht die Verwendung von η'_{iT} manches in der theoretischen Behandlung einer Maschine. Der Unterschied von vorderer Stufe einerseits und Endstufe bzw. Gesamtturbine andererseits verschwindet; sämtliche Baugruppen einer komplexen Maschine — z. B. Verdichter und Turbine — erscheinen in der thermodynamischen Durchrechnung in gleichwertiger Betrachtung; durch die Definition des Turbinenwirkungsgrades über Gesamtzustandswerte fügt sich dieser — noch besser in der Form η_{iT} [s. Gl. (2.29)] — zwanglos in die ebenfalls hierauf basierende rechnerische Untersuchung der Vollmaschine ein. Bei der stationären Gasturbine wird daher genauso wie bei der Fluggasturbine schon immer mit dem auch hier bevorzugten Turbinenwirkungsgrad gerechnet.

Für die Durchrechnung ganzer Kreisprozesse von Gasturbinentriebwerken mit Hilfe der Gesamtzustandswerte der Strömung ist diese Definition unbequem, da hiernach der isentrope und der polytrope Gesamtzustand am Ende der Expansion bzw. Kompression nicht mehr auf derselben Gesamtdrucklinie liegen. Wir wollen daher unter dem inneren isentropen Wirkungsgrad auch einfach das Verhältnis

$$\eta_{iT} = \frac{i_0^* - i_2^*}{i_0^* - i_{2s}^*} \quad \text{bzw.} \quad \eta_{iK} = \frac{i_{3s}^* - i_1^*}{i_3^* - i_1^*} \tag{2.29}$$

verstehen.

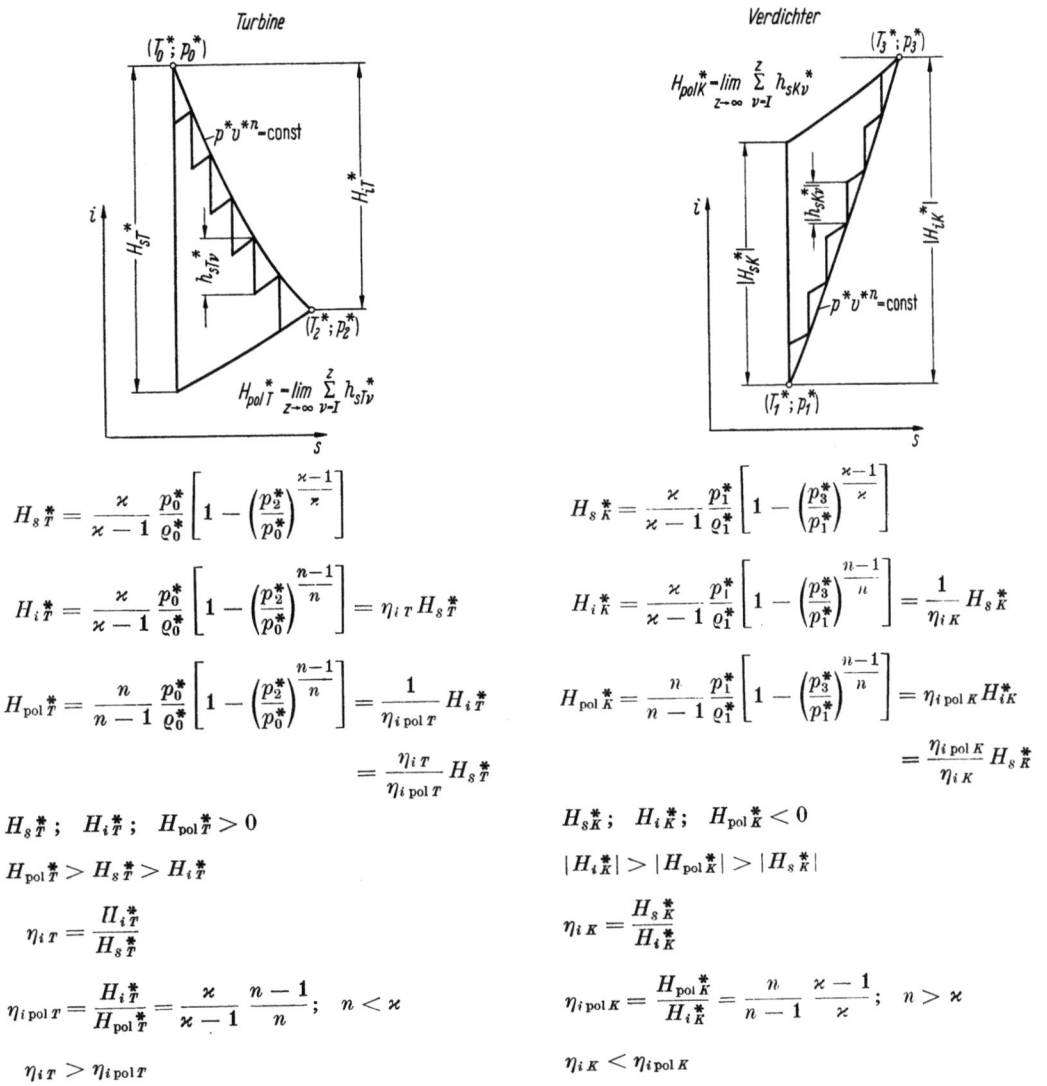

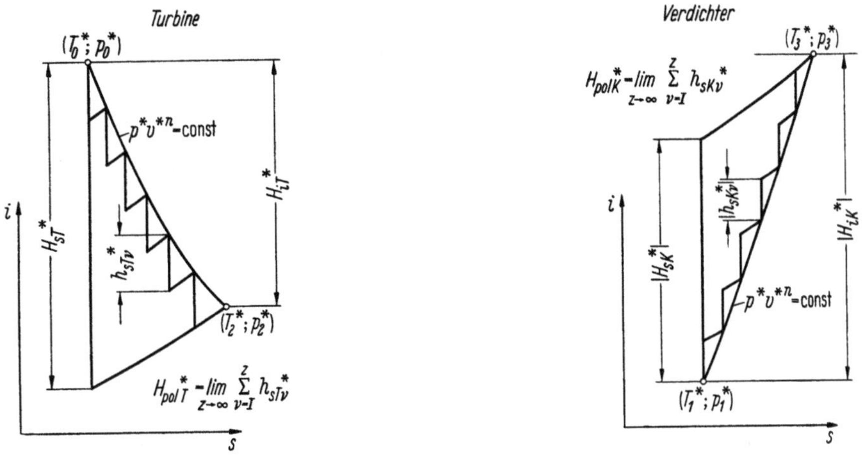

$$H_{sT}^* = \frac{\varkappa}{\varkappa - 1} \frac{p_0^*}{\varrho_0^*}\left[1 - \left(\frac{p_2^*}{p_0^*}\right)^{\frac{\varkappa-1}{\varkappa}}\right]$$

$$H_{iT}^* = \frac{\varkappa}{\varkappa - 1} \frac{p_0^*}{\varrho_0^*}\left[1 - \left(\frac{p_2^*}{p_0^*}\right)^{\frac{n-1}{n}}\right] = \eta_{iT} H_{sT}^*$$

$$H_{polT}^* = \frac{n}{n - 1} \frac{p_0^*}{\varrho_0^*}\left[1 - \left(\frac{p_2^*}{p_0^*}\right)^{\frac{n-1}{n}}\right] = \frac{1}{\eta_{i\,polT}} H_{iT}^* = \frac{\eta_{iT}}{\eta_{i\,polT}} H_{sT}^*$$

$H_{sT}^*;\ H_{iT}^*;\ H_{polT}^* > 0$

$H_{polT}^* > H_{sT}^* > H_{iT}^*$

$$\eta_{iT} = \frac{H_{iT}^*}{H_{sT}^*}$$

$$\eta_{i\,polT} = \frac{H_{iT}^*}{H_{polT}^*} = \frac{\varkappa}{\varkappa - 1}\,\frac{n-1}{n}; \quad n < \varkappa$$

$\eta_{iT} > \eta_{i\,polT}$

$$H_{sK}^* = \frac{\varkappa}{\varkappa - 1} \frac{p_1^*}{\varrho_1^*}\left[1 - \left(\frac{p_3^*}{p_1^*}\right)^{\frac{\varkappa-1}{\varkappa}}\right]$$

$$H_{iK}^* = \frac{\varkappa}{\varkappa - 1} \frac{p_1^*}{\varrho_1^*}\left[1 - \left(\frac{p_3^*}{p_1^*}\right)^{\frac{n-1}{n}}\right] = \frac{1}{\eta_{iK}} H_{sK}^*$$

$$H_{polK}^* = \frac{n}{n - 1} \frac{p_1^*}{\varrho_1^*}\left[1 - \left(\frac{p_3^*}{p_1^*}\right)^{\frac{n-1}{n}}\right] = \eta_{i\,polK} H_{iK}^* = \frac{\eta_{i\,polK}}{\eta_{iK}} H_{sK}^*$$

$H_{sK}^*;\ H_{iK}^*;\ H_{polK}^* < 0$

$|H_{iK}^*| > |H_{polK}^*| > |H_{sK}^*|$

$$\eta_{iK} = \frac{H_{sK}^*}{H_{iK}^*}$$

$$\eta_{i\,polK} = \frac{H_{polK}^*}{H_{iK}^*} = \frac{n}{n - 1}\,\frac{\varkappa-1}{\varkappa}; \quad n > \varkappa$$

$\eta_{iK} < \eta_{i\,polK}$

Bild 2.10 Beziehungen für die Arbeit der Kreiselradmaschine

Bezieht man nun die innere Arbeit $H_{iT(K)}^*$ nicht auf die isentrope Arbeit $H_{sT(K)}^*$, sondern auf die polytrope Arbeit $H_{pol\,T(K)}^*$, verwendet man also als Vergleichsmaßstab für den wirklichen Prozeß nicht die isentrope, sondern die polytrope Zustandsänderung, so wird man auf den inneren polytropen Wirkungsgrad

$$\eta_{i\,polT} = \frac{H_{iT}^*}{H_{polT}^*} \quad \text{bzw.} \quad \eta_{i\,polK} = \frac{H_{polK}^*}{H_{iK}^*}$$

geführt. Auf Grund von Gl. (2.21) und (2.22) gibt das

$$\eta_{i\,\mathrm{pol}\,T} = \frac{\varkappa}{\varkappa - 1}\,\frac{n-1}{n} \tag{2.29a}$$

und

$$\eta_{i\,\mathrm{pol}\,K} = \frac{n}{n-1}\,\frac{\varkappa - 1}{\varkappa}.$$

Der innere polytrope Wirkungsgrad der Turbine wird bei der Behandlung des Wärmerückgewinns in Abschn. 4.14 eine Rolle spielen.

Abschließend sei auf Bild 2.10 hingewiesen, in dem alle wesentlichen Beziehungen für die Arbeit der Kreiselradmaschine zusammengefaßt und veranschaulicht sind.

2.13 Die Eulersche Turbinengleichung

Haben wir uns bisher im wesentlichen mit den Folgerungen des Energiesatzes beschäftigt, so ist nun noch der Impulsmomentensatz für Kreiselradmaschinen zu erwähnen. Danach ist das von einem Laufrad abgegebene bzw. aufgenommene Drehmoment gleich der in diesem Rad bewirkten zeitlichen Änderung des Dralles des Gases, also

$$M = \dot{m}(r_1 c_{1u} - r_2 c_{2u}), \tag{2.30}$$

wobei $\dot{m}$ den sekundlichen Gasdurchsatz bedeutet.

Diese sogenannte Eulersche Turbinengleichung nimmt bei Axialmaschinen wegen $r_1 = r_2 = r$ einfach die Form

$$M = \dot{m} r \Delta c_u$$

an. Für die Leistung je Einheit des Gasdurchsatzes bzw. die Expansions- oder Kompressionsarbeit je Masseneinheit $h_u^* = M\omega/\dot{m}$ erhält man dann mit $\omega = u/r$ den Ausdruck

$$h_u^* = u \Delta c_u, \tag{2.31}$$

der in gleichem Maße für die verlustbehaftete wie für die verlustfreie Strömung gilt. Die hierdurch bestimmte, vom Gas oder am Gas verrichtete sogenannte Umfangsarbeit enthält also bereits etwaige Reibungsverluste an den Schaufeln. Es ist eben die Arbeit einfach auf den Unterschied des Dralles an Ein- und Austritt des Rades zurückgeführt, wobei es gleichgültig ist, wie dieser Unterschied im einzelnen zustande gekommen ist. h_u^* nach Gl. (2.31) stellt die Expansionsarbeit einer Turbinen- bzw. die Kompressionsarbeit einer Verdichterstufe dar, bestimmt aus dem Geschwindigkeitsplan der Stufe. Die Verwendung eines kleinen Buchstaben h im Gegensatz zu dem früher benutzten großen Buchstaben H macht die betrachtete Größe auch äußerlich als auf eine Kreiselradmaschinen*stufe* im Gegensatz zur ganzen mehrstufigen Maschine bezogen sichtbar.

Anders als die an der Welle meßbare Arbeit nach Gl. (2.4) berücksichtigt die Umfangsarbeit als reine Schaufelarbeit aber noch nicht die Radscheibenreibung und die Spaltverluste (Näheres hierüber s. Abschn. 4.122.). Von der Arbeit an der Beschaufelung sind demnach noch die Verluste durch Radscheibenreibung und Radialspalt abzuziehen, die in Wärme umgesetzt werden und dementsprechend im i,s-Diagramm hinter jeder Stufe als Verlustenergien h_R und h_{Sp} eingetragen werden können (s. Bild 4.3). Erst dann erhält man die innere Arbeit h_i^* einer Stufe:

$$h_i^* = h_u^* - h_R - h_{Sp}.$$

In der Praxis der Kreiselradmaschinen ist es üblich, den aus Gl. (2.21) folgenden Vorzeichenunterschied in den Gasarbeiten von Turbine und Verdichter unberücksichtigt zu lassen und auch die Gasarbeit des Verdichters als positiv zu rechnen bzw. mit ihrem Absolutbetrag zu arbeiten. Dann schreibt sich die innere Arbeit für eine Turbinenstufe

$$h_{iT}^* = h_{uT}^* - h_{RT} - h_{SpT}$$

und für eine Verdichterstufe

$$|h_{iK}^*| = |h_{uK}^*| + h_{RK} + h_{SpK}.$$

Von Interesse ist auch noch die zweite Form der EULERschen Turbinengleichung, nämlich

$$h_u^* = \frac{1}{2}\left[(c_1^2 - c_2^2) + (u_1^2 - u_2^2) + (w_2^2 - w_1^2)\right], \tag{2.32}$$

wo bei Axialmaschinen wegen $u_1 = u_2 = u$ der zweite Summand in der Klammer verschwindet. Diese Beziehung geht im letzteren Fall mit

$$c^2 = c_a^2 + c_u^2, \qquad w^2 = w_a^2 + w_u^2, \qquad c_a = w_a,$$

$$c_{1u} - c_{2u} = \Delta c_u = w_{1u} - w_{2u} = \Delta w_u$$

wieder in die obige Gl. (2.31) über. Hierdurch ist aber die Gasarbeit in besonders klarer Form auf die Änderung der kinetischen Energie (erster Summand), die Änderung des statischen Druckes durch die Zentrifugalkraft bei Radialmaschinen (zweiter Summand) und die Änderung des statischen Druckes im Laufrad, d. h. die Druckänderung in der Relativströmung nach BERNOULLI (dritter Summand), zurückgeführt.

Bei Axialturbinen mit starker Erweiterung des Strömungskanals in Achsrichtung, wie sie z. B. beim PTL vorkommen (s. Bild 4.25), kann u. U. auf einzelnen Stromlinien, die nicht achsparallel verlaufen (vgl. Bild 4.84), eine Änderung der Umfangsgeschwindigkeit vom Wert u_1 vor dem Laufrad auf den Wert u_2 hinter diesem Rad auftreten. Da ein derartiger Fall für die in Abschn. 4.2 zu behandelnde Mehrschnittrechnung Interesse besitzt, möge Gl. (2.32) noch etwas weiter behandelt werden. Wir vergleichen sie dazu mit der Beziehung (2.4), die für eine einzelne Stufe mit Einführung der Laufradindizes 1 und 2 lautet:

$$h_i^* = i_1 - i_2 + \frac{1}{2}(c_1^2 - c_2^2).$$

Betrachten wir hier i_2 als den Wärmeinhalt vor Einrechnung des Radscheiben- und des Spaltverlustes — wir bezeichnen ihn dann als i_{2u} —, so haben wir links an der Stelle der inneren Arbeit die Umfangsarbeit, also

$$h_u^* = i_1 - i_{2u} + \frac{1}{2}(c_1^2 - c_2^2).$$

Demnach muß

$$i_1 - i_{2u} = \frac{1}{2}\left[(u_1^2 - u_2^2) + (w_2^2 - w_1^2)\right]$$

sein. In der Form

$$i + \frac{w^2}{2} - \frac{u^2}{2} = i^* - u c_u = \text{const}$$

ist das die Wärmeinhaltsgleichung für ein rotierendes System.

In den weitaus meisten Fällen liegt der Einfluß der Änderung von u auch auf den einzelnen Stromlinien im Rahmen der möglichen Genauigkeit der Turbinenberechnung überhaupt. Gl. (2.32) ist dann mit $u_1 = u_2$ der mathematische Ausdruck des durch Bild 4.3 gegebenen Zusammenhanges zwischen h_u^*, c_1, c_2, w_1 und w_2. Dabei gilt einfach

$$\frac{w_2^2}{2} = i_1 - i_{2u} + \frac{w_1^2}{2}.$$

In dieser Form werden wir alle Betrachtungen in dem vorliegenden Buch durchführen.

Ist die Benutzung der ausführlichen Gl. (2.32) mit $u_1 \neq u_2$ erwünscht, so muß der nunmehr zu verwendenden Beziehung

$$\frac{w_2^2}{2} = i_1 - i_{2u} + \frac{w_1^2}{2} - \frac{u_1^2 - u_2^2}{2}$$

Rechnung getragen werden, indem in Bild 4.3 die Größe $w_1^2/2$ durch $[w_1^2/2 - (u_1^2 - u_2^2)/2]$ ersetzt wird. Während sich dabei am statischen Druck p_1 nichts ändert, erhalten wir natürlich an Stelle des Gesamtdruckes p_1^* jetzt den (nicht eingetragenen) scheinbaren Anfangsgesamtdruck p_{1u}^*. Praktisch wird auf dieses Verfahren meist verzichtet. Es dürfte sich dann empfehlen, wenigstens beim Geschwindigkeitsplan in Ein- und Austrittsdreieck die unterschiedlichen Umfangsgeschwindigkeiten anzusetzen (s. Bild II.2).

Mit diesen Ausführungen soll der Abschnitt über die für Turbine und Verdichter gemeinsamen grundlegenden Arbeits- und Strömungsgleichungen geschlossen werden. Er hatte ja nur den Zweck einer kurzen Zusammenfassung, und wir wollen möglichst schnell an die speziellen Probleme der Turbine herankommen. Bevor wir uns ganz dieser Strömungsmaschine zuwenden, ist aber noch auf zwei andere wichtige Fragen einzugehen, nämlich die Frage der mechanischen Ähnlichkeit und das Problem der radialen Drallverteilung in der Stufe.

2.2 Ähnlichkeitstheorie

Wir bezeichnen die Strömungssysteme zweier durchströmter Maschinen als mechanisch ähnlich, wenn sowohl geometrische Ähnlichkeit der Körper als auch solche der Stromlinienbilder besteht. Von thermodynamischer Ähnlichkeit sprechen wir, wenn darüber hinaus Ähnlichkeit der Temperaturverteilungen in den verglichenen Strömungsfeldern zu verzeichnen ist.

Da Ähnlichkeit im allgemeinsten Fall unter Einbeziehung sämtlicher Einflußgrößen praktisch kaum herstellbar ist, vereinfacht man das Problem durch Beschränkung der Betrachtung auf die im Einzelfall jeweils vorrangig wirksam werdenden Faktoren und gelangt so zu einer Anzahl spezieller Ähnlichkeitsgesetze. Als solche sind bekannt die durch

Newton-Zahl $$c_K = \frac{K}{\frac{1}{2}\varrho w^2 F} = \frac{K}{qF}, \tag{2.33}$$

Reynolds-Zahl $$Re = \frac{wl}{\nu} = \frac{\varrho w l}{\eta}, \tag{2.34}$$

Mach-Zahl $$M = \frac{w}{a}, \tag{2.35}$$

Strouhal-Zahl $$S = \frac{w}{ln}$$

und

Prandtl-Zahl $$Pr = \frac{\nu}{a'} \tag{2.36}$$

bestimmten Gesetze. Dabei bedeutet K eine Kraft, ϱ eine Dichte, w eine Geschwindigkeit, q einen Staudruck, F eine Fläche, l eine Länge, ν eine kinematische und η eine dynamische Zähigkeit, a eine Schallgeschwindigkeit, n eine Schwingungsfrequenz und a' eine Temperaturleitfähigkeit der verglichenen Systeme. Über die Gleichheit obiger Größen hinaus erfordert die Ähnlichkeit der Strömungen noch gleichen Isentropenexponenten $\varkappa$ der Arbeitsmittel.

Man kann nun den kinematischen Zustand der Strömungsmaschine, d. h. das in ihr vorhandene Gasgeschwindigkeitsfeld, durch eine besondere Kennzahl charakterisieren. Da die Drehung des Rotors eine periodisch veränderliche Bewegung in der Strömung darstellt, läßt sich dafür die STROUHALsche Ähnlichkeitszahl zugrunde legen. Durch Einführung der Axialgeschwindigkeit c_a des Gases an einer beliebigen Stelle der Maschine für w und einer Umfangsgeschwindigkeit u des Rotors für das Produkt ln wird hieraus die nunmehr als Lieferzahl bezeichnete Größe

$$\varphi = \frac{c_a}{u}. \tag{2.37}$$

Beim Axialverdichter ist es üblich, die Geschwindigkeit c_a am Eintritt in die Maschine und die Umfangsgeschwindigkeit $u = D\pi n$ des ersten Laufrades (meist bezogen auf den Außendurchmesser) als kennzeichnende Werte zu verwenden. Größenordnung:

$$\varphi = 0{,}15 \cdots 0{,}8.$$

Bei der Turbine kommen auch die Austrittswerte zur Bestimmung von φ in Frage. Die Axialgeschwindigkeit kann im übrigen auch auf den Gesamtzustand der Strömung, gekennzeichnet durch $\varrho^* = f(p^*, T^*)$ bezogen sein. In diesem Fall ist sowohl c_a als auch φ zusätzlich mit einem Sternchen zu versehen.

Um eine entsprechende Kennzahl für den dynamischen Zustand zu erhalten, gehen wir von dem NEWTONschen Ähnlichkeitsgesetz aus, für das wir den oben angegebenen Kraftbeiwert auch in der Form

$$c_K = \frac{2}{w^2} \frac{K}{\varrho F}$$

schreiben können. Wählen wir als kennzeichnende Geschwindigkeit w wieder eine Umfangsgeschwindigkeit u — etwa, aber nicht notwendigerweise, die des ersten Laufrades — und schreiben wir an Stelle des Faktors $K/\varrho F$ mit der Dimension einer spezifischen Energie die Expansions- bzw. Verdichtungsarbeit H, so ergibt sich in Analogie zu dem Kraftbeiwert nach NEWTON die Druckzahl

$$\psi = 2\frac{H}{u^2} = 2\frac{\Delta i}{u^2}. \tag{2.38}$$

Für H läßt sich auch die Größe H^*, H_s^* oder eine andere setzen. ψ ist dann mit denselben Indizes zu versehen. Größenordnung bei der einstufigen Maschine:

$$\psi_s^* = 0{,}05 \text{ (Lüfter)} \cdots 1{,}5 \text{ (Radialgebläse)}.$$

Die Druckzahl wird als dynamische Kenngröße meist im Verdichterbau benutzt. Im Turbinenbau ist es mehr üblich — und zwar nur historisch bedingt —, den von ihr abgeleiteten Wert

$$\frac{1}{\sqrt{\psi_s^*}} = \frac{u}{\sqrt{2H_s^*}} = \frac{u}{c_{0s}^*}, \tag{2.39}$$

die sogenannte Laufzahl, zu verwenden. Dabei ist c_{0s}^* die dem isentropen, auf Gesamtwerte bezogenen Gefälle der Turbine äquivalente, fiktive Geschwindigkeit (Bild 2.8). Als Richtwert ist nach PFLEIDERER [2] für die einzelne Stufe

$$\frac{u}{c_{0s}^*} = (0{,}38 \cdots 0{,}47)\,(1 + 0{,}8\mathfrak{r})$$

anzunehmen, wobei $\mathfrak{r} = (i_{1s} - i_{2s})/(i_0 - i_{2s})$ die Reaktion darstellt. Diese Näherungsformel gilt für $\mathfrak{r} < 0{,}5$.

Lieferzahl und Druckziffer spielen für Einzelstufen und mehrstufige Maschinen noch eine besondere Rolle in der Kombination

$$\sigma = \frac{\varphi^2}{\psi} = \frac{c_a^2}{2\Delta i},$$

der sogenannten Drosselzahl, die wir auch mit dem statischen isentropen Gefälle (Index s) oder dem Gesamtgefälle bilden können. Diese Drosselzahl wird im allgemeinen beim Verdichter auf die Axialgeschwindigkeit am Eintritt, bei der Turbine auf die Axialgeschwindigkeit am Austritt der betreffenden Stufe oder Maschine bezogen. Bei dieser Festlegung ergeben sich erfahrungsgemäß einfache Tendenzen, z. T. sogar annähernd konstante Verläufe der Drosselzahl über anderen Kenngrößen bei starken Änderungen des Betriebspunktes. Ersetzt man nun die Axialgeschwindigkeit am Eintritt des betrachteten Elementes durch die am Austritt (oder umgekehrt, je nach ursprünglicher Festlegung), dann lassen sich die Auswirkungen leicht übersehen. Beide Drosselzahlen unterscheiden sich um einen Faktor, der vom Druckverhältnis und Verhältnis der Flächen am Ein- und Austritt abhängt. Schreiben wir nämlich für den Eintritt wieder den Index 0, für den Austritt den Index 2, so gilt bei Verwendung von statischen Größen

$$\sigma_0 = \frac{c_{0a}^2}{2\Delta i} = \frac{1}{2\Delta i}\left(\frac{\dot m}{\varrho_0 F_0}\right)^2 = \frac{1}{2\Delta i}\left(\frac{\dot m}{\varrho_2 F_2}\right)^2 \left(\frac{\varrho_2}{\varrho_0}\right)^2 \left(\frac{F_2}{F_0}\right)^2$$

$$= \frac{c_{2a}^2}{2\Delta i}\left(\frac{p_2}{p_0}\right)^{\frac{2}{n}} \left(\frac{F_2}{F_0}\right)^2 = \left(\frac{p_2}{p_0}\right)^{\frac{2}{n}} \left(\frac{F_2}{F_0}\right)^2 \sigma_2 .$$

Dieser Zusammenhang läßt sich in analoger Form auch für Gesamtgrößen aufschreiben.

Die Drosselzahl hat für Ventilatoren mit gleichem statischen Druck an Ein- und Austrittsöffnung einen konstanten Wert, solange die Beiwerte c_w der inneren Widerstände sich nicht ändern, solange also die Drosselung der Ventilatoren dieselbe bleibt. Dabei kann die Drehzahl beliebige Werte annehmen, wenn nur die Dichteänderungen des Gases innerhalb der Maschine vernachlässigbar klein sind. In diesem Falle ist mit konstanter, auf den Eintritt bezogener Drosselzahl auch die auf den Austritt bezogene Kennzahl konstant. Beide haben allerdings je nach den zugehörigen Strömungsquerschnitten verschiedene Werte. Die obigen Voraussetzungen sind bei Kompressoren natürlich nicht mehr erfüllt, so daß dort mit einer starken Abhängigkeit von Drehzahl und Druckverhältnis gerechnet werden muß.

Auch bei Turbinenstufen kann die auf den Austritt bezogene Drosselzahl bei großen Änderungen des Betriebspunktes Abweichungen vom Auslegungswert zeigen, die nicht mehr zu vernachlässigen sind. Bildet man jedoch die Drosselzahlen für die einzelnen Räder, so ergibt sich über dem Druckverhältnis der Turbine ein nahezu konstanter Verlauf. Wir betrachten dazu in Bild 2.11 die Größe $\Sigma(1/\sigma_s F^2)$, die im Zusammenhang mit der Mengendruckgleichung in Abschn. 7.211. eine Rolle spielen wird. Diese Summe wird einmal über alle Stufen mit der für die Stufe definierten Drosselzahl $\sigma_s = c_a^2/2\Delta i_s$ und einmal über alle Räder mit der für das Rad gebildeten entsprechenden Drosselzahl geführt. F bezeichnet die Kanalringfläche am Stufen- bzw. Radaustritt. Bei der vorliegenden Turbine handelt es sich um eine einstufige Maschine, so daß sich die erstgenannte Summe auf ein Glied reduziert. Bild 2.11 zeigt den Unterschied im Verhalten der beiden Summen, der auf das verschiedenartige Verhalten der Drosselzahlen zurückgeht. Wie aus dem Vergleich der ausgezogenen und gestrichelten Kurven hervorgeht, ist der Drehzahleinfluß grundsätzlich von untergeordneter Bedeutung.

Druckzahl ψ und Wirkungsgrad η sind in erster Linie Funktionen der Lieferzahl φ. Darüber hinaus ist aber auch der Einfluß der übrigen Ähnlichkeitskenngrößen zu berücksichtigen. Man kann daher allgemein schreiben:

$$\psi = \psi(\varphi, Re, M, Pr, \varkappa)$$

und

$$\eta = \eta(\varphi, Re, M, Pr, \varkappa).$$

Dieser Zusammenhang ist ziemlich kompliziert. Glücklicherweise können wir ihn noch etwas vereinfachen.

Zunächst ist der Einfluß der PRANDTL-Zahl praktisch nur sehr gering. Wir dürfen sie daher ohne großen Fehler in den beiden obigen Funktionen streichen. Das bedeutet, daß

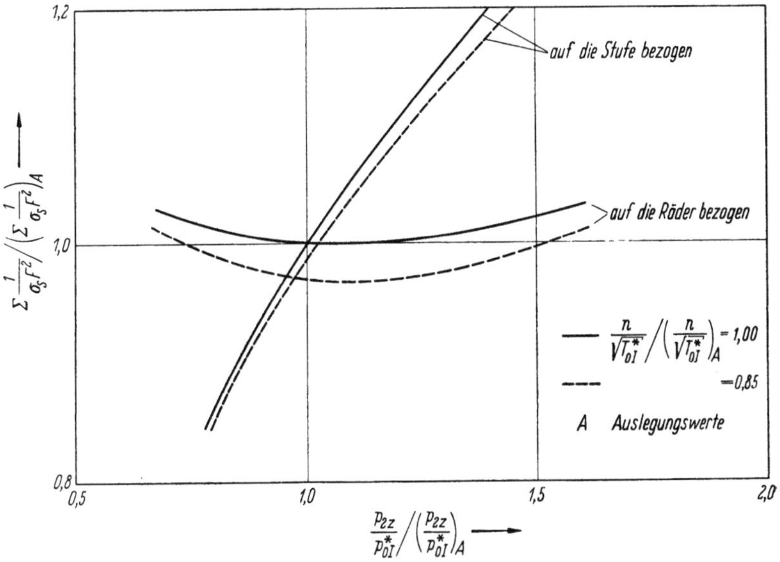

Bild 2.11 Verhalten der Drosselzahl bei einer einstufigen Turbine

wir insbesondere Versuchsergebnisse an Dampf- und Gasturbinen wechselseitig aufeinander übertragen können. Hierbei ist aber noch der $\varkappa$-Einfluß zu berücksichtigen. Will man diesen ebenfalls außer Ansatz lassen, so muß man sich im allgemeinen auf ein bestimmtes Strömungsmedium beschränken. Zwar bleibt dann die Temperaturabhängigkeit von $\varkappa$ bestehen. Sie spielt aber bei Kreiselradmaschinen mäßiger spezifischer Leistung mit Temperaturänderungen der strömenden Luft bis 200 grd noch keine Rolle, da der Isentropenexponent sich in diesem Bereich nur sehr wenig ändert. Bei Maschinen höherer Leistung mit Temperaturänderungen über 300 grd und insbesondere bei PTL-Turbinen mit ihrem Temperaturgefälle von teilweise über 400 grd macht sich dagegen die Abhängigkeit des $\varkappa$ von der Gastemperatur schon bemerkbar. Um auch hier die Berechtigung zum Streichen von $\varkappa$ in den obigen Funktionen ψ und η zu haben, muß man Kennfeldrechnungen in der Form durchführen, daß man für alle Betriebszustände der Maschine wenigstens die gleiche Gasanfangstemperatur wählt. Strenggenommen ergibt sich dann für jede Temperatur ein anderes Kennfeld, doch liegen die Abweichungen im Bereich der praktisch in Frage kommenden Temperaturen noch im Rahmen der Rechengenauigkeit. Auf die Möglichkeit, stärkere $\varkappa$-Änderungen im Kennfeld zu berücksichtigen, kommen wir in Abschn. 7.1 noch zu sprechen.

Die Höhe der REYNOLDS-Zahl ist bei Gasturbinentriebwerken am Boden praktisch durch die Abmessungen der Maschine, d. h. durch die Größe der Schaufeln festgelegt; denn die Geschwindigkeiten, Drücke und Temperaturen der Arbeitsmittel haben hier immer die gleiche Größenordnung. Dementsprechend sind die in Frage kommenden REYNOLDS-Zahlen verschieden, je nachdem wir es mit einem Kleintriebwerk von 40 kJ/s (54,3 PS) oder einem PTL von 4000 kJ/s (5430 PS) Leistung zu tun haben. Beim Vergleich solcher Triebwerke ist also der Re-Einfluß auf ψ und η nicht zu vernachlässigen. Das gilt auch beim Übergang vom Bodenbetrieb eines Strahltriebwerkes auf den Flug in großer

Höhe, also bei wesentlichen Änderungen der Außenluftdichte. Handelt es sich aber um die Untersuchung einer bestimmten gegebenen Maschine — etwa die Berechnung ihres Kennfeldes — unter wenig wechselnden Außenbedingungen, so kann man in diesen Grenzen Re als konstant betrachten.

Auf Grund dieser Tatsachen dürfen wir für einen konkret vorliegenden Verdichter bzw. eine Turbine im allgemeinen einfach schreiben

$$\psi = \psi(\varphi, M)$$

und

$$\eta = \eta(\varphi, M). \tag{2.40}$$

Durch Eliminierung von M gewinnt man aus beiden Gleichungen für die Druckzahl auch noch die Abhängigkeit

$$\psi = \psi(\varphi, \eta). \tag{2.41}$$

Das gesamte Betriebsverhalten der Strömungsmaschine wird demnach durch ein Kennfeld wiedergegeben, in welchem ψ als zweiparametrige Kurvenschar mit den Parametern M und η in Abhängigkeit von φ dargestellt ist.

In der Praxis kann man je nach Zweckmäßigkeit die Rolle von Variable und Parameter vertauschen. Man kann auch nach Kühl [80] aus ihnen abgeleitete Größen als Kennwerte benutzen. Als Beispiel wählen wir einen Verdichter, bei dem man an Stelle von ψ_s^* unter Verwendung der Mach-Zahl $M_{1u}^* = u/a_1^*$, also des Verhältnisses der vektoriellen Differenz u von Absolut- und Relativgeschwindigkeit zur Ruheschallgeschwindigkeit a_1^* vor dem Verdichter, den Ausdruck

$$\psi_s^* \frac{M_{1u}^{*2}}{2} = \frac{2 H_s^*}{u^2} \frac{u^2}{2 \varkappa R T_1^*} = \frac{H_s^*}{\varkappa R T_1^*} \tag{2.42}$$

aufträgt. Unter Verzicht auf Dimensionsfreiheit und bei Beschränkung auf ein bestimmtes Gas ergibt sich hieraus die einfache Variable $H_s^*/T_1^* \sim \psi_s^* M_{1u}^{*2}$. Wegen

$$\frac{H_s^*}{T_1^*} = \frac{\varkappa}{\varkappa - 1} R \left[1 - \left(\frac{p_3^*}{p_1^*}\right)^{\frac{\varkappa-1}{\varkappa}}\right]$$

— vgl. Gl. (2.3) — wird schließlich oft direkt das Verdichtungsverhältnis $\varepsilon^* = p_3^*/p_1^*$ als Veränderliche gewählt.

Ganz entsprechend ist es möglich, die Variable φ_1^* durch

$$\varphi_1^* M_{1u}^* = \frac{c_{1a}^*}{u} \frac{u}{\sqrt{\varkappa R T_1^*}} = \frac{\dot{m}}{\varrho_1^* F_1} \frac{1}{\sqrt{\varkappa R T_1^*}} = \frac{\dot{m}}{p_1^* F_1} \frac{\sqrt{R T_1^*}}{\sqrt{\varkappa}} \tag{2.43}$$

zu ersetzen. Lassen wir die Dimensionsfreiheit wieder fallen und beschränken uns auf eine gegebene Anlage, so führt dieser Ausdruck auf den einfachen Kennwert

$$\frac{\dot{m}\sqrt{T_1^*}}{p_1^*} \sim \varphi_1^* M_{1u}^*.$$

Aus ihm läßt sich durch Multiplikation mit R nochmals ableiten

$$\frac{\dot{m} R \sqrt{T_1^*}}{p_1^*} = \frac{\dot{m} v_1^*}{\sqrt{T_1^*}} = \frac{\dot{V}_1^*}{\sqrt{T_1^*}} \sim \varphi_1^* M_{1u}^*. \tag{2.44}$$

Durch entsprechende Behandlung der aus Umfangsgeschwindigkeit und Ruheschallgeschwindigkeit vor dem Verdichter gebildeten MACH-Zahl

$$M_{1u}^* = \frac{u}{\sqrt{\varkappa R T_1^*}} = \frac{D \pi n}{\sqrt{\varkappa R T_1^*}} \tag{2.45}$$

erhält man schließlich die Parameter $u/\sqrt{T_1^*} \sim M_{1u}^*$ und $n/\sqrt{T_1^*} \sim M_{1u}^*$.

Verwendet werden alle diese Größen. Auf die von uns bevorzugten Kennwerte werden wir bei der näheren Behandlung des Turbinenkennfeldes in Abschn. 7.1 zu sprechen kommen. Dabei werden wir dann auch genauer sehen, welche Gestalt ein solches Kennfeld im einzelnen hat.

2.3 Drallgesetze

Wir haben nun noch auf eine für beide Axialmaschinen außerordentlich wichtige Frage einzugehen, nämlich die Radialverteilung des auf die Masseneinheit bezogenen Drehimpulses oder Dralles $c_u r$ des strömenden Gases, wobei bekanntlich der Drehimpuls gleich dem Moment der Bewegungsgröße $m c_u$ in bezug auf die Drehachse ist. Als Umfangskomponente der absoluten Austrittsgeschwindigkeit aus dem Schaufelgitter bestimmt c_u den Hinterkantenwinkel des Profiles, damit also die Verwindung der Schaufel längs des Radius. Weiter ist auf Grund der EULERschen Turbinengleichung (2.30) in der Form

$$h_u^* = \omega (c_{1u} r_1 - c_{2u} r_2)$$

durch die Verteilung von $c_u r$ im Spalt zwischen je zwei Schaufelgittern der radiale Verlauf der spezifischen Arbeit in der betrachteten Stufe festgelegt. Es ist also ohne weiteres einleuchtend, daß die Funktion

$$c_u r = f(r)$$

für Konstruktion und Wirkungsgrad einer axialen Strömungsmaschine von entscheidender Bedeutung sein muß.

Es zeigt sich nun, daß die praktisch interessierenden Drallverteilungen sämtlich durch

$$f(r) = \text{const}\, r^{1-q} \qquad \text{bzw.} \qquad c_u r^q = \text{const} \tag{2.46}$$

mit $-1 \leqq q \leqq 1$ erfaßt sind. Die beiden Grenzfälle

$$\frac{c_u}{r} = \text{const} \quad (q = -1) \qquad \text{und} \qquad c_u r = \text{const} \quad (q = 1)$$

stellen dabei die Drallverteilungen des rotierenden starren Körpers und des Potentialwirbels dar. Der sich mit der Winkelgeschwindigkeit ω drehende starre Körper ist ja dadurch gekennzeichnet, daß jeder seiner Punkte die Bahngeschwindigkeit $c_u = r\omega$ um die Drehachse besitzt. Die Konstante aus Gl. (2.46) ist in diesem Falle gleich ω. Der Potentialwirbel ist durch das Geschwindigkeitspotential $\Phi = \text{const}\, \varphi$ in der r, φ-Ebene (Polarkoordinaten) gegeben. Die Geschwindigkeitskomponente in Richtung der konzentrischen Kreise um den Nullpunkt des Koordinatensystems erhält man durch Ableitung des Potentials nach der Kreisbahn, also

$$c_u = \frac{\partial \Phi}{r\, \partial \varphi} = \frac{\text{const}}{r}$$

Hier ist die Konstante aus Gl. (2.46) identisch mit dem Koeffizienten von φ im Geschwindigkeitspotential.

Je nach dem Drallgesetz ergibt sich ein anderer radialer Druckverlauf zwischen den Rädern. Wir wollen diesen berechnen.

2.31 Der Druckgradient hinter einem axialen Schaufelgitter

Zur Ermittlung des Druckgradienten gehen wir von dem D'ALEMBERTschen Prinzip aus, das durch Aufstellung der Gleichgewichtsbedingung für sämtliche an einem bewegten Körper angreifenden Kräfte unter Einschluß der Trägheitskraft eine quasistatische Behandlung der Aufgabe gestattet.

Wir betrachten die Kräfte, die im allgemeinsten Fall auf das längs der Meridianstromlinie s—s in einem beliebig begrenzten Schaufelkanal bewegte Gasteilchen von der Masse

$$dm = \varrho \, dV$$

in radialer Richtung wirken (Bild 2.12). Hierbei handelt es sich zunächst um die durch den radialen Druckverlauf selber bewirkte Kraft

$$dD = \left(p + \frac{\partial p}{\partial r} dr\right) df - p\,df = \frac{\partial p}{\partial r} dV,$$

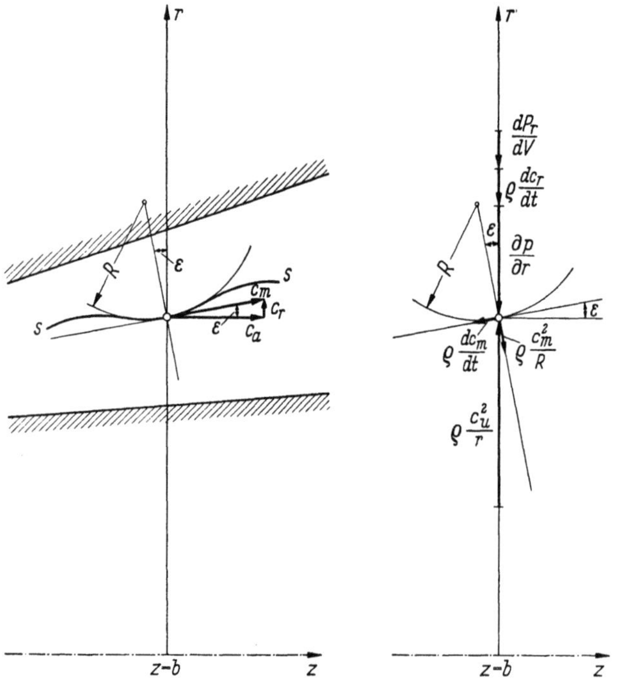

Bild 2.12 Zum Kräftegleichgewicht des Gasteilchens in der Meridianebene

die auf ein durch die Beziehung $dV = dr\,df$ definiertes Flächenelement df wirkend zu denken ist. Infolge der Rotation um die Drehachse der Maschine mit der Bahngeschwindigkeit c_u wirkt außerdem die Zentrifugalkraft

$$dZ = dm\,r\,\omega^2 = dm\,r\,\frac{c_u^2}{r^2} = \varrho\,\frac{c_u^2}{r}\,dV.$$

Weiter geht in die Kräftebilanz die mit einer etwaigen Radialbeschleunigung b_r verknüpfte Trägheitskraft

$$dT = dm\,b_r = \varrho\,\frac{dc_r}{dt}\,dV$$

ein. Schließlich haben wir noch die Radialkomponente dP_r der von den Schaufeln auf das Gas ausgeübten Reaktionskraft zu berücksichtigen, die dann auftritt, wenn die Schaufel oder auch nur ihre Hinterkanten nicht genau radial angeordnet sind.

Die Gleichgewichtsbedingung lautet nun

$$dD + dT + dP_r - dZ = 0.$$

In den Vorzeichen kommt zum Ausdruck, daß die positiven Richtungen der Druck-, der Trägheits- und der radialen Schaufelkraft entgegen der Richtung der Zentrifugalkraft festgelegt wurden. Dadurch erhält man positive Druckkräfte bei Verschwinden der Trägheits- und radialen Schaufelkräfte; die Trägheitskräfte ergeben sich positiv, wenn die Meridianstromlinie zur Drehachse hin konvex erscheint, die radialen Schaufelkräfte, wenn die Hinterkanten der Schaufeln des Leitrades in bzw. des Laufrades entgegen der Drehrichtung geneigt sind. Durch Einsetzen der oben gefundenen Ausdrücke geht die Gleichgewichtsbedingung über in

$$\frac{\partial p}{\partial r} = \varrho\,\frac{c_u^2}{r} - \varrho\,\frac{dc_r}{dt} - \frac{dP_r}{dV}, \tag{2.47}$$

womit der radiale Druckgradient in allgemeinster Form gefunden ist.

Das mit der Radialbeschleunigung verbundene Trägheitsglied läßt sich noch weiter entwickeln. Nach Bild 2.12 ist

$$c_r = c_m \sin \varepsilon$$

und

$$\frac{d c_r}{d t} = \frac{d c_m}{dt} \sin \varepsilon + c_m \cos \varepsilon \frac{d\varepsilon}{dt} = \frac{dc_m}{dt} \sin \varepsilon + \frac{c_m^2}{R} \cos \varepsilon .$$

Die Radialbeschleunigung setzt sich also zusammen aus der Radialkomponente einer evtl. auftretenden Bahnbeschleunigung längs der Meridianstromlinie und der Radialkomponente einer Normalbeschleunigung, die sich infolge einer etwaigen Rotationsbewegung mit dem Radius R um den momentanen Krümmungsmittelpunkt der Meridianstromlinie ergibt. Zweckmäßigerweise eliminiert man aus dem ersten Summanden noch die Zeit, indem man über die Bogenkoordinate s auf der Stromlinie geht. Es ergibt sich

$$\frac{dc_m}{dt} = \frac{\partial c_m}{\partial s} \frac{ds}{dt} = \frac{\partial c_m}{\partial s} c_m .$$

In entsprechender Weise behandeln wir den letzten Summanden von Gl. (2.47). Zunächst ist nach Bild 2.17

$$d P_r = d P_u \tan \gamma .$$

Auf Grund des Impulsmomentensatzes gilt

$$r d P_u = \varrho d\dot{V} \left(r c_u + \frac{\partial (r c_u)}{\partial s} ds \right) - \varrho d\dot{V} r c_u = \varrho d\dot{V} \frac{\partial (r c_u)}{\partial s} ds = \varrho d V \frac{\partial (r c_u)}{\partial s} c_m$$

bzw.

$$d P_u = \varrho \frac{\partial (r c_u)}{\partial s} \frac{c_m}{r} d V .$$

Infolgedessen erhält man eine spezifische Schaufelkraft

$$\frac{d P_r}{d V} = \varrho \frac{\partial (r c_u)}{\partial s} \frac{c_m}{r} \tan \gamma .$$

Aus dem Druckgradienten wird damit

$$\frac{\partial p}{\partial r} = \varrho \left(\frac{c_u^2}{r} - \frac{\partial c_m}{\partial s} c_m \sin \varepsilon - \frac{c_m^2}{R} \cos \varepsilon - \frac{\partial (r c_u)}{\partial s} \frac{c_m}{r} \tan \gamma \right). \tag{2.47a}$$

Analysiert man die Bedeutung der einzelnen Glieder auf der rechten Seite der Gleichung, so zeigt sich, daß der erste Summand für die Praxis der Gasturbinen der wichtigste ist. Die Umfangskomponente c_u der Absolutgeschwindigkeit des Gases tritt insbesondere hinter den Turbinenleiträdern in beträchtlicher Größe auf. Die damit verknüpfte Zentrifugalbeschleunigung verschwindet nur im Fall $r \to \infty$. Man findet ihn bei Regelstufen von Dampfturbinen. Hier sind die Leitgitterkanäle oft in Form von Einzeldüsen tangential an den mittleren Beschaufelungskreis des Laufrades angesetzt, so daß eine Rotation des eintretenden Dampfes noch fehlt.

Der zweite und dritte Summand verkörpern zusammen den Einfluß der Radialbeschleunigung und gewinnen in der Leitradaustrittsebene nur Bedeutung, wenn die Meridianstromlinie merklich gegen die Drehachse geneigt (zweiter Summand) oder gekrümmt (dritter Summand) ist. Ersteres ist im allgemeinen nur in Randzonen stark erweiterter Kanäle der Fall, während merkliche Krümmungen — begleitet von kleineren Neigungswinkeln ε — schon im achsparallelen, zylindrisch begrenzten Strömungskanal auftreten können. Sie kommen dadurch zustande, daß das Profil der Axialgeschwindigkeit c_a (genau gesagt: das Profil des Produktes $c_a \varrho$, welches mit Massenstromdichte bezeichnet wird) in den einzelnen Strömungsebenen verschiedenes Aussehen besitzt. Das Anwachsen der Axialgeschwindigkeit in der inneren oder äußeren Hälfte des Kanals muß durch Radialgeschwindigkeiten ausgeglichen werden. So zeigt Bild 2.13 den idealen, bei Vernachlässigung der Vorgänge innerhalb der Schaufelgitter selber erhaltenen Meridianschnitt durch eine Turbinenstufe, die im Eintritt und Austritt konstante Axialgeschwindigkeit über den Radius besitzt, während im Spalt zwischen den Rädern diese Geschwindigkeit längs der Schaufeln veränderlich ist. — Hinter den Laufrädern der

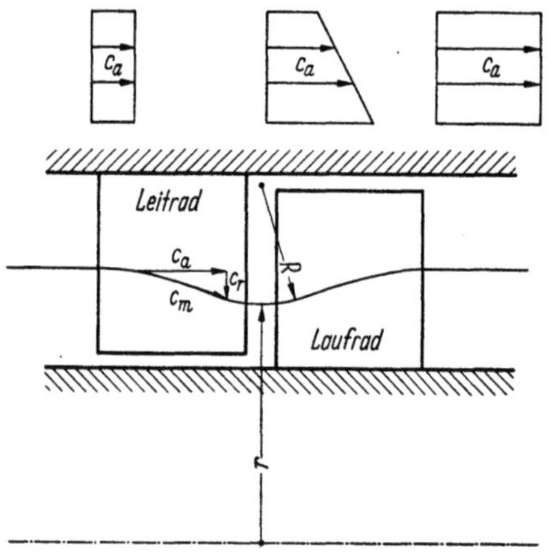

Bild 2.13 Ideale Wellenform der Meridianstromlinien infolge von Änderungen des Profils der Axialgeschwindigkeit

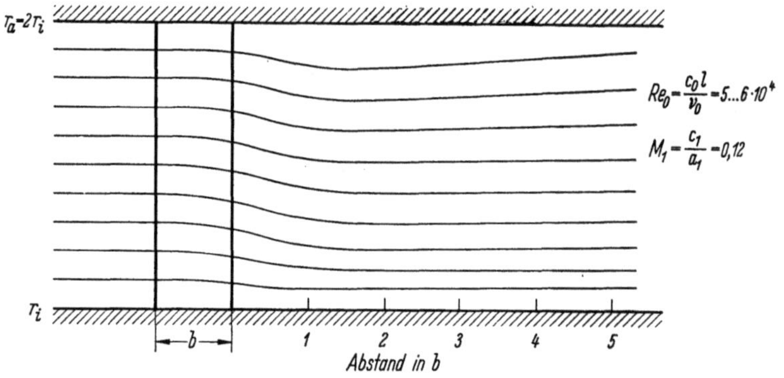

Bild 2.14 Meridianstromlinien für ein Leitrad mit unverwundenen Schaufeln (nach SCHÄFFER [*15*])

Gasturbine, wo c_u sogar verschwinden kann, müssen das zweite und dritte Glied natürlich neben dem ersten Glied der rechten Seite von Gl. (2.47a) beachtet werden, sofern man hier nicht einfach die übliche Näherungsannahme radial konstanten Druckes benutzt.

Wie die genauere theoretische Untersuchung zeigt, erreicht ein Gasteilchen beim Durchströmen eines einzelnen Gitters erst in größerem Abstand vom Gitter wieder die Radialgeschwindigkeit Null. Diese Tatsache ergibt sich auch aus dem in Bild 2.14 dargestellten Meßergebnis von SCHÄFFER [*15*]. Es wurde — wieder unter Vernachlässigung der Einzelheiten der Strömung zwischen den Schaufeln — an einem Turbinenleitrad vom Nabenverhältnis $\nu = r_i/r_a = 0{,}5$ mit 44 unverwundenen Schaufeln des in Bild 2.15 wiedergegebenen Profils gewonnen. Außer der Profilform war auch die Sehnenlänge längs des Radius konstant, so daß das Teilungsverhältnis von $t/l = 0{,}4$ innen auf $t/l = 0{,}8$ außen anwuchs. Durch Messung der Geschwindigkeitskomponenten der Strömung in verschiedenen Ebenen hinter dem Gitter konnten die Meridianstromlinien konstruiert werden. Danach sind die Radialgeschwindigkeiten erst etwa im Abstand zweier axialer Gitterbreiten b von der Austrittsebene des Gitters auf Null zurückgegangen. Die anschließende Verschiebung des Massenflusses nach außen ist durch Reibungswirkungen bedingt und braucht hier nicht diskutiert zu werden.

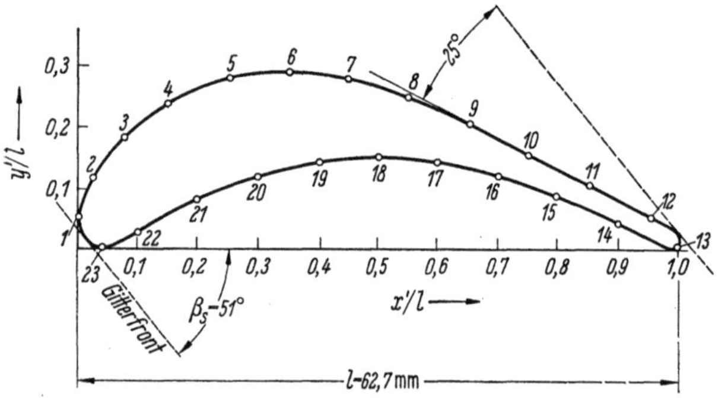

Nr. der Meßstelle	x'/l	y'/l	Nr. der Meßstelle	x'/l	y'/l
1	0,000	0,048	13	1,000	0,013
2	0,025	0,108	14	0,900	0,039
3	0,075	0,172	15	0,800	0,084
4	0,150	0,230	16	0,700	0,119
5	0,250	0,273	17	0,600	0,138
6	0,350	0,284	18	0,500	0,141
7	0,450	0,276	19	0,400	0,135
8	0,550	0,251	20	0,300	0,116
9	0,650	0,204	21	0,200	0,080
10	0,750	0,156	22	0,100	0,026
11	0,850	0,108	23	0,050	0
12	0,950	0,058			

$b/l = 0{,}766$

Bild 2.15 Den Messungen in Bild 2.14, 4.29 und 4.75 zugrunde liegendes Profil

Das in Bild 2.13 gezeichnete Verschwinden der Radialgeschwindigkeit im Spalt zwischen zwei Rädern einer Stufe kann ebenfalls nur bei hinreichendem Abstand der Räder angenommen werden. Darüberhinaus wird aber die Form der Stromlinien ganz wesentlich durch den wirklichen Ablauf der Expansion im Bereich der Schaufeln beeinflußt. Außer der Zirkulationsverteilung längs der Gitterbreite spielt noch der Dickenverlauf der Schaufeln eine Rolle. Als Beispiel für das wirkliche Aussehen der Meridianstromlinien diene das einer sowjetischen Arbeit [3] entnommene Bild 2.16. Es zeigt den Stromlinienverlauf in einer Turbinenstufe, berechnet ohne Berücksichtigung der endlichen Schaufeldicken (gestrichelte Kurven) und mit Berücksichtigung der endlichen Schaufeldicken (ausgezogene Kurven). Auch diese Stufe ist innen und außen zylindrisch begrenzt. Sie hat ein Nabenverhältnis $\nu = 5/7$. Das Leitrad besteht aus 37 unverwundenen Schaufeln, die ein radial gleichbleibendes Profil aufweisen. Dabei liegt auf dem mittleren Radius ein Teilungsverhältnis $t/l = 0{,}67$ vor. Das Laufrad enthält 67 verwundene Schaufeln mit radial veränderlichem Profil, die für die Bedingungen konstanter spezifischer Expansionsarbeit über der Schaufelhöhe und axialen Strömungsaustrittes aus der Stufe entworfen waren. Die ausgezogenen Linien lassen deutlich erkennen, daß hier die Stellen größter Krümmung in den Schaufelbereichen zu suchen sind und daß die Ebene hinter dem Leitrad gerade krümmungsfrei ist. In diesem Fall käme also dem dritten Summanden in Gl. (2.47a) keine Bedeutung zu. Die Radialbeschleunigung dc_r/dt ist dann ganz an das Vorhandensein eines $\varepsilon \neq 0$ gebunden.

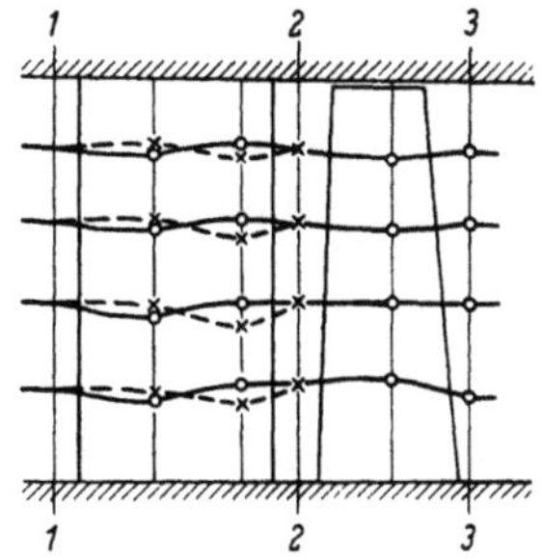

Bild 2.16 Wirklicher Verlauf der Meridianstromlinien in einer Turbinenstufe (nach SIROTKIN [3])

In vielen praktischen Fällen, wo die Stromlinienneigung klein ist, wird die Radialbeschleunigung einfach in der Form

$$\frac{dc_r}{dt} \approx \frac{c_a^2}{R} \tag{2.48}$$

abgeschätzt. Dieser Ausdruck ist aber mit Vorsicht zu handhaben; insbesondere macht die Bestimmung des Krümmungsradius R nach dem obigen große Mühe. Es genügt jedenfalls nicht — wie manchmal vorgeschlagen —, dazu die Meridianstromlinien durch Kosinuslinien mit Extremwerten in den Spaltebenen anzunähern (s. z. B. [110]). Meist wird daher das mit der Radialbeschleunigung verbundene Glied in Gl. (2.47) ganz vernachlässigt, obwohl sein Einfluß bei gewissen Turbinenauslegungen feststellbar ist. Legt man auch noch den gewöhnlich vorhandenen Fall radial angeordneter Schaufelhinterkanten — also verschwindendes dP_r/dV — zugrunde, so bleibt die einfache Beziehung

$$\frac{dp}{dr} = \varrho\,\frac{c_u^2}{r}. \tag{2.49}$$

Natürlich kann man auch daran denken, das Glied $\varrho\, dc_r/dt$ bewußt so groß zu halten, daß der Wert $\varrho c_u^2/r$ kompensiert und (bei verschwindendem dP_r/dV) der radiale Druckgradient näherungsweise zu Null gemacht wird. Möglichkeiten dazu bieten die Verwendung der unverwundenen Laufschaufel und — bei kurzen Schaufeln — die Meridianprofilierung (s. Abschn. 4.21), die beide zur Erzielung konstanter Reaktion herangezogen werden können.

Die als vierter Summand in Gl. (2.47a) auftretende, auf die Volumeneinheit bezogene Radialkomponente der Schaufelkraft ist ebenfalls im Normalfall (weitgehend radiale Anordnung der Schaufeln) verschwindend klein. Auch sie läßt sich aber bewußt auf große Werte bringen, um so den Druckgradienten in Schaufellängsrichtung zu beeinflussen. Dazu ist nur eine merkbare Neigung der Schaufeln gegen die radiale Richtung erforderlich, ein weiterer — auch bei längeren Schaufeln gangbarer — Weg zur Erzielung konstanter Reaktion (s. Abschn. 4.21).

Über die möglichen Größenordnungen der einzelnen Glieder von Gl. (2.47a) gibt eine quantitative Untersuchung von HULTSCH [*105*] Aufschluß. Sie ist von Bedeutung für die Entscheidung, welche Glieder im Einzelfall unbedingt berücksichtigt werden müssen und welche vernachlässigt werden können. Der Druckgradient wird dabei in allen Summanden auf c_u zurückgeführt und für die betrachtete Strömungsebene die Gültigkeit des Drallgesetzes (2.46) angenommen. Die Abschätzung bezieht sich also auf solche Strömungsebenen, in denen $c_u \gg 0$ gilt, insbesondere auf den Spalt zwischen Leit- und Laufrad.

Störend wirken zunächst die in Gl. (2.47a) enthaltenen Ableitungen nach s, da Abhängigkeiten von der Bogenkoordinate durch das Drallgesetz nicht erfaßt werden. Wir schreiben daher

$$\frac{\partial c_m}{\partial s} = \frac{\partial c_m}{\partial z}\frac{dz}{ds} + \frac{\partial c_m}{\partial r}\frac{dr}{ds} = \frac{\partial c_m}{\partial z}\cos\varepsilon + \frac{\partial c_m}{\partial r}\sin\varepsilon.$$

Theoretisch sind beide Glieder der rechten Seite von gleicher Größenordnung. Die vorliegende Abschätzung vereinfacht sich, ohne viel an Allgemeingültigkeit zu verlieren, wenn wir annehmen, daß die Meridiangeschwindigkeitsänderung in Achsrichtung durch entsprechende Kanalgestaltung verschwindet. Es wird dann

$$\frac{\partial c_m}{\partial s} = \frac{\partial c_m}{\partial r}\sin\varepsilon.$$

Geht man auch noch auf die Ausgangsschreibweise der spezifischen Radialkraft zurück, so ist

$$\frac{\partial p}{\partial r} = \varrho\frac{c_u^2}{r} - \varrho\frac{\partial c_m}{\partial r}c_m\sin^2\varepsilon - \varrho\frac{c_m^2}{R}\cos\varepsilon - \frac{dP_r}{dV}. \tag{2.49a}$$

Als erstes haben wir nun die Meridiangeschwindigkeit c_m durch die Umfangskomponente c_u auszudrücken. Wir schreiben dazu entsprechend dem Geschwindigkeitsdreieck am Austritt aus dem Leitrad

$$c_m = c_u\tan\alpha \tag{2.49b}$$

und erhalten weiter

$$\frac{\partial c_m}{\partial r} = \frac{\partial c_u}{\partial r}\tan\alpha + \frac{c_u}{\cos^2\alpha}\frac{d\alpha}{dr}.$$

Für die Umfangskomponente der örtlich durch die Schaufel auf das Gas ausgeübten Reaktionskraft gilt

$$dP_u = \varrho\, dV\frac{dc_u}{dt} = \varrho\, dV\left(\frac{\partial c_u}{\partial z}\frac{dz}{dt} + \frac{\partial c_u}{\partial r}\frac{dr}{dt}\right) = \varrho\, dV\left(\frac{\partial c_u}{\partial z}c_a + \frac{\partial c_u}{\partial r}c_r\right).$$

Hier ist wegen des Faktors c_r das zweite Glied in der Klammer gegen das erste zu vernachlässigen. Es ergibt sich

$$dP_u = \varrho\, dV\frac{\partial c_u}{\partial z}c_a = \varrho\, dV\frac{\partial c_u}{\partial z}c_m\cos\varepsilon = \varrho\, dV\frac{\partial c_u}{\partial z}c_u\tan\alpha\cos\varepsilon.$$

Zur Berechnung von dP_u haben wir analog zu der oben getroffenen Festlegung über die axiale Veränderlichkeit von c_m eine Annahme über den axialen Verlauf von c_u zu machen. Nehmen wir etwa eine in der Gittereintrittsebene mit Null beginnende, lineare Veränderlichkeit der Umfangskomponente der Absolutgeschwindigkeit entlang der Gitterbreite b an, so ist

$$\frac{\partial c_u}{\partial z} = \frac{c_u}{z}.$$

In der Austrittsebene des Leitrades wird also

$$dP_u = \varrho\, dV\, \frac{c_u^2}{b} \tan\alpha \cos\varepsilon\,.$$

Wie bereits früher aus Bild 2.17 entnommen, ist der Zusammenhang von dP_u und dP_r durch die Beziehung

$$dP_r = dP_u \tan\gamma$$

mit $\gamma(r)$ als Schrägstellungswinkel der Schaufelhinterkanten gegeben. Damit finden wir auch

$$\frac{dP_r}{dV} = \varrho\, \frac{c_u^2}{b} \tan\alpha \cos\varepsilon \tan\gamma\,.$$

Setzen wir die vorstehend ermittelten Ausdrücke für c_m, $\partial c_m/\partial r$ und dP_r/dV in Gl. (2.49a) ein, nämlich

$$\frac{1}{\varrho}\frac{\partial p}{\partial r} = \frac{c_u^2}{r} - \left(c_u \frac{\partial c_u}{\partial r} \tan^2\alpha + \frac{c_u^2}{\cos^2\alpha}\frac{d\alpha}{dr}\tan\alpha\right)\sin^2\varepsilon - \frac{c_u^2}{R}\tan^2\alpha\cos\varepsilon - \frac{c_u^2}{b}\tan\alpha\cos\varepsilon\tan\gamma, \tag{2.49c}$$

so ist der wesentlichste Schritt unserer Untersuchung getan. Die Beziehung

$$c_u r^q = \mathrm{const} = c_{um} r_m^q \qquad \text{mit} \qquad r_m = \frac{r_a + r_i}{2}$$

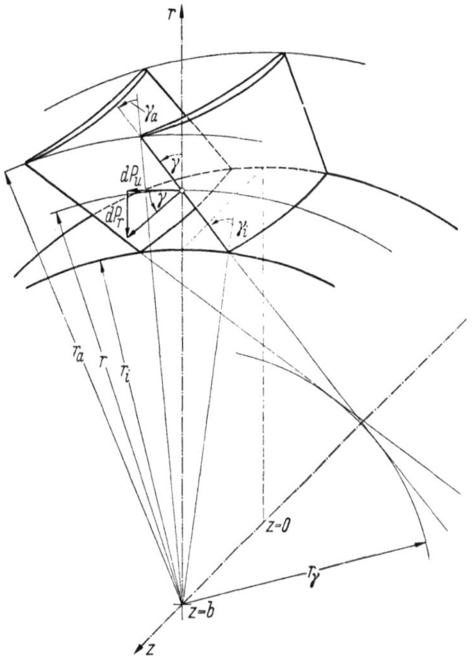

Bild 2.17 Von der schräggestellten Leitschaufel auf das Gas ausgeübte Reaktionskraft

liefert sofort

$$\frac{1}{\varrho}\frac{\partial p}{\partial r} = \frac{c_{um}^2}{r}\left(\frac{r_m}{r}\right)^{2q}\left[1 - \left(\frac{r}{r_m}\frac{\tan\alpha}{\cos^2\alpha}\frac{d\alpha}{d\left(\frac{r}{r_m}\right)} - q\tan^2\alpha\right)\sin^2\varepsilon - \frac{r}{R}\tan^2\alpha\cos\varepsilon - \frac{r}{b}\tan\alpha\cos\varepsilon\tan\gamma\right]$$

Der Druckgradient ist längs des Radius veränderlich. Für die Abschätzung der Größenordnung seiner Einzelbestandteile ist es ausreichend, seinen Wert in Schaufelmitte, also für $r = r_m$, zu betrachten:

$$\left(\frac{1}{\varrho}\frac{\partial p}{\partial r}\right)_{r_m} = \frac{c_{um}^2}{r_m}\left[1 - \left(\frac{\tan\alpha_m}{\cos^2\alpha_m}\left\{\frac{d\alpha}{d\left(\frac{r}{r_m}\right)}\right\}_{r_m} - q\tan^2\alpha_m\right)\sin^2\varepsilon_m - \frac{r_m}{R}\tan^2\alpha_m\cos\varepsilon_m - \frac{r_m}{b}\tan\alpha_m\cos\varepsilon_m\tan\gamma_m\right]$$

Hier geht das spezielle Drallgesetz, charakterisiert durch den Exponenten q, nur in den zweiten Summanden der eckigen Klammer ein. Gerade dieses Glied ist aber wegen des Faktors $\sin^2\varepsilon_m$ sehr klein gegenüber 1. Wir schränken daher die Allgemeingültigkeit unserer Betrachtung nicht ein, wenn wir im zweiten Summanden

$$\alpha = \mathrm{const} = \alpha_m$$

und infolgedessen — wie im nächsten Abschnitt gezeigt wird —

$$q \approx \cos^2 \alpha_m$$

setzen. Der letztere Drallexponent ergibt sich als Näherungslösung, wenn man das zweite bis vierte Glied in Gl. (2.47a) vernachlässigt. Man erhält somit

$$\left(\frac{1}{\varrho}\frac{\partial p}{\partial r}\right)_{r_m} \approx \frac{c_{um}^2}{r_m}\Big[\underset{\text{I}}{1} + \underset{\text{II}}{\sin^2 \alpha_m \sin^2 \varepsilon_m} - \underset{\text{III}}{\frac{r_m}{R}\tan^2 \alpha_m \cos \varepsilon_m} - \underset{\text{IV}}{\frac{r_m}{b}\tan \alpha_m \cos \varepsilon_m \tan \gamma_m}\Big].$$

In dieser Gleichung repräsentiert der erste Summand wieder den Einfluß der aus der Drehung des Gasteilchens um die Drehachse der Turbine herrührenden Zentrifugalbeschleunigung auf den Druckgradienten, der zweite denjenigen der Bahnbeschleunigung längs der Meridianstromlinie, der dritte denjenigen der aus der Drehung des Teilchens um den momentanen Krümmungsmittelpunkt der Meridianstromlinie stammenden Zentrifugalbeschleunigung und der vierte schließlich denjenigen der von der schräggestellten Schaufel herrührenden Reaktionskraft.

Das Verhältnis der einzelnen Glieder, nämlich

$$\frac{\text{Glied II}}{\text{Glied I}} = \sin^2 \alpha_m \sin^2 \varepsilon_m,$$

$$\frac{\text{Glied III}}{\text{Glied I}} = \frac{r_m}{R}\tan^2 \alpha_m \cos \varepsilon_m,$$

$$\frac{\text{Glied IV}}{\text{Glied I}} = \frac{r_m}{h}\frac{h}{b}\tan \alpha_m \cos \varepsilon_m \tan \gamma_m,$$

ist in Tafel 2.1 für eine Reihe von Werten α_m, ε_m, γ_m, r_m/R, r_m/h und h/b zahlenmäßig angegeben.

Tafel 2.1 *Abschätzung der Einflußgrößen des radialen Druckgradienten*

$\alpha_m = 20°$		ε_m: 0	5°	10°	15°	20°
$100 \cdot \frac{\text{Glied II}}{\text{Glied I}}$	%	0	0,089	0,353	0,784	1,37

$\alpha_m = 20°$			r_m/R: 0	0,5	1	1,5	2	2,5
$100 \cdot \frac{\text{Glied III}}{\text{Glied I}}$	%	$\varepsilon_m = 0$	0	6,63	13,3	19,9	26,5	33,2
		$\varepsilon_m = 20°$	0	6,23	12,5	18,7	24,9	31,2

$\alpha_m = 20°$, $\varepsilon_m = 0$, $h/b = 2$				γ_m: 0	5°	10°	15°	20°	25°
$100 \cdot \frac{\text{Glied IV}}{\text{Glied I}}$	%	$\nu = 0,5$	$\frac{r_m}{h} = 1,5$	0	9,56	19,3	29,3	39,8	50,9
		$\nu = 0,65$	$\frac{r_m}{h} = 2,36$	0	15,0	30,3	46,0	62,6	80,2
		$\nu = 0,8$	$\frac{r_m}{h} = 4,5$	0	28,7	57,8	87,8	119,3	152,7

Man erkennt, daß in der Tat das Glied II von ganz untergeordneter Bedeutung ist. Seine Berechnung für das spezielle Drallgesetz $\alpha = \text{const}$ kann also keine nachteiligen Folgen für die Güte unserer Abschätzung haben.

Demgegenüber liefert das Glied III einen Beitrag zum radialen Druckgradienten, der zu beachten ist. Insbesondere bei größeren Verhältnissen von mittlerem Kanalradius zu Krümmungsradius der Meridianstromlinie (etwa ab $r_m/R = 1$) wird sein Einfluß merkbar. Diese Verhältnisse liegen im allgemeinen bei Turbinen konstanter Reaktion vor.

Glied IV geht ebenfalls stark in den Druckgradienten ein. Durch Neigungen $\gamma_m > 20°$ in Drehrichtung der Turbine (s. Bild 2.17) läßt sich der Anteil I sogar vollkommen kompensieren. Die Zahlen der Tabelle vermitteln einen Eindruck von den Möglichkeiten, welche durch die Methode der Schaufelschrägstellung geboten werden.

2.32 Reibungsfreie und inkompressible Betrachtung der Drallgesetze

Die folgenden Darlegungen bauen grundsätzlich auf der einfachen Form des Druckgradienten nach Gl. (2.49) auf. Wir schließen also Schrägstellung der Schaufeln aus ($\gamma_m = 0$); weiter setzen wir hinreichend große Krümmungsradien der Meridianstromlinie (r_m/R klein) und geringe Neigung dieser Stromlinie gegen die Turbinenachse (ε_m klein) voraus. Die letzten beiden Bedingungen sind ideal bei Lage der Strombahnen auf koaxialen Zylindern erfüllt. Wo ihnen selbst bei zylindrisch begrenztem Strömungskanal nicht mehr ganz genügt wird, muß die Annahme hinreichenden Abstandes benachbarter Schaufelgitter zu Hilfe genommen werden. Auch hier ist jedenfalls das Ergebnis der Untersuchung von prinzipiellem Interesse.

Grundlage aller Betrachtungen bildet eine einfache Differentialgleichung für die Strömungsgeschwindigkeit, die sofort aus der Differentialform

$$\frac{dp}{\varrho} = -c\,dc \tag{2.49d}$$

der Bernoullischen Gleichung hergeleitet werden kann. Durch Einführung von Gl. (2.49) findet man nämlich

$$c\,dc + \frac{c_u^2}{r}\,dr = 0, \tag{2.50}$$

wo infolge Fehlens radialer Strömungskomponenten $c^2 = c_a^2 + c_u^2$ zu setzen ist. Diese Beziehung gestattet uns, die verschiedenen möglichen Drallverteilungen näher zu diskutieren. Obwohl sie hinsichtlich der Kompressibilität keinerlei Einschränkungen unterworfen ist, beschränken wir unsere Folgerungen zunächst auf den inkompressiblen Fall.

2.321. $c_u r = \text{const}$ und $\alpha = \text{const}$

Wir beginnen mit dem Potentialwirbel ($q = 1$). Wenn wir die ihn kennzeichnende Beziehung

$$c_u r = \text{const} \tag{2.51}$$

in Differentialform schreiben, nämlich

$$r\,dc_u + c_u\,dr = 0,$$

so liefert sie nach Multiplikation mit c_u/r

$$c_u\,dc_u + \frac{c_u^2}{r}\,dr = 0.$$

Subtraktion dieser Gleichung von Gl. (2.50) ergibt

$$c\,dc - c_u\,dc_u + \frac{1}{2}\,d(c^2 - c_u^2) = \frac{1}{2}\,dc_a^2 = 0,$$

d. h. es ist

$$c_a = \text{const}. \tag{2.52}$$

Ein nach dem Gesetz des Potentialwirbels ausgelegtes Leitrad liefert also für den angenommenen einfachen Druckgradienten in der Austrittsebene eine über den Querschnitt unveränderliche Axialgeschwindigkeit. Da in der idealen Betrachtungsweise von Bild 2.13 bei gleicher Axialgeschwindigkeitsverteilung in der Eintrittsebene unter der Voraussetzung inkompressibler Strömung Radialkomponenten der Strömungsgeschwindigkeit nicht auftreten können, ist Gl. (2.49) in diesem Fall genau erfüllt. In wirklichen, kompressiblen Medien hat der Druckgradient dp/dr längs des Radius allerdings eine veränderliche Gasdichte zur Folge, die bei derselben Anfangsbedingung mit einer Radialströmung verbunden ist. Dieser Einfluß ist aber im allgemeinen gering, so daß die einfache Darstellung des Druckgradienten durch die Gl. (2.49) beim Potentialwirbel immer weitgehend gerechtfertigt ist.

Die Kenntnis der Geschwindigkeitskomponenten c_a und c_u des Gases gestattet, das Verwindungsgesetz einer Leitschaufel für den Potentialwirbel ebenfalls durch eine einfache Formel darzustellen. Wir nehmen dabei an, daß die Winkelübertreibung (s. Abschn. 5.212.) gleich Null gesetzt werden kann. Nur dann ist ja die Abströmrichtung aus dem Gitter mit dem Hinterkantenwinkel der Schaufel identisch. Bezeichnet man die Konstanten in Gl. (2.51) und Gl. (2.52) mit B und C, so ergibt sich der Winkel zwischen der Absolutgeschwindigkeit des Leitrades und der Gitterfront zu

$$\tan\alpha = \frac{c_a}{c_u} = \frac{C}{B}\,r,$$

d. h. es gilt

$$\frac{\tan\alpha}{r} = \text{const}.^{1} \tag{2.53}$$

α nimmt also vom Schaufelfuß zum Schaufelkopf zu, was eine verhältnismäßig starke Verwindung der Eintrittskante der folgenden Laufschaufel bewirkt. In Bild 2.18 oben sind die Geschwindigkeitsdreiecke des Kopf- (Index K), Mittel- (m) und Fußprofils (F) einer Laufschaufel dargestellt für folgende Werte: $\alpha_{1m} = 19°\,30'$, $\nu = r_i/r_a = u_F/u_K = 0{,}75$. (Wegen $\omega = u/r = \text{const}$ ist $u \sim r$.) Ferner liegt der Stufe axiale Eintritts- und Austrittsgeschwindigkeit zugrunde. Ihre Arbeitsbedingungen entsprechen dem Schema des Bildes 2.19. Aus den Geschwindigkeitsdreiecken ergibt sich:

$$\text{Laufradverwindung Vorderkante } \Delta\beta_1 = \beta_{1F} - \beta_{1K} = 43°\,02',$$

$$\text{,,} \qquad \text{Hinterkante } \Delta\beta_2 = \beta_{2F} - \beta_{2K} = 7°\,55'.$$

Aus Gl. (2.49) und Gl. (2.51) folgt der Druckgradient als Funktion von r/r_M, wobei r_M einen an und für sich beliebigen Bezugsradius kennzeichnet, für den man aber zweckmäßigerweise den Mittelschnittradius[2] wählt:

$$\frac{dp}{dr} = \varrho\,\frac{c_u^2}{r} = \varrho\,\frac{c_u^2 r^2}{r^3}\,\frac{r_M^3}{r_M^3} = C_P\left(\frac{r_M}{r}\right)^3. \tag{2.54}$$

[1] Wir bezeichnen den Winkel hier kurz mit α. Wo es zur Unterscheidung von den entsprechenden Winkeln in anderen Strömungsebenen notwendig ist, sagen wir α_1.

[2] Als „Mittelschnittradius" r_M kommt in Frage:

1. der die Schaufellänge halbierende Schnitt am Radius r_m,
2. der die axial durchströmte Fläche halbierende Schnitt am Radius r_f,
3. der die Energie halbierende Schnitt am Radius r_e.

Im Abschn. 3.211. wird darauf näher eingegangen.

Die Konstante C_P ergibt sich wegen $c_u r = \text{const}$ aus dem Geschwindigkeitsdreieck auf dem Mittelschnittradius r_M zu

$$C_P = \varrho \frac{c_u^2 r^2}{r_M^3} = \varrho \frac{c_{uM}^2 r_M^2}{r_M^3} = \varrho \frac{c_{uM}^2}{r_M} = \left(\frac{dp}{dr}\right)_M .$$

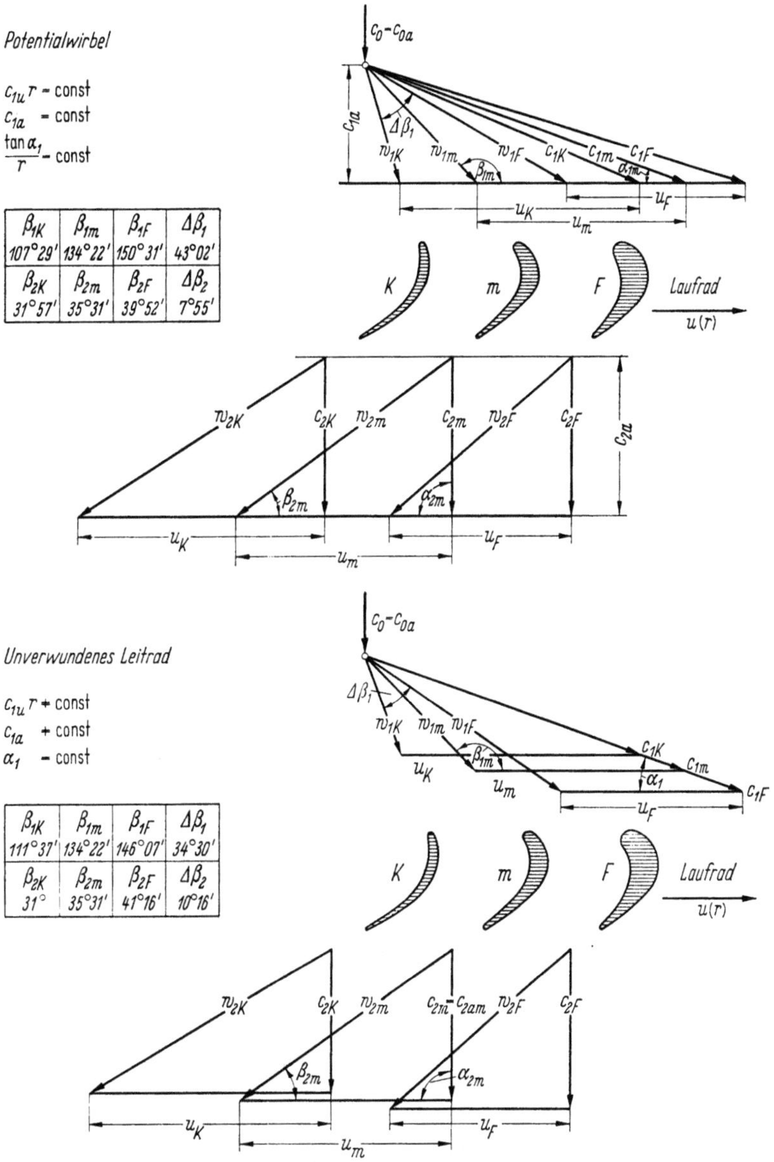

β_{1K}	β_{1m}	β_{1F}	$\Delta\beta_1$
107°29'	134°22'	150°31'	43°02'
β_{2K}	β_{2m}	β_{2F}	$\Delta\beta_2$
31°57'	35°31'	39°52'	7°55'

β_{1K}	β_{1m}	β_{1F}	$\Delta\beta_1$
111°37'	134°22'	146°07'	34°30'
β_{2K}	β_{2m}	β_{2F}	$\Delta\beta_2$
31°	35°31'	41°16'	10°16'

Bild 2.18 Vergleich von Geschwindigkeitsdreiecken und Laufschaufelverwindung für Potentialwirbel und unverwundenes Leitrad (Turbine)

Sie stellt also — wie auch schon aus Gl. (2.54) direkt ersichtlich — den Druckgradienten auf dem Mittelschnittradius dar. In Bild 2.20 ist dp/dr, mit C_P dimensionslos gemacht, in Abhängigkeit von r/r_M dargestellt.

Die verhältnismäßig starke Verwindung der Eintrittskante der Laufschaufel gibt u. a. den Anlaß, sich auch mit dem Gesetz

$$\alpha = \text{const} \tag{2.55}$$

zu beschäftigen, wobei wir auf andere Gründe später noch näher eingehen werden. Jetzt wollen wir nur einfach als zweiten Fall die kinematischen Verhältnisse der Strömung durch ein Gitter unverwundener Leitschaufeln betrachten. Die Winkelübertreibung wird dabei wieder gleich Null angenommen.

Wir gehen wieder von der für inkompressible Strömung gültigen Gl. (2.50) aus. Setzen wir hier $c = c_u/\cos\alpha$ ein, so ist

$$\frac{c_u\,dc_u}{\cos^2\alpha} + \frac{c_u^2}{r}\,dr = 0$$

oder auch

$$\frac{dc_u}{c_u} + \cos^2\alpha\,\frac{dr}{r} = 0\,.$$

Integration liefert

$$\ln c_u + \cos^2\alpha \ln r = \mathrm{const}$$

bzw.

$$c_u r^{\cos^2\alpha} = \mathrm{const}\,. \qquad (2.56)$$

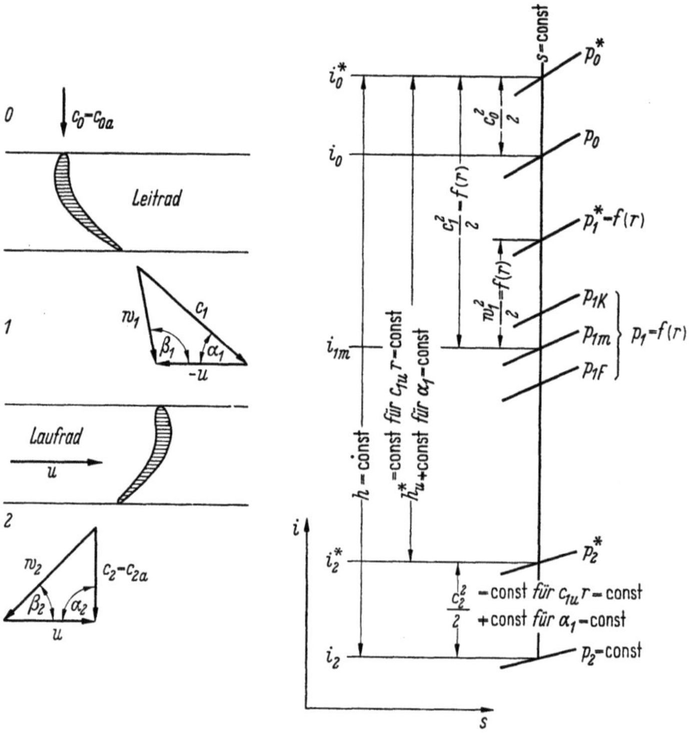

Bild 2.19 Zur Laufschaufelverwindung für Potentialwirbel und unverwundenes Leitrad. Darstellung der Zustandsgrößen im i,s-Diagramm bei $\alpha_2 = 90°$

Die Gruppe der unverwundenen Leiträder wird also durch die Drallverteilung $c_u r^q = \mathrm{const}$ mit $0 \leqq (q = \cos^2\alpha) \leqq 1$ erfaßt. Für die Axialgeschwindigkeit gilt das gleiche Gesetz; denn bezeichnen wir die Konstanten in Gl. (2.55) und Gl. (2.56) mit D und E, so erhält man

$$c_a = c_u \tan\alpha = \frac{E}{r^{\cos^2\alpha}} \tan D\,,$$

d. h. es ist auch

$$c_a r^{\cos^2\alpha} = \mathrm{const}\,. \qquad (2.57)$$

Zum Vergleich mit dem Potentialwirbel haben wir in Bild 2.18 unten noch die Geschwindigkeitsdreiecke und Laufschaufelprofile für die Stufe mit unverwundenem Leitrad dargestellt. Dabei war gemäß Bild 2.19 in beiden Fällen gleiche Zuströmgeschwindigkeit c_0 der Stufe, gleiche über dem Radius konstante Enthalpiedifferenz $(i_0 - i_2)$, d. h. über dem Radius gleicher Enddruck, und gleiche Abströmgeschwindigkeit sowie Reaktion auf dem Mittelschnitt angenommen. Die Verwindung der Laufschaufel ist an der Eintrittskante 8° 32′ geringer, an der Austrittskante 2° 21′ größer, im Mittel also kleiner als beim Potentialwirbel.

Der Druckgradient folgt aus Gl. (2.49) und Gl. (2.56) zu

$$\frac{dp}{dr} = \varrho \frac{c_u^2}{r} = \varrho \frac{c_u^2 \, r^{2\cos^2\alpha}}{r^{1+2\cos^2\alpha}} \, \frac{r_M^{1+2\cos^2\alpha}}{r_M^{1+2\cos^2\alpha}} = C_\alpha \left(\frac{r_M}{r}\right)^{1+2\cos^2\alpha} \qquad (2.58)$$

mit

$$C_\alpha = \varrho \frac{c_u^2 \, r^{2\cos^2\alpha}}{r_M^{1+2\cos^2\alpha}} = \varrho \frac{c_{uM}^2 \, r_M^{2\cos^2\alpha}}{r_M^{1+2\cos^2\alpha}} = \varrho \frac{c_{uM}^2}{r_M} = \left(\frac{dp}{dr}\right)_M . \qquad (2.59)$$

Die Konstante C_α ist gleich derjenigen C_P des Potentialwirbels; die Druckgradienten der beiden zugehörigen Drallgesetze unterscheiden sich also nur durch den Exponenten des dimensionslosen Radius r/r_M.

Auch für das Drallgesetz des unverwundenen Leitrades wurde die dimensionslose Verteilung des Druckgradienten längs des Radius r/r_M in Bild 2.20 aufgetragen. Für jeden Wert des Parameters α bzw. q ergibt sich eine andere Kurve. Diejenige für $\alpha = 0°$, die nur theoretische Bedeutung besitzt, fällt wegen des zugehörigen Drallexponenten $q = 1$ mit der Verteilung des Potentialwirbels zusammen. Dabei ist der Hinterkantenwinkel α_M der Potentialwirbelverteilung aber beliebig, da er ja nicht in die Formel (2.54) des Druckgradienten eingeht. Der zweite Grenzfall für α, nämlich 90°, der für die Absolutströmung hinter einem Laufrad (s. unten) Bedeutung besitzt, ist dadurch ausgezeichnet, daß hier zwar $\frac{dp/dr}{C_\alpha}$ endliche Werte ergibt, daß aber Zähler und Nenner dieses Bruches für sich verschwinden: Bei 90° Abströmwinkel ist kein Drall in der Strömung vorhanden und demnach der Druck längs des Radius konstant.

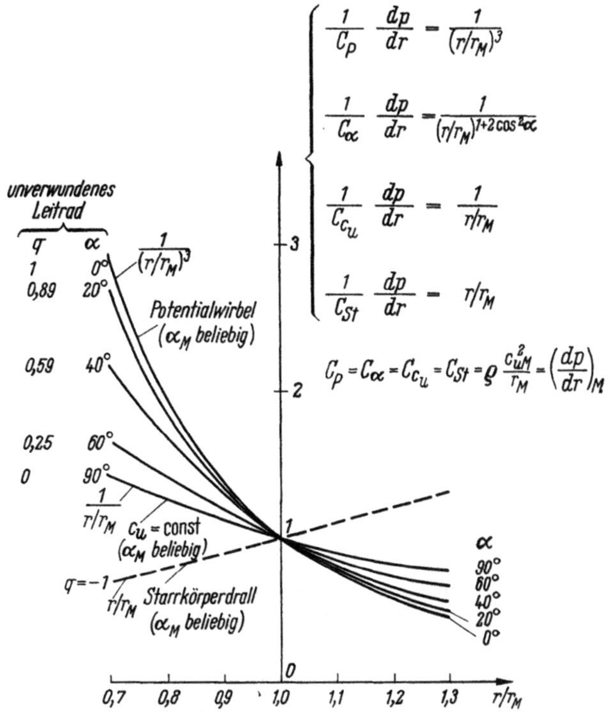

Bild 2.20 Dimensionsloser Druckgradient in Abhängigkeit des Radienverhältnisses r/r_M

Wir berechnen nun mit Hilfe von Gl. (2.58) für das unverwundene Leitrad den Druckverlauf längs des Radius. Der Potentialwirbel wird dabei durch den Fall $\alpha = 0°$ formal mit erfaßt. Es ist

$$dp = C_\alpha r_M \left(\frac{r}{r_M}\right)^{-1-2\cos^2\alpha} d\left(\frac{r}{r_M}\right).$$

Daraus folgt

$$p = -\frac{C_\alpha r_M}{2\cos^2\alpha} \left(\frac{r}{r_M}\right)^{-2\cos^2\alpha} + K$$

und wegen Gl. (2.59)

$$p = -\frac{\varrho c_{uM}^2}{2\cos^2\alpha} \left(\frac{r}{r_M}\right)^{-2\cos^2\alpha} + K .$$

Die Integrationskonstante K ergibt sich aus der Bedingung, daß für $r = r_M$ auch $p = p_M$ sein muß:

$$K = p_M + \frac{\varrho c_{uM}^2}{2\cos^2\alpha}.$$

Somit erhält man für die Druckdifferenz $\Delta p = p - p_M$ den Ausdruck

$$\Delta p = \frac{\varrho c_{uM}^2}{2\cos^2\alpha}\left[1 - \left(\frac{r}{r_M}\right)^{-2\cos^2\alpha}\right] \tag{2.60}$$

oder durch den der Geschwindigkeitskomponente c_{uM} entsprechenden Staudruck dimensionslos dargestellt

$$\frac{\Delta p}{\frac{\varrho}{2}c_{uM}^2} = \frac{1}{\cos^2\alpha}\left[1 - \frac{1}{\left(\frac{r}{r_M}\right)^{2\cos^2\alpha}}\right]. \tag{2.61}$$

Bild 2.21 zeigt die dimensionslose Druckdifferenz nach Gl. (2.61) für verschiedene $\alpha = \text{const}$ in Abhängigkeit des Radienverhältnisses r/r_M. Der Potentialwirbel, der mit $\alpha = 0°$ zusammenfällt, liegt in seiner Druckdifferenz niedriger als jedes unverwundene Leitrad. Das ist nach Bild 2.20 nicht anders zu erwarten. Bei der Kategorie $\alpha = \text{const}$ steigt die dimensionslose Druckdifferenz mit wachsendem α an. Der höchste Wert wird für $\alpha = 90°$ erreicht. Hier handelt es sich aber wie in Bild 2.20 um eine theoretische Grenzkurve, auf der sowohl Zähler wie auch Nenner der dargestellten Verhältniszahl verschwindet. Es sind also Δp und c_{uM} gleich Null; der Druck ist in radialer Richtung konstant.

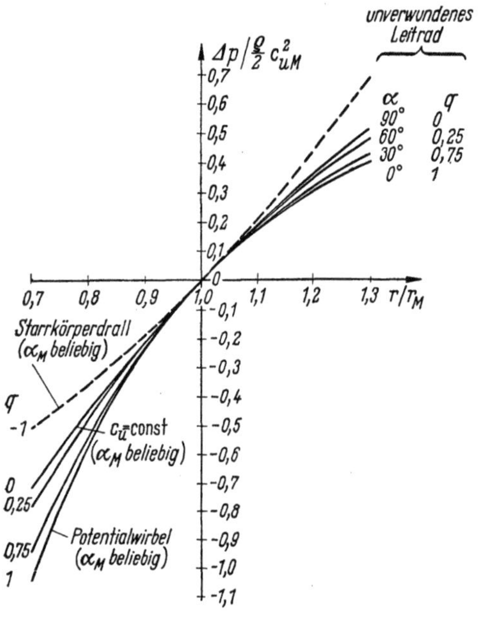

Bild 2.21 Dimensionslose Druckdifferenz als Funktion des Radienverhältnisses r/r_M

Schließlich sei für das unverwundene Leitrad noch die Änderung der spezifischen Umfangsarbeit h_u^* längs des Radius ermittelt. Aus der EULERschen Turbinengleichung (2.31) folgt mit $\omega = u/r = \text{const}$ bei axialem Austritt aus der Stufe

$$h_u^* = u\,\Delta c_u = \omega r c_u = \omega r c_{uM}\left(\frac{r_M}{r}\right)^{\cos^2\alpha}.$$

[Wir verfolgen dabei nicht weiter die Frage, wie weit der vorausgesetzte axiale Strömungsaustritt die Gültigkeit von Gl. (2.49) im Spalt zwischen Leit- und Laufrad beeinflußt.] Die dimensionslose Umfangsarbeit bezüglich des Mittelschnittes ergibt sich infolgedessen mit $h_{uM}^* = \omega r_M c_{uM}$ zu

$$\frac{h_u^*}{h_{uM}^*} = \frac{r}{r_M}\left(\frac{r_M}{r}\right)^{\cos^2\alpha} = \left(\frac{r}{r_M}\right)^{\sin^2\alpha} \tag{2.62}$$

und ist in Bild 2.22 dargestellt.

Die Beziehung $\alpha = 0°$ $(q = 1)$ liefert auch hier wieder als Nebenergebnis gleichzeitig die Umfangsarbeit des Potentialwirbels für beliebige α_M; sie ist längs des Radius konstant.

Es sei zum Abschluß dieses Abschnittes noch die Bemerkung gemacht, daß die hergeleiteten kinematischen Beziehungen entsprechend der Benutzung der BERNOULLIschen Gleichung

$$\frac{dp}{\varrho} = -c\,dc$$

nur dann gelten, wenn das Gas in radialer Richtung konstante Gesamtenergie besitzt. Das ist bei Anströmung aus einem Kessel hinter feststehenden Gittern (Leiträdern) der Fall. Hinter rotierenden Gittern (Laufrädern) haben wir nur dann eine radial unveränderliche Gesamtenergie, wenn die Stufe außerdem für konstante Kompressions- oder Expansionsarbeit ausgelegt ist. Bei Nichterfüllung dieser Bedingung sind die kinematischen Verhältnisse durch das Gesetz der Energiezu- oder -abfuhr beeinflußt. Man erkennt das gerade an dem in Bild 2.18 dargestellten Rechenbeispiel. Hier hat man bei gleichem, in Schaufellängsrichtung unveränderlichem $c_{2u} = 0$ oben eine konstante, unten dagegen eine variable Axialgeschwindigkeit $c_{2a} = c_2$ über dem Radius.

Es läßt sich leicht zeigen, daß in der Tat c_2 bei drallfreiem Austritt aus der Stufe für $\alpha_1 = \text{const}$ radial veränderlich sein muß. Dabei ergibt sich auch die Unveränderlichkeit dieser Geschwindigkeit im Fall $c_{1u} r = \text{const}$. Schreiben wir nämlich im Anschluß an die graphische Darstellung in Bild 2.19

$$\frac{c_2^2}{2} = h - h_u^*,$$

wo h unbeeinflußt vom Radius konstant ist, so erhält man mit Gl. (2.62)

$$\frac{c_2^2}{2} = h - h_{uM}^* \left(\frac{r}{r_M}\right)^{\sin^2 \alpha_1}. \qquad (2.63)$$

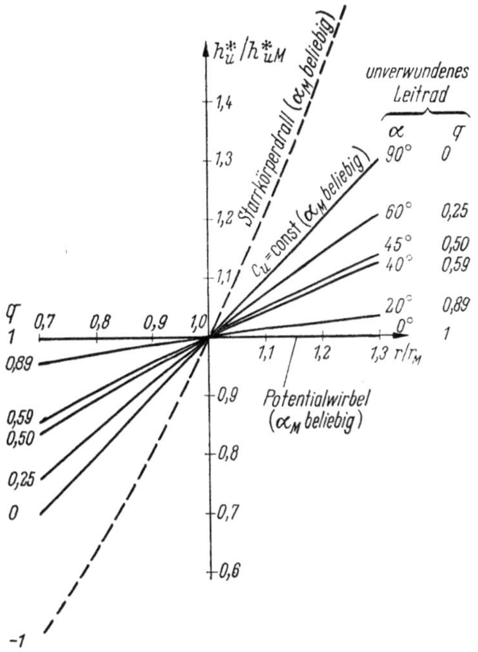

Bild 2.22 Dimensionslose Umfangsarbeit als Funktion des Radienverhältnisses r/r_M bei drallfreier Abströmung aus der Stufe

Die Geschwindigkeit c_2 ist also nur im Fall $\alpha_1 = 0°$, der mit dem Drallgesetz des Potentialwirbels zusammenfällt, unabhängig von r.

Für den Fall, daß die Gesamtenthalpie vor der Stufe radial veränderlich ist, — er ist z. B. bei Zwischenstufen mehrstufiger Turbinen gegeben — und unter der Voraussetzung konstanten Hinterkantenwinkels in Leit- und Laufrad berechnet sich nach Bammert [*104*] die Axialkomponente der Absolutgeschwindigkeit hinter dem Leitrad zu

$$c_{1a} = \frac{\text{const}}{r^{\cos^2 \alpha_1}} + \frac{\sin^2 \alpha_1}{r^{\cos^2 \alpha_1}} \int_{r_m}^{r} \frac{r^{\cos^2 \alpha_1}}{c_{1a}} \frac{d i_1^*}{d r} \, d r$$

und hinter dem Laufrad zu

$$c_{2a} = \frac{\text{const}}{r^{\cos^2 \beta_2}} + \omega r \frac{\sin 2\beta_2}{1 + \cos^2 \beta_2} + \frac{\sin^2 \beta_2}{r^{\cos^2 \beta_2}} \int_{r_m}^{r} \frac{r^{\cos^2 \beta_2}}{c_{2a}} \frac{d(i_2^* - \omega r c_{2u})}{d r} \, d r$$

mit

$$c_{2u} = \omega r - c_{2a} \cot \beta_2 .$$

Es ergeben sich also recht komplizierte Ausdrücke, bei denen die gesuchten Größen c_{1a} und c_{2a} außer auf der linken Seite auch noch unter den Integralen auf der rechten Seite vorkommen. Da die Integrale aber für $r = r_m$ verschwinden und somit in der Nähe von r_m kleine Werte annehmen, genügt es zur Bestimmung der Geschwindigkeiten, für c_{1a} und c_{2a} unter den Integralen auch ihre Werte für $r = r_m$ einzusetzen. Mit $d i_1^* / d r = 0$ erhalten wir für die Ebene hinter dem Leitrad natürlich wieder den Ausdruck (2.57). Ein Vergleich der Geschwindigkeit hinter dem Laufrad mit der Beziehung (2.63) ist nicht möglich, da dort kein konstanter Hinterkantenwinkel vorlag.

2.322. Sonderfälle $q = 0$ und $q = -1$

Weitere markante und leicht zu behandelnde Fälle des Drallgesetzes (2.46) sind $q = 0$ und $q = -1$, d. h. die Gesetze $c_u = \text{const}$ und $c_u/r = \text{const}$. Man verwendet sie bzw. zwischen ihnen liegende Exponenten vorzugsweise für die mittlere Geschwindigkeitskomponente $c_{u\infty}$ beim Axialverdichter. Es kommt uns besonders in der ersten Stufe darauf an, die Mach-Zahl an der Spitze des Laufrades kleinzuhalten. Das ist auf diese Weise möglich, da zu den genannten Gesetzen eine von innen nach außen stark fallende Axialgeschwindigkeit gehört. $c_{u\infty}/r = \text{const}$ liefert darüber hinaus direkt den Typ des Verdichters mit radial konstanter kinematischer Reaktion $w_{u\infty}/u$. Bild 2.23 stellt die Drallverteilungen an Hand eines Beispiels hinsichtlich ihrer Geschwindigkeitsdreiecke und der Leitschaufelverwindung dem Potentialwirbel und $\alpha = \text{const}$ gegenüber.

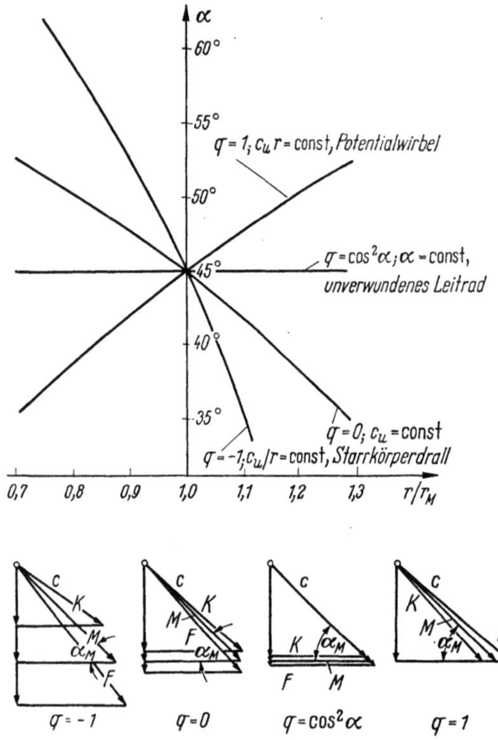

Bild 2.23 Geschwindigkeitsdreiecke und Leitschaufelwinkel α für Potentialwirbel, unverwundenes Leitrad, $c_u = \text{const}$ und Starrkörperdrall bei $\alpha_M = 45°$; $r_F/r_M = 0{,}9$; $r_K/r_M = 1{,}1$

Betrachten wir zunächst

$$c_u = \text{const} = \sqrt{\frac{K}{2}} \qquad (q = 0),$$

so liefert Integration der Gl. (2.50)

$$\frac{c^2}{2} + c_u^2 \ln r = \text{const}.$$

Mit $c^2 = c_a^2 + c_u^2$ wird hieraus

$$c_a^2 + c_u^2(1 + 2\ln r) = \text{const} \tag{2.64}$$

oder

$$c_a^2 + K \ln r = \text{const}.$$

Aus Gl. (2.64) ergibt sich mit $\tan\alpha = c_a/c_u$ für den Hinterkantenwinkel α des Leitrades die Beziehung

$$\tan^2\alpha + 2\ln r = \text{const},$$

die sich durch Einführung des Mittelschnittwinkels α_M auch

$$\tan\alpha = \sqrt{\tan^2\alpha_M + \ln(r_M/r)^2}$$

schreiben läßt. Sie wurde für $\alpha_M = 45°$ in Bild 2.23 ausgewertet.

Der radiale Druckgradient in der Strömung hinter dem Leitrad ergibt sich wie früher aus Gl. (2.49) zu

$$\frac{dp}{dr} = \varrho\,\frac{c_u^2}{r}\,\frac{r_M}{r_M} = C_{c_u}\,\frac{r_M}{r}, \tag{2.65}$$

wo die Konstante

$$C_{c_u} = \varrho\,\frac{c_u^2}{r_M} = \left(\frac{dp}{dr}\right)_M$$

formelmäßig mit den entsprechenden Faktoren C_P und C_α des Potentialwirbels und des unverwundenen Leitrades identisch ist.

Gl. (2.65) entsteht auch als Spezialfall $\alpha = 90°$ aus Gl. (2.58). Das Gesetz $c_u = \text{const}$ fällt also hinsichtlich des Druckgradienten mit dem unverwundenen Leitrad $\alpha = 90°$ zusammen, wobei aber im vorliegenden Fall α_M genauso wie beim Potentialwirbel beliebige

Werte annehmen kann (s. Bild 2.20). Mathematisch kommt dies darin zum Ausdruck, daß C_{c_u} im Gegensatz zu C_α von Null verschieden bleibt.

Für den Druck selber besteht dieser Zusammenhang zwischen $c_u = \text{const}$ und $\alpha = \text{const}$ natürlich auch wieder. Wir erhalten durch Integration von Gl. (2.65)

$$p = \varrho c_u^2 \ln r + K_1 .$$

Da die gewonnene Relation auch auf dem Mittelschnitt — also für p_M und r_M — gelten muß, ergibt sich

$$\Delta p = p - p_M = \varrho c_u^2 \ln \frac{r}{r_M}$$

oder unter Beziehung auf den Staudruck der Geschwindigkeitskomponente $c_u = c_{uM}$

$$\frac{\Delta p}{\frac{\varrho}{2} c_{uM}^2} = 2 \ln \frac{r}{r_M} . \qquad (2.66)$$

Es läßt sich leicht nachweisen, daß dies der Wert der Funktion (2.61) an der Stelle $\alpha = 90°$, eines unbestimmten Ausdruckes, ist. Dementsprechend fällt die graphische Darstellung von Gl. (2.66) in Bild 2.21 mit der Linie $\alpha = 90°$ des unverwundenen Leitrades zusammen.

Berechnen wir schließlich auch noch den radialen Verlauf der dimensionslosen spezifischen Umfangsarbeit unter der früheren Voraussetzung axialer Abströmung aus der Stufe, so ist wegen Gl. (2.31)

$$\frac{h_u^*}{h_{uM}^*} = \frac{u \Delta c_u}{u_M \Delta c_{uM}} = \frac{\omega r c_u}{\omega r_M c_u} = \frac{r}{r_M} .$$

Auch diese Verteilung fällt wegen Gl. (2.62) unabhängig von α_M mit der Kurve $\alpha = 90°$ der unverwundenen Leiträder zusammen (s. Bild 2.22).

Entsprechende Beziehungen lassen sich für den Starrkörperdrall

$$\frac{c_u}{r} = \text{const} = \sqrt{\frac{L}{2}} \qquad (q = -1)$$

ableiten.

Es ist

$$c_u = \text{const}\, r ,$$

also

$$d c_u = \text{const}\, d r = \frac{c_u}{r} d r$$

Multiplikation mit c_u ergibt

$$c_u d c_u = \frac{c_u^2}{r} d r .$$

Eingesetzt in Gl. (2.50) liefert dies

$$c d c + c_u d c_u = 0 .$$

Also ist

$$\frac{c^2}{2} + \frac{c_u^2}{2} = \text{const} .$$

Wir führen für c wieder die Geschwindigkeitskomponenten ein und erhalten

$$c_a^2 + 2 c_u^2 = \text{const} \qquad (2.67)$$

oder

$$c_a^2 + L r^2 = \text{const} .$$

Das Anwachsen der Axialgeschwindigkeit zur Nabe hin ist in diesem Fall, wie die letzte Gleichung zeigt, bereits sehr stark. Trotzdem wiesen ausgeführte Stufen mit derartiger Drallverteilung noch einen annehmbaren Wirkungsgrad auf.

Auch hier führt die erhaltene kinematische Relation, also Gl. (2.67), unter Berücksichtigung von $\tan\alpha = c_a/c_u$ auf eine Beziehung für den Hinterkantenwinkel α, nämlich

$$(\tan^2\alpha + 2)r^2 = \text{const},$$

die bei Bestimmung der Konstante aus den Werten am Mittelschnittradius übergeht in

$$\tan\alpha = \sqrt{(\tan^2\alpha_M + 2)\frac{r_M^2}{r^2} - 2}\,.$$

Sie wurde ebenfalls in Bild 2.23 für $\alpha_M = 45°$ graphisch dargestellt.

Aus Gl. (2.49) ergibt sich der radiale Druckgradient zu

$$\frac{dp}{dr} = \varrho\,\frac{c_u^2}{r}\,\frac{r}{r} = \varrho\,\frac{c_{uM}^2}{r_M}\,\frac{r}{r_M} = C_{St}\,\frac{r}{r_M}$$

mit der Konstante

$$C_{St} = C_P = C_\alpha = C_{c_u} = \varrho\,\frac{c_{uM}^2}{r_M} = \left(\frac{dp}{dr}\right)_M.$$

Die ihm entsprechende Kurve in Bild 2.20 stellt die Fortsetzung der Kurvenschar $\alpha = \text{const}$ nach $q = -1$ hin dar.

Ein solcher Zusammenhang ist ebenfalls vorhanden bei der Betrachtung des radialen Druckverlaufes. Hier gilt nämlich

$$p = \varrho\,\frac{c_{uM}^2}{r_M^2}\,\frac{r^2}{2} + L_1$$

oder bei Beziehung auf den Mittelschnittradius

$$\Delta p = p - p_M = \frac{\varrho}{2}\,c_{uM}^2\left(\frac{r^2}{r_M^2} - 1\right).$$

In dimensionsloser Schreibweise ist dann

$$\frac{\Delta p}{\frac{\varrho}{2}\,c_{uM}^2} = \frac{r^2}{r_M^2} - 1\,.$$

Diese Gleichung geht aus der Beziehung (2.61) mit $\cos^2\alpha = -1$ hervor. Ihre graphische Darstellung in Bild 2.21 ist daher gleichwertiges Glied der gesamten Kurvenschar und verkörpert wieder den Parameterwert $q = -1$.

Auch für $c_u/r = \text{const}$ läßt sich leicht der radiale Verlauf der dimensionslosen spezifischen Umfangsarbeit bei axialem Strömungsaustritt aus der Stufe angeben, nämlich

$$\frac{h_u^*}{h_{uM}^*} = \frac{\omega r c_u}{\omega r_M c_{uM}} = \frac{r^2}{r_M^2}\,.$$

Beim Drallgesetz des starren Körpers hat man also den stärksten Arbeitsunterschied zwischen Fuß und Kopf der Schaufel von allen betrachteten Fällen (s. Bild 2.22).

2.33 Reibungsbehaftete und kompressible Betrachtung der Drallgesetze

Die bisherige ideale Behandlung der rotierenden Strömungen hat natürlich nur bei geringer Reibungswirkung Gültigkeit. Es ist aber möglich, die Drallgesetze auch bei nicht mehr zu vernachlässigenden Verlusten zu formulieren, indem man die Geschwindigkeitszahl φ einführt. Dabei bedienen wir uns im Abschn. 2.331. noch der Näherungsannahme, daß wir zwar den Einfluß von φ auf die Endgeschwindigkeit im Leitrad berücksichtigen, dagegen seine Auswirkung auf die Dichte des Gases übersehen. Das hat den Vorteil, daß ϱ überhaupt aus den Gleichungen verschwindet und man der Berücksichtigung der Kompressibilität enthoben ist. Die gewonnenen Lösungen sind für inkompressible und kompressible Strömungen in gleicher Weise anwendbar. — Im Abschn. 2.332. werden wir dann eine Lösung kennenlernen, bei der die Kompressibilität streng berücksichtigt ist.

2.331. $c_u r = \text{const}$ und $\alpha = \text{const}$

Geht man von der BERNOULLIschen Gleichung mit Reibungsverlusten

$$\int \frac{dp}{\varrho_s} + h_v + \frac{c^2}{2} = \text{const}$$

aus, wo die spezifische Verlustenergie durch

$$h_v = \left(\frac{1}{\varphi^2} - 1\right) \frac{c^2}{2}$$

im Gegensatz zu Gl. (2.17) jetzt auf die wirkliche Geschwindigkeit c bezogen wird, so erhält man

$$\int \frac{dp}{\varrho_s} + \frac{c^2}{2\varphi^2} = \text{const}.$$

Wir setzen nun $\varphi = \varphi(r) = \text{const}$ voraus und differenzieren nach r:

$$\frac{1}{\varrho_s}\frac{dp}{dr} + \frac{c}{\varphi^2}\frac{dc}{dr} = 0.$$

Dann ist

$$\frac{dp}{dr} = -\varrho_s \frac{c}{\varphi^2}\frac{dc}{dr},$$

was nach Einsetzen in Gl. (2.49) mit $c_u = c \cos\alpha$ auf die Differentialgleichung

$$\frac{dc}{c} = -\frac{\varrho}{\varrho_s}\frac{\varphi^2 \cos^2\alpha}{r}\,dr$$

führt. Mit der bereits angekündigten Näherung $\varrho \approx \varrho_s$ wird hieraus

$$\frac{dc}{c} = -\varphi^2 \cos^2\alpha \frac{dr}{r}. \tag{2.68}$$

Diese Beziehung stellt den gemeinsamen Ausgangspunkt für die vorliegende Behandlung des Potentialwirbels und des unverwundenen Leitrades dar.

Am schnellsten läßt sie sich für den Fall $\alpha = \text{const}$ integrieren. Wir erhalten dann

$$\ln c = \ln r^{-\varphi^2 \cos^2\alpha} + C$$

oder

$$c\, r^{\varphi^2 \cos^2\alpha} = e^C = \text{const}.$$

Die Gleichung gilt wegen des konstanten Leitschaufelwinkels nicht nur für die Austrittsgeschwindigkeit aus dem Leitrad, sondern auch für ihre Umfangs- und Axialkomponenten und tritt im reibungsbehafteten Fall an die Stelle der Gl. (2.56) und Gl. (2.57).

Fragen wir uns in gleicher Weise, wie sich durch den Einfluß der Reibung die Abströmung aus dem Leitrad mit $\tan\alpha/r = \text{const} = K$ ändert, das für den Potentialwirbel mit konstanter Axialgeschwindigkeit erhalten wurde, so haben wir nunmehr diese α-Bedingung in Gl. (2.68) einzuführen. Unter Berücksichtigung von

$$\cos^2 \alpha = \frac{1}{1 + \tan^2 \alpha} = \frac{1}{1 + K^2 r^2} \tag{2.69}$$

wird dann

$$\frac{dc}{c} = -\varphi^2 \frac{dr}{r(1 + K^2 r^2)}.$$

Zur Durchführung der Integration zerlegen wir den rechten Integranden in Partialbrüche und erhalten

$$\int \frac{dc}{c} = -\varphi^2 \left(\int \frac{dr}{r} - \int \frac{K^2 r}{1 + K^2 r^2} dr \right).$$

Es ist also

$$\ln c = -\varphi^2 \left[\ln r - \frac{1}{2} \ln(1 + K^2 r^2) \right] + C$$

oder

$$c = \left[\frac{(1 + K^2 r^2)^{\frac{1}{2}}}{r} \right]^{\varphi^2} e^C.$$

Mit Hilfe von Gl. (2.69) kann man nun wieder auf den $\cos \alpha$ zurückgehen und schreiben

$$c (r \cos \alpha)^{\varphi^2} = e^C = \text{const}.$$

Wir wollen diese Lösung so umformen, daß sie mit dem Drallgesetz des Potentialwirbels, das den Ausgangspunkt der vorliegenden Betrachtung darstellt, leicht verglichen werden kann. Dazu führen wir wieder die Umfangskomponente der Absolutgeschwindigkeit ein:

$$c_u r^{\varphi^2} \cos^{\varphi^2 - 1} \alpha = \text{const}.$$

Da α immer in der Größenordnung von 20° ist, liegt $\cos \alpha$ nahe an Eins. Der Exponent $(\varphi^2 - 1)$ weicht bei großen Geschwindigkeitszahlen, wie man sie anstrebt, nicht weit von Null ab. Es gilt also

$$\cos^{\varphi^2 - 1} \alpha \approx 1.$$

Somit hat man auch

$$c_u r^{\varphi^2} \approx \text{const}. \tag{2.70}$$

Nun läßt sich auch leicht die Verteilung der Axialgeschwindigkeit längs der Kanalhöhe ermitteln. Es ist nämlich

$$c_a = c_u \tan \alpha = c_u K r.$$

Verwenden wir die Näherung (2.70), wobei wir die Konstante auf der rechten Seite mit K' bezeichnen wollen, so ist auch

$$c_a \approx \frac{K'}{r^{\varphi^2}} K r$$

oder

$$c_a r^{\varphi^2 - 1} \approx \text{const}.$$

Wir hatten bereits Gebrauch davon gemacht, daß der Exponent $(\varphi^2 - 1)$ sich nicht sehr von Null unterscheidet. Allerdings war dabei außerdem noch die Basis nahe an Eins. Verwenden wir auch hier die Beziehung $\varphi^2 - 1 \approx 0$, so ist die Näherung schon viel gröber. Sie liefert

$$c_a \approx \text{const}. \tag{2.71}$$

Nur im Falle der guten Näherung (2.70) und der wesentlich gröberen Näherung (2.71) könnte man für die untersuchte Leitschaufelverwindung das feststellen, was für die unverwundene Leitschaufel gilt, daß nämlich die Verteilungsgesetze für die Umfangs- und Axialkomponente der wirklichen, reibungsbehafteten Strömung aus denen der reibungslosen hervorgehen, wenn man den Exponenten von r mit φ^2 multipliziert.

Selbstverständlich läßt sich aus Gl. (2.68) auch das Verwindungsgesetz der Leitschaufel herleiten, welche in reibender Strömung das Potentialgesetz $c_u r = \text{const}$ verwirklicht. Dazu braucht man nur in diese Gleichung an Stelle von $\cos^2\alpha$ den Wert c_u^2/c^2 einzuführen und erhält durch Integration

$$c^2 - \varphi^2 c_u^2 = \text{const}$$

bzw. wegen

$$\frac{c^2}{c_u^2} = \frac{1}{\cos^2\alpha} = \tan^2\alpha + 1$$

die Beziehung

$$(\tan^2\alpha + 1 - \varphi^2)\, c_u^2 = \text{const}.$$

Also muß auch

$$\frac{\tan^2\alpha + 1 - \varphi^2}{r^2} = \text{const}$$

sein. Für $\varphi = 1$ geht dieser Ausdruck natürlich wieder in Gl. (2.53) über.

2.332. Drallgesetz des konstanten Massenstromes

Es sei nochmals betont, daß die bisher abgeleiteten Beziehungen streng nur bei großen Krümmungsradien der Meridianstromlinien im Spalt gelten. In der idealen Betrachtungsweise von Bild 2.13 setzt das im allgemeinen weit auseinanderstehende Räder voraus. Ohne diese Annahme erfüllt der Potentialwirbel noch am besten die Gl. (2.49). Bei inkompressiblem Medium ist das sogar exakt der Fall. Verlangt man ihre strenge Gültigkeit auch für die kompressible Strömung, so wird man auf das Drallgesetz des konstanten Massenstromes geführt.

Der Name rührt daher, daß die Radialkomponenten der Strömungsgeschwindigkeit jetzt nur verschwinden können, wenn in den konzentrischen Strömungsringen einer zylindrisch begrenzten Turbine durch jeden Querschnitt der gleiche Massenstrom hindurchtritt, wenn also an Orten geringerer Dichte eine größere Axialkomponente der Geschwindigkeit vorhanden ist ($c_a \varrho = \text{const}$). David und Rouban [4] geben die Lösung der Gl. (2.49) an, indem sie ihre mit Hilfe des Gesamtdruckes p^*, der Gesamtdichte ϱ^* und der Gesamttemperatur T^* vor dem Leitrad und des Mittelschnittradius r_M gewonnene dimensionslose Form

$$\frac{d\left(\frac{p}{p^*}\right)}{d\left(\frac{r}{r_M}\right)} = \frac{\frac{\varrho c_u^2}{\varrho^* R T^*}}{\frac{r}{r_M}}$$

zugrunde legen.

Mit Hilfe der Beziehung $c_u = c\cos\alpha$ und durch Einführung der Mach-Zahl

$$M^* = \frac{c}{\sqrt{\varkappa R T^*}}$$

erhält man daraus

$$\frac{d\left(\frac{p}{p^*}\right)}{d\left(\frac{r}{r_M}\right)} = \frac{\varrho}{\varrho^*}\,\varkappa M^{*2}\cos^2\alpha\,\frac{1}{\frac{r}{r_M}}.$$

Erfaßt man die Reibungsverluste in der bei Turbinen üblichen Weise durch Einführung der Geschwindigkeitszahl $\varphi = \varphi(r)$, schreibt man also $M^* = \varphi M_s^*$, so kann man auch ϱ/ϱ^* auf $(\varrho/\varrho^*)_s$ zurückführen und den Zusammenhang zwischen M_s^*, $(\varrho/\varrho^*)_s$ und p/p^* benutzen, um eine Differentialgleichung für M_s^* zu erhalten:

$$\frac{d M_s^*}{d\left(\frac{r}{r_M}\right)} = -\frac{\varphi^2 \cos^2\alpha}{K_T} \frac{M_s^*}{\frac{r}{r_M}}$$

mit

$$K_T = \frac{1-\varphi^2}{1 - \frac{\varkappa - 1}{2} M_s^{*2}} + \varphi^2 .$$

Hier haben wir noch $\cos\alpha$ unter Benutzung der Kontinuitätsgleichung durch $\varkappa$, φ, M_s^* und die Eintritts-Mach-Zahl M_e^* des Leitrades auszudrücken und erhalten dann die Lösung

$$\frac{r}{r_M} = e^{-\int \frac{1/M^*}{\varphi^2/K_T} \left\{1 - \frac{K_T^2}{\varphi^2} \left[\frac{1-(\varkappa-1)\, M_e^{*2}/2}{1-(\varkappa-1)\, M_s^{*2}/2}\right]^{\frac{2}{\varkappa-1}} \frac{M_e^{*2}}{M_s^{*2}}\right\} dM_s^*}$$

Die Auswertung dieser Gleichung, die am besten durch graphische Integration geschieht, zeigt, daß das entsprechende Leitrad im reibungslosen Fall fast unverwunden ist, wogegen bei verlustbehafteter Strömung der Austrittswinkel α nach Kopf und Fuß hin merklich anwächst (vgl. auch Bild 4.85). Die Austrittsgeschwindigkeit c fällt in beiden Fällen annähernd linear von innen nach außen ab. Für das zugehörige Laufrad ergibt sich bei Einbeziehung der Reibungswirkung am Fuß sogar noch eine stärkere Verwindung der Austrittsseite als beim Leitrad (s. Bild 4.86).

Hiermit seien die allgemeinen Ausführungen über die Grundlagen der axialen Kreiselradmaschinen abgeschlossen. Sie waren in ihrer Formulierung so gehalten, daß sie für Verdichter und Turbine in gleicher Weise Gültigkeit haben. Eine Spezialisierung auf eine dieser beiden Maschinengattungen war bisher nicht erforderlich und könnte noch weiter hinausgeschoben werden. Es ist ziemlich willkürlich, wenn wir nunmehr den Schritt zur Sonderbetrachtung der Turbine tun. Wie weit man die zusammenfassende Darstellung beibehalten kann, zeigt Pfleiderer in seinem ausgezeichneten Buch über Strömungsmaschinen [2]. Man muß sich seiner Meinung anschließen, daß die Trennung in Arbeit aufnehmende und Arbeit abgebende Maschine grundsätzlich so spät wie möglich einsetzen sollte; denn erst über das Gemeinsame erschließt sich das richtige Verständnis für die Besonderheiten der Maschinen. Andererseits ist es für den auf einem der Sondergebiete arbeitenden Ingenieur einfacher, gleich in die speziell für seinen Zweck entwickelten Arbeitsmethoden eingeführt zu werden, und da die Berechnungsverfahren sich doch — teils sachlich, teils historisch bedingt — in einigen wichtigen Punkten wesentlich unterscheiden, wollen wir nun auf die Einzeldarstellung der Strömungstechnik der Turbine übergehen. Nur hin und wieder ziehen wir den Verdichter noch zum Vergleich heran.

3. Abgrenzung der gasbeaufschlagten gegen die dampfbeaufschlagte Turbine

Es ist zweckmäßig, zunächst noch einmal die Stellung der Gasturbine zur Dampfturbine zu umreißen. Selbstverständlich hat die Gasturbine eine ganze Reihe theoretischer und versuchsmäßiger Erkenntnisse von ihrer älteren Schwester übernommen. Das bezieht sich in erster Linie auf die Behandlung des Wärmeprozesses, insbesondere mit Hilfe des i,s-Diagrammes. Andererseits brachte der spezifische Arbeitsbereich der Gasturbine eine intensive Anwendung aerodynamischer Gesetze und Methoden mit sich, die zu großen

Erfolgen in der Steigerung des Wirkungsgrades führte. Die hierbei angefallenen Erkenntnisse sind noch längst nicht in dem Maße wieder für die Dampfturbine nutzbar gemacht, wie das möglich wäre.

Die Dampfturbine arbeitet mit Druckverhältnissen, die ein Vielfaches derjenigen der Gasturbine ausmachen. Die Durchsatzvolumina sind dementsprechend im Eintritt gering. Das zwingt manchmal zur Ausbildung einer Regulierstufe mit Teilbeaufschlagung, die nur als Gleichdruckrad ausgeführt werden kann. Um schnell im Druck herunterzukommen, verwendet man auch oft ein Curtisrad. Das Gefälle der Regulierstufe wird so gewählt, daß die folgende Stufe voll beaufschlagt ist.

Immer noch sind aber auch im Hochdruckteil einer Dampfturbine die Volumina so klein, daß sich selbst bei kleinen Raddurchmessern nur geringe Schaufellängen ergeben. Da der Einfluß des Radialspaltes bei kurzen Schaufeln sehr groß ist, verbietet sich hier ebenfalls noch das Überdruckverfahren. Der Hochdruckteil wird daher als reine Gleichdruckturbine ausgeführt. Erst im Niederdruckteil werden die Schaufeln so lang, daß die Arbeit mit Reaktion vorteilhafter wird.

Demgegenüber verarbeitet die Gasturbine immer verhältnismäßig kleine Druckverhältnisse bei großen Durchsatzvolumina. Sie entspricht vollkommen dem Niederdruckteil der Dampfturbine. (Von Sonderfragen wie z. B. dem Einfluß der Dampfnässe bei letzterem wird dabei abgesehen.) Ganz klar kommt das in den unten folgenden Zahlen für die Schnelläufigkeit

$$n_q = \frac{n}{\sqrt{H}} \sqrt{\frac{\dot{V}}{\sqrt{H}}}\,,$$

d. h. für die auf die Einheiten des Enthalpiegefälles und des sekundlichen Eintrittsvolumens bezogene Drehzahl, zum Ausdruck. Die Schnelläufigkeit dient bekanntlich zum Vergleich von Maschinen, die sich in spezifischer Kompressions- bzw. Expansionsarbeit und sekundlichem Durchsatzvolumen stark unterscheiden. Man bringt diese Maschinen gewissermaßen hinsichtlich ihrer Arbeitsbedingungen unter Wahrung der Ähnlichkeit auf die gleiche Basis.

Im Dubbel [5] findet man nun nach Umrechnung auf die Einheiten J/kg der Enthalpie und 1/s der Drehzahl (unter Beibehaltung von m³/s für das Durchsatzvolumen) für

Curtisräder	$n_q = (0{,}09 \cdots 4{,}2)\ 10^{-2}\ s^{-1}$,
vollbeaufschlagte Gleichdruckstufen	$n_q = (3{,}0 \cdots 8{,}1)\ 10^{-2}\ s^{-1}$,
vollbeaufschlagte Überdruckstufen	$n_q = (9{,}3 \cdots 19{,}2)\ 10^{-2}\ s^{-1}$,
Gasturbinenstufen	$n_q = (6{,}0 \cdots 18{,}0)\ 10^{-2}\ s^{-1}$.

So betrachtet, kann man die Unterscheidung zwischen Dampf- und Gasturbinen nicht als sachlich, sondern nur als methodisch begründet ansehen. Von diesem Gesichtspunkt aus hat sie allerdings volle Berechtigung. Das Auftreten durchweg hoher Schnelläufigkeiten in allen Stufen ist gleichbedeutend mit der Verwendung höherer Reaktionsgrade und tragflügelähnlicher Schaufeln kleinerer Umlenkung. Dadurch wird von vornherein das Augenmerk viel stärker auf die Strömungsmechanik gelenkt. Die Notwendigkeit, den Wirkungsgrad auf höchste Werte zu bringen — nur dann ist ein Flugtriebwerk verbrauchsmäßig tragbar —, führte zu äußerster Ausfeilung der Profilierungsmethoden unter Anwendung der aus der Aerodynamik vorliegenden Kenntnisse. Das Verlangen schließlich, die Kennwerte des Flugzeuges für weite Betriebsbereiche sicher vorauszubestimmen, brachte die Entwicklung von Verfahren zur Kennfeldberechnung mit sich, die weit über das hinausgehen, was im Dampfturbinenbau üblich ist.

Wenn wir hier von der Anwendung aerodynamischer Methoden auf die Turbine sprechen, so muß das doch mit einer Einschränkung geschehen. Auch bei Gasturbinen sind die Profile noch nicht so wenig gekrümmt, daß man die Stromfadentheorie verlassen hätte und auf die reine Tragflügeltheorie übergegangen wäre. Das geschieht erst bei der Berechnung des Axialverdichters. Die Schnelläufigkeiten der Axialverdichterstufen liegen aber auch bei $n_q = (28{,}5 \cdots 67{,}5)\, 10^{-2} s^{-1}$, also noch um einiges höher als bei Gasturbinenstufen.

Die Stromfadentheorie ist in ihrer rechnerischen Behandlung einfacher als die Tragflügeltheorie. Sie wird daher beibehalten, solange es möglich ist. Das ist dann der Fall, wenn die Strömung stark geführt ist, so daß der Abströmwinkel der mittleren Stromlinie nur wenig vom Hinterkantenwinkel der Schaufeln abweicht. Solche starke Führung erweist sich als notwendig, wenn große Umlenkungen des Gases erzwungen werden müssen, weil sonst die Strömung vom Schaufelrücken abreißen würde.

Bei den kleinen Umlenkungen im Verdichter kann man kaum noch von einem Strömungskanal sprechen. Hier wird das Gas in der Tat nur durch eine Reihe benachbarter Tragflügel gelenkt, deren Eigenschaften allein durch die Tragflügeltheorie beschrieben werden können. Es interessiert dabei besonders der Unterschied des Verhaltens des Tragflügels im Gitterverband gegenüber seinen Eigenschaften als Einzelflügel oder — anders ausgedrückt — der Zusammenhang zwischen Einzel- und Gitterflügelpolare. Diese Formulierung zeigt bereits, daß das eigentliche Anwendungsgebiet der Tragflügeltheorie nicht bei der Gasturbine liegen kann, da hier die Einzelflügelpolare, d. h. der Zusammenhang $c_a = f(c_w)$ des Profils, infolge der starken Profilkrümmung zu starke Abreißerscheinungen zeigt, um mit der Gitterpolare verglichen werden zu können.

Das eben Gesagte schließt natürlich nicht aus, daß auch Turbinengitter mit Hilfe der Methoden der Gittertheorie behandelt werden. In dieser Richtung sind in den letzten Jahren sogar wesentliche Fortschritte gemacht worden, wie aus Abschn. 5.1 im einzelnen zu ersehen ist. Die in Frage kommenden Verfahren sind aber vielfach an besondere Voraussetzungen gebunden und erfordern zumindest einen viel höheren Rechenaufwand. Wenn auch der letzte Punkt mit fortschreitender Anwendung der maschinellen Rechentechnik mehr und mehr an Bedeutung verliert, so bleibt doch einstweilen für die Verlustermittlung und Wirkungsgradbestimmung die Verwendung der Geschwindigkeitskoeffizienten $\varphi = c/c_s$ (Leitrad) und $\psi = w/w_s$ (Laufrad) und für die Kraftbestimmung die Anwendung des Impulssatzes überlegen. Die darauf aufgebaute Betrachtungsweise besitzt den Vorzug großer Einfachheit und Anschaulichkeit und zeichnet sich durch eine beachtliche Sicherheit in den Ergebnissen ihrer Anwendung aus. Die weiteren Ausführungen sind daher auf der Stromfadentheorie aufgebaut.

Die Probleme des Gasturbinenbaus sollen nun in der Reihenfolge behandelt werden, wie sie beim Entwurf einer derartigen Maschine auftreten. Es ist dabei in keiner Weise beabsichtigt, nur Berechnungsverfahren im Hinblick auf die praktische Anwendung zu liefern; im Gegenteil werden wir bei passender Gelegenheit auch auf prinzipielle theoretische Fragen näher eingehen. Die Behandlung dieser Probleme in solchem Zusammenhange dürfte aber nur an Interesse gewinnen.

4. Auslegung der Kinematik der Gasturbine

(Fragen der Berechnung der Geschwindigkeitsdreiecke)

Um die Schaufelprofilierung einer Turbine vornehmen zu können, ist die Kenntnis der radialen Veränderlichkeit der Geschwindigkeitsdreiecke für alle Gitter der Turbine erforderlich. Diese Geschwindigkeitsdreiecke werden durch die Mehrschnittrechnung gewonnen. Der Mehrschnittrechnung geht jedoch normalerweise eine Mittelschnittrechnung voran, in der bereits das Stufenschema und der Kanalverlauf festgelegt werden. Der erste hier zu beleuchtende Fragenkreis ist daher verbunden mit der Berechnung der Geschwindigkeitsdreiecke sämtlicher Räder auf dem sogenannten Mittelschnitt der Turbine.

4.1 Mittelschnittrechnung

4.11 Bedeutung und Festlegung des Mittelschnittradius

Wir verstehen unter dem Mittelschnitt einer axialen Kreiselradmaschine den durch den Strömungskanal in Umfangsrichtung geführten Schnitt, dessen normalerweise von Schaufelrad zu Schaufelrad veränderliche, im mittleren Teil der Schaufeln endende Radien so gewählt sind, daß ihnen geeignet bestimmte, den Betriebszustand der ganzen Maschine charakterisierende Strömungsparameter zugeordnet werden können. Es sind das jeweils die Radien der einzelnen Räder, in denen man sich die Gesamtwirkung der ganzen Schaufel unter Vernachlässigung ihrer radialen Erstreckung und der damit verbundenen radialen Veränderlichkeit der Strömungsparameter vereinigt denken kann. Der gesamte Gasdurchsatz der Maschine soll unter den Arbeitsbedingungen des Mittelschnitts bei festgehaltenem Kanalquerschnitt dieselben äußeren Kraftwirkungen zeigen wie in der wirklichen Maschine, bei der die einzelnen Gaselemente auf verschiedenen Radien unter verschiedenen Bedingungen arbeiten. Durch diese Forderung wird der Zusammenhang zwischen Mittel- und Mehrschnittrechnung gewährleistet.

Die strenge Definition des Mittelschnittradius und eindeutige Herleitung der erforderlichen Mittelungsvorschriften für die Strömungsparameter und daraus abgeleitete, den Betriebszustand der Maschine kennzeichnende Größen macht nun erhebliche — und offenbar grundsätzliche — Schwierigkeiten. Es gelingt bisher nicht, sämtliche für die örtlichen physikalischen Größen der Strömung gültigen Grundgesetze der Mechanik auch für die Mittelwerte dieser Größen zu erfüllen. Das führt zu einer gewissen Willkür für die Art der Mittelung, und sie wird in der Tat praktisch auf verschiedene Weise durchgeführt. Nach Traupel [*101*] hat man z. B. die Geschwindigkeiten über den Impulsbegriff zu mitteln, wenn sich mit ihnen Geschwindigkeitsdreiecke konstruieren lassen sollen. Der der so gemittelten Umfangsgeschwindigkeit zuzuordnende Radius kann aber nicht in der Eulerschen Momentengleichung verwendet werden. Um ihre Gültigkeit zu erzwingen, ist die Einführung eines neuen, mit Hilfe des Drallstromes definierten Radius erforderlich. Dabei weichen beide Radien in extremen Fällen (Nabenverhältnis $\nu = r_i/r_a = 0{,}5$) bis 3,8% voneinander und bis 7,2 bzw. 3,8% vom mittleren Radius r_m ab.

In der bisher wohl gründlichsten Untersuchung der Mittelungsprobleme von Kreiselradmaschinen durch Hoffmeister [*102*] erweist es sich als erforderlich, die Umfangskomponenten der Geschwindigkeiten auf Drehimpulsbasis und die Meridiangeschwindigkeit auf Kontinuitätsbasis zu mitteln, um die Notwendigkeit der vorstehend geschilderten Korrektur an der Eulerschen Momentengleichung zu vermeiden. Für den Mittelschnittradius ergibt sich dabei die einfache Bedingung

$$r_M^2\,\dot m = \int\limits_{\dot m} r^2\,d\dot m$$

bzw.

$$r_M = \sqrt{\frac{\int\limits_{\dot m} r^2\,d\dot m}{\dot m}}\,. \tag{4.0}$$

Allerdings verlangt in diesem Fall der Satz des Pythagoras für das aus c_u, c_m und c gebildete Dreieck, daß c einem dritten, mit den anderen beiden korrespondierenden Mittelungsgesetz folgt. Dadurch bedarf nunmehr der Energiesatz einer Korrektur.

Trotz dieses jetzt neu erforderlich werdenden Kompromisses erscheint der von Hoffmeister angegebene Mittelschnittradius am weitgehendsten begründet und könnte der Mittelschnittrechnung der Kreiselradmaschinen zugrunde gelegt werden, zumal in der angezogenen Arbeit die in Frage kommenden Mittelungsgleichungen für sämtliche Strömungsparameter (Geschwindigkeiten, Drücke, Enthalpien, Verlustbeiwerte usw.) zusammengestellt sind. Gerade die Vielzahl der bei einem „exakten" Verfahren erforderlichen Mittelungen und die Notwendigkeit, für jeden der Mittelwerte auch praktisch verwendbare numerische Wechselbeziehungen mit den sehr variablen radialen Verteilungen der Zustandsgrößen herzustellen (wie es in Abschn. 4.22 für die Anfangstemperatur und Abschn. 4.233. für die Geschwindigkeitszahl geschieht), legt es aber nahe, einen einfacheren Weg zu suchen.

Wir setzen uns das Ziel, unter Verzicht auf eingehende theoretische Begründungen, die sowieso stets irgendwelche willkürliche Annahmen voraussetzen, aus reinen Plausibilitätsbetrachtungen zu einem Mittelschnittradius zu gelangen, für den wir möglichst viele Zustandsgrößen der Strömung ohne Mittelung direkt aus der vorliegenden Radialverteilung übernehmen können. Wir wollen also mit einem Minimum an Mittelwertbeziehungen auskommen. Insbesondere sollen die Umfangsgeschwindigkeiten, statischen Drücke und Leitradabströmwinkel von Mittel- und Mehrschnittrechnung auf dem Mittelschnittradius übereinstimmen. Soweit erforderlich, lassen wir dabei die Möglichkeit offen, beim Übergang von Mittel- zu Mehrschnittrechnung aus Kontinuitätsgründen eine geringfügige α_1-Korrektur durchzuführen. Wir stellen auch in Rechnung, daß die Wirkungsgradbestimmung nach Mittel- und Mehrschnittrechnung bei diesem Verfahren geringe Divergenzen zeigen kann, wobei wir uns dann auf der sicheren Seite halten. Auf alle Fälle muß uns dieser Weg zu einer wesentlichen Einsparung an Rechenarbeit bringen.

Natürlich werden auch bei unserem Verfahren — ganz wie nach dem Vorschlag von Hoffmeister — die Mittelschnittdreiecke nicht mit wirklich an der Schaufel in einem bestimmten Radius vorhandenen Geschwindigkeitsdreiecken identisch sein. Dafür sorgen die normalerweise vorhandene radial veränderliche Temperatur des Gases und die längs der Schaufeln stark unterschiedlichen Strömungsverluste. Beide müssen in erster Linie durch Mittelwerte berücksichtigt werden, die von den örtlich auf dem Mittelschnittradius wirklich vorhandenen abweichen.

Am aussichtsreichsten erscheint es, den für den Mittelschnitt zu wählenden Radius durch energetische Gesichtspunkte festzulegen. Man ist ja in erster Linie an der Energiebilanz der Gasturbine als Antriebsmaschine interessiert und muß vor allem hier gute Übereinstimmung von Mittel- und Mehrschnittrechnung verlangen. Es zeigt sich nun, daß ein auf dieser Basis definierter „mittlerer energetischer Radius" sehr allgemeine Bedeutung besitzt und alle anderen bei der Mittelschnittrechnung gebräuchlichen Radien als Spezialfälle enthält.

Man erhält eine theoretisch exakte Aussage über den mittleren energetischen Radius, wenn man in dem betrachteten Kanalquerschnitt das radiale Profil der gesamten Gasenergie so teilt, daß innen und außen gleiche Energiebeträge vorliegen. Vernachlässigt man die geringfügige radiale Veränderlichkeit von c_p und bezeichnet den derart erhaltenen Radius mit r_e, so wird

$$\int_{r_i}^{r_e} T^* c_a \varrho r \, dr = \int_{r_e}^{r_a} T^* c_a \varrho r \, dr. \tag{4.1}$$

Da bei Beginn einer Mittelschnittrechnung die radiale Verteilung des Produktes $T^* c_a \varrho$ nicht bekannt sein kann, ist eine direkte Bestimmung von r_e nach Gl. (4.1) nicht möglich. Der übliche Verlauf des Produktes in Abhängigkeit vom Radius ergibt zudem bei den radialen Energieverteilungen ausgeführter Turbinen eine Kurvenform, die nicht durch eine einfache mathematische Funktion dargestellt werden kann, so daß sich auf diese Weise keine Umformung der Gl. (4.1) vornehmen läßt. Trägt man jedoch die Integralfunktionen $y = \int_{r_i}^{r} T^* c_a \varrho r \, dr = f(r)$ der verschiedenen Energieverteilungen von bereits berechneten Turbinen über dem Radius auf, so findet man, daß alle diese Kurven einen monoton steigenden, fast linearen Verlauf haben. Der Einfluß der starken radialen Veränderlichkeit von T^*, c_a und ϱ wird bei der Integralfunktion praktisch vollständig unterdrückt. Man kann auf Grund dieser Tatsache die Integralfunktion durch eine einfache Potenzfunktion annähern, so daß

$$\int_{r_i}^{r} T^* c_a \varrho r \, dr \approx a r^n - b \tag{4.2}$$

wird (vgl. Bild 4.1).

Setzt man diese Potenzfunktion in Gl. (4.1) ein, so erhält man

$$a r_e^n - b = a r_a^n - b - (a r_e^n - b)$$

oder

$$r_e = \sqrt[n]{\frac{r_a^n + b/a}{2}}.$$

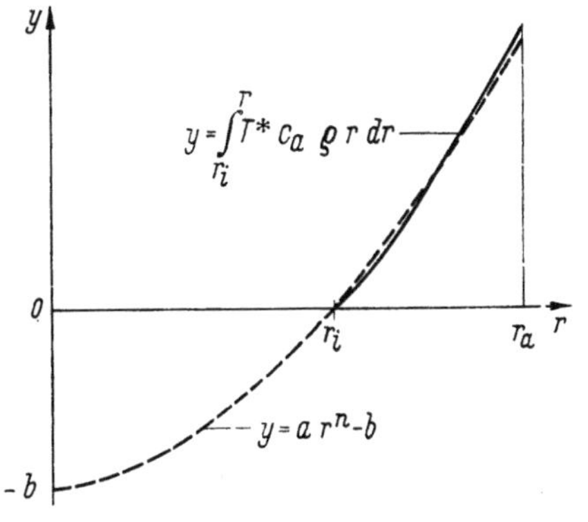

Bild 4.1 Annäherung der Integralfunktion durch eine einfache Potenzfunktion

Dabei ergibt sich die Konstante b/a aus Gl. (4.2) für $r = r_i$ zu r_i^n, so daß der mittlere energetische Radius in allgemeiner Form

$$r_e = \sqrt[n]{\frac{r_a^n + r_i^n}{2}} \tag{4.3}$$

geschrieben werden kann. Hieraus lassen sich die erwähnten Spezialfälle durch entsprechende Wahl des Exponenten n ableiten.

Für $n = 1$ ergibt sich der r_m genannte und häufig verwendete Mittelschnittradius, der die Schaufellänge halbiert. Es wird nämlich nach Gl. (4.3) dann

$$r_m = \frac{r_a + r_i}{2}. \tag{4.4}$$

Setzt man $n = 2$ und kennzeichnet den sich damit ergebenden Mittelschnittradius durch r_f, so wird

$$r_f = \sqrt{\frac{r_a^2 + r_i^2}{2}}. \tag{4.5}$$

Der gewählte Exponent führt demnach zu einem Mittelschnittradius, dessen Kreisumfang die axial durchströmte Fläche halbiert.

Der Radius r_f wird — als gleichwertiger Radius bezeichnet — manchmal bei der Mittelschnittrechnung von Verdichtern verwendet. Er läßt sich auch direkt aus Gl. (4.1) ableiten, wenn man dort T^*, c_a und ϱ als konstant betrachtet. Es wird in diesem Fall

$$\frac{r_e^2}{2} - \frac{r_i^2}{2} = \frac{r_a^2}{2} - \frac{r_e^2}{2},$$

was unmittelbar auf $r_e = r_f$ mit der Beziehung (4.5) führt. Die Voraussetzung konstanter Gesamttemperatur und Dichte ist bei Verdichtern hinreichend erfüllt. Konstante Axialgeschwindigkeit hat man allerdings nur beim Wirbelflußverdichter. Bei Ausgang von der Energiebedingung findet man also nur für diesen den Radius r_f streng als Mittelschnittradius gültig, und seine Verwendung für die übrigen Verdichtertypen erscheint als Näherung. Setzt man im Fall des Verdichters für die Axialgeschwindigkeit ganz allgemein einen Ausdruck an, der aus der für beliebige Drallexponenten q bei verlustloser Betrachtung gültigen Beziehung

$$c_{a\infty} \approx c_{a\infty a} \left\{ 1 + \frac{q-1}{2q} \cot^2 \alpha_{\infty a} \left[1 - \left(\frac{r}{r_a} \right)^{-2q} \right] \right\}$$

durch Multiplikation mit der den Reibungseinfluß berücksichtigenden Wandabstandsfunktion

$$f(y) = 1{,}1 \left[\frac{y}{(r_a - r_i)/2}\right]^{\frac{1}{10}}$$

entsteht, so findet man allerdings, daß auf der Basis der Gl. (4.1) der Radius $(r_m + r_f)/2$ besser geeignet ist, als grundsätzlicher Mittelschnittradius zu dienen. —

Nachdem so durch passende Wahl des Exponenten die beiden bekannten Mittelschnittradien ermittelt werden konnten, erhebt sich die Frage nach dem Exponenten, der in Gl. (4.3) eingesetzt werden muß, um den Mittelschnittradius r_e zu bekommen, der der wirklichen radialen Energieverteilung in einer bestimmten Turbinenebene entspricht. Es wurde bereits erwähnt, daß eine direkte Antwort nicht möglich ist, da bei Beginn einer Auslegungsrechnung die radiale Energieverteilung noch nicht bekannt ist. Man erhält jedoch eine gewisse Übersicht über die voraussichtliche Lage dieses Mittelschnittradius im Vergleich zu den Radien nach Gl. (4.4) und Gl. (4.5), wenn man die in die dimensionslose Form

$$\frac{r_e}{r_i} = \sqrt[n]{\frac{1}{2}\left[\left(\frac{r_a}{r_i}\right)^n + 1\right]} \tag{4.6}$$

übergeführte Gl. (4.3) graphisch darstellt und in dieses Bild die mit Hilfe der Gl. (4.1) exakt gewonnenen mittleren energetischen Radien bereits berechneter Turbinen einträgt. Das ist in Bild 4.2 geschehen.

Die für die Leiträder berechneten mittleren energetischen Radien einer dreistufigen Turbine I und einer vierstufigen Turbine II — ausgelegt für eine Temperaturverteilung nach Bild 4.45 und das Drallgesetz α = const — liegen zwischen $n = 1{,}5$ und $n = 1{,}8$, wobei jeweils zum ersten Leitrad der niedrigere und zum letzten Leitrad der höhere Wert

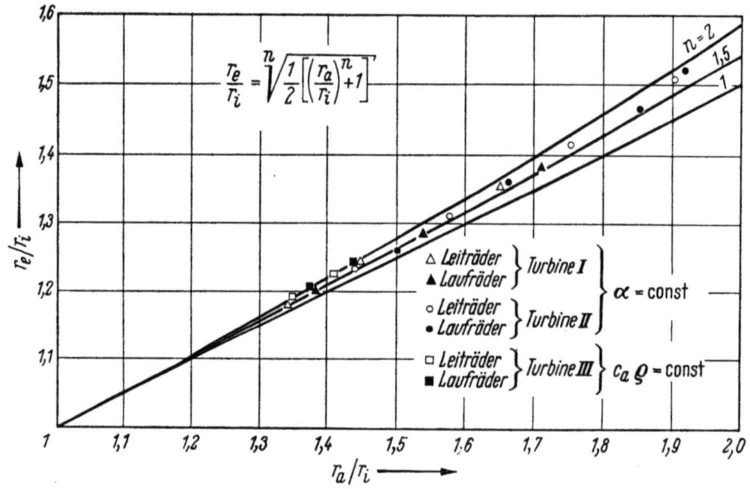

Bild 4.2 Dimensionslose Darstellung des mittleren energetischen Radius r_e bei verschiedenen Exponenten n mit Werten bereits berechneter Turbinen

gehört. Die Exponenten ändern sich dabei fast linear mit der Stufennummer. Die entsprechenden mittleren energetischen Radien der Laufräder zeigen eine etwas größere Streuung, doch werden die zuzuordnenden Exponenten im wesentlichen ebenfalls durch den Bereich von $n = 1{,}5$ bis $n = 1{,}8$ erfaßt. Das Bild zeigt ferner die Lage der gleichen Radien einer zweistufigen Turbine III, die unter Verwendung derselben Temperaturverteilung nach dem Gesetz des über den Radius konstanten Massenstroms ($c_a \varrho$ = const) ausgelegt wurde. Die ermittelten Punkte befinden sich praktisch auf einer Geraden, die mit großer Genauigkeit durch die Linie $n = 2$ festgelegt ist.

Der gewonnene Überblick über die Lage der mittleren energetischen Radien ausgeführter Turbinen läßt erkennen, daß die entsprechenden Werte neu auszulegender Turbinen vermutlich mehr durch Gl. (4.5) als durch Gl. (4.4) erfaßt werden — jedenfalls so lange, wie eine Temperaturverteilung nach Bild 4.45 zugrunde gelegt wird. Diese dürfte mit ihrem nach außen verlagerten Schwerpunkt für das erhaltene Ergebnis entscheidend sein. Will man also den Rechnungsgang nicht durch theoretische Überfeinerung belasten, so bestimmt man am besten den Mittelschnittradius nach Gl. (4.5). Das ist um so mehr berechtigt, als aus Gründen der Rechenökonomie sowieso noch einige andere Vereinfachungen beim Übergang von Mittel- auf Mehrschnittrechnung gemacht werden müssen, die abschließend durch eine Korrektur ausgeglichen werden. Im übrigen deckt sich, wie in [*102*] gezeigt wird, der Bereich der praktisch vorkommenden r_e weitgehend mit demjenigen der nach Gl. (4.0) zu erwartenden r_M. —

Wenn das Ergebnis der Mittelschnittrechnung auch das kinematische Schema der Turbine auf dem „mittleren Stromfaden" ihres Strömungskanals ist, so gehen die dabei anzustellenden Einzelüberlegungen doch weit über die kinematische Fragestellung hinaus in die Bereiche der Wärmelehre und Strömungsdynamik hinein und entscheiden schon zu ihrem Teil über Wirtschaftlichkeit und Betriebsverhalten der Maschine. Man erkennt das bereits bei der Ermittlung der günstigsten Stufenzahl und Kanalform, also der großen Umrisse der Turbine, der wir einen längeren Exkurs über den Stufenwirkungsgrad und seine Veränderlichkeit mit der Laufzahl vorausschicken müssen.

4.12 Wirkungsgradbetrachtungen

4.121. Der Umfangswirkungsgrad in Abhängigkeit von der Laufzahl

Wir haben bereits in Abschn. 2.12, Gl. (2.25), für den inneren isentropen Wirkungsgrad der mehrstufigen Turbine den Ausdruck

$$\eta'_{iT} = \frac{H_i^*}{H_s'^*} = \frac{i_{0I}^* - i_{2z}^*}{i_{0I}^* - i_{2sz}'^*} = \frac{\dfrac{c_{0I}^2}{2} + (i_{0I} - i_{2z}) - \dfrac{c_{2z}^2}{2}}{\dfrac{c_{0I}^2}{2} + (i_{0I} - i_{2sz}) - \dfrac{c_{2z}^2}{2}} \tag{4.7}$$

definiert. [Der Index T kennzeichnet den Wirkungsgrad nunmehr als solchen der Gesamtturbine im Gegensatz zu demjenigen einer einzelnen Stufe wie in Gl. (4.26). Bei den spezifischen Arbeiten kommt er in Fortfall, da die Unterscheidung der Turbine vom Kompressor nicht mehr notwendig ist. Die Stufenbezeichnungen I und z werden jetzt zum Unterschied von den in den folgenden Gleichungen auftretenden Größen der Einzelstufe eingeführt.] Im Ausdruck (4.7) enthält der Zähler sämtliche Verluste außer den mechanischen Verlusten in Lager, Getriebe usw., insbesondere also die Reibungsverluste der Strömung an den Schaufeln und Kanalwänden, die Reibungsarbeit des Gases zwischen den Radscheiben — Ventilationsarbeit tritt wegen Fehlens der Teilbeaufschlagung nicht auf — und die Spaltverluste. Um eine theoretisch leicht zu behandelnde Form des Wirkungsgrades zu bekommen, läßt man bei einstufigen Turbinen oft auch Radscheibenreibung und Spaltverlust außer Ansatz, beschränkt sich also bei den Strömungsverlusten auf die reine Schaufel- und Kanalwandreibung. Das führt für die Turbinenstufe auf den sogenannten Umfangswirkungsgrad

$$\eta'_u = \frac{h_u^*}{h_s'^*} = \frac{h_u^*}{i_0^* - i_{2s}'^*} = \frac{h_u^*}{\dfrac{c_0^2}{2} + (i_0 - i_{2s}) - \dfrac{c_2^2}{2}}. \tag{4.8}$$

Hier kann h_u^* leicht mit Hilfe der Eulerschen Turbinengleichung (2.32) ausgedrückt werden:

$$h_u^* = \frac{1}{2}\left[(c_1^2 - c_2^2) + (w_2^2 - w_1^2)\right]. \tag{4.9}$$

Ein ähnlich gebauter Ausdruck läßt sich auch für den Nenner von η'_u erhalten, wenn man an Hand von Bild 4.3 eine Zerlegung des statischen Gefälles $(i_0 - i_{2s})$ der Stufe nach den Teilgefällen $(i_0 - i_{1s})$ und $(i_{1s} - i_{2s})$ vornimmt und mit Einführung der verlustlosen Geschwindigkeiten $c_{1s} = c_1/\varphi$ und $w_{2s} = w_2/\psi$ schreibt

$$\frac{c_0^2}{2} + (i_0 - i_{1s}) = \frac{c_{1s}^2}{2} \tag{4.10}$$

und

$$i_{1s} - i_{2s} \approx \frac{1}{2}\,(w_{2s}^2 - w_1^2)\,. \tag{4.11}$$

Die letzte Näherung bedeutet, daß die Divergenz der Drucklinien p_1 und p_2 im Intervalle Δs (Bild 4.3) vernachlässigt wird. Setzt man Gl. (4.9), (4.10) und (4.11) in den Ausdruck für den Umfangswirkungsgrad ein, so erhält man eine Beziehung zwischen η'_u und den Absolut- und Relativgeschwindigkeiten:

$$\eta'_u = \frac{c_1^2 - c_2^2 + w_2^2 - w_1^2}{c_{1s}^2 - c_2^2 + w_{2s}^2 - w_1^2}\,.$$

Durch einige kleine Umformungen geht diese Formel für Gleichdruckturbinen ($p_1 = p_2$; $\beta_1 = 180° - \beta_2$; $w_1 = w_{2s}$) ohne Verwendung der Energie der Austrittsgeschwindigkeit aus der Stufe — $c_2^2/2$ wird im Nenner nicht berücksichtigt — in die vom Dampfturbinenbau her bekannte Formel von Banki über:

$$\eta_{uB} = 2\varphi^2(1 + \psi)\left(\cos\alpha_1 - \frac{u}{c_1}\right)\frac{u}{c_1}\,.$$

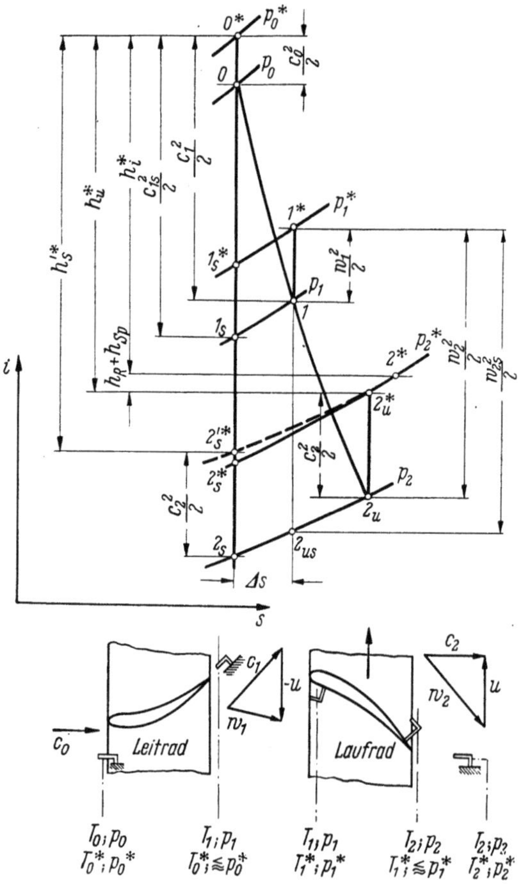

Bild 4.3 *i, s*-Diagramm und Stufenschema einer Überdruckstufe

Für den Gasturbinenbau besitzt diese keine Bedeutung. Wir wollen die η'_u-Gleichung daher für den Fall der Überdruckstufe mit Verwendung der Austrittsenergie weiter umformen.

Mit Hilfe des Kosinussatzes läßt sich auf Grund der Dreiecksbeziehungen in Bild 2.1 schreiben:

$$c_2^2 = u^2 + w_2^2 - 2uw_2\cos\beta_2\,, \tag{4.12}$$

$$w_1^2 = u^2 + c_1^2 - 2uc_1\cos\alpha_1\,. \tag{4.13}$$

Außerdem ist es zweckmäßig, die Verlustziffern

$$\zeta'_c = \frac{1}{\varphi^2} - 1$$

und

$$\zeta'_w = \frac{1}{\psi^2} - 1$$

einzuführen. ζ'_c tritt gleichwertig neben den früher in Gl. (2.17) definierten Verlustkoeffizienten $\zeta_c = 1 - \varphi^2$ und unterscheidet sich von diesem nur insofern, als die den Reibungsverlusten entsprechende Energie $h_v = i_1 - i_{1s}$ durch die erste Zahl auf die wirkliche Geschwindigkeitsenergie, durch die zweite Zahl auf die isentrope Geschwindigkeitsenergie am Austritt aus dem Schaufelgitter bezogen wird:

$$h_v = \frac{1 - \varphi^2}{\varphi^2}\,\frac{c_1^2}{2} = (1 - \varphi^2)\,\frac{c_{1s}^2}{2}\,.$$

Entsprechendes gilt für ζ'_w. Die beiden neuen Verlustziffern liefern die Beziehungen

$$c_{1s}^2 = (1 + \zeta_c)c_1^2, \tag{4.14}$$

$$w_{2s}^2 = (1 + \zeta'_w)w_2^2. \tag{4.15}$$

Damit erhält man für den Wirkungsgrad

$$\eta'_u = \frac{2(uw_2 \cos\beta_2 + uc_1 \cos\alpha_1 - u^2)}{\zeta'_c c_1^2 + \zeta'_w w_2^2 + 2(uw_2 \cos\beta_2 + uc_1 \cos\alpha_1 - u^2)}$$

oder

$$\eta'_u = \frac{2\,\frac{u}{c_1}\left(\frac{w_2}{c_1}\cos\beta_2 + \cos\alpha_1 - \frac{u}{c_1}\right)}{\zeta'_c + \zeta'_w\left(\frac{w_2}{c_1}\right)^2 + 2\,\frac{u}{c_1}\left(\frac{w_2}{c_1}\cos\beta_2 + \cos\alpha_1 - \frac{u}{c_1}\right)}. \tag{4.16}$$

Durch diese Gleichung wird der Umfangswirkungsgrad als Funktion von sechs veränderlichen Größen dargestellt, wobei die Abströmwinkel α_1 und β_2 der Leit- und Laufschaufeln, die hier auf die Austrittsgeschwindigkeit aus dem Leitrad bezogene Laufzahl u/c_1 und das Geschwindigkeitsverhältnis w_2/c_1 vier voneinander unabhängige Variable sind, die die Geschwindigkeitsdreiecke einer Stufe in eindeutiger Weise bestimmen. Die Verlustbeiwerte ζ'_c und ζ'_w hängen einerseits von den genannten vier Variablen, andererseits aber noch von anderen Einflüssen (s. Abschn. 4.232.) ab. Für $\zeta'_c = \zeta'_w = 0$ hat der Umfangswirkungsgrad den Wert 1.

Man sieht zwar bei Division des Zählers und Nenners von Gl. (4.16) durch den langen Klammerausdruck leicht ein, daß Verkleinerung der Winkel grundsätzlich zu einer Vergrößerung des Wirkungsgrades führt. Im übrigen ist es aber natürlich auf Grund der Vielzahl der Parameter und der Abhängigkeit der Verlustbeiwerte nicht möglich, eine übersichtliche graphische Darstellung zu finden, die eine zweckmäßige Auswahl der Werte α_1, β_2, u/c_1 und w_2/c_1 hinsichtlich eines optimalen Wirkungsgrades erlaubt. Um trotz dieser Schwierigkeiten den Wirkungsgrad in Abhängigkeit seiner wichtigsten Parameter darstellen zu können, ist es notwendig, die Anzahl der Parameter durch geeignete Annahmen zu verringern.

Wir wählen zunächst aus der Vielzahl der möglichen Geschwindigkeitsdreiecke einer Stufe diejenigen aus, bei denen $c_{1a} = c_{2a}$ ist. Diese Maßnahme erscheint als gerechtfertigt, weil die Axialgeschwindigkeiten sich auch praktisch nicht sehr unterscheiden. Es läßt sich dann w_2/c_1 mit Hilfe der trigonometrischen Beziehung

$$\frac{w_2}{c_1} = \frac{\sin\alpha_1}{\sin\beta_2}$$

aus Gl. (4.16) eliminieren. Wir erhalten dadurch

$$\eta'_u = \frac{2\,\frac{u}{c_1}\left(\frac{\sin\alpha_1}{\tan\beta_2} + \cos\alpha_1 - \frac{u}{c_1}\right)}{\zeta'_c + \zeta'_w\left(\frac{\sin\alpha_1}{\sin\beta_2}\right)^2 + 2\,\frac{u}{c_1}\left(\frac{\sin\alpha_1}{\tan\beta_2} + \cos\alpha_1 - \frac{u}{c_1}\right)}. \tag{4.17}$$

Ferner beschränken wir uns auf die Gruppe der Geschwindigkeitsdreiecke, die durch drallfreien Austritt aus der Stufe ($\alpha_2 = 90°$) gekennzeichnet sind. Diese Einschränkung ist insofern sinnvoll, als sie zu optimalen Wirkungsgraden führt. Bei einstufigen Turbinen wird eine solche Festlegung normalerweise immer gefordert; bei mehrstufigen Turbinen wird ebenfalls in allen Stufen meist drallfreie Abströmung verwirklicht, da eine etwaige geringfügige Verbesserung des Wirkungsgrades einer Stufe bei Austrittsdrall ohnehin durch Verschlechterung der nachfolgenden Stufe wieder ausgeglichen würde.

Die Annahme $\alpha_2 = 90°$ ermöglicht es, den Winkel β_2 aus Gl. (4.17) zu entfernen. Es gilt nämlich in diesem Fall unter Beachtung von $c_{1a} = c_{2a}$ die Beziehung

$$\frac{\sin\alpha_1}{\tan\beta_2} = \frac{u}{c_1}.$$

Mit ihrer Hilfe erhält man außerdem

$$\frac{\sin\alpha_1}{\sin\beta_2} = \frac{\sin\alpha_1}{\tan\beta_2}\sqrt{1+\tan^2\beta_2} = \sqrt{\frac{\sin^2\alpha_1}{\tan^2\beta_2}+\sin^2\alpha_1} = \sqrt{\sin^2\alpha_1+\left(\frac{u}{c_1}\right)^2}.$$

Setzt man beide Ausdrücke in Gl. (4.17) ein, so geht dieselbe über in

$$\eta'_u = \frac{2\,\dfrac{u}{c_1}\cos\alpha_1}{\zeta'_c + \zeta'_w\left[\sin^2\alpha_1+\left(\dfrac{u}{c_1}\right)^2\right] + 2\,\dfrac{u}{c_1}\cos\alpha_1}. \tag{4.18}$$

Damit ist der Umfangswirkungsgrad nur noch von vier Variablen abhängig. Eine graphische Darstellung dieser Gleichung ist jedoch auch jetzt nur möglich, wenn weitere Annahmen über die Verlustbeiwerte ζ'_c und ζ'_w gemacht werden.

In Bild 4.4 wurde die Gl. (4.18) für die Verlustbeiwerte $\zeta'_c = \zeta'_w = 0{,}1$ aufgezeichnet. Es zeigt den Umfangswirkungsgrad $\eta'_u = f(u/c_1)$ mit α_1 als Parameter. Eine zweite Kurvenschar erfaßt die zugehörigen β_2-Werte. Wir entnehmen dem Bilde wiederum, daß die größeren Umfangswirkungsgrade grundsätzlich bei kleineren Abströmwinkeln aus den Leit- und Laufgittern erzielt werden, wobei außerdem der Laufzahlbereich hoher Wirkungs-

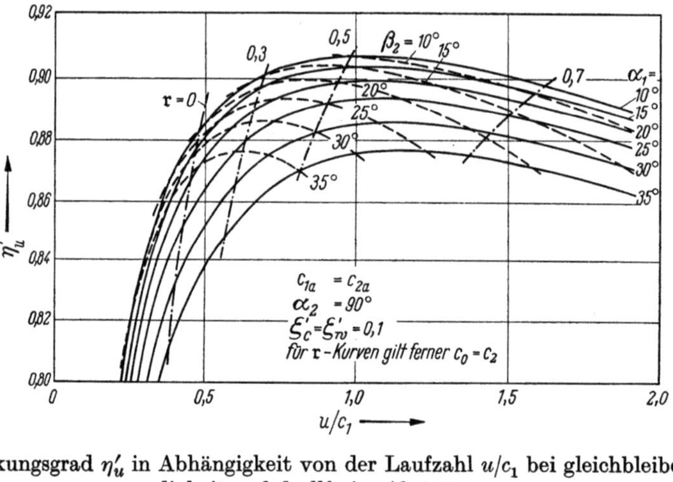

Bild 4.4 Umfangswirkungsgrad η'_u in Abhängigkeit von der Laufzahl u/c_1 bei gleichbleibender Axialgeschwindigkeit und drallfreier Abströmung

grade immer ausgedehnter wird. Mit abnehmendem β_2 verschiebt er sich gleichzeitig nach größeren u/c_1-Werten. Die durch zweckmäßige Wahl von α_1 und β_2 erreichbare Wirkungsgradverbesserung ist hier lediglich durch das kinematische Schema der Strömung auf dem Mittelschnitt bei festgehaltenen Verlustzahlen bedingt. In der Praxis ist zu beachten, daß eine Winkelverkleinerung auch noch in dreifacher Weise zu einer Veränderung dieser Verlustzahlen führt. Einerseits erhält man längere Schaufeln, wodurch sich — wie wir noch sehen werden — die mittlere Geschwindigkeitszahl der Schaufel verbessert. Andererseits vergrößert sich die Umlenkung im Profilgitter, was zu einer Verschlechterung der Geschwindigkeitszahl führt. Schließlich ändert sich mit α_1 und β_2 die Reaktion der Stufe, was geänderte Beschleunigungsverhältnisse für die Gitterströmung — vor allem im Laufrad — zur Folge hat. Schaufellänge und Reaktion zusammen beeinflussen noch den Spaltverlust der Stufe. Im Einzelfall ist daher immer zu prüfen, wie die jeweiligen Verlustzahlen ζ_c' und ζ_w' ausfallen.

Natürlich müssen alle anderen Kenngrößen der Geschwindigkeitsdreiecke, insbesondere der Reaktionsgrad

$$\mathfrak{r} = \frac{i_{1s} - i_{2s}}{i_0 - i_{2s}}, \tag{4.19}$$

von den gleichen Variablen abhängen wie η_u'. Der Reaktionsgrad gibt den prozentualen Anteil des vom Laufrad verarbeiteten Enthalpiegefälles am ganzen Stufengefälle an. Ebenso wie η_u' läßt er sich mit Hilfe von Gl. (4.10) und Gl. (4.11) in der Form

$$\mathfrak{r} = \frac{w_{2s}^2 - w_1^2}{c_{1s}^2 - c_0^2 + w_{2s}^2 - w_1^2}$$

auf die in der Stufe vorhandenen idealen und wirklichen Geschwindigkeiten zurückführen.

Wir wollen hier voraussetzen, daß — zumindest näherungsweise — $c_0^2 = c_2^2$ ist. Dieser Fall wird bei der inkompressiblen Behandlung des Verdichters (kleine Verdichtungsarbeiten) durch die Bezeichnung der Stufe als Normalstufe hervorgehoben. Natürlich trifft er in der Praxis der Gasturbinen nur ungefähr zu. Nur dann hat aber die aus dem Dampfturbinenbau übernommene Definition des Reaktionsgrades auf Grund der Verteilung des statischen Enthalpiegefälles überhaupt einen Sinn. Maßgebend für die Arbeit der Stufe ist ja das Gesamtgefälle. Allein bei $c_0^2 = c_2^2$ sind statisches und Gesamtgefälle der Stufe identisch. — Wendet man nun noch die Beziehungen (4.12) bis (4.15) auf den zuletzt geschriebenen Ausdruck an, so ergibt sich eine zu (4.16) analoge Gleichung für den Reaktionsgrad, nämlich

$$\mathfrak{r} = \frac{(1 + \zeta_w')\left(\frac{w_2}{c_1}\right)^2 - 1 + \frac{u}{c_1}\left(2\cos\alpha_1 - \frac{u}{c_1}\right)}{\zeta_c' + \zeta_w'\left(\frac{w_2}{c_1}\right)^2 + 2\,\frac{u}{c_1}\left(\frac{w_2}{c_1}\cos\beta_2 + \cos\alpha_1 - \frac{u}{c_1}\right)}. \tag{4.20}$$

Ebenso lassen sich für den Reaktionsgrad analoge Beziehungen zu Gl. (4.17) und Gl. (4.18) schreiben. Bei der dort gemachten Annahme $c_{1a} = c_{2a}$ wird

$$\mathfrak{r} = \frac{(1 + \zeta_w')\left(\frac{\sin\alpha_1}{\sin\beta_2}\right)^2 - 1 + \frac{u}{c_1}\left(2\cos\alpha_1 - \frac{u}{c_1}\right)}{\zeta_c' + \zeta_w'\left(\frac{\sin\alpha_1}{\sin\beta_2}\right)^2 + 2\,\frac{u}{c_1}\left(\frac{\sin\alpha_1}{\tan\beta_2} + \cos\alpha_1 - \frac{u}{c_1}\right)}, \tag{4.21}$$

während sich für $c_{1a} = c_{2a}$ und $\alpha_2 = 90°$ die Gleichung

$$\mathfrak{r} = \frac{\zeta_w'\left[\sin^2\alpha_1 + \left(\frac{u}{c_1}\right)^2\right] - \cos^2\alpha_1 + 2\,\frac{u}{c_1}\cos\alpha_1}{\zeta_c' + \zeta_w'\left[\sin^2\alpha_1 + \left(\frac{u}{c_1}\right)^2\right] + 2\,\frac{u}{c_1}\cos\alpha_1} \tag{4.22}$$

ergibt.

Nach der letzten Beziehung wurden die in Bild 4.4 eingetragenen Parameterkurven $\mathfrak{r} = 0$; 0,3; 0,5 und 0,7 ermittelt. Es zeigt sich, daß den optimalen Wirkungsgraden neben kleinen Winkeln α_1 und β_2 Reaktionsgrade um $\mathfrak{r} = 0{,}5$ zugeordnet sind. So ist z. B. der bei $\mathfrak{r} = 0{,}5$ erreichte maximale Wirkungsgrad um mehr als 2% besser als derjenige bei $\mathfrak{r} = 0$.

Der bisher gegebene Überblick läßt unter den getroffenen Annahmen den Einfluß der Variablen α_1, β_2 und $\mathfrak{r}$ hinsichtlich eines optimalen Wirkungsgrades erkennen. Der Wirkungsgrad ist dabei in Abhängigkeit von der Laufzahl u/c_1 dargestellt, wo $c_1^2/2$ die wirkliche kinetische Austrittsenergie des Leitrades unter Berücksichtigung der Reibungsverluste bedeutet. Bei Reaktionsturbinen, die durch die kinetische Energie im Austritt des Leitrades nur unzureichend charakterisiert sind, wird neben u/c_1 auch die Laufzahl u/c_{0s}^* verwendet, wo $c_{0s}'^{*2}/2$ mit der isentropen Arbeit $h_s'^*$ identisch ist. Sie bietet den Vorteil, daß man sie — ausgehend von der zulässigen Umfangsgeschwindigkeit und dem zu verarbeitenden Gefälle der Stufe — direkt bestimmen und so sehr schnell die möglichen Kom-

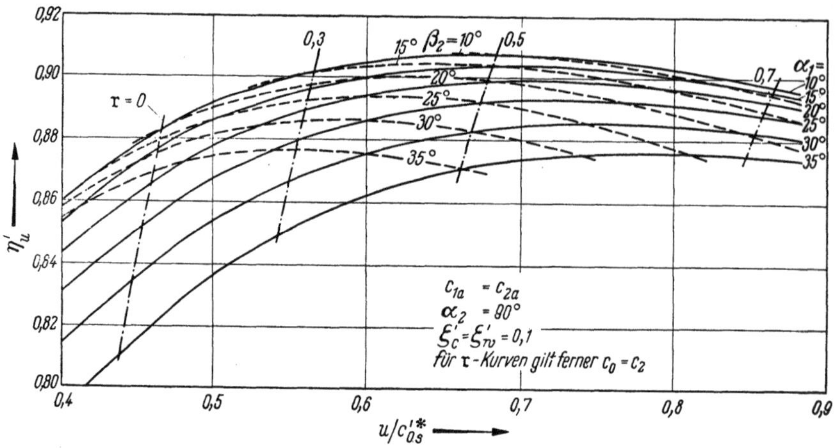

Bild 4.5 Umfangswirkungsgrad η_u' in Abhängigkeit von der Laufzahl $u/c_{0s}'^*$ bei gleichbleibender Axialgeschwindigkeit und drallfreier Abströmung

binationen der übrigen Parameter abschätzen kann. Es wurde daher der wichtigste Bereich des Bildes 4.4 auf die neue Abszisse umgerechnet und in Bild 4.5 wiedergegeben. Der Zusammenhang zwischen $u/c_{0s}'^*$ und u/c_1 wird dabei durch die Beziehung

$$\frac{u}{c_{0s}'^*} = \frac{u}{c_1}\sqrt{\frac{c_1^2}{c_{0s}'^{*2}}} = \frac{u}{c_1}\sqrt{\frac{c_1^2}{2h_s'^*}} \tag{4.23}$$

bestimmt. Wie die Ableitung der Gl. (4.16) aus Gl. (4.8) zeigt, ist der reziproke Radikand mit dem Nenner der ersteren Gleichung identisch; also haben wir

$$\frac{2h_s'^*}{c_1^2} = \frac{2}{\eta_u'}\frac{u}{c_1}\left(\frac{w_2}{c_1}\cos\beta_2 + \cos\alpha_1 - \frac{u}{c_1}\right).$$

Im Falle gleichbleibender Axialgeschwindigkeit und drallfreier Abströmung gilt entsprechend

$$\frac{2h_s'^*}{c_1^2} = \frac{2}{\eta_u'}\frac{u}{c_1}\cos\alpha_1.$$

Somit erhält man

$$\frac{u}{c_{0s}'^*} = \sqrt{\frac{\eta_u'\dfrac{u}{c_1}}{2\cos\alpha_1}}.$$

Durch Anwendung dieser Gleichung werden alle Kurven konstanter Reaktion mit Ausnahme des Falles $\mathfrak{r} = 0$, wo kein Laufraddruckgefälle vorhanden ist, nach kleineren Zahlenwerten der Laufzahl hin verschoben.

Obwohl die Bilder 4.4 und 4.5 neben den Kurven konstanter Schaufelwinkel auch solche konstanten Reaktionsgrades zeigen, sind wir doch nicht im Besitz einer Gleichung, die die Abhängigkeit des Wirkungsgrades von der Reaktion direkt erfaßt. Sie läßt sich — obendrein unter Verzicht auf die obigen einschränkenden Bedingungen hinsichtlich Axialgeschwindigkeit und Austrittsdrall — durch Eliminierung von w_2/c_1 aus den Beziehungen (4.16) und (4.20) gewinnen. Allerdings kommt durch die zweite Gleichung wieder die Nebenbedingung $c_0^2 = c_2^2$ in den gesuchten Zusammenhang hinein. Diese sollte wenigstens annähernd erfüllt sein.

Löst man Gl. (4.20) nach w_2/c_1 auf, so erhält man die von TARANOW [6] aufgestellte Formel

$$\frac{w_2}{c_1} = \frac{\mathfrak{r}\cos\beta_2}{a_1}\,\frac{u}{c_1} + \sqrt{\left(\frac{\mathfrak{r}\cos\beta_2}{a_1}\,\frac{u}{c_1}\right)^2 + \frac{a_2 - a_3\,\frac{u}{c_1}\cos\alpha_1 + a_4\left(\frac{u}{c_1}\right)^2}{a_1}}, \tag{4.24}$$

wo

$$a_1 = 1 + \zeta_w'(1-\mathfrak{r}); \qquad a_2 = 1 + \zeta_c'\mathfrak{r}; \qquad a_3 = 2 - 2\mathfrak{r}; \qquad a_4 = 1 - 2\mathfrak{r}$$

ist. Sie kann unmittelbar in Gl. (4.16) eingesetzt werden und führt dann auf eine Funktion

$$\eta_u' = f(\zeta_c', \zeta_w', \alpha_1, \beta_2, u/c_1, \mathfrak{r}).$$

Es werde nun an einem zum Teil von SHIRIZKI [1] übernommenen Zahlenbeispiel verfolgt, wie die Abhängigkeit des Wirkungsgrades von der Laufzahl u/c_1 mit $\mathfrak{r}$ als Parameter bei festgehaltenem Leitradwinkel aussieht. Dazu wurde in Bild 4.6 der Wirkungsgrad $\eta_u' = f(u/c_1)$ für $\alpha_1 = 20°$, $\zeta_c' = \zeta_w' = 0{,}1$ und die drei Werte $\mathfrak{r} = 0$; 0,3 und 0,5 aufgetragen (ausgezogene Kurven). Hierbei wurde aber nicht β_2 unverändert gelassen, sondern — den praktischen Bedürfnissen Rechnung tragend — längs jeder Kurve $\mathfrak{r} = \text{const}$ so verändert, daß die Bedingung $c_{2a}/c_{1a} = \text{const}$ erfüllt war. Die Geschwindigkeitsverhältnisse c_{2a}/c_{1a} wurden passend für ein zweckmäßiges Verhältnis

$$\frac{h_2}{h_1} = \frac{c_{1a}}{c_{2a}}\,\frac{\varrho_1}{\varrho_2}$$

von Laufschaufelhöhe h_2 zu Leitschaufelhöhe h_1 gewählt. So wurde mit steigender Reaktion, d. h. steigendem ϱ_1/ϱ_2, auch steigendes c_{2a}/c_{1a}, nämlich von 0,8 über 1 auf 1,2, angenommen.

Das Ergebnis zeigt, daß das optimale u/c_1 mit wachsender Reaktion größer wird. Für die Gleichdruckstufe ($\mathfrak{r} = 0$; $p_1 = p_2$) finden wir es bei 0,5 bis 0,6; für $\mathfrak{r} = 0{,}5$ wird es bei 0,9 erhalten. Gleichzeitig wird der Bereich hoher Wirkungsgrade mit zunehmendem Überdruck ($p_1 > p_2$) immer breiter. Man erhält größere entwurfsmäßige Freiheit in der Wahl von u/c_1. Außerdem hat eine solche Turbine ein flacheres Kennfeld. — Nach großen Laufzahlen hin fallen die Wirkungsgradkurven steil ab. Diese kinematischen Bereiche sind jedoch von geringem Interesse. Bei gegebener Umfangsgeschwindigkeit u führen sie auf viel zu kleine Axialgeschwindigkeiten.

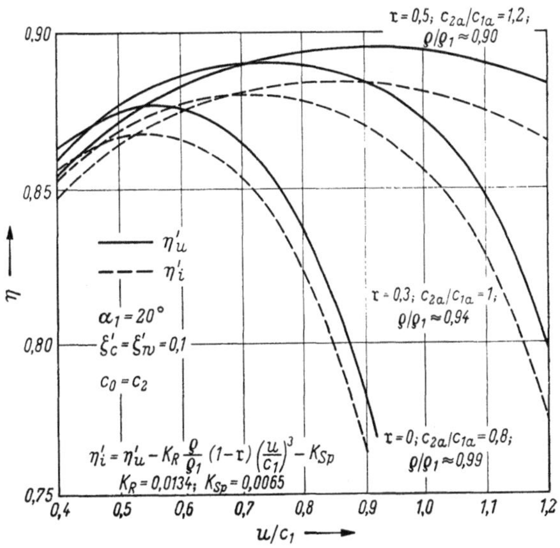

Bild 4.6 Wirkungsgrade η_u' und η_i' in Abhängigkeit von u/c_1 für drei verschiedene Reaktionsgrade

Nach Bild 4.6 steigt der für $\mathfrak{r} = \text{const}$ erreichte Maximalwirkungsgrad mit zunehmender Reaktion — hier von 0,878 bei $\mathfrak{r} = 0$ auf 0,897 bei $\mathfrak{r} = 0{,}5$ — an. Das gilt also schon bei gleichem und unveränderlichem Verlustkoeffizienten von Leit- und Laufrad und ist somit eine Folge der kinematischen Verhältnisse in der Stufe. In der Praxis ist der Geschwindigkeitswert ψ bei Reaktionsstufen größer als bei Gleichdruckstufen. Man muß daher in Wirklichkeit mit noch stärkerer Zunahme des maximalen Umfangswirkungsgrades η_u' bei Vergrößerung von $\mathfrak{r}$ rechnen. Das kommt auch in den Versuchskurven des Bildes 4.7 zum Ausdruck. Hier wurde η_u' nach Messungen an Stufen mit 200 bis 250 mm langen Schaufeln [1] für verschiedene Reaktionsgrade über u/c_{0s} mit der fiktiven Geschwindigkeit

$$c_{0s} = \sqrt{2\,(i_0 - i_{2s})}$$

aufgetragen. Das Wirkungsgradmaximum wächst von 0,885 bei $\mathfrak{r} = 0{,}1$ auf 0,908 bei $\mathfrak{r} = 0{,}5$. Wegen des größeren Nenners in u/c_{0s} sind die Maxima gegenüber der in Bild 4.6 verwendeten Auftragung über u/c_1 nach links zu kleineren Werten verschoben, und zwar um so mehr, je größer die Reaktion ist. —

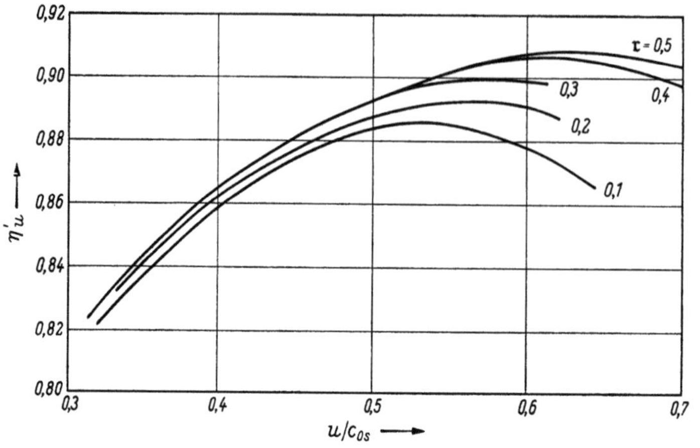

Bild 4.7 Gemessene Abhängigkeit des Umfangswirkungsgrades η'_u von u/c_{0s} für verschiedene Reaktionen (nach SHIRIZKI [1])

Mit u/c_{0s} haben wir neben u/c'^*_{0s} und u/c_1 bereits die dritte Kenngröße vom Charakter einer Laufzahl benutzt. Dabei unterscheiden sich die ersten beiden Werte nur durch die unterschiedliche Bezugnahme auf das statische und das Gesamtenthalpiegefälle der Stufe. Die Größe u/c_1 ist — wie wir schon sahen — von grundsätzlich anderer Art. Sie vergleicht die Umfangsgeschwindigkeit mit einer wirklich in der Stufe vorhandenen Geschwindigkeit, nämlich der Abströmung aus dem Leitrad.

Die drei Verhältniszahlen werden je nach den Umständen verwendet. In den Gleichungen dieses Abschnittes trat zunächst zwanglos die Größe u/c_1 in Erscheinung. Sie wurde teilweise durch das für die Stufe direkt bestimmbare u/c'^*_{0s} ersetzt. Dabei besitzt die Laufzahl u/c'^*_{0s} noch einen weiteren Vorzug. Sie kann nicht nur umfassender als u/c_1 zur Kennzeichnung einer einzelnen Turbinenstufe benutzt werden — davon machten wir schon in Bild 4.5 Gebrauch —, sondern eignet sich auch zur Charakterisierung der ganzen mehrstufigen Turbine. Hierfür ist lediglich die Umfangsgeschwindigkeit in der später definierten Weise (s. Abschn. 7.11) aus den Umfangsgeschwindigkeiten der einzelnen Stufen zu berechnen und auf die dem isentropen Gesamtenthalpiegefälle der ganzen Turbine entsprechende Geschwindigkeit zu beziehen. Man erhält so eine feste Zahl für die Turbine, während u/c_1 im allgemeinen von Stufe zu Stufe einen anderen Wert hat.

Die geringste Bedeutung hat u/c_{0s}, da die statischen Enthalpiegefälle ja noch nicht auf die Gasarbeit schließen lassen. Die Kenngröße hat nur dadurch gewisses Interesse, daß sich für eine einzelne Stufe mit vernachlässigbarer Eintrittsgeschwindigkeit ($c_0 = 0$) ein von u unabhängiger Zusammenhang zwischen c_1 und der fiktiven Geschwindigkeit c_{0s} herleiten läßt. Es ist dann nämlich

$$c_1 = \varphi \sqrt{2(i_0 - i_{1s})}\,.$$

Führt man hier mit Hilfe der Gleichung

$$1 - \mathfrak{r} = \frac{i_0 - i_{1s}}{i_0 - i_{2s}}$$

die Reaktion ein, so wird

$$c_1 = \varphi \sqrt{2(i_0 - i_{2s})(1 - \mathfrak{r})}$$

oder

$$c_1 = \varphi\, c_{0s} \sqrt{1 - \mathfrak{r}}\,. \tag{4.25}$$

Die Betrachtung des Umfangswirkungsgrades η'_u hat uns einen beträchtlichen Einblick in die Arbeit der Turbinenstufe gegeben. Es ist nun leicht, nachträglich den Einfluß der beiden bisher vernachlässigten Verlustposten, nämlich der Radscheibenreibung und des Spaltverlustes, zu berücksichtigen und so auf den inneren isentropen Wirkungsgrad η'_i überzugehen. Im nächsten Abschnitt sollen zunächst die Verlustgrößen selbst einer etwas eingehenderen Betrachtung unterzogen werden.

4.122. Radscheibenreibung und Radialspaltverlust

Die Verbindung zwischen dem Umfangswirkungsgrad η'_u und dem inneren isentropen Wirkungsgrad η'_i wird für eine Stufe allgemein durch die Gleichung

$$\eta'_i = \frac{h^*_u - h_R - h_{Sp}}{\frac{c_0^2}{2} + (i_0 - i_{2s}) - \frac{c_2^2}{2}} = \eta'_u - \frac{h_R + h_{Sp}}{\frac{c_0^2}{2} + (i_0 - i_{2s}) - \frac{c_2^2}{2}} \tag{4.26}$$

hergestellt, worin h_R und h_{Sp} die Energieverluste durch Radscheibenreibung und Wirkung der Radialspalte an den Schaufeln bedeuten.

Wie der Name sagt, entsteht der erste Verlust durch die Reibung der mit großer Drehzahl rotierenden Turbinenscheiben im umgebenden Gas. Er hängt stark von der Oberflächenbeschaffenheit und den Einbaubedingungen der Scheiben ab (Abstand zur nächsten Scheibe, Vorhandensein einer Zwischenwand zwischen je zwei Scheiben usw.) und ist dementsprechend nur näherungsweise zu erfassen. Der zweite Verlust hat seine Ursache darin, daß das im Spalt zwischen Schaufelende und Kanalwand strömende Gas wie durch eine Drossel expandiert, ohne Arbeit zu verrichten. Auch hier lassen sich nur für Sonderfälle formelmäßige Beziehungen aufstellen, während man im allgemeinen auf Versuchsergebnisse zur quantitativen Erfassung der Verluste angewiesen ist.

Wie wir bereits aus dem Abschn. 2.13 wissen, stimmen beide Verlustarbeiten darin überein, daß sie im i,s-Diagramm als Enthalpiedifferenzen eingetragen werden dürfen. Die Abtragung der Verlustgrößen hat dabei (vgl. Bild 4.3) so zu geschehen, daß wir vom Endpunkt 2^*_u der polytropen Zustandsänderung aus auf der Isobaren p^*_2 nach rechts gehen. Der damit erhaltene Punkt 2^* stellt den Ausgang der Expansion in der folgenden Stufe dar. Zu ihm gehört theoretisch eine gegenüber c_2 etwas erhöhte Geschwindigkeit, die der Kontinuitätsbetrachtung in der Strömungsebene zwischen den beiden Stufen zugrunde zu legen wäre. In der Praxis sehen wir von dieser Korrektur ab, da uns der wirkliche Ablauf der dabei auftretenden Umwandlung von kinetischer in Wärmeenergie ohnehin nicht genau bekannt ist. Das bedeutet, daß wir die gestrichelte Parallele zu p_2 im Abschnitt $2^*_u \cdots 2^*$ näherungsweise mit p^*_2 zusammenfallend annehmen. Es ist also gleichgültig, ob wir sie als von dem ersteren oder dem letzteren Punkt ausgehend ansehen. Die Nutzarbeit h^*_u der betrachteten Stufe wird durch die Verlustgrößen auf den eingetragenen Wert h^*_i verringert. Beiden ordnen wir also künftig in guter Näherung die gleiche Austrittsgeschwindigkeit c_2 zu.

Die Radscheibenreibung kann etwa nach der aus dem Dampfturbinenbau bekannten empirischen Formel von STODOLA [7] berechnet werden. Es ist

$$h_R = \frac{735{,}5 \cdot 1{,}46\, d_m^2}{\dot{m}} \left(\frac{u}{100}\right)^3 \varrho$$

bzw.

$$h_R = 0{,}001074\, \frac{d_m^2}{\dot{m}}\, u^3 \varrho\,. \tag{4.27}$$

Darin bedeuten d_m und u Durchmesser und Umfangsgeschwindigkeit des Rades, beide gemessen in Schaufelmitte (s. Bild 4.8a), ϱ und $\dot{m}$ mittlere Dichte zu beiden Seiten der Scheibe und Massendurchsatz des Gases.

An der Gleichung fällt auf, daß sie den mittleren Durchmesser $d_m = d_S + h$ enthält, ohne daß die Schaufellänge h weiter darin vorkommt. Die Radscheibenreibung sollte unter diesen Umständen besser auf den Scheibendurchmesser d_S bezogen sein. In der ursprünglichen Schreibweise von STODOLA ist das nicht nötig, da hier der Ausdruck (4.27) mit einem weiteren Glied, welches die Ventilationsarbeit der Schaufeln bei Teilbeaufschlagung des Rades darstellt, zu einer Einheit zusammengefaßt ist. Dieses Glied enthält dann auch den Einfluß der Schaufellänge. In unserem Fall der Vollbeaufschlagung ist mit dem Glied

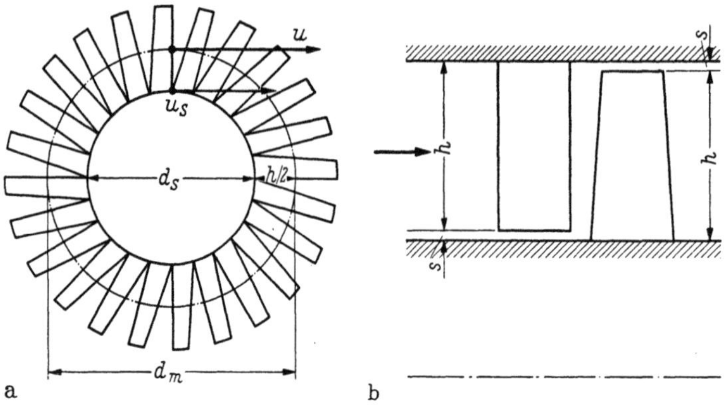

Bild 4.8 Bezeichnungen bei der Berechnung von Radreibungs- und Spaltverlusten
a) Radscheibenreibung nach STODOLA; b) Spaltverlust nach ANDERHUB

der Ventilationsarbeit die Schaufellänge aus der Formel verschwunden. Das ist eigentlich nicht zulässig. Dennoch wollen wir Gl. (4.27) in dieser Form verwenden, da mit der Bezugnahme auf den mittleren Durchmesser d_m auch die Umfangsgeschwindigkeit $u = \frac{d_m}{2}\,\omega$ in Schaufelmitte gemessen wird. Das ist aber für unsere Mittelschnittbetrachtung über den Einfluß von u/c_1 wesentlich. Im übrigen ist dieses Verfahren völlig gerechtfertigt, wenn wir uns auf ein bestimmtes mittleres Nabenverhältnis der Turbinenstufe festlegen. Wir können dieses berechnen.

Dazu gehen wir von der genaueren Schreibweise

$$h_R = \frac{735{,}5\,\beta\,d_S^2}{\dot m}\left(\frac{u_S}{100}\right)^3 \varrho \tag{4.28}$$

der Radscheibenreibung aus, welche den Durchmesser d_S und die Umfangsgeschwindigkeit $u_S = \frac{d_S}{2}\,\omega$ am Außenradius der Scheibe benutzt. Nach STETSCHKIN [8] kann man für β den experimentell ermittelten Wert von 3…4 einsetzen. Er liegt rund 50% höher als der von STODOLA gefundene Wert von 2,2 für frei umlaufende, glatte Scheiben in Luft bei Umfangsgeschwindigkeiten von 60 bis 100 m/s. Rechnen wir mit einem Wert $\beta = 3{,}5$, so folgt aus der Gleichheit von (4.27) und (4.28)

$$1{,}46\,d_m^5 = 3{,}5\,d_S^5.$$

Es ist also

$$\frac{d_m^5}{d_S^5} = \left(1 + \frac{h}{d_S}\right)^5 = \frac{3{,}5}{1{,}46}$$

oder

$$\frac{h}{d_S} = 0{,}194.$$

Damit ergibt sich das Nabenverhältnis

$$\nu = \frac{d_S}{d_S + 2h} = \frac{1}{1 + 2h/d_S} = 0{,}72.$$

Bei den Gasturbinen der Strahltriebwerke weicht man praktisch nicht übermäßig von einem derartigen Nabenverhältnis ab. Es kommt hinzu, daß im Hinblick auf die schon angedeuteten Unbestimmtheiten bei der Erfassung der Radscheibenreibung genauere Werte hierfür sowieso nur durch spezielle Versuche ermittelt werden können (vgl. z. B. [9]). Aus diesen Gründen dürfte die Verwendung der Gl. (4.27) gerechtfertigt sein.

Um für den Spaltverlust ebenfalls zu einer formelmäßigen Beziehung zu gelangen, sind wir gezwungen, eine ganz bestimmte Konstruktion für die betrachtete Turbinenstufe zugrunde zu legen. Damit schränken wir zwar die Allgemeinheit unserer Untersuchung ein, haben aber den Vorteil, wenigstens an einem Beispiel den Einfluß des Radialspaltes in geschlossener Form studieren zu können. Eine sehr einfache empirische Formel stellte ANDERHUB [10] für die in Bild 4.8 b wiedergegebene Trommelstufe mit gleicher Schaufellänge h und Spalthöhe s in Leit- und Laufrad auf. Sie lautet mit h und s in Metern und übereinstimmender Dimension für i und h_{Sp}

$$h_{Sp} = 1{,}72 \cdot 1000^{0{,}4} \frac{s^{1{,}4}}{h} (i_0 - i_{2s}),$$

bzw.

$$h_{Sp} = 27{,}26 \frac{s^{1{,}4}}{h} (i_0 - i_{2s}) \tag{4.29}$$

und soll auch hier benutzt werden, obwohl Trommelstufen nur im Dampfturbinenbau, nicht aber bei Gasturbinen üblich sind. Für die bei Gasturbinen wegen der hohen Umfangsgeschwindigkeiten erforderlichen Scheibenkonstruktionen liegen Versuchsergebnisse nur in nichtgeschlossener Form vor, die in unserer theoretischen Betrachtung nicht verwendet werden können, die dafür aber bei der praktischen Berechnung dieser Turbinen um so größere Bedeutung haben.

Die zuletzt erwähnten Versuchsergebnisse wurden an Turbinenstufen der in ihrem prinzipiellen Aufbau in Bild 4.9 dargestellten Bauweise gewonnen. Hier ist nur über den beiden Laufrädern ein wesentlicher Spaltverlust möglich. Im ersten Leitrad tritt überhaupt kein Radialspalt auf; beim zweiten Leitrad ist ein Umströmen des Innenringes durch Labyrinthspitzen über den Scheiben praktisch ausgeschaltet.

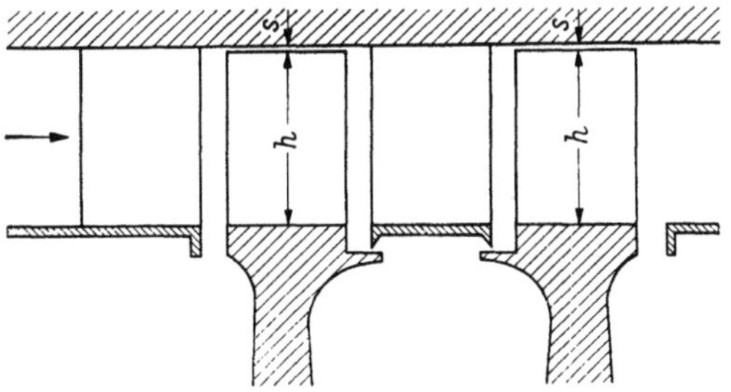

Bild 4.9 Schematische Darstellung der Radialspalte bei einer zweistufigen Gasturbine

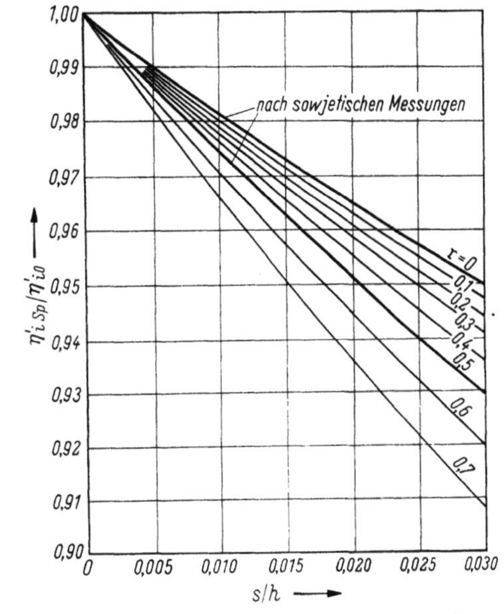

Bild 4.10 Einfluß des Laufradspaltes auf den Wirkungsgrad bei verschiedenen Reaktionen

Derartige Stufen zeigen einen Spalteinfluß, wie er in Bild 4.10 wiedergegeben ist. Hier ist auf Grund einer Interpolation sowjetischer Messungen [8] für die Reaktion $\mathfrak{r} = 0$ bis $\mathfrak{r} = 0{,}7$ das Verhältnis η'_{iSp}/η'_{i0} des Wirkungsgrades einer Stufe mit Radialspalt zum Wirkungsgrad ohne Spalt in Abhängigkeit vom Verhältnis s/h des Laufrades dargestellt. Danach steigt bei konstanter relativer Spaltbreite das Wirkungsgradverhältnis mit fallender Reaktion an, wie es der dabei abnehmende Laufradanteil am Stufengefälle erwarten läßt.

Vergegenwärtigt man sich, daß im Bereich des Laufschaufelspaltes immer mit einem Wärmegefälle zu rechnen ist und daß für eine nach Bild 4.9 ausgeführte Turbine ein bestimmter Mindestspalt auf Grund der — vor allem in ihrem zeitlichen Ablauf bei Laständerungen des Triebwerkes — unterschiedlichen radialen Wärmedehnungen von Rotor und Gehäuse erforderlich ist, so folgt zwangsläufig, daß bei einer solchen Konstruktion ein bestimmter Spaltverlust nicht unterschritten werden kann. Um trotzdem eine weitere Verringerung dieses Verlustes zu ermöglichen, verwendet man auch Laufschaufeln, deren Spitzen durch angearbeitete Segmente in der beim Dampfturbinenbau üblichen Weise zu einem Deckband verbunden sind. Bild 4.11 zeigt unter a) und b) zwei Arten solcher Deckbänder, die gleichzeitig labyrinthartig ausgebildet sind. Die Stege versteifen das

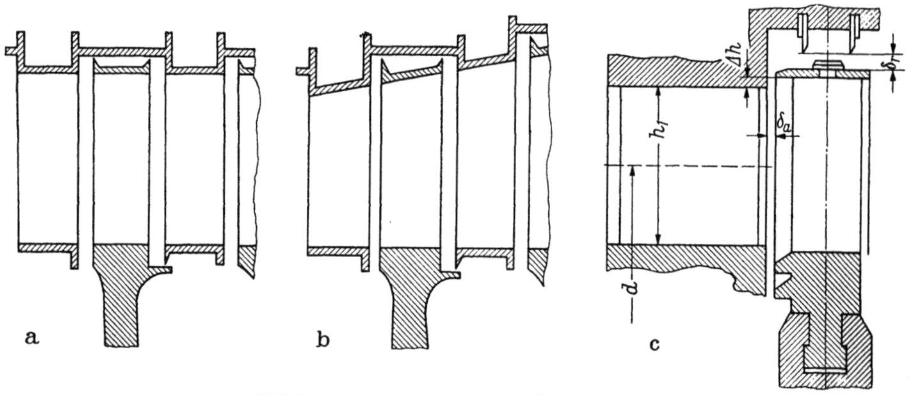

Bild 4.11 Deckbandausführungen
a) angearbeitet bei achsparalleler Gehäusewand;
b) angearbeitet bei ansteigender Gehäusewand;
c) angenietet und mit Überdeckung

Deckband und schränken gleichzeitig den Leckverlust zwischen Band und Gehäusewand besonders wirksam ein. Die Ausführung 4.11a wird bei achsparalleler und diejenige 4.11b bei ansteigender Gehäusewand angewandt. Zum Vergleich ist in Bild 4.11c noch die im Dampfturbinenbau übliche Form des angenieteten Deckbandes dargestellt. Hier haben wir eine axiale und mehrere radiale Abdichtungen. Die radial dichtenden Schneiden werden dabei von der Kanalaußenwand getragen. Bei Konstruktionen mit Bandagen wird der Spaltverlust auf etwa 0,5% verringert, während er sonst die Größenordnung von 2% erreicht.

An Hand von Bild 4.11c läßt sich noch ein Einflußfaktor für den Wirkungsgrad der Turbinenstufe aufzeigen, dem im Dampfturbinenbau große Bedeutung beigemessen wird und der auch für die Gasturbine im Falle der Verwendung von Deckbändern wichtig ist: die obere Überdeckung. Wir verstehen darunter die Länge Δh, um die das Deckband gegenüber der Außenwand des Leitschaufelkanals nach außen versetzt ist. Mit wachsendem Δh verringert sich der mit der äußeren Umströmung des Deckbandes verbundene Spaltverlust. Andererseits steigen dabei die Verluste durch Ungleichmäßigkeit des radialen Geschwindigkeitsprofils am Laufradeintritt und durch plötzliche Kanalerweiterung an. Nach Deitsch und Scheinkman [*100*] kann für die Bestimmung der optimalen oberen Überdeckung bei $d/h_1 > 15$, $M_1 < 0{,}5$, $\mathfrak{r} < 0{,}6$ und $\delta_a/d < 0{,}005$ die Formel

$$(\Delta h)_{\text{opt}} = 0{,}7\,\frac{\sqrt{\mathfrak{r}}}{1-\mathfrak{r}}\,\frac{\delta_{\text{äqu}}}{\sin\alpha_1}$$

mit

$$\delta_{\text{äqu}} = \frac{\delta_a}{\sqrt{1 + z_r\,(\delta_a/\delta_r)^2}}$$

als dem von FLÜGEL eingeführten äquivalenten Spalt verwendet werden. Hier stellt z_r die Anzahl der radial dichtenden Schneiden dar; die Bedeutung der übrigen Größen ist aus Bild 4.11c zu entnehmen. Als Fertigungstoleranzen werden

bei $\Delta h \leqq 3$ mm die Werte $-0{,}25(\Delta h)_{\text{opt}} \cdots +0{,}50(\Delta h)_{\text{opt}}$

und

bei $\Delta h > 3$ mm die Werte -1 mm $\cdots +1{,}5$ mm

empfohlen.

4.123. Der innere isentrope Wirkungsgrad in Abhängigkeit von der Laufzahl

Nach der vorangehenden Behandlung der Radreibungs- und Spaltverluste bzw. der damit zusammenhängenden Probleme kann nunmehr die Diskussion des inneren isentropen Wirkungsgrades in Angriff genommen werden. Wir setzen dazu Gl. (4.27) und Gl. (4.29) in die Beziehung (4.26) ein.

Nimmt man an, daß die kinetische Eintrittsenergie der Stufe der Austrittsenergie näherungsweise gleich ist, also

$$\frac{c_0^2}{2} + (i_0 - i_{2s}) - \frac{c_2^2}{2} \approx i_0 - i_{2s} = \frac{c_{0s}^2}{2},$$

so kann man dabei noch die fiktive Geschwindigkeit c_{0s} einführen und erhält

$$\eta_i' = \eta_u' - 2\,\frac{0{,}001074\, d_m^2}{\dot m c_{0s}^2}\, u^3 \varrho - 27{,}26\,\frac{s^{1,4}}{h}.$$

Hier ist auf Grund der Kontinuität im Austrittsquerschnitt F_{Lei} des Leitkranzes (s. Bild 4.12)

$$\dot m = c_1 \varrho_1 F_1 \sin\alpha_1 = c_1 \varrho_1 F_{\text{Lei}}$$

und nach Gl. (4.25) — wegen des Nichtverschwindens von c_0 als Näherung geschrieben —

$$c_{0s} \approx \frac{c_1}{\varphi\sqrt{1-\mathfrak{r}}},$$

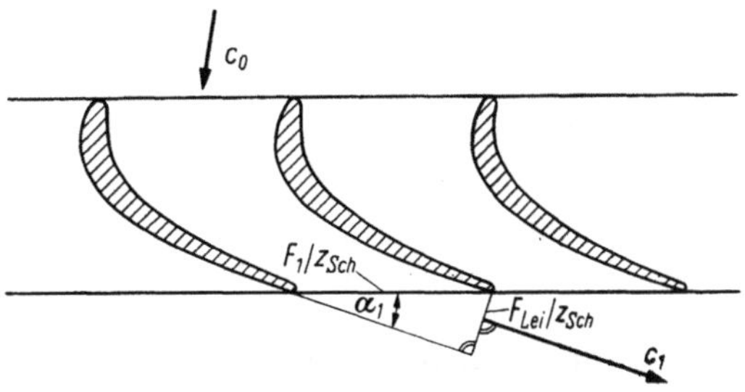

Bild 4.12 Darstellung des Austrittsquerschnittes F_{Lei} des Leitkranzes (z_{Sch} = Schaufelzahl)

so daß schließlich

$$\eta_i' = \eta_u' - 0{,}002148\,\frac{d_m^2}{F_{\text{Lei}}}\,\frac{\varrho}{\varrho_1}\,\varphi^2(1-\mathfrak{r})\left(\frac{u}{c_1}\right)^3 - 27{,}26\,\frac{s^{1,4}}{h}$$

wird und wir η_i' als Funktion von u/c_1 darstellen können.

Es lassen sich nun aus der Mannigfaltigkeit aller möglichen Turbinen diejenigen gleicher Verhältnisse d_m^2/F_{Lei} und $s^{1,4}/h$ und gleicher Geschwindigkeitszahl $\varphi = c/c_s$ im Leitrad herausgreifen. Sie brauchen im übrigen in keiner Weise geometrisch ähnlich zu sein und können insbesondere ganz unterschiedlichen Geschwindigkeitsdreiecken entsprechen. Ihre Bedeutung liegt darin, daß für sie die Ausdrücke

$$K_R = 0{,}002148\,\frac{d_m^2}{F_{\text{Lei}}}\,\varphi^2$$

und

$$K_{Sp} = 27{,}26\,\frac{s^{1,4}}{h}$$

zu Konstanten werden und somit der Einfluß von Radscheibenreibung und Spaltverlust auf den Wirkungsgrad in der einfachen Form

$$\eta_i' = \eta_u' - K_R \frac{\varrho}{\varrho_1} (1 - \mathfrak{r}) \left(\frac{u}{c_1}\right)^3 - K_{Sp} \tag{4.30}$$

dargestellt und studiert werden kann.

Die Absenkung des Wirkungsgrades durch den Einfluß der Radscheibenreibung wächst danach mit $(u/c_1)^3$ an, wogegen die Verminderung durch den Einfluß des Radialspaltes der Leit- und Laufschaufeln unabhängig von u/c_1 ist. Der erste Anteil ist außerdem um so größer, je kleiner die Reaktion $\mathfrak{r}$ ist, und zwar sowohl durch den Faktor ϱ/ϱ_1 als auch durch denjenigen $(1 - \mathfrak{r})$.

Das Verhältnis ϱ/ϱ_1 geht ja mit verschwindender Reaktion von Werten kleiner als 1 fast gegen 1. In dem Einfluß von $(1 - \mathfrak{r})$ kommt zum Ausdruck, daß mit abnehmender Reaktion bei gegebener Geschwindigkeit c_1 das zu verarbeitende isentrope Enthalpiegefälle der Stufe kleiner und somit der mit u annähernd (bis auf die Auswirkung von ϱ) gleichgebliebene Radscheibenverlust relativ von größerer Bedeutung wird. Im Gegensatz dazu ist der Einfluß des Radialspaltes auch von $\mathfrak{r}$ unabhängig. Das erklärt sich dadurch, daß der Spaltverlust h_{Sp} direkt proportional dem isentropen Stufengefälle ist, gleichgültig, wie sich dieses auf Leit- und Laufrad verteilt. Ändert sich bei gleichem Stufengefälle die Reaktion, so findet nur eine Verschiebung des Verlustes von Leit- auf Laufrad oder umgekehrt statt. In K_{Sp} ist nun der Spaltverlust auf das isentrope Stufengefälle bezogen und somit hiervon unabhängig gemacht. Die oben erwähnte Änderung des Gefälles durch Änderung von $\mathfrak{r}$ bei gleichbleibendem c_1 kann sich daher in diesem Glied nicht auswirken. Das gilt natürlich nur in dem von ANDERHUB betrachteten Fall gleicher relativer Spalte in beiden Rädern. Für andere Konstruktionen ist eine gesonderte Betrachtung notwendig.

Wenden wir Formel (4.30) auf das Beispiel des Bildes 4.6 an, so lassen sich aus den dort gezeichneten Kurven η_u' die darunter liegenden und in ihrem Maximum unmerklich nach links verschobenen Kurven η_i' berechnen. Sie gelten für die durch $K_R = 0{,}0134$ und $K_{Sp} = 0{,}0065$ charakterisierte Turbinenfamilie. Durch den Einfluß der Radscheibenreibung treten also die Höchstwirkungsgrade bei etwas kleineren Laufzahlen auf.

Die für η_i' optimalen u/c_1 liegen bei den im Strahltriebwerksbau allein interessierenden Reaktionsstufen zwischen 0,6 und 0,9. Dabei ergeben sich die kleineren Werte, wenn es sich um Turbinen niedriger Reaktion handelt — hier befinden sich schon die maximalen η_u' bei kleineren u/c_1 — und wenn K_R groß ist, also wenn zusätzlich zum kleinen Reaktionsgrad große Werte d_m^2/F_{Lei} und kleine Reibungsbeiwerte ζ_c', d. h. große $\varphi = 1/\sqrt{1 + \zeta_c'}$, vorliegen. Im Zweifelsfalle muß man durch eine Anzahl von Vergleichsrechnungen das Optimum suchen. Im übrigen verläuft aber die Kurve $\eta_i' = f(u/c_1)$ so flach, daß man vom Optimum etwas abweichen darf und etwas kleinere oder größere u/c_1 wählen kann, je nachdem man die Stufenzahl der Turbine durch Vergrößerung des Stufengefälles verringern oder durch Verkleinerung des Stufengefälles vergrößern will. Die kleinere Stufenzahl liefert ein geringeres Gewicht der Maschine. Größere Stufenzahl hat einen besseren Gesamtwirkungsgrad zur Folge, da sich dann zwei in Bild 4.6 noch nicht erfaßte Faktoren auswirken, nämlich die Verbesserung der Geschwindigkeitszahlen φ und ψ durch kleinere Umlenkung der Strömung in den Schaufelgittern und der sog. Wärmerückgewinn in mehrstufigen Turbinen. Auf beide Punkte kommen wir im folgenden noch zu sprechen. Im allgemeinen dürfte für den Turbinenentwurf die größere Stufenzahl in Frage kommen, da für Strahltriebwerke bei Flugdauern von mehr als einer Stunde der spezifische Kraftstoffverbrauch die größere Bedeutung hat. Bei einer Flugdauer von acht Stunden ist er sogar rund viermal so wichtig wie das Einheitsgewicht des Triebwerkes.

4.13 Wahl der Reaktion einer Stufe

Wir sahen, daß die Beurteilung des Verhältnisses u/c_1 hinsichtlich seines Einflusses auf den Wirkungsgrad von der Wahl der Reaktion $\mathfrak{r}$ in der betreffenden Stufe abhängt. Für welche Reaktionsgrade wird man sich nun beim Gasturbinenentwurf für ein Strahltriebwerk entscheiden? Das hängt ganz von dem Gesichtspunkt ab, unter dem man an diese Frage herangeht. Bevor wir sie beantworten, wollen wir zunächst den Begriff der Reaktion noch etwas erläutern und Stufen verschiedener Reaktion in ihrem kinematischen Aussehen betrachten. Das wird uns diesen Begriff der Turbinentheorie anschaulich näherbringen.

Im vorangehenden war die Reaktion in der Form

$$\mathfrak{r} = \frac{i_{1s} - i_{2s}}{i_0 - i_{2s}}$$

definiert worden. Wir setzen also das statische Laufradgefälle, gemessen auf der Isentropen durch den Anfangspunkt der Expansion, in Beziehung zum statischen Gefälle der ganzen Stufe. Je nach dem dabei verfolgten Zweck verwenden andere Autoren auch davon abweichende Bestimmungen, nämlich etwa folgende (vgl. Bild 4.3):

$$\mathfrak{r}_\alpha = \frac{i_1 - i_{2us}}{i_0 - i_{2s}} \qquad \text{(Stodola [7])},$$

$$\mathfrak{r}_\beta = \frac{i_1 - i_{2us}}{(i_0 - i_{1s}) + (i_1 - i_{2us})} \qquad \text{(Zietemann [11], Shirizki [1])},$$

$$\mathfrak{r}_\gamma = \frac{i_1 - i_{2us}}{i_0^* - i_{2s}'^*} \qquad \text{(Pfleiderer [2])},$$

$$\mathfrak{r}_\delta = \frac{i_1 - i_{2us}}{i_0^* - i_{2s}} \qquad \text{(Stetschkin [8])}.$$

Wegen $i_{1s} - i_{2s} \approx i_1 - i_{2us}$ stimmen die ersten beiden Gleichungen mit unserer praktisch überein. Die Autoren berücksichtigen hier lediglich teilweise (Stodola) oder ganz (Zietemann und Shirizki) in der Definition die Vergrößerung des Laufradgefälles durch den Wärmerückgewinn, rechnen aber dann meist wie wir unter Vernachlässigung dieses innerhalb einer Stufe kleinen Betrages. — Die Form von Pfleiderer wird erst dann mit unserer identisch, wenn wir zu der eben genannten Näherung die weitere Annahme $c_0 \approx c_2$ hinzunehmen. Unsere eigene Definition setzt diese Annahme zwar nicht grundsätzlich voraus. Wir haben sie aber bereits einmal bei der Ableitung der Formel von Taranow (4.24) getroffen und müssen sie im übrigen als sinnvoll ansehen, da nur dann die Reaktion auf die vom Gase verrichtete Arbeit zurückgeführt ist. (Man würde sie eigentlich besser durch die Enthalpien der Gesamtzustände des Gases vor, in und hinter der Stufe ausdrücken.) In der Definition von Pfleiderer ist im übrigen die Reaktion verwandt mit der kinematischen Reaktion der Verdichterstufe. Die dort übliche Rückführung auf die Umfangskomponente $w_{u\infty}$ des vektoriellen Mittelwertes von relativer Zu- und Abströmgeschwindigkeit hat dann in der Form

$$\mathfrak{r}_\gamma = \frac{i_1 - i_{2us}}{i_0^* - i_{2s}'^*} = \frac{\Delta p_2/\bar{\varrho}_2}{h_u^*/\eta_u'} = \frac{w_{u\infty}\Delta w_u}{u\Delta w_u/\eta_u'} = \eta_u' \frac{w_{u\infty}}{u} \tag{4.30a}$$

mit der durch Gl. (7.13a) gegebenen Bedeutung von Δp_2 und $\bar{\varrho}_2$ ohne weiteres auch für die Turbinenstufe Gültigkeit. — Der von Stetschkin verwendete Ausdruck zeigt gegenüber dem unsrigen eine grundsätzliche Abweichung im Nenner, welcher die kinetische Energie am Stufeneintritt in das Vergleichsgefälle einbezieht. Diese Formel beleuchtet die Mannigfaltigkeit der an sich gleichberechtigten Möglichkeiten zur Definition des Reaktionsgrades.

Wie unterscheiden sich nun Stufen verschiedener Reaktion in ihren Geschwindigkeitsdreiecken und den zugehörigen Beschaufelungen? Das Bild wird besonders übersichtlich, wenn wir in den verglichenen Fällen die Umfangsgeschwindigkeit u und die Umlenkung Δc_u übereinstimmen lassen, wenn wir also die gleiche Umfangsarbeit für alle Stufen zugrunde legen. Wir nehmen des weiteren die Bedingungen $c_0 = c_2$, wobei auch noch die Richtungen dieser Geschwindigkeiten übereinstimmen sollen, und $c_{1a} = c_{2a}$ mit gleichem Betrag bei allen Reaktionen hinzu und beschränken uns im übrigen auf die reibungsfreie Betrachtung der Strömung. Damit ergibt sich das in Bild 4.13 dargestellte Schema. [An ihm kann leicht die Beziehung (4.30a) mit $\eta_u' = 1$ veranschaulicht werden.]

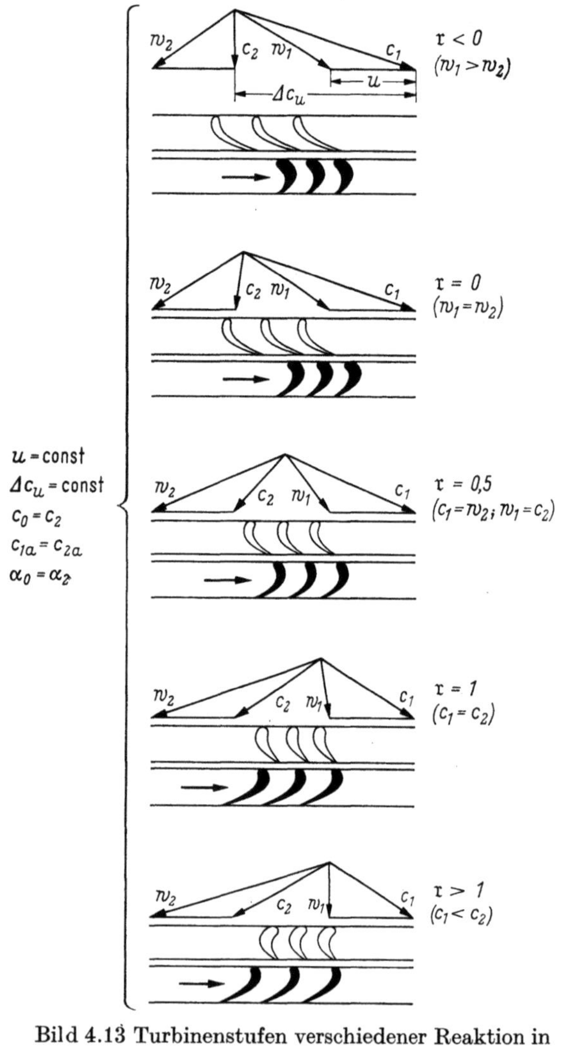

Bild 4.13 Turbinenstufen verschiedener Reaktion in reibungsfreier Strömung

Besonders kennzeichnend ist der Fall $\mathfrak{r} = 0{,}5$. Die zugehörige Geschwindigkeitsbeziehung $c_1 = w_2$ und $w_1 = c_2$ führt auf völlig symmetrische Dreiecke und spiegelbildlich gleiche Schaufeln in Leit- und Laufrad. Demgegenüber gehen für $\mathfrak{r} = 0$ und $\mathfrak{r} = 1$ die Geschwindigkeitsdreiecke als Ganzes spiegelbildlich ineinander über. Die dicken Gleichdruckprofile des Laufrades der Reaktion Null ergeben durch Spiegelung die Gleichdruckprofile des Leitrades der Reaktion Eins. Entsprechendes gilt für die schlanken Überdruckprofile der beiden Stufen. Geht man auf negative Reaktion über, so erhält das Laufrad ein Verzögerungsgitter; läßt man den Reaktionsgrad über Eins hinaus wachsen, so gilt dies für das Leitrad. Beide Fälle sind so gezeichnet, daß c_2 bzw. w_1 zu einer reinen Axialgeschwindigkeit wird, das Leitschaufel- bzw. das Laufschaufelprofil also in Achsrichtung angeströmt wird.

Praktische Bedeutung haben von den dargestellten Fällen im Mittelschnitt nur die Reaktionsgrade von etwa 0 bis 0,5. Verzögerungsgitter führen immer zu größeren Verlusten als Beschleunigungsgitter, und zur Verwirklichung der Reaktionen zwischen 0,5 und 1 fehlt im allgemeinen der dazu erforderliche Drall der in die Stufe eintretenden Strömung. Lediglich am Außenradius der Stufe treten auch Reaktionen über 0,5 als Folge des von Null verschiedenen radialen Druckgradienten zwischen Leit- und Laufrad auf, wenn man nicht ausdrücklich durch geeignete Maßnahmen für konstante Reaktion sorgt (vgl. Abschn. 4.21). Natürlich braucht dann die Bedingung $c_0 = c_2$ nicht mehr erfüllt zu sein.

Vom Standpunkt des Wirkungsgrades aus gesehen empfiehlt sich die Verwendung einer Reaktion von 0,4 bis 0,5. In diesem Bereich lagen ja schon die Bestwerte von η_u' (Bild 4.7), und der Einfluß von $\mathfrak{r}$ auf den relativen, d. h. auf das isentrope Stufengefälle bezogenen, Radscheibenreibungsverlust und Spaltverlust ist gegenläufig. Wenn ersterer kleiner wird, d. h. bei steigender Reaktion, wächst letzterer an, jedenfalls bei den im Gasturbinenbau interessierenden Konstruktionen, welche im Gegensatz zu dem von Anderhub betrachteten Fall ein wesentliches Überwiegen des Laufradspalteinflusses zeigen. Quantitativ ist der Spaltverlust in der Regel von der gleichen Größenordnung wie die Radscheibenreibung.

Die Verwendung einer Reaktion von 0,4 bis 0,5 setzt allerdings voraus, daß die Schaufeln hinreichend lang sind, um die Wirkung des Spaltes in Grenzen zu halten. Bei Strahltriebwerken ist das im allgemeinen der Fall, wie man an den Kurven in Bild 4.10 erkennt. Vergleicht man den Abfall des Wirkungsgradverhältnisses bei konstantem s/h und wachsender Reaktion mit dem in Bild 4.7 dargestellten Gewinn in η_u' beim Übergang von $\mathfrak{r} = 0{,}1$ auf 0,5, so wird man für bestimmte Spaltabmessungen — abhängig von der mit der Reaktionsvergrößerung verbundenen u/c_{0s}-Änderung — eine Schaufellänge finden, bei der der vermehrte Spaltverlust diesen Wirkungsgradgewinn gerade wieder kompensiert. Im Falle eines Spaltes von 1 mm liegt die Grenzschaufellänge etwa bei 50 mm. Eine höhere Reaktion ist nur bei längeren Schaufeln angebracht, während für kürzere die Gleichdruckstufe überlegen ist.

Bei kleinen Hilfsturbinen, etwa zum Antrieb von Aufladegebläsen, kann daher eine kleine Reaktion sehr wohl zweckmäßiger sein. Auf jeden Fall soll der Überdruck in Schaufelmitte immer so hoch liegen, daß am Schaufelfuß mindestens noch Gleichdruck und keine negative Reaktion vorhanden ist; denn man hat ja — wie wir in Abschn. 4.21 noch ausführlicher betrachten werden — wegen des Druckgradienten im Spalt zwischen Leit- und Laufrad im allgemeinen eine von innen nach außen, von Schaufelfuß zu Schaufelkopf, zunehmende Reaktion.

Wir können die Wahl der Reaktion auch von dem Gesichtspunkt aus betrachten, wie man das größte Gefälle in einer Stufe unterbringt bzw. wie man für die ganze Turbine mit möglichst wenigen Stufen auskommt. Zur Klärung dieser Frage vergleichen wir in Bild 4.14 zwei verlustlose Turbinenstufen gleicher und unveränderlicher Axialgeschwindigkeit, gleicher Umfangsgeschwindigkeit, aber verschiedener Reaktion 0 und 0,5. Für die Strömung vor bzw. hinter der Stufe wird in beiden Fällen Drallfreiheit vorausgesetzt ($c_a = c_0 = c_2$).

Bei der Gleichdruckturbine ($\mathfrak{r} = 0$) beträgt das Leitradgefälle

$$\frac{1}{2}(c_1^2 - c_0^2) = \frac{1}{2}(c_1^2 - c_2^2) = 2u^2,$$

das Laufradgefälle

$$\frac{1}{2}(w_2^2 - w_1^2) = 0.$$

Als Summe beider Gefälle ergibt sich — s. auch Gl. (2.32) — die der Umlenkung $\Delta c_u = 2u$ entsprechende Stufenarbeit

$$h_u^* = u\Delta c_u = 2u^2.$$

Die Überdruckturbine ($\mathfrak{r} = 0{,}5$) hat dagegen das Leitradgefälle

$$\frac{1}{2}(c_1^2 - c_0^2) = \frac{1}{2}(c_1^2 - c_2^2) = \frac{u^2}{2}$$

und das Laufradgefälle

$$\frac{1}{2}(w_2^2 - w_1^2) = \frac{u^2}{2},$$

also als Summe beider die der Umlenkung $\Delta c_u = u$ entsprechende Stufenarbeit

$$h_u^* = u\Delta c_u = u^2.$$

Wir entnehmen dem Vergleich, daß die Arbeit der Gleichdruckstufe doppelt so groß ist wie die der Überdruckstufe. Wir können auch sagen: Zur Verarbeitung eines bestimmten Gefälles braucht man in einer Turbine bei gegebener Umfangsgeschwindigkeit doppelt soviel Überdruckstufen mit der Reaktion 0,5 wie Gleichdruckstufen. Oder: Um die gleiche Arbeit zu erhalten, d. h. um die Beziehung $2u_{r=0}^2 = u_{r=0,5}^2$ zu erfüllen, muß die Umfangsgeschwindigkeit der Überdruckturbine bei gleicher Stufenzahl das $\sqrt{2}$fache der Umfangsgeschwindigkeit der Gleichdruckturbine betragen.

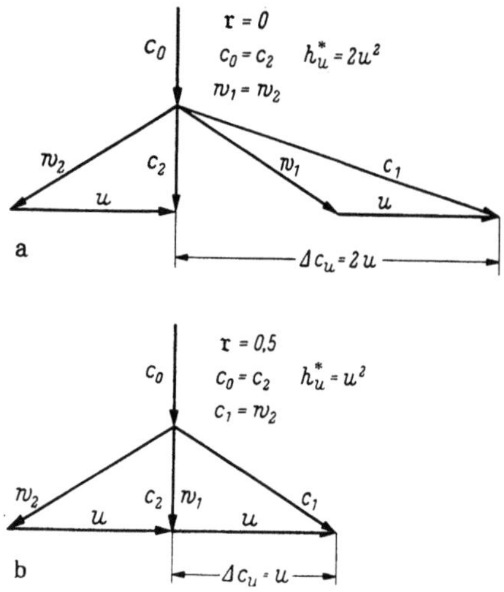

Bild 4.14 Vergleich zweier Stufen mit den Reaktionen 0 und 0,5 bei gleicher Axial- und Umfangsgeschwindigkeit
a) Gleichdruckstufe; b) Überdruckstufe

Ist die Überdruckturbine also wirkungsgradmäßig im Vorteil, so liegt sie durch die größere Stufenzahl oder durch den größeren Durchmesser bei gleicher Drehzahl gewichtlich schlechter. Eine Drehzahlsteigerung ist meistens im Hinblick auf den Verdichter der Strahlturbine schwierig. Trotzdem haben wir es im Flugtriebwerkbau fast immer mit Überdruckturbinen zu tun, da das Mehrgewicht der Maschine normalerweise durch das Gewicht des eingesparten Kraftstoffes übertroffen wird. Das wirkt sich besonders bei Flugzeugen großer Reichweite aus.

Sehr häufig verwendet man aber eine kleine Reaktion in der ersten Stufe einer mehrstufigen Turbine, um auf diese Weise schnell mit der Temperatur des Gases herunterzukommen und so die Laufschaufeln der ersten Stufe thermisch zu entlasten. Die Festigkeitseigenschaften des Schaufelmaterials hängen ja wesentlich von der Temperatur des Materials ab, und im Grenzbereich hoher Temperaturen kann schon eine Senkung um wenige Grade eine wesentliche Steigerung der Festigkeit zur Folge haben.

Die Auswirkung der Reaktionsverminderung läßt sich wieder gut an dem in Bild 4.14 gezeigten Vergleich zweier Stufen mit Reaktion 0 und 0,5 verfolgen. Bekanntlich nimmt das Gas im Staupunkt an der Laufschaufel die Gesamttemperatur

$$T_1^* = T_1 + \frac{\varkappa - 1}{2\varkappa R} w_1^2$$

an. Die gleiche Temperatur herrscht näherungsweise auf Grund der inneren Reibung in der gesamten Grenzschicht längs des Profils. Auch die Schaufel wird daher, wenn keine Wärmeleitung vorhanden ist, die Gesamttemperatur des Gases annehmen.

Um die auf die Relativgeschwindigkeit vor dem Laufrad bezogene Gesamttemperatur zu ermitteln, müssen wir von der Gesamttemperatur der Absolutströmung vor dem Leitrad

$$T_0^* = T_1 + \frac{\varkappa - 1}{2\varkappa R} c_1^2$$

ausgehen. Mit Hilfe des hieraus berechneten T_1 wird

$$T_1^* = T_0^* - \frac{\varkappa - 1}{2\varkappa R} (c_1^2 - w_1^2).$$

Gemäß Bild 4.14 ist nun im Falle der Gleichdruckstufe

$$c_1^2 - w_1^2 = c_2^2 + 4u^2 - c_2^2 - u^2 = 3u^2,$$

im Falle der Überdruckstufe

$$c_1^2 - w_1^2 = w_1^2 + u^2 - w_1^2 = u^2.$$

Die Gesamttemperatur T_1^* der Relativströmung liegt also bei der Gleichdruckstufe um den Betrag

$$\frac{\varkappa - 1}{2\varkappa R} 2u^2$$

niedriger als bei der Überdruckstufe.

Rechnen wir mit dem Isentropenexponenten $\varkappa = 1{,}325$ eines heißen Gases und einer Umfangsgeschwindigkeit von 300 m/s, so ergibt das für $R = 287{,}2$ J/kggrd einen Temperaturunterschied von 77 grd.

4.14 Wärmegefälle und Stufenzahl

Mit der Wahl des Reaktionsgrades $\mathfrak{r}$ sind wir nun in der Lage, das zweckmäßigste Verhältnis u/c_1 einer Turbinenstufe zu ermitteln. $\mathfrak{r}$ und u/c_1 bestimmen dann zusammen mit der Umfangsgeschwindigkeit u das von der Stufe zu verarbeitende Wärmegefälle

$$h_s'^* = \frac{c_0^2}{2} + (i_0 - i_{2s}) - \frac{c_2^2}{2};$$

denn für dieses kann man als Nenner des mit

$$\frac{c_1^2}{2} = \frac{1}{2}\,\frac{u^2}{(u/c_1)^2}$$

erweiterten Bruches (4.16) auch schreiben

$$h_s'^* = \frac{1}{2}\,\frac{u^2}{(u/c_1)^2}\left[\zeta_c' + \zeta_w'\left(\frac{w_2}{c_1}\right)^2 + 2\,\frac{u}{c_1}\left(\frac{w_2}{c_1}\cos\beta_2 + \cos\alpha_1 - \frac{u}{c_1}\right)\right],$$

worin w_2/c_1 wieder durch die Beziehung (4.24) gegeben ist.

Das Wärmegefälle in der Stufe bzw. die spezifische isentrope Arbeit ist also in der Form

$$h_s'^* = u^2 K\left(\mathfrak{r}, \frac{u}{c_1}, \alpha_1, \beta_2, \varphi, \psi\right) \tag{4.31}$$

proportional dem Quadrat der Umfangsgeschwindigkeit, wobei der Proportionalitätsfaktor K eine Funktion von Reaktion, Laufzahl, den Schaufelwinkeln und den Geschwindigkeitsbeiwerten darstellt. Zur Erleichterung der Anwendung dieser Gleichung wurde von Shirizki [1] der Faktor K für eine Reihe kennzeichnender Fälle berechnet und reziprok über u/c_1 aufgetragen (s. Bild 4.15). Die Geschwindigkeitsbeiwerte φ und ψ wurden dabei den tatsächlichen Verhältnissen entsprechend in Abhängigkeit von der Reaktion festgelegt. Eine beschleunigte Strömung hat auf Grund der größeren Stabilität ihrer Grenzschicht stets geringere Verluste, also größere Geschwindigkeitszahlen, als eine Gleichdruckströmung. Im Fall $\mathfrak{r} = 0{,}5$ sind Leit- und Laufgitter symmetrisch aufgebaut und haben gleichen Anteil am Stufengefälle. Die beiden Geschwindigkeitsbeiwerte sind daher ungefähr gleich und bewegen sich in der Größenordnung $\varphi = \psi = 0{,}95$. Die hier vorliegende stark ausgeprägte Expansionsströmung bleibt im Leitrad auch bei kleineren Reaktionen erhalten, so daß für alle gerechneten Fälle $\varphi = 0{,}95$ beibehalten wurde. Anders liegen die Verhältnisse bei der Laufradströmung, deren Verluste mit abnehmender Reaktion, d. h. weniger stark beschleunigter Strömung, ansteigen. Hier mußte die Geschwindigkeitszahl zurückgenommen werden. Ihr Minimalwert wurde dabei im Gleichdruckfall zu $\psi = 0{,}87$ festgelegt.

Die Schaufelwinkel sind so ausgewählt, daß der praktisch in Frage kommende Bereich erfaßt ist. Dabei wurden die grundsätzlich voneinander unabhängigen Winkel α_1 und β_2 zur Vereinfachung der Darstellung für die von Null verschiedenen Reaktionen in gleicher Größe angenommen. Nur im Fall der Gleichdruckstufe wurde davon abgewichen, um die hier übliche Bedingung $\beta_2 = 180° - \beta_1$ erfüllen zu können. Wegen

$$\frac{u}{c_1} = \frac{\sin(\alpha_1 + \beta_1)}{\sin\beta_1}$$

(Anwendung des Sinussatzes auf das Eintrittsdreieck) bzw. nach Umformung

$$\cot \beta_1 = \frac{\dfrac{u}{c_1} - \cos \alpha_1}{\sin \alpha_1}$$

wird K in Gl. (4.31) dann unabhängig vom Laufradwinkel. Allerdings gehört jetzt zu jedem Punkt der Kurve *1* ein anderer Wert β_2, der durch die zuletzt gegebene Gleichung bestimmt ist. Er wächst von 20° bei $u/c_1 = 0$ auf 45° bei $u/c_1 = 0{,}6$.

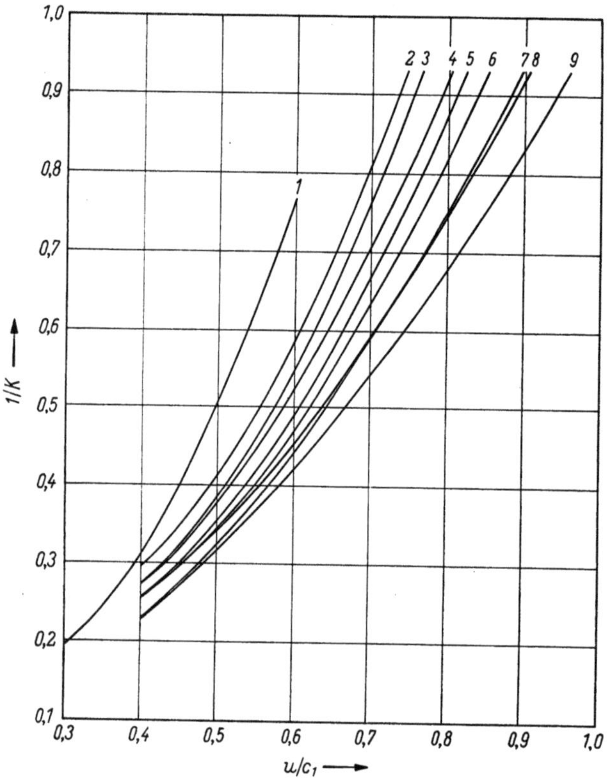

Kurve	r	φ	ψ	α_1	β_2
1	0	0,95	0,87	20°	180° − β_1
2	0,2	0,95	0,90	30°	30°
3	0,2	0,95	0,90	20°	20°
4	0,3	0,95	0,90	30°	30°
5	0,3	0,95	0,90	20°	20°
6	0,4	0,95	0,90	30°	30°
7	0,4	0,95	0,90	20°	20°
8	0,5	0,95	0,95	30°	30°
9	0,5	0,95	0,95	20°	20°

Bild 4.15 $1/K = u^2/h_s'^*$ in Abhängigkeit von u/c_1 für verschiedene Turbinenstufen (nach SHIRIZKI [*1*])

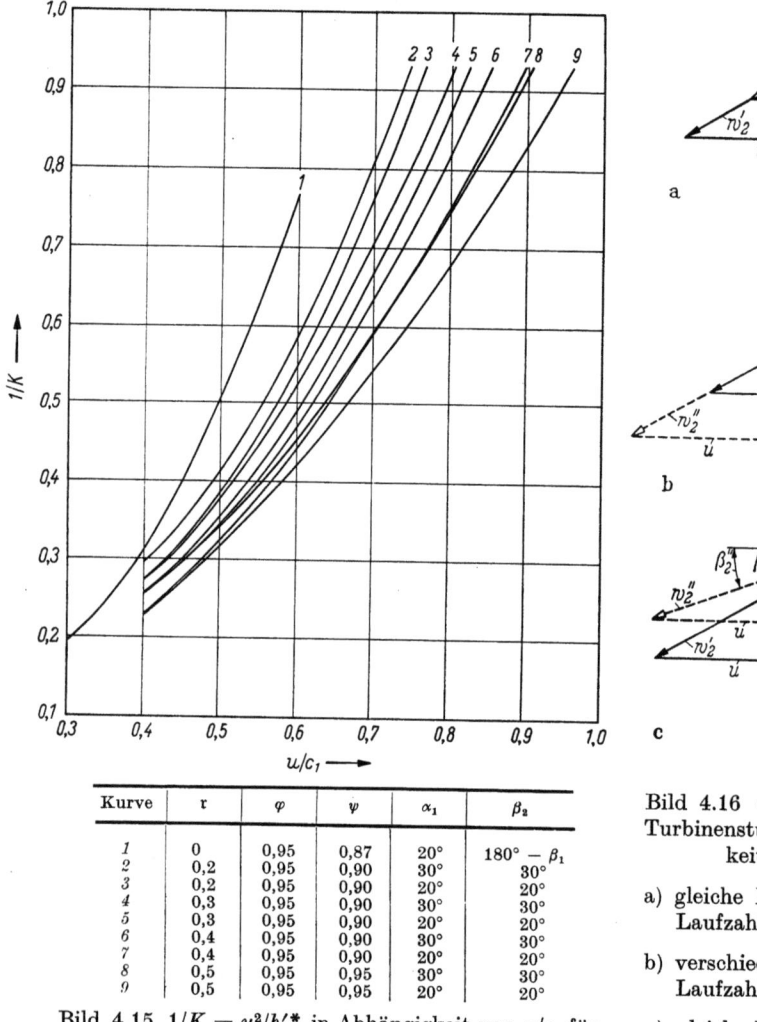

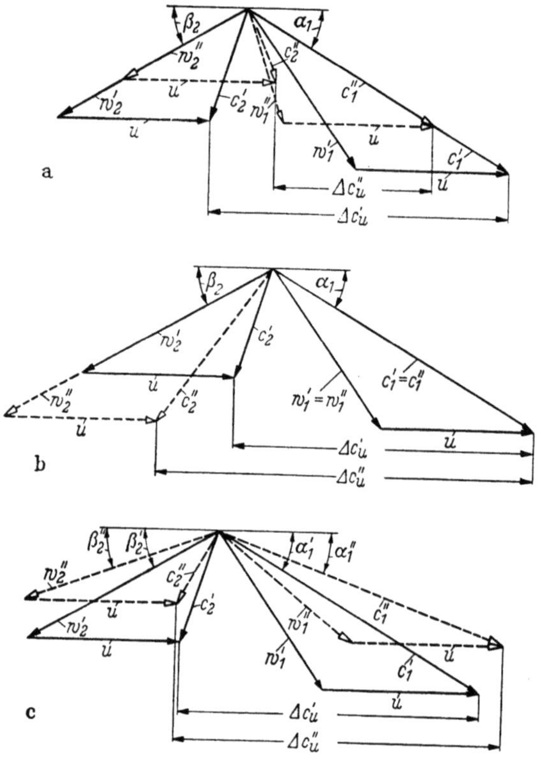

Bild 4.16 Geschwindigkeitsdreiecke verschiedener Turbinenstufen mit gleicher Umfangsgeschwindigkeit zur Diskussion des Bildes 4.15

a) gleiche Reaktion, gleiche Winkel, verschiedene Laufzahl;

b) verschiedene Reaktion, gleiche Winkel, gleiche Laufzahl;

c) gleiche Reaktion, verschiedene Winkel, gleiche Laufzahl

Wie das Bild 4.15 zeigt, steigen die Kurven $1/K$ mit größer werdender Laufzahl u/c_1 monoton an; wegen

$$\frac{1}{K} = \frac{u^2}{h_s'^*}$$

wird also bei konstanter Umfangsgeschwindigkeit u und abnehmendem c_1 die spezifische Arbeit $h_s'^*$ stetig kleiner. Betrachtet man zur Erklärung dieser Tatsache z. B. zwei entsprechende Geschwindigkeitsdreiecke der Kurve *2* (Bild 4.16a), so zeigt sich, daß mit wachsender Laufzahl die Differenz

$$\Delta c_u = c_{1u} - c_{2u}$$

der Umfangskomponenten der Absolutgeschwindigkeiten abnimmt. Bei $u = \text{const}$ bedeutet das wegen der EULERschen Turbinengleichung (2.31) eine Verkleinerung der Umfangsarbeit, die wir in diesem Zusammenhang an die Stelle der isentropen Arbeit setzen dürfen.

Stufen gleicher Geschwindigkeitszahlen und gleicher Schaufelwinkel (s. Kurven *2, 4, 6* bzw. *3, 5, 7*) ergeben mit steigender Reaktion $\mathfrak{r}$ bei gleichbleibender Laufzahl einen kleineren Faktor $1/K$, d. h. die isentrope Arbeit der Stufe wird bei konstanter Umfangsgeschwindigkeit größer. Das läßt sich auf eine Vergrößerung von Δc_u zurückführen (Bild 4.16b), da w_2/c_1 mit $\mathfrak{r}$ zunimmt — s. auch Gl. (4.24) —, während c_1 konstant bleibt. Stufen größerer Reaktion sind also unter den hier getroffenen Annahmen stärker zu belasten, weil die Laufradbelastung im Verhältnis zur konstant bleibenden Leitradbelastung zunimmt. Allerdings wächst dabei neben der Austrittsgeschwindigkeit der Strömung der Drall hinter der Stufe an, wobei letzterer unter Umständen unzulässige Werte erreichen kann. Die Gleichdruckstufe hat demnach für eine bestimmte Laufzahl u/c_1 die kleinste isentrope Expansionsarbeit. Diese Aussage steht nicht im Widerspruch zu der scheinbar anders lautenden des vorigen Abschn. 4.13, da bei der dort durchgeführten Untersuchung Austrittsgeschwindigkeit und Drall und nicht die Laufzahl konstant gehalten wurde. Damit wurde den praktischen Bedürfnissen Rechnung getragen. Die Vergrößerung des Stufengefälles der Gleichdruckstufe ist dort auf eine Verkleinerung der Laufzahl zurückzuführen.

Betrachtet man als letzten Vergleich noch Stufen gleicher Reaktion und gleicher Laufzahl bei verschiedenen Schaufelwinkeln α_1 und β_2 (Bild 4.16c), so hat die Stufe mit den kleineren Winkeln bei gleichem u die größeren Umfangskomponenten der Geschwindigkeiten, also auch das größere Gefälle. Die ihr entsprechenden Werte $1/K$ liegen deshalb unterhalb der den größeren Winkeln zugehörigen Kurve des Bildes 4.15 (z. B. Kurve *3* unterhalb von Kurve *2*).

Die angegebene Kurvenschar ist ausreichend, um — eventuell durch Interpolation — für den speziellen vorliegenden Fall einer Stufe eine schnelle Abschätzung der isentropen Stufenarbeit $h_s'^*$ vornehmen zu können.

Neben K ist für die spezifische Arbeit die Umfangsgeschwindigkeit u von großer Bedeutung. Grundsätzlich wird man sie natürlich so hoch wie möglich wählen. Je höher die Umfangsgeschwindigkeit ist, um so mehr Gefälle wird von der Stufe mit gleichbleibendem Wirkungsgrad verarbeitet, um so kleiner wird damit auch die Stufenzahl der Turbine.

Da bei gleicher Umfangsgeschwindigkeit die kleine hochtourige Turbine gewichtlich immer leichter ist als die große langsamdrehende, wird man beim Entwurf eines Flugtriebwerkes zunächst die Drehzahl so hoch wie möglich annehmen. Ihre obere Grenze ist dabei einerseits durch andere Bauteile, wie etwa einen auf der gleichen Welle angeordneten Verdichter, bestimmt, der bei gegebenem Luftdurchsatz und optimal gewähltem Nabenverhältnis infolge Annäherung der Strömungsgeschwindigkeit in der ersten Stufe an die Schallgeschwindigkeit nur eine bestimmte Maximaldrehzahl zuläßt. Andererseits erlauben die Festigkeitsverhältnisse der Turbine selber nur eine bestimmte Höchstdrehzahl, deren Überschreitung auf so kleine Scheibendurchmesser führt, daß die Schaufelfüße nicht mehr mit der nötigen Sicherheit vom Kranz getragen werden können.

Welchen großen Einfluß die Drehzahl n auf die Masse m des gesamten Triebwerks hat, sehen wir in Bild 4.17, wo für eine Reihe gegenwärtiger (einwelliger) Strahlturbinen das Verhältnis n^2/S über dem Schub S aufgetragen ist [*29*]. Diese Kennzahl, die man als „Anstrengung" des Triebwerks bezeichnen könnte, setzt die die Zentrifugalkraft in den rotierenden Teilen bestimmende Größe in Beziehung zum Strahlschub. Je höher sie bei gegebenem Schub ist, um so mehr ist man entweder an die mechanische Belastungsgrenze der Bauteile herangegangen, um so höher ist die Güte der verwendeten Werkstoffe oder um so niedriger wurde der Durchmesser des Triebwerkes gewählt. In allen drei Fällen ergibt sich eine Verringerung der Maschinenmasse. Mit der bei statistischen Werten üblichen Streuung lassen sich die im Bilde eingetragenen Triebwerke gut durch Linien

m/S = const — also konstanter, auf den Schub bezogener Einheitsmasse — ordnen, wobei der Massenparameter zur Abszissenachse hin ansteigt. Die Streuung der Punkte ist dabei im wesentlichen durch die Unterschiede in der thermodynamischen Auslegung bei gleichem Schub gegeben.

Nach Wahl der Drehzahl nimmt man den Rotordurchmesser der Turbine so groß an, wie es die Außenkontur des Triebwerkes, die mit wachsendem Durchmesser kleiner

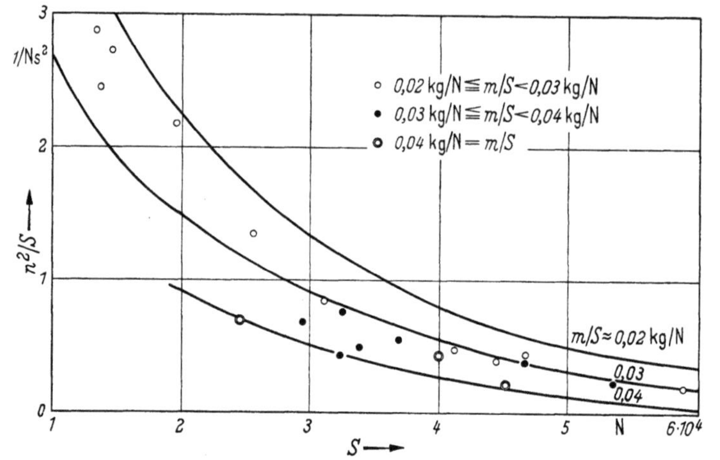

Bild 4.17 Anstrengung n^2/S über dem Schub S mit m/S als Parameter

werdende Kanalhöhe und die zulässige Spannung in den Querschnitten der Schaufeln bzw. der Scheibe gestattet. Hinsichtlich der Kompressibilität des Gases kommt man dabei nie in Schwierigkeiten, da die Schallgeschwindigkeit wegen der hohen Temperatur des Gases ebenfalls hoch liegt und im übrigen MACH-Zahlen bis über 1 am Gitteraustritt zulässig sind.

Für eine Laufschaufel mit gleicher Sicherheit in allen Blattquerschnitten bei konstanter Temperatur des Werkstoffes längs des Radius läßt sich der festigkeitsmäßig zulässige Wert des Außenradius leicht angeben [*39*]. In diesem Fall ist der Querschnittsverlauf über der Schaufellänge durch die Beziehung

$$\frac{f}{f_a} = e^{\frac{\varrho}{2}\frac{\omega^2}{\sigma}(r_a^2 - r^2) - 1}$$

gegeben, wo ϱ die Dichte des Werkstoffes und σ die konstante Zugspannung in der Schaufel bedeuten. Letztere erreicht ihren durch die Zeitstandfestigkeit oder Zeitdehngrenze bestimmten zulässigen Wert σ_{zul} für ein Nabenverhältnis ν und ein Verhältnis μ des Schaufelfußquerschnittes zum Schaufelkopfquerschnitt bei Wahl des Außenradius

$$r_a = \frac{1}{\pi n}\sqrt{\frac{1}{2(1-\nu^2)}\,\frac{\sigma_{zul}}{\varrho}\,(\ln \mu + 1)}.$$

Bringt man in der vorstehenden Gleichung n und $(1 - \nu^2)$ ebenfalls auf die linke Seite, so ergibt sich übrigens die bemerkenswerte Tatsache, daß bei gegebenem Werkstoff und Flächenverhältnis der Schaufel das Produkt aus Kanalringfläche und Quadrat der Drehzahl konstant ist.

Für die Anwendung der letzten Gleichung ist die Kenntnis der beiden Verhältniswerte ν und μ erforderlich. Zur Eliminierung von ν kann die Kontinuitätsgleichung für die Querschnittsfläche des Turbinenkanales herangezogen werden. Unbekannt ist aber leider noch das Verhältnis μ der Schaufelendquerschnitte. Auch kann der gefährdete, die höchstzulässige Umfangsgeschwindigkeit bestimmende Teil der Konstruktion ein ganz anderer als die Schaufel sein, so z. B. die Schaufelfußverbindung — hier etwa die Verzahnung des Tannenzapfens — oder der Scheibenkranz. Schließlich bleiben solche Gesichtspunkte wie die Änderung der Schaufellänge und dabei des Turbinenwirkungsgrades mit dem Durchmesser und die Beeinflussung der Außenkontur des Triebwerks durch die Turbine gänzlich unberücksichtigt. Man nimmt daher in der Praxis zunächst einfach eine Umfangsgeschwindigkeit von 300 bis 330 m/s auf dem mittleren Radius an und korrigiert diese dann nach Prüfung ihrer Auswirkungen.

Ist nun die von einer Stufe zu liefernde isentrope Arbeit $h_s'^*$ bekannt, so kann man unter der Annahme gleichmäßiger Verteilung der Gesamtarbeit $H_s'^*$ der Turbine auf alle Stufen die Stufenzahl zu

$$z = \frac{(1 + \alpha')H_s'^*}{h_s'^*} \tag{4.32}$$

berechnen. Dabei ist α' der aus der Thermodynamik oder dem Dampfturbinenbau bekannte Koeffizient der Wärmerückgewinnung. Infolge der Reibungsverluste der vorangehenden Stufen erhöht sich ja der Wärmeinhalt des arbeitenden Gases und damit das Gefälle der folgenden Stufen, so daß die Summe der Einzelgefälle größer als das Gesamtgefälle der Turbine ist. Im i,s-Diagramm findet dieser Umstand seinen Ausdruck in der Divergenz der Isobaren bei wachsender Entropie. Natürlich muß für die durch die Gesamtdrücke vor und hinter der Turbine bestimmte isentrope Arbeit H_s^* eine entsprechende Beziehung

$$z = \frac{(1 + \alpha)H_s^*}{h_s^*} \tag{4.33}$$

bestehen, wo mit großer Genauigkeit

$$\alpha \approx \alpha'$$

gilt. Die Bedeutung der gestrichenen und ungestrichenen Größen wird noch einmal am Beispiel der Expansion in einer zweistufigen Turbine in Bild 4.18 veranschaulicht.

Der durch Gl. (4.32) bzw. Gl. (4.33) definierte Rückgewinnungskoeffizient α ist eine Funktion der Stufenzahl z, des inneren polytropen Wirkungsgrades $\eta_{i\,\mathrm{pol}T}$ und des Druckverhältnisses p_{2z}^*/p_{0I}^* der Turbine und wurde zuerst von Martin (referiert in [7]) für die unendlich vielstufige Turbine berechnet. Bei endlicher Stufenzahl ergibt er sich zu

$$\alpha = \frac{z-1}{z}\left[\frac{1}{\eta_{i\,\mathrm{pol}T}}\,\frac{1-\left(\dfrac{p_{2z}^*}{p_{0I}^*}\right)^{\eta_{i\,\mathrm{pol}T}\frac{\varkappa-1}{\varkappa}}}{1-\left(\dfrac{p_{2z}^*}{p_{0I}^*}\right)^{\frac{\varkappa-1}{\varkappa}}} - 1\right]. \tag{4.34}$$

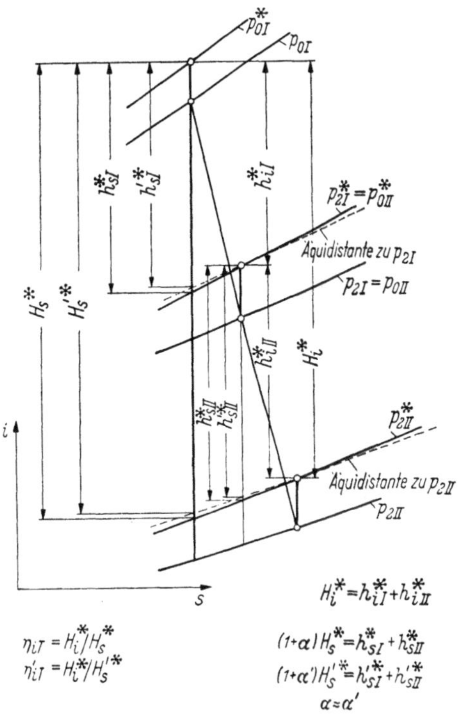

Bild 4.18 Wärmerückgewinn in einer zweistufigen Turbine

Die Relationen (4.32) bzw. (4.33) und (4.34) bilden ein Gleichungssystem mit den beiden Unbekannten α und z, das bei Vorliegen der übrigen Veränderlichen — insbesondere des polytropen Wirkungsgrades — einfach zu lösen ist. Der letztere ist durch den Polytropenexponenten als

$$\eta_{i\,\mathrm{pol}T} = \frac{\varkappa}{\varkappa - 1}\,\frac{n-1}{n}\ (= \eta_{i\,\mathrm{pol}}) \tag{4.35}$$

oder durch den isentropen Wirkungsgrad als

$$\eta_{i\,\mathrm{pol}\,T} = \frac{\lg\left\{1 - \eta_{iT}\left[1 - \left(\frac{p_{2z}^*}{p_{0I}^*}\right)^{\frac{\varkappa-1}{\varkappa}}\right]\right\}}{\lg\left(\frac{p_{2z}^*}{p_{0I}^*}\right)^{\frac{\varkappa-1}{\varkappa}}} \tag{4.36}$$

bestimmt.

Gl. (4.32) bzw. Gl. (4.33) liefert normalerweise für z keine ganze Zahl. Das Abrunden nach unten oder oben entscheidet jetzt mit darüber, ob man eine besonders leichte oder eine besonders wirtschaftliche Turbine erhält. Diese Frage ist in engem Zusammenhang mit der Auswahl der Laufzahl u/c_1 zu sehen. Wir haben bisher vorausgesetzt, daß diese nach Bild 4.6 optimal, d. h. für besten Stufenwirkungsgrad, gewählt wurde. Durch Abrundung der Stufenzahl auf die nächstkleinere ganze Zahl erhöht man das Stufengefälle um einen gewissen Betrag, was bei konstanter Reaktion und Umfangsgeschwindigkeit auf eine Verringerung des Verhältnisses u/c_1 hinausläuft. Im Gegensatz dazu wird durch Wahl der um Eins vergrößerten Stufenzahl das Gefälle pro Stufe verringert und somit die Laufzahl vergrößert. Beide Fälle führen zu einer geringen Verschlechterung des Stufenwirkungsgrades. Da sich aber der Gesamtwirkungsgrad der Turbine aus dem Stufenwirkungsgrad nach der Beziehung

$$\eta'_{iT} = (1 + \alpha)\eta'_i \tag{4.37}$$

ergibt und α mit der Stufenzahl nach Gl. (4.34) anwächst, liefert die Turbine größerer Stufenzahl den besseren Gesamtwirkungsgrad. Die Erhöhung dieses Wirkungsgrades durch den Wärmerückgewinn hat zur Folge, daß das optimale u/c_1 der mit anderen zusammenarbeitenden Stufe sowieso etwas höher als das der Einzelstufe liegt, da das zugehörige größere α den Abfall von η'_i bei Steigerung von u/c_1 über das ursprüngliche Optimum hinaus zunächst mehr als ausgleicht. Wählt man also das Stufengefälle kleiner als es der besten Laufzahl der Einzelstufe entspricht, so steigt in einem gewissen Bereich der Gesamtwirkungsgrad der Turbine sogar an.

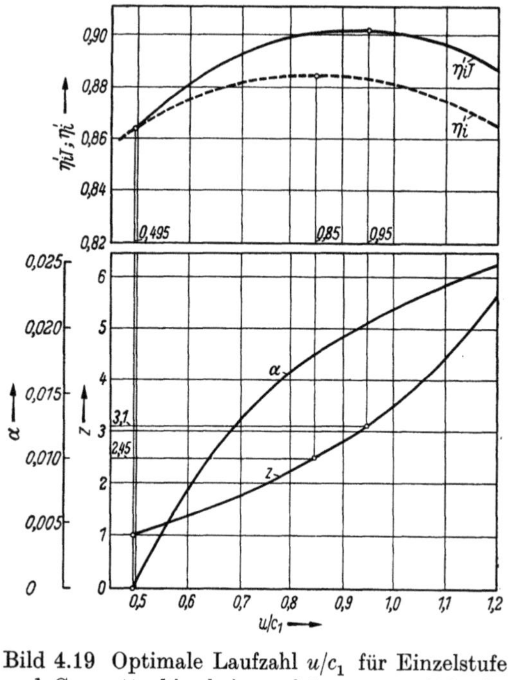

Bild 4.19 Optimale Laufzahl u/c_1 für Einzelstufe und Gesamtturbine bei $\mathfrak{r} = 0{,}5$, $u = 300$ m/s, $p_{2z}^*/p_{0I}^* = 0{,}143$, $\varkappa = 1{,}33$ und $H_s'^* = 280$ kJ/kg

Diese Verhältnisse werden in Bild 4.19 an einem Beispiel erläutert. Zunächst ist dort die Kurve $\eta'_i = f(u/c_1)$ für $\mathfrak{r} = 0{,}5$ nach Bild 4.6 eingetragen. Hier wird das Maximum des Wirkungsgrades bei $u/c_1 = 0{,}85$ erreicht. Nimmt man für das Beispiel weiter die Werte $u = 300$ m/s, $p_{2z}^*/p_{0I}^* = 0{,}143$, $\varkappa = 1{,}33$ und $H_s'^* = 280$ kJ/kg an, so kann man für jeden Punkt der Kurve das Gleichungssystem (4.32) und (4.34) unter Berücksichtigung der Beziehungen (4.31), (4.36) und (4.37) und einiger naheliegender Vereinfachungen lösen und als Ergebnis die Stufenzahl z und den Wärmerückgewinnungsfaktor α ebenfalls über u/c_1 auftragen. Gl. (4.37) liefert dabei die zugehörigen Gesamtwirkungsgrade der Turbine. Sie wurden zu den Stufenwirkungsgraden eingezeichnet und zeigen in der Tat ein zu höheren Laufzahlen verschobenes Optimum, nämlich bei $u/c_1 = 0{,}95$.

Die beiden Wirkungsgradkurven haben natürlich einen Schnittpunkt bei $z = 1$, da in einer einstufigen Turbine sich noch kein Wärmerückgewinn auswirken kann; nach Gl. (4.34) ist hier $\alpha = 0$. Für die Laufzahl des optimalen Stufenwirkungsgrades erhält man $z = 2{,}45$, für die des größten Gesamtwirkungsgrades dagegen $z = 3{,}1$. Die beiden praktisch in Frage kommenden Stufenzahlen 2 und 3 unterscheiden sich im Gesamtwirkungsgrad um 0,6%. Die Stufenzahl 4 ist ohne Interesse, da hier das Maximum von η'_{iT} bereits überschritten ist, d. h. der Abfall des Stufenwirkungsgrades überwiegt jetzt den Einfluß des größeren Wärmerückgewinns.

4.15 Gefälleverteilung und Kanalverlauf

Die bisherigen Betrachtungen setzten eine gleichmäßige Verteilung des Gesamtgefälles oder — in anderer Ausdrucksweise — der gesamten spezifischen Expansionsarbeit $H_s'^*$ auf alle Stufen voraus. Sie ist bei der Auslegung von Turbinen für Flugtriebwerke üblich, wenn als Auslegungspunkt der Flug in der Höhe gegeben ist. Bei einer dreistufigen Turbine erhält dann jede Stufe 33,3% des gesamten Gefälles. Selbstverständlich sind aber auch Verteilungen möglich, bei denen die Stufenbelastung von vorn nach hinten fällt oder ansteigt. Welche Gesichtspunkte sind dafür ausschlaggebend?

Abnehmendes Gefälle hat den Vorteil, daß man schon in der ersten Stufe sehr schnell mit der Temperatur des arbeitenden Gases herunterkommt und so die folgenden Stufen mit ihren im allgemeinen längeren Schaufeln thermisch entlastet. Das kann für die Lebensdauer des Triebwerkes von ausschlaggebender Bedeutung sein. Eine derartige Gefälleverteilung — etwa 41%, 33%, 26% für die dreistufige Turbine — kommt neben der gleichmäßigen in Frage, wenn die Auslegung für Vollast am Stand erfolgt.

Man muß bei der Wahl der Gefälleverteilung im Auslegungszustand stets im Auge behalten, nach welcher Richtung hin sich das Gefälle in den übrigen Betriebszuständen verschiebt. Es ist eine Eigentümlichkeit der mehrstufigen Turbinen, daß sich bei Änderung der Größe der von der Turbine zu verrichtenden spezifischen Gesamtarbeit die auf die ersten Stufen entfallende Arbeit praktisch nicht ändert, so daß der Mehr- oder Minderbetrag der Gesamtarbeit zu Lasten der letzten Stufen bzw. Stufe geht. Dadurch ändert sich ein fallendes Gefälle bei Anwachsen des Gesamtgefälles in Richtung auf die gleichmäßige Verteilung und umgekehrt eine gleichmäßige Verteilung bei sinkendem Gesamtgefälle in Richtung auf das abnehmende Gefälle. Bei einem TL hat die Expansionsarbeit der Turbine am Boden und im Fluge in der Höhe im allgemeinen annähernd gleiche Größe, gegeben durch die kaum veränderliche Kompressionsarbeit des Verdichters. Das gegenüber dem Stand durch den Flugstau vergrößerte Gesamtdruckverhältnis kommt dabei dem Schubdüsengefälle zugute. Hier ist man daher in der Wahl der Gefälleverteilung in Abhängigkeit vom Auslegungszustand ziemlich frei. Dagegen geht beim PTL, wo die Turbine auch noch Wellenleistung zu liefern hat, die Expansion in der Regel unabhängig vom Kompressor bis nahezu Atmosphärendruck, so daß ein durch den Flugstau vergrößertes Gesamtdruckverhältnis der Turbine zur Verfügung steht. Dadurch kann das Turbinengefälle im Höhenfluge bis zu 20% größer werden als am Stand. Hier wird man bei der Auslegung für den Flug die gleichmäßige Verteilung wählen, um die gewünschte schnelle Temperaturabsenkung im Stand mit noch merkbarer Belastung der letzten Stufe zu erhalten. Bei der Auslegung für den Stand wird man das fallende Gefälle verwirklichen, um die schnelle Temperaturabsenkung zu haben und der letzten Stufe die Möglichkeit zusätzlicher Belastung in der Höhe ohne zu starke Überschreitung des kritischen Gefälles zu geben.

Gewisses Interesse besitzt auch das nach hinten steigende Gefälle, und zwar im Hinblick auf den Anfahrvorgang des Triebwerkes. Die Betriebspunkte der Turbine liegen während des Anfahrens bei großen u_T/c_{0sa}^* und kleinen $u_T/\sqrt{zRT_{0I}^*}$, also im linken oberen Bereich des Kennfeldes Bild 7.4. Das wird dadurch bedingt, daß die Kompressionsarbeit des Verdichters noch sehr klein ist, während die Temperatur T_{0I}^* vor der Turbine zur möglichst schnellen Beschleunigung der Maschine auf ihren zulässigen Maximalwert gebracht wird. In dem großen u_T/c_{0sa}^* kommt zum Ausdruck, daß die Verdichtung noch zu gering ist, um selbst bei der hohen Gastemperatur T_{0I}^* ein Gefälle zu liefern, wie es der Drehzahl angemessen wäre. Dieses kleine Gefälle wird normalerweise schon in der ersten Turbinenstufe verarbeitet, und die hinteren Stufen laufen mit außerordentlich schlechtem Wirkungsgrad mit. Das ist eine Folge davon, daß die Schaufeln mit einem Eintrittsstoß von 80° und mehr angeströmt werden. Je niedriger nun schon auslegungsmäßig die Belastung der ersten Stufe ist, um so schneller werden die folgenden Stufen bei der Beschleunigung des Triebwerkes zur Mitarbeit herangezogen. Natürlich ist das steigende Gefälle mit den eben geschilderten Anforderungen von Start und Höhenflug schlecht vereinbar. Im Einzelfall muß daher genau abgewogen werden, welches die günstigste Kompromißlösung ist.

Die Gefälleverteilung beeinflußt bereits zu ihrem Teil das Aussehen des Turbinenkanals. Insbesondere wird hierdurch der Verlauf der mittleren Stromlinie auf dem Radius $r_m = (r_a + r_i)/2$ in der Meridianebene mitbestimmt. Wir sehen das bereits an Gl. (4.31), wenn wir einmal annehmen, daß alle Stufen mit gleicher Reaktion arbeiten. Bei optimaler Wahl der Laufzahl stimmt dann auch u/c_1 überein. Die Größen α_1, β_2, φ und ψ mögen ebenfalls festgehalten sein. Wie in diesem Abschnitt unten noch gezeigt wird, sind auch sie durch Reaktion und Laufzahl schon z. T. bestimmt. Im übrigen werden die Winkel aus Wirkungsgradgründen (vgl. Bild 4.4) möglichst niedrig gehalten. Es hat also die Funktion K in Gl. (4.31) für alle Stufen den gleichen Wert, und das Wärmegefälle ist

$$h_s'^* = \text{const}\, u^2 = \text{const}\, r_m^2. \tag{4.38}$$

Gleichmäßige Gefälleverteilung bedeutet demgemäß einen Turbinenkanal mit konstantem r_m, also achsparalleler Mittellinie in der Meridianebene. Bei wachsendem Gefälle steigt die Mittellinie von der ersten zur letzten Stufe an; bei abnehmendem Gefälle ist sie zur Drehachse hin geneigt.

Die drei Fälle sind einander in Bild 4.20 gegenübergestellt. Dabei wurde im zweiten Fall der Innendurchmesser, im dritten Fall der Außendurchmesser des Kanals konstant

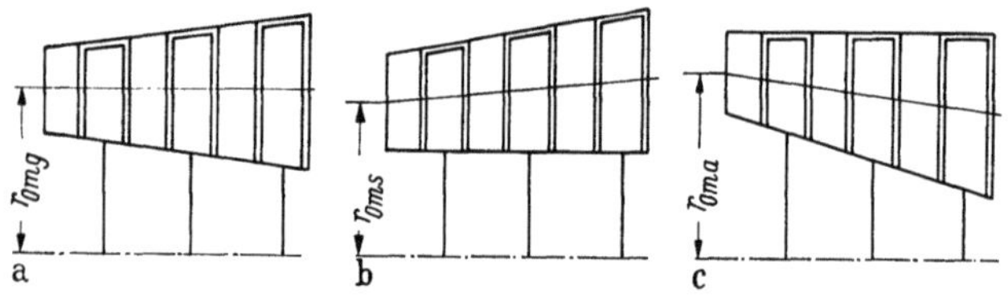

Bild 4.20 Kanalform der mehrstufigen Turbine mit r = const und u/c_1 = const bei verschiedenen Gefälleverteilungen
a) gleichmäßiges, b) steigendes, c) abnehmendes Gefälle

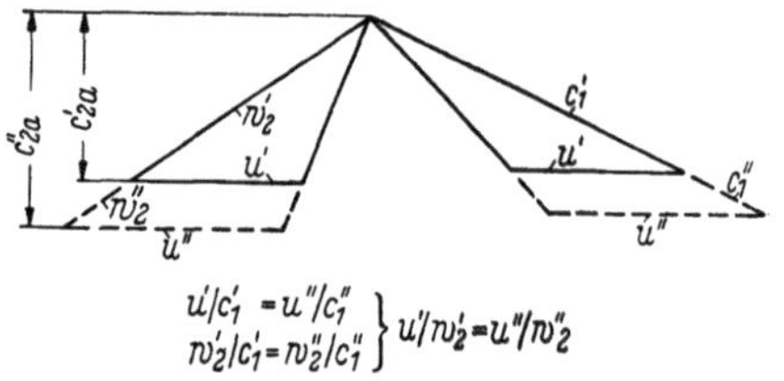

Bild 4.21 Stufen gleicher Reaktion, Laufzahl und Schaufelwinkel bei Änderung der Umfangsgeschwindigkeit
—— kleines Gefälle; --- großes Gefälle

gehalten. Diese Ausführungsformen sind fertigungstechnisch (gleiche Scheiben bzw. gleiche Ringe über den Laufrädern) oder funktionsmäßig (keine Beeinflussung der Radialspalte bei Axialverschiebungen des Rotors) von Vorteil. Soll das Gesamtgefälle der Turbine, also die über alle Stufen erstreckte Summe $\sum_{\nu=I}^{z} h_{s\nu}'^*$, bei den drei Kanalformen den gleichen Wert haben, so muß für den mittleren Radius r_{0m} in der Eintrittsebene der Turbine gelten

$$r_{0ms} < r_{0mg} < r_{0ma}.$$

Für den mittleren Radius auf der Austrittsseite besteht die umgekehrte Reihenfolge.

Es wird durch die Gefälleverteilung aber auch das Maß des Anwachsens der Schaufellänge von Stufe zu Stufe, also die Divergenz des Kanals, mitbestimmt. Behalten wir die obige Annahme konstanter Werte $\mathfrak{r}$, u/c_1, α_1, β_2, φ und ψ bei, so ergeben sich für zwei verschiedene Umfangsgeschwindigkeiten u' und u'' etwa die in Bild 4.21 gezeichneten Geschwindigkeitsdreiecke. Außer den bereits derart vorausgesetzten Laufzahlen u/c_1 stimmen nach Gl. (4.24) auch die Werte w_2/c_1 und damit die Verhältniszahlen u/w_2 überein. Die Dreiecke sind also ähnlich, d. h. wir haben

$$\frac{c'_{2a}}{c''_{2a}} = \frac{u'}{u''} = \frac{r'_m}{r''_m}.$$

Mit der Kontinuitätsgleichung

$$c_{2a} = \frac{\dot{m}}{\varrho_2 2\pi r_m h_2}$$

geht diese Beziehung über in

$$\frac{\varrho''_2 h''_2}{\varrho'_2 h'_2} = \left(\frac{r'_m}{r''_m}\right)^2$$

oder

$$r_m^2 = \frac{\text{const}}{\varrho_2 h_2}.$$

Setzen wir diesen Ausdruck in Gl. (4.38) ein, so erhalten wir schließlich die Kanalhöhe in der Form

$$h_2 = \frac{\text{const}}{\varrho_2 h'^*_s} \approx \frac{\text{const}}{\varrho'^*_{2s} h'^*_s}. \tag{4.39}$$

Der Übergang von ϱ_2 auf ϱ'^*_{2s} bedeutet, daß wir das Verhältnis

$$\frac{\varrho_2}{\varrho'^*_{2s}} = \frac{\left(\frac{p_0}{p'^*_2}\right)^{\frac{1}{\varkappa}}}{\left(\frac{p_0}{p_2}\right)^{\frac{1}{n}}}$$

mit n als Polytropenexponent näherungsweise konstant gesetzt haben.

Um die Tendenz der Änderung von h_2 bei Variation von h'^*_s zu erkennen, haben wir nun noch ϱ'^*_{2s} durch h'^*_s auszudrücken. Aus

$$h'^*_s = \frac{\varkappa}{\varkappa - 1} R T^*_0 \left[1 - \left(\frac{p'^*_2}{p^*_0}\right)^{\frac{\varkappa-1}{\varkappa}}\right]$$

ergibt sich mit

$$\frac{p'^*_2}{p^*_0} = \left(\frac{\varrho'^*_{2s}}{\varrho^*_0}\right)^{\varkappa}$$

die Beziehung

$$\varrho'^*_{2s} = \varrho^*_0 \left[1 - \frac{\varkappa - 1}{\varkappa} \frac{h'^*_s}{R T^*_0}\right]^{\frac{1}{\varkappa - 1}}.$$

Wir führen sie in Gl. (4.39) ein und gewinnen unter Einbeziehung von ϱ^*_0 in die Konstante den Ausdruck

$$h_2 = \frac{\text{const}}{h'^*_s \left[1 - \frac{\varkappa - 1}{\varkappa} \frac{h'^*_s}{R T^*_0}\right]^{\frac{1}{\varkappa - 1}}}. \tag{4.40}$$

Er zeigt, daß die Kanalhöhe am Austritt aus der Stufe mit wachsendem h'^*_s, d. h. mit steigender Stufenbelastung, abnimmt.

Gl. (4.40) wurde in Bild 4.22 für $T_0^* = 1000\,°\mathrm{K}$ graphisch ausgewertet. Aufgetragen wurde die bezogene Schaufellänge h_2/const über dem Stufengefälle $h_s'^*$. Bei Verdoppelung des Gefälles von $8{,}5 \cdot 10^4$ auf $17 \cdot 10^4\,\mathrm{J/kg}$ sinkt die bezogene Schaufellänge von $14{,}8 \cdot 10^{-6}$ auf $9{,}5 \cdot 10^{-6}\,\mathrm{kg/J}$, also um einen sehr beträchtlichen Wert. Im Hinblick auf die Gefälleverteilung auf die einzelnen Stufen der Turbine bedeutet das, daß bei steigendem Gefälle das Anwachsen der Schaufellänge nach hinten — also die Divergenz des Kanals — geringer, bei abnehmendem Gefälle dagegen größer als bei gleichmäßiger Verteilung ist.

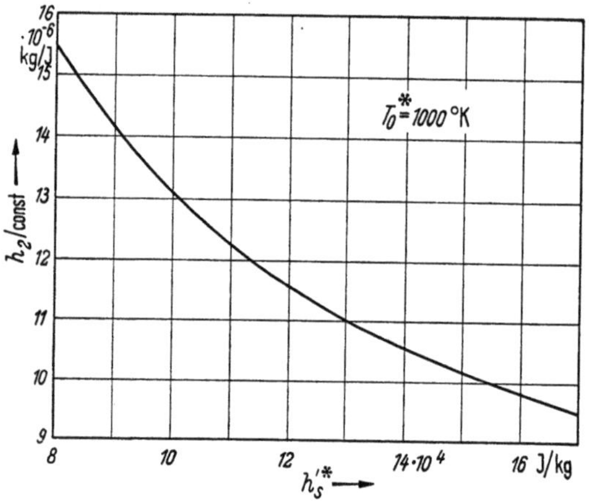

Bild 4.22 Bezogene Kanalhöhe am Stufenaustritt in Abhängigkeit von der Stufenbelastung

Das erhaltene Ergebnis läßt sich an Hand der Bilder 4.20 und 4.21 auch sehr leicht qualitativ verstehen. Der ansteigende Verlauf der Kanalmittellinie bei steigendem Gefälle hat an sich schon eine Vergrößerung der Schaufelhöhe in den vorderen und eine Verringerung in den hinteren Stufen zur Folge, wenn der jeweils durchströmte Ringquerschnitt als unveränderlich betrachtet wird. Diese Tendenz wird aber durch die veränderten Axialgeschwindigkeiten ($c_{2a}'' > c_{2a}'$) noch verstärkt.

Wir müssen uns jetzt in Erinnerung rufen, daß die vorangehenden Betrachtungen ausdrücklich für konstantes $\mathfrak{r}$, u/c_1, α_1 und β_2 durchgeführt waren. Vom Wirkungsgradstandpunkt ist es ja auch vorteilhaft, in allen Stufen die gleiche, optimale Reaktion zu verwenden und gemäß Bild 4.4 möglichst kleine Winkel α_1 und β_2 anzustreben. Die Laufzahl u/c_1 ist durch die Reaktion praktisch festgelegt. Müssen nun aber spezielle Forderungen an die Turbine gestellt werden, so läßt sich diese Voraussetzung nicht immer aufrechterhalten. Wir sahen schon in Abschn. 4.13, daß eine besonders schnelle Temperaturabsenkung in der ersten Stufe durch Wahl niedrigerer Reaktion an dieser Stelle erreicht werden kann. Zur Verwirklichung einer vorgegebenen Außenkontur des Kanals oder von Drallfreiheit beim Austritt aus der Turbine weicht man u. U. von der optimalen Zuordnung von Reaktion und Laufzahl etwas ab und variiert die Schaufelwinkel. Derartige Maßnahmen wirken sich natürlich zu ihrem Teil auf das Aussehen des Turbinenkanals aus. In der Tat überdecken die zuletzt geschilderten Einflüsse meist den reinen Einfluß der Gefälleverteilung erheblich.

Es ist in diesem Zusammenhang nützlich, noch die Frage nach der optimalen Austrittsgeschwindigkeit aus der Turbine zu stellen. Die Antwort hierauf kann nur durch Betrachtung des gesamten Expansionstraktes eines Strahltriebwerks gegeben werden und auch dann nur, wenn bestimmte Voraussetzungen für die Verteilung der Verluste auf Turbine und Schubdüse gemacht werden.

In Bild 4.23 ist das i,s-Diagramm für die Zustandsänderung des Gases in Turbine und Schubdüse dargestellt, wenn die statischen Werte von Druck und Temperatur durch beide Baugruppen hindurch unabhängig von der Austrittsgeschwindigkeit c_{2z} derselben Polytrope $pv^n = \mathrm{const}$ folgen. In diesem Fall fällt der Turbinenwirkungsgrad mit steigender Austrittsgeschwindigkeit ($c_{2zA} \rightarrow c_{2zB}$) ab:

$$\eta_{iTB}' < \eta_{iTA}'.$$

Andererseits steigt der Schubdüsenwirkungsgrad in der durch Bild 4.23 gegebenen Definition an:

$$\eta_{dB} > \eta_{dA}.$$

Völlig unabhängig von der Austrittsgeschwindigkeit aus der Turbine ist dagegen dem Anschein nach der letztlich für die Verarbeitung des von der Brennkammer angelieferten Gases allein maßgebende Expansionswirkungsgrad

$$\eta_{ex} = \frac{H_i^* + c^2/2}{H},$$

der die Summe aus innerer Gasarbeit H_i^* und kinetischer Energie $c^2/2$ des das Triebwerk verlassenden Gases auf das Arbeitsvermögen H, gegeben durch Gesamtdruck p_{0I}^* vor Turbine und Atmosphärendruck p_{atm} hinter Schubdüse, bezieht. Die Austrittsgeschwindigkeit aus der Turbine ist daher lediglich danach zu beurteilen, wie sie den Polytropenexponenten in Turbine und Schubdüse, d. h. die strömungstechnische Güte dieser Baugruppen, beeinflußt und welche konstruktiven Folgerungen sie für die Turbine hat.

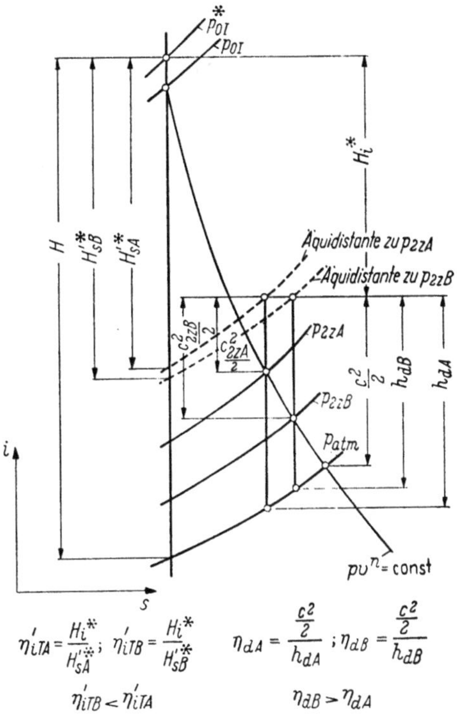

Bild 4.23 Einfluß der Austrittsgeschwindigkeit c_{2z} aus der Turbine auf die Gesamtexpansion in Turbine und Schubdüse

Es sei zunächst die strömungstechnische Güte der Turbine kritisch betrachtet. Vergegenwärtigt man sich, daß nach Bild 4.4 der Turbinenwirkungsgrad im Fall konstant gehaltener Gitterverlustbeiwerte bei kleinen Schaufelaustrittswinkeln und damit kleinen Axialgeschwindigkeiten besser ist als bei großen Winkeln, so hat man der Turbine mit kleiner Austrittsgeschwindigkeit eine günstigere Polytrope zuzuordnen als derjenigen mit großer Austrittsgeschwindigkeit. Diese Tendenz wird noch verstärkt durch die mit abnehmender Axialgeschwindigkeit wachsende Schaufellänge, welche die Geschwindigkeitszahl erhöht. Man könnte zwar denken, daß die Gitterverluste trotz größerer Schaufellänge wegen der stärkeren Umlenkung vermehrt wären. Die Erfahrung zeigt jedoch, daß dieses nicht der Fall ist. Praktisch ist eine Turbinenauslegung mit kleinen Axialgeschwindigkeiten in den Gittern immer zu bevorzugen.

Die Annahme einer gemeinsamen Polytrope bedeutet nach Bild 4.23 für die Schubdüse, daß man den Expansionsvorgang bei kleiner Vorgeschwindigkeit am Schubdüseneintritt mit größerem Verlustbeiwert rechnen müßte als bei großer Vorgeschwindigkeit, um die gleiche Schubdüsenaustrittsgeschwindigkeit zu erhalten. Tatsächlich ist natürlich der Verlustbeiwert im ersten Fall infolge Anströmung der Rippen mit kleinerer Geschwindigkeit und stärkerer Verengung der Düse besser als im zweiten Fall, so daß die Austrittsgeschwindigkeit sich mit kleiner werdender Vorgeschwindigkeit erhöht.

Bezüglich der strömungstechnischen Güte läßt sich also sagen, daß eine kleine Austrittsgeschwindigkeit aus der Turbine sowohl für die Turbine als auch für die Schubdüse wirkungsgradmäßig vorteilhaft ist und damit den Expansionswirkungsgrad η_{ex} vergrößert. Als konstruktive Folgerung ergibt sich daraus die Forderung, den Austrittsquerschnitt aus der Turbine möglichst groß zu wählen. Beschränkend wirkt hierbei jedoch, daß aus Gewichts- und Einbaugründen ein größter Außendurchmesser nicht überschritten und wegen festigkeitsmäßiger Schwierigkeiten und aus Strömungsgründen ein kleinstes Nabenverhältnis nicht unterschritten werden darf. Dahingehende Überlegungen führen zu einer maximalen Schaufellänge und somit zu einer bestimmten minimalen Austrittsgeschwindigkeit aus der Turbine.

Auch am Turbineneintritt wählt man gern eine kleine Axialgeschwindigkeit, um möglichst lange Schaufeln und damit geringere Sekundärverluste und einen günstigen Kanalverlauf zu bekommen. In ausgeführten Turbinen liegen die Eintrittsgeschwindigkeiten meist bei 100 m/s und die Austrittsgeschwindigkeiten bei 200 bis 250 m/s. Grundsätzlich unterscheiden sich hierbei TL- und PTL-Turbinen nicht. Während man jedoch bei PTL-Turbinen nicht über 250 m/s Austrittsgeschwindigkeit hinausgeht, wobei sich diese Geschwindigkeit dann bis Schubdüsenende kaum ändert, wird man bei TL-Turbinen mit ihrem weit größeren Gasdurchsatz aus konstruktiven Gründen manchmal höhere Werte wählen müssen, dann allerdings unter Inkaufnahme einer Verschlechterung von Turbinen- und Schubdüsenwirkungsgrad.

Es sei hier nun noch auf den rein äußerlichen Unterschied der Kanalverläufe von TL- und PTL-Turbinen hingewiesen. Während erstere häufig einen konstruktiv günstigen, fast achsparallelen Verlauf von Innen- und Außenkontur aufweisen, zeigen letztere stark divergierende Kanalformen. Der Unterschied ist durch die geringe Belastung der TL-Turbinen im Vergleich zu der großen Belastung der PTL-Turbinen gegeben. Haben jene nur den Verdichter anzutreiben, so müssen diese noch zusätzlich das Restgefälle möglichst weitgehend in Luftschraubenleistung umsetzen. Das geringere Gefälle der TL-Turbinen bedingt auch eine kleinere Volumenzunahme, die noch durch die vorgesehene Axialgeschwindigkeitssteigerung von der Eintritts- bis zur Austrittsebene kompensiert wird.

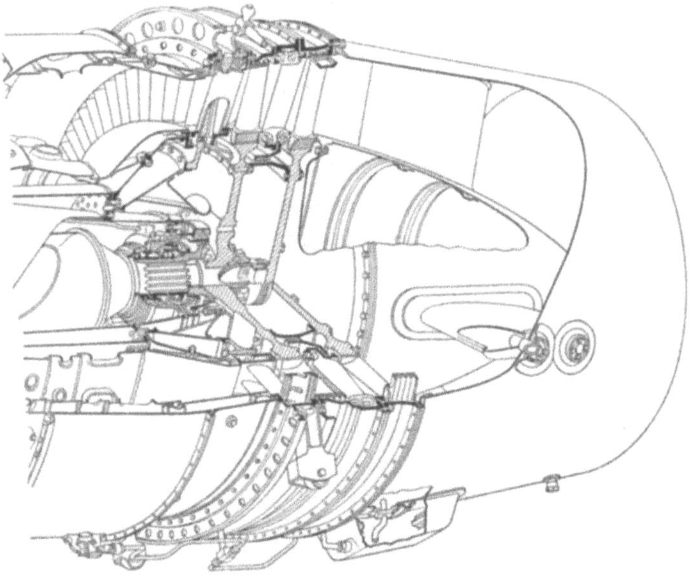

Bild 4.24 Schnitt durch den Turbinenteil der Strahlturbine de Havilland Gyron D. Gy. 2

Demgegenüber wächst das Volumen bei dem großen Gefälle der PTL-Turbinen so stark an, daß bei gleicher Größenordnung der axialen Austrittsgeschwindigkeit ein wesentlich größerer Endquerschnitt erforderlich ist.

Zwei typische Beispiele für die geschilderten Verhältnisse sind die Strahlturbine de Havilland Gyron D. Gy. 2 und die Propellerturbine Bristol Proteus MK 755, deren Expansionstrakte die Bilder 4.24 und 4.25 in aufgeschnittenem Zustand zeigen. Deutlich unterscheidet sich der wenig divergente Kanal der TL-Turbine von dem sich stark erweiternden der PTL-Turbine. Man erkennt auch den Gegensatz zwischen den Schubdüsen des TL und des PTL. Während die erstere einigen Aufwand zur möglichst verlustarmen Restbeschleunigung des energiereichen Gases erfordert, dient die letztere nur zur — natürlich ebenfalls verlustarmen — Entlassung des Gases nach verrichteter Arbeit und kann einfacher gehalten werden. [Beide Turbinen weisen übrigens Laufschaufeln mit deckbandartiger

Ausbildung der Schaufelköpfe auf (vgl. das am Ende von Abschn. 4.122. über Deckbänder Gesagte); lediglich bei den langen Schaufeln der vierten PTL-Stufe wurde darauf verzichtet. Die Innenumströmung der Zwischenleiträder ist durch Labyrinthe verhindert, und zwar bei dem TL auf einem die Scheibenkränze verbindenden Ring, bei dem PTL auf der Turbinenwelle.]

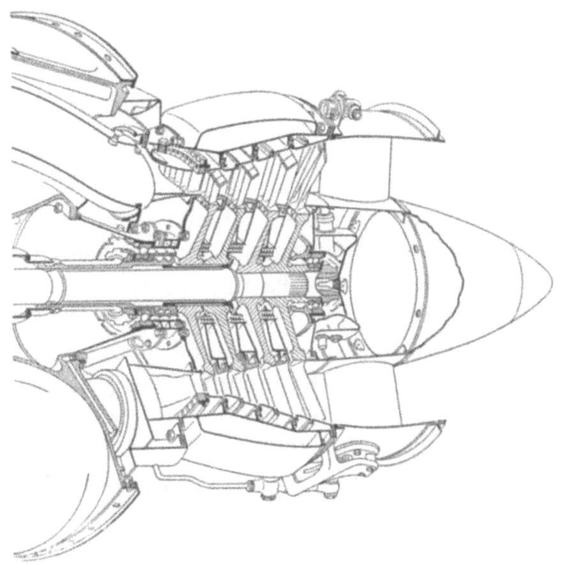

Bild 4.25 Schnitt durch den Turbinenteil der Propellerturbine Bristol Proteus MK 755

Zum Abschluß unserer Betrachtungen über den Kanalverlauf der Gasturbine haben wir nun noch einige Feststellungen über den Einfluß der Winkel α_1 und β_2 zu treffen. Sie scheinen — zumindest für eine einstufige Turbine, bei der im allgemeinen keine so scharfen Forderungen an die Austrittshöhe des Kanals gestellt werden — noch weitgehend frei wählbar zu sein. Bei gegebenem Gefälle

$$h_s'^* = \frac{c_0^2}{2} + (i_0 - i_{2s}) - \frac{c_2^2}{2}$$

und fester Umfangsgeschwindigkeit u, Laufzahl u/c_1 und Reaktion

$$\mathfrak{r} = \frac{i_{1s} - i_{2s}}{i_0 - i_{2s}}$$

reduziert sich ja Gl. (4.31) auf eine Beziehung

$$\beta_2 = f(\alpha_1, \varphi, \psi),$$

die durch unendlich viele Wertepaare (α_1, β_2) befriedigt wird. Praktisch zeigt sich aber, daß durch die Forderung nach einem glatten Kanalverlauf die Winkel festgelegt sind. Das soll an dem Beispiel des Bildes 4.26 näher erläutert werden, wobei wir die Geschwindigkeitszahlen φ und ψ als konstant betrachten. In erster Näherung wird also die Abhängigkeit der Geschwindigkeitszahlen von den mit α_1 veränderlichen Umlenkungen der Strömung in Leit- und Laufrad vernachlässigt.

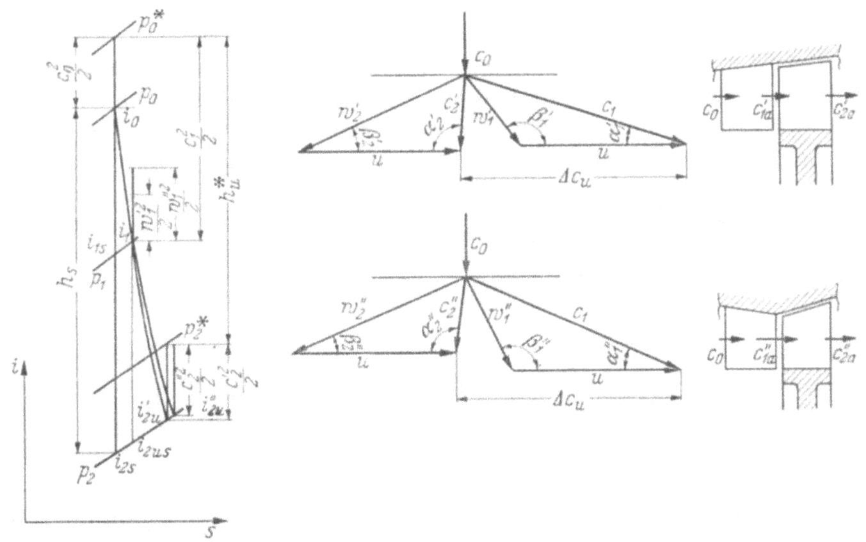

Bild 4.26 Expansionsverläufe, Geschwindigkeitsdreiecke und Strömungskanäle einer Stufe bei gleichen $\mathfrak{r}$, u, u/c_1 und $h_s'^*$, aber verschiedenen Schaufelwinkeln

Zunächst ist durch u und u/c_1 die Austrittsgeschwindigkeit c_1 aus dem Leitkranz gegeben, die an sich unter verschiedenen Winkeln α_1 angenommen werden kann. In dem Beispiel wurden $\alpha_1' = 18° 38'$ und $\alpha_1'' = 23° 31'$ gewählt. Natürlich gehört zu dem größeren Winkel eine größere Axialgeschwindigkeit und somit eine kleinere Kanalhöhe beim Austritt aus dem Leitrad. Desgleichen sind die Relativgeschwindigkeiten w_1 unterschiedlich und führen auf zwei verschiedene Geschwindigkeiten

$$w_2' = \psi \sqrt{2(i_1 - i_{2us}) + w_1'^2}$$

und

$$w_2'' = \psi \sqrt{2(i_1 - i_{2us}) + w_1''^2}.$$

Sie sind jeweils unter solchen Winkeln β_2' und β_2'' zu zeichnen, daß sich nach Antragung der Umfangsgeschwindigkeit u in beiden Fällen die gleiche Differenz Δc_u der Umfangskomponenten der Absolutgeschwindigkeiten ergibt. Das ist deswegen erforderlich, weil bei übereinstimmendem isentropen Stufengefälle und näherungsweise gleich angenommenem Umfangswirkungsgrad auch die Umfangsarbeit dieselbe sein muß. Unter Berücksichtigung dieser Bedingungen ergaben sich die Winkel $\beta_2' = 25° 07'$ und $\beta_2'' = 23° 42'$.

Wegen der Übereinstimmung von $\mathfrak{r}$ und c_1 ist auch das statische Stufengefälle h_s in beiden Fällen identisch. Beide Geschwindigkeitsdreiecke entsprechen also fast demselben, links von ihnen im i,s-Diagramm dargestellten Expansionsvorgang. Kleine Unterschiede kommen nur durch die Verschiedenheit von w_1 herein. Dadurch fallen die statischen Endpunkte der Expansion (bestimmt durch i_{2u}' und i_{2u}'') nicht ganz zusammen. Auch dieser Unterschied würde aber noch verschwinden, wenn man ψ'' durch die veränderte Umlenkung im Laufrad gegenüber ψ etwas vergrößert annähme. Wir können also in der Tat feststellen, daß zunächst die Schaufelwinkel α_1 und β_2 in der einzelnen Stufe miteinander gekoppelt, sonst jedoch unabhängig von Gefälle, Umfangsgeschwindigkeit, Laufzahl und Reaktion sind. Betrachten wir aber die im Bild rechts gezeichneten, zu beiden Geschwindigkeitsplänen gehörigen Stufenkanäle, so erkennen wir, daß doch nur ein bestimmtes Wertepaar für die praktische Ausführung in Frage kommt. Bei jeweils achsparalleler Innenbegrenzung zeigt der obere Fall eine gleichmäßige Divergenz des Kanales, während wir im unteren Fall eine geknickte Kanalaußenwand haben. Geht man von der geradlinigen Außenkontur des oberen Kanals aus, so folgt die geknickte des unteren sofort aus einem Vergleich der entsprechenden Axialgeschwindigkeiten. Es ist nach Bild 4.26

$$c_0'' = c_0' = c_0; \qquad c_{1a}'' > c_{1a}'; \qquad c_{2a}'' \approx c_{2a}'.$$

In der Praxis wird man den Winkel α_1 wählen, der — unter Berücksichtigung des gesamten Kanalverlaufes der mehrstufigen Turbine — eine möglichst knickfreie Außenwand in der Stufe zur Folge hat; denn ein wesentlicher Knick an dieser Stelle führt immer zu zusätzlichen Strömungsverlusten. Die an den Knick anschließende starke Abschrägung des Laufschaufelkopfes ist problematisch hinsichtlich der Festigkeit des Schaufelblattes, da der frei herausstehende Schaufellappen stark zum Flattern neigt. Weiterhin besteht infolge der unterschiedlichen axialen Wärmedehnung von Stator und Rotor die Gefahr des radialen Anlaufens des Laufrades oder des Auftretens zu großer Radialspalte über den Schaufeln.

Alles das spricht natürlich gegen die Wahl einer stark geknickten Kanalaußenwand. Wohl aber kann in gewissen Fällen ein schwacher Knick innerhalb einer sonst gleichmäßig nach außen verlaufenden Kontur in Frage kommen. Die Erweiterung eines Turbinenkanals wird im allgemeinen am Ein- und Austritt der Turbine etwas schwächer gehalten als in den mittleren Stufen. Auf diese Art und Weise paßt man die Turbine dem Strömungsverlauf von der Brennkammer zur Schubdüse optimal an. Hier treten solche schwach geknickten Stufenkonturen in den Übergangsbereichen auf. Grundsätzlich sollte man jedoch darauf achten, die Erweiterung möglichst gleichmäßig über die Länge der Turbine zu verteilen.

Bei der wirklichen Turbinenberechnung wird man nicht immer von vorgegebener Umfangsgeschwindigkeit, Laufzahl und Reaktion ausgehen. Insbesondere führt die zuletzt diskutierte Bestimmung von α_1 und β_2 bei mehrstufigen Turbinen leicht zu Anschlußschwierigkeiten zwischen den Stufen. Es ist daher zweckmäßig, einen ersten Entwurf des Kanals an die Spitze der Auslegung einer Turbine mit vorgegebenem Ein- und Austrittszustand des Gases zu stellen. Dabei werden zunächst die Endflächen für möglichst günstige — d. h. niedrige — Zu- und Abströmgeschwindigkeiten festgelegt, also große Schaufellängen verwirklicht. Dann können die Konturen der inneren und äußeren Kanalbegrenzung unter Beachtung der voraussichtlich erforderlichen Stufenzahl und Gitterbreiten so gezeichnet werden, daß sie stetig verlaufen. Damit liegt die Änderung des mittleren Radius und der Umfangsgeschwindigkeit von Stufe zu Stufe fest.

Ist das Stufengefälle vorgegeben, so müssen bei einer solchen Kanalbestimmung zwangsläufig den Gittern ganz bestimmte Austrittswinkel zugeordnet werden. Diese sind wegen der niedrigen Axialgeschwindigkeiten klein, sollen aber nicht unter etwa 16° liegen, da dann doch mit einer Vergrößerung der Gitterverluste zu rechnen ist. Mit den Winkeln ist auch Laufzahl und Reaktion in jeder Stufe fixiert. Eine erste Durchrechnung der Turbine, die im Abschn. 4.18 ausführlich behandelt wird, liefert den mit diesen Werten erreichbaren Wirkungsgrad. Die bei der Durchrechnung gesammelten Erfahrungen ermöglichen es aber auch, evtl. durch Änderung der Kanalform, der Stufenbelastung und damit der übrigen Parameter noch bessere Wirkungsgrade zu erhalten. Es ist hier bis zu einem gewissen Grade vom Geschick des Entwurfsingenieurs abhängig, wie weit der Wirkungsgrad der Turbine unter Beachtung aller an den Entwurf geknüpften Bedingungen gesteigert werden kann. —

Neben dem Anwachsen der Schaufellängen von Gitter zu Gitter muß für die Beurteilung eines Kanalverlaufes auch die axiale Breite der Schaufelgitter bekannt sein. Es kann eine um so stärkere Zunahme der Schaufellängen zugelassen werden, je größer diese axiale Breite ist. Sie steht in engem Zusammenhang mit der Schaufelzahl der Gitter. Im folgenden muß also noch auf die Wahl der zweckmäßigsten Schaufelzahl eingegangen werden, bevor die Berechnung der Geschwindigkeitsdreiecke für den Mittelschnitt einer Turbine als erledigt betrachtet werden kann.

4.16 Gitterbreite und Schaufelzahl

Durch die Schaufelzahl wird zunächst die Teilung t des Gitters, d. h. der in Umfangsrichtung gemessene Abstand zweier benachbarter Profile, festgelegt. Für jedes spezielle Schaufelgitter existiert nur ein bestimmter Wert der Teilung, bei dem es mit minimalen Verlusten arbeitet. Ist die Teilung kleiner, d. h. stehen die Schaufeln enger, so treten unnötig große Reibungsverluste auf. Haben die Schaufeln aber zu großen Abstand voneinander, so reißt die Strömung von der Profilrückseite ab und führt auf diese Weise zu einem Ansteigen der Verluste. Das gilt für die ebene Strömung. Bei der räumlichen Strömung in einem Gitter aus Schaufeln endlicher Länge wachsen zusätzlich noch die Sekundärverluste (s. Abschn. 4.232.21) an. Die optimale Teilung liegt bei ebener Strömung dort, wo die Grenzschicht gerade begonnen hat sich abzulösen [*12*]. Die Erklärung für dieses vom Einzelflügel abweichende Verhalten ist darin zu suchen, daß für den Gitterverlust außer dem Widerstand des einzelnen Profils noch die Profilanzahl je Längeneinheit in Richtung der Gitterfront wesentlich ist. Das einzelne Profil hat das Minimum seines Widerstandes zwar schon überschritten, dafür ist aber die Anzahl der Profile noch gering.

Es liegt nahe, die günstigste Gitterteilung mit einer dimensionslosen Belastungszahl in Verbindung zu bringen. Eingehende Untersuchungen darüber liegen u. a. vor von Zweifel [*13*], der im Gegensatz zu früheren Arbeiten nicht den auf die ideelle Anströmgeschwindigkeit $w_\infty = |(\mathfrak{w}_1 + \mathfrak{w}_2)/2|$ (Betrag des vektoriellen Mittelwertes von Zu- und Abströmgeschwindigkeit) bezogenen Auftriebskoeffizienten c_a der Tragflügeltheorie verwendet, sondern eine neue Belastungszahl ψ_u einführt, welche die an einer Schaufel wirkende Umfangskraft P_u auf die relative Austrittsgeschwindigkeit w_2 bezieht. c_a eignet sich wenig für den vorgesehenen Zweck, da seine bei Optimalgittern vorliegenden Werte sehr stark von den Strömungswinkeln abhängig sind und bei extrem großen Umlenkungen der Turbinengitter den zehnfachen Betrag der entsprechenden Zahlen einzeln stehender Tragflügel erreichen. Demgegenüber ändert sich für Bestgitter der Umfangskraftbeiwert ψ_u mit den Winkeln und dem Umlenkgrad der Strömung in geringerem Maße.

Für ein einzelnes Schaufelelement ergibt sich die Umfangskraft aus dem Impulssatz zu

$$dP_u = \frac{1}{z_{\text{Sch}}}(w_{1u} - w_{2u})\, d\dot{m},$$

wobei $d\dot{m}$ den auf einen Ringkanal der Breite dr entfallenden Gasdurchsatz bedeutet:

$$d\dot{m} = \varrho_2 c_{2a} z_{Sch} t\, dr.$$

Damit wird

$$dP_u = \varrho_2 c_{2a}(w_{1u} - w_{2u}) t\, dr. \tag{4.41}$$

Da es sich bei P_u um eine Luftkraft handelt, ist diese Größe proportional einem Strömungsstaudruck und einer kennzeichnenden Fläche. Grundsätzlich ist es gleichgültig, welchen Staudruck wir als Bezugsgröße wählen. Wegen seiner guten Meßbarkeit im Blasversuch entscheidet man sich zweckmäßigerweise für denjenigen der Austrittsgeschwindigkeit w_2 aus dem Gitter. Als kennzeichnende Fläche benutzen wir die Projektion des Schaufelelementes in Umfangsrichtung. Dementsprechend ist

$$dP_u = \psi_u \varrho_2 \frac{w_2^2}{2} b\, dr, \tag{4.42}$$

wo b die axiale Breite des Gitters darstellt.

Die Größe b ist zusammen mit den übrigen hier benötigten Gitterparametern durch das Bild 4.27 festgelegt. Sie ergibt sich in der Form b_{pr} wie die Profillänge l_{pr} als praktisches Maß durch den Abstand zweier Profiltangenten, die senkrecht zur Gitterachse bzw. Bauchseitentangente liegen. Diese Definition ist für die Aufmessung eines Schaufelgitters zweckmäßig. Bei der Gitterkonstruktion ist eine andere Festlegung günstiger, die von den auf der Profilkontur liegenden Anfangs- und Endpunkten der Skelettlinie ausgeht. l_{th} ist dann als Sehnenlänge der Abstand dieser beiden Punkte und b_{th} seine Projektion auf die Achsrichtung. Der Staffelungswinkel kann als β_{Spr} auf die praktische oder als β_{Sth} auf die theoretische Größe l bezogen sein. In vielen Fällen sind die Unterschiede der Größen nach beiden Definitionen nur gering oder für die Sache bedeutungslos. In anderen Fällen ist aus dem Zusammenhang ohne weiteres zu ersehen, welche Definition gemeint ist. Wir können daher im weiteren Text auf die Indizes *pr* und *th* verzichten.

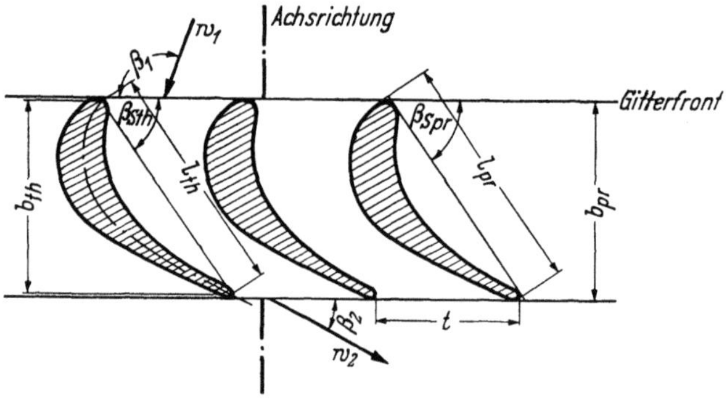

Bild 4.27 Bezeichnungen am Laufradgitter

Setzt man Gl. (4.41) und Gl. (4.42) einander gleich, so ergibt sich der Umfangskraftbeiwert einfach zu

$$\psi_u = \frac{2c_{2a}(w_{1u} - w_{2u})}{w_2^2} \frac{t}{b}.$$

Mit Hilfe einiger Winkelbeziehungen im Geschwindigkeitsdreieck (s. Bild 2.1, wo allerdings der Übersichtlichkeit halber die Komponentenzerlegung von c_1, c_2, w_1 und w_2 nicht durchgeführt ist), nämlich

$$w_{1u} = - c_{1a} \cot \beta_1 ,$$

$$w_{2u} = - c_{2a} \cot \beta_2$$

und

$$c_{2a} = w_2 \sin \beta_2 ,$$

ist man in der Lage, den Beiwert auch in der Form

$$\psi_u = 2 \sin^2 \beta_2 \left(\cot \beta_2 - \frac{c_{1a}}{c_{2a}} \cot \beta_1 \right) \frac{t}{b} \tag{4.43}$$

zu schreiben.

Zweifel untersuchte nun an Hand veröffentlichter Meßergebnisse Gitter verschiedener Profilformen, Winkel und Teilungen und stellte fest, daß ψ_u in der Tat sowohl für Verzögerungs- wie auch für Beschleunigungsgitter bei kleinen und größeren Umlenkungen im Optimalfall immer ungefähr denselben Wert behält. Er liegt bei

$$\psi_u = 0{,}7 \cdots 0{,}9 .$$

Eigene Untersuchungen an Turbinenprofilen mit Wölbungsverhältnissen von 0,13 bis 0,20 und Staffelungswinkeln von 38° bis 50° führten ebenfalls zu dieser Größenordnung des Umfangskraftbeiwertes. In der sowjetischen Turbinenliteratur werden z. T. etwas höhere Zahlen angegeben, z. B. $\psi_u = 0{,}9 \cdots 1{,}1$ von Abianz *[14]*. Nach Döge und Herrmann *[66]* treffen die Zweifelschen Werte nur für kleine Profilwölbungen (etwa $f/l = 0{,}16$) zu und können bei $f/l = 0{,}24 \cdots 0{,}32$ Größen bis 1,25 erreichen, wobei erhebliche Streuungen auftreten. Höhere ψ_u sind insbesondere auch bei großen Staffelungswinkeln zu finden. Berücksichtigt man die letzteren Ergebnisse, so gelangt man zur Verwendung einer größeren Teilung und verlegt den Betriebspunkt des Schaufelgitters in Richtung stärkerer Ablösung der Grenzschicht. Das könnte u. U. nach dem zu Anfang Gesagten in der Tat vorteilhaft sein, erfordert jedoch sicher einige Vorsicht (vgl. z. B. Bild 4.29). Vor allem ist aber zu berücksichtigen, daß es sich bei den Döge-Herrmannschen Messungen um solche an ebenen geraden Schaufelgittern handelt und bei wirklichen Turbinenrädern größere Teilungen mit erhöhten Sekundärverlusten verbunden sind. Besonders bei stärkeren Druckgefällen ist ein ψ_u-Wert unter 1, d. h. in der Zweifelschen Größenordnung, vorzuziehen. Da ebene Beschleunigungsgitter im allgemeinen ein breites Gebiet niedriger Verluste besitzen, wird durch die Berücksichtigung des räumlichen Charakters der Strömung noch nicht einmal ein Gegensatz zu den Optimalbedingungen der zweidimensionalen Strömung hervorgerufen.

Der Umfangskraftbeiwert kann mit den vorangehenden Einschränkungen seiner Bestimmtheit dazu benutzt werden, eine Aussage über die zweckmäßigste Gitterbreite zu bekommen. Durch Auflösung von Gl. (4.43) nach b erhält man

$$b = 2 \sin^2 \beta_2 \left(\cot \beta_2 - \frac{c_{1a}}{c_{2a}} \cot \beta_1 \right) \frac{t}{\psi_u} .$$

Spezialisiert man sich auf ein Gitter konstanter Axialgeschwindigkeit $c_{1a} = c_{2a}$, das durch passende Wahl der Kanalquerschnitte verwirklicht werden kann, so ist man in der Lage, die Gleichung noch mit Hilfe der trigonometrischen Beziehung

$$\cot \beta_2 - \cot \beta_1 = \frac{\sin (\beta_1 - \beta_2)}{\sin \beta_1 \sin \beta_2}$$

auf die einfache Form

$$b = 2 \frac{\sin \beta_2 \sin (\beta_1 - \beta_2)}{\sin \beta_1} \frac{t}{\psi_u} \tag{4.44}$$

zu bringen. Hier ist die Gitterbreite b nur noch eine Funktion der Strömungs- bzw. bei Vernachlässigung der Winkelübertreibung (s. Abschn. 5.21) der Schaufelwinkel β_1 und β_2, der Gitterteilung t und des Umfangskraftbeiwertes ψ_u, für den ein dem Obigen entsprechender Optimalwert einzusetzen ist. Die Beziehung ist allgemein, also sowohl für Beschleunigungs- als auch für Verzögerungsgitter, gültig, so daß auch bei der Auswahl von Verdichtergittern auf sie zurückgegriffen werden kann.

Eine anschauliche Darstellung der Gl. (4.44) wird in Bild 4.28 gegeben. Der Wert $\psi_u b/t$ ist in Abhängigkeit vom Winkel β_2 mit β_1 als Parameter dargestellt. Die innerhalb des Diagramms bei Überschreiten der Abszissenachse eintretende Vorzeichenänderung der aufgetragenen Größe bedeutet eine Umkehrung der Richtung der auf die Schaufel wirkenden Umfangskraft. Sie wird sichtbar, wenn man an einigen Punkten des Bildes die den beiden Winkeln β_1 und β_2 entsprechenden Richtungen der Geschwindigkeiten w_1 und w_2 für eine von rechts nach links verlaufende Umfangsbewegung einzeichnet und so die Umlenkungsverhältnisse deutlicher hervortreten läßt. Wir erhalten idealisierte Schaufelprofile, die für den vorgesehenen Drehsinn Gaskräften entsprechend den eingezeichneten Pfeilen unterliegen. Bei festgehaltenem (optimalem) ψ_u und außerdem als dauernd positiv vorausgesetztem b hat man das veränderliche Vorzeichen mathematisch mit der Teilung t zu verbinden. Sie geht bei Annäherung an die Abszissenachse absolut genommen über alle Grenzen. Auf dieser Achse liegen ja die Gitter mit $\beta_1 = \beta_2$, d. h. gerade diejenigen ohne Umlenkung der Strömung. Der Wert $\psi_u b/t = 0$ läßt sich also sinnvoll durch $t = \pm\infty$ erklären; das Gitter entartet zum Einzelflügel. Nimmt man das Vorzeichen nicht in t, sondern in b hinein, so entspricht der Abszissenachse der Wert $b = \pm 0$; bei fortfallender Umlenkung verschwindet auch das Gitter. Für die praktische Anwendung des Bildes 4.28 interessieren natürlich nur die Absolutwerte der aufgetragenen Größe, da die Richtung von P_u auf das optimale b/t ohne Einfluß ist.

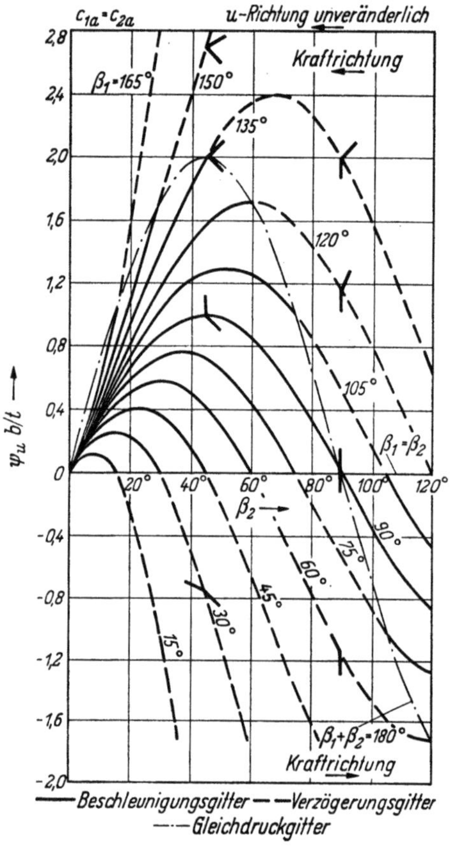

Bild 4.28 Optimale Gitterdichte in Abhängigkeit von der Strömungsumlenkung

Die Gleichdruckgitter mit der speziellen Bedingung $\beta_1 + \beta_2 = 180°$, die vor allem im Dampfturbinenbau üblich sind, werden durch die im Diagramm strichpunktierte Kurve $\psi_u b/t = 2 \sin 2\beta_2$ gegeben, wie sich sofort aus Gl. (4.44) ersehen läßt. An Hand der eingetragenen Strömungsrichtungsänderungen erkennt man, daß die Gleichdruckkurve mit der Abszissenachse den Bereich der Turbinengitter einschließt, d. h. denjenigen der beschleunigten Strömungen. In diesem Bereich wurden die Kurven $\beta_1 = \text{const}$ ausgezogen. Das restliche Gebiet wird von den Kompressorgittern eingenommen, die durch eine verzögerte Strömung gekennzeichnet sind. Hier sind die Parameterkurven gestrichelt gezeichnet.

Das Bild 4.28 bzw. die ihm zugrunde liegende Gl. (4.44) gestattet es jetzt, in Abhängigkeit von den Winkeln β_1 und β_2, also bei vorliegenden Geschwindigkeitsdreiecken, durch Wahl eines ψ_u-Wertes um 0,8 herum ein optimales Verhältnis b/t von Gitterbreite zu Schaufelteilung zu finden. Natürlich ist damit auch das Verhältnis t/l von Teilung zu Profilsehnenlänge, kurz Teilungsverhältnis genannt, festgelegt. Für ein bereits vorliegendes Gitterprofil ist ja b/l eine von der Schaufelzahl unabhängige Konstante, die man nur durch

b/t zu dividieren hat, um das Teilungsverhältnis zu erhalten. Aber auch für den Fall, daß das Profil mit den gewünschten Umlenkungseigenschaften erst zu konstruieren ist, findet man zur Gitterbreite b leicht die Profilsehnenlänge l und umgekehrt, wie in Abschn. 5.31 gezeigt wird.

b/t und t/l stehen in der Kennzeichnung der Gitterweite völlig gleichberechtigt nebeneinander. Ist die erste Kennzahl bei Verwendung des Umfangskraftbeiwertes zur Bestimmung des optimalen Schaufelgitters zweckmäßig, so wird die zweite meist in der Gittertheorie und zur Darstellung von Meßergebnissen an Gittern aus gleichen Profilen, aber mit unterschiedlichen Schaufelzahlen benutzt. Eine solche Messung wurde z. B. von SCHÄFFER [*15*] an einem ebenen Gitter aus Schaufeln mit dem in Bild 2.15 wiedergegebenen Profil durchgeführt. Das Profil hat bei einem Winkel $\beta_S = 51°$ zwischen Gitterfront und Sehne ein Verhältnis $b/l = 0{,}766$. Es wurde für $\beta_S = 47{,}7°$ und $51°$ vermessen. Das Ergebnis der Messungen ist aus Bild 4.29 zu ersehen, und zwar wurde dort der durch

$$\zeta_{vwc} = \int_0^1 \frac{p_1^* - p_2^*}{q_1} \, d\left(\frac{y}{t}\right)$$

definierte Verlustbeiwert des Gitters über dem Teilungsverhältnis aufgetragen. Der Verlustbeiwert stellt den auf den Staudruck vor dem Gitter bezogenen und über die Schaufelteilung integrierten Gesamtdruckverlust der Strömung dar. Man erkennt, daß das Minimum der Verluste knapp unter $t/l = 1{,}0$ liegt. Etwas oberhalb dieser Stelle reißt die Strömung ab; nach kleineren Teilungsverhältnissen hin wachsen die Verluste schnell an.

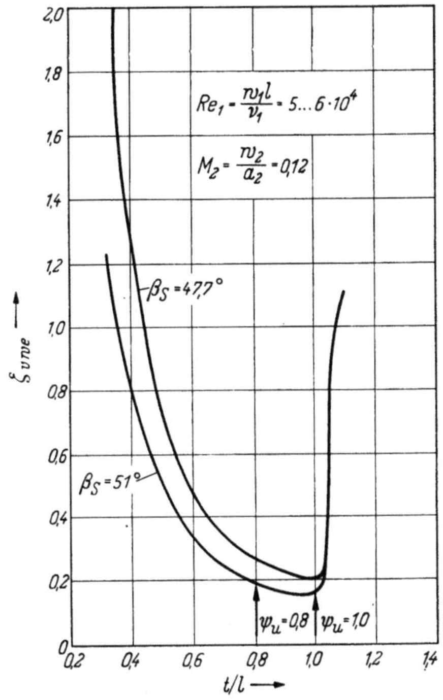

Bild 4.29 Verlustbeiwerte eines ebenen Schaufelgitters über dem Teilungsverhältnis (nach SCHÄFFER [*15*])

Es ist von Interesse, diese Messung im Fall $\beta_S = 51°$ mit Bild 4.28 zu vergleichen. Hier kann man für die Winkel $\beta_1 = 90°$ und $\beta_2 = 25°$ der vermessenen Schaufel den Wert $\psi_u b/t = 0{,}765$ ablesen. Wegen

$$\frac{b}{l} \frac{t}{\psi_u b} = \frac{1}{\psi_u} \frac{t}{l} = \frac{0{,}766}{0{,}765} \approx 1$$

ist dann praktisch $t/l = \psi_u$. Je nach der Wahl des Umfangskraftbeiwertes zwischen 0,8 und 1,0 ergibt sich das „optimale" Teilungsverhältnis in den gleichen Grenzen. Bild 4.29 läßt erkennen, daß ein zu nahes Herangehen an den Wert $\psi_u = 1{,}0$ in diesem Fall gefährlich ist, da man leicht in den Bereich völlig abgerissener Strömung hineinkommt. Die Darstellung unterstreicht schon vom Standpunkt der ebenen Strömung, daß man besser bei kleineren ψ_u bleibt, solange nicht spezielle Meßergebnisse für das vorliegende Schaufelgitter ausdrücklich das Gegenteil erlauben.

Wird durch die ZWEIFELschen Kurven auch das günstigste Verhältnis b/t des Gitters bestimmt, so bleibt doch noch der Absolutwert von b oder t unbekannt. Beispielsweise sind in Bild 4.30 drei in dieser Weise ermittelte Gitter mit den Winkeln $\beta_1 = 150°$ und $\beta_2 = 15°$, $30°$, $60°$ einmal für gleiche Gitterbreite und darunter für gleiche Gitterteilung gezeichnet. Man erkennt den starken Einfluß der Umlenkung auf die günstigste Schaufelzahl bei gegebener Gitterbreite bzw. auf die optimale Gitterbreite bei gegebener Teilung. Man erkennt aber auch, daß zur Entscheidung, welches der jeweiligen Gitter — oben oder unten — nun gewählt werden soll, noch eine weitere Beziehung notwendig ist. Erst mit ihrer Herleitung ist die ursprünglich gestellte Aufgabe, den absoluten Wert der optimalen Gitterbreite zu finden, gelöst.

Die gesuchte Beziehung wird von der auf die Profillänge l bezogenen *Re*-Zahl geliefert. Zur Klärung des Einflusses der Re-Zahl auf die Kennwerte einer axialen Kreiselradstufe sind aus der Literatur eine Reihe von Untersuchungen bekannt. So wurden von ECKERT [*16*] fünf verschiedene Verdichterstufen mit geometrisch ähnlichen, aber in verschiedenen

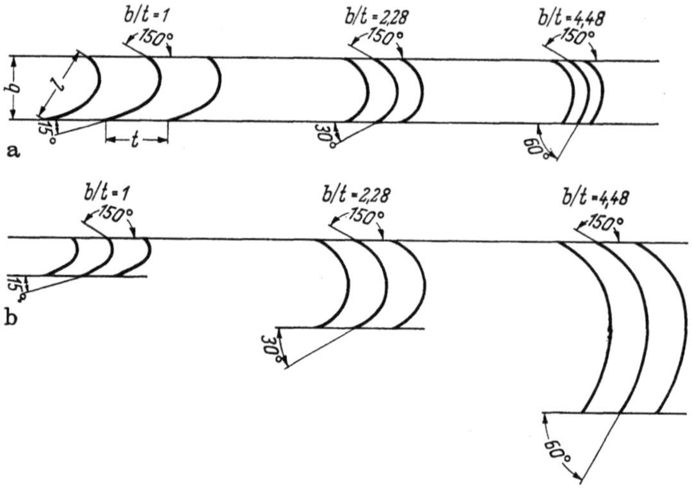

Bild 4.30 Optimalgitter für verschiedene Umlenkungen bei $\beta_1 = 150°$
a) gleiche Gitterbreiten; b) gleiche Gitterteilungen

Abmessungen ausgeführten Gittern in Lauf- und Leitrad vermessen. Durch die verschiedenen Profillängen konnte ein großer Bereich von REYNOLDS-Zahlen überdeckt werden, ohne durch zu große Drehzahlunterschiede MACH-Zahleffekte in die Messung hineinzubekommen. CONSTANT [*17*] berichtet über Messungen im National Gas Turbine Establishment, bei denen die Variation der REYNOLDS-Zahl an ein und derselben Verdichterstufe durch Veränderung der Luftdichte in einem geschlossenen Umlaufkanal erzielt wurde. Weiterhin macht AINLEY [*18*] Angaben über den Einfluß der REYNOLDS-Zahl auf den Wirkungsgrad einer Turbinenstufe, die aus der Untersuchung einer vierstufigen Reaktionsturbine mit gleicher Beschaufelung in jeder Stufe gewonnen wurden. Obgleich in allen drei Fällen die REYNOLDS-Zahl verschieden definiert war, nämlich von ECKERT bezogen auf die Umfangsgeschwindigkeit u_a des Außenradius, von CONSTANT auf die Umfangsgeschwindigkeit u_m des mittleren Schaufelradius und von AINLEY auf die Relativgeschwindigkeit w_{2m} des mittleren Radius, wurden die Ergebnisse der drei Autoren in Bild 4.31 gemeinsam über Re aufgetragen.

Die Kurven stellen den Verlauf des maximal erreichbaren isentropen Stufenwirkungsgrades dar bzw. sind Hüllkurven ganzer Kurvenscharen, die sich ergeben, wenn man die Drehzahlen der Prüflinge bei verschiedenen Profiltiefen, Luftdichten und Anströmgeschwindigkeiten variiert und die sich jeweils ergebenden Wirkungsgrade über der REYNOLDS-Zahl aufträgt. Für jeden Zustand existiert dabei nur eine bestimmte Drehzahl, d. h. auch nur eine bestimmte REYNOLDS-Zahl, für die der isentrope Stufenwirkungsgrad zu einem Optimalwert wird.

Eine Umrechnung der drei verschiedenen REYNOLDS-Zahlen auf eine gemeinsame Basis ist leider nicht möglich, da der Zusammenhang zwischen u_a, u_m und w_{2m} sowie zwischen den kinematischen Zähigkeiten ν und ν_{2m} durch Unkenntnis der Geschwindigkeitsdreiecke und Schaufelabmessungen nicht gegeben ist. Ein Vergleich würde auch die bei den Versuchen vorhandene Turbulenz der Strömung vor den Stufen berücksichtigen müssen. Der Turbulenzgrad ist ja von wesentlichem Einfluß auf das Verhalten des Profilgitters, da die Vorgänge in der Grenzschicht von ihm mitbestimmt werden.

Als Kriterium für den Turbulenzgrad verwendet man in der Praxis meist die kritische REYNOLDS-Zahl der Kugel. Bekanntlich führt der Umschlag laminar-turbulent in der Grenzschicht von Körpern mit relativ stumpfen Abströmseiten zu einer Verschiebung des Ablösungspunktes nach hinten und damit zu einer Verkleinerung des Totwassergebietes. Dieser Effekt hat wiederum eine Verringerung des Widerstandes zur Folge. Bei der Kugel sinkt der Widerstandsbeiwert von $c_w = 0{,}45 \cdots 0{,}48$ auf Werte, die noch unter 0,10 liegen können. Entscheidend ist nun, daß die kritische REYNOLDS-Zahl, also die REYNOLDS-Zahl, bei der der Umschlag erfolgt, stark von der Turbulenz der Strömung beeinflußt wird. Ein starker Turbulenzgrad der äußeren Strömung führt den Umschlag laminar-turbulent in der Grenzschicht schon bei kleineren REYNOLDS-Zahlen herbei. Man wählt deshalb nach PLATT [*87*] zur Kennzeichnung des Turbulenzgrades einen Turbulenzfaktor

$$\text{T.F.} = \frac{Re_{k,\,\text{lam}}}{Re_{k,\,\text{turb}}},$$

der die kritische REYNOLDS-Zahl in laminarer Strömung auf diejenige der jeweils vorliegenden, mehr oder weniger turbulenten Strömung bezieht. Als kritisch definiert man dabei die REYNOLDS-Zahl, bei der der Widerstandsbeiwert der Kugel gerade $c_w = 0{,}3$ wird. Der Zahlenwert von T.F. liegt um so höher, je stärker die Turbulenz der Strömung ist. Die Untersuchung der Turbulenzgrade im Gitterkanal hat ergeben [*16*], daß in einstufigen bzw. in der ersten Stufe von mehrstufigen Axialverdichtern mit T.F. $\approx 1{,}2$ gerechnet werden kann. Dieser Wert steigert sich dann in den folgenden Stufen auf T.F. $\approx 1{,}5 \cdots 3{,}5$. Für die hier interessierende Turbinenströmung muß auf Grund der in der vorgeschalteten Brennkammer erfolgten starken Verwirbelung der Strömung in allen Stufen mit T.F. $\approx 3{,}5$ gerechnet werden.

Sollen nun Versuchsergebnisse verglichen bzw. anderweitig angewendet werden, so rechnet man zweckmäßigerweise alle REYNOLDS-Zahlen der verschiedenen turbulenzbehafteten Strömungen auf die turbulenzlose Strömung um und bezeichnet sie dann als effektive REYNOLDS-Zahlen:

$$Re_{\text{eff}} = \text{T.F.}\, Re\,. \tag{4.45}$$

Die Gleichung bedeutet, daß Re_{eff} und Re im selben Verhältnis zur jeweiligen kritischen REYNOLDS-Zahl der Kugel stehen, nämlich

$$\frac{Re_{\text{eff}}}{Re_{k,\,\text{lam}}} = \frac{Re}{Re_{k\,\text{turb}}}\,.$$

Auf Grund des Vorangehenden können wenigstens qualitativ einige Aussagen über die wirkliche gegenseitige Lage der Knickpunkte A, B und C der drei Kurven in Bild 4.31 hinsichtlich ihrer REYNOLDS-Zahl gemacht werden. Diese Punkte legen den Übergang der laminaren Grenzschicht auf den Schaufeln der Kreiselradstufen in die turbulente fest. Könnten wir die drei Kurven auf die gleiche REYNOLDS-Zahl

$$Re_{\text{eff}} = \text{T.F.}\, \frac{w_{\infty m}\, l_m}{\nu_{\infty\, m}}$$

umrechnen, so würden sich die Punkte B und C der Verdichterkurven auf Grund der nunmehr gleichen Bezugsgeschwindigkeit einander nähern. Der Punkt A der Turbinenkurve würde sich wegen seines wesentlich größeren Turbulenzfaktors trotz der Verringerung der Bezugsgeschwindigkeit von B nach C fort nach rechts verlagern. Hierin kommt zum Ausdruck, daß die beschleunigte Strömung in der Turbine mit ihrem Druckabfall die laminare Grenzschicht stabilisiert und dadurch den Umschlag laminar-turbulent nach größeren REYNOLDS-Zahlen verschiebt. Demgegenüber setzt in der verzögerten Verdichterströmung mit ihrem Druckanstieg der Umschlag der Grenzschicht schon bei wesentlich kleineren REYNOLDS-Zahlen ein.

In diesem Punkte stimmen die ECKERTsche und die CONSTANTsche Kurve also überein. Dagegen unterscheiden sie sich sehr in der Steigung oberhalb der kritischen REYNOLDS-Zahl. Auf alle Fälle ist die Steigung beim Verdichter aber größer als bei der Turbine, was aus der größeren Grenzschichtdicke des divergenten Kanals gegenüber der des konver-

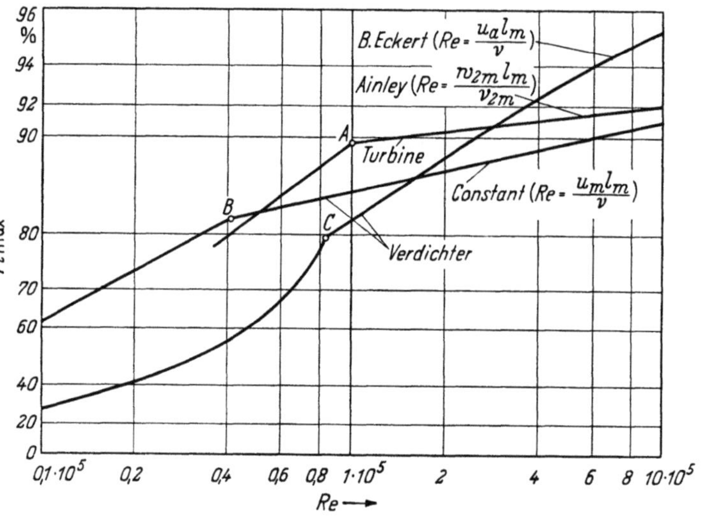

Bild 4.31 Maximale isentrope Wirkungsgrade axialer Kreiselradstufen in Abhängigkeit von der REYNOLDS-Zahl

genten Kanals und der Abnahme der Grenzschichtdicke mit steigender REYNOLDS-Zahl ohne weiteres zu verstehen ist. Immerhin wächst aber auch bei der Turbinenstufe der Maximalwirkungsgrad noch um über 2% an, wenn man Re von 10^5 auf 10^6 steigert. Die Verwirklichung des letzteren Wertes ist also bei einem Turbinenentwurf durchaus erwünscht. Nimmt man an, daß

$$w_\infty = \left|\frac{\mathfrak{w}_1 + \mathfrak{w}_2}{2}\right| \approx 0{,}6\, w_2 \tag{4.46}$$

und $\nu_\infty \approx \nu_2$, so erhält man dann

$$Re = \frac{w_{\infty m} l_m}{\nu_{\infty m}} \approx 0{,}6\, \frac{w_{2m} l_m}{\nu_{2m}} \geqq 0{,}6 \cdot 10^6$$

oder

$$l_m \geqq 6 \cdot 10^5\, \frac{\nu_{\infty m}}{w_{\infty m}}. \tag{4.47}$$

Für die praktische Verwendung dieser Beziehung wurde das Diagramm in Bild 4.32 aufgestellt. Hier ist auf der Abszisse nach rechts die absolute Temperatur $T_{\infty m}$, nach links die minimale Profillänge $l_{m\,\min}$ und auf der Ordinate die kinematische Zähigkeit $\nu_{\infty m}$ aufgetragen. Der rechte Quadrant enthält Parameterkurven $p_{\infty m} = \text{const}$ und der linke solche $w_{\infty m} = \text{const}$. Dabei gibt der Index ∞ immer an, daß es sich um die auf das vektorielle Mittel der Geschwindigkeiten an Ein- und Austritt des Laufrades bezogenen Größen handelt; der Index m ordnet sie dem mittleren Radius zu. Zur Zeichnung der rechten Kurvenschar wurde davon ausgegangen, daß die kinematische Zähigkeit

$$\nu = \frac{\eta}{\varrho} = \frac{\eta R T}{p} = \frac{f(T)}{p}$$

ist, da die dynamische Zähigkeit η in erster Linie von der Temperatur, vom Druck aber nur in vernachlässigbarem Umfange abhängt. Dabei liegt die Funktion

$$\nu_{p=1\,\mathrm{at}} = f(T) \quad \text{mit} \quad 1\ \mathrm{at} = 0{,}981 \cdot 10^5\ \mathrm{N/m^2}$$

— allerdings für Luft — tabelliert vor.

Die Beziehung (4.47) wurde als Laufradbedingung zur Kennzeichnung des Betriebszustandes der gegebenen Turbinenstufe aufgestellt. Beim Neuentwurf der Stufe kann sie natürlich auch auf das Leitrad angewendet werden. An die Stelle der Relativgeschwindigkeit w_∞ tritt dann die Absolutgeschwindigkeit c_∞, und der Index ∞ mittelt nunmehr

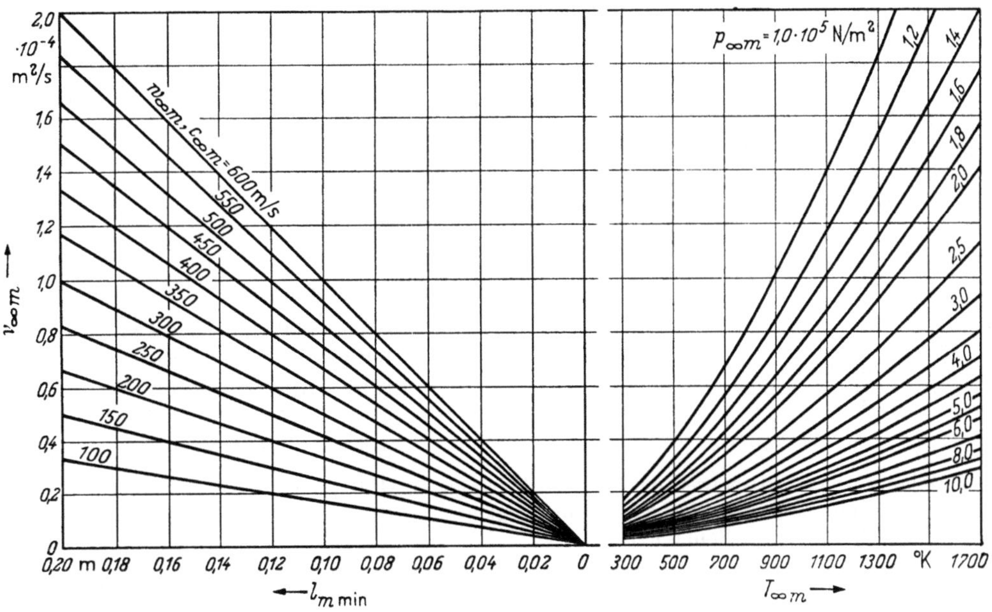

Bild 4.32 Minimale Profillänge der Turbinenschaufel in Abhängigkeit von Temperatur, Druck und Geschwindigkeit des Gases

die Zustandsgrößen an Ein- und Austritt des Leitrades. Man erhält danach z. B. für die zweistufige Turbine eines TL-Triebwerkes Profillängen von mindestens 45 bis 60 mm, wobei die Längen vom ersten Leitrad bis zum zweiten Laufrad allmählich anwachsen. Im Fall der Kleingasturbinen können die Minimallängen auf untragbar niedrige Schaufelseitenverhältnisse h/l führen, die nach Gl. (4.76) zu große Randverluste bewirken. Dann hat man natürlich im Sinne eines Kompromisses zwischen *Re*- und Randeinfluß auf kleinere Werte für l zurückzugehen. Die praktisch verwirklichten Profillängen können jedoch auch erheblich höhere Beträge erreichen. Die Gründe dafür sind zum Teil im Einfluß der Oberflächenrauhigkeit auf die Strömungsverluste in den Schaufelgittern zu suchen.

Für den Widerstand der rauhen Platte, als welche die Schaufel in erster Näherung aufgefaßt werden kann, in turbulenter Strömung liegen Untersuchungen von PRANDTL und SCHLICHTING [*19*] vor, deren Ergebnisse in Bild 4.33 wiedergegeben werden. Da sie auf die Gitterströmung angewendet werden sollen, wurden die ursprünglichen Plattenparameter durch die hier gebräuchlichen Größen ersetzt, wobei der Index m an den Bezeichnungen nunmehr der Einfachheit halber fortgelassen ist. An die Stelle der Plattenlänge ist die Profilsehnenlänge getreten. Man könnte denken, daß bei den verhältnismäßig stark gewölbten Turbinenprofilen vorteilhafter die abgewickelte Skelettlinienlänge zum

Vergleich herangezogen wird. Die dadurch erzielte Verbesserung würde aber im Rahmen der Genauigkeit bleiben, die durch den notwendigen Ersatz der wirklichen Geschwindigkeitsverteilung an der Profiloberfläche durch eine mittlere Geschwindigkeit gegeben ist. Der Näherungscharakter der Darstellung gestattet es auch, diese mittlere Geschwindigkeit als w_∞ durch Gl. (4.46) definiert zu betrachten oder die Reynolds-Zahl einfach auf $(w_1 + w_2)/2$ zu beziehen. In dem Diagramm wurde der Reibungswiderstandsbeiwert c_w für verschiedene relative Wandrauhigkeiten k/l über der Reynolds-Zahl aufgetragen. Dabei ist k die Höhe der Rauhigkeitserhebung. Man kann praktisch drei Bereiche des Rauhigkeitseinflusses unterscheiden, die durch ein verschiedenes Verhältnis von Rauhigkeitshöhe zur Höhe der laminaren Unterschicht in der turbulenten Grenzschicht bestimmt sind.

Im *hydraulisch glatten* Bereich ist dieses Verhältnis kleiner als 1. Die Rauhigkeiten verschwinden ganz in der laminaren Unterschicht. Sie werden gewissermaßen verschmiert, so daß die Oberfläche widerstandsmäßig wie eine glatte wirkt. Der Beiwert c_w ist dann eine reine Funktion der Reynolds-Zahl. Dieser Bereich wird durch die untere Grenzkurve des Bildes 4.33 dargestellt. Das Gebiet der *voll ausgebildeten Rauhigkeitsströmung* ist durch ein Höhenverhältnis größer als 1 gekennzeichnet. Jetzt ragen die Rauhigkeitserhebungen so weit aus der laminaren Unterschicht heraus, daß allein ihr Formwiderstand den Plattenwiderstand bestimmt. Es gilt das rein quadratische Widerstandsgesetz; c_w ist nur eine Funktion der relativen Rauhigkeit k/l. Zwischen den genannten beiden Gebieten befindet sich der *Übergangsbereich*, in welchem die Rauhigkeitserhebungen teils innerhalb der laminaren Unterschicht bleiben, teils in die turbulente Strömung hinausragen. Es gilt ein gemischtes Widerstandsgesetz, in dem c_w gleichzeitig von der Reynolds-Zahl und der relativen Wandrauhigkeit abhängt.

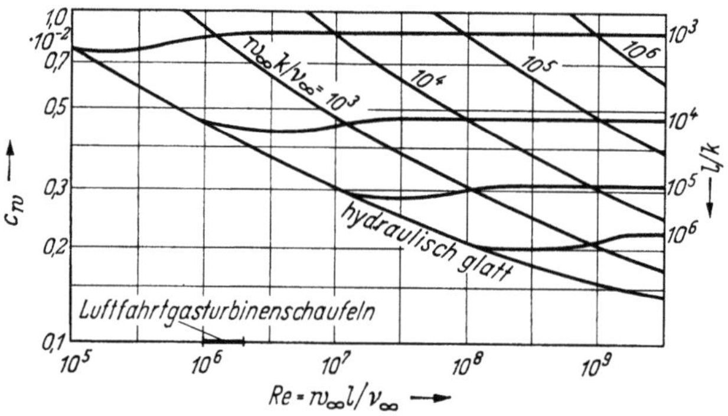

Bild 4.33 Reibungswiderstandsbeiwert der Platte in Abhängigkeit von Reynolds-Zahl und relativer Wandrauhigkeit (nach Prandtl und Schlichting [*19*])

Man ist natürlich bemüht, die relative Rauhigkeit der Schaufeloberflächen so niedrig zu halten, daß man im hydraulisch glatten Bereich liegt. Für die bei Luftfahrtgasturbinen verwendeten Reynolds-Zahlen von $1 \cdot 10^6$ bis $2 \cdot 10^6$ bedeutet das nach Bild 4.33 ein k/l von etwa $10 \cdot 10^{-5}$ bis $5 \cdot 10^{-5}$. Legt man die oben mit $Re = 1 \cdot 10^6$ erhaltenen Profillängen von 45 bis 60 mm für die zugehörige größere relative Rauhigkeit — also $10 \cdot 10^{-5}$ — bzw. ihre doppelten Werte für die nunmehr zugehörige kleinere relative Rauhigkeit — d. h. $5 \cdot 10^{-5}$ — zugrunde, so bekommen wir als zulässige Höhe der Rauhigkeitserhebung in beiden Fällen 0,0045 bis 0,006 mm. Da die Kurve „hydraulisch glatt" zur Schar $w_\infty k/\nu_\infty = \text{const}$ ähnlich verläuft, hängt diese Höhe wie auf den Kurven der Schar nicht von der Profillänge, sondern nur von w_∞ und ν_∞ ab.

Untersuchungen über die zulässigen Rauhigkeitshöhen wurden in dieser allgemeinen Art schon von Schlichting [*20*] durchgeführt. Eine genauere Analyse des Einflusses der Oberflächenrauhigkeit auf die Strömungsverluste lieferte Speidel [*21*], der den Druckgradienten längs der Schaufelkontur in die Betrachtung einbezog. Danach hängt die zulässige Rauhigkeitshöhe an einem Turbinenprofil außer von der Reynolds-Zahl noch von der Geschwindigkeit auf der Schaufelkontur ab und ist (bei gleicher Größenordnung) zahlenmäßig noch kleiner als die hier genannten Werte.

Die zur Erreichung des hydraulisch glatten Zustandes notwendigen Oberflächengüten sind nur schwierig zu verwirklichen. Das wird aus den Zahlenangaben von Sörensen [*22*] klar, der für Dampfturbinenschaufeln in verschiedenen Zuständen u. a. folgende Größen der Rauhigkeitserhebung angab:

neu, poliert . . . . $k = 0{,}001$ mm,
neu, geschliffen . . $k = 0{,}002$ mm,
neu, gefräst . . . . $k = 0{,}022$ mm,
stark angerostet . . $k = 0{,}058$ mm.

Die polierten und geschliffenen Schaufeln liegen zwar im Bereich der geforderten Werte; durch Schlagwirkung der Wassertropfen und Rostansatz — letzterer heute durch Verwendung rostfreien Stahls weitgehend vermieden — kann aber bald ein hohes Vielfaches der ursprünglichen Rauhigkeitserhebung erreicht werden. Gasturbinenbeschaufelungen sind in einer ähnlichen Lage. Diese werden durch mechanische Erosion und Ablagerung von Verbrennungsrückständen im allgemeinen ebenfalls im Betrieb bald rauh, so daß die relativen Rauhigkeiten k/l nach wesentlich größeren Werten verlagert werden. Der Vorgang verläuft um so schneller, je höher die Oberflächengüte zu Anfang des Betriebes ist. Hier liegt man um so günstiger, je größer die Profillänge, also die Schaufelbreite, gewählt war. Man befindet sich nach einer gewissen Einsatzzeit zwar nicht mehr auf der Kurve des hydraulisch glatten Zustandes, wohl aber auf einer der unteren Kurven $l/k = \text{const}$.

Aber auch wenn man von vornherein noch im Bereich der voll ausgebildeten Rauhigkeitsströmung liegt, ist es vorteilhaft, eine möglichst große Profillänge und damit eine möglichst große REYNOLDS-Zahl zu wählen. Variiert man nämlich bei festgehaltenen Strömungsverhältnissen und gleichbleibender Oberflächengüte die Länge l, so bewegt man sich in Bild 4.33 entlang einer Kurve $w_\infty k/\nu_\infty = \text{const}$. Diese Parameterkurven haben eine nach rechts monoton fallende Tendenz, so daß größeres l stets auch zu kleineren Verlustbeiwerten führt.

Der bisher betrachtete Reibungswiderstand stellt nun nur einen Teil der in einem Axialgitter auftretenden Verluste dar. Hinsichtlich der übrigen Verlustanteile ist der Vorteil einer vergrößerten Schaufelbreite bzw. verkleinerten Schaufelzahl bei sonst gegebenem Gitter nicht ganz so eindeutig. Zwar verringert sich auf alle Fälle der Austrittsstoßverlust nach Gl. (4.71), also der Verlust infolge der plötzlichen Kanalerweiterung bei Austritt des Gases aus dem Schaufelgitter, wenn unabhängig von der Schaufelzahl die Hinterkantendicke s des Profils (gemessen in Umfangsrichtung) auf dem gleichen, mechanisch möglichen Kleinstwert gehalten wird. Es wächst dabei der die Querschnittserweiterung kennzeichnende Wert $\xi = (t - s)/t$ an, und die Verlusthöhe h_{ast} wird kleiner.

Andererseits nimmt aber nach Gl. (4.76) der Randverlust, verursacht durch die mit der endlichen Schaufelhöhe verbundene Sekundärströmung, offensichtlich zu. Der Geschwindigkeitsbeiwert $\hat{\varphi}$ der ebenen Strömung ist wegen der vorausgesetzten Ähnlichkeit der Gitter konstant; desgleichen ist die Schaufelhöhe h als unveränderlich zu betrachten. Somit wirkt allein die wachsende Profillänge l auf den Verlust ein, was in einer Verringerung der mittleren Geschwindigkeitszahl $\bar{\varphi}$ zum Ausdruck kommt.

Ist hier die Überlegenheit der breiteren Schaufel nicht ganz so überzeugend, so sprechen für ein Überschreiten des berechneten Minimalwertes von l noch praktisch-konstruktive und fertigungstechnische Gründe. Die größeren Abmessungen gestatten dem Konstrukteur eine günstigere Gestaltung der Profilnase. Ihr Radius soll einen gewissen Wert nicht unterschreiten, um mechanisch widerstandsfähig und strömungstechnisch stoßunempfindlich zu sein, soll aber dennoch allmählich in die Profilkontur übergehen, um eine gute Druckverteilung auf dieser zu liefern (s. Abschn. 5.22). Bei gegebener Hinterkantendicke läßt sich eine bessere Verjüngung des Profilendes verwirklichen und so der Austrittsverlust verringern (vgl. Bild 4.59). Der kleinste Krümmungsradius der Bauchseite kann so groß gehalten werden, daß die Herstellung dieser Kontur mit Hilfe eines Walzenfräsers möglich ist. Der Fertigung ist es im übrigen bei größeren Abmessungen leichter möglich, die gewünschte Profilform einzuhalten; die zulässigen Toleranzen können erhöht werden. Durch den natürlichen Verschleiß der Oberfläche im Betrieb wird die Profilform dann außerdem weniger beeinflußt. Schließlich gestaltet sich die Herstellung der Turbine bei geringerer Schaufelzahl billiger. Natürlich wird man auch bei Berücksichtigung dieser Umstände die Schaufelbreite nicht unbegrenzt wachsen lassen, da das Gewicht der Turbine dabei zunimmt.

Hat man nun auf Grund der obigen Überlegungen die Profillänge eines Gitters festgelegt, so sind damit die Absolutwerte von Gitterbreite und -teilung bestimmt. Dasjenige Gitter ist — um auf Bild 4.30 zurückzukommen — das richtige, dessen Breite b bzw. Teilung t auf die verlangte Profillänge l führt. Natürlich muß sich dabei für die Schaufelzahl

$$z_{\mathrm{Sch}} = \frac{2\pi r}{t}$$

eine ganze Zahl ergeben. Unter Umständen kommen sogar nur ganz bestimmte Zahlen in Frage, wenn nämlich gewisse Erregungsmöglichkeiten für Schaufelschwingungen in benachbarten, sich relativ zum ersten bewegenden Gittern ausgeschaltet werden sollen. Diese Gesichtspunkte sind schon bei der Auswahl von l laufend im Auge zu behalten.

Mit der Bestimmung der axialen Breiten b der Schaufelgitter ist der Turbinenkanal praktisch festgelegt. Es sind lediglich noch die Größen Δ der Axialspalte zwischen den einzelnen Leit- und Laufrädern in Rechnung zu stellen. Für jedes Paar benachbarter Gitter wird mindestens der Betrag $\Delta/l = 0{,}10 \cdots 0{,}25$ in Frage kommen, wenn l die Profillänge der Schaufeln im stromaufwärts liegenden Gitter bezeichnet. An sich existiert für den Axialspalt ein Optimalwert, bei dem der Turbinenwirkungsgrad unter sonst gleichen Verhältnissen ein Maximum erreicht.

4.17 Einfluß des Axialspaltes auf den Turbinenwirkungsgrad

Die Wirkung des Spaltes zwischen zwei benachbarten Gittern einer mehrstufigen Turbine, von denen das eine ruht und das andere rotiert, auf die Gasströmung ist mannigfaltiger Art. Soweit Untersuchungen hierüber vorliegen, beziehen sie sich auf den Fall, daß sich das ruhende Gitter vor dem Spalt befindet, also auf den Spalt innerhalb einer einstufigen Turbine. Dieser Fall möge hier ebenfalls vorausgesetzt werden, indem an-

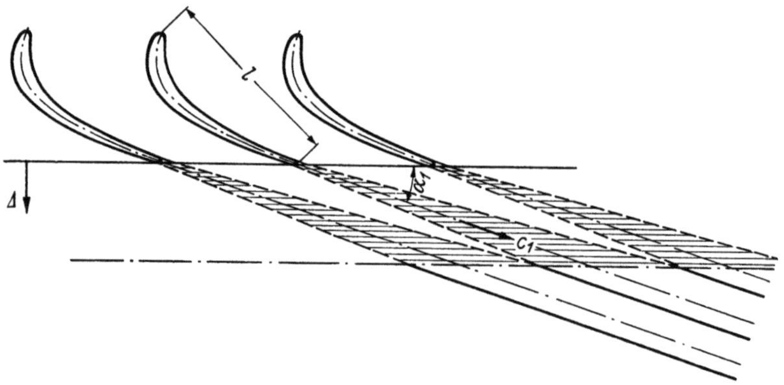

Bild 4.34 Schema der Nachlaufströmung hinter einem Leitgitter

genommen wird, daß die daran gewonnenen Erkenntnisse auch für den praktisch gleich wichtigen Spalt zwischen je zwei Stufen einer mehrstufigen Turbine Gültigkeit haben, wo nunmehr das ruhende Gitter hinter dem umlaufenden liegt.

Die Strömung im Spalt ist dadurch gekennzeichnet, daß von den Hinterkanten der Schaufeln des Leitgitters Gebiete verminderter Geschwindigkeit ausgehen, die sich stromabwärts auf Kosten der Kerne gesunder Strömung verbreitern, bis diese ganz verschwunden sind (s. Bild 4.34). Dabei findet ein allmählicher Ausgleich der Geschwindigkeiten und Drücke in den Nachläufen und Kernströmungen statt. Man erkennt das aus den im folgenden wiedergegebenen Messungen von SOLOCHINA [23].

Die Messungen wurden an einer nach dem Gesetz $c_u r = \text{const}$ ausgelegten einstufigen Modellturbine von 340 mm Außen- und 245,6 mm Innendurchmesser des Leitrades ausgeführt. Der Leitschaufelwinkel α_1 betrug auf dem mittleren Radius 24° 30′, die Reaktion 0,35. Bei allen Versuchen wurde eine Temperatur T_0^* vor Turbine von 352 °K und eine Drehzahl $n = 183\ \text{s}^{-1}$ eingehalten. Der Axialspalt — gemessen von Austrittsebene des Leitgitters bis Eintrittsebene des Laufgitters — konnte von 2,5 bis 36 mm variiert werden. Bei einer Sehnenlänge des Leitradprofils von 46 mm bedeutet das für Δ/l einen Bereich von 0,054 bis 0,782. Die Meßsonden befanden sich bei allen vorkommenden Spaltbreiten 5 mm vor dem Laufrad, so daß der Abstand der Meßebenen von der Austrittsebene des Leitrades immer 5 mm kleiner ist als die angegebenen Spaltbreiten Δ.

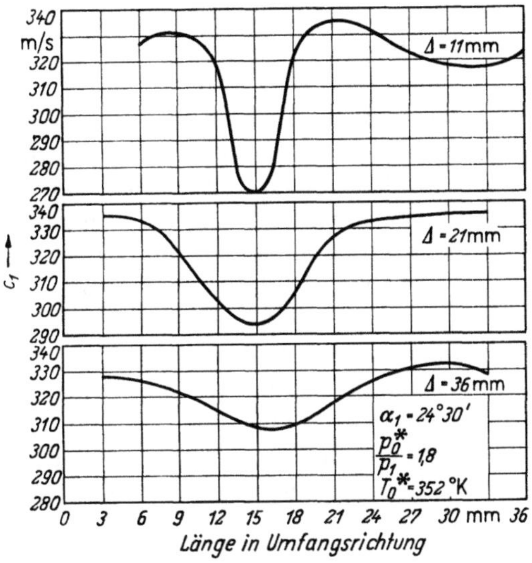

Bild 4.35 Veränderlichkeit der Geschwindigkeit c_1 vor dem Laufrad bei verschiedenen Spaltweiten (nach SOLOCHINA [23])

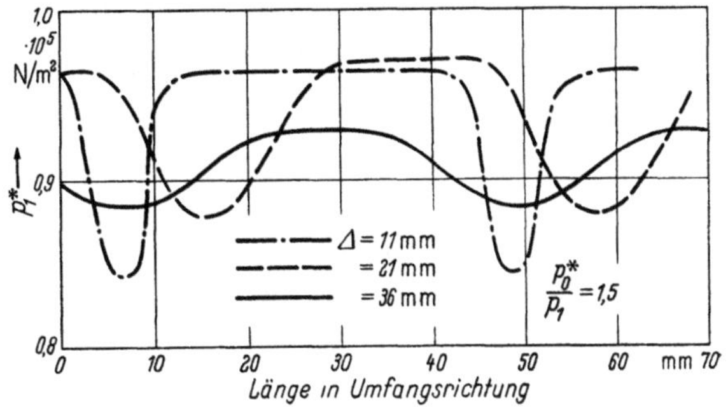

Bild 4.36 Veränderlichkeit des Gesamtdruckes p_1^* vor dem Laufrad bei verschiedenen Spaltweiten (nach SOLOCHINA [23])

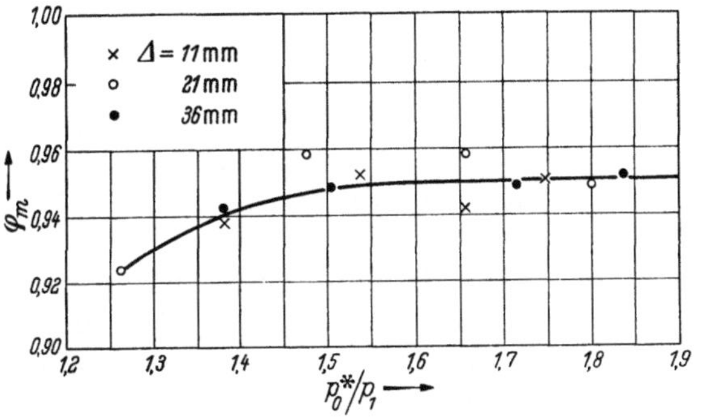

Bild 4.37 Änderung der Geschwindigkeitszahl φ_m in Abhängigkeit vom Druckverhältnis p_0^*/p_1 bei verschiedenen Spaltbreiten (nach SOLOCHINA [23])

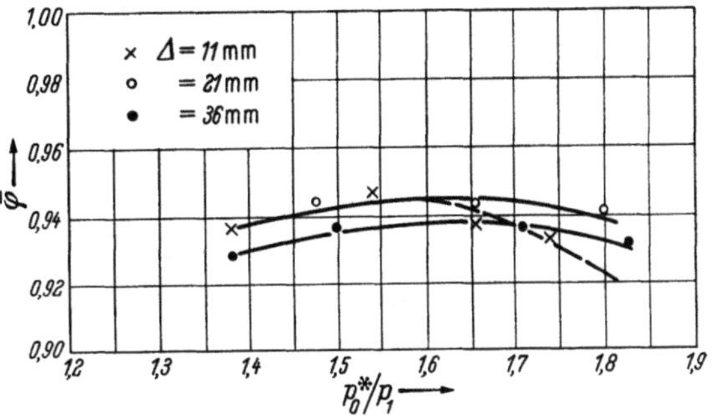

Bild 4.38 Änderung der Geschwindigkeitszahl $\bar{\varphi}$ in Abhängigkeit vom Druckverhältnis p_0^*/p_1 bei verschiedenen Spaltbreiten (nach SOLOCHINA [23])

Zunächst zeigt Bild 4.35 die Verteilung der unter dem Winkel α_1 liegenden Geschwindigkeit c_1 längs des Umfanges für die Spaltbreiten 11, 21 und 36 mm. Die Messung erfolgte auf dem mittleren Radius des Kanals. Man erkennt den durch die Schräglage der Nachläufe bewirkten verhältnismäßig schnellen Ausgleich der Geschwindigkeiten in axialer Richtung. Das gleiche gilt für die Gesamtdrücke p_1^*, die — für ein kleineres Druckverhältnis p_0^*/p_1 als in der vorangehenden Darstellung — in Bild 4.36 über dem Umfang aufgetragen sind. Bei der größten Spaltbreite hat offenbar der Zusammenschluß benachbarter Nachläufe bereits stattgefunden, und der Gesamtdruck der Kernströmung ist abgesunken.

Auf Grund der gemessenen Strömungsparameter war es möglich, die Geschwindigkeitszahlen φ_m des Leitapparates auf dem mittleren Radius zu bestimmen. Sie sind in Bild 4.37 für die drei verschiedenen Axialspalte über dem Druckverhältnis p_0^*/p_1 des Gitters dargestellt. Die Geschwindigkeitszahl wird danach mit fallendem Druckverhältnis niedriger, der Reibungsverlust der Strömung also anteilmäßig größer. Die Erklärung ist vermutlich darin zu suchen, daß sich mit abnehmendem Druckverhältnis die mittlere Geschwindigkeit und damit die REYNOLDS-Zahl verringert. Wir müssen aber feststellen, daß φ_m im Rahmen der Meßgenauigkeit nicht von der Spaltbreite abhängt. Das ist anders für die längs der Schaufelhöhe über die Gesamtenergie gemittelte, also für den ganzen Leitapparat geltende Geschwindigkeitszahl $\bar{\varphi}$, welche in gleicher Weise wie φ_m in Bild 4.38 aufgetragen ist. Hier nimmt die Geschwindigkeitszahl im ganzen Bereich der Druckverhältnisse mit wachsender Spaltbreite ab; diese Verschlechterung ist durch die Reibung an der inneren und äußeren Kanalwand bedingt, welche die dortigen φ-Werte mit zunehmendem Spalt durch wachsende Zusatzverluste belastet. Das Diagramm läßt auch noch eine Abnahme der mittleren Geschwindigkeitszahl — besonders bei kleinem Axialspalt — mit zunehmendem Druckgefälle erkennen. Hier kommt eine Rückwirkung des rotierenden Laufrades auf die aus dem Leitapparat austretende Strömung zum Ausdruck.

Die geschilderten Messungen zeigen, daß beste Geschwindigkeitszahlen des Leitapparates bei verhältnismäßig kleinem Spalt erreicht werden, wobei jedoch eine gewisse Grenze mit Rücksicht auf die Rückwirkung des Laufrades nicht unterschritten werden darf. Nun setzen sich aber die Gesamtverluste der Turbine aus denen des Leitrades und des Laufrades zusammen. Wie steht es also mit letzterem?

Infolge der nach Bild 4.35 in Umfangsrichtung periodisch wechselnden Geschwindigkeit vor dem Laufrad ändert sich während der Drehung des Rades fortgesetzt die Relativanströmung der Schaufeln nach Größe und Richtung. Diese Änderung hat eine periodische Schwankung der Zirkulation um die einzelne Schaufel und damit entsprechend dem THOMSONschen Wirbelsatz eine laufende Ablösung von Wirbeln mit entgegengesetzt schwankender Zirkulation von der Schaufelhinterkante zur Folge. Mit diesen Wirbeln wird der Strömung kinetische Energie entzogen, die sich durch Reibung in Wärme umsetzt. Die Geschwindigkeitsschwankung hinter dem Leitrad hat also einen induzierten Verlust im Laufrad zur Folge. Dieser Verlust wurde von KELLER [*24*] abgeschätzt.

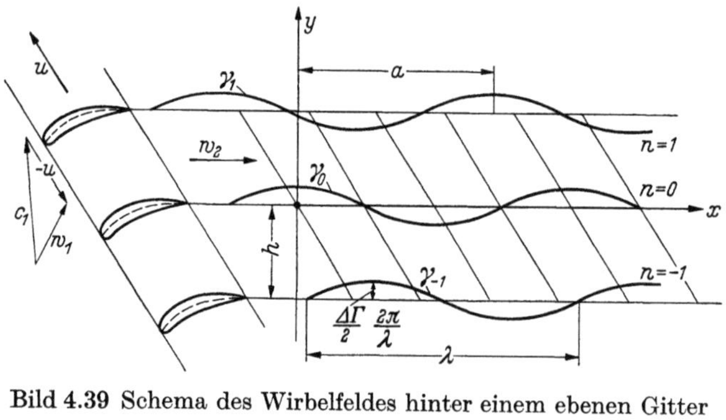

Bild 4.39 Schema des Wirbelfeldes hinter einem ebenen Gitter

Die Rechnung war dahingehend idealisiert, daß die Schaufeln unendlich lang und die Strömung reibungsfrei angenommen wurde. Es wurde also vorausgesetzt, daß es sich um Schaufeln handelt, deren Höhe groß gegenüber der Profilsehnenlänge ist. Die reibungsfreie Behandlung war dadurch gerechtfertigt, daß ja nur die kinetischen Energieverluste durch die abgehenden Wirbel ermittelt werden sollten, während ihr späteres Schicksal hierbei nicht interessiert. Wir haben damit ein Problem der zweidimensionalen Potentialströmung vor uns.

Berechnet wurde zunächst das Geschwindigkeitsfeld der durch die Wirbel erzeugten Sekundärströmung, wie sie sich dem mit den Wirbeln mitbewegten Beobachter darbietet. Dabei war vorausgesetzt, daß der Weg der Wirbel geradlinig verläuft (s. Bild 4.39), daß also die Störungsgeschwindigkeiten klein gegenüber der Hauptgeschwindigkeit w_2 sind.

Das bedeutet schwache Belastung der Schaufeln. Weiter sollte die Schwankung der Wirbelstärke in der Spur jeder Schaufel sinusförmig sein.

Diese Bedingungen werden durch die Potentialfunktion

$$\Phi = \sum_{n=-\infty}^{\infty} \Phi_n$$

erfüllt, wobei das einzelne Reihenglied

$$\Phi_n = \frac{y - nh}{|y - nh|} \frac{\Delta \Gamma}{4} \sin \frac{2\pi(x - na)}{\lambda} e^{-2\pi|y-nh|/\lambda} \tag{4.48}$$

das Potential der n-ten Wirbelreihe, gezählt von der den Koordinatenursprung tragenden Wirbelreihe mit $n = 0$ aus, darstellt. Das Koordinatensystem ist so gelegt, daß die x-Achse mit der Wirbelreihe zusammenfällt und in Richtung der Geschwindigkeit w_2 zeigt, während die y-Achse dazu senkrecht steht. Der Ursprung des Systems liegt an einer Stelle, wo die Wirbelstärke gerade ein Maximum hat. $\Delta \Gamma$ stellt den Unterschied zwischen der maximalen und der minimalen Zirkulation am Profil dar, ist somit der doppelte Betrag der Schwankungsamplitude. Mit a wurde die Phasenverschiebung zweier benachbarter Wirbelreihen, mit h ihr Abstand und mit λ die einer Schwankungsperiode entsprechende Wellenlänge bezeichnet.

Wie KELLER zeigte, erfüllt die Funktion (4.48) die LAPLACEsche Differentialgleichung und liefert die Wirbelstärke in der gewünschten Form, nämlich

$$\gamma_n = \frac{d\Gamma_n}{dx} = 2 \lim_{\varepsilon \to +0} \left(\frac{\partial \Phi_n}{\partial x}\right)_{y=nh+\varepsilon} = \frac{\Delta \Gamma}{2} \frac{2\pi}{\lambda} \cos \frac{2\pi(x - na)}{\lambda}.$$

Damit ist es möglich, auf Grund des GREENschen Satzes die kinetische Energie zu berechnen, die in den abgehenden Wirbeln enthalten ist. Sie beträgt für ein bestimmtes Gebiet des Wirbelfeldes je Längeneinheit senkrecht zur Bildebene

$$E = -\frac{\varrho}{2} \oint \Phi \frac{\partial \Phi}{\partial n} dx,$$

wobei die Integration über die ganze Begrenzung des betrachteten Gebietes zu erstrecken ist. $\partial\Phi/\partial n$ stellt die Geschwindigkeit normal zur Begrenzung dar.

Setzt man die gesamte kinetische Energie $\dot{E}_{\text{ges}}$, die in der Zeiteinheit vom Wirbelfeld fortgetragen wird, ins Verhältnis zur mittleren Umfangsleistung $\frac{d\dot{m}}{dr} h_u^*$ des Laufrades, so erhält man im Endergebnis

$$\zeta_{\Delta\Gamma} = 1 - \eta_{\Delta\Gamma} = \frac{\dot{E}_{\text{ges}}}{\frac{d\dot{m}}{dr} h_u^*} = \frac{z_{\text{Lei}}}{z_{\text{Lau}}} \left(\frac{\Delta\Gamma}{\Gamma}\right)^2 \frac{\Delta c_u}{c_m} \frac{\pi}{16} F,$$

wo der Faktor

$$F = 1 + 2 \frac{e^{-2\pi h/\lambda} \cos\left(2\pi \frac{a}{\lambda}\right) - e^{-4\pi h/\lambda}}{1 - 2e^{-2\pi h/\lambda} \cos\left(2\pi \frac{a}{\lambda}\right) + e^{-4\pi h/\lambda}}$$

durch den Charakter des Wirbelfeldes bestimmt ist. Dabei bedeuten z_{Lei} und z_{Lau} die Schaufelzahlen des Leit- und Laufrades, Γ die mittlere Laufschaufelzirkulation, Δc_u und c_m die Änderung der Umfangskomponente der Absolutgeschwindigkeit und die Meridiangeschwindigkeit im Laufrad. Die Verlustzahl $\zeta_{\Delta\Gamma}$ ist einem Wirkungsgrad $\eta_{\Delta\Gamma}$ äquivalent, der als Gleichmäßigkeitswirkungsgrad hinsichtlich der Laufradanströmung bezeichnet werden könnte. Mit ihm ist der innere isentrope Wirkungsgrad η_i noch zu multiplizieren, um auf den Gesamtwirkungsgrad $\eta_{i\Delta\Gamma}$ der Stufe zu kommen:

$$\eta_{i\Delta\Gamma} = \eta_i \eta_{\Delta\Gamma}.$$

Die Verlustzahl kann einige Zehntelprozent erreichen. Im allgemeinen verzichtet man aber darauf, sie zu berechnen, und berücksichtigt den Ungleichförmigkeitsverlust in einer entsprechend verminderten Geschwindigkeitszahl ψ des Laufrades. Es kam uns hier nur darauf an, zu zeigen, daß dieser Verlust proportional dem Quadrat der Schwankungsamplitude der Zirkulation ist:

$$\zeta_{\Delta\Gamma} \sim (\Delta\Gamma)^2. \tag{4.49}$$

Bestimmt man die Zirkulation um eine Laufschaufel als Linienintegral der Geschwindigkeit längs einer die Schaufel umgebenden Begrenzung, die aus zwei um eine Schaufelteilung gegeneinander versetzten Stromlinien und aus zwei Geradenstücken von der Länge t parallel zur Gitterebene besteht, so ergibt sich bekanntlich

$$\Gamma = (c_{1u} - c_{2u})t.$$

Die Schwankung der Zirkulation als Folge der Schwankung von c_1 bei Durchschreiten des Nachlaufes einer Leitschaufel ist demnach

$$\Delta\Gamma = t\,\Delta(c_{1u} - c_{2u}).$$

Die Veränderung der Geschwindigkeitsdreiecke bei Übergang von der Absolutgeschwindigkeit c_1 etwa auf einen kleineren Wert c_1' wird aus Bild 4.40 ersichtlich. Infolge der Verkleinerung der Relativgeschwindigkeit von w_1 auf w_1' und wegen des damit verbundenen Eintrittsstoßes der Strömung an der Vorderkante der Laufschaufel nimmt auch

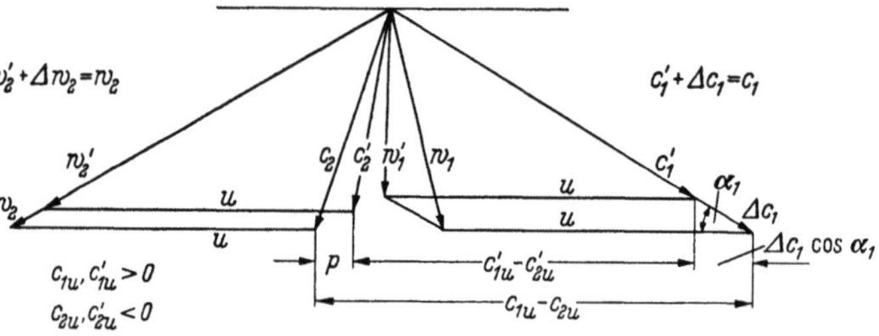

Bild 4.40 Änderung der Geschwindigkeitsdreiecke durch die Nachlaufdelle einer Leitschaufel

die relative Austrittsgeschwindigkeit der Laufschaufel von w_2 auf w_2' ab. Vor allem verändert sich aber die Differenz der Umfangskomponenten der Absolutgeschwindigkeiten.

Mit den Bezeichnungen von Bild 4.40 können wir schreiben

$$\Delta\Gamma = t[(c_{1u} - c_{2u}) - (c_{1u}' - c_{2u}')] = t(p + \Delta c_1 \cos\alpha_1).$$

Bei kleineren Änderungen von c_1 — sie erreichen nach Bild 4.35 für den engsten Axialspalt maximal 18% — darf p in der Form $p = p_0 \Delta c_1$ proportional zu Δc_1 angesetzt werden. Dann wird

$$\Delta\Gamma = t(p_0 + \cos\alpha_1)\,\Delta c_1,$$

und wir sehen durch Einsetzen dieses Ausdruckes in Gl. (4.49), daß die Verlustziffer mit dem Quadrat der Geschwindigkeitsschwankung wächst:

$$\zeta_{\Delta\Gamma} \sim (\Delta c_1)^2.$$

Wenden wir das erhaltene Ergebnis auf die Bedingungen des Bildes 4.35 an, so nimmt der durch das Leitrad verursachte Laufradverlust bei Vergrößerung des Spaltes von 11 auf 36 mm im Verhältnis 9 : 1 ab. Für den Laufradverlust ist also im Gegensatz zum Leitradverlust (unter Einschluß des Wandverlustes im Spalt) eine Zunahme der Breite des Axialspaltes wünschenswert. Diese gegenläufige Wirkung hat zur Folge, daß es für die Turbinenstufe eine optimale Spaltbreite gibt. Sie wurde von SOLOCHINA für die gleiche nach dem Gesetz $c_u r = \text{const}$ ausgelegte Turbine, an der auch die bereits geschilderten Spaltuntersuchungen durchgeführt wurden, experimentell bestimmt [25].

Das gewonnene Ergebnis zeigt Bild 4.41. Hier ist die durch die Wasserbremse abgenommene Leistung, bezogen auf die dem Druckverhältnis p_0^*/p_2^* entsprechende isentrope Leistung, also praktisch das Produkt unseres inneren isentropen Wirkungsgrades η_i mit dem die Verluste in der Lagerung berücksichtigenden mechanischen Wirkungsgrad η_M, über der Spaltbreite aufgetragen. Die Spaltbreite wurde in Millimetern und in Bruchteilen der Sehnenlänge des Leitschaufelprofiles angegeben. Wir sehen mehrere Kurven mit dem Parameter p_0^*/p_2, wobei der Gesamtdruck vor Turbine nunmehr auf den statischen Enddruck bezogen ist.

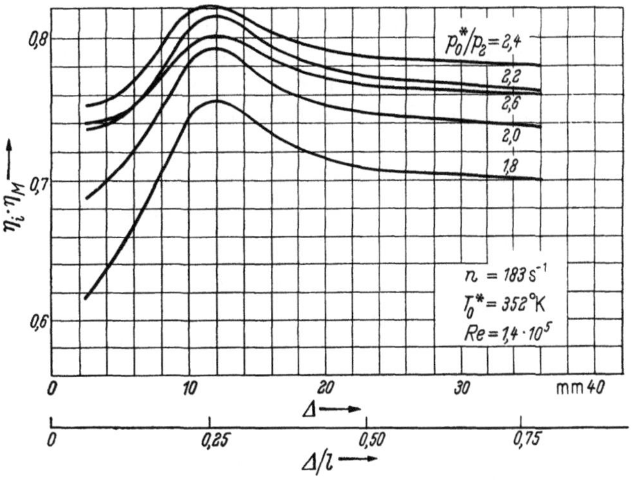

Bild 4.41 Änderung des Turbinenwirkungsgrades in Abhängigkeit vom Axialspalt für verschiedene Druckgefälle (nach SOLOCHINA [25])

Da die Drehzahl bei den Versuchen konstant gehalten wurde, kann η_M als unveränderlich betrachtet werden, und die Kurven geben die Veränderung von η_i wieder. Der innere isentrope Wirkungsgrad steigt für alle Turbinenbelastungen zunächst schnell an, erreicht ein Maximum bei $\Delta/l = 0{,}25$ und fällt dann wieder ab. — Ein ähnliches Bild ergab sich für eine andere Turbine, die nach dem Gesetz $\alpha_1 = \text{const}$ ausgelegt war; hier ist aber das Kurvenmaximum weiter nach rechts zu $\Delta/l = 0{,}3$ verschoben.

Möglicherweise beeinflußt die etwas niedrige REYNOLDS-Zahl von $1{,}4 \cdot 10^5$ das Meßergebnis. Auf alle Fälle ist aber der Einfluß der axialen Spaltbreite auf den Turbinenwirkungsgrad recht ausgeprägt. Was hier für den Spalt vor dem Laufrad festgestellt wurde, gilt natürlich prinzipiell auch für denjenigen hinter dem Laufrad bei mehrstufigen Turbinen. Eine Verwirklichung der obigen relativen Spaltbreiten von 0,25 bis 0,3 führt allerdings auf eine merkliche Verlängerung und damit Gewichtsvergrößerung der Turbine. Infolgedessen blieb man bisher in praktischen Fällen bei den am Ende von Abschn. 4.16 genannten kleineren Werten, zumal der Einfluß der REYNOLDS-Zahl noch nicht geklärt ist.

4.18 Durchführung der Mittelschnittrechnung

In den vorhergehenden Abschnitten des Kap. 4.1 haben wir alle wichtigen Umstände behandelt, die bei der Festlegung der Hauptabmessungen der Turbine mit optimalem Wirkungsgrad zu beachten sind. Es bleibt uns nun noch die Aufgabe, den Ablauf des Rechnungsganges selbst in einer möglichen Variante zu schildern.

Die Ausgangswerte für die Berechnung der Turbine sind uns durch die thermodynamische Vorausberechnung des Kreisprozesses des Triebwerkes gegeben. Bekannt sind demnach der Gesamtzustand ($T_{0'}^*$; $p_{0'}^*$) vor der Turbine, das geforderte Turbinengefälle H_i^*

und die sekundliche Masse $\dot{m}$ des Gasdurchsatzes. Damit ist auch die Gesamttemperatur T_{2z}^* hinter der Turbine festgelegt. Um bei der thermodynamischen Berechnung des Triebwerkes das Schubdüsengefälle zu bestimmen, ist noch die Kenntnis des Enddruckes p_{2z}^* der Turbine erforderlich. Aus diesem Grunde wird der Turbinenwirkungsgrad — am besten in der Form η_{iT} — an Hand der bisher erreichten Wirkungsgrade ausgeführter Turbinen geschätzt. Wir erhalten somit das isentrope Gesamtgefälle $H_s^* = H_i^*/\eta_{iT}$ der Turbine. Dadurch ist der Gesamtenddruck p_{2z}^* hinter der Turbine vorerst bestimmt. Wir können ihn für den ersten Entwurf verwenden; exakt ergibt er sich erst nach Bestätigung der Richtigkeit des geschätzten Wirkungsgrades am Ende der Mittelschnittrechnung. Außer den obigen Größen ist uns die Turbinendrehzahl gegeben, die weitgehend auf die Bedingungen einer optimalen Verdichterauslegung Rücksicht nimmt.

Mit Hilfe dieser Werte werden wir zunächst einen Entwurf des Kanalstraks vornehmen. Sie werden — soweit notwendig — durch weitere geschätzte Werte ergänzt, da erfahrungsgemäß der erste Entwurf sowieso verbesserungsbedürftig ist. Das erhaltene Ergebnis können wir mit den in Kap. 4.1 gesammelten Erkenntnissen daraufhin prüfen, welche Änderungen getroffen werden müssen, um in einem weiteren Entwurf zur Optimallösung zu kommen.

Wir beginnen die Aufgabe mit der Bestimmung der Eintrittsfläche F_{0I} der Turbine. Nach den im Abschn. 4.15 dargelegten Gesichtspunkten schätzen wir die axiale Eintrittsgeschwindigkeit c_{0I}, errechnen die ihr entsprechende spezifische kinetische Energie $c_{0I}^2/2$ und tragen diesen Wert im i,s-Diagramm auf der Isentropen vom Punkt $(T_{0I}^*; p_{0I}^*)$ nach unten ab. Wir erhalten damit den statischen Zustand vor der Turbine. Neben dem Druck p_{0I} und der Temperatur T_{0I} ergibt sich auch das spezifische Volumen v_{0I}, so daß wir die Fläche

$$F_{0I} = \frac{\dot{m} v_{0I}}{c_{0I}}$$

bestimmen können. Mit der Festlegung einer Umfangsgeschwindigkeit u_{fI} am flächenhalbierenden Radius r_{fI} nach Abschn. 4.14 und der aus der Drehzahl ermittelten Winkelgeschwindigkeit ω berechnen wir dann den Außenradius

$$r_{0aI} = \sqrt{\frac{F_{0I}}{2\pi} + \frac{u_{fI}^2}{\omega^2}}$$

und den Innenradius vor der Turbine

$$r_{0iI} = \sqrt{r_{0aI}^2 - \frac{F_{0I}}{\pi}}.$$

In analoger Weise nehmen wir die Austrittsgeschwindigkeit c_{2z} aus der Turbine an und bestimmen die Austrittsfläche F_{2z} mit den dazugehörigen Radien r_{2az} und r_{2iz}. Hierbei setzen wir $c_{2z} = c_{2az}$, da drallfreier Austritt der Strömung aus der Turbine angestrebt wird. Hingewiesen sei ferner auf die Tatsache, daß durch die Temperaturabsenkung längs der Turbine festigkeitsmäßig oft eine größere Umfangsgeschwindigkeit u_{fz} am mittleren Radius r_{fz} des letzten Laufrades zugelassen werden kann als in der ersten Turbinenstufe.

Das bis jetzt gewonnene Ergebnis kann nunmehr einer ersten Kritik unterzogen werden. Zunächst müssen die Innen- und Außenradien so zueinander liegen, daß sie sich voraussichtlich dem Gesamtstrak des Triebwerkes anpassen. Diese Beurteilung erfordert von uns die Festlegung der Stufenzahl nach Abschn. 4.14 und Gl. (4.33), die Schätzung der Gitterbreiten nach Abschn. 4.16 und die Wahl der Axialspalte nach Abschn. 4.17. Das für die Bestimmung der Stufenzahl erforderliche mittlere isentrope Stufengefälle $h_s^* = c_{0s}^{*2}/2$ entnehmen wir über $c_{0s}'^*$ für optimale Verhältnisse mit der bereits gewählten Umfangsgeschwindigkeit aus Bild 4.5. Für den Wärmerückgewinnfaktor α nehmen wir einen mittleren Wert an. Diese Unterlagen gestatten uns dann nach Abschn. 4.15 den groben Entwurf des Turbinenkanals.

Vor Ermittlung weiterer Turbinenparameter haben wir die Rechenebenen im Kanal festzulegen. Zweckmäßigerweise führen wir die Endzustandsbetrachtung eines Gitters in der Eintrittsebene des nachfolgenden Gitters durch, d. h. wir sehen etwa die Austrittsgeschwindigkeit c_1 eines Leitschaufelgitters als in der Eintrittsebene des anschließenden Laufschaufelgitters vorhanden an. Die Kontinuitätsgleichung liefert dann erfahrungsgemäß einen zuverlässigen Wert für die Kanalringfläche in dieser Ebene, ohne daß man die endliche Hinterkantendicke der vorangehenden Schaufeln zu berücksichtigen braucht. Man kann flächenmäßig mit einem Verengungsfaktor (s. Abschn. 4.232.12) im Wert $\xi = 1$ rechnen. Wir stellen uns dabei vor, daß die Hinterkanten der Profile bis zum folgenden Gittereintritt auf die Dicke Null auslaufen.

Als Nächstes werden wir das Gesamtgefälle unterschiedlich auf die festgelegte Stufenzahl verteilen. Die dazu dargelegten Gesichtspunkte finden wir im Abschn. 4.15. Das isentrope Gefälle der Stufe wird damit

$$h_s^* = a(1 + \alpha)\, H_s^*,$$

wobei der Faktor a den prozentualen Anteil am isentropen Gesamtgefälle darstellt.

Um nun die Geschwindigkeiten an den Gittern an Hand der auf die Leit- und Laufräder aufgeteilten Stufengefälle bestimmen zu können, müssen wir noch nach Abschn. 4.13 die Reaktionsgrade am Mittelschnitt wählen. Dabei haben wir darauf zu achten, daß diese groß genug sind, um bei der später folgenden Mehrschnittrechnung keine negativen Reaktionsgrade — also verzögerte Strömung — am Innenradius zu ergeben. Bei der Behandlung der Mehrschnittrechnung wird im Abschn. 4.21 zu diesem Punkt ausführlich Stellung genommen. Es werden dabei wichtige Hinweise gegeben, deren Berücksichtigung bereits in diesem Stadium des Entwurfs nützlich ist. Wir werden danach für den vorliegenden Kanal die Radien r_f mit Gl. (4.5) bestimmen. Die Verhältnisse $r_i/r_M = r_i/r_f$, die am Mittelschnittradius gewählten Reaktionsgrade $\mathfrak{r}_M$ und geschätzte Leitradaustrittswinkel α_{1M} liefern dann die zugehörigen Reaktionsgrade am Innenradius je nach dem zu verwendenden Drallgesetz in den Bildern 4.42 und 4.43.

Haben wir die Wahl der Reaktionsgrade mit unserem Kanal in Einklang gebracht, so ermöglicht Bild 4.15 die Abströmgeschwindigkeit vom Leitrad für jede Stufe abzuschätzen. Wir bilden den Ausdruck u_f^2/h_s^* und lesen an der jeweils ungefähr zutreffenden Kurve unter Vernachlässigung des Unterschiedes von h_s^* und $h_s'^*$ den Wert u/c_1 ab. Mit der Umfangsgeschwindigkeit u_f erhalten wir die Leitradgeschwindigkeit c_1.

Um die Relativgeschwindigkeit w_2 des Laufrades zu bekommen, müssen wir im folgenden einen formelmäßigen Zusammenhang zwischen den drei Werten w_2, h_s^* und $\mathfrak{r}$ herstellen.

Wir gehen aus von der Näherung (4.11) in der Form

$$\frac{w_{2s}^2}{2} \approx i_{1s} - i_{2s} + \frac{w_1^2}{2}.$$

Bestimmen wir hier $(i_{1s} - i_{2s})$ aus der Definitionsgleichung (4.19) des Reaktionsgrades, so ist bei Verwendung der weiteren Näherung $i_0 - i_{2s} \approx h_s^*$ einfach

$$\frac{w_{2s}^2}{2} \approx \mathfrak{r}\, h_s^* + \frac{w_1^2}{2}.$$

Es läßt sich nun noch $w_{2s} = w_2/\psi$ und $h_s^* = c_{0s}^{*2}/2$ setzen sowie w_1^2 durch Gl. (4.13) ausdrücken. Nach Umformung erhalten wir die gewünschte Beziehung

$$\frac{w_2}{u} \approx \psi \sqrt{\mathfrak{r}\left(\frac{c_{0s}^*}{u}\right)^2 + \left(\frac{c_1}{u}\right)^2 + 1 - 2\,\frac{c_1}{u}\cos\alpha_1}\,. \tag{4.50}$$

Mit dieser Näherungsformel können wir w_2 berechnen. Die Geschwindigkeitszahl ψ läßt sich dabei in Verbindung mit der Ermittlung von c_1 an Hand der Tabelle von Bild 4.15

abschätzen. Damit haben wir die Geschwindigkeiten in Leit- und Laufrad ungefähr bestimmt.

Die nun folgende Rechnung stellt im wesentlichen eine Ermittlung der Geschwindigkeitsdreiecke und Gaszustände und deren Abstimmung mit dem Kanalentwurf durch die Kontinuitätsgleichung

$$\dot{m} = \frac{F c \sin \alpha}{v} \tag{4.51}$$

dar. In dieser Beziehung brauchen wir nach dem Obigen keine Querschnittsverengung durch Schaufelhinterkanten zu berücksichtigen, da die Rechenebenen mit den Eintrittsebenen der jeweils nachfolgenden Gitter identisch sind.

Wir beginnen mit der Berechnung der I. Stufe. Mit dem Winkel $\alpha_{0I} = 90°$ der Zuströmgeschwindigkeit der Turbine und dem schon bei der Nachprüfung der Reaktionsgrade an der Nabe geschätzten Winkel α_{1I} bestimmen wir nach Abschn. 4.233. die Geschwindigkeitszahl $\varphi_{ast\,I}$. Vom Gesamtanfangspunkt der Expansion vor der Turbine (T_{0I}^*; p_{0I}^*) ausgehend tragen wir auf der Isentropen die kinetischen Energien $c_{1sI}^2/2$ und $c_{1I}^2/2$ im i,s-Diagramm ab. Die erste Größe bestimmt den statischen Druck p_{1I}; die zweite die statische Temperatur T_{1I}. Das spezifische Volumen v_{1I} erhalten wir aus dem Schnittpunkt der Druck- und Temperaturlinie. Nach Gl. (4.51) errechnen wir den Winkel α_{1I}. Der vorher geschätzte Leitradaustrittswinkel muß nun mit dem eben berechneten Winkel übereinstimmen. Das wird natürlich bei der ersten Schätzung nicht immer der Fall sein. Haben wir Übereinstimmung erzielt, so ist der statische Zustand nach dem Leitrad gefunden. Die Berechnung des Geschwindigkeitsdreiecks macht uns keine Schwierigkeiten mehr; denn es ist

$$c_{1aI} = w_{1aI} = c_{1I} \sin \alpha_{1I},$$

$$c_{1uI} = c_{1I} \cos \alpha_{1I},$$

$$w_{1uI} = c_{1uI} - u_{1fI},$$

$$w_{1I} = \sqrt{w_{1uI}^2 + w_{1aI}^2}$$

und

$$\beta_{1I} = \arctan\left(-\frac{w_{1aI}}{w_{1uI}}\right).$$

Durch Auftragung der Enthalpiedifferenz $w_{1I}^2/2$ über dem statischen Endzustand des Leitrades bekommen wir den Gesamtanfangspunkt (T_{1I}^*; p_{1I}^*) für die Expansion des nachfolgenden Laufrades.

In analoger Weise schätzen wir zunächst den Laufradaustrittswinkel β_{2I} und bringen ihn dann mit der nunmehr für das Laufrad geschriebenen Kontinuitätsgleichung (4.51) — aus c wird w und aus α wird β — in Einklang. Wir erhalten weiterhin entsprechend der Leitradberechnung den Gesamtzustand (T_{2uI}^*; p_{2I}^*) hinter dem Laufrad. Um den Gesamtanfangspunkt für die nächste Stufe zu bekommen, müssen wir unter Beachtung der in Abschn. 4.122. gegebenen Erläuterungen noch den Radreibungsverlust und den Spaltverlust berücksichtigen. Die Berechnung der nachfolgenden Stufen erfolgt in der bisher beschriebenen Weise bis zum Gesamtendpunkt (T_{2z}^*; p_{2z}^*) der Turbine.

Wir lesen nun aus dem i,s-Diagramm das innere Turbinengefälle $H_i^* = i_{0I}^* - i_{2z}^*$ und das isentrope Turbinengefälle $H_s^* = i_{0I}^* - i_{2sz}^*$ ab und errechnen den Wirkungsgrad $\eta_{iT} = H_i^*/H_s^*$. Es kann dabei vorkommen, daß sich das erhaltene Gefälle H_i^* von dem geforderten und damit der errechnete Wirkungsgrad η_{iT} von dem zu Anfang geschätzten unterscheidet. Bei größeren Abweichungen hat man die gesamte Mittelschnittrechnung mit einem verbesserten η_{iT} zu wiederholen. Dabei können in dem ersten Kanalentwurf, in der Gefälleverteilung und in den Geschwindigkeitsdreiecken aufgetretene Mängel auf Grund des nunmehr schon sehr guten Überblicks über Aussehen und Güte der entstehenden Turbine beseitigt werden. Es können auch die Arbeitsbedingungen an Fuß und Kopf der

Schaufeln genauer in Rechnung gestellt werden. Schließlich lassen sich die Austritts-Mach-Zahlen der Schaufelgitter verringern, wo sie zu hoch herausgekommen sind. Die Praxis hat gezeigt, daß sie im Mittelschnitt nicht über 0,8 liegen dürfen, wenn die Strömungsverhältnisse auf allen Radien bei der Mehrschnittrechnung unterkritisch bleiben sollen. Das wird vielfach verlangt, um die Möglichkeit einer Durchsatzsteigerung bei Anwachsen des Gefälles über den Auslegungswert hinaus offen zu halten.

Haben wir den ersten Turbinenentwurf unter Verwendung des i,s-Diagramms durchgeführt, so empfiehlt sich bei den genaueren Rechnungen weiterer Entwürfe die Bestimmung der Turbinenparameter mit Hilfe der im Anhang I.2 erläuterten T, i, π-Tafel.

Selbstverständlich ist der hier aufgezeigte Rechnungsgang — insbesondere in der Reihenfolge einzelner Schritte — nur einer von mehreren möglichen. Es sollte der grundsätzliche Lösungsweg gewiesen werden, da die Vielzahl der veränderlichen Größen, die Unmöglichkeit einer geschlossenen Lösung des Problems und die Notwendigkeit der anfänglichen Schätzung und laufenden Verbesserung verschiedener Variabler leicht den Überblick verlieren läßt. Schon bei dem in Anhang II gebrachten Beispiel einer Turbinenauslegung werden wir uns trotz Befolgung der hier aufgezeigten großen Linie — nicht zuletzt zur Illustrierung der Variationsmöglichkeiten — in den Einzelheiten der Rechnung frei bewegen.

4.2 Mehrschnittrechnung

In der vorangehenden Mittelschnittrechnung wurden die Hauptabmessungen der Axialturbine festgelegt, wobei für alle Gitter Mittelwerte der Gaszustände und Strömungsverluste zugrunde gelegt wurden. Im Zusammenhang damit konnten alle Fragen behandelt werden, die eine Auffassung als ebenes, d. h. zweidimensionales Problem zulassen.

Nunmehr ist von den Mittelwerten der Zustandsgrößen und der Verluste auf ihre radial veränderlichen örtlichen Werte überzugehen, um die tatsächlichen Geschwindigkeitsdreiecke auf allen Radien konstruieren zu können. Dabei ist der Zusammenhang zwischen den mittleren und örtlichen Berechnungsgrößen herzustellen, der dadurch bestimmt ist, daß sich Wirkungsgrad und Hauptabmessungen der Turbine durch die Detailfestlegungen nicht mehr ändern dürfen. Bei Auslegung der Hauptabmessungen sind die Arbeitsbedingungen der Turbine auf den einzelnen Radien ja noch nicht bekannt, und die genaue Nachrechnung des fertigen Entwurfs ergibt leicht Kennwerte, die mit der Vorausberechnung nicht übereinstimmen. Diese Schwierigkeit kann durch Untersuchung und zweckmäßige Darstellung der gegenseitigen Abhängigkeit der mittleren und örtlichen Bestimmungsgrößen der Gasströmung ausgeschaltet werden. Wir haben dabei vor allem die Gastemperatur vor der Turbine und die Geschwindigkeitszahlen φ und ψ zu betrachten [*26*].

Bevor wir uns diesem Hauptgegenstand der Mehrschnittrechnung zuwenden, haben wir aber noch zu überprüfen, ob der bisher festgelegte Kanalverlauf — er wurde lediglich auf Grund von Kontinuitätsbetrachtungen an Hand der Mittelschnittwerte der Strömungsparameter gewonnen — auch hinsichtlich der in den einzelnen Stufen erhaltenen Nabenverhältnisse $\nu = r_i/r_a$ tragbar ist. Das Nabenverhältnis darf nicht so klein werden, daß die in den meisten Fällen längs der Schaufeln von außen nach innen abnehmende Reaktion am Innenradius den Wert Null unterschreitet. Die Nachteile der verzögerten Strömung müssen vermieden werden. Natürlich wird man in der Praxis des Turbinenentwurfes diese Prüfung schon zu einem wesentlich früheren Zeitpunkt, und zwar unmittelbar im Zusammenhang mit den ersten Festlegungen über die Kanalhöhe durchführen. Wir gehen erst hier auf diese Frage ein, da sie nur unter Berücksichtigung der radialen Veränderlichkeit der Geschwindigkeitsdreiecke zu behandeln ist und somit bereits einen Teil der Mehrschnittrechnung darstellt.

4.21 Die radiale Veränderlichkeit der Reaktion und das Nabenverhältnis

Die für die Verteilung der Strömungszustände über der Kanalhöhe maßgeblichen Beziehungen wurden bereits in Abschn. 2.3 abgeleitet. Nunmehr soll — ausgehend von dem Strömungsfeld hinter dem Leitgitter — der Reaktionsgradverlauf untersucht werden.

Es sei angenommen, daß das isentrope statische Stufengefälle über dem Radius konstant ist. Dieser Fall liegt vor, wenn neben der Temperatur T_0 auch die Drücke p_0 vor und p_2 hinter der Turbinenstufe über der Kanalhöhe unveränderlich sind. Im allgemeinen genügt dazu, daß die Ein- und Austrittsgeschwindigkeiten c_0 und c_2 axiale Richtung haben. Bei der einzeln arbeitenden Stufe können wir das von der Eintrittsgeschwindigkeit ohne weiteres voraussetzen. Sie sei auch in ihrer Größe längs des Radius gleichbleibend, so daß der Gesamtdruck p_0^* ebenfalls als Konstante behandelt werden kann. Die Austrittsgeschwindigkeit müßte nicht unbedingt eine reine Axialgeschwindigkeit sein, wird aber bei der einstufigen Turbine meist so gewählt, da die kinetische Energie eines etwaigen Austrittsdralles als Verlust zu werten ist. Konstante Größe hat sie dann jedoch nach Gl. (2.63) nur im reibungslosen Fall des Potentialwirbels, während sie bei $\alpha_1 = \text{const}$ zur Nabe hin zunimmt. Es treten also radiale Geschwindigkeitskomponenten auf. Dennoch sei hier in beiden Fällen die axiale Abströmung zugrunde gelegt.

Der auf die statische Druckänderung bezogene Reaktionsgrad war unter Verwendung der Enthalpien definiert als

$$\mathfrak{r} = \frac{i_{1s} - i_{2s}}{i_0 - i_{2s}}$$

(vgl. die Darstellung des Expansionsvorganges im i,s-Diagramm nach Bild 4.3). Durch Erweiterung dieses Bruches können wir auch schreiben

$$\mathfrak{r} = \frac{i_{1s} - i_{2s}}{i_0^* - i_{2s}} \frac{i_0^* - i_{2s}}{i_0 - i_{2s}} = \left(1 - \frac{c_{1s}^2/2}{i_0^* - i_{2s}}\right)\left(1 + \frac{c_0^2/2}{i_0 - i_{2s}}\right), \tag{4.52}$$

wo nunmehr die kinetischen Energien der Geschwindigkeiten c_0 und c_{1s} eingeführt wurden. Hier ist der zweite Faktor auf Grund der getroffenen Voraussetzungen konstant. Auch bei radial veränderlicher Temperatur T_0 und Geschwindigkeit c_0 ändert sich aber das Verhältnis der kinetischen Eintrittsenergie zum statischen Stufengefälle in der Praxis nur sehr wenig über der Kanalhöhe. Es gilt die Näherung

$$1 + \frac{c_0^2/2}{i_0 - i_{2s}} \approx 1{,}05. \tag{4.53}$$

Schreibt man nun Gl. (4.52) für den Mittelschnitt, so läßt sich daraus das isentrope Enthalpiegefälle vom Gesamtzustand vor Turbine bis zum statischen Zustand hinter Turbine als

$$i_0^* - i_{2s} = \frac{c_{1sM}^2/2}{1 - \cfrac{\mathfrak{r}_M}{1 + \cfrac{c_0^2/2}{i_0 - i_{2s}}}}$$

berechnen. Wir setzen diesen Ausdruck wieder in Gl. (4.52) ein und gewinnen die Beziehung

$$\mathfrak{r} = \left(1 + \frac{c_0^2/2}{i_0 - i_{2s}}\right)\left\{1 - \left(1 - \frac{\mathfrak{r}_M}{1 + \cfrac{c_0^2/2}{i_0 - i_{2s}}}\right)\left(\frac{c_{1s}}{c_{1sM}}\right)^2\right\}, \tag{4.54}$$

wo das Geschwindigkeitsverhältnis c_{1s}/c_{1sM} abhängig vom jeweils verwendeten Drallgesetz ist. Der radiale Verlauf des Reaktionsgrades ist also bekannt, wenn die Geschwindigkeitsverteilung hinter dem Leitrad angegeben werden kann.

Grundsätzlich stehen hierfür die in Abschn. 2.321. bereitgestellten Beziehungen zur Verfügung. Um aber auch den Einfluß von Schaufelschrägstellung und Stromlinienkrümmung erfassen zu können, berechnen wir jetzt die Geschwindigkeitsverteilung unter Beibehaltung der früheren reibungsfreien und inkompressiblen Betrachtungsweise, indem wir an Stelle der einfachen Gl. (2.49) den genaueren Ausdruck (2.49c) für den radialen Druckgradienten heranziehen. Eingesetzt in Gl. (2.49d) ergibt er unter Beachtung von $c_u = c \cos\alpha$ die Differentialgleichung

$$\frac{\partial c}{\partial r} = -\frac{c}{r}\cos^2\alpha + \left(\frac{\partial c}{\partial r}\sin\alpha + c\,\frac{d\alpha}{dr}\cos\alpha\right)\sin\alpha\,\sin^2\varepsilon + \frac{c}{R}\sin^2\alpha\cos\varepsilon + \frac{c}{b}\sin\alpha\cos\alpha\,\cos\varepsilon\tan\gamma$$

oder

$$(1 - \sin^2\alpha\sin^2\varepsilon)\frac{dc}{c} = \left[-\frac{1}{r}\cos^2\alpha + \left(\frac{d\alpha}{dr}\sin^2\varepsilon + \frac{1}{b}\cos\varepsilon\tan\gamma\right)\sin\alpha\cos\alpha + \frac{1}{R}\sin^2\alpha\cos\varepsilon\right]dr\,.$$

Wie bereits in Abschn. 2.31 nachgewiesen wurde, ist der Einfluß der Stromlinienneigung, also der Größe ε, auf den Druckgradienten und damit auf die radiale Geschwindigkeitsverteilung sehr klein. Wir schalten ihn ganz aus, indem wir ε selber als von kleiner Ordnung ansehen und

$$\sin^2\varepsilon \approx 0 \qquad \text{und} \qquad \cos\varepsilon \approx 1$$

setzen, und erhalten dann einfach

$$\frac{dc}{c} = \left(-\frac{1}{r}\cos^2\alpha + \frac{1}{b}\sin\alpha\cos\alpha\tan\gamma + \frac{1}{R}\sin^2\alpha\right)dr\,. \tag{4.55}$$

Hier kann bei geradlinigem Verlauf der Leitschaufelhinterkanten nach Bild 2.17 noch

$$\sin\gamma = \frac{r_\gamma}{r} \qquad \text{bzw.} \qquad \tan\gamma = \frac{r_\gamma}{\sqrt{r^2 - r_\gamma^2}}$$

geschrieben werden, so daß schließlich

$$\frac{dc}{c} = \left(-\frac{\cos^2\alpha}{r} + \frac{\sin\alpha\cos\alpha}{b}\,\frac{r_\gamma}{\sqrt{r^2 - r_\gamma^2}} + \frac{\sin^2\alpha}{R}\right)dr \tag{4.55a}$$

wird.

Die Geschwindigkeitsverteilungen hinter dem Leitrad interessieren in erster Linie für die unverwundene Schaufel und die Potentialwirbelschaufel. Bei $\alpha = \text{const}$ ergibt die Integration von Gl. (4.55a) mit Bestimmung der Konstanten aus den Verhältnissen am Mittelschnitt

$$\frac{c}{c_M} = \left(\frac{r_M}{r}\right)^{\cos^2\alpha}\left(\frac{r + \sqrt{r^2 - r_\gamma^2}}{r_M + \sqrt{r_M^2 - r_\gamma^2}}\right)^{\frac{r_\gamma}{b}\sin\alpha\cos\alpha} e^{\sin^2\alpha\int\limits_{r_M}^{r}\frac{dr}{R}}\,. \tag{4.56}$$

Wenn das Nabenverhältnis groß ist, so kann die Veränderlichkeit von γ entlang r vernachlässigt werden. Es läßt sich dann direkt Gl. (4.55) integrieren; man erhält

$$\frac{c}{c_M} = \left(\frac{r_M}{r}\right)^{\cos^2\alpha} e^{\frac{r - r_M}{b}\sin\alpha\cos\alpha\tan\gamma}\; e^{\sin^2\alpha\int\limits_{r_M}^{r}\frac{dr}{R}}\,. \tag{4.56a}$$

Die Voraussetzung großer Nabenverhältnisse, d. h. $\gamma \approx \text{const}$, gestattet auch eine einfache Behandlung des Potentialwirbels, gekennzeichnet durch

$$\frac{\tan\alpha}{r} = \text{const} = k.$$

In diesem Fall geht Gl. (4.55) über in

$$\frac{dc}{c} = \left(-\frac{1}{(1+k^2r^2)r} + \frac{kr}{(1+k^2r^2)b}\tan\gamma + \frac{k^2r^2}{(1+k^2r^2)R}\right)dr.$$

Integration liefert

$$\frac{c}{c_M} = \frac{r_M}{r}\sqrt{\frac{1+k^2r^2}{1+k^2r_M^2}}\left(\frac{1+k^2r^2}{1+k^2r_M^2}\right)^{\frac{\tan\gamma}{2kb}} e^{k^2\int\limits_{r_M}^{r}\frac{r^2}{(1+k^2r^2)R}dr} \tag{4.56b}$$

Mit den Formeln (4.56), (4.56a) und (4.56b) sind für die beiden wichtigsten Leitschaufelverwindungsgesetze die Verteilungen der Abströmgeschwindigkeit bekannt. Setzt man sie in Gl. (4.54) ein, so ergeben sich die gesuchten Reaktionsgradverteilungen. Im Fall $\alpha = \text{const}$ erhält man

$$\mathfrak{r} = \left(1 + \frac{c_0^2/2}{i_0 - i_{2s}}\right)\left\{1 - \left(1 - \frac{\mathfrak{r}_M}{1 + \frac{c_0^2/2}{i_0 - i_{2s}}}\right)\left(\frac{r_M}{r}\right)^{2\cos^2\alpha} K_\gamma K_R\right\}. \tag{4.57}$$

Hierbei ist

$$K_\gamma = \left(\frac{r + \sqrt{r^2 - r_\gamma^2}}{r_M + \sqrt{r_M^2 - r_\gamma^2}}\right)^{\frac{2r_\gamma}{b}\sin\alpha\cos\alpha} \qquad \left(\text{für } \sin\gamma = \frac{r_\gamma}{r}\right) \tag{4.57α}$$

bzw.

$$K_\gamma = e^{\frac{2(r-r_M)}{b}\sin\alpha\cos\alpha\tan\gamma} \qquad (\text{für } \gamma = \text{const}) \tag{4.57β}$$

der die Schaufelneigung berücksichtigende Faktor und

$$K_R = e^{2\sin^2\alpha\int\limits_{r_M}^{r}\frac{dr}{R}} \tag{4.57γ}$$

der die Stromlinienkrümmung berücksichtigende Faktor.

Für den Potentialwirbel oder — genauer gesagt — das Verwindungsgesetz $\tan\alpha = kr$ ergibt sich entsprechend

$$\mathfrak{r} = \left(1 + \frac{c_0^2/2}{i_0 - i_{2s}}\right)\left\{1 - \left(1 - \frac{\mathfrak{r}_M}{1 + \frac{c_0^2/2}{i_0 - i_{2s}}}\right)\left(\frac{r_M}{r}\right)^2 \frac{1+k^2r^2}{1+k^2r_M^2} K_\gamma K_R\right\}$$

oder bei Rückgang von k auf α

$$\mathfrak{r} = \left(1 + \frac{c_0^2/2}{i_0 - i_{2s}}\right)\left\{1 - \left(1 - \frac{\mathfrak{r}_M}{1 + \frac{c_0^2/2}{i_0 - i_{2s}}}\right)\left[\left(\frac{r_M}{r}\right)^2\cos^2\alpha_M + \sin^2\alpha_M\right] K_\gamma K_R\right\}. \tag{4.57a}$$

Wieder berücksichtigt

$$K_\gamma = \left(\frac{1+k^2r^2}{1+k^2r_M^2}\right)^{\frac{\tan\gamma}{kb}} = \left[\cos^2\alpha_M + \left(\frac{r}{r_M}\right)^2\sin^2\alpha_M\right]^{\frac{r_M}{b}\frac{\tan\gamma}{\tan\alpha_M}} \qquad (\text{für } \gamma = \text{const})$$

die Schaufelneigung und

$$K_R = e^{2k^2\int\limits_{r_M}^{r}\frac{r^2}{(1+k^2r^2)R}dr} = e^{2\int\limits_{r_M}^{r}\frac{\sin^2\alpha}{R}dr}$$

die Stromlinienkrümmung.

Die erhaltenen Beziehungen nehmen eine besonders einfache Form an, wenn die Hinterkanten der Leitschaufeln genau radial angeordnet sind und die Stromlinienkrüm-

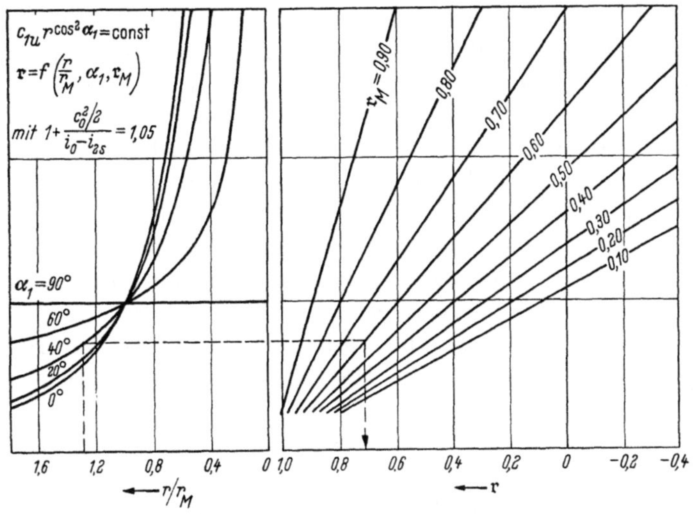

Bild 4.42 Reaktionsgrad einer Turbinenstufe in Abhängigkeit von r/r_M, α_1 und $\mathfrak{r}_M$ für das Drallgesetz α_1 = const

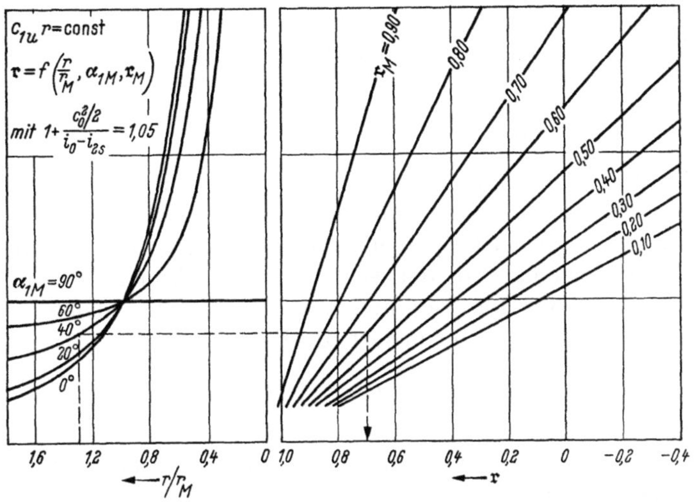

Bild 4.43 Reaktionsgrad einer Turbinenstufe in Abhängigkeit von r/r_M, α_{1M} und $\mathfrak{r}_M$ für das Drallgesetz $c_{1u}r$ = const

mung vernachlässigt werden kann. Aus $\gamma = 0$ folgt nämlich $K_\gamma = 1$; ebenso führt der Grenzübergang $R \to \infty$ zu $K_R = 1$. Wir erhalten damit den von DETTMERING [27] näher untersuchten Spezialfall des Reaktionsgradverlaufes, der sehr leicht zu überblicken ist. Die Gln. (4.57) und (4.57a) wurden für $K_\gamma = K_R = 1$ und für den durch Gl. (4.53) gegebenen Wert des Verhältnisses von kinetischer Eintrittsenergie zum statischen Stufengefälle in den Bildern 4.42 und 4.43 als zweiparametrige Kurvenschar

$$\mathfrak{r} = f\left(\frac{r}{r_M}, \alpha_{1M}, \mathfrak{r}_M\right)$$

(mit $\alpha_{1M} = \alpha_1$ für das unverwundene Leitrad) graphisch dargestellt. Der gestrichelten Linie folgend, kann man zu jedem Verhältnis r/r_M den Reaktionsgrad bei beliebigem α_{1M} und $\mathfrak{r}_M$ sofort ablesen.

Die Überprüfung der Mittelschnittauslegung hinsichtlich der Reaktion am Schaufelfuß ist mit Hilfe der beiden Diagramme schnell möglich. Die Wertegruppe $(r_i/r_M, \alpha_{1M}, \mathfrak{r}_M)$ liegt ja dabei für jede Stufe vor, und man hat lediglich den zugehörigen $\mathfrak{r}_i$-Wert aufzusuchen. Man erkennt an den Darstellungen, daß man bei kleinen Nabenverhältnissen relativ große Reaktionen im Mittelschnitt verwirklichen muß, um an den Innenschnitten, bei denen man zu relativ kleinen Radienverhältnissen kommt, noch positive Reaktionsgrade zu erhalten. Im übrigen läßt sich der Grenzwert von r/r_M, für den die Reaktion gerade verschwindet, natürlich auch leicht aus den gleich Null gesetzten Gln. (4.57) und (4.57a) berechnen.

Der Vergleich der Bilder 4.42 und 4.43 zeigt, daß man bei gegebenen α_{1M} und $\mathfrak{r}_M$ im Fall des unverwundenen Leitrades für $\mathfrak{r} = 0$ kleinere Radienverhältnisse und damit auch Nabenverhältnisse bekommt als im Fall des Potentialwirbels. Es ergibt sich hier ein Vorteil des Drallgesetzes $\alpha_1 = \text{const}$, der darin besteht, daß eine derart ausgelegte Turbine in der Schaufellänge weniger eingeschränkt ist. Bei gleichem kinematischem Schema auf dem Mittelschnitt und gleichem Nabenverhältnis liefert dieses Gesetz im Innenteil des Strömungskanals die größeren Reaktionsgrade mit ihren aus den Bildern 4.6 und 4.7 bekannten kleineren Strömungsverlusten. Der Wirkungsgrad der Stufe ist also besser als im Fall des Potentialwirbels. —

Natürlich ist bei der Turbine auch das Auslegungsgesetz $\mathfrak{r} = \text{const}$ denkbar, bei dem die Reaktion in radialer Richtung unveränderlich ist. Hierbei müßten die kleinsten Nabenverhältnisse erreichbar sein, ohne daß die Gefahr besteht, mit einer wirkungsgradverschlechternden Gleichdruckgrenze in Konflikt zu kommen; gleichzeitig müßten sich bei Wahl des Wertes 0,5 maximale Stufenwirkungsgrade ergeben. Grundsätzlich sind zur Verwirklichung konstanter Reaktion zwei Wege gangbar.

Beim ersten Weg sorgt man durch Erfüllung der Bedingung

$$\frac{\partial p}{\partial r} = \varrho \frac{c_u^2}{r} - \varrho \frac{dc_r}{dt} - \frac{dP_r}{dV} = 0$$

für einen konstanten Druck im Spalt zwischen Leit- und Laufrad, so daß von der Strömung auf jedem Radius im Leitrad — unabhängig von der gewählten Hinterkantenverwindung — das gleiche statische Enthalpiegefälle durchlaufen wird. Kann der Druck hinter der Stufe genauso wie derjenige vor der Stufe als radial konstant vorausgesetzt werden, so entfällt dann auch auf das Laufrad in jedem Radius der gleiche Anteil am Stufenenthalpiegefälle. Selbstverständlich erfordert die Bedingung

$$\frac{dc_r}{dt} = \frac{c_u^2}{r} - \frac{1}{\varrho}\frac{dP_r}{dV}$$

wieder einen je nach der Stärke der Schrägstellung der Leitschaufeln mehr oder weniger stark gekrümmten Verlauf der Meridianstromlinien. Die Strömung kann auch bei Voraussetzung zylindrischer Begrenzungsflächen nicht als eine solche behandelt werden, deren Strombahnen sich auf koaxialen Zylindern befinden.

Der zweite Weg zur Erzielung konstanter Reaktion läßt einen von Null verschiedenen Druckgradienten zu, kommt also auch bei radialer Schaufelstellung (Verschwinden von dP_r/dV) mit einer geringeren Stromlinienwellung aus, erfordert aber dafür im Laufrad die gleiche prozentuale Änderung des statischen Enthalpiegefälles in Schaufellängsrichtung, wie sie nunmehr im Leitrad auftritt. Im Gegensatz zum ersten Weg erfordert also der zweite Weg eine radial veränderliche Druckabsenkung in der Stufe. Aus diesem Grunde scheidet er auf alle Fälle für praktische Zwecke aus.

Verfolgt man den ersten Weg weiter, so zeigt die Theorie bei $dP_r/dV = 0$ unter Einbeziehung einer idealen Stromlinienwellung gemäß Bild 2.13 in die Rechnung, daß zur

Erzwingung konstanter Reaktion bereits vor der Stufe entweder eine starke radiale Veränderlichkeit der Axialgeschwindigkeit oder eine ungleiche Verteilung des Energieinhaltes der Strömung über der Schaufelhöhe erforderlich ist. Diese Ungleichmäßigkeiten pflanzen sich durch die ganze Stufe fort. Die Stufe konstanter Reaktion erfordert daher eigentlich die Vor- und Nachschaltung von Übergangsstufen, welche die konstante Axialgeschwindigkeit bzw. den konstanten Energieinhalt in die verlangten Radialverteilungen und umgekehrt überführen. Praktisch kann man aber damit rechnen, daß sich diese Radialverteilungen ohne große Verluste von selbst einstellen bzw. wieder abbauen. Jedenfalls weisen darauf die Arbeiten von PETERMANN [*103*] und SCHMIDT [*106*] hin.

PETERMANN zeigte, daß der Fall konstanter kinematischer Reaktion — vgl. Gl. (4.30a) — mit ungleicher Verteilung des Energieinhaltes bei einer Auslegung

$$\alpha_0 = \text{const}, \qquad \alpha_1 = \text{const}, \qquad \beta_1 = f(r), \qquad \beta_2 = \text{const}$$

vorliegt, wo vor der Stufe statt $p_0^* = \text{const}$ die Abhängigkeit

$$p_0^* = p_{0i}^* + \frac{\varrho_0\,\omega^2}{4}\,(r_0^2 - r_{0i}^2)$$

angenommen wird. Der Eintrittswinkelverlauf der Laufschaufel ist dabei in üblicher Weise der Abströmung aus dem unverwundenen Leitrad angepaßt. Die Verwindung dieser Schaufel wird dann wesentlich geringer als im Fall $p_0^* = \text{const}$, was sich als kleiner fertigungstechnischer Vorteil, aber als festigkeitsmäßiger Nachteil erweist (s. übernächsten Absatz). Über den Wirkungsgrad solcher Stufen läßt sich wegen der Unsicherheit in der Abschätzung der mit der Aus- und Rückbildung des radialen Energieunterschiedes verbundenen Verluste bisher nichts aussagen.

Die konstante (kinematische wie auch auf die statische Druckänderung bezogene) Reaktion mit ungleicher Verteilung der Axialgeschwindigkeit ergibt sich nach SCHMIDT bei

$$\alpha_0 = \text{const}, \qquad \alpha_1 = f(r), \qquad \beta_1 = \text{const}, \qquad \beta_2 = \text{const},$$

wobei der Austrittswinkelverlauf der Leitschaufel so gewählt ist, daß die Laufschaufel stoßfrei angeströmt wird. An Stelle des von uns bisher in den Vordergrund gestellten Auslegungsprinzips der unverwundenen Leitschaufel wird hier also die völlig unverwundene Laufschaufel betrachtet. Für α_1 gilt die von SCHMIDT durch schrittweise Integration ausgewertete Differentialgleichung

$$\frac{d\alpha_1}{dr} = -\cot\alpha_1\,\frac{1+\cos^2\alpha_1}{r}\;\frac{1}{1+\dfrac{1}{\sin^2\alpha_1\left(\dfrac{\cot\alpha_1}{\cot\beta_1}-1\right)}}\,.$$

Eine derartig ausgelegte Turbine zeigt auch bei gleichmäßiger Zu- und Abströmung einen nahezu konstanten Verlauf des Reaktionsgrades, wobei die Axialgeschwindigkeit hinter dem Leitrad von außen nach innen stark ansteigt. Der Wirkungsgrad liegt eindeutig besser als bei der Potentialwirbelstufe und wird vermutlich auch denjenigen der Stufe mit $\alpha_1 = \text{const}$ und $p_0^* = \text{const}$ noch übersteigen. Dennoch stehen drei wesentliche Gesichtspunkte der breiten Verwendung der völlig unverwundenen Laufschaufel in der Gasturbine im Wege: Da der Leitradabströmwinkel im Außenschnitt der Beschaufelung seinen kleinsten Wert annimmt, muß er im Mittelschnitt stets erheblich über dem hier bei $\alpha_1 = \text{const}$ verwirklichbaren Minimalwinkel liegen. Dadurch wird das mittlere Leitradgefälle und somit die Belastbarkeit der Stufe beschränkt. Man muß auf den Vorteil einer schnellen Temperaturabsenkung in der ersten Stufe verzichten bzw. kommt überhaupt zu einer höheren Stufenzahl. — Fertigungsmäßig gesehen ist es günstiger, die Verwindungsfreiheit in die Leitschaufel zu legen, da die Laufschaufel mit ihrem festigkeitsmäßig bedingten radial veränderlichen Dickenverlauf sowieso ein über der Schaufelhöhe veränderliches Profil aufweist. Für das in Abschn. 5.322. angegebene Fertigungsverfahren bedeutet die Verwindung der Laufschaufel keine Erschwerung. Die unverwundene Leitschaufel wird aber wirklich billiger. — Noch wichtiger dürfte der Umstand sein, daß sich die bei hohen Gastemperaturen festigkeitsmäßig erforderlichen großen Flächenverhältnisse von Laufschaufelfuß zu -kopf nur durch Verwendung von dicken, dem Gleichdruckprofil nahekommenden Profilen am Fuß verwirklichen lassen. Zu große Profildicke führt bei Beschleunigungsgittern immer auf schlechte Schaufelkanäle mit hohen Verlusten. Die Verwendung der unverwundenen Laufschaufel kann sich also bestenfalls auf die kälteren hinteren Stufen der Gasturbine erstrecken.

Anders liegen die Verhältnisse natürlich bei den Gleichdruckstufen der Dampfturbine. Hier sind von vornherein die dicken Fußprofile gegeben, das Profil ist normalerweise längs der Schaufelhöhe unveränderlich, und durch passende Verwindung der Leitschaufelaustrittswinkel könnte stoßfreier Eintritt ins Laufrad erzielt und das hinsichtlich der Spaltverluste schädliche Anwachsen der Reaktion nach außen vermieden werden. Es bleibt der Nachteil des vergrößerten Winkels α_{1M}. Vorteilhafter könnte daher in diesem Fall — jedenfalls bei kurzen Schaufeln — die Methode der Meridianprofilierung sein.

Bei der Meridianprofilierung handelt es sich um einen Vorschlag von SENNITSCHENKO [*107*], den für die konstante Reaktion erforderlichen verschwindenden Druckgradienten (im Fall $dP_r/dV = 0$) dadurch herzustellen, daß dem einzelnen Gasteilchen bei der Strömung durch Leit- und Laufrad mittels passender Gestaltung der inneren und äußeren Kanalbegrenzung eine Bewegung ohne Rotation um die Drehachse der Turbine ermöglicht wird. Dazu muß in jeder Äquatorebene (d. h. Ebene senkrecht zur Drehachse z) eine Radialgeschwindigkeit c_r vorhanden sein, die vektoriell zu c_u addiert auf eine Äquatorkomponente $c_ä$ stets gleicher — also von z unabhängiger — Richtung führt. Derartige Radialgeschwindigkeiten stellen sich zunächst von selber ein, wenn der Strömungskanal der Stufe in radialer Richtung überhaupt nicht begrenzt ist. Wir erkennen das an Bild 4.43a.

In dem Diagramm ist der Profilplan für den Mittelschnitt einer senkrecht zur Eintrittsebene angeströmten Turbinenstufe nebst mittlerer Absolutstromlinie $s \cdots s$ und ihrer Projektion $s' \cdots s'$ auf die Äquatorebene dargestellt. Infolge innen und außen fehlender Führung bewegt sich das betrachtete Gasteilchen sowohl in der Projektion auf die durch den Anfangspunkt 0 der Stromlinie gehende Meridianebene als auch in derjenigen auf die Äquatorebene längs einer geraden Linie. Demgegenüber stellt die sogenannte Meridianstromlinie, die bei Drehung der nacheinander das Gasteilchen aufnehmenden Meridianebenen um die Turbinenachse in eine einzige Ebene entsteht, natürlich eine gekrümmte Linie dar. Ihre Gleichung ist durch die Beziehung

$$r^2 = r_M^2 + \left(\int_0^z \cot \alpha \, dz\right)^2 = f(z)$$

gegeben, wo r den laufenden Radius der Stromlinie, r_M den Anfangsradius, bestimmt durch den Mittelschnitt, α den Winkel zwischen der Richtung der absoluten Strömungsgeschwindigkeit und der Äquatorebene und dz die Änderung der Koordinate in Richtung der Turbinenachse bedeutet.

Zur numerischen Berechnung der Meridianstromlinie muß α in Abhängigkeit von z bekannt sein. Für das Leitrad kann dieser Zusammenhang auf graphischem Wege sofort aus Bild 4.43a gewonnen werden. Im Falle des Laufrades ist

$$\alpha = \operatorname{arc\,tan} \frac{w \sin \beta}{u - w \cos \beta},$$

wo β wieder graphisch ermittelt wird. Die Relativgeschwindigkeit w findet man (genauso wie die Absolutgeschwindigkeit c) in Funktion von z über die auf die Schaufelkanäle angewendete Kontinuitätsbeziehung.

Bestimmt man auch noch

$$c_{\ddot{a}} = c \cos \alpha$$

— man beachte die hier zutage tretende, von Gl. (2.49a) etwas abweichende Definition von α! — und den zum jeweiligen Radius r gehörigen Meridianwinkel

$$\delta = \text{arc tan} \frac{1}{r_M} \int_0^z \cot \alpha \, dz,$$

so kann man schließlich die interessierenden Geschwindigkeitskomponenten

$$c_r = c_{\ddot{a}} \sin \delta$$

in radialer und

$$c_u = c_{\ddot{a}} \cos \delta$$

in Umfangsrichtung finden.

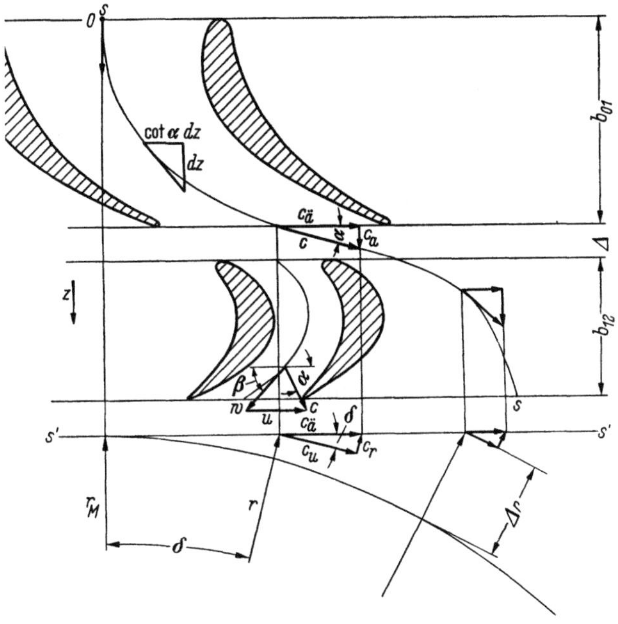

Bild 4.43a Schema der freien Bewegung eines Gasteilchens in der Turbinenstufe

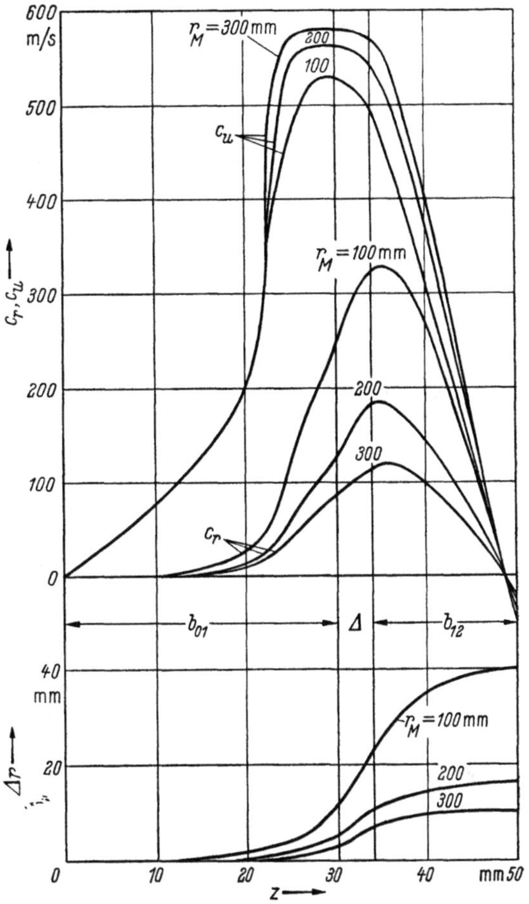

Bild 4.43b Profil der inneren und äußeren Kanalbegrenzung und zugehörige Verteilung der Geschwindigkeitskomponenten über der Breite der Turbinenstufe für konstante Reaktion (nach SENNITSCHENKO [*107*])

In Bild 4.43b ist das Ergebnis einer derartigen Rechnung wiedergegeben. Über der axialen Koordinate z wurden $\Delta r = r - r_M$, c_r und c_u für drei Gleichdruckstufen aufgetragen, die sich nur durch ihre Mittelschnittradien (r_M = 100, 200 und 300 mm) unterscheiden. Die Breite des Leitgitters beträgt dabei 30 mm, diejenige des Axialspaltes 4 mm und die des Laufgitters 16 mm. Man erkennt, daß die Radialkomponente der Geschwindigkeit beachtliche Werte erreicht — und zwar um so höhere, je kleiner der Mittelschnittradius ist. Das Maximum liegt im ersten Viertel des Laufgitters.

Ist nun im Gegensatz zur bisherigen Betrachtung der Strömungskanal der Turbinenstufe innen und außen zylindrisch begrenzt, so kann sich die errechnete Radialgeschwindigkeit nicht ausbilden. An ihrer Stelle erscheint der von Null verschiedene radiale Druckgradient. Erst die Anpassung des Innen- und Außenstrakes an den Δr-Verlauf in Bild 4.43b ermöglicht die berechnete Strömung und somit die rotationsfreie Bewegung des Gasteilchens. Wir erhalten den Druckgradienten Null bzw. konstante Reaktion.

Selbstverständlich ist die geradlinige Bewegung des Gasteilchens in der Projektion auf die Äquatorebene als Ursache des Verschwindens des Druckgradienten nur eine besondere Art der Kompensation des Gliedes $\varrho c_u^2/r$ durch das Glied $\varrho\, dc_r/dt$. Der Strömung wird durch die Meridianprofilierung eine Krümmung der Meridianstromlinie aufgeprägt, die durch den Verlauf von Δr längs z festgelegt ist und eine der primären Zentrifugalbeschleunigung entgegengesetzte sekundäre zur Folge hat.

Die praktische Verwirklichung des durch Bild 4.43b vorgezeichneten Kanalverlaufes ist sehr schwierig. Man kann nun die Aufgabe vereinfachen, indem man die Meridianstromlinie den Radius r_M nicht im Eintritt des Leitgitters, sondern in demjenigen des Laufgitters erreichen läßt und die dafür errechnete innere und äußere Kanalbegrenzung durch Kegelmäntel im Leitrad- und Zylinder im Laufradabschnitt annähert. Da die gesamte Betrachtungsweise aber sowieso konstante Strömungsparameter in radialer Richtung voraussetzt, wie sie nur bei den im Gasturbinenbau seltenen im Verhältnis zum Turbinendurchmesser kurzen Schaufeln auftreten, sei hierauf nicht weiter eingegangen. Wir wenden uns als weitaus wichtigerer — auch bei langen Schaufeln möglicher — Methode zur Steuerung der Reaktionsgradverteilung der Schrägstellung der Leitschaufeln zu. Es geht dabei um den Einfluß des Faktors K_γ in Gl. (4.57) bzw. Gl. (4.57a). Welche praktische Bedeutung ihm beizumessen ist, zeigt eine Arbeit von Deitsch und Filippow [*108*].

Die genannten Autoren befassen sich ausführlich mit Gl. (4.57). Allerdings geben sie dieser die gleichzeitig vereinfachte und erweiterte Form

$$\mathfrak{r}_\delta = 1 - (1 - \mathfrak{r}_{\delta i}) \left(\frac{r_i}{r}\right)^{2K\cos^2\alpha} K_\varepsilon K_\gamma K_R \left(\frac{\varphi_i}{\varphi}\right)^2.$$

Infolge Verwendung des auf den Gesamtzustand vor der Turbine bezogenen Reaktionsgrades $\mathfrak{r}_\delta$ (s. Abschn. 4.13) kommt der Faktor

$$\left(1 + \frac{c_0^2/2}{i_0 - i_{2s}}\right)$$

in Fortfall. Als Bezugswerte sind nicht diejenigen des Mittelschnittes, sondern die des Innenradius gewählt. Der Reibung wird durch Einführung der Geschwindigkeitszahl φ Rechnung getragen. Außer den Faktoren K_γ und K_R tritt hier noch der die Meridianstromlinienneigung berücksichtigende Faktor K_ε auf. Dabei ist K_γ mit dem Wert nach Gl. (4.57α) bzw. (4.57β) identisch. K_R wurde aus Gl. (4.57γ) unter der sehr speziellen Annahme, daß der Strömungskanal im Meridianschnitt innen durch eine Gerade $r_i = \text{const}$ und außen durch einen zur Drehachse der Turbine hin konvexen Kreisbogen vom Radius R_a gebildet wird, zu

$$K_R = e^{\frac{(r-r_i)^2}{R_a h}\sin^2\alpha}$$

berechnet. Für K_ε wurde der Ausdruck

$$K_\varepsilon = 1 + \sin^2\alpha \tan^2\varepsilon$$

gefunden, wo $\varepsilon = f(r)$ entsprechend dem Stromlinienbild der Stufe einzusetzen ist. Im einfachsten Fall kann dieser Winkel auch von der Neigung der Innenbegrenzung zur Neigung der Außenbegrenzung des Strömungskanals hin linear verlaufend angenommen werden.

Über diese Besonderheiten hinaus ist in der Formel für $\mathfrak{r}_\delta$ noch ein Korrekturfaktor K eingeführt, der alle Abweichungen der wirklichen Strömung von den der Rechnung zugrunde liegenden Annahmen (wirklicher radialer Verlauf von R und ε, durch φ nicht erfaßte Grenzschichteinflüsse, Abweichungen von der Rotationssymmetrie der Strömung, Rückwirkungen vom Laufrad usw.) berücksichtigen soll. Er muß experimentell bestimmt werden. Bei Stufen mit $r_i/r_a \geqq 0{,}78$ kann $K = 1{,}3 \cdots 1{,}4$, bei solchen mit $r_i/r_a < 0{,}78$ dagegen $K = 1{,}5 \cdots 1{,}7$ angenommen werden.

Einen Eindruck von der praktischen Auswirkung der Schaufelschrägstellung auf den Reaktionsgradverlauf vermittelt Bild 4.43c. Hier wurde der Unterschied Δr_δ der Reaktionen im Außen- und Innenschnitt der Stufe über dem Winkel γ nach Versuchen der sowjetischen Autoren an vier verschiedenen Leitgittern mit $\gamma = -20°$, $-8°$, 0 und 20° dargestellt. Die übrigen Kenndaten der Gitter sind übereinstimmend $\alpha_1 = 15°$, $r_{1i}/r_{1a} = 0{,}79$, $h_1/b = 0{,}93$, $t_1/b = 0{,}8$, $r_M = 200$ mm und $b = 51{,}5$ mm. Mit zunehmender Neigung der Schaufeln in Drehrichtung des Rotors (positive γ) verringert sich Δr_δ. Bei $\gamma \approx 25°$ wird die Reaktionsgraddifferenz Null, d. h. konstante Reaktion über der Schaufelhöhe erreicht. Neigung der Schaufeln entgegen der Drehrichtung (negative γ) vergrößert die Reaktionsgraddifferenz, da dann die Radialkomponente der Schaufelkraft nach außen wirkt und den Druckanstieg hinter dem Leitrad verstärkt. Wie die eingetragene gestrichelte Linie zeigt, wird dieses Verhalten von der Theorie gut wiedergegeben.

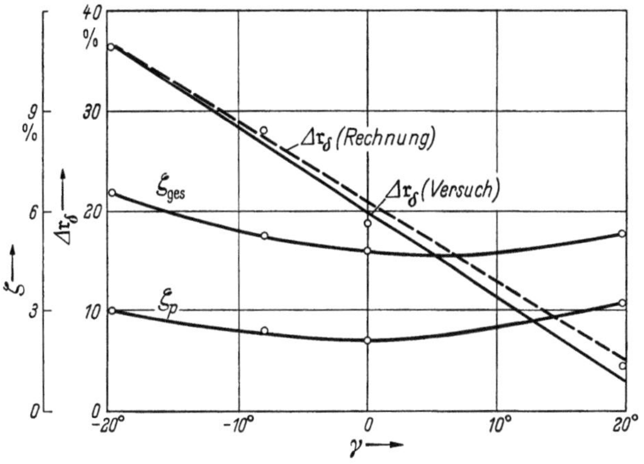

Bild 4.43c Einfluß der Leitschaufelneigung auf Reaktionsgradverlauf und Stufenverlust (nach Deitsch und Filippow [*108*])

Es ist also durchaus möglich, mit Hilfe der hier angegebenen Methode der Schaufelneigung in einfacher Weise Turbinenstufen mit konstanter Reaktion zu erhalten. Praktisch wird man aber den Ausgleich des Reaktionsgrades nicht so weit treiben, da dann — von den Schwierigkeiten der Konstruktion wenig verwundener Laufschaufeln ganz abgesehen — kein axialer Austritt der Strömung längs der gesamten Kanalhöhe mehr bestehen kann. Es fehlt die nach außen zunehmende Relativgeschwindigkeit w_2, welche der in dieser Richtung ebenfalls steigenden Umfangsgeschwindigkeit u_2 angepaßt ist. Komponenten c_u der Strömung hinter der Stufe sind aber im allgemeinen gleichbedeutend mit einer Wirkungsgradeinbuße. Außerdem führen große Neigungswinkel zu einem wesentlichen Anwachsen der Profilverluste des Leitgitters (s. Kurve ζ_p in Bild 4.43c) durch Veränderung des für die Strömungsumlenkung wirksam werdenden Profils. Mit Einbeziehung der Endverluste, die bei positiven γ innen abgebaut und außen vermehrt werden (bei negativen γ umgekehrt!), verschiebt sich zwar das Minimum der Verlustkurve (s. Linie ζ_{ges} in Bild 4.43c) nach $\gamma \approx 6°$, doch haben wir bis zum Erreichen konstanter Reaktion wieder ein Ansteigen der Gesamtverluste zu verzeichnen. Um dieses zu vermeiden, wird vorgeschlagen, die Meridianprofilierung mit der Schaufelneigung zu kombinieren. Es ist dann möglich, mit mäßiger Profilierung der Kanalaußenwand und geringerer Schaufelneigung bei praktisch unveränderten Leitgitterverlusten etwa konstante Reaktion über der Schaufelhöhe zu erreichen.

Die unterschiedliche Wirkung der Leitschaufelneigung in oder entgegen der Drehrichtung des Rotors auf die Endverluste legt es im übrigen nahe, an Stelle gerader Leitschaufeln gekrümmte mit positivem γ am Fuß und negativem γ am Kopf zu verwenden. In der Tat läßt sich mit $\gamma_F = 30°$ und $\gamma_K = -15°$ der Gesamtverlustkoeffizient bei einer Größenordnung von $\zeta_{ges} = 6 \cdots 8\%$ um $1{,}5 \cdots 2\%$ senken [*109*]. —

Wir haben bei den Untersuchungen in diesem Abschnitt recht brauchbare Einsichten gewonnen, mit denen wir in der Lage sind, das zulässige Nabenverhältnis abzuschätzen oder Maßnahmen zu ergreifen, um den Reaktionsgradunterschied und damit auch das zulässige Nabenverhältnis zu verringern. Es mußten dabei einige Vernachlässigungen und Idealisierungen vorgenommen werden. Eine sichere Bestimmung der wirklichen Verhältnisse in der dreidimensionalen Turbinenströmung wird nur durch die Mehrschnittrechnung erreicht. Für die Durchführung dieser Rechnung wenden wir uns nun den radial veränderlichen Einflußgrößen zu.

4.22 Temperaturverteilung vor der Turbine

Im Gegensatz zur Dampfturbine hat die Gasturbine normalerweise kein konstantes Temperaturfeld vor dem ersten Leitrad. Die Temperatur ändert sich teils gewollt, nämlich in radialer Richtung, teils ungewollt, nämlich in Umfangsrichtung.

Grundsätzlich ergibt sich das Temperaturfeld aus der Anordnung und Konstruktion der Brennkammern, die bei modernen Triebwerken zur Erzielung von möglichst gleichförmiger Temperatur in Umfangsrichtung zu einem zusammenhängenden Ringraum vereinigt sind. Völlige Kreissymmetrie der Strömung würde natürlich bedeuten, daß auch der Kraftstoff ringförmig eingespritzt wird, wobei die Verbrennungsluft von innen und außen zugeführt werden muß. Auf diese Weise ist aber eine Zerstäubung des Kraftstoffes und die notwendige intensive Heranbringung der Verbrennungsluft schwer möglich. Infolgedessen zieht man die Kraftstoffeinspritzung durch einzelne Düsen, wie sie schon vor Einführung der Ringbrennkammer üblich war, vor und vereinigt lediglich die Brennräume

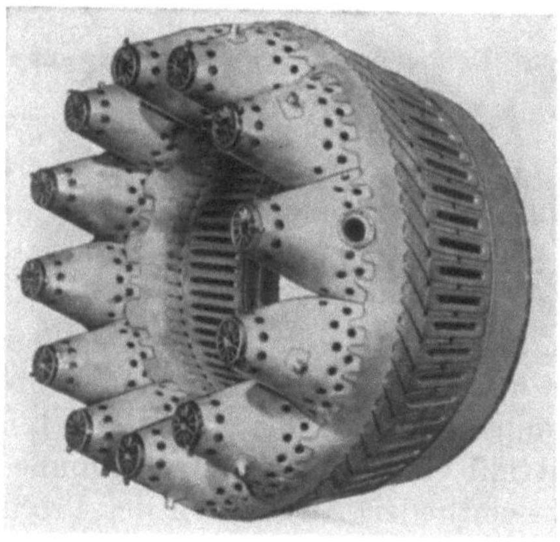

Bild 4.44 Brennkammer der Strahlturbine 014 des VEB Entwicklungsbau Pirna

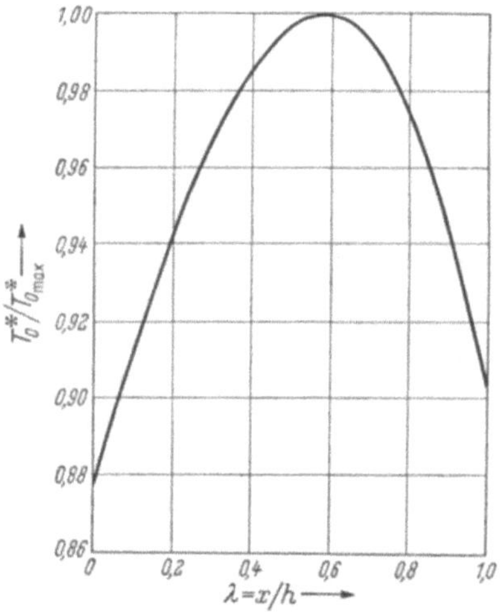

Bild 4.45 Temperaturverteilung vor der Turbine

hinter den gleichmäßig auf dem Umfang verteilten Düsen zu einem gemeinsamen Ringraum. Diese Ausführung zeigt z. B. die Brennkammer der Strahlturbine 014 des VEB Entwicklungsbau Pirna (s. Bild 4.44). Der von jeder Düse eingespritzte Kraftstoff bildet dabei einen Kegelmantel, der von der zur Verbrennung dienenden Primärluft eingehüllt wird. Auf diese Weise entsteht hinter den einzelnen Düsenköpfen ein Flammenkern mit Temperaturen bis 2300 °K, der durch nachfolgende Beimischung der als Sekundärluft bezeichneten Restmenge des Luftdurchsatzes auf die Solltemperatur vor der Turbine gebracht wird. Dabei strebt man durch entsprechende Anordnung und Größe der die Sekundärluft zuführenden Taschen — in Bild 4.44 sind ihre Eintrittsöffnungen am hinteren Teil der Kammer deutlich zu sehen — eine ganz bestimmte Temperaturverteilung in radialer Richtung an.

Die Temperatur soll am Innen- und Außenradius des Kanals niedrig sein. Um die Schaufelfüße und die Turbinenscheiben zu schützen, wird sogar noch ein Kaltluftschleier am Innenradius vor der Turbine zugeführt. Ein entsprechender Kaltluftschleier am Außenradius soll die Kanalaußenwand vor zu hohen Temperaturen bewahren. Auf diese Weise werden zu starke Wärmeausdehnungen der Außenwand und damit verbundene große

Radialspalte an den Schaufelköpfen vermieden. Das bedeutet, daß die Temperaturverteilung im Kanalinnern ein Maximum besitzt, das natürlich auf einen Radius gelegt wird, der nicht mit dem Radius höchster Laufschaufelspannung zusammenfällt. Zweckmäßigerweise wird man also die Höchsttemperatur etwas außerhalb des mittleren Stromfadens legen, da die höchsten Spannungen in der Nähe des Schaufelfußes auftreten.

Berücksichtigen wir die genannten Gesichtspunkte, so erhalten wir die für Gasturbinen von Flugtriebwerken typische radiale Temperaturverteilung vor der Turbine, wie sie etwa Bild 4.45 zeigt. Es ist die örtliche Gesamttemperatur T_0^*, bezogen auf die maximale Gesamttemperatur $T_{0\,\max}^*$ des Temperaturprofiles, über der dimensionslosen Erstreckung $\lambda = x/h$ der Schaufel aufgetragen. Das Maximum liegt etwas unterhalb von 60% der Kanalhöhe.

Obwohl wir uns jetzt in erster Linie mit dieser Temperaturverteilung in radialer Richtung zu befassen haben, sei noch kurz auf die Veränderlichkeit in Umfangsrichtung eingegangen. Wegen der Verwendung von Einzelbrennern an Stelle eines wirklichen Ringbrenners haben wir hinter jeder Düse stromabwärts eine schwächere und zwischen je zwei Düsen eine stärkere Kraftstoffkonzentration. Einmal liegen wir auf der Achse eines Kraftstoffkegelmantels, das andere Mal hinter der ,,Berührungsstelle" zweier Kegel. Dementsprechend befindet sich hinter jeder Düse ein Temperaturminimum, dazwischen ein Maximum. Es wird nun durch entsprechende Führung der Sekundärluft versucht, hier auszugleichen. Trotzdem kommen sehr leicht größere periodische Temperaturschwankungen in Umfangsrichtung zustande.

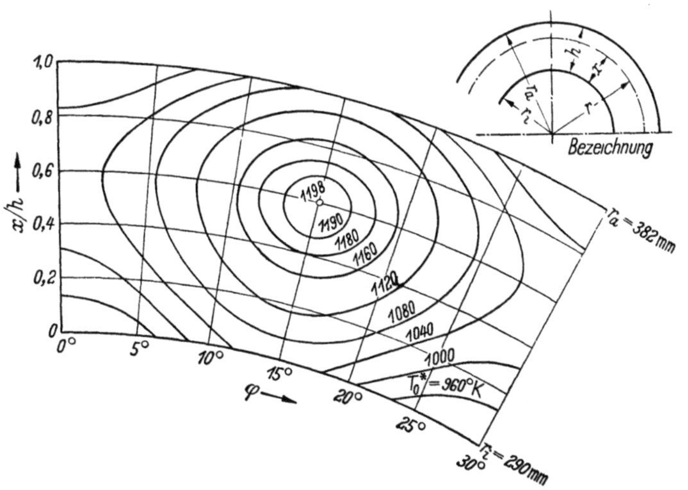

Bild 4.46 Theoretisches Temperaturfeld vor der Turbine ($\varphi = 0°$ und 30°: Mitten zweier benachbarter Brennköpfe)

Nehmen wir einmal an, daß die in radialer Richtung — also in Bild 4.45 — gemittelte Temperatur $\overline{T_0^*}$ in Umfangsrichtung mit der Amplitude ΔT um einen Mittelwert $\overline{\overline{T_0^*}}$ schwankt und daß diese Schwankung nach einer Kosinusfunktion verläuft, so kann man bei z_B Brennköpfen schreiben

$$\overline{T_0^*} = \overline{\overline{T_0^*}} - \Delta T \cos (z_B \varphi) .$$

Hier ist φ der Zentriwinkel mit dem Scheitel in der Brennkammerachse und gerechnet von der Mitte einer Düse aus. Diese Funktion legt dann zusammen mit der durch Bild 4.45 gegebenen Radialverteilung das gesamte Temperaturfeld vor der Turbine fest. Beispielsweise ergibt sich für $\overline{\overline{T_0^*}} = 1073\,°\mathrm{K}$, $\Delta T = 80$ grd und $z_B = 12$ als Feld zwischen zwei Brennern die in Bild 4.46 wiedergegebene Verteilung. Die Höchsttemperatur wird in der Mitte des Feldes erreicht. Von dort fällt sie nach allen Seiten entsprechend den eingetragenen Linien $T_0^* = \text{const}$ ab. Dieses Bild wiederholt sich zwölfmal längs des Umfanges. Es schwankt also die Temperatur auf jedem Radius mit der gleichen Periode und Phase, aber zwischen anderen Extremwerten.

Die Darstellung ist idealisiert, gibt aber die Verhältnisse in wirklichen Brennkammern gut wieder. Sie kann auch für Strahltriebwerke mit einzelnen Rohrbrennkammern zugrunde gelegt werden, wie Bild 4.47 beweist. Hier ist die Temperaturverteilung vor der Turbine für den auf ein Rohr entfallenden Ringabschnitt nach einer englischen Messung [28] gezeigt. Der einzige, für unsere Betrachtung aber unwesentliche Unterschied liegt darin, daß sich das Maximum der Temperatur hier auf der Rohrachse, also hinter der Düse, und nicht stromabwärts zwischen zwei Düsen befindet wie bei der vorher betrachteten Konstruktion. Die Durchmischung der Primärluft mit der Sekundärluft ist auf der Rohrachse schwieriger als in den Außenbezirken des Rohres.

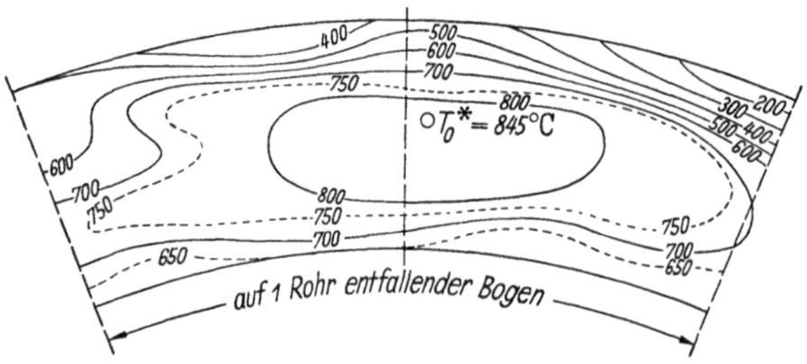

Bild 4.47 Gemessene Austrittstemperaturverteilung einer Rohrbrennkammer (nach BAXTER [28])

Bei einem periodischen Temperaturfeld berechnet sich der Gasdurchsatz durch das Doppelintegral

$$\dot{m} = \int_0^{2\pi} \int_{r_i}^{r_a} c_a \varrho r \, dr \, d\varphi ,$$

wobei Axialgeschwindigkeit und Dichte des Gases von den Polarkoordinaten r und φ abhängen. Bezeichnen wir den Gasdurchsatz, der auf einen Kanalquerschnittssektor des infinitesimalen Zentriwinkels $d\varphi$ entfällt, mit $\dot{m}_r$, so läßt sich schreiben

$$\frac{\partial \dot{m}}{\partial \varphi} = \int_{r_i}^{r_a} c_a \varrho r \, dr = \dot{m}_r .$$

Diese spezifische Größe schwankt ebenfalls in Umfangsrichtung, wobei gleichzeitig ein mit derselben Periode veränderlicher statischer Druck in den Ebenen zwischen den Leit- und Laufradgittern auftritt.

Die Rechnung[1] liefert für das in Bild 4.46 dargestellte Temperaturfeld bei einem Anfangsdruck $p_0^* = 6{,}7 \cdot 10^5$ N/m² und dem inneren Gefälle $H_i^* = 2{,}49 \cdot 10^5$ J/kg Schwankungen des $\dot{m}_r$ von $\pm 3{,}3\%$ und des statischen Druckes von ± 4900 N/m². Noch wichtiger ist aber, daß damit auch eine in Umfangsrichtung mit der Periode der Brennkammerteilung nach Richtung und Größe veränderliche relative Anströmgeschwindigkeit der Laufräder verknüpft ist. Die Schwankung der Geschwindigkeitsgröße beträgt $\pm 10\%$ und erreicht damit die Größenordnung der in Abschn. 4.17 behandelten Störungen durch die Nachläufe der stromaufliegenden Leitschaufeln.

Mit den Geschwindigkeitsschwankungen vor den Laufschaufeln ist der gleiche induzierte Verlust durch Zirkulationsschwankungen verbunden wie durch die Nachläufe. Dieser läßt sich allerdings nicht gesondert berechnen. Die längerperiodische von der Brennkammer herrührende Schwankung überlagert sich der kürzerperiodischen vom Leitkranz. Damit folgen die abgehenden Wirbelreihen nicht mehr einem einfachen Kosinusgesetz, sondern zeigen das Bild einer zusammengesetzten Schwingung, für das auch die KELLERsche Lösung nicht mehr gilt.

[1] s. Diplomarbeit von M. HULTSCH, TU Dresden, 5. 3. 58.

Im allgemeinen verlangen wir nun von der Brennkammer, daß eine in Umfangsrichtung veränderliche Temperatur vor der Turbine nicht vorhanden ist. Wir können uns daher im weiteren ausschließlich mit der radialen Veränderlichkeit nach Bild 4.45 beschäftigen. Die dort gegebene dimensionslose Darstellung des Temperaturprofils vor der Turbine ermöglicht eine rasche Anpassung der Temperaturverteilung an eine geforderte mittlere Gesamttemperatur $\overline{T_0^*}$, was im folgenden gezeigt werden soll.

Wir bemerken hier, daß die überstrichenen Größen wie $\overline{T_0^*}$ nunmehr als Kennwerte der Mittelschnittrechnung den nicht überstrichenen örtlichen Werten der Mehrschnittrechnung gegenübergestellt werden. Dabei werden die Mittelwerte bewußt durch einen Querstrich an Stelle des Index M gekennzeichnet, um zu betonen, daß sie zwar für den Mittelschnitt r_M angesetzt werden, aber nicht mit den örtlichen Werten auf diesem Radius übereinstimmen. Ihre Bedeutung liegt in erster Linie darin, daß sie zusammen mit dem gesamten Gasdurchsatz $\dot{m}$ die Arbeit der Turbine in gleicher Weise beschreiben wie das Integral der örtlichen Werte in Verbindung mit den Elementen $d\dot{m}$. Insbesondere muß der Energieinhalt der Gesamtströmung, ausgedrückt in Größen der Mittelschnittrechnung, gleich der Summe der Energieinhalte der einzelnen differentiellen Stromringe sein, also

$$\dot{m}\,\overline{i_0^*} = \int_{\dot{m}} i_0^*\, d\dot{m}$$

oder

$$\dot{m}\,\overline{c_p}\,\overline{T_0^*} = \int_{\dot{m}} c_p T_0^*\, d\dot{m}\,.$$

Innerhalb des Temperaturbereiches der vor der Turbine angenommenen Verteilung kann man die spezifische Wärme als konstant ansehen, so daß sie aus der letzten Gleichung herausfällt. Berechnet man nun das Durchsatzelement $d\dot{m}$ mit Hilfe der Geschwindigkeit c_0 und der Dichte ϱ_0 des Gases vor der Turbine, so wird

$$\dot{m}\,\overline{T_0^*} = 2\pi \int_{r_i}^{r_a} T_0^*\, c_0 \varrho_0 r\, dr\,. \tag{4.58}$$

Die Integration kann auf der rechten Seite ausgeführt werden, wenn das Produkt $c_0\varrho_0 = f(r)$ längs des Radius bekannt bzw. durch eine vorgegebene Geschwindigkeitsverteilung bestimmbar ist. Meistens ist das jedoch nicht der Fall, und man hat für diese Funktion eine Annahme zu treffen. Als solche empfiehlt sich die Voraussetzung

$$c_0\varrho_0 = \text{const}\,. \tag{4.59}$$

Wir legen also das Gesetz des konstanten Massenstromes zugrunde. Was bedeutet das für die Geschwindigkeit c_0?

Da wir den statischen Druck vor der Turbine längs des Radius als unveränderlich betrachten können (drallfreie Zuströmung zum ersten Leitrad), ist auf Grund der Zustandsgleichung des Gases

$$\varrho_0 = \frac{p_0}{R T_0} = \frac{\text{const}}{T_0}\,. \tag{4.60}$$

Führt man diesen Ausdruck in Gl. (4.59) ein, so erhält man für die Eintrittsgeschwindigkeit in die Turbine

$$c_0 = \text{const}\; T_0\,.$$

Die Geschwindigkeit ist der statischen Temperatur T_0 direkt proportional. Sie hat wie diese ein Profil, das seinen Höchstwert in der Kanalmitte erreicht und nach der Innen- und Außenwand hin abfällt. Mit der Annahme (4.59) ergibt sich also eine Geschwindigkeitsverteilung, welche die richtige Tendenz hat.

Setzen wir nun

$$c_0\varrho_0 = \overline{c_0\varrho_0} = \frac{\dot{m}}{F_0}, \tag{4.61}$$

so liefert Gl. (4.58)

$$\overline{T_0^*} = \frac{2\pi}{F_0}\int_{r_i}^{r_a} T_0^* r\,dr.$$

Die mittlere Gesamttemperatur ergibt sich demnach durch eine Mittelung über der Querschnittsfläche des Strömungskanals.

Um die letzte Gleichung weiter zu entwickeln, drücken wir die Kreisringfläche F_0 durch den mittleren Radius r_m und die Kanalhöhe (Schaufellänge) h aus:

$$F_0 = 2\pi r_m h.$$

Weiter führen wir an Stelle des Koordinate r den dimensionslosen Abstand $\lambda = x/h$ vom Kanalinnenradius durch die Beziehung

$$r = r_m - \frac{h}{2} + \lambda h \qquad \text{mit } 0 \leqq \lambda \leqq 1$$

ein. Dann erhält man für die mittlere Gesamttemperatur

$$\overline{T_0^*} = \frac{1}{r_m}\int_0^1 T_0^*\left(r_m - \frac{h}{2} + \lambda h\right) d\lambda.$$

Dividiert man noch beide Seiten durch den Maximalwert $T_{0\max}^*$ des Temperaturprofils und spaltet das Integral nach den Potenzen des Integranden in λ, so wird

$$\frac{\overline{T_0^*}}{T_{0\max}^*} = \left(1 - \frac{1}{2}\frac{h}{r_m}\right)\int_0^1 \frac{T_0^*}{T_{0\max}^*}\,d\lambda + \frac{h}{r_m}\int_0^1 \frac{T_0^*}{T_{0\max}^*}\,\lambda\,d\lambda.$$

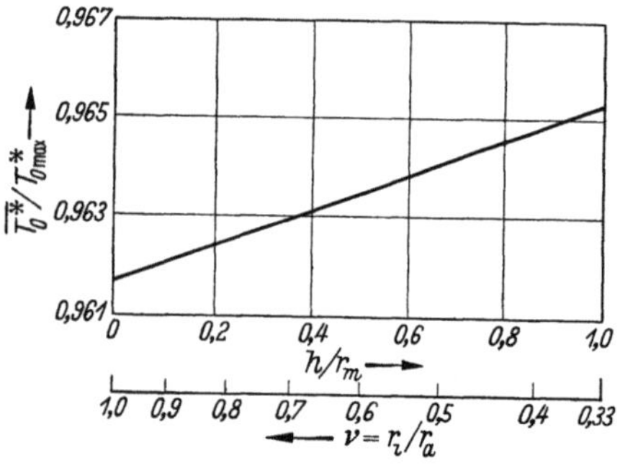

Bild 4.48 Zusammenhang zwischen mittlerer und maximaler Gesamttemperatur vor der Turbine

Hier lassen sich die beiden bestimmten Integrale sofort für die Temperaturverteilung nach Bild 4.45 graphisch berechnen, so daß das Verhältnis der Mitteltemperatur zur Maximaltemperatur eine lineare Funktion von h/r_m mit bekannten Koeffizienten ist. Sie ist in Bild 4.48 dargestellt. Dabei wurde die Abszissenachse zur besseren Veranschaulichung der geometrischen Verhältnisse noch zusätzlich mit einer Skala für das Nabenverhältnis

$$\nu = \frac{r_i}{r_a} = \frac{r_m - \frac{h}{2}}{r_m + \frac{h}{2}} = \frac{1 - \frac{1}{2}\frac{h}{r_m}}{1 + \frac{1}{2}\frac{h}{r_m}}$$

versehen.

Die gefundene lineare Beziehung ist für die Verbindung von Mittel- und Mehrschnittrechnung sehr nützlich. Sind z. B. die Kanalhöhe h und der mittlere Eintrittsradius r_m der Turbine festgelegt, so kann man zur vorgegebenen Mitteltemperatur $\overline{T_0^*}$ sofort nach Bild 4.48 die Maximaltemperatur $T_{0\max}^*$ bestimmen und somit nach Bild 4.45 die zugehörige, von der Brennkammer zu verwirklichende Temperaturverteilung längs des Radius aufzeichnen. Bei der hier gewählten dimensionslosen Verteilungsfunktion ergibt sich für eine mittlere Gesamttemperatur von beispielsweise 1100 °K zwischen der Temperatur am Innenradius und dem Maximalwert ein Unterschied von der Größenordnung 140 grd.

Nachdem die Abhängigkeit $T_0^* = f(r)$ gefunden ist, fehlt noch der Gesamtdruck p_0^* als Funktion des Radius, um den Anfangspunkt der Expansion in der Turbine für jeden Stromfaden festzulegen. Da wir den statischen Druck p_0 als konstant vorausgesetzt hatten, muß sich ja p_0^* mit c_0 ändern. Einerseits folgt nun aus Gl. (4.60) und Gl. (4.61)

$$c_0 = \frac{\dot{m}}{F_0} \frac{R}{p_0} T_0;$$

andererseits ist auf Grund des Zusammenhanges zwischen statischer und Gesamttemperatur

$$T_0 = T_0^* - \frac{c_0^2/2}{c_p}.$$

Wir haben ein System von zwei Gleichungen mit zwei Unbekannten erhalten, das ohne Schwierigkeit nach c_0 und T_0 aufgelöst werden kann. Damit lassen sich die örtlichen Gesamtdrücke aus dem statischen Druck berechnen. Gleichzeitig ist die Funktion $T_0 = f(r)$ ermittelt.

Das erhaltene Ergebnis wird im i,s-Diagramm durch Bild 4.49 veranschaulicht. Es sind dort die örtlichen Gaszustände vor der Turbine an Fuß, Mittelschnitt und Kopf der Leitschaufel zusammen mit den Werten der Mittelschnittrechnung eingetragen. Während die statischen Zustände auf einer Isobaren liegen, ist das für die Gesamtzustände nicht mehr der Fall. Der Gesamtdruck im Mittelschnitt liegt über, derjenige an Fuß und Kopf der Schaufel unter demjenigen $\overline{p_0^*}$ der Mittelwertbetrachtung. Allerdings hat die Abweichung im allgemeinen nur die Größenordnung von 1000 N/m², so daß man unter Umständen auf die Bestimmung von c_0 und T_0 verzichten und mit dem konstanten Gesamtdruck $\overline{p_0^*}$ arbeiten kann.

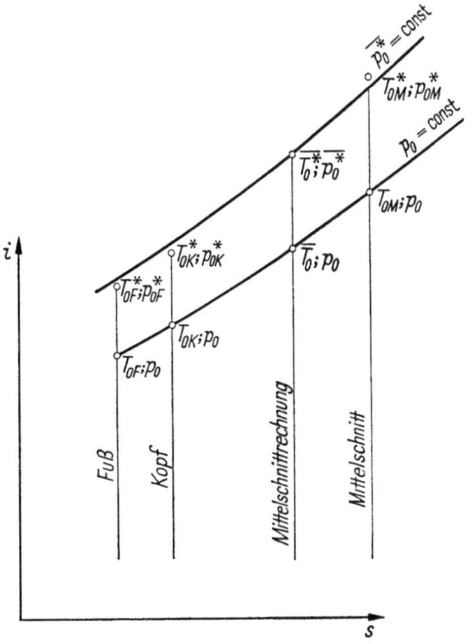

Bild 4.49 Die örtlichen Gaszustände vor der Turbine

Um die Expansion des Gases auf den einzelnen Stromfäden durch die Turbine verfolgen zu können, benötigt man nun von Gitter zu Gitter die wirklichen, örtlich auftretenden Schaufelverluste.

4.23 Die Geschwindigkeitszahlen φ und ψ

Im vorangehenden Abschnitt haben wir den Zusammenhang zwischen der mittleren Gesamttemperatur $\overline{T_0^*}$ und den örtlichen Werten $T_0^* = f(r)$ hergestellt. Dabei war $\overline{T_0^*}$ eine frei vorgebbare, normalerweise durch die thermodynamische Auslegung des Triebwerks bestimmte und von der besonderen Eigenart der Turbine unabhängige Größe. Anders ist es bei den die Strömungsverluste in Leit- und Laufrad kennzeichnenden Beschaufelungsbeiwerten. Auch hier ist die Verbindung von den nunmehr als $\bar{\varphi}$ und $\bar{\psi}$ bezeichneten Werten der Mittelschnittrechnung zu den radial veränderlichen Zahlen φ bzw. $\psi = f(r)$ zu suchen. Darüber hinaus ist aber zu klären, in welcher Weise die überstrichenen und die ungestrichenen Größen von den Parametern und Arbeitsbedingungen der Schaufelgitter abhängen. Diese Frage wurde bei der Behandlung der Mittelschnittrechnung noch offengelassen, da die Betrachtung der Einflußfaktoren von $\bar{\varphi}$ und $\bar{\psi}$, isoliert von φ und ψ, unzweckmäßig ist.

4.231. Mittelwertbildung

Bekanntlich stellt die Geschwindigkeitszahl das Verhältnis der wirklich im Kanalaustritt vorhandenen Strömungsgeschwindigkeit zur isentrop möglichen dar. Dieses Verhältnis kann auf die mittlere Geschwindigkeit $\dot{V}/F$ mit $\dot{V}$ als sekundlichem Gasvolumen und F als engstem Kanalquerschnitt bezogen sein, so daß wir es als Mittelwert betrachten müssen. In dieser Form wird es in der Mittelschnittrechnung verwendet. Es kann aber auch für jeden Radius gebildet werden und liefert dann — von Änderungen in Umfangsrichtung wird zunächst abgesehen — die örtliche Geschwindigkeitszahl. Sie ist für die Expansion längs des zugehörigen Stromfadens der Meridianebene in Rechnung zu stellen. Natürlich müssen die mittlere und die örtlichen Geschwindigkeitszahlen den gleichen Gitterverlust ergeben, also etwa für ein Leitrad

$$(1 - \overline{\varphi}^2)\,\overline{h}_c \dot{m} = \int_{\dot{m}} (1 - \varphi^2)\, h_c\, d\dot{m}$$

mit

$$h_c = \frac{c_{1s}^2}{2},$$

wo die Integration in der Austrittsebene des Gitters (Index 1) durchgeführt wird. Durch Ausmultiplizieren erhält man dann

$$\overline{h}_c \dot{m} - \overline{\varphi}^2\, \overline{h}_c \dot{m} = \int_{\dot{m}} h_c\, d\dot{m} - \int_{\dot{m}} \varphi^2 h_c\, d\dot{m}.$$

Beachten wir nunmehr, daß

$$\overline{h}_c \dot{m} = \int_{\dot{m}} h_c\, d\dot{m} \tag{4.62}$$

ist — auch die umgesetzte Energie muß von der speziellen Betrachtungsweise unabhängig sein —, so ergibt sich

$$\overline{\varphi}^2\, \overline{h}_c \dot{m} = \int_{\dot{m}} \varphi^2 h_c\, d\dot{m}. \tag{4.63}$$

Mit Hilfe der Kontinuitätsgleichungen

$$\dot{m} = F_1 \overline{c_{1a}\varrho_1} \tag{4.64}$$

und

$$d\dot{m} = 2\pi r_1 c_{1a}\varrho_1\, dr_1$$

läßt sich Gl. (4.63) auf die Form

$$\overline{\varphi}^2 = \frac{2\pi}{F_1} \int_{r_{1i}}^{r_{1a}} \varphi^2 \frac{h_c}{\overline{h}_c} \frac{c_{1a}\varrho_1}{\overline{c_{1a}\varrho_1}}\, r_1\, dr_1$$

bringen.

Infolge des Temperaturprofils vor der Turbine und des Druckgradienten hinter dem Leitrad ist das isentrope h_c längs des Radius veränderlich. Es schwankt um seinen durch Gl. (4.62) definierten Mittelwert $\overline{h}_c$. Das Verhältnis $h_c/\overline{h}_c$ ist demnach eine Funktion, die im Integrationsintervall in gleichem Maße Werte unter und über 1 annimmt. Dieselbe Feststellung gilt für das Produkt $c_{1a}\varrho_1$, nur mit dem unwesentlichen Unterschied, daß seine Veränderlichkeit zusätzlich noch durch die Reibung beeinflußt ist. Auch $c_{1a}\varrho_1/\overline{c_{1a}\varrho_1}$, wo der Nenner durch die Gl. (4.64) bestimmt wird, ist eine um den Wert 1 schwankende Funktion. Wir dürfen den Einfluß dieser Funktionen auf das zuletzt geschriebene Integral daher vernachlässigen. Die durch sie an der einen Stelle bewirkte Vergrößerung des Integranden wird durch seine Verringerung an anderer Stelle näherungsweise kompensiert. Infolgedessen läßt sich schreiben

$$\overline{\varphi}^2 \approx \frac{2\pi}{F_1} \int_{r_{1i}}^{r_{1a}} \varphi^2 r_1 \, d r_1 . \tag{4.65}$$

Es wird also das Quadrat der Geschwindigkeitszahl einfach über der Kreisringfläche im Austritt aus dem Leitkranz gemittelt.

Eine besonders einfache Form nimmt die Gleichung an, wenn man größere Nabenverhältnisse hat. Dann läßt sich nämlich in

$$\overline{\varphi}^2 \approx \frac{2\pi}{2\pi h} \int_{r_{1i}}^{r_{1a}} \varphi^2 \frac{r_1}{r_{1m}} \, d r_1$$

auch noch r_1/r_{1m} vernachlässigen, da dieser Quotient nun nur relativ wenig — und zwar nach beiden Seiten — von 1 abweicht. Man erhält

$$\overline{\varphi}^2 \approx \frac{1}{h} \int_{r_{1i}}^{r_{1a}} \varphi^2 \, d r_1$$

bzw. mit Einführung der dimensionslosen Variablen $\lambda = x/h$

$$\overline{\varphi}^2 \approx \int_0^1 \varphi^2 \, d \lambda_1 . \tag{4.66}$$

Die letzte Beziehung hat den Vorteil, im Gegensatz zur Gl. (4.65) vom Nabenverhältnis unabhängig zu sein. Für den Geschwindigkeitsbeiwert des nachfolgenden Laufrades schreibt sie sich in analoger Form

$$\overline{\psi}^2 \approx \int_0^1 \psi^2 \, d \lambda_2 .$$

Unser Ziel ist nun, unter Verwendung der vorangehenden Gleichungen eine Darstellung der Geschwindigkeitsbeiwerte zu finden, die gleichzeitig die Bestimmung der mittleren und örtlichen Verlustzahlen für die Leit- und Laufgitter einer Turbine gestattet, so daß die einen für die Mittel-, die anderen für die Mehrschnittrechnung verwendet werden können, ohne daß sich Differenzen in der Turbinenleistung ergeben. Diese Darstellung muß alle Einflußgrößen enthalten, die auf die Geschwindigkeitszahlen einwirken und nicht von vornherein durch Annahme eines Optimalwertes eliminiert werden können. Zunächst verschaffen wir uns einen Überblick über die Gesamtheit der in Frage kommenden Parameter.

4.232. Einflußgrößen

Die Faktoren, welche die Größe der Geschwindigkeitszahlen und damit der Schaufelgitterverluste bestimmen, sind sehr vielgestaltig. Es empfiehlt sich, mit denjenigen zu beginnen, die bereits in der ebenen Gitterströmung — also beim ebenen Schaufelgitter ohne begrenzende Kanalwände — auftreten, und dann diejenigen zu betrachten, die in der vor allem durch Wandeinflüsse hervorgerufenen räumlichen Strömung zusätzlich vorhanden sind. Diese räumliche Strömung wird im allgemeinen ebenfalls am ebenen, aber nunmehr bei endlicher Schaufellänge durchströmten Gitter studiert. Die gewonnenen Ergebnisse, insbesondere die Verlustbeiwerte, können auf das gefächerte axiale Schaufelgitter übertragen werden [*15*].

4.232.1 Ebene Strömung. Die Verluste der ebenen Strömung sind in erster Linie von der Geometrie des Schaufelgitters abhängig. Darunter verstehen wir die Gesamtheit der von Turbine zu Turbine bzw. schon von Stufe zu Stufe zwangsläufig veränderlichen und nicht immer den Bestwerten entsprechenden Parameter (Umlenkung und Hinterkantendicke) und der bei der Mehrheit der Turbinen annähernd optimal verwirklichbaren Faktoren (Schaufelkanal, Teilungsverhältnis und Profilform). Die Umlenkung ist ja durch die Gefällebelastung der Turbinenstufen gegeben, die wieder von übergeordneten Entwurfsprinzipien, insbesondere vom Verwendungszweck der Turbine, abhängt. Die Hinterkantendicke wird durch Festigkeitsgesichtspunkte unter Berücksichtigung der mechanischen und thermischen Verhältnisse bestimmt. Demgegenüber kann der Schaufelkanal bei gegebener Umlenkung durch geeignete Führung der mittleren Kanalgeschwindigkeit in allen Gittern der Turbine meist günstig gewählt werden. Die optimale Teilung ist durch passende Schaufelzahl zu verwirklichen. Die Profilform läßt sich unter Berücksichtigung der beiden vorangehenden Faktoren, mit denen sie in enger Wechselwirkung steht, stets so wählen, daß zu große Übergeschwindigkeiten und Druckanstiege in der Grenzschicht vermieden werden. — In die Geometrie des Schaufelgitters einbeziehen kann man auch noch die Oberflächengüte, also die Profilform im kleinen. Es ist möglich, sie durch entsprechende Bearbeitung der Schaufel ebenfalls auf gleichmäßiger Höhe zu halten.

Neben diesem großen Komplex von Einflußgrößen spielt natürlich noch die REYNOLDS-Zahl und die MACH-Zahl bei der Ermittlung der Geschwindigkeitszahlen eine Rolle.

In diesem Abschnitt soll auf den Einfluß der Umlenkung, der Hinterkantendicke, der REYNOLDS-Zahl und der MACH-Zahl näher eingegangen werden. Die Fragen des Teilungsverhältnisses und der Oberflächengüte sind ja bereits in Abschn. 4.16 behandelt. Auf Schaufelkanal und Profilform wird noch ausführlich im Zusammenhang mit der Schaufelprofilierung eingegangen (s. Abschn. 5.22).

4.232.11 Einfluß der Umlenkung. Begnügt man sich hinsichtlich dieses einen Faktors bei der Geschwindigkeitszahl mit einer Genauigkeit von 0,5 bis 1%, so kann man — wie es jahrzehntelang im Turbinenbau üblich war — die Strömung für ihre Auswirkung auf die Schaufelverluste hinreichend durch den Umlenkwinkel

$$\theta_\alpha = \alpha_0 - \alpha_1 \qquad \text{bzw.} \qquad \theta_\beta = \beta_1 - \beta_2$$

kennzeichnen. Dabei ist aber ausdrücklich aerodynamisch stoßfreie Anströmung des Gitters vorausgesetzt, d. h. α_0 und β_1 sind mit den zum jeweiligen Profilsystem gehörenden Winkeln $\mathring{\alpha}_0$ und $\mathring{\beta}_1$ identisch. Der Energieverlust der Strömung oder besser der Geschwindigkeitsbeiwert φ des Leitrades bzw. ψ des Laufrades hängt dann nur von diesem Winkel θ ab. Eine solche Kurve ist in Bild 4.50 dargestellt. (Sie stellt den Mittelwert der Kurven des Bildes 4.53 dar.) Das Symbol der Geschwindigkeitszahl wurde in der Auftragung im Hinblick auf die in Abschn. 4.232.21 dargelegte besondere Bedeutung des Wertes der ebenen Strömung für die Darstellung des radialen Verlaufes von φ und ψ mit einem Dach versehen. Man erkennt, daß $\hat{\psi}$ mit größer werdender Umlenkung abfällt. Dabei steigt nämlich die Krümmung des Schaufelkanals an, und es wachsen die Verluste infolge zunehmender Dicke der Grenzschicht an den Saugseitenenden der Profile. Ob es sogar zu einem Abreißen der Strömung kommt, hängt weitgehend von dem Druckverlauf längs des Profilrückens in Strömungsrichtung ab.

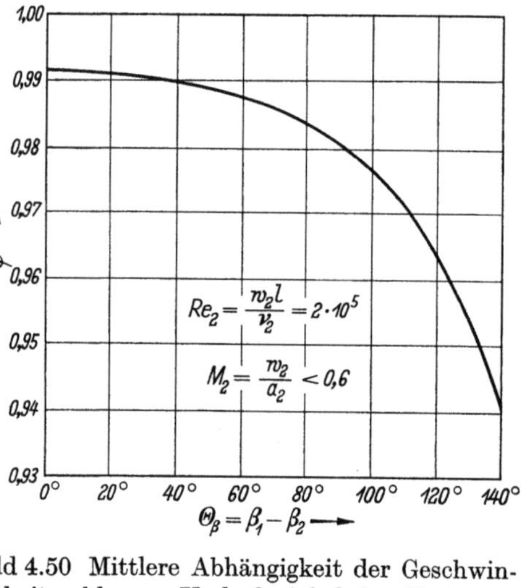

Bild 4.50 Mittlere Abhängigkeit der Geschwindigkeitszahl vom Umlenkwinkel der Strömung bei optimalem Teilungsverhältnis, aerodynamisch stoßfreiem Eintritt, mittlerer REYNOLDS-Zahl und kleiner MACH-Zahl

Gefährliche Druckanstiege in der Grenzschicht werden um so eher vermieden, je stärker die Strömung beschleunigt ist. Infolgedessen liegen die Geschwindigkeitszahlen von Beschleunigungsgittern höher als diejenigen von Gleichdruckgittern. Allerdings ist die stärkere Beschleunigung in einem Gitter im allgemeinen von Nebenumständen begleitet, die wiederum wirkungsgradmindernd sind. Einen Einblick in diese Zusammenhänge erhalten wir, wenn wir Versuchsergebnisse außer nach θ zusätzlich nach dem Beschleunigungswert

$$\mu = \frac{\sin \alpha_0}{\sin \alpha_1} \quad \text{bzw.} \quad \frac{\sin \beta_1}{\sin \beta_2} \tag{4.67}$$

auswerten.

Zunächst ist μ ein reines Strömungsmaß. Unter der hier gemachten Voraussetzung aerodynamisch stoßfreier Anströmung ($\beta_1 = \mathring{\beta}_1$) stellt diese Verhältniszahl aber auch ein Charakteristikum des Gitters dar. Nimmt man nämlich noch die Näherung $\beta_2 \approx \beta_{2\,\text{geom}}$ hinzu, so gilt auch

$$\mu \approx \mathring{\mu} = \frac{\sin \mathring{\beta}_1}{\sin \beta_{2\text{geom}}}. \tag{4.67a}$$

Zur Diskussion der Kennzahl führt man am besten mit Hilfe von $\sin \beta_1 = w_{1a}/w_1$ und $\sin \beta_2 = w_{2a}/w_2$ die Strömungsgeschwindigkeiten ein:

$$\mu = \frac{w_{1a}}{w_1} \frac{w_2}{w_{2a}}.$$

Bei unveränderlicher Axialgeschwindigkeit ($w_{1a} = w_{2a}$) gibt also der Beschleunigungswert direkt das Verhältnis von Austrittsgeschwindigkeit zu Eintrittsgeschwindigkeit des Gitters an. Im Falle des Gleichdruckgitters wird dann $\mu = 1$, während für ein Beschleunigungsgitter (Turbine) $\mu > 1$ und für ein Verzögerungsgitter (Verdichter) $\mu < 1$ gilt (s. Bild 4.51).

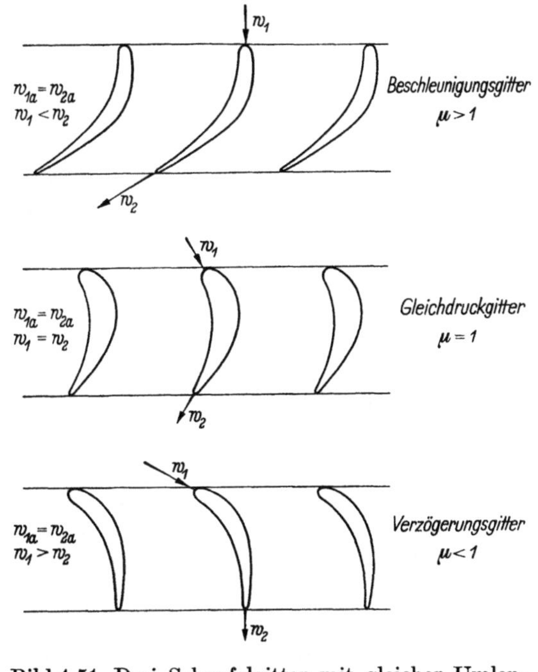

Bild 4.51 Drei Schaufelgitter mit gleicher Umlenkung, aber verschiedenen Beschleunigungswerten

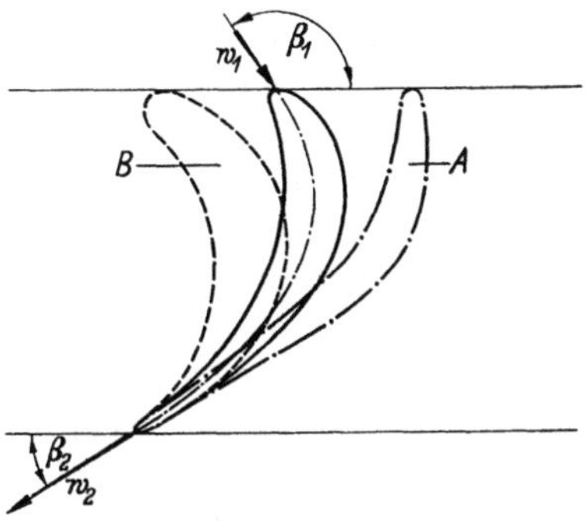

Bild 4.52 Das Turbinenprofil und seine Grenzfälle

Für die Auswertung sind besonders die Messungen von Ainley [18] und seine darauf aufgebaute Interpolationsformel

$$\zeta'_w = \left\{ \zeta'_{w(\beta_1 = 90^\circ)} + \left(\frac{\beta_1 - 90^\circ}{\beta_2 - 90^\circ}\right)^2 \left[\zeta'_{w(\beta_1 = 180^\circ - \beta_2)} - \zeta'_{w(\beta_1 = 90^\circ)}\right] \right\} \left(\frac{d/l}{0{,}2}\right)^{-\frac{\beta_1 - 90^\circ}{\beta_2 - 90^\circ}} \tag{4.68}$$

[30] geeignet. Die letztere bezieht die Verlustziffer

$$\zeta'_w = \frac{1}{\psi^2} - 1 \tag{4.69}$$

für den reinen Profilverlust eines Turbinenschaufelgitters, das stoßfrei unter einem Winkel $\beta_1 > 90°$ angeströmt wird und das Gas unter dem Winkel β_2 austreten läßt, auf die Verlustziffern $\zeta'_{w(\beta_1=90°)}$ und $\zeta'_{w(\beta_1=180°-\beta_2)}$ zweier anderer Gitter (s. Bild 4.52), die die gleiche Abströmrichtung β_2 liefern, deren Profile aber als senkrecht zur Gitterebene angeströmtes Profil A und als Gleichdruckprofil B für Grenzfälle angesehen werden können. Geht man über B hinaus, so bekommt man eine verzögerte Strömung; überschreitet man die Grenze A, so ändert sich der Strömungsverlust nicht mehr. Für $\beta_1 \leqq 90°$ gilt daher an Stelle von Gl. (4.68) einfach

$$\zeta'_w = \zeta'_{w(\beta_1=90°)}.$$

Zur Ermittlung der Verlustziffern der Grenzfälle gibt AINLEY Kurven an, die aus Messungen bei kleiner MACH-Zahl und mittlerer REYNOLDS-Zahl gewonnen wurden. Sie gelten für Turbinenprofile mit einem Dickenverhältnis $d/l = 0{,}2$. Der Umrechnung auf andere Dickenverhältnisse dient der am Ende der Gl. (4.68) stehende Faktor der geschwungenen Klammer. Er ist allerdings bei Gleichdruck- und ihnen nahestehenden Profilen nur gültig im Bereich $0{,}15 < d/l < 0{,}25$. Liegt das Dickenverhältnis außerhalb dieser Grenzen, so sollte der Verlust gleich demjenigen an der benachbarten Grenze angenommen werden. Diese Unterlagen wurden nun zur Berechnung des Bildes 4.53 benutzt.

Es wurden zu verschiedenen β_2 jeweils die minimalen Verlustziffern der Profile A und B, die also optimalem Teilungsverhältnis entsprechen, ausgewählt. β_1 wurde so weit variiert, daß ein ausreichender Bereich für θ_β und μ erhalten wurde. Das Dickenverhältnis wurde für die Beschleunigungsgitter ($\mu > 1$) mit $d/l = 0{,}10$ angesetzt, da die Mittelschnittprofile der Leit- und Laufräder moderner Gasturbinen etwa bei diesem Wert liegen. Im Falle der Gleichdruckprofile ($\mu = 1$), die praktisch nur am Fuß von Laufschaufeln auftreten, wurde berücksichtigt, daß derartige Profile ein mit wachsender Umlenkung zunehmendes Dickenverhältnis besitzen. Es wurde bei $\theta_\beta = 100°$ zu 0,15 angenommen und mit je 20° Zunahme des Umlenkwinkels um 0,01 gesteigert. Nach kleineren Werten von θ_β hin wurde der Verlust für konstant gehaltenes $d/l = 0{,}15$ ermittelt, wie es die Anwendungsbeschränkung der Gl. (4.68) erfordert. Auf diesem Wege konnte ζ'_w und über Gl. (4.69) die Geschwindigkeitszahl ψ berechnet werden. Sie ist in Bild 4.53 als $\hat{\psi}$ über dem Umlenkwinkel θ_β mit dem Beschleunigungswert μ als Parameter dargestellt[1]. Alle Parameterkurven $\mu > 1$ (ausgezogene Linien) enden links auf einer strichpunktierten Kurve, die dem Grenzfall A von Bild 4.52 entspricht. Die Gleichdruckwerte ($\mu = 1$) sind als gestrichelte Kurve eingetragen. Sie stellt den Grenzfall B bei veränderlichem Dickenverhältnis dar.

In einzelnen Kurvenpunkten wurde die zugehörige Zu- und Abströmrichtung durch einen Winkel gekennzeichnet. Man sieht, wie längs der strichpunktierten Kurve bei unveränderlicher Zuströmrichtung β_2 von 90° ausgehend abnimmt und entlang der geschätzten, punktierten Kurvenverlängerung dem Wert $\beta_2 = 0°$ zustrebt. Diese Kurve gilt auch, wenn β_1 kleiner als der gezeichnete Wert 90° ist. Längs der Gleichdruckkurve klappt der doppelte rechte Winkel zu einem immer spitzer werdenden Winkel zusammen, dessen Schenkel symmetrisch zur Gitterebene liegen. Auf den Kurven $\mu \neq 1$ befinden sich die gleichen Winkel wie bei den Punkten $\mu = 1$ derselben Abszisse; die Schenkel sind nur mit wachsendem μ immer stärker nach oben gedreht.

Die Auswertung der AINLEYschen Messungen führt auf einen gewissen Widerspruch an der Stelle $\theta_\beta = 0°$. Hier liefern die strichpunktierte Kurve mit $d/l = 0{,}10$ und die gestrichelte Kurve mit $d/l = 0{,}15$ für das gleiche ungestaffelte und umlenkungsfreie Profilgitter verschiedene Geschwindigkeitsbeiwerte. Diese Diskrepanz verschwindet, wenn man entgegen der AINLEYschen Anweisung die Formel (4.68) auch beim Gleichdruckgitter für Dickenverhältnisse $d/l < 0{,}15$ anwendet. Läßt man dabei von $\theta_\beta = 100°$ aus-

[1] Natürlich ist das Diagramm in gleicher Weise für die Abhängigkeit der Leitkranzgröße $\hat{\varphi}$ von θ_α gültig.

gehend das Dickenverhältnis für jede 20° um 0,01 abnehmen, so ergibt sich die doppeltpunktierte Kurve.

Die Linien des Bildes 4.53 zeigen den bemerkenswerten Umstand, daß zwar die Geschwindigkeitszahlen der Beschleunigungsgitter über denen der Gleichdruckgitter liegen, daß aber bei einer Steigerung des Beschleunigungswertes über 1,5 hinaus bereits wieder eine Verschlechterung dieser Kenngrößen einsetzt. Die Erklärung dürfte darin liegen, daß bei gegebener Umlenkung mit zunehmendem Beschleunigungswert der Austrittswinkel β_2 kleiner wird. Unterschreitet β_2 einen bestimmten Wert, so wachsen die Verluste im Schrägabschnitt infolge mangelnder Führung der Strömung längs des nun sehr langen Saugseitenendes des die konkave Seite des Kanales begrenzenden Profiles stärker an, als sie durch die zunehmende Beschleunigung im vorderen Kanalteil gesenkt werden. Das ist auch der Grund für den nach rechts vonstatten gehenden Abfall der strichpunktierten Kurve (Grenzfall *A*).

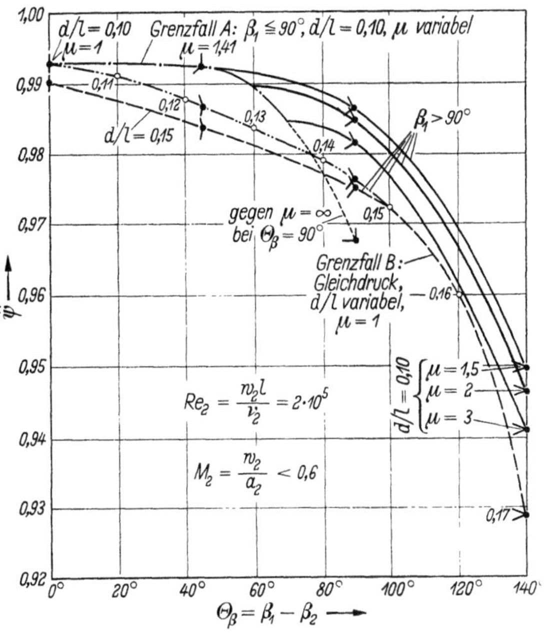

Bild 4.53 Geschwindigkeitszahl in Abhängigkeit vom Umlenkwinkel und Beschleunigungswert der Strömung bei optimalem Teilungsverhältnis, aerodynamisch stoßfreiem Eintritt, mittlerer REYNOLDS-Zahl und kleiner MACH-Zahl

Durch die Hereinnahme der Strömungsbeschleunigung in die Abhängigkeit der Geschwindigkeitszahl vom Umlenkwinkel ist diese Darstellung nicht mehr sehr anschaulich. Es empfiehlt sich daher, direkt auf die Abhängigkeit der Geschwindigkeitszahl von den Strömungswinkeln β_1 und β_2 überzugehen. Das ist in Bild 4.54 geschehen.

Von den beiden Winkeln wurde β_2 als Abszisse und β_1 als Parameter gewählt. Die gesamte Kurvenschar $\beta_1 = \text{const}$ liegt zwischen der Linie $\beta_1 \leqq 90°$ (Grenzfall *A* aus Bild 4.53) und der gestrichelten Gleichdruckkurve (Grenzfall *B* mit dem doppeltpunktierten Ast aus Bild 4.53). Sie wird von einer zweiten Kurvenschar $d/l = \text{const}$ gekreuzt. Bis an die Linie $d/l = 0{,}10$ heran liegt der Schar $\beta_1 = \text{const}$ das Dickenver-

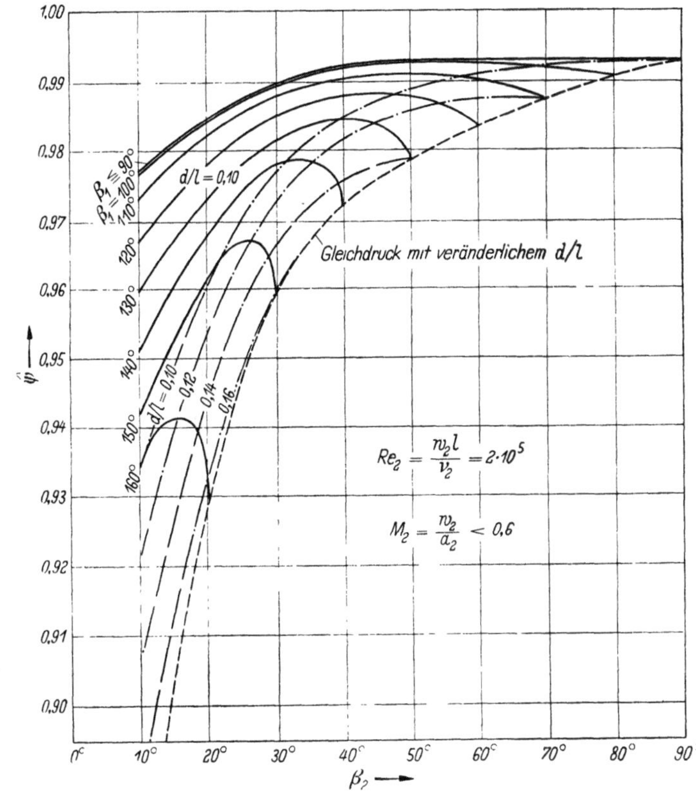

Bild 4.54 Geschwindigkeitszahl in Abhängigkeit von Ein- und Austrittswinkel der Strömung bei optimalem Teilungsverhältnis, aerodynamisch stoßfreiem Eintritt, mittlerer REYNOLDS-Zahl und kleiner MACH-Zahl

hältnis von 10% zugrunde. Bei Überschreiten dieser Grenze wächst das Dickenverhältnis an, um bei Erreichen der Gleichdruckkurve die hierfür optimalen Werte anzunehmen. Es wird in dem Diagramm also berücksichtigt, daß die Profilform längs jeder Kurve $\beta_1 = \text{const}$ schon bei Überschreiten eines gewissen Winkels β_2 Gleichdruckcharakter erhält. Die Einbeziehung des veränderlichen Dickenverhältnisses in die Darstellung erleichtert wesentlich ihren praktischen Gebrauch, da damit eine gesonderte Berücksichtigung dieses Profilkennwertes überflüssig wird. Durchläuft man eine Kurve, von der Gleichdruckgrenze ausgehend, in Richtung kleinerer β_2, so bemerkt man übrigens in dieser Darstellung sehr deutlich den anfänglichen Anstieg der Geschwindigkeitszahl mit zunehmender Strömungsbeschleunigung und den nachfolgenden Abfall infolge zunehmender Austrittsverluste.

4.232.12 Die Hinterkantendicke des Profils. Im vorangehenden Abschnitt war über die Hinterkantendicke der betrachteten Profile nichts ausgesagt. Wir dürfen sie als klein annehmen. Grundsätzlich ist es günstig, die Geschwindigkeitszahlen auf die Hinterkantendicke Null zu beziehen, da Kurvendarstellungen dieser Größen dann in allgemeinster Weise für die verschiedenartigsten Profile verwendet werden können. Abgesehen von der Grundform unterscheiden sich die Profile ja noch durch die Ausbildung der Austrittskante, und zwar beziehen sich die Unterschiede sowohl auf die Form als auch auf die Dicke dieser Kante. Verschiedene Möglichkeiten ihrer Gestaltung sind aus Bild 4.59 zu ersehen. Es können also Druck- und Saugseite nach hinten zu parallel verlaufen oder — was wesentlich günstiger ist — ein keilförmiges Ende liefern. Das Profil kann an der Hinterkante senkrecht zur Skelettlinie oder schräg abgeschnitten sein oder an dieser Stelle einen Abrundungsradius verschiedener Größe bis herab auf den Wert Null aufweisen.

Läuft das Profil nach hinten spitz aus (Fall *4* in Bild 4.59), so ist der Energieverlust der nicht abgerissenen und unterhalb der Schallgeschwindigkeit bleibenden Strömung praktisch nur durch die Reibung an der Schaufeloberfläche gegeben. Die Geschwindigkeitszahl hat dann ihren — etwa durch Bild 4.54 gegebenen — Maximalwert. Bei Vorliegen einer endlichen Hinterkantendicke dagegen erhöhen sich die Verluste durch Ausbildung eines zusätzlichen Wirbelfeldes im Totwasser hinter der Kante. Die damit verbundene Verschlechterung der Geschwindigkeitszahl läßt sich verhältnismäßig einfach rechnerisch abschätzen, soweit man allein den Einfluß des Verengungsfaktors (s. Bild 4.55) ins Auge faßt.

Endet das Profil an der Hinterkante mit endlicher Dicke, so erweitern sich die Strömungskanäle zwischen den Schaufeln bei Verlassen des Gitters sprungartig unter gleichzeitiger Vereinigung zu einem zusammenhängenden Ringraum. Längs des einzelnen Strömungskanals gesehen, geht diese Erweiterung in zwei Etappen — einmal am Druckseitenende der einen Schaufel, das andere Mal am Saugseitenende der anderen Schaufel — vor sich. Die Betrachtungsweise vereinfacht sich, wenn man die Strömungsgeschwindigkeit in ihre Axial- und Umfangskomponente zerlegt (vgl. Bild 4.55). Dann erleidet nur die erstere unter dem Querschnittssprung eine Verringerung von c'_{1a} nach c_{1a}, wogegen die letztere in der Form $c_{1u} = c'_{1u}$ erhalten bleibt.

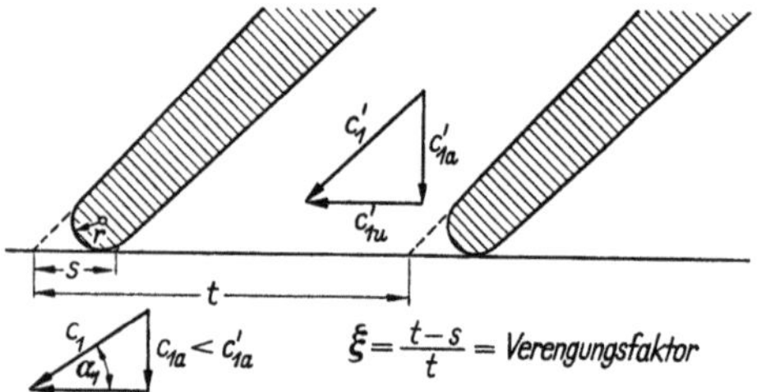

Bild 4.55 Verhältnisse am Gitteraustritt

Die plötzliche Vergrößerung der Strömungsfläche für die Axialkomponente ist mit einem Stoßverlust verbunden, der nach der Formel von Borda-Carnot abgeschätzt werden kann. Diese Formel, eine einfache Anwendung des Impulssatzes, liefert für die in Bild 4.56 dargestellte Strömung einen Gesamtdruckverlust vom Querschnitt F' bis zum Querschnitt F in der Höhe

$$\Delta p^* = \frac{\varrho}{2} (c' - c)^2 \tag{4.70}$$

bzw. einen Gefälleverlust

$$h_{ast} = \frac{\Delta p^*}{\varrho} = \frac{1}{2}(c' - c)^2.$$

Die letzte Beziehung läßt sich mit Einführung der Verhältniszahl

$$\xi = \frac{c}{c'} = \frac{F'}{F}$$

auch schreiben

$$h_{ast} = \frac{c^2}{2}\left(\frac{1}{\xi} - 1\right)^2. \tag{4.71}$$

Wir haben damit eine Gleichung gewonnen, die man sofort auf den Austrittsstoßverlust einer Gitterströmung anwenden kann. Es ist lediglich die Frage, was wir unter c zu verstehen haben. Setzen wir hierfür die resultierende Geschwindigkeit c_1 der Strömung hinter dem Gitter ein, so dürfte der Verlust zu groß werden, da die oben erwähnte etappenweise Kanalerweiterung den Fall des Bildes 4.56 nicht ganz gegeben erscheinen läßt. Äußerlich völlig übereinstimmend sind die Verhältnisse dagegen bei Wahl der Komponente c_{1a} senkrecht zum Querschnittssprung. Hier hat man sich aber zu fragen, ob man die Axial- und die Umfangsbewegung in Bild 4.55 hinsichtlich der Hinterkantenverluste so unabhängig voneinander

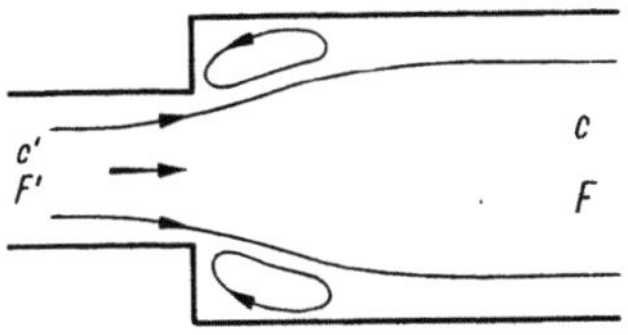

Bild 4.56 Strömung mit BORDA-CARNOTschem Stoßverlust

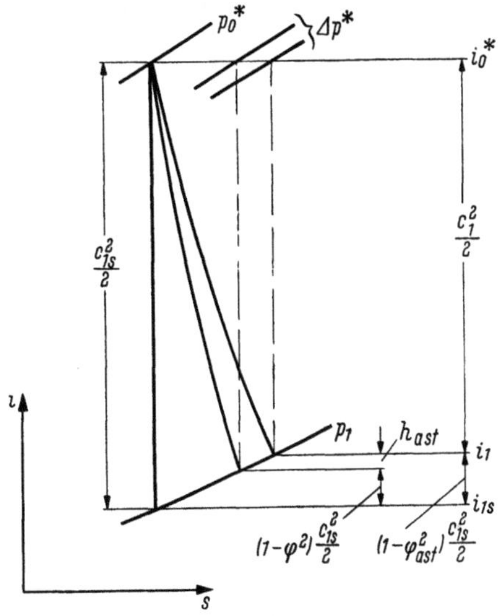

Bild 4.57 Darstellung des Austrittsstoßverlustes im i,s-Diagramm

behandeln kann. Dies ist sicher zu verneinen. Wir tragen der Wirkung der Umfangskomponente c_{1u} durch Einführung eines Korrekturfaktors $k = f(\alpha_1)$ Rechnung, indem wir setzen

$$c = k c_{1a} = k c_1 \sin \alpha_1.$$

Bei $\alpha_1 = 90°$ muß der Faktor k natürlich den Wert 1 annehmen. Hier fehlt ja die Umfangsbewegung der Strömung, und der Fall von BORDA-CARNOT ist voll gegeben. Die Größe von k bei kleineren Austrittswinkeln wird später durch Vergleich mit dem Experiment gefunden.

Für ξ haben wir auf jeden Fall den Verengungsfaktor $(t - s)/t$ einzusetzen. Bei spitz auslaufenden Profilen (Typ *4* in Bild 4.59) ist s gleich Null, bei schräg abgeschnittenen (Typ *5*) gleich der Länge der schrägen Kante. Für die Hinterkantentypen *1* bis *3* wird s durch Verlängerung von Druck- und Saugseite bis zur Austrittsebene des Gitters bestimmt (s. Bild 4.55).

Nunmehr läßt sich sehr schnell der Zusammenhang zwischen der stoßbeeinflußten Geschwindigkeitszahl φ_{ast} und der für die Hinterkantendicke Null gültigen Zahl φ herstellen. Beide müssen natürlich auf den gleichen Strömungsverlust führen, wenn man sie zur Veranschaulichung des Expansionsvorganges im i, s-Diagramm benutzt. Bezeichnet p_1 in Bild 4.57 den statischen Druck hinter einem Leitrad, so ist dieser Verlust

$$i_1 - i_{1s} = (1 - \varphi_{ast}^2)\,\frac{c_{1s}^2}{2} = (1 - \varphi^2)\,\frac{c_{1s}^2}{2} + h_{ast}.$$

Der Austrittsstoßverlust kann also direkt vom Endpunkt der stoßfreien Expansion auf der Drucklinie nach rechts abgetragen werden und führt dabei auf den Endpunkt der stoßbehafteten Expansion. Den Gl. (4.70) entsprechenden Gesamtdruckverlust findet man über beiden Endpunkten auf der i_0^*-Linie. (Die Isobaren sind dabei in dem betrachteten Bereich näherungsweise als parallel angenommen.)

Wir vereinfachen nun die gefundene Beziehung zu

$$\varphi_{ast}^2 = \varphi^2 - \frac{2h_{ast}}{c_{1s}^2}.$$

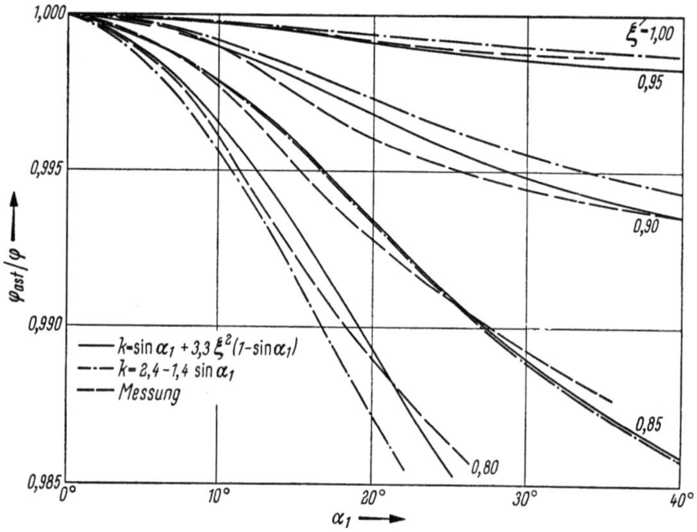

Bild 4.58 Einfluß des Verengungsfaktors auf die Geschwindigkeitszahl eines Schaufelgitters

Führt man hier die Gl. (4.71) mit

$$\frac{c^2}{2} = k^2 \varphi_{ast}^2 \frac{c_{1s}^2}{2} \sin^2 \alpha_1$$

ein, so erhält man

$$\varphi_{ast}^2 = \varphi^2 - k^2 \varphi_{ast}^2 \left(\frac{1}{\xi} - 1\right)^2 \sin^2 \alpha_1.$$

Auflösung nach φ_{ast} liefert die gesuchte Relation

$$\varphi_{ast} = \varphi \frac{\xi}{\sqrt{\xi^2 + k^2 (1 - \xi)^2 \sin^2 \alpha_1}}. \tag{4.72}$$

Beide Geschwindigkeitszahlen stehen demnach in einem Proportionalitätsverhältnis, dessen Zahlenkoeffizient durch den Verengungsfaktor und den Winkel der Abströmung vom Gitter bestimmt ist. Für die Anwendung der gefundenen Formel ist noch die Kenntnis der Funktion $k = f(\alpha_1)$ erforderlich. Durch Auswertung der Messungen von H. Rieger[1] konnte sie zu

$$k = 2,4 - 1,4 \sin \alpha_1$$

---

[1] Diplomarbeit, TU Dresden, Dez. 1961.

bestimmt werden. Es scheint zwar auch noch eine Abhängigkeit des Korrekturfaktors von ξ zu bestehen, so daß man genauer

$$k = \sin \alpha_1 + 3{,}3\xi^2 (1 - \sin \alpha_1)$$

zu schreiben hätte, doch läßt sich dieser Ausdruck im praktisch interessierenden Bereich gut durch den vorangehenden annähern. Er geht mit $\xi \approx 0{,}853$ in ihn über.

In Bild 4.58 wurde der Quotient φ_{ast}/φ für die Verengungsfaktoren ξ von 0,8 bis 1 in Abhängigkeit von α_1 graphisch dargestellt. Die ausgezogenen und strichpunktierten Kurven entsprechen der abgeleiteten Formel (4.72) mit den beiden Darstellungen für k, die gestrichelten den für die Bestimmung des Korrekturfaktors zugrunde gelegten Messungen. Die Übereinstimmung ist für praktische Zwecke völlig ausreichend — insbesondere unter Berücksichtigung der Tatsache, daß die Meßwerte sich ohnehin auf eine ganz bestimmte Hinterkanten*form* beziehen und diese von Fall zu Fall veränderlich sein kann. Es zeigt sich — wie nicht anders zu erwarten —, daß der Verengungsfaktor auf die Größe der Geschwindigkeitszahl um so mehr einwirkt, je größer der Austrittswinkel der Strömung ist. Der nachteilige Einfluß der Hinterkantendicke wird auch in Bild 4.59 sichtbar; denn es ist im wesentlichen die in der Reihenfolge *4*, *3*, *5* und *2* bzw. *1* zunehmende Dicke, die den Verlustfaktor über dem ganzen MACH-Zahlbereich anwachsen läßt. In dem verschiedenen Aussehen der beiden Kurven *1* und *2*, für welche die Hinterkantendicke gleich ist, kommt dagegen der Unterschied der eckigen gegenüber der gerundeten Kante zum Ausdruck. Bis auf einen kleinen Bereich unterhalb der MACH-Zahl 1 erweist sich die gerundete Kante als günstiger.

4.232.13 Reynolds-Zahl und Mach-Zahl. Wir hatten bereits im Abschn. 4.16 die REYNOLDS-Zahl zur Ermittlung der günstigsten Schaufelbreite herangezogen und waren so zur Beziehung (4.47) gelangt. Jetzt geht es uns darum, den direkten Einfluß dieser Kenngröße und gleichzeitig denjenigen der MACH-Zahl auf die Verluste eines Turbinenschaufelgitters kennenzulernen. Er wird bereits klar ersichtlich aus der in Bild 4.59 wiedergegebenen Messung [*71*], bei der die Verlustzahlen $\zeta_c = 1 - \varphi^2$ eines Gitters unter Variation der Profilhinterkanten in Abhängigkeit von der Austritts-MACH-Zahl $M_1 = c_1/a_1$ untersucht wurden.

Das Gitter lag mit einem $t/l = 0{,}626$ in der Nähe seines günstigsten Teilungsverhältnisses. Mit Steigerung der MACH-Zahl nahm gleichzeitig die REYNOLDS-Zahl entsprechend der gestrichelt eingetragenen Kurve zu. Es dürfte sich dabei um die auf die Austrittswerte von Geschwindigkeit und kinematischer Zähigkeit und die Profiltiefe bezogene Zahl $Re_1 = c_1 l/\nu_1$ handeln. Sieht man von den ungünstigen Hinterkanten *1* und *2* ab, so verringern sich die Verluste im Bereich kleiner MACH-Zahlen mit ansteigender REYNOLDS-Zahl. Sie erreichen ein Minimum bei $Re_1 = 10^6$, also der gleichen REYNOLDS-Zahl, die der Beziehung (4.47) zugrunde gelegt wurde. Die auf die Austrittsgeschwindigkeit aus dem Gitter bezogene MACH-Zahl hat dabei aber schon den Wert 0,7, so daß der Wiederanstieg der Kurven nach rechts durch die allmählich einsetzenden Verdichtungsstöße bedingt ist. Diese treten infolge örtlicher Überschallgeschwindigkeiten im Schaufelkanal bereits vor Erreichen des Wertes $M_1 = 1$ auf. Der Einfluß der MACH-Zahl nimmt augenscheinlich mit wachsender Dicke der Profilhinterkante zu. Besonders empfindlich sind daher die schon wegen ihrer parallelen Seiten ungünstigen Enden *1* und *2*. Wenn der durch Gl. (4.71) bestimmte Austrittsstoßverlust nicht merkbar überschritten werden soll, muß $M_1 \leqq 0{,}9$ eingehalten werden. Bei $M_1 > 1$ liegt Nachexpansion im Schrägabschnitt vor (vgl. Abschn. 5.212.2). Außer für die an sich ungünstige und deshalb zu vermeidende Hinterkante *2* läßt sich in allen Fällen eine Verschlechterung der φ-Werte durch die Nachexpansion feststellen, die den schon früher einsetzenden Anstieg der Verluste stetig fortsetzt. Dieser Einfluß ist verschwindend klein beim Hinterkantentyp *4*. Das spitz auslaufende Profilende ist daher bei überkritischem Gefälle im Schaufelgitter besonders vorteilhaft.

Die Meßergebnisse in Bild 4.59 wurden in Abhängigkeit von der Austritts-MACH-Zahl M_1 dargestellt. Mitunter ist es zweckmäßig, statt dessen die Eintritts-MACH-Zahl M_0 als Bezugsgröße zu verwenden. Der Zusammenhang zwischen beiden Kennwerten ist durch die Beziehung

$$\frac{M_1}{M_0} = \frac{c_1}{a_1}\,\frac{a_0}{c_0} = \frac{c_1}{c_0}\sqrt{\frac{T_0}{T_1}}$$

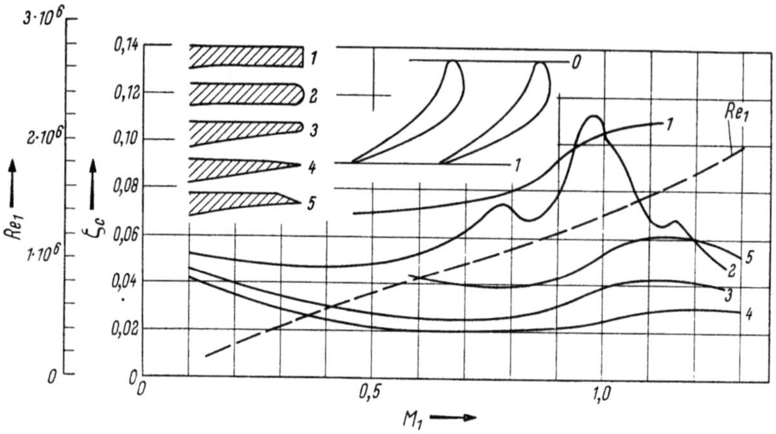

Bild 4.59 Abhängigkeit des Verlustkoeffizienten von der Austritts-MACH-Zahl bei verschiedenen Hinterkanten ($t/l = 0{,}626$) (nach LUKSCH [71])

gegeben. Unter Verwendung von Gl. (2.7) wird hieraus

$$\frac{M_1}{M_0} = \frac{c_1}{c_0}\sqrt{1 + \frac{c_1^2 - c_0^2}{2\,\frac{\varkappa}{\varkappa - 1}\,R T_1}} = \frac{c_1}{c_0}\sqrt{1 + \left(1 - \frac{c_0^2}{c_1^2}\right)\frac{\varkappa - 1}{2}\,\frac{c_1^2}{a_1^2}}\,.$$

Also ist

$$M_0 = \frac{M_1}{\sqrt{\frac{c_1^2}{c_0^2} + \left(\frac{c_1^2}{c_0^2} - 1\right)\frac{\varkappa - 1}{2}\,M_1^2}}\,.$$

Für den Fall gleichbleibender Axialgeschwindigkeit läßt sich schließlich noch der Beschleunigungswert nach Gl. (4.67) einführen, und man erhält

$$M_0 = \frac{M_1}{\sqrt{\mu^2 + (\mu^2 - 1)\,\frac{\varkappa - 1}{2}\,M_1^2}}\,. \qquad (4.72\,\text{a})$$

Die Gleichung zeigt natürlich, daß bei Beschleunigungsgittern ($\mu > 1$) der Wert M_0 kleiner als M_1, bei Verzögerungsgittern ($\mu < 1$) der Wert M_0 größer als M_1 wird. Beim Gleichdruckgitter ($\mu = 1$) verschwindet der zweite Summand in der Wurzel, d. h. Ein- und Austritts-MACH-Zahl stimmen überein.

Die kritische MACH-Zahl M_{0k}, bei der erstmals örtlich Schallgeschwindigkeit im Schaufelkanal nahe der Profilkontur erreicht wird, ist eng mit der Druckverteilung am Profil verbunden. In Bild 4.60 wurde eine Reihe solcher Druckverteilungen nach Messungen von GREWE [31] am Profil NACA 8410 im Verband eines Beschleunigungsgitters dargestellt.

Es handelt sich um Messungen bei den drei verschiedenen Eintrittswinkeln $\alpha_0 = 65°$, 85° und 100° entsprechend den geometrischen Stoßwinkeln (Winkeln zwischen Anströmgeschwindigkeit c_0 und Eintrittstangente an die Skelettlinie) $i = -16{,}8°$, 3,2° und 18,2°.

Dargestellt wurde bei den MACH-Zahlen $M_0 = 0{,}20$; 0,45 und der jeweiligen Sperr-MACH-Zahl der Verlauf des Druckkoeffizienten

$$c_p = \frac{p - p_0}{q_0},$$

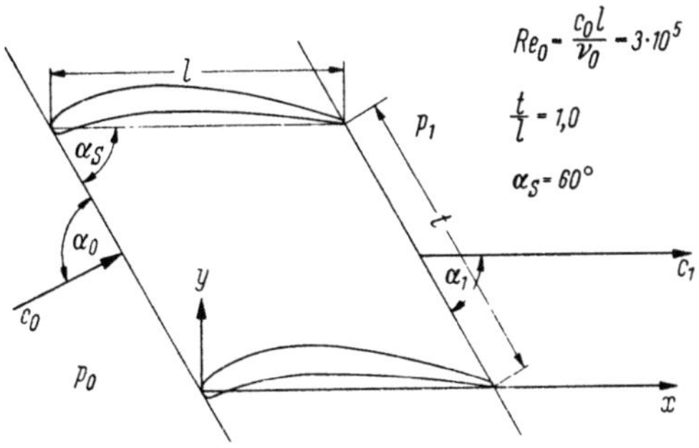

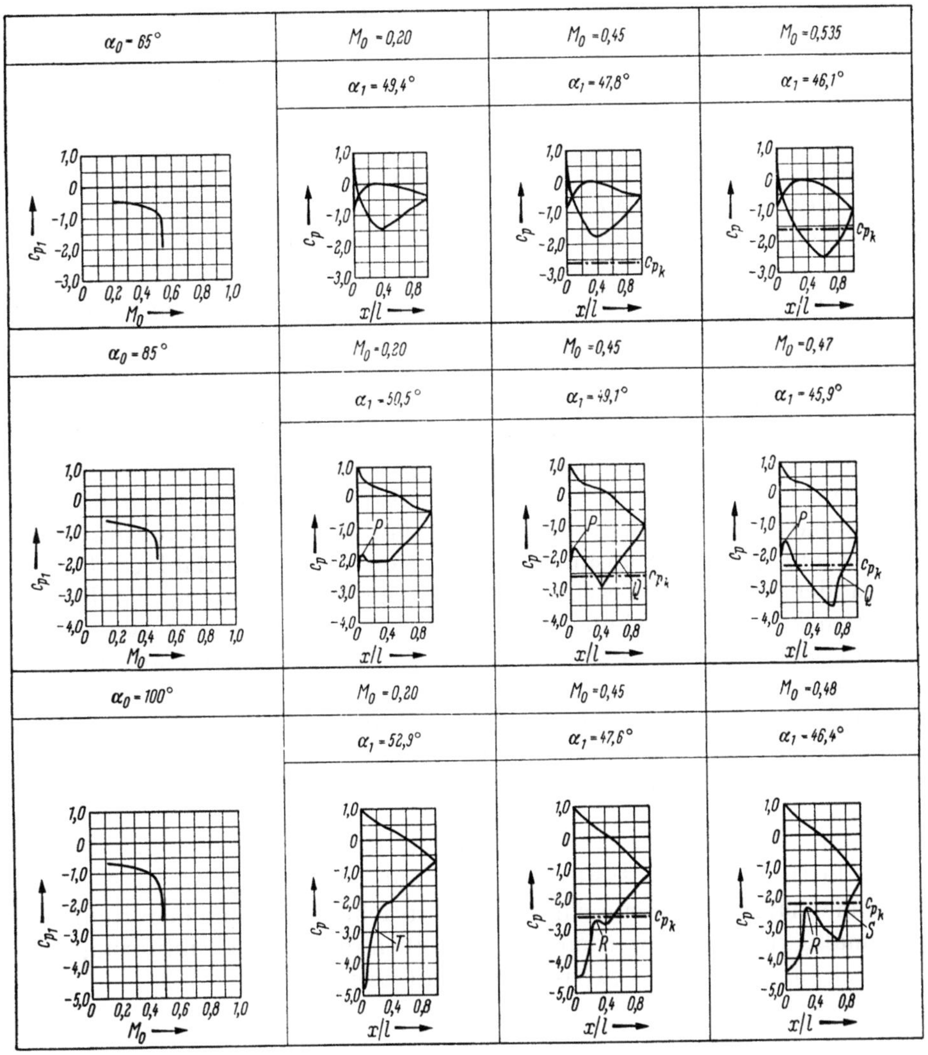

Bild 4.60 Druckverteilungen nach Messungen von GREWE am Profil NACA 8410 im Verband eines Beschleunigungsgitters [31]. $c_p = \frac{p - p_0}{q_0}$; $c_{p_1} = \frac{p_1 - p_0}{q_0}$; $c_{p_k} = \frac{p_k - p_0}{q_0}$

also der Druckdifferenz zwischen einem Punkt der Profilkontur und der ankommenden Strömung, bezogen auf den Eintrittsstaudruck, über der Profilsehne. Unter Sperr-MACH-Zahl verstehen wir dabei diejenige, bei welcher der Maximaldurchsatz erreicht wird. Der Durchsatz kann *dann* nicht mehr zunehmen, wenn bei Steigerung der MACH-Zahl über die kritische hinaus — ausgehend von der Profilkontur — auf immer weiteren Stromlinien im Strömungskanal Schallgeschwindigkeit erreicht wird, so daß diese schließlich auf einer geschlossenen, von Profil zu Profil quer durch den Kanal verlaufenden Linie vorhanden ist.

In den ebenfalls in Bild 4.60 wiedergegebenen Kurven der dimensionslosen Druckänderung $c_{p1} = (p_1 - p_0)/q_0$ im Gitter in Abhängigkeit von M_0 ist die Sperr-MACH-Zahl durch die senkrechte Tangente gekennzeichnet. Die Druckabsenkung nimmt schon von kleinen MACH-Zahlen an mit wachsendem M_0 zu; hier geht auch eine Abnahme von α_1 (s. unten) und die aus Bild 4.61 ersichtliche Zunahme der Verluste bei Annäherung an die kritische MACH-Zahl ein. Der senkrechte Teil der Kurven wird erhalten, wenn man nach Erreichen der Sperr-MACH-Zahl den Austrittsdruck weiter absenkt (Nachexpansion im Schrägabschnitt). Je nach dem Nachexpansionsgrad kann sich dabei die Druckverteilung am Profil bei gleichbleibendem M_0 noch ändern. Die Sperr-MACH-Zahl selber nimmt natürlich mit wachsendem α_0 entsprechend der zunehmenden Beschleunigung der Strömung ab. Das bedeutet nur, daß die Schallgeschwindigkeit im Gitter im Falle stärkerer Kanalverengung schon bei kleinerer Anströmgeschwindigkeit erreicht wird.

Betrachten wir nun im einzelnen die Druckverteilungskurven, so ist ersichtlich, daß die von ihnen eingeschlossenen Flächen mit der MACH-Zahl M_0 anwachsen. Dementsprechend nimmt auch die Umlenkung der Strömung zu, kenntlich an dem schon erwähnten Kleinerwerden des angegebenen Winkels α_1. Das gilt aber nur für Beschleunigungsgitter. Im Falle der Verzögerungsgitter ist die Tendenz umgekehrt.

Der Verlauf der Kurven gibt ein sehr anschauliches Bild von den Strömungsvorgängen im Gitter. Es wird noch erweitert durch die Eintragung des kritischen Druckkoeffizienten $c_{pk} = (p_k - p_0)/q_0$, bei dem örtlich Schallgeschwindigkeit erreicht wird. Solange die Druckkurve oberhalb c_{pk} verläuft, haben wir Unterschallgeschwindigkeit an der Profilkontur, sonst Überschallgeschwindigkeit.

Bei $\alpha_0 = 65°$ hat der negative Stoßwinkel der Anströmung ein Überschneiden der Druck- und der Saugseitenkurve zur Folge. Dieses fehlt daher bei den anderen beiden Anströmwinkeln. Im Fall $\alpha_0 = 85°$ haben wir auf der Saugseite nahe der Eintrittskante eine Stelle laminarer Ablösung (P), hinter der sich die Strömung mit turbulenter Grenzschicht wieder anlegt. Die Ablösungsstelle ist von der MACH-Zahl unabhängig. Nach Überschreiten der kritischen Geschwindigkeit zeigt sich an dem plötzlichen Wiederanstieg des Druckes (Q) mit Umkehr der Krümmung der Druckverteilungskurve das Vorhandensein eines Verdichtungsstoßes. Ein solcher führt im Fall $\alpha_0 = 100°$ und $M_0 = 0{,}45$ sogar zu einer örtlichen Strömungsablösung (R). Bei $M_0 = 0{,}48$ folgt dieser Ablösungsblase noch ein weiterer Verdichtungsstoß (S). Auch bei kleinen MACH-Zahlen ($M_0 = 0{,}20$) ist die Strömung aber infolge des großen positiven Stoßwinkels auf der Saugseite abrißgefährdet, wie der starke Druckanstieg in der Nähe der Eintrittskante (T) zeigt.

Die Diagramme des Bildes 4.60 lassen erkennen, daß ein eindeutiger Zusammenhang zwischen dem kritischen Druckkoeffizienten c_{pk} und der Eintritts-MACH-Zahl M_0 besteht. Dieser Zusammenhang kann, wenn wir von der tatsächlich vorhandenen Reibung absehen, leicht formelmäßig dargestellt werden. Wir schreiben dazu unter Einführung der Gesamtwerte für Druck und Dichte des expandierenden Gases

$$c_{pk} = \frac{p_k - p_0}{q_0} = \frac{\dfrac{p_k}{p^*} - \dfrac{p_0}{p^*}}{\dfrac{1}{2}\dfrac{\varrho_0}{\varrho^*}\dfrac{\varrho^*}{p^*}c_0^2}.$$

Hier ist auf Grund der bekannten Beziehungen der Gasdynamik

$$\frac{p_k}{p^*} = \left(\frac{2}{\varkappa + 1}\right)^{\frac{\varkappa}{\varkappa - 1}},$$

$$\frac{p_0}{p^*} = \left(1 + \frac{\varkappa - 1}{2} M_0^2\right)^{-\frac{\varkappa}{\varkappa - 1}},$$

$$\frac{\varrho_0}{\varrho^*} = \left(1 + \frac{\varkappa - 1}{2} M_0^2\right)^{-\frac{1}{\varkappa - 1}}$$

und

$$\frac{\varrho^*}{p^*} = \frac{\varkappa}{a^{*2}} = \frac{\varkappa}{a_0^2} \left(1 + \frac{\varkappa - 1}{2} M_0^2\right)^{-1}.$$

Setzt man sie in den obigen Ausdruck für c_{pk} ein, so ergibt sich nach leichter Umformung

$$c_{pk} = \frac{2}{\varkappa M_0^2} \left[\left(\frac{2}{\varkappa + 1} + \frac{\varkappa - 1}{\varkappa + 1} M_0^2\right)^{\frac{\varkappa}{\varkappa - 1}} - 1\right]. \tag{4.73}$$

Wird nun der Druck p_k bzw. der Wert c_{pk} gerade einmal auf der Saugseitenkontur des Profiles erreicht — die betreffende Druckverteilungskurve des Bildes 4.60 berührt dann die Linie $c_p = c_{pk}$ —, so ist die zugehörige MACH-Zahl M_0 die kritische M_{0k}, die natürlich ebenfalls der letzten Gleichung genügt. Der zu ihrer Bestimmung einzusetzende Wert c_{pk}, der Druckkoeffizient der tiefsten, berührenden Stelle der Kurve, liegt z. B. im Fall $\alpha_0 = 65°$ des Bildes 4.60 zwischen den eingetragenen Werten $-1{,}7$ und $-2{,}6$. Allgemein ist er mit dem tiefsten Koeffizienten c_{pi} der Druckverteilungskurve des gleichen Gitterprofils in inkompressibler Strömung — etwa bei der MACH-Zahl $M_0 = 0{,}20$ — durch die der PRANDTL-GLAUERTschen Regel entsprechende Beziehung

$$c_{pk} = \frac{c_{pi}}{\sqrt{1 - M_{0k}^2}} \tag{4.74}$$

verbunden. Allerdings gilt diese nur unter der bekannten Voraussetzung, daß die Strömung wenig von einer Parallelströmung abweicht. Sie ist erfüllt bei kleinen Umlenkungen, wie im Falle des Gitters von Bild 4.60, oder bei stärkeren Umlenkungen, wenn die kritische Stelle noch so nahe der Eintrittskante liegt, daß wenigstens bis dorthin die Querströmungen gering bleiben.

Durch Einführung des Ausdruckes (4.74) in die für $M_0 = M_{0k}$ geschriebene Gl. (4.73) erhält man

$$c_{pi} = \frac{2}{\varkappa M_{0k}^2} \sqrt{1 - M_{0k}^2} \left[\left(\frac{2}{\varkappa + 1} + \frac{\varkappa - 1}{\varkappa + 1} M_{0k}^2\right)^{\frac{\varkappa}{\varkappa - 1}} - 1\right].$$

Diese Beziehung gestattet in leichter Weise die kritische Anström-MACH-Zahl, bei der erstmals örtlich Schallgeschwindigkeit an den Profilen eines Schaufelgitters auftritt, aus dem tiefsten Wert der inkompressibel — d. h. aus Niedergeschwindigkeitsmessungen — erhaltenen Druckverteilungskurve eines Profils zu bestimmen. So zeigte z. B. HUDIMOTO [*32*] mit ihrer Hilfe, daß die kritische MACH-Zahl an Gleichdruckgittern für Dampfturbinen mit wachsendem Bauch- oder Rückenstoß und mit wachsendem Teilungsverhältnis kleiner wird. Ebenso verringert sie sich mit zunehmendem Nasenradius und bei Verminderung der Wölbungsrücklage.

Für uns liegt die Bedeutung der kritischen MACH-Zahl darin, daß wir bis in ihre Nähe mit einer Unabhängigkeit des Verlustbeiwertes von der MACH-Zahl rechnen können. So gibt Bild 4.61 den Verlauf von $\zeta_{vce} = (p_0^* - p_1^*)/q_0$ für den Fall $\alpha_0 = 85°$ des Bildes 4.60 nach einer Mitteilung von HOPKES [*95*] wieder. Erst bei $M_0 = M_{0k} = 0{,}47$ setzt ein wesentlicher Anstieg der Verlustzahl ein. Er tritt hier — wahrscheinlich infolge des großen

Teilungsverhältnisses und der dadurch erhöhten Ablösungsgefahr für die Grenzschicht — sehr stark und unvermittelt in Erscheinung. Für die Abschätzung des MACH-Zahleinflusses bei praktisch verwendeten Turbinengittern erscheinen die Kurven des Bildes 4.59 realer. —

Was nun noch die REYNOLDS-Zahl betrifft, so hatten wir sowohl in Abschn. 4.16 als auch an Hand des Bildes 4.59 als anzustrebende Größe den Wert $Re_1 = c_1 l/\nu_1 = 10^6$ gefunden. Dessenungeachtet liegt die kritische REYNOLDS-Zahl, unterhalb der ein sehr schneller Anstieg der Verluste zu verzeichnen ist, tiefer. Das zeigte schon der Knickpunkt A der Turbinenkurve in Bild 4.31. Natürlich ist diese

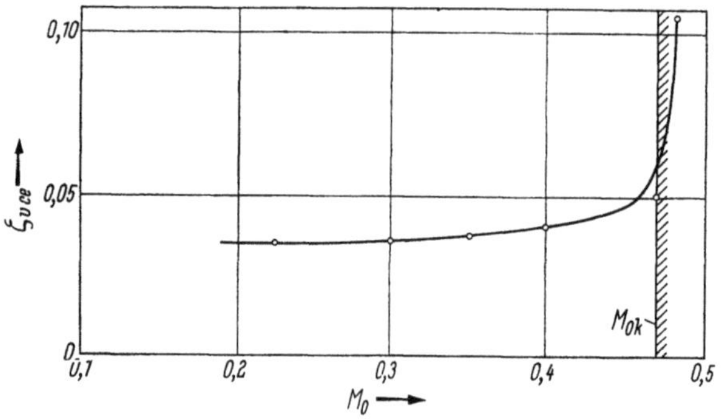

Bild 4.61 Verlustbeiwert über der Anström-MACH-Zahl für den Fall $\alpha_0 = 85°$ des Bildes 4.60

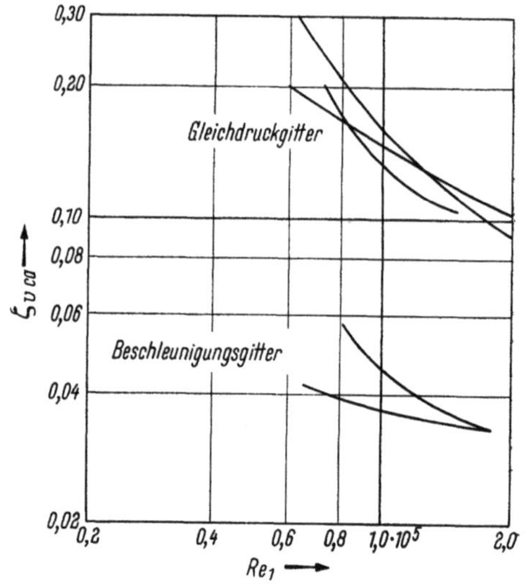

Bild 4.62 Abhängigkeit der Verlustziffern fünf verschiedener Schaufelgitter von der mit Hilfe der Austrittsgeschwindigkeit gebildeten REYNOLDS-Zahl (nach AINLEY [33])

kritische REYNOLDS-Zahl auch bei den Verlustkurven von Schaufelgittern wieder anzutreffen, wie die in Bild 4.62 wiedergegebenen Messungen von AINLEY [33] erkennen lassen.

In dem Diagramm ist der den Profilverlust kennzeichnende, auf den Austrittsstaudruck bezogene Koeffizient ζ_{vca} für fünf verschiedene Schaufelgitter über der REYNOLDS-Zahl aufgetragen. Die Kurven gehen nach anfänglich steilem Abfall oberhalb von etwa $1{,}5 \cdot 10^5$ in einen flacheren Verlauf über. Der Übergang, d. h. die kritische REYNOLDS-Zahl, liegt dabei infolge der geringeren Turbulenz des Gitterkanals weiter rechts, als dieses für eine Turbinenstufe der Fall wäre. Für eine solche kann man daher mit einer kritischen REYNOLDS-Zahl von 10^5 rechnen. In Übereinstimmung mit dem bereits in Abschn. 4.16 Gesagten lassen sich natürlich die Verluste — wenn auch wesentlich langsamer — noch senken, wenn man bei der Turbinenauslegung auf einen größeren Wert für Re_1 geht. Hierdurch wird insbesondere der Wirkungsgrad der Turbine bei Teildrehzahlen, wo die REYNOLDS-Zahl infolge der abgesunkenen Strömungsgeschwindigkeit und Gasdichte auf einen Bruchteil derjenigen des Auslegungspunktes zurückgeht, günstig beeinflußt. Das ist für das Anlassen und Beschleunigen des Strahltriebwerkes von Bedeutung.

4.232.2 Räumliche Strömung. Die vorangehenden Betrachtungen bezogen sich auf den ebenen, zweidimensionalen Strömungsfall, bei dem die als ruhend vorausgesetzten Gitterschaufeln sich parallel zueinander nach beiden Seiten ins Unendliche erstrecken. Die Geschwindigkeitszahlen sind hierbei in Schaufelrichtung konstant. Es gibt keine von der Lage der Strömungsebene abhängigen Verlustanteile.

Anders liegen die Dinge bei der räumlichen, dreidimensionalen Strömung, wie sie uns in der Praxis der Strömungsmaschinen stets begegnet. Sie ist im wesentlichen durch fünf Ursachen bedingt. Erstens haben bereits beim ebenen, aber durch zwei parallele Wände begrenzten und somit aus Schaufeln endlicher Länge bestehenden Gitter die Wandgrenzschichten die Ausbildung von Sekundärströmungen in den Schaufelkanälen zur Folge. Sie wandeln das Strömungsbild so um, daß zusätzliche Verluste an Strömungsenergie — vor allem nach den Schaufelenden hin — beobachtet werden, die über die normale Reibung an den Seitenwänden hinausgehen. Es handelt sich um die sogenannten Sekundär- oder Randverluste. Die φ- und ψ-Werte werden damit längs der Schaufellänge von einer Begrenzungswand zur anderen veränderlich. Zweitens ruft die Fächerung der Schaufeln, wie sie jedes Axialrad zeigt, eine Abweichung von der ebenen Strömung hervor. Da die Schaufeln nicht mehr parallel zueinanderstehen, ändert sich normalerweise die Geometrie der durch Zylinderschnitte um die Drehachse erhaltenen Gitter längs des Radius. Hierdurch wird der Verlauf der Geschwindigkeitszahlen zusätzlich beeinflußt.

Soweit es sich um ein Turbinenleitrad handelt, sind damit im allgemeinen die bestimmenden Einflüsse für die Entstehung der räumlichen Strömung genannt. Beim Laufrad haben wir noch als drei zusätzliche Ursachen den meist nicht zu umgehenden Radialspalt, die Relativbewegung der äußeren Kanalwand gegenüber den Schaufeln und die Zentrifugierung der Schaufelgrenzschichten zu berücksichtigen. Sie haben eine weitere Änderung des Strömungscharakters und der Verlustverteilung über der Schaufelhöhe zur Folge. Zunächst sei aber von diesen Faktoren abgesehen.

4.232.21 Das Leitrad: Sekundärströmung und Fächerungseinfluß. Bereits beim geraden, also ungefächerten Schaufelgitter ist die reibungsbehaftete Strömung durch das Auftreten zweier großer Wirbelsysteme charakterisiert, die von TRAUPEL [*34*] als primäres und sekundäres System unterschieden werden.

Das primäre System ist von vornherein in der Strömung vorhanden und besteht aus im Bereich der Grenzschichten quer zur Strömungsrichtung verlaufenden Wirbelfäden. Sie liefern das Grenzschichtprofil sowohl an den beiden Begrenzungswänden des Gitters als auch an der Oberfläche der Schaufeln. Für den ersteren Fall sind sie in Bild 4.63 dargestellt. Hier sehen wir das Geschwindigkeitsprofil einer grenzschichtbehafteten Parallelströmung, also etwa der Zuströmung zum Gitter des Bildes 4.64 in der Ebene $E\cdot\cdot E$. Die Wirbelfäden verlaufen an der unteren Wand vom Beschauer fort, an der oberen Wand auf ihn zu. Die unmittelbar an der unteren Wand befindlichen Fäden sind noch einmal in der Draufsicht in Bild 4.64 zu sehen. Sie treffen jeder auf eine Schaufel des Gitters und steigen dann an dieser empor. Die senkrechten Äste ergeben dabei das Grenzschichtprofil am Beginn der Saugseite der Schaufel und verbinden gleichzeitig die untere Wirbelfadengruppe des Bildes 4.63 mit der oberen. Auf der Austrittsseite des Gitters liegen die Verhältnisse natürlich ganz entsprechend. Zwischen den Schaufeln haben wir aber, wie Bild 4.64 zeigt, geschlossene Wirbelringe, deren Fäden an den Saugseiten auf- und an den Druckseiten absteigen. In dieser Weise ist der gesamte von den Grenzschichten beanspruchte Raum stetig durch Wirbelfäden ausgefüllt.

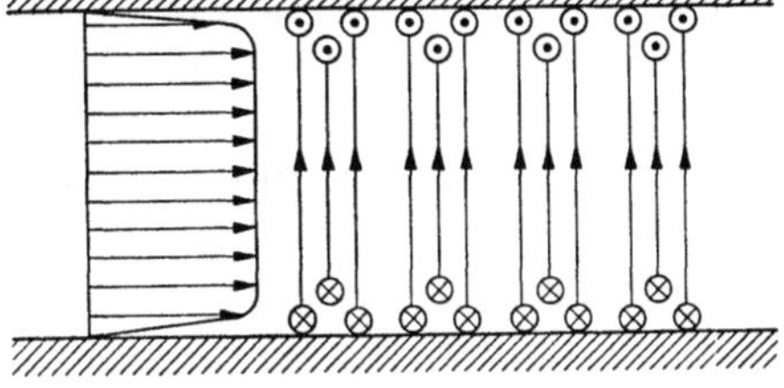

Bild 4.63 Geschwindigkeitsprofil und Wirbelsystem der Zulaufströmung (nach TRAUPEL [*34*])

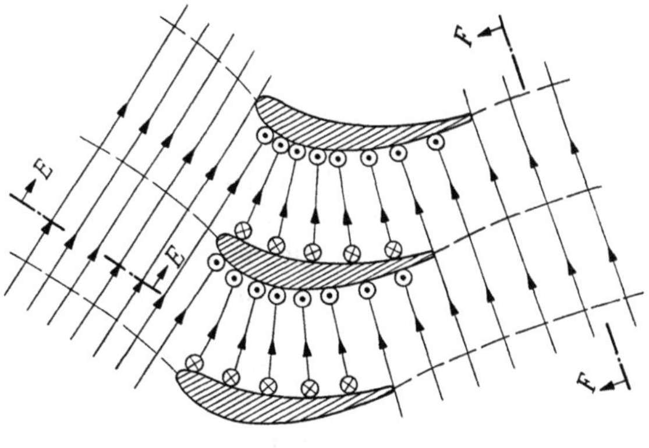

Bild 4.64 Primäres Wirbelsystem des Schaufelgitters (nach TRAUPEL [*34*])

Im Gitter selbst bildet sich nun auf Grund des primären Wirbelsystems ein sekundäres aus. Den Grenzschichten an den beiden ebenen Kanalwänden wird nämlich durch die gesunde Kernströmung zwischen je zwei Schaufeln ein von der Druckseite der einen zur Saugseite der anderen gerichteter statischer Druckgradient aufgeprägt, dem die dort befindlichen, verzögerten Gasteilchen keine ausreichende, umlenkungsbedingte Zentrifugalkraft entgegensetzen können. Das gestörte Kräftegleichgewicht führt dazu, daß das strömende Medium in diesen Bereichen zur Schaufelsaugseite hin abgedrängt wird. Gleichzeitig bewirkt der Unterschied in den Zentrifugalkräften auf Schaufelmitte und in den Randpartien eine Ausgleichströmung von innen nach außen längs der Druckseite und umgekehrt längs der Saugseite, so daß in jedem Schaufelkanal nahe den Begrenzungswänden zwei normal zur Hauptströmungsrichtung in entgegengesetztem Sinn rotierende Wirbel A und B, die sogenannten Sekundärwirbel, entstehen (s. Bild 4.65, das einen Querschnitt durch die Strömung des Bildes 4.64 in der Ebene $F \cdot\cdot F$ wiedergibt). Sie verlassen das Gitter als zwei Wirbelzöpfe, die von den entsprechenden Zöpfen des benachbarten Schaufelkanales durch eine Diskontinuitätsfläche getrennt sind. Da die durch die Sekundärwirbel bedingten radialen Geschwindigkeitskomponenten an Saug- und Druckseite der Schaufel eine entgegengesetzte Richtung aufweisen, bildet sich nämlich an der Schaufelhinterkante eine — an sich instabile — Wirbelfläche aus, die sich später zusammen mit den Sekundärwirbeln infolge der inneren Reibung wieder auflöst.

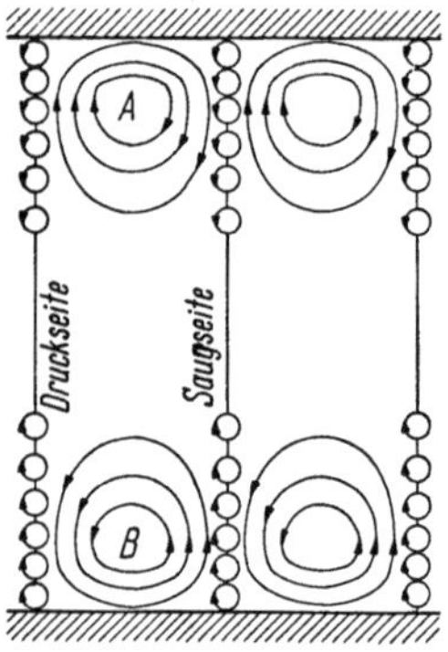

Bild 4.65 Sekundärwirbel und Diskontinuitätsflächen hinter dem Schaufelgitter (nach TRAUPEL [34])

Bild 4.65 stellt die Großstruktur des sekundären Wirbelsystems dar. In genauerer Betrachtung ist die Stärke der Sekundärwirbel stetig über die Querschnittsfläche des Strömungskanales verteilt, wodurch der von der Strömung eingenommene Raum in ähnlicher Weise wie beim primären Wirbelsystem von einer Schar von Wirbelfäden erfüllt wird. Sie finden ihre Fortsetzung jeweils wechselseitig in einem Wirbelfaden des anderen Wirbels, in Wirbelflächen an den ebenen Begrenzungswänden oder in den von den Schaufeln abgehenden Diskontinuitätsflächen. Liegt längs der einzelnen Schaufel veränderliche Zirkulation vor, so enthält die Diskontinuitätsfläche auch noch Wirbelfäden, die nicht die Fortsetzung von Fäden der Sekundärwirbel sind, sondern den von der Austrittskante des Einzelflügels endlicher Spannweite abgehenden, dem induzierten Widerstand zugeordneten Wirbelfäden entsprechen. Sie bleiben hier als nicht zum sekundären System gehörig außer Betrachtung.

Die in Bild 4.65 gegebene Darstellung der Sekundärströmung wurde an Hand qualitativer Überlegungen über den Mechanismus der Strömung gegeben. Dementsprechend stellt die Überlagerung einer ebenen, symmetrischen Wirbelbewegung über die Primärströmung im Gitter eine starke Idealisierung dar. In Wirklichkeit wird die angenommene ebene Struktur der Sekundärströmung gerade durch diese selbst empfindlich gestört. Versuche haben ergeben [*35*], daß die Wirbelkerne — bedingt durch den Eigentransport der Sekundärwirbel — nicht symmetrisch im Kanal liegen, sondern seitlich nach den Ecken zwischen den Begrenzungswänden und der Saugseite der einen Schaufel abgedrängt werden.

Die Sekundärbewegungen beschränken sich auf die den Kanalwänden benachbarten Strömungsbezirke; das Gebiet im mittleren Schaufelbereich kann mit guter Näherung als unbeeinflußt bezeichnet werden. Allerdings wird bei gefächerten Schaufelgittern ein Teil des sich beim äußeren Wirbelzopf ansammelnden Grenzschichtmaterials entlang der verdickten Grenzschichtgebiete an der Schaufelrückseite in Nähe der Austrittskante in den Bereich des inneren Wirbelzopfes verlagert, so daß dieser im allgemeinen umfangreicher als der äußere ist. Eine entsprechende Radialbewegung konnte nachgewiesen werden. Danach läßt sich nun die tatsächliche Form der Sekundärströmung, zumindest für nicht zu große Strömungsgeschwindigkeiten, durch Bild 4.66 darstellen.

Die Spuren der Sekundärströmung sind häufig nach dem Betrieb von Strahltriebwerken unmittelbar auf der Beschaufelung der Kreiselradmaschinen zu erkennen. So zeigt Bild 4.67

den Vorleitkranz eines Axialverdichters, ein gefächertes Beschleunigungsgitter mit einer mittleren Umlenkung von 25°, nach der im Laufe einer Versuchsreihe durchgeführten Einspritzung von Wasser in den Verdichter. Durch Ablagerung von im Wasser enthaltenen Verunreinigungen (Salzen) an Innen- und Außenring sowie an den Schaufeln entstand ein

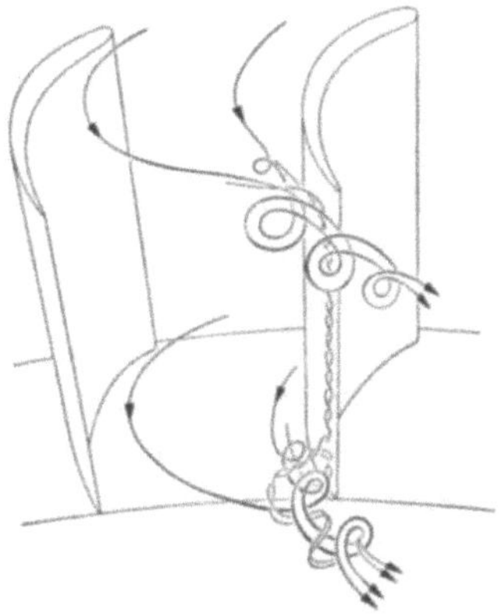

Bild 4.66 Sekundärströmung im Schaufelkanal eines axialen Leitradgitters (ohne Diskontinuitätsflächen)

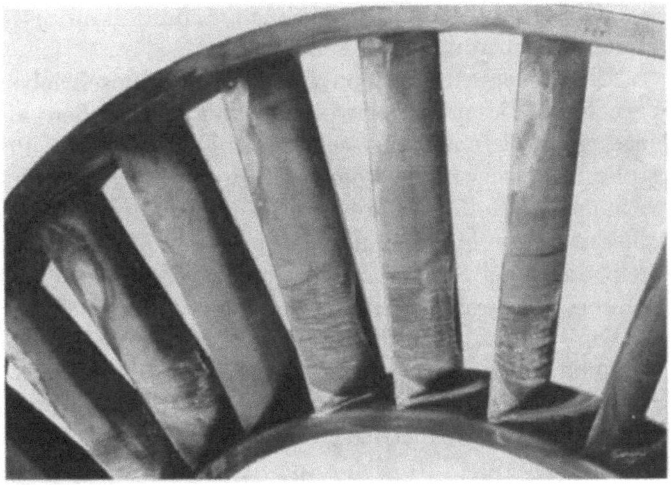

Bild 4.67 Stromlinien an einem ruhenden gefächerten Beschleunigungsgitter

Stromlinienbild, welches die Vorgänge in den Grenzschichten deutlich widerspiegelt. Man erkennt, wie der innen liegende Wirbel sogar das Grenzschichtmaterial der Kanalwand auf die Saugseite der Schaufel transportiert. In Bild 4.68 ist dieser Teil der Strömung noch einmal besonders herausgestellt. Nach der Schaufelmitte zu klingt die Wirkung des Wirbels verhältnismäßig rasch ab. Hier verlaufen die Stromlinien im wesentlichen senk-

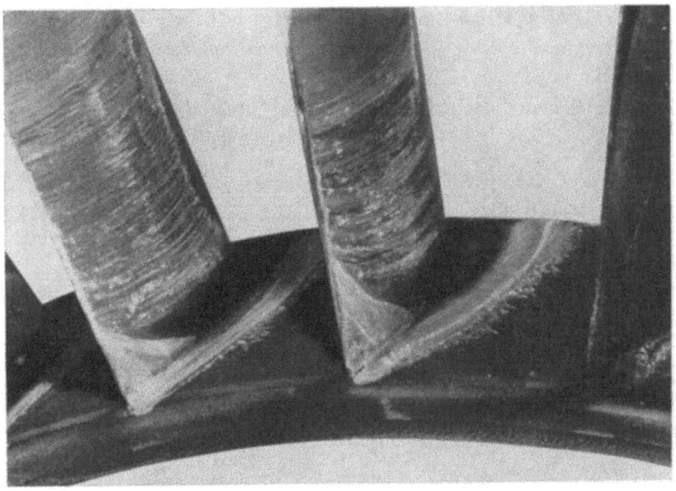

Bild 4.68 Abzeichnung des inneren Sekundärwirbels in einem ruhenden gefächerten Beschleunigungsgitter

recht zur Hinterkante. Sie beginnen im übrigen nicht an der Eintrittskante der Schaufel, sondern auf einer weiter rückwärts liegenden Linie, die vermutlich das Erreichen einer bestimmten Dicke der laminaren Grenzschicht auf dem Schaufelrücken anzeigt. Solange diese Schicht noch sehr dünn ist, können sich keine Wassertröpfchen auf der Schaufeloberfläche festsetzen und somit keine Ablagerungen bilden. Der äußere Wirbel hat sich

— durch die hier vorhandene größere Gitterteilung von geringerer Stärke und in der Tat in Bild 4.67 nur schwach sichtbar — lediglich auf dem Außenring etwas abgezeichnet. Die Schaufeln zeigen dagegen in diesem Bereich Zonen der Strömungsablösung nahe der Hinterkante, und zwar nimmt die Breite des Ablösungsgebietes von Schaufelmitte nach außen deutlich zu. Hier kommt das von innen nach außen wachsende Teilungsverhältnis des Gitters zur Auswirkung. Am Schaufelkopf ist es für die vorliegende Strömungsumlenkung bereits etwas sehr groß.

Es gibt eine Reihe von Ansätzen, die beschriebene Sekundärströmung theoretisch zu berechnen. Dabei wird sowohl von der Stromfaden- als auch von der Tragflügeltheorie ausgegangen. Die mathematische Kompliziertheit des Problems erfordert aber in allen Fällen große Idealisierungen wie z. B. Beschränkung auf das Gleichdruckgitter und Voraussetzung der Reibungsfreiheit. Die letzte Einschränkung bedeutet, daß Aussagen über die mit der Sekundärströmung verbundenen Verluste — und zwar die Gesamtdruckverluste, nicht die in der Sekundärströmung steckende kinetische Energie — nicht gemacht werden können. Zu ihrer Ermittlung ist man daher doch auf Versuchsergebnisse angewiesen.

Um quantitative Unterlagen für die praktische Auslegung von Turbinen zu bekommen, mißt man im allgemeinen das Strömungsfeld hinter einem geraden Gitter mit endlicher Schaufellänge aus und trägt dann entweder die Gesamtdrücke in Form von Isobaren oder die Austrittsgeschwindigkeiten in Form von Isotachen über dem Strömungsquerschnitt auf. Natürlich kann man zur Veranschaulichung der lokalen Verluste auch die Geschwindigkeiten gleich auf die isentrop erreichbare Endgeschwindigkeit beziehen und erhält so beispielsweise die in Bild 4.69 gezeigte Darstellung der örtlichen φ_δ-Werte hinter

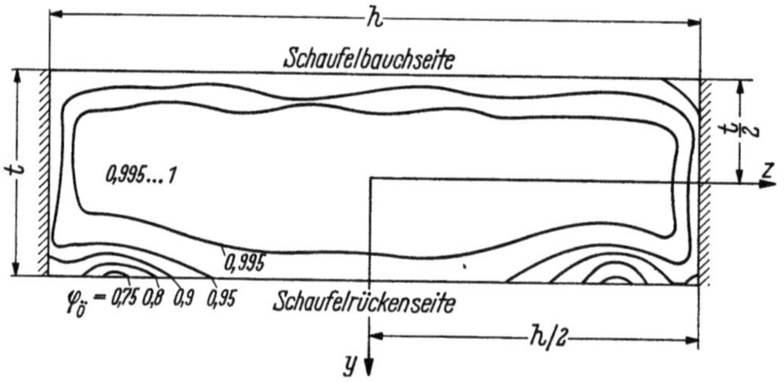

Bild 4.69 Verteilung der örtlichen Geschwindigkeitszahlen über dem Austrittsquerschnitt eines geraden Schaufelgitters mit α_1 = const

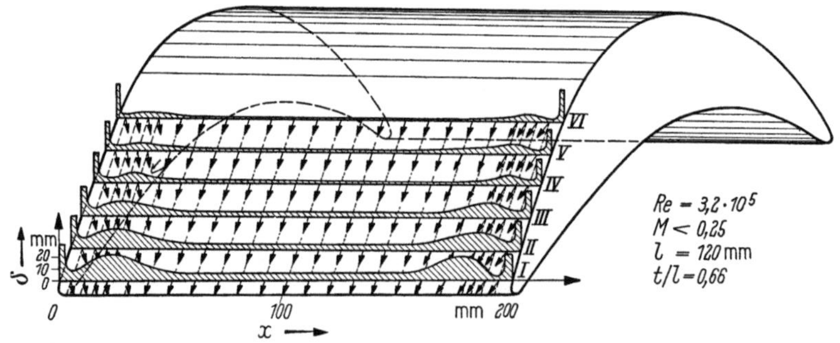

Bild 4.70 Verteilung der Grenzschichtdicke auf dem Rücken einer Gleichdruckschaufel in gerader Gitteranordnung (nach GUKASSOWA [36])

einem geraden Gitter mit konstantem Profil längs der Schaufelhöhe, also für den Fall α_1 = const [1]. Während die Geschwindigkeitszahl in der gesunden Kernströmung Werte zwischen 0,995 und 1 erreicht — hier fehlen die Verluste fast ganz —, fällt sie nach den durch Schaufeloberflächen und Kanalwände gegebenen Grenzen des Strömungsfeldes merkbar ab. Der Einfluß der Wirbelzöpfe der Sekundärströmung — durch besonders kleine φ_δ-Werte bis unter 0,75 gekennzeichnet — ist gut zu erkennen.

Wir stellen allerdings fest, daß die Minima der Geschwindigkeitszahl nicht dort in der freien Strömung auftreten, wo wir nach Bild 4.66 die Kerne der Sekundärwirbel zu suchen haben. Sie liegen vielmehr unmittelbar an der Schaufelrückenseite. Das bedeutet, daß wir nicht die Dissipation der Wirbelzöpfe selber als Ursache der auftretenden Verluste ansehen dürfen. Ihre Quelle sind fast ausschließlich örtliche Verdickungen der Grenzschicht des Schaufelrückens, die aus dem Material der hierhin abfließenden inneren und äußeren Kanalgrenzschicht aufgebaut werden. Die Entwicklung dieser Grenzschichtansammlungen ist deutlich in Bild 4.70 zu verfolgen. Es wurde einer Arbeit von Gukassowa [*36*] entnommen, die sehr umfangreiche und eingehende Untersuchungen über den Mechanismus der Entstehung der Sekundärverluste anstellte.

Führt man nun in Bild 4.69 eine Mittelung der örtlichen Geschwindigkeitszahlen über der Schaufelteilung durch und trägt die dabei erhaltenen Mittelwerte φ, bezogen auf ihren Maximalwert $\hat{\varphi}$ in Schaufelmitte, über der Schaufelhöhe auf, so erhält man die ausgezogene Kurve des Bildes 4.71. Da die Minima der örtlichen Geschwindigkeitszahl sich ja, wie erwähnt, an der Saugseite der Schaufel befinden und ihre Ausdehnung nicht nur in Schaufellängsrichtung, sondern auch senkrecht dazu begrenzt ist, kommen die zugehörigen niedrigen φ_δ-Werte nur zum Teil in den über der Schaufelhöhe aufgetragenen $\varphi/\hat{\varphi}$ zum Ausdruck. Dennoch sind die durch die Sekundärströmung bedingten Einbrüche in der Kurve nicht zu übersehen.

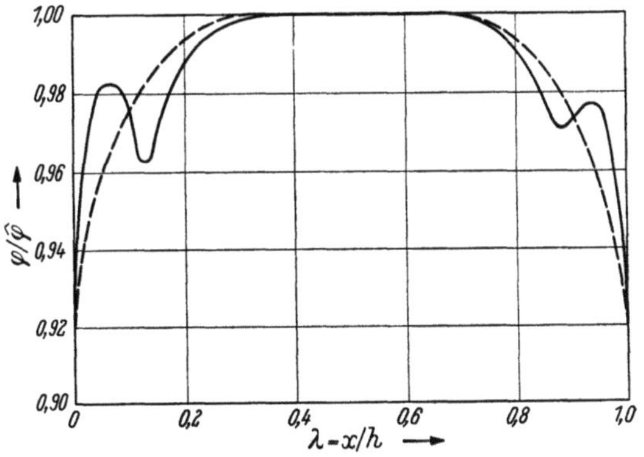

Bild 4.71 Verlauf der in Gitterrichtung gemittelten Geschwindigkeitszahlen über der Schaufelhöhe

Wenn man den unten noch zu berücksichtigenden Einfluß der Fächerung des Gitters in der Turbine zunächst vernachlässigt, könnten die erhaltenen φ-Werte direkt zur Berechnung der Strömung eines unverwundenen Leitrades bei Durchführung der Mehrschnittrechnung herangezogen werden. Das hinter dem Leitrad entstehende Profil der Absolutgeschwindigkeit würde dann für ein gegebenes isentropes Gefälle ähnliche Dellen aufweisen wie das der Geschwindigkeitszahl. Da die Umfangsgeschwindigkeit für das nachfolgende Laufrad einen linearen Verlauf über dem Radius hat, ergäben sich zwangsläufig entsprechende Schwankungen auch bei der relativen Eintrittsgeschwindigkeit in das Laufrad und beim Eintrittswinkel β_1. Dieses wiederum hätte bei Verwirklichung des stoßfreien Eintritts in das Laufgitter eine konstruktiv unschöne Verwindung der Laufschaufelvorderkante in den schmalen, durch die Sekundärwirbel beeinflußten Gebieten zur Folge. Die Zweckmäßigkeit einer derartigen Berücksichtigung der Verlustdellen ist auch strömungstechnisch in Frage gestellt, da ja in den Wirbelbereichen ein homogener Strömungszustand in Umfangsrichtung gar nicht besteht und die $\varphi/\hat{\varphi}$-Kurve selbst nur aus einer Mittelwertbildung hervorgegangen ist. Es erscheint daher angebrachter, die Schwankungen der Kurve durch die gestrichelt gezeichnete Linie des Bildes 4.71 auszugleichen und die Mehrschnittrechnung mit den sich daraus ergebenden Geschwindigkeitszahlen durchzuführen.

Natürlich setzt eine derartige Verwendung dieser Meßergebnisse an sich voraus, daß das zu berechnende Schaufelgitter dem der Messung zugrunde liegenden in allen drei Dimensionen geometrisch ähnlich ist. Es läßt sich aber vermuten, daß alle Parameter des besonderen, bei fehlender Ähnlichkeit unterschiedlichen, ebenen, durch den Mittelschnitt bestimmten Gitters — nämlich Profilform, Umlenkung, Teilungsverhältnis usw. — ausreichend durch $\hat{\varphi}$ berücksichtigt werden. Den Parametern der räumlichen Anordnung —

Schaufelhöhe und Fächerung — kann dann leicht Rechnung getragen werden. Um das zu zeigen, gehen wir etwas auf den Zusammenhang zwischen dem durch die Sekundärströmung beeinflußten radial veränderlichen φ und seinem Mittelwert $\bar{\varphi}$ längs der Schaufel ein.

Nach Gl. (4.66) ist

$$\bar{\varphi}^2 = \int_0^1 \varphi^2 \, d\left(\frac{x}{h}\right).$$

In der Auftragung von φ über x/h werden alle Schaufellängen auf dasselbe Maß gebracht, wobei dann den an den Schaufelenden liegenden Randzonen der Strömung entsprechend ihrem prozentualen Anteil an der gesamten Schaufellänge sehr unterschiedliche Bereiche zufallen. Zum Studium gerade dieser Randzonen ist es günstiger, die Geschwindigkeitszahl in Abhängigkeit von der auf die Profillänge l (oder l_{th}) bezogenen Koordinate x/l zu betrachten. Wir schreiben daher

$$\bar{\varphi}^2 = \frac{l}{h} \int_0^{h/l} \varphi^2 \, d\left(\frac{x}{l}\right).$$

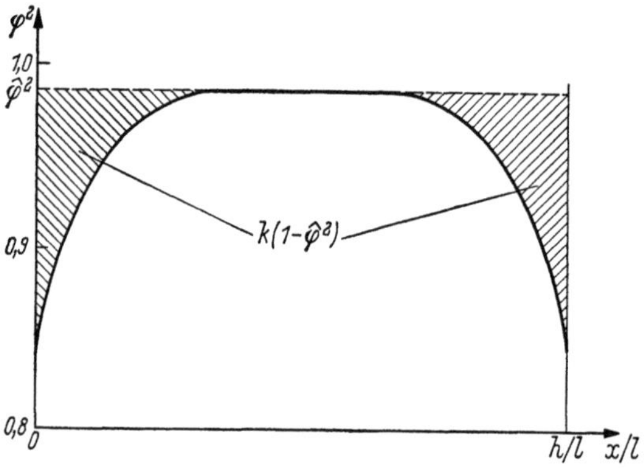

Bild 4.72 Veranschaulichung des Randverlustfaktors

Wie das Prinzipbild 4.72 veranschaulicht, läßt sich das Integral der letzten Gleichung als Differenz des Rechteckes $\hat{\varphi}^2 h/l$ und der schraffierten Fläche darstellen, also

$$\bar{\varphi}^2 = \frac{l}{h}\left[\hat{\varphi}^2 \frac{h}{l} - \int_0^{h/l} (\hat{\varphi}^2 - \varphi^2) \, d\left(\frac{x}{l}\right)\right].$$

Dabei setzt sich die schraffierte Fläche in dem gezeichneten Fall des geraden Gitters aus zwei gleichen an Fuß und Kopf der Schaufel gelegenen Anteilen zusammen. Im Fall des axialen, also gefächerten Gitters würden die beiden Anteile verschiedene Größe haben. Definieren wir nunmehr einen Randverlustfaktor

$$k = \frac{\int_0^{h/l} (\hat{\varphi}^2 - \varphi^2) \, d\left(\frac{x}{l}\right)}{1 - \hat{\varphi}^2},$$

so nimmt das Quadrat der mittleren Geschwindigkeitszahl die einfache Form

$$\bar{\varphi}^2 = \hat{\varphi}^2 - k(1 - \hat{\varphi}^2)\frac{l}{h} \tag{4.75}$$

an.

Es wurde gleichzeitig von Gukassowa [*36*] und Scholz [*37*] gezeigt, daß der Randverlustfaktor für ein gegebenes, gerades Schaufelgitter bei $h/l > 1$ unabhängig von der Schaufelhöhe ist. Das kommt etwa in dem von der sowjetischen Verfasserin stammenden Bild 4.73 zum Ausdruck. Hier wurde der für vier verschiedene Seitenverhältnisse im Bereich von h/l gleich 0,87 bis 2,09 an einem Gleichdruckgitter gemessene Verlauf von φ^2 über der Schaufelhöhe aufgetragen. Bis herab zu $h/l = 1{,}28$ fallen alle Meßpunkte auf eine einzige Kurve. Der konstante, von uns als $\hat{\varphi}$ bezeichnete Wert der Geschwindigkeitszahl im mittleren Bereich der Schaufel wird im vorliegenden Fall mit $t/l = 0{,}658$ bereits bei $x = 35$ mm, also etwas mehr als der halben Profillänge erreicht. Von hier ab entsprechen die Verluste der ebenen Gitterströmung ohne Randeinfluß. Das Übereinstimmen des φ^2-Verlaufes im Randzonenbereich und das Erreichen des gleichen $\hat{\varphi}$-Wertes in

Schaufelmitte bedeutet Übereinstimmung des Randverlustfaktors für die drei größeren Seitenverhältnisse.

Bei dem kleinsten Seitenverhältnis wird der Geschwindigkeitsbeiwert der ebenen Strömung in Schaufelmitte nicht mehr erreicht. Das ist um so mehr der Fall, je mehr wir mit dem Seitenverhältnis heruntergehen. Eine Messung für sehr kleine Verhältnisse von Schaufellänge zu Profiltiefe gibt Bild 4.74 wieder. Hier handelt es sich um ein Reaktionsgitter, das bis zu $h/l = 0{,}14$ herab untersucht wurde. Die Darstellung zeigt aber auch bei

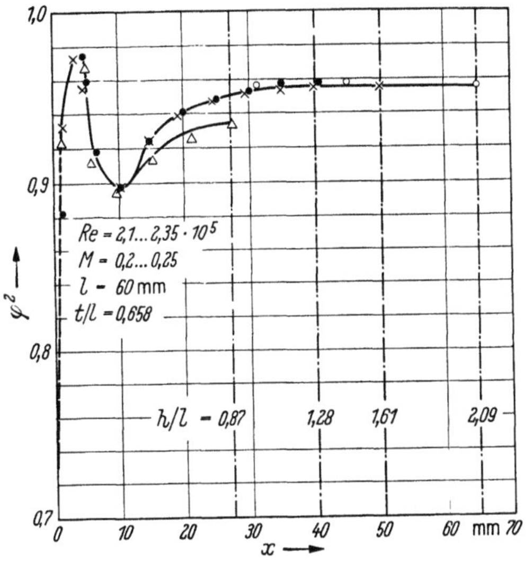

Bild 4.73 Änderung von φ^2 über der Schaufelhöhe eines geraden Gleichdruckgitters bei vier verschiedenen Seitenverhältnissen der Schaufeln (nach GUKASSOWA [*36*])

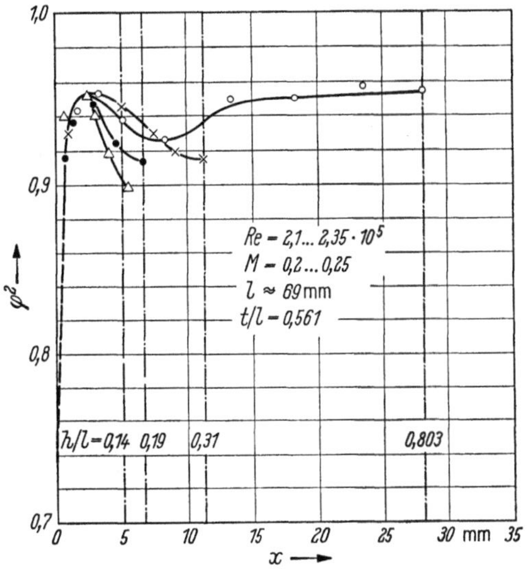

Bild 4.74 Änderung von φ^2 über der Schaufelhöhe eines geraden Überdruckgitters bei vier verschiedenen Seitenverhältnissen der Schaufeln (nach GUKASSOWA [*36*])

Vergleich mit Bild 4.73, daß im Beschleunigungsgitter — wie wir es normalerweise bei Gasturbinen verwenden — die ebene Strömung im mittleren Schaufelteil noch erheblich unter $h/l = 1$ erhalten bleibt. Bei den ganz kleinen Seitenverhältnissen, wo das auch hier nicht mehr der Fall ist, bekommen wir infolge des Zusammenwirkens der Sekundärströmungen an beiden Schaufelenden nur noch ein einziges Minimum der Kurve in Kanalmitte. Die beiden Grenzschichtverdickungen aus Bild 4.70 haben sich nunmehr dort vereinigt.

Die Breite der Randzone beträgt im zuletzt betrachteten Fall mit $t/l = 0{,}561$ nur noch 15 mm, also weniger als ein Viertel der Profillänge. Demgegenüber gibt SCHOLZ bei $t/l = 1$ als Randbereich etwa eine ganze Profillänge an. Offenbar hängt dieses Maß vom Teilungsverhältnis, aber auch von der Umlenkung, Profilform und anderen Faktoren ab. Nach theoretischen Ermittlungen [*34*] wachsen die durch die Sekundärströmungen bedingten Verluste mit dem Teilungsverhältnis und der Umlenkung stark an, wobei sie aber in Abhängigkeit von t/l einem Grenzwert zuzustreben scheinen. Praktische Untersuchungen liefern genauere Aufschlüsse hinsichtlich dieser Zusammenhänge.

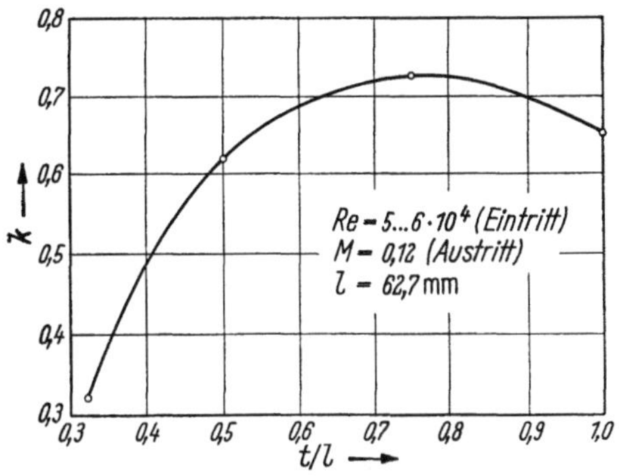

Bild 4.75 Abhängigkeit des Randverlustfaktors k für das ungefächerte Gitter vom Teilungsverhältnis t/l (nach SCHÄFFER [*15*])

Über den Einfluß des Teilungsverhältnisses auf den Randverlustfaktor k liegt eine Messung von SCHÄFFER [*15*] für das ungefächerte Gitter aus Profilen nach Bild 2.15 vor, die in Bild 4.75

wiedergegeben ist. k hat danach ein ausgesprochenes Maximum bei $t/l = 0{,}75$. Das ist durchaus zu verstehen, da bei kleineren Teilungsverhältnissen die Randzonen prozentual weniger Anteil an der Kanalhöhe haben, bei größeren Beträgen dieses Kennwertes dagegen die Ausbildung der Sekundärwirbel durch den zu großen Abstand der Druck- und Saugseite benachbarter Schaufeln behindert wird. Immerhin ist das beobachtete Maximum verhältnismäßig flach, so daß man in dem bei Turbinengittern praktisch in Frage kommenden Bereich

$$0{,}6 \leqq t/l \leqq 0{,}9$$

mit dem konstanten Wert

$$k \approx 0{,}71$$

rechnen kann. Es ist dies aber ein Optimalwert; jedenfalls sind nach Untersuchungen von Gersten *[38]* an einem Profil mit wesentlich größerem Dickenverhältnis und stark gerundeter Eintrittskante scheinbar auch Randverlustfaktoren in zwei- bis dreifacher Höhe möglich.

Der Einfluß der Umlenkung bzw. Schaufelbelastung, gemessen durch das Verhältnis $\Delta c_u/c_a$ der Änderung der Umfangskomponente zur Axialkomponente der Geschwindigkeit im Gitter, auf den Randverlustfaktor ist nach einer Messung von Scholz *[37]* nur sehr klein. Eine klare Abhängigkeit von der Umlenkung lassen aber neuere Messungen von Wolf *[96]* erkennen, die die Veränderlichkeit des Randverlustbeiwertes ζ_{Rand} mit der Änderung von Zu- und Abströmrichtung für gerade Schaufelgitter betreffen.

Der Beiwert ζ_{Rand} ist definiert als Differenz des Gesamtverlustbeiwertes

$$\zeta_{\text{ges}} = \frac{1}{ht} \int\limits_{-h/2}^{+h/2} \int\limits_{-t/2}^{+t/2} \frac{p_0^* - p_1^*}{\hat{p}_0^* - p_1}\, dy\, dz,$$

der sämtliche in einem Schaufelkanal entsprechend Bild 4.69 auftretenden Verluste berücksichtigt, und des Verlustbeiwertes

$$\zeta_{\text{eben}} = \frac{1}{t} \int\limits_{-t/2}^{+t/2} \frac{\hat{p}_0^* - \hat{p}_1^*}{\hat{p}_0^* - p_1}\, dy,$$

der nur die Verluste der in Kanalmitte angenommenen ebenen Strömung in Rechnung stellt und den Absolutverlust des Schaufelkanals bei fehlenden Seitenwänden bestimmt. Die Drücke der ebenen Strömung wurden hier wie die zugehörige Geschwindigkeitszahl durch ein Dach gekennzeichnet. Wir haben also

$$\zeta_{\text{Rand}} = \zeta_{\text{ges}} - \zeta_{\text{eben}}.$$

Drücken wir näherungsweise die ζ-Werte rechts durch φ aus, so ist auch

$$\zeta_{\text{Rand}} \approx (1 - \overline{\varphi}^2) - (1 - \hat{\varphi}^2) = \hat{\varphi}^2 - \overline{\varphi}^2$$

oder unter Berücksichtigung von Gl. (4.75)

$$\zeta_{\text{Rand}} \approx k(1 - \hat{\varphi}^2)\, \frac{l}{h}.$$

Wegen der Unabhängigkeit des Faktors k von der Schaufelhöhe bei Vorhandensein ebener Strömung in Kanalmitte muß für ein Gitter gegebenen Querschnittes auch

$$h\,\zeta_{\text{Rand}} = \text{const}$$

gelten.

Das Ergebnis der WOLFschen Messungen ist in Bild 4.76 dargestellt, und zwar ist der Randverlustbeiwert über der reziproken Beschleunigungszahl aufgetragen, so daß wir links von dem Abszissenwert 1 die Turbinengitter, rechts dagegen Verdichtergitter finden. Es kommt ein deutliches Anwachsen der Verluste mit zunehmendem Umlenkwinkel θ zum Ausdruck. Dabei wird aber auch sichtbar, daß die Sekundärverluste stark mit abnehmender Beschleunigung bzw. zunehmender Verzögerung der Gitterströmung an-

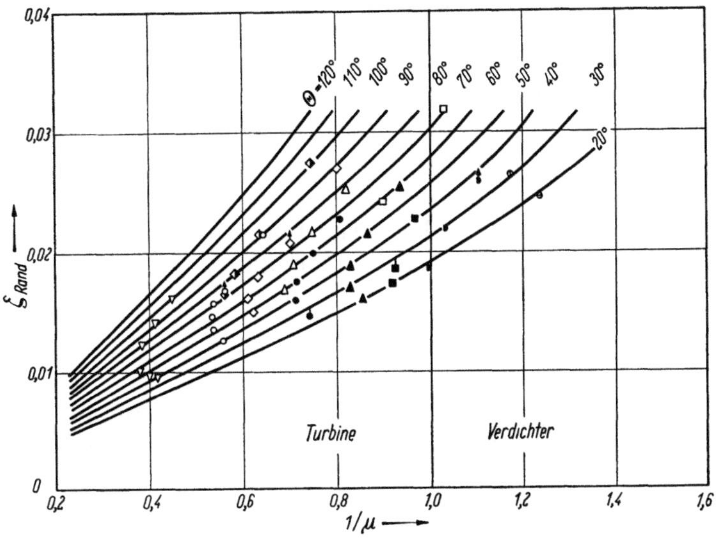

Bild 4.76 Randverlustbeiwert über reziproker Beschleunigungszahl für gerade Schaufelgitter (für $\mu < 1$ bezogen auf $\hat{p}_0^* - p_0$, für $\mu > 1$ bezogen auf $\hat{p}_0^* - p_1$) (nach WOLF [96])

Schaufelhöhe: $h = \text{const} = 100$ mm; Seitenverhältnis der Schaufel: $h/l = 2{,}2$; Verdrängungsdicke der Vorgrenzschicht: $\delta_0^*/h = 7 \cdot 10^{-3}$; Rauhigkeit der Seitenwand: $k/h \approx 5 \cdot 10^{-6}$

steigen und infolgedessen bei Verdichtern wesentlich höhere Werte erreichen als bei Turbinen. Das Diagramm zeigt keine Abhängigkeit vom Teilungsverhältnis, da eine solche bei den vorliegenden Versuchen im Bereich von $0{,}3 \leqq t/l \leqq 0{,}7$ nicht festgestellt werden konnte. Die nach Bild 4.75 bestehende Änderung von k mit t/l wird also in der vorletzten Gleichung offensichtlich durch die gegenläufige Änderung von $(1 - \hat{\varphi}^2)$ kompensiert.

Das unterschiedliche Verhalten von Verdichter- und Turbinengitter hat besondere Bedeutung hinsichtlich des Einflusses der Geschwindigkeitsverteilung in der Zuströmung auf die Sekundärströmung. Während das Verzögerungsgitter infolge des Druckanstieges zwischen den Schaufeln sehr empfindlich gegenüber Änderungen in der Zuströmung ist, wird die Sekundärströmung im Beschleunigungsgitter vom Zuströmprofil praktisch nicht beeinflußt [38]. Das gilt daher auch für die radiale Verteilung der Austrittsgeschwindigkeit aus dem Gitter. Voraussetzung ist hierfür aber eine ausreichende Dicke der Vorgrenzschicht, und zwar muß die Verdrängungsdicke etwa der Bedingung $\delta_0^*/l \geqq 0{,}08$ genügen. Oberhalb dieses Grenzwertes kann der Randverlustfaktor k bzw. -beiwert ζ_{Rand} als konstant angesehen werden; unterhalb davon wird er natürlich kleiner, da ja das Vorhandensein der Grenzschicht überhaupt die Voraussetzung für das Auftreten der Sekundärströmung ist. Bei zu kleiner Grenzschichtdicke ist ein ungehinderter Massenstrom von der Druckseite der einen zur Saugseite der benachbarten Schaufel unter dem Einfluß des Druckgradienten nicht mehr möglich. Im Fall der Gasturbinen kann die Minimalbedingung für die Verdrängungsdicke im allgemeinen als erfüllt angesehen werden. Dagegen haben wir bei den Meßergebnissen in Bild 4.76 nur ein $\delta_0^*/l = (\delta_0^*/h)(h/l) = 7 \cdot 10^{-3} \cdot 2{,}22 = 0{,}016$. Zur Umrechnung auf $\delta_0^*/l = 0{,}08$ sind die angegebenen ζ_{Rand} noch mit dem von WOLF angegebenen Korrekturfaktor 1,52 zu multiplizieren.

Auf der Unempfindlichkeit des Beschleunigungsgitters gegenüber Änderung der Zuströmverteilung beruht nun die ganze Behandlung der Schaufelverluste, wie wir sie hier zur Ermöglichung einer übersichtlichen Mehrschnittrechnung durchführen.

Nach der vorstehenden Diskussion des Randverlustfaktors sind wir in der Lage, der Gl. (4.75) noch eine für die praktische Anwendung nützliche Form zu geben. Zunächst ist

$$\bar{\varphi} = \hat{\varphi} \sqrt{1 - k \frac{1 - \hat{\varphi}^2}{\hat{\varphi}^2} \frac{l}{h}}.$$

Da der zweite Summand unter der Wurzel nur eine Korrekturgröße darstellt, die klein gegen 1 ist, liefert eine Reihenentwicklung

$$\bar{\varphi} \approx \hat{\varphi} \left(1 - \frac{k}{2} \frac{1 - \hat{\varphi}^2}{\hat{\varphi}^2} \frac{l}{h}\right).$$

Setzen wir hier näherungsweise den oben ermittelten Wert $k = 0{,}71$ und als Durchschnitt der Geschwindigkeitszahl in ebener Strömung $\hat{\varphi} = 0{,}98$ ein, so ergibt sich die Faustformel

$$\bar{\varphi} \approx \hat{\varphi} \left(1 - 0{,}014 \frac{l}{h}\right). \tag{4.76}$$

Der Zahlenfaktor in der Klammer kann allerdings mehr als den doppelten Wert annehmen, wenn man die von GERSTEN gemessenen Randverlustfaktoren akzeptiert.

Wegen der zuletzt genannten Unbestimmtheit sei hier auch noch die Formel von SENNITSCHENKO (s. in [8]) genannt, die sich in einer zu Gl. (4.75) analogen Form schreibt

$$\bar{\varphi}^2 = \hat{\varphi}^2 - 0{,}1 \left(\frac{t \sin \alpha_1}{h}\right)^{1,5}.$$

Durch gleichartige Behandlung mit $\hat{\varphi} = 0{,}98$ führt sie auf

$$\bar{\varphi} \approx \hat{\varphi} \left(1 - 0{,}052 \left[\frac{t \sin \alpha_1}{h}\right]^{1,5}\right). \tag{4.77}$$

Bei der Ableitung von Gl. (4.76) haben wir den Randverlustfaktor des geraden Gitters benutzt. Die Streubreite dieses Wertes gestattet uns aber, die Gleichung auch für das gefächerte Gitter zu verwenden, wenn wir $\hat{\varphi}$ und l für den Mittelschnitt bestimmen. Ebenso ist Gl. (4.77) universell verwendbar, wenn $\hat{\varphi}$, t und α_1 auf den Mittelschnitt bezogen sind.

Die vorangehenden Betrachtungen haben uns einen so weitgehenden Einblick in den Zusammenhang zwischen Gesamtverlust des Gitters, Verlustbeiwert der ebenen Strömung und örtlichem Verlustbeiwert bei Auftreten von Sekundärströmungen gebracht, daß wir nunmehr auch die Frage des Einflusses von Schaufelhöhe und Fächerung auf den Verlauf der Geschwindigkeitszahl längs des Radius wieder aufgreifen können. Diese Frage ist ja für die Durchführung der Mehrschnittrechnung von fundamentaler Bedeutung.

Wir sahen, daß der Verlauf der φ-Werte in der Nachbarschaft der beiden Begrenzungswände eines ebenen Schaufelgitters für ein gegebenes Profilsystem unabhängig von der Schaufelhöhe immer die gleiche Form hat. Im mittleren Schaufelbereich wird stets der gleiche Wert $\hat{\varphi}$ der Geschwindigkeitszahl erreicht, wie er der von Randverlusten unbeeinflußten ebenen Strömung entspricht. Jedenfalls gilt dies oberhalb eines bestimmten Grenzverhältnisses $(h/l)_G$ von Schaufelhöhe zu Profillänge, das etwa zwischen 1 und 2 liegt. Unterhalb dieses Verhältnisses bleibt die Geschwindigkeitszahl auch in Kanalmitte niedriger als $\hat{\varphi}$. Wir können also eine für das Grenzverhältnis vorliegende φ-Verteilung auch für jedes andere Verhältnis h/l verwenden, wenn wir folgendermaßen verfahren (s. Bild 4.77):

Bei größeren relativen Schaufellängen schneiden wir die Kurve in der Mitte auf, verwenden die beiden Hälften für die Randpartien des Kanales und ersetzen das fehlende

Stück durch die gerade Verbindungslinie. Bei kleineren Längen runden wir die Spitze der sich nun in der Mitte schneidenden Hälften aus und bekommen somit automatisch einen Wert $\varphi < \hat{\varphi}$ in Kanalmitte.

Für unverwundene Leitschaufeln, also im Fall $\alpha_1 = \text{const}$, kann man generell die in Bild 4.78 gestrichelt wiedergegebene Abhängigkeit für $\varphi/\hat{\varphi}$ als Ausgangskurve benutzen. Sie tangiert die Gerade $\varphi/\hat{\varphi} = 1$, stellt also die Verteilung beim oben erwähnten Grenzverhältnis von Schaufelhöhe zu Profiltiefe dar. Da die Schaufelhöhe in diesem Diagramm als 80 mm angenommen ist, beträgt die zugehörige Profiltiefe je nach Größe des Grenzverhältnisses $(h/l)_G$ etwa 40 bis 80 mm. Das ist eine Größenordnung, wie sie uns tatsächlich bei den Gasturbinen der Luftfahrt begegnet. Beim praktischen Entwurfsfall betrachten wir uns an keine bestimmte Profiltiefe gebunden, da dem φ-Verlauf im Hinblick auf den Ausgleich der durch die Sekundärwirbel verursachten Minima ohnehin nur Näherungscharakter zukommt. — Haben wir es mit einer Kleingasturbine zu tun, bei der die Profiltiefen der Schaufeln etwa zwischen 20 und 40 mm liegen, so kann Bild 4.78 unverändert verwendet werden, wenn man nur den Abszissenmaßstab verdoppelt, d. h. an der Stelle $x = 80$ mm den Wert 40 mm schreibt.

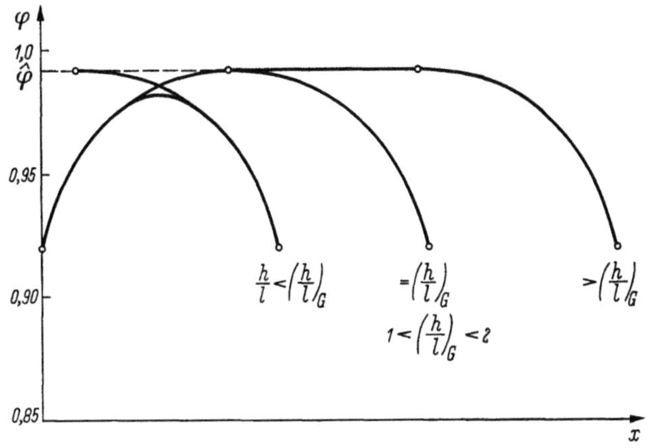

Bild 4.77 Radiale Verteilung des Geschwindigkeitsbeiwertes für ein gerades Schaufelgitter bei verschiedenen Seitenverhältnissen

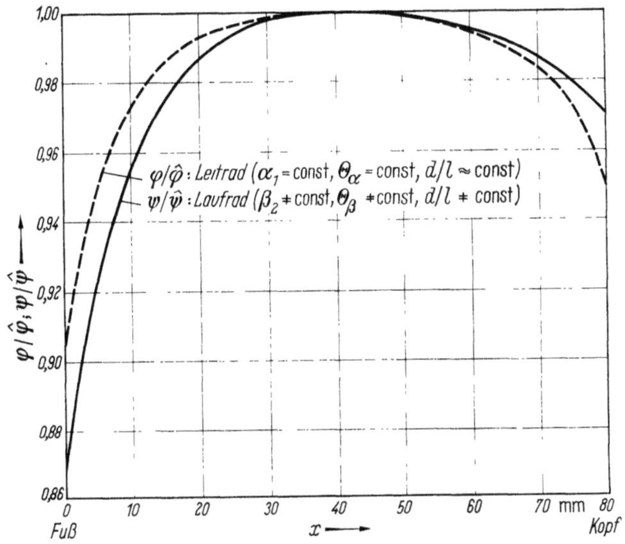

Bild 4.78 Radiale Verteilung des bezogenen Geschwindigkeitsbeiwertes für Leitrad und Laufrad einer Turbinenstufe mit $\alpha_1 = \text{const}$ (Schaufelhöhe $h = 80$ mm)

Die Leitradkurve des Bildes 4.78 wurde durch Auswertung verschiedener Messungen — u. a. von SCHOLZ [*37*], SCHÄFFER [*15*] und LYSHOLM [*40*] — und Mittelung der Ergebnisse gewonnen. Im Gegensatz zu der symmetrischen Ausgangskurve des Prinzipbildes 4.77 gilt sie bereits für das axiale Schaufelgitter, enthält also den Fächerungseinfluß auf den Verlauf der Geschwindigkeitszahl. Das kommt in der Unsymmetrie der Kurve, in den gegenüber dem Schaufelkopf am Fuß vergrößerten Energieverlusten zum Ausdruck.

Infolge der Fächerung des Gitters wird bei radial konstanter Profiltiefe das Teilungsverhältnis nach innen zu kleiner. Nun würde man zwar, wie Gl. (4.77) zeigt, beim geraden Gitter mit abnehmender Teilung eine Verringerung der durch die Sekundärströmung bedingten Verluste enthalten. Dem steht aber der beim axialen Gitter nach Bild 4.66 auftretende Transport äußeren Grenzschichtmaterials zum Innenbereich des Strömungskanals entgegen. Außerdem haben wir nach Bild 4.29 mit einer Verkleinerung des Geschwindigkeitsbeiwertes der *ebenen* Strömung durch das abnehmende Teilungsverhältnis zu rechnen. Haben wir es mit dem anderen Grenzfall des axialen Schaufelgitters zu tun, nämlich demjenigen konstanten Teilungsverhältnisses bei radial nach innen abnehmender Profiltiefe, so liegen die Dinge ähnlich. Wieder würde man zwar beim geraden Gitter — nunmehr nach Gl. (4.76) — durch analoge Änderung der Gittergeometrie ein Abnehmen der Randverluste bewirken, doch hat auch hier der Transport von Grenzschichtmaterial am Schaufelfuß eine Verlusterhöhung zur Folge. Im gleichen Sinne wirkt jetzt außerdem die Verringerung der REYNOLDS-Zahl durch die nach innen abnehmende Schaufelbreite.

Es wurde darauf hingewiesen, daß die φ-Verteilung des Bildes 4.78 für die unverwundene Leitschaufel gilt. Grundsätzlich kann man natürlich derartige Ausgangskurven auch für andere Auslegungsgesetze bestimmen, doch haben diese — wie die Drallverteilung des Potentialwirbels — meist nur theoretische Bedeutung, da sie bei reibender Strömung und nichtkonstanter Temperaturverteilung praktisch nicht zu verwirklichen sind (s. Abschn. 4.242.), oder sie kommen — wie die stoßfrei angeströmte unverwundene Laufschaufel — aus konstruktiven Gründen für die Gasturbine kaum in Frage (s. Abschn. 4.21). Wir können infolgedessen hiermit das Leitrad verlassen und uns dem rotierenden Schaufelgitter zuwenden.

4.232.22 Das Laufrad: Einfluß des Radialspaltes, der Relativbewegung der äußeren Kanalwand und der Zentrifugierung der Schaufelgrenzschicht. Wie bereits oben angedeutet, treten im Falle des Laufrades zu den bisher besprochenen Faktoren der räumlichen Strömung, die natürlich hier ebenfalls voll wirksam sind, noch drei weitere, von denen wir zunächst den Einfluß des radialen Spaltes zwischen Laufschaufelende und äußerer Ummantelung der Stufe betrachten.

Der Radialspalt ermöglicht eine Ausgleichströmung um den Schaufelkopf herum von der Druckseite zur Saugseite des Profils, wobei der Druckunterschied zwischen diesen beiden Seiten in den spaltnahen Schaufelschnitten abgebaut wird. Wir erhalten eine von Schaufelmitte in Richtung Spalt auf Null abfallende Zirkulation. Gleichzeitig wird der in der Grenzschicht der äußeren Kanalwand in Umfangsrichtung von Schaufel zu Schaufel wirksame Druckgradient vermindert und somit die Ausbildung des äußeren Sekundärwirbels beeinträchtigt. Er wird also durch den Einfluß des Radialspaltes verkleinert.

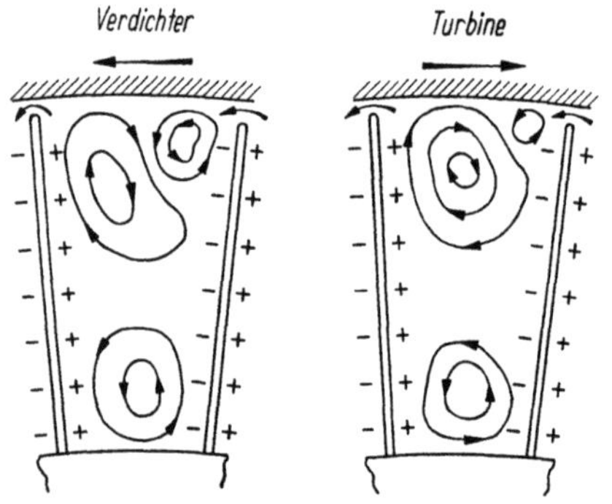

Bild 4.79 Ausbildung des Spaltwirbels in Laufrädern von Turbomaschinen (schaufelfestes System)

Die Umströmung des Schaufelendes durch den Spalt hat außerdem die Bildung des sogenannten Spaltwirbels zur Folge, der in der von Schaufelsaugseite und äußerer Kanalwand gebildeten Ecke des Strömungskanals auftritt [*35*] (s. Bild 4.79). Sein Drehsinn wird durch die Richtung der Spaltströmung bestimmt und ist daher demjenigen des äußeren Sekundärwirbels entgegengesetzt. Durch den Spaltwirbel wird der Sekundärwirbel teilweise von der Außenwand weg zur Kanalmitte hin abgedrängt; *insgesamt* tritt eine Vergrößerung des äußeren Wirbelgebietes ein.

Überlagert man nun dieser Erscheinung noch die Relativbewegung der äußeren Kanalwand, so muß man zwei Fälle unterscheiden. Mit der Bewegung der Wand wird nämlich die an dieser haftende Grenzschicht durch den Spalt gezogen, und zwar immer entgegengesetzt zur absoluten Bewegungsrichtung der Schaufeln. Je nachdem es sich aber um einen Verdichter oder eine Turbine handelt, liegt die Druck- oder die Saugseite der Profile in Bewegungsrichtung vorn. Die oben beschriebene Spaltströmung von Druck- nach Saugseite wird also beim Verdichter verstärkt, bei der Turbine jedoch vermindert. Der bei der Turbine zusätzlich zum Sekundärwirbel auftretende Spaltwirbel wird daher wesentlich schwächer sein als beim Verdichter.

War das Strömungsgeschehen im äußeren Teil der Schaufelkanäle soweit noch leicht zu überblicken, so komplizieren sich die Verhältnisse durch zwei weitere Folgen der Relativbewegung der Kanalwand. Erstens schiebt die in Bewegungsrichtung vordere Schaufelseite einen Teil der Außenwandgrenzschicht vor sich her. Zweitens übt die Relativbewegung der Wand an der Ablaufseite der Schaufel — also an der Saugseite beim Verdichter und an der Druckseite bei der Turbine — eine Absaugwirkung auf die dort befindliche Grenzschicht aus; es wird hier eine örtliche Druckminderung erzeugt. Betrachten wir speziell die Turbine, so wirken sich beide Erscheinungen folgendermaßen aus. Der erste Umstand verursacht eine zusätzliche Anhäufung von Grenzschichtmaterial an und in der Nähe der Saugseite und verstärkt so die dort ohnehin schon vorhandene Ablösungsgefahr der Strömung. Die durch den zweiten Effekt bedingte Saugwirkung bedeutet einen weiteren Abbau des am Profil wirksamen Druckunterschiedes in den spaltnahen Schaufelschnitten. Beide Wirkungen können so stark sein, daß die in Bild 4.79 dargestellten Strömungserscheinungen völlig überdeckt werden.

Als letzter Einflußfaktor, der die Strömung im Laufrad von derjenigen im Leitrad unterscheidet, ist die Zentrifugierung der Grenzschicht zu nennen. Sie führt zwar auf keinem Radius zu einer Verdünnung dieser Schicht, da die von innen nach außen zunehmende Zentrifugalbeschleunigung sehr weitgehend bei laminarer Grenzschicht durch die infolge der wachsenden Reynolds-Zahl nach außen abnehmende Grenzschichtdicke, bei turbulenter Grenzschicht außerdem durch die zunehmende scheinbare Zähigkeit ausgeglichen und infolgedessen der radiale Durchfluß durch die Schicht über der Schaufellänge praktisch konstant ist. Wohl aber wirkt sich der Umstand aus, daß die in der Grenzschicht strömenden Gasteilchen durch den von innen nach außen erfolgenden Transport aus Zonen kleiner in solche großer Umfangsgeschwindigkeit der Schaufelprofile gelangen. Sie bleiben also wegen ihrer kleineren Eigengeschwindigkeit in Umfangsrichtung in zunehmendem Maße hinter der Schaufel zurück bzw. unterliegen Corioliskräften, die ihre Relativbewegung zur Schaufelhinterkante hin unterstützen und somit wie ein zusätzlicher Druckabfall wirken. Hierdurch wird das Ablösungsverhalten der Grenzschicht auf der Saugseite der Schaufel verbessert.

Der obige Sachverhalt ist besonders für die verzögerte Strömung wichtig. Experimentelle Untersuchungen darüber liegen vor von Himmelskamp [*79*], der die örtlichen Auftriebsbeiwerte c_a auf verschiedenen Profilschnitten r/R eines umlaufenden Propellers in Abhängigkeit vom Anstellwinkel α ermittelte und mit denjenigen des nicht umlaufenden Profils im Windkanal verglich (s. Bild 4.80). Die Messungen umfaßten einen r/R-Bereich von 0,4 bis 0,8 und bezogen sich auf das Profil Gö 625. Während dieses normalerweise nur einen maximalen Auftriebsbeiwert von etwa 1,4 erreicht, liegt der entsprechende Wert am innersten Profilschnitt bei 3,2. Nach außen zu nimmt der maximale Auftriebsbeiwert wieder ab. Dieses Verhalten ist auch nach einer theoretischen Untersuchung von Betz [*98*] zu erwarten, der unter der Voraussetzung drallfreier Absolutströmung in der

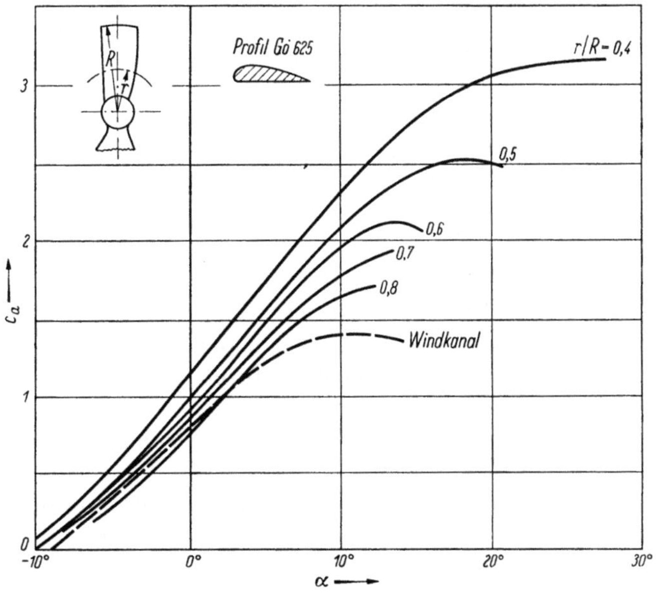

Bild 4.80 Einfluß der Grenzschichtzentrifugierung auf die örtlichen Auftriebsbeiwerte eines Propellerblattes (nach Himmelskamp [*79*])

Mittelebene des Laufrades (Reaktion 1) den Zusammenhang zwischen dem Maximalauftriebsbeiwert $c_{a\,\max}$ des umlaufenden und demjenigen $c_{a\,\max 0}$ des im Windkanal vermessenen Profils bei turbulenter Grenzschicht in der Form

$$\frac{c_{a\,\max}}{c_{a\,\max 0}} = 1 + k \left(\frac{l}{r}\right)^2 \left(\frac{w_\infty l}{\nu}\right)^{-0,1} \cos^4 \beta_\infty$$

darstellen konnte. Hier ist w_∞ der Betrag der mittleren Relativgeschwindigkeit und β_∞ ihr Winkel gegen die Drehebene. Die Konstante k ergibt sich im Fall der HIMMELSKAMPschen Messungen zu 5,5. Es ist zu vermuten, daß sie angenähert auch für andere Profile und Versuchsanordnungen — jedenfalls soweit es sich um Gebläse handelt — Gültigkeit besitzt.

Für Laufräder von Turbinen sind ähnliche Forschungsergebnisse noch nicht bekannt geworden. Wir dürfen aber auch bei der beschleunigten Strömung erwarten, in der Grenzschichtzentrifugierung einen stabilisierenden Faktor vorzufinden, der gleichzeitig — besonders im inneren Teil des Strömungskanals — wirkungsgradverbessernd in Erscheinung tritt.

Hinsichtlich der praktischen Auswirkungen der hier aufgezeigten Besonderheiten in den Arbeitsbedingungen der rotierenden Schaufel vergleiche man auch das in Abschn. 5.212.1 zu den Bildern 5.27 und 5.28 Gesagte. —

Die qualitativen Aussagen über die Art der Spaltströmung gaben einen gewissen Einblick in das komplizierte Problem dieser Randwirkung. Die Frage des Zusammenhanges der Spaltströmung mit den Spaltverlusten und dem Abströmwinkelverlauf ist dabei aber noch ungeklärt. Von der Kenntnis der Spaltverluste und ihrer radialen Verteilung hängt jedoch letzten Endes die genaue Durchführung einer Mehrschnittrechnung ab, während die Beeinflussung des Winkelverlaufes durch die Spaltströmung bei der Konstruktion der Beschaufelung beachtet werden muß.

Das Studium der bekannten Literatur zeigt nun, daß weder rechnerische noch experimentelle Unterlagen in einem Umfang vorliegen, die die Größe der örtlichen Spaltverluste in Abhängigkeit der vielen Einflußgrößen exakt zu bestimmen gestatten. Wo solche Ansätze vorhanden sind, müssen nicht immer zutreffende Annahmen gemacht werden oder Erfahrungswerte von Versuchen zur Verfügung stehen. Es ist daher naheliegend — dem heutigen Stand der Erkenntnis Rechnung tragend —, einen für die Praxis einfachen Weg der Verlusterfassung zu wählen, der dem Verfahren der Mittelschnittrechnung entspricht. Bei der Mittelschnittrechnung war ja bekanntlich der Verlustbeiwert der Laufschaufel ohne Beachtung eines Spaltverlustes — also für Spalt Null — bestimmt und die Abminderung der Schaufelarbeit durch Spaltverlust in Form einer Entropievermehrung hinter der Stufe erfaßt worden.

Sinngemäß legen wir für die Laufschaufeln in der Mehrschnittrechnung zunächst analog zur $\varphi/\hat{\varphi}$-Verteilung eine $\psi/\hat{\psi}$-Verteilung fest, die in gleicher Weise wie bei den Leitschaufeln für Spalt Null gilt und zur Ermittlung des radialen Verlaufes der Geschwindigkeitszahl für Laufschaufeln verschiedener Länge dienen kann. Bild 4.78 zeigt ausgezogen eine $\psi/\hat{\psi}$-Verteilung, die unter Heranziehung der Abhängigkeit der Geschwindigkeitszahl in ebener Gitterströmung von Umlenkung und Dickenverhältnis des Profils (s. Bild 4.54) gefunden wurde. Während bei der Leitradkurve vorausgesetzt war, daß Austrittswinkel α_1, Umlenkung θ_α und maximales Profildickenverhältnis d/l — letzteres mit Rücksicht auf Leiträder konstanten Teilungsverhältnisses näherungsweise — über den Radius konstant seien, ist beim Laufrad natürlich davon abgesehen und die mittlere Veränderlichkeit dieser Größen in die zugehörige Kurve eingearbeitet worden. Der Maximalwert $\hat{\psi}$ entspricht daher nicht nur der Geschwindigkeitszahl in ebener Strömung, sondern gleichzeitig der Umlenkung θ_β und dem Dickenverhältnis d/l der Schaufel auf dem mittleren Radius, wobei erstere praktisch gleich dem Umlenkwinkel der Mittelschnittrechnung ist.

Vergleichen wir den Verlauf von $\varphi/\hat{\varphi}$ und $\psi/\hat{\psi}$ in Bild 4.78, so stellen wir fest, daß natürlich infolge der Beziehung der Geschwindigkeitszahl auf ihren Maximalwert beide Kurven in Schaufelmitte den Wert 1 erreichen. Nach dem Schaufelfuß zu fällt aber die Geschwindigkeitszahl des Laufrades schneller ab als die des Leitrades, nach dem Schaufelkopf zu umgekehrt. Darin kommt zum Ausdruck, daß bei der Laufschaufel Profildickenverhältnis und Umlenkung nach innen stark zunehmen, nach außen aber abfallen, während die Strömungsbeschleunigung im Gitter die umgekehrte Tendenz besitzt. Die Folge ist ja innen ein größerer Profilwiderstand und ein stärkerer Sekundärwirbel (vgl. Bild 4.76) als außen. Den quantitativ nicht faßbaren günstigen Einfluß der Grenzschichtzentrifugierung müssen wir als durch die Kurve mitberücksichtigt ansehen.

Für die aus den in Abschn. 4.21 angegebenen Gründen selten verwendete unverwundene Laufschaufel würde dagegen die $\varphi/\hat{\varphi}$-Verteilung in erster Näherung unverändert übernommen werden können, da in diesem Fall der allein noch vorhandene Einfluß des Profildickenverhältnisses durch denjenigen der Grenzschichtzentrifugierung kompensiert werden dürfte.

Die mit Hilfe des aufgezeigten Weges gefundene ψ-Verteilung gestattet nunmehr die Durchführung der Mehrschnittrechnung des Laufschaufelgitters. Nach Festlegung des radialen Verlaufes der Abströmwinkel ergibt die Rechnung eine Schaufelarbeit, wie sie bei unendlich kleinem Spalt vorhanden wäre. Diese Arbeit muß noch um den Betrag abgesenkt werden, der dem Spalteinfluß entspricht. Bei der vorangegangenen Mittelschnittrechnung war dieser Wert — bezogen auf den mittleren Radius — in seiner Größe bereits ermittelt worden. Er muß jetzt bei der Mehrschnittrechnung in der Weise berücksichtigt werden, daß — analog zur Mittelschnittrechnung — durch Entropievermehrung an den einzelnen Schnitten eine entsprechende Absenkung an Schaufelarbeit erzielt wird. Da dieser Betrag im Vergleich zum Stufengefälle klein ist, scheint es genügend genau, wenn man über dem Radius eine lineare Verteilung der zu berücksichtigenden Wärmemenge annimmt und diese Verteilung so vornimmt, daß am Schaufelfuß ein Spaltanteil Null, in Schaufelmitte der Wert der Mittelschnittrechnung und am Schaufelkopf der doppelte Betrag des Mittelschnittwertes angenommen wird. Vertritt man den berechtigten Standpunkt, daß der Einfluß der Spaltströmung nicht bis zum Schaufelfuß reicht (vgl. Bild 5.27), so kann eine andere radiale Verteilung der Spaltverlustanteile zweckmäßiger erscheinen. Es muß dann nur wieder beachtet werden, daß die sich ergebende Abminderung an Schaufelarbeit dem Betrag der Mittelschnittrechnung entspricht.

Die angegebene Methode der Spaltverlusterfassung ist nicht nur nützlich für die Praxis, sondern hat auch eine gewisse physikalische Berechtigung. Man kann sich nämlich durchaus auf den Standpunkt stellen, daß der ψ-Verlauf im Spaltbereich selber durch die Spaltgröße nicht beeinflußt wird. Dagegen ändert sich mit zunehmendem Spalt die Strömungsform derart, daß mehr Strömungsenergie in Wirbelenergie umgeformt wird, die dann die Verminderung der Schaufelarbeit zur Folge hat. Die Wirbelenergie setzt sich wiederum in Reibungswärme um und tritt als Entropievermehrung in Erscheinung.

Bezüglich des oben erwähnten Einflusses der Spaltströmung auf den Abströmwinkelverlauf sei grundsätzlich bemerkt, daß neben der Spaltgröße noch weitere Faktoren diesen Verlauf beeinflussen. Eine spezielle Aussage für ein bestimmtes Gitter ist daher ohne experimentelle Unterlagen sehr schwierig. Da die radiale Veränderlichkeit der Winkel in erster Linie für die Schaufelgestaltung von Bedeutung ist — um nämlich einen rechnerisch vorgegebenen Strömungswinkelverlauf verwirklichen zu können —, seien diese Zusammenhänge erst in Abschn. 5.212.1 behandelt.

Durch die vorangehende ausführliche Diskussion aller Einflüsse, die für die örtliche Verteilung der Verluste längs der Schaufelhöhe von Bedeutung sind, haben wir die Möglichkeit gewonnen, in einem wirtschaftlichen und treffsicheren Verfahren die für die Auslegung einer Gasturbine erforderlichen Geschwindigkeitszahlen zu ermitteln. Hierauf ist nunmehr einzugehen.

4.233. Praktische Bestimmung der Geschwindigkeitszahlen

Wie bereits im Anschluß an die Ableitung der Mittelwertgleichung (4.66) angedeutet wurde, stellt diese den Ausgangspunkt für das hier angegebene Verfahren zur Bestimmung der Geschwindigkeitszahlen dar. Die genannte Beziehung ordnet jeder beliebigen Verteilung des Beschaufelungsbeiwertes φ über der Schaufelhöhe den Mittelwert $\bar{\varphi}$ zu, der in Verbindung mit den Größen der Mittelschnittrechnung auf den gleichen Strömungsverlust führt wie die Integration über die örtlichen Verlustanteile auf den verschiedenen Radien. Wir können sie also — und zwar zweckmäßigerweise in der Form

$$\bar{\varphi}^2 = \frac{1}{h}\int_0^h \varphi^2\, dx$$

— auch auf sämtliche Abhängigkeiten $\varphi = f(x)$ anwenden, die sich bei Annahme verschiedener Zahlenwerte für $\hat{\varphi}$ und Variation von h in der oben angegebenen Weise aus der Leitradkurve des Bildes 4.78 ableiten lassen. Es wurde gezeigt, daß diese Kurve im Fall $h = 80$ mm unmittelbar beibehalten werden kann, während sie für andere Schaufellängen entsprechend Bild 4.77 zu behandeln ist.

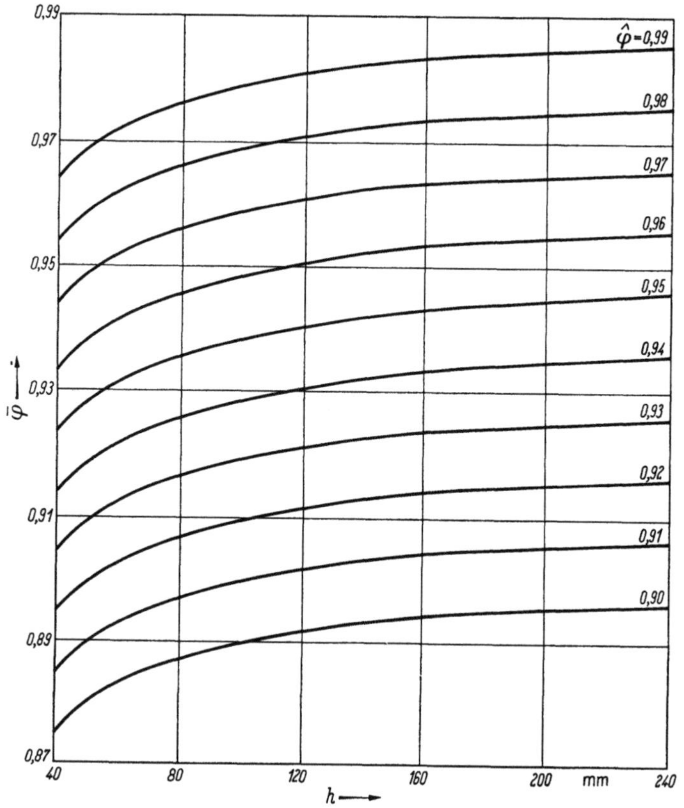

Bild 4.81 Mittlere Geschwindigkeitszahl eines Turbinenleitrades mit α_1 = const in Abhängigkeit von Schaufellänge und in ebener Strömung erreichter Geschwindigkeitszahl des Mittelschnittgitters

Als Ergebnis der Integrationen erhalten wir eine Mannigfaltigkeit von Wertetripeln ($\bar{\varphi}$, $\hat{\varphi}$, h), die in Bild 4.81 graphisch dargestellt ist. Es wurde $\bar{\varphi}$ in Abhängigkeit von h mit $\hat{\varphi}$ als Parameter aufgetragen. Das Diagramm liefert also den in die Mittelschnittrechnung eingehenden Wert $\bar{\varphi}$ der Geschwindigkeitszahl für ein Leitrad aus unverwundenen Schaufeln, wenn die Schaufellänge h und die Geschwindigkeitszahl $\hat{\varphi}$ des den Mittelschnitt bildenden Schaufelgitters in ebener, von Randwirkungen unbeeinflußter Strömung gegeben ist. Natürlich wächst $\bar{\varphi}$ mit $\hat{\varphi}$ an. Deutlich kommt aber auch die Zunahme der mittleren Geschwindigkeitszahl durch relative Abnahme der Sekundärverluste bei wachsender Schaufellänge zum Ausdruck. — Bild 4.82 zeigt den in analoger Weise aus der Laufradkurve des Bildes 4.78 abgeleiteten Zusammenhang zwischen $\bar{\psi}$, $\hat{\psi}$ und h. Der Einfluß der Schaufellänge ist hier noch etwas stärker als beim Leitrad.

Es ist uns nun jeweils in den Bildern 4.54, 4.58, 4.78 und 4.81 für das Leitrad bzw. 4.54, 4.58, 4.78 und 4.82 für das Laufrad das Material gegeben, um in widerspruchsfreier Weise die zusammengehörigen Geschwindigkeitsbeiwerte für Mittel- und Mehrschnittrechnung zu bestimmen.

Betrachten wir in diesem Zusammenhang zunächst noch einmal das Bild 4.54, so liefert es — obwohl die Variablen dort in der bei Laufrädern üblichen Weise bezeichnet sind — in ganz allgemeiner Form die Geschwindigkeitszahl des ebenen Gitters in Abhängigkeit von Ein- und Austrittswinkel der Strömung. Sie ist als der in der Mitte hinreichend langer Schaufeln auftretende Wert dieser Kennzahl — und zwar in gleicher Weise für Leit- und Laufrad — aufzufassen. Außerdem möge sie sich auf Profile mit verschwindender Hinterkantendicke beziehen. Mangels diesbezüglicher Angaben in dem ausgewerteten Versuchsmaterial hat eine solche Feststellung zwar nur den Charakter einer Annahme, doch wird hierdurch die systematische Darstellung der Verlustbeiwerte erleichtert. Die Parameterkurven $d/l = \text{const}$ spielen in diesem Zusammenhang keine Rolle. Sie deuten nur an, wie die zugehörigen Profilformen aussehen. Es handelt sich um solche Profile, die auf kleinste Strömungsverluste im Schaufelgitter führen, wie auch die Verwendung optimaler Teilungsverhältnisse vorausgesetzt ist. Im Diagramm ist der Einfluß einer stark abweichenden REYNOLDS-Zahl oder MACH-Zahl auf die Schaufelverluste durch Heranziehung von Bild 4.62 bzw. 4.59 abzuschätzen.

Bild 4.58 erfaßt den Einfluß der Hinterkantendicke auf die Geschwindigkeitszahl eines Schaufelgitters. Obwohl für das Beispiel des Leitrades abgeleitet, gilt es natürlich unverändert für das Laufrad, und zwar jeweils für die auf einem bestimmten Radius vorhandenen wie für die mittleren Geschwindigkeitszahlen.

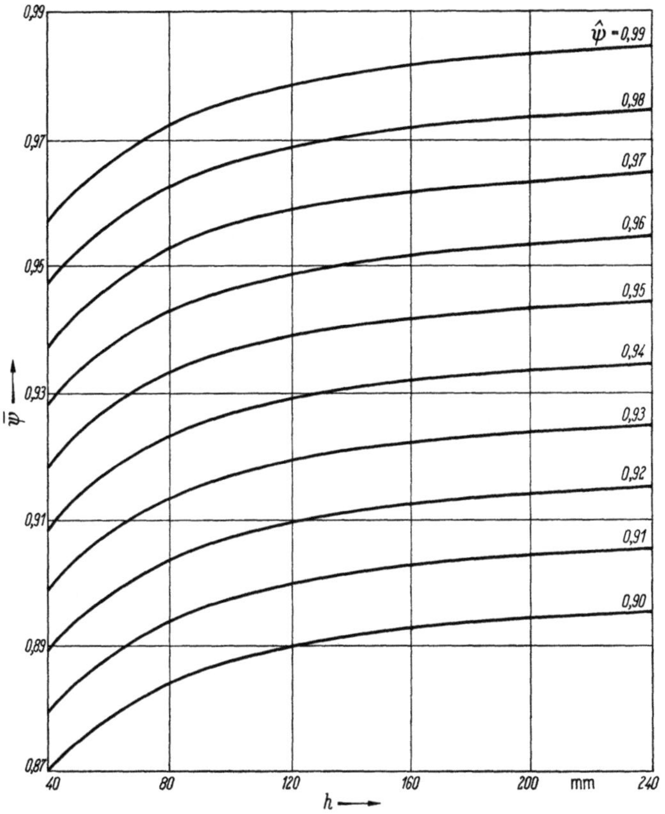

Bild 4.82 Mittlere Geschwindigkeitszahl eines Turbinenlaufrades in Abhängigkeit von Schaufellänge und in ebener Strömung erreichter Geschwindigkeitszahl des Mittelschnittgitters für Radialspalt Null

Stehen wir nun vor der Aufgabe, die Turbine eines Strahltriebwerkes auszulegen, so haben wir nur entsprechend den Winkeln des mittleren Geschwindigkeitsdreieckes aus Bild 4.54 die $\hat{\varphi}$- und $\hat{\psi}$-Werte der einzelnen Stufen zu entnehmen, unter Berücksichtigung der Kanalhöhe in den Bildern 4.81 und 4.82 die mittleren Geschwindigkeitszahlen abzulesen und diese hinsichtlich der verwendeten mittleren Hinterkantendicken mit Hilfe von Bild 4.58 zu korrigieren. Nunmehr kann die Mittelschnittrechnung durchgeführt werden. Geht man mit $\hat{\varphi}$ und $\hat{\psi}$ in Bild 4.78, so erhält man für die vorliegenden Schaufellängen die örtlichen Geschwindigkeitszahlen bei der Hinterkantendicke Null. Sie sind ebenfalls mit Bild 4.58 noch auf die wirklich vorliegenden endlichen Hinterkantendicken umzurechnen. Dabei ist natürlich ein radialer Verlauf der örtlichen Hinterkantendicken zugrunde zu legen, der mit den bereits benutzten Mittelwerten dieser Größe in Einklang steht. Es genügt eine arithmetische Mittelung. Nach diesen Vorbereitungen kann auch die Mehrschnittrechnung für die auszulegende Turbine in Angriff genommen werden.

Die praktische Anwendung des geschilderten Verfahrens hat gezeigt, daß eine derartige Bestimmung der Geschwindigkeitszahlen nicht nur von großer methodischer Einfachheit ist, sondern auch auf Turbinen führt, die kaum noch einer Korrektur auf dem Prüfstand bedürfen. Die Übereinstimmung von gerechnetem und gemessenem Wirkungsgrad ist sehr gut. Das gilt für ein- wie für mehrstufige Turbinen.

4.24 Durchführung der Mehrschnittrechnung

Wir haben in den vorangehenden Abschnitten die radiale Veränderlichkeit der hauptsächlichen Einflußgrößen auf die Arbeit der Turbinenstufe untersucht und damit die wesentlichste Grundlage für die Durchführung der Mehrschnittrechnung geschaffen. Der Ermittlung der Geschwindigkeitsdreiecke und also auch der Schaufelwinkel längs der Kanalhöhe stehen daher keine grundsätzlichen Schwierigkeiten mehr im Wege. Dennoch ist es notwendig, noch einige Hinweise zu geben, die für den Gang der Rechnung von Bedeutung sind. Ein erster Hinweis betrifft die Überleitung von der Mittel- auf die Mehrschnittrechnung.

4.241. Bedeutung der Ergebnisse der Mittelschnittrechnung

Es ist zunächst nicht ohne weiteres ersichtlich, welche Ergebnisse der Mittelschnittrechnung wir für die Mehrschnittrechnung übernehmen können. Selbstverständlich betrachten wir durch erstere die geometrischen Hauptabmessungen wie Kanalverlauf, Gitterbreiten und Schaufelzahlen als gegeben. Sie festzulegen war ja eine der Hauptaufgaben der Mittelschnittrechnung. Auch die Drehzahl liegt fest, wenn wir die Umfangsgeschwindigkeit des Mittelschnittdreiecks in das örtliche Geschwindigkeitsdreieck auf dem Mittelschnittradius übernehmen. Aber schon die Frage der Verwirklichung der gleichen Gefälleaufteilung auf die verschiedenen Leit- und Laufräder einer mehrstufigen Turbine führt auf gewisse Schwierigkeiten, da sie für jedes Rad die Ermittlung des radialen Druckverlaufes in der Austrittsebene des Gitters aus der Mittelungsgleichung (4.62)

$$\overline{h_c}\dot{m} = \int_{\dot{m}} h_c \, d\dot{m}$$

des isentropen Leitradgefälles h_c bzw. der entsprechenden Gleichung des isentropen Laufradgefälles h_w unter der Nebenbedingung des radialen Kräftegleichgewichtes erfordert.

Man hätte dazu im Falle des Leitrades die letzte Beziehung mit Hilfe von Gl. (2.2) auf die Form

$$\overline{\frac{p_0^*}{\varrho_0^*}\left[1-\left(\frac{p_1}{p_0^*}\right)^{\frac{\varkappa-1}{\varkappa}}\right]}\,\dot{m} = \int_{\dot{m}} \frac{p_0^*}{\varrho_0^*}\left[1-\left(\frac{p_1}{p_0^*}\right)^{\frac{\varkappa-1}{\varkappa}}\right] d\dot{m} \tag{4.78}$$

zu bringen. Auf der linken Seite stehen die bekannten Größen der Mittelschnittrechnung, während der Integrand der rechten Seite außer den vorgegebenen Funktionen $p_0^* = f_1(r_0)$ und $\varrho_0^* = f_2(r_0)$ noch die unbekannte Abhängigkeit $p_1 = f_3(r_1)$ enthält. Führt man hier $r_0 = f_4(r_1)$ ein, weiter auf Grund von Gl. (2.49)

$$p_1 = \int_{r_{1i}}^{r_1} \varrho_1 \frac{c_1^2 \cos^2 \alpha_1}{r_1} dr_1 + p_{1i} \tag{4.79}$$

und mit Rücksicht auf die Kontinuitätsbedingung

$$d\dot{m} = 2\pi r_1 c_1 \sin \alpha_1 \, \varrho_1 \, dr_1, \tag{4.80}$$

wo α_1 konstant ist, so ergibt sich eine Integralgleichung für c_1. Natürlich ist diese Gleichung äußerst kompliziert und praktisch kaum lösbar, zumal sie noch Funktionen enthält, die — wie p_0^* und ϱ_0^* — nur graphisch gegeben sind. Hätte man aber auf diese Weise $c_1 = f_5(r_1)$ bestimmt, so wäre damit auf Grund von Gl. (4.79) auch der Druck p_1 hinter dem Leitrad gefunden.

Glücklicherweise ist es nicht notwendig, diesen umständlichen Weg zu gehen. Wie die Praxis erwiesen hat, kann man die Drücke der Mittelschnittrechnung — und zwar hinter sämtlichen Leit- und Laufrädern — unmittelbar in die Mehrschnittrechnung übernehmen, wenn man sie auch hier auf dem Radius des Mittelschnittes — nicht zu verwechseln mit dem mittleren Radius — verwirklicht. Diese Gleichheit der Drücke auf dem Mittelschnitt bedeutet aber nicht, daß die Geschwindigkeitsdreiecke von Mittel- und Mehrschnittrechnung dort übereinstimmen, und zwar aus den schon in Abschn. 4.11 angedeuteten Gründen: Erstens sind die wirklichen Temperaturen vor den einzelnen Rädern der Turbine in der mittleren Schaufelpartie — also auch auf dem Radius des Mittelschnittes — größer als die für die Mittelschnittrechnung benutzten mittleren Temperaturen. Bei gegebener gleicher Druckabsenkung wird also jeweils das Gefälle in der Mehrschnittrechnung auf dem Radius des Mittelschnittes größer. Zweitens sind die wirklichen Geschwindigkeitszahlen φ und ψ an den mittleren Radien besser als die für die Mittelschnittrechnung benutzten Mittelwerte.

Aus dem Gesagten folgt, daß die Geschwindigkeiten auf den mittleren Stromfäden, wie sie in der Mehrschnittrechnung gefunden werden, größer werden als bei der Mittelschnittrechnung. Das Gegenteil ist natürlich der Fall im Fuß- und Kopfbereich der Schaufeln, wo Temperatur und Geschwindigkeitszahlen der wirklichen Strömung niedriger liegen als ihre Mittelwerte. Aber auch dort, wo die örtlichen Werte dieser Parameter die Größe der Mittelwerte erreichen, stimmen die Geschwindigkeitsdreiecke nicht überein, da dieses für Temperatur und Geschwindigkeitszahl nicht auf dem gleichen Radius der Fall ist und außerdem nunmehr wegen des radialen Druckgradienten in der Ebene zwischen zwei benachbarten Turbinenrädern verschiedene Druckgefälle im betrachteten Schaufelgitter vorliegen. Wir haben also ganz allgemein festzustellen, daß das Geschwindigkeitsdreieck der Mittelschnittrechnung auf keinem Radius der wirklichen Turbine zu finden ist.

Die oben in ihrem prinzipiellen Gang angedeutete Lösung der Gl. (4.78) setzt stillschweigend die Kenntnis der Funktionen $r_0 = f_4(r_1)$, $\varrho_1 = f_6(r_1)$ und des Leitradwinkels α_1 voraus.

Was die Funktion $r_0 = f_4(r_1)$ anbelangt, so werden wir in Abschn. 4.242. zeigen, daß wir für die Zwecke der Rechnung die Form der Stromfäden in der Meridianebene des Turbinenkanals mit ausreichender Genauigkeit als „ähnlich“ zu den Kanalwänden und dem Verlauf des Mittelschnittradius annehmen können. Die Stromfäden teilen dann die Höhen der inneren und äußeren Kanalhälfte in allen Ebenen senkrecht zur Drehachse der Turbine jeweils im gleichen Verhältnis. Da die Berechnung der Maschine von Stufe zu Stufe diesen Linien zu folgen hat, ist damit auch der Zusammenhang zwischen r_0 und r_1 gegeben. — Der Zusammenhang $\varrho_1 = f_6(r_1)$ ergibt sich im Laufe der Mehrschnittrechnung in Abhängigkeit von der Verteilung des Druckes p_1 über dem Radius. Hier in Gl. (4.79) ist er von untergeordneter Bedeutung, so daß näherungsweise $\varrho_1 \approx \bar{\varrho}_1$ gesetzt werden kann.

Etwas ausführlicher ist der Winkel α_1 zu betrachten. Es handelt sich dabei um denjenigen Leitradwinkel, der den Bedingungen der Mehrschnittbetrachtung genügt. Ihn müssen wir — genaugenommen — in Gl. (4.78) nach Einführung von Gl. (4.79) und Gl. (4.80) neben p_1 als zweite Unbekannte ansehen. Damit wird eine weitere Bestimmungsgleichung erforderlich, die durch die Kontinuitätsbeziehung

$$\dot{m} = 2\pi \sin\alpha_1 \int_{r_{1i}}^{r_{1a}} r_1 c_1 \varrho_1 \, dr_1 \tag{4.81}$$

gegeben ist. Natürlich wird damit die Lösung unseres Problems noch hoffnungsloser. Wir helfen uns in der Praxis, indem wir auch den Leitradwinkel der Mittelschnittrechnung in die Mehrschnittrechnung übernehmen.

Im allgemeinen ist dieses Verfahren völlig ausreichend. Man überzeugt sich davon durch Kontrolle des Gasdurchsatzes nach Berechnung der Leitradströmung. Dazu wird das Integral in Gl. (4.81) graphisch bestimmt. Ergibt sich dabei ausnahmsweise ein vom Solldurchsatz abweichender Wert, so muß allerdings eine Wiederholung der Leitradrechnung mit sinngemäß abgeändertem Winkel erfolgen. Der korrigierte Winkel errechnet sich aus der Beziehung

$$\frac{\dot{m}}{\dot{m}'} = \frac{\sin\alpha_1}{\sin\alpha_1'},$$

wo etwa $\dot{m}$ den mit dem Winkel α_1 der Mittelschnittrechnung erhaltenen und $\dot{m}'$ den mit dem korrigierten Winkel α_1' zu erreichenden Sollwert des Durchsatzes darstellt. Sie gilt für kleine Änderungen $\Delta\alpha_1 = \alpha_1 - \alpha_1'$ und folgt dann direkt aus der Kontinuitätsbeziehung, da in diesem Fall das Integral in Gl. (4.81) als unveränderlich betrachtet werden kann.

Während derart der Leitkranzwinkel der Turbinenstufe bereits durch die Mittelschnittrechnung bestimmt ist, ergibt sich der radial veränderliche Austrittswinkel β_2 aus dem Laufrad erst im Zuge der Mehrschnittrechnung, wenn wir — den Meridianstromlinien folgend — entsprechend den örtlichen Temperaturen, Drücken und Verlustbeiwerten die Geschwindigkeiten ermitteln und zu Dreiecken zusammenfügen (s. Abschn. 4.243.).

4.242. Festlegung der Meridianstromlinien

Die Kenntnis des Stromlinienverlaufes in der Meridianebene, also in einer durch die Drehachse der Turbine gelegten Ebene, ist — wie oben angedeutet wurde — Voraussetzung für die Durchführung der Mehrschnittrechnung[1]. Nun können normalerweise Aussagen über die Form dieser Stromlinien erst *nach* Vorliegen der gesamten Rechnung gemacht werden. Erst das Vorhandensein des radialen Verlaufes von Geschwindigkeit und Dichte des Gases in den einzelnen Ebenen senkrecht zur Drehachse ermöglicht die Anwendung der Kontinuitätsgleichung auf die Bestimmung der Querschnittsänderung der einzelnen Stromfäden. Betrachten wir nämlich in Bild 4.83 den allgemeinen Fall eines innen und außen beliebig begrenzten Turbinenkanals zwischen den Strömungsebenen 0 und z, wo z die Koordinate in Achsrichtung darstellt, so gilt für das Verhältnis von Aus- zu Eintrittsfläche der eingezeichneten Stromröhre infinitesimaler Wandstärke die Beziehung

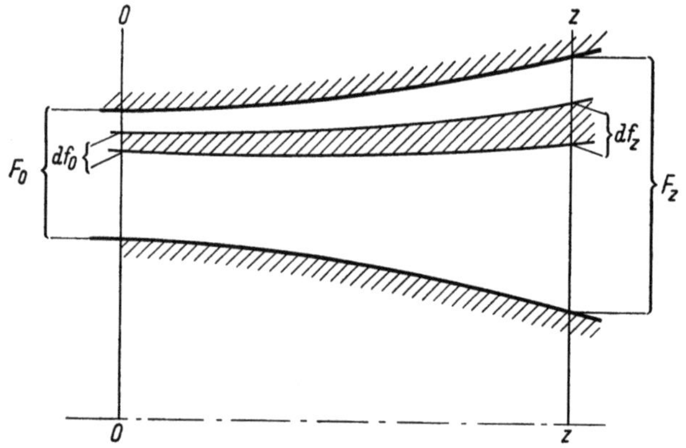

Bild 4.83 Allgemeiner Fall des Turbinenkanals

$$\frac{df_z}{df_0} = \frac{c_{0a}\varrho_0}{c_{za}\varrho_z}.$$

Nur in einem einzigen Fall der bei axialen Kreiselradmaschinen möglichen Drallgesetze kann der auf der rechten Seite der letzten Gleichung stehende Quotient von vornherein genau angegeben werden. Das ist der Fall des konstanten Massenstromes (s. Abschnitt 2.332.), der in kompressibler Strömung das Äquivalent zum Potentialwirbel der inkompressiblen Strömung darstellt. Hier ist

$$\frac{df_z}{df_0} = C_z,$$

[1] Dabei geht es uns jetzt aber nur um die in den Rechenebenen gelegenen Stromlinienpunkte. Der (für die Bestimmung des radialen Druckgradienten wesentliche) Verlauf der Linien innerhalb der Schaufelgitter kann hier unberücksichtigt bleiben. Das kommt gut in Bild II.4 zum Ausdruck.

wo C_z eine nur von z abhängige Funktion bedeutet. Für die Ein- bzw. Austrittsebene eines Schaufelgitters ist C_z konstant, so daß

$$F_z = \int_0^{F_z} df_z = C_z \int_0^{F_0} df_0 = C_z F_0$$

wird. Die Querschnittsflächen der infinitesimalen und nunmehr natürlich auch der endlichen Stromröhren ändern sich also in Achsrichtung genauso wie die Querschnittsfläche des gesamten Turbinenkanals. Diese Gesetzmäßigkeit gestattet die Bestimmung der Meridianstromlinien für beliebige Kanalkonturen vor Kenntnis der übrigen Einzelheiten in der auszulegenden Turbine.

Sehr häufig begegnet man z. B. in der Praxis dem konisch erweiterten Turbinenkanal, dessen Wände von koaxialen Kegeln gebildet werden. Wählt man zur Vereinfachung als Innenbegrenzung einen Zylinder ($r_i = \text{const}$) wie in Bild 4.84, so läßt sich die Gestalt der Stromlinien leicht formelmäßig angeben. Zunächst gilt für die von Stromlinie und Innenkontur eingeschlossene Fläche

$$f_z = \frac{f_0}{F_0} F_z . \tag{4.82}$$

Hier bestimmt das Verhältnis f_0/F_0 den Anfangspunkt der jeweils betrachteten Stromlinie. Die Flächen f_z und F_z können nun durch die begrenzenden Radien ausgedrückt werden. Man erhält dann

$$(r_z^2 - r_i^2)\,\pi = \frac{f_0}{F_0}\,(r_{za}^2 - r_i^2)\,\pi .$$

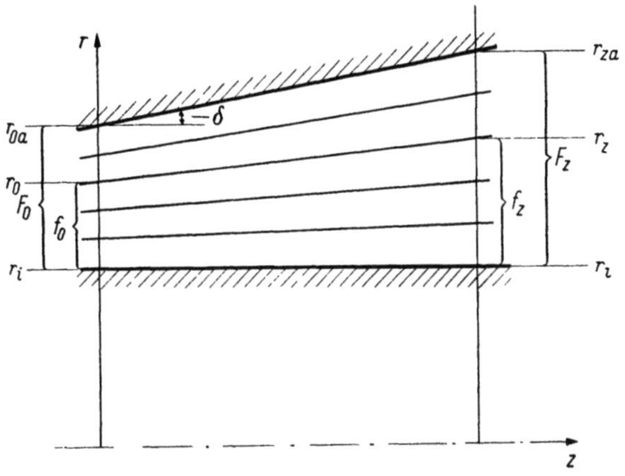

Bild 4.84 Stromlinien in einem konisch erweiterten Turbinenkanal mit $r_i = \text{const}$

Weiter gilt für den Außenradius des Kanals die Gleichung

$$r_{za} = r_{0a} + z \tan \delta ,$$

wo δ der Steigungswinkel der Außenkontur ist. Führt man diesen Ausdruck in die vorangehende Beziehung ein und löst sie nach r_z auf, so wird

$$r_z = \sqrt{r_i^2 + \frac{f_0}{F_0}\,[(r_{0a} + z \tan \delta)^2 - r_i^2]} . \tag{4.83}$$

Es zeigt sich also, daß trotz geradliniger Außen- und Innenkontur des Kanals die dazwischenliegenden Stromlinien keine Geraden, sondern Kurven höherer Ordnung sind. Allerdings kann man aus der Anschauung heraus schon sagen, daß die Abweichungen von der Geraden nicht groß sein können, solange Steigungswinkel und axiale Länge der Turbine ein bestimmtes Maß nicht überschreiten. Es wird daher möglich sein, Gl. (4.83) unter dieser Voraussetzung zu linearisieren.

Zunächst gilt für $z \tan \delta \ll r_{0a}$, was bei einer Turbinenlänge von der Größenordnung ihres Außendurchmessers etwa im Falle $\delta \leqq 15°$ erfüllt ist,

$$r_z \approx \sqrt{r_i^2 + \frac{f_0}{F_0}\,[r_{0a}^2 + 2 r_{0a} z \tan \delta - r_i^2]} .$$

Drückt man hier das Flächenverhältnis in der Form

$$\frac{f_0}{F_0} = \frac{r_0^2 - r_i^2}{r_{0a}^2 - r_i^2} \tag{4.84}$$

durch die Radien aus, so wird weiter

$$r_z \approx \sqrt{r_0^2 + 2\,\frac{f_0}{F_0}\,r_{0a} z \tan\delta}\,.$$

Dieser Ausdruck kann wegen der vorausgesetzten Kleinheit von $z \tan\delta$ in eine Reihe entwickelt und nach dem zweiten Glied abgebrochen werden:

$$r_z \approx r_0 + \frac{f_0}{F_0}\,\frac{r_{0a}}{r_0}\,z \tan\delta\,. \tag{4.85}$$

Wurde vorstehend gezeigt, daß die Stromlinien der Turbine mit konstantem Massenstrom im konisch erweiterten Kanal unter gewissen, nicht allzusehr einschränkenden Voraussetzungen durch gerade Linien dargestellt werden können, so läßt sich darüber hinaus feststellen, daß diese Linien annähernd mit denjenigen zusammenfallen, welche die Kanalhöhen in den verschiedenen Ebenen z im gleichen Verhältnis teilen. Dazu setzen wir Gl. (4.84) unter Aufspaltung von Zähler und Nenner in die Beziehung (4.85) ein, nämlich

$$r_z \approx r_0 + \frac{r_0 - r_i}{r_{0a} - r_i}\,\frac{r_0 + r_i}{r_{0a} + r_i}\,\frac{r_{0a}}{r_0}\,z \tan\delta\,.$$

Hier läßt sich der Faktor

$$\frac{r_0 + r_i}{r_{0a} + r_i}\,\frac{r_{0a}}{r_0} = \frac{1 + r_i/r_0}{1 + r_i/r_{0a}}$$

vernachlässigen. Für $r_0 = r_{0a}$ nimmt er exakt den Wert 1 an. Mit fallendem r_0 wird er zwar größer, kommt aber infolge des gleichzeitig abnehmenden anderen Faktors $(r_0 - r_i)/(r_{0a} - r_i)$ auch schwächer zur Auswirkung, um bei $r_0 = r_i$ ganz ausgeschaltet zu sein. Wir haben also nunmehr

$$r_z \approx r_0 + \frac{r_0 - r_i}{r_{0a} - r_i}\,z \tan\delta\,,$$

d. h. die Gleichung von Geraden mit den genannten Teilungseigenschaften.

Selbstverständlich läßt sich beim Drallgesetz des konstanten Massenstromes im allgemeinen Fall des Turbinenkanals (vgl. Bild 4.83) der Stromlinienverlauf immer auf Grund der Formel (4.82) bestimmen. In Analogie zu dem hier betrachteten speziellen Fall des konisch erweiterten Kanals mit $r_i = \text{const}$ (s. Bild 4.84) begnügt man sich aber auch im allgemeinen Fall oft mit der Ermittlung der — nunmehr gekrümmten — Linien, welche die Kanalhöhen in den verschiedenen Gitterebenen in gleichen Proportionen teilen. Dieses Verfahren ist darüber hinaus besonders dann üblich, wenn das Drallgesetz des konstanten Massenstromes nicht mehr vorliegt, wenn also Gl. (4.82) auch keine Gültigkeit mehr hat. In diesem Fall wird es meist noch dadurch modifiziert, daß wegen der im vorigen Abschnitt erörterten Übernahme der Drücke der Mittelschnittrechnung auf die Mittelschnittradien diese selber als Stromlinie behandelt und die entstehenden Kanalhälften ähnlich unterteilt werden.

Im allgemeinen meidet man den konstanten Massenstrom trotz seiner durch die frühzeitige genaue Kenntnis der Meridianstromlinien gegebenen besseren Berechenbarkeit. Der Grund hierfür liegt in der schon in Abschn. 2.332. erwähnten starken Verwindung an Fuß und Kopf der Turbinenschaufeln. Beispielsweise zeigen die Bilder 4.85 und 4.86 den radialen Verlauf der Austrittswinkel an den Leit- und Laufschaufeln einer zweistufigen Turbine, die einmal für konstanten Massenstrom, das andere Mal für $\alpha_1 = \text{const}$, im übrigen aber unter Beibehaltung der gleichen Mittelschnittverhältnisse ausgelegt ist. Man erkennt das starke Aufbiegen der Winkelverläufe beim Gesetz konstanten Massenstromes. Es ist nicht nur auf die Leitschaufeln beschränkt, sondern auch am Fuß der Laufschaufeln zu finden. Entwurf und Fertigung der Schaufeln werden durch diese Erscheinung wesentlich erschwert.

Die Ursache für das Aufdrehen der Winkel nach den Rändern zu liegt in den großen Strömungsverlusten und niedrigeren Anfangstemperaturen der wandnahen Schichten. Wir erhalten im Fuß- und Kopfbereich durch diesen Einfluß verkleinerte Abströmgeschwindigkeiten von den Schaufeln. Soll trotzdem das verlangte $c_a\varrho$ des konstanten Massenstroms eingehalten werden, so müssen die Axialkomponenten der Geschwindigkeiten auf Kosten der Umfangskomponenten durch Aufdrehen der Schaufelhinterkanten gesteigert werden.

Es handelt sich hier um die gleiche Ursache, die auch der Verwirklichung des Drallgesetzes $c_u r = \text{const}$ des Potentialwirbels in Turbinen von Strahltriebwerken entgegensteht. Insbesondere bei langen, weit nach

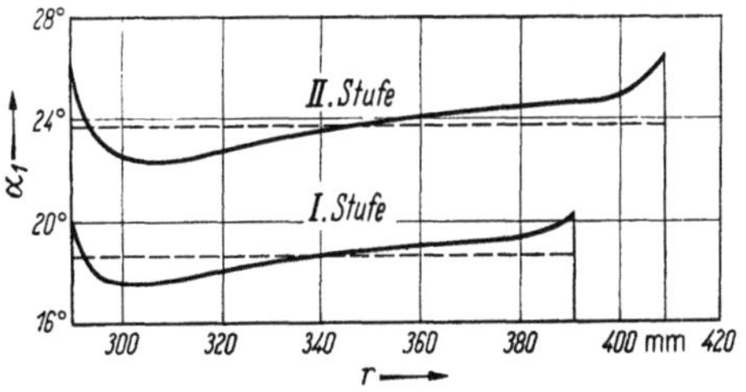

Bild 4.85 Radialer Verlauf der Austrittswinkel an den Leitschaufeln einer zweistufigen Turbine bei verschiedenen Drallgesetzen

—— $c_a\varrho = \text{const}$; - - - $\alpha_1 = \text{const}$

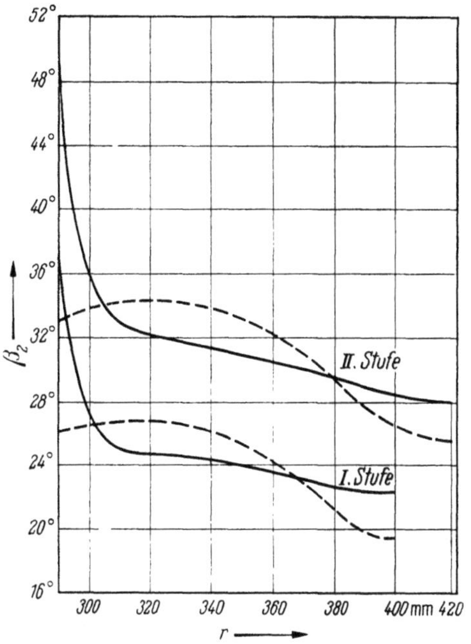

Bild 4.86 Radialer Verlauf der Austrittswinkel an den Laufschaufeln einer zweistufigen Turbine bei verschiedenen Drallgesetzen

—— $c_a\varrho = \text{const}$; - - - $\alpha_1 = \text{const}$

innen reichenden Schaufeln, wo r sehr kleine Werte annimmt, wird das erforderliche c_u im Fußbereich der Schaufeln so groß, daß es bei der vorliegenden kleinen Hauptgeschwindigkeit ein sehr starkes Zudrehen der Hinterkanten erfordert. Unter Umständen werden die vom Drallgesetz verlangten Umfangskomponenten innen größer als die zur Verfügung stehenden Hauptgeschwindigkeiten, so daß sich überhaupt kein Geschwindigkeitsdreieck mehr darstellen läßt. Das ist einer der wesentlichen Gründe dafür, daß in der Praxis der Gasturbine sehr oft unter Verzicht auf alle aus der Theorie der reibungslosen Turbinenströmung herrührenden Überlegungen einfach die unverwundene Leitschaufel (mit Austrittswinkelübertreibung Null) verwendet wird und daß auch wir hier unser Augenmerk in erster Linie auf diesen Auslegungstyp gerichtet haben. Diese Handlungsweise ist um so mehr berechtigt, als bisher für die wirkliche reibungsbehaftete Strömung kein Nachweis irgendeiner Unterlegenheit der für $\alpha_1 = \text{const}$ ausgelegten Turbine gegenüber einem anderen Typ bekannt wurde.

Leider gehört die Turbine mit unverwundenen Leiträdern zu den Bauweisen, für die der Meridianstromlinienverlauf in exakter Weise erst nach Vorliegen der Mehrschnittrechnung angebbar ist. Es taucht daher die Frage auf, ob wir in diesem Fall die Rechnung auch noch — d. h. ohne zu großen Fehler — unter Annahme gleichmäßig, proportional zur Kanalhöhe im Abstand zunehmender Stromlinien durchführen können.

Vor allem sei daran erinnert, daß hinter dem Leitrad einer derartigen Turbinenstufe — selbst bei konstanter Anfangstemperatur und konstantem φ-Wert über dem Radius oder gar in reibungsloser Strömung — eine in Schaufelrichtung veränderliche Axialgeschwindigkeit vorliegt, und zwar nimmt sie nach Gl. (2.57) vom Außen- zum Innenradius zu. Da der gleichzeitig hinter dem Rad auftretende, etwas kompensierend wirkende radiale Dichtegradient von wesentlich geringerer Auswirkung ist, sind kleine radiale Geschwindigkeitskomponenten c_r die Folge. Sie führen nach der Idealvorstellung des Bildes 2.13 die anfänglich gleichmäßige Verteilung der Axialgeschwindigkeit in die nunmehr veränderliche über und bewirken die bereits bekannte Wellenform der Meridianstromlinien. In der Praxis wird diese noch durch Vorgänge innerhalb der Schaufelgitter beeinflußt, wie schon Bild 2.16 erkennen ließ. Die Wellenform paßt natürlich nicht zu dem einfachen Stromlinienbild, von dem bisher die Rede war. Manchmal wird aber die Schwingbewegung des Gasteilchens durch die mit ihr selber verbundenen, sog. sekundären Zentrifugalkräfte wieder wesentlich geschwächt.

Wie in Abschn. 2.31 bereits ausgeführt wurde, berechnet sich ja der radiale Druckgradient hinter dem Leitrad nach der Beziehung

$$\frac{\partial p}{\partial r} = \varrho \left(\frac{c_u^2}{r} - \frac{c_a^2}{R}\right). \qquad (4.86)$$

Dabei stellt c_u^2/r die eigentliche (primäre) Zentrifugalbeschleunigung des einzelnen Gasteilchens infolge Rotation mit der Bahngeschwindigkeit c_u um die Drehachse der Turbine und c_a^2/R die sekundäre Zentrifugalbeschleunigung infolge Drehung mit der Bahngeschwindigkeit c_a um den Krümmungsmittelpunkt der Meridianstromlinie dar. Wir hatten bei der Diskussion der verschiedenen Drallgesetze den zweiten Anteil vernachlässigt und so die Gleichung

$$c\,dc + \frac{c_u^2}{r}\,dr = 0 \qquad (4.87)$$

gefunden. Sie bildete den Ausgangspunkt für die Ableitung der Beziehung (2.57), die für das Auftreten der Schwingbewegung verantwortlich ist. Bringen wir jetzt den vollen Gradienten (4.86) in Ansatz, so tritt an die Stelle von Gl. (4.87) die genauere Form

$$c\,dc + \frac{c_u^2}{r}\,dr - \frac{c_a^2}{R}\,dr = 0. \qquad (4.88)$$

Wir brauchen den Krümmungsradius R der Meridianstromlinie gar nicht genau zu kennen, um seine Wirkung auf die radiale Verteilung der Geschwindigkeit c und ihrer Komponenten in Achs- und Umfangsrichtung zu erfassen. Es genügt zu wissen, ob er positives oder negatives Vorzeichen besitzt, d. h. ob die Zentrifugalbeschleunigung c_a^2/R entgegengesetzte oder gleiche Richtung wie c_u^2/r hat. Vergleichen wir die Ausdrücke (4.87) und (4.88), so stellen wir fest, daß das hinzugekommene Glied bei positivem R, also dem Fall des Bildes 2.13, eine Vergrößerung von $c\,dc$ und damit auch von dc/dr bzw. dc_a/dr bewirkt. Der an sich negative Geschwindigkeitsgradient wird durch die sekundären Fliehkräfte in Richtung Null verschoben; die mit wachsendem Radius r fallende Axialgeschwindigkeit verändert sich in Richtung auf die gleichmäßige Verteilung, ohne diese jedoch ganz zu erreichen, da dann die Meridianstromlinie wieder wellenfrei und c_a^2/R gleich Null werden würde. Praktisch liegt die korrigierte Geschwindigkeitsverteilung etwa in der Mitte zwischen der Ausgangsverteilung und der konstanten Geschwindigkeit.

Die sekundäre Zentrifugalbeschleunigung übt also im Idealfall auf die Schwingbewegung des Gasteilchens eine dämpfende Wirkung aus. Die Wellenform der Stromlinie wird geschwächt, und es erscheint berechtigt, auf die Bestimmung des tatsächlichen Stromlinienverlaufes durch langwierige Iterationsrechnungen über die jeweilige Kontinuitätsbeziehung zu verzichten und näherungsweise die proportional im Abstand zunehmenden Linien zu verwenden. Dazu gehört dann auch die Benutzung des verkürzten Ausdruckes für den Druckgradienten.

In der Praxis muß man aber leider damit rechnen, daß die Krümmung $1/R$ im Spalt zwischen Leit- und Laufrad verschwindet (vgl. Bild 2.16). In diesem Fall liegt keine Dämpfung vor. Wenn auch hier die proportional im Abstand zunehmenden Stromlinien benutzt werden, so berechtigt uns dazu der mit der Bestimmung der genauen Stromlinien immens ansteigende Arbeitsaufwand. Er ist dadurch bedingt, daß eine iterative Lösung der Gl. (2.47a) erforderlich wird, die den Einsatz eines Rechenautomaten erfordert. Zweckmäßige Verfahren hierfür sind in der Entwicklung (s. z. B. [*3*]).

4.243. Einzelheiten des Rechnungsganges

Wie sich bereits aus dem oben Dargelegten ergibt, stellt die Mehrschnittrechnung im wesentlichen die Ermittlung der Gasparameter längs der einzelnen Meridianstromlinien durch sämtliche Stufen der Turbine dar. Die Stromlinien werden dabei zweckmäßigerweise so ausgewählt, daß sie nach den Schaufelenden zu enger liegen. Dadurch lassen sich die wandnahen Partien des Turbinenkanals mit ihrer starken Veränderlichkeit des Strömungszustandes besser erfassen. Jeder Stromfaden kann für sich im i, s-Diagramm verfolgt werden, wie es Bild 4.87 für Fuß, Mittelschnitt und Kopf einer zweistufigen Turbine zeigt.

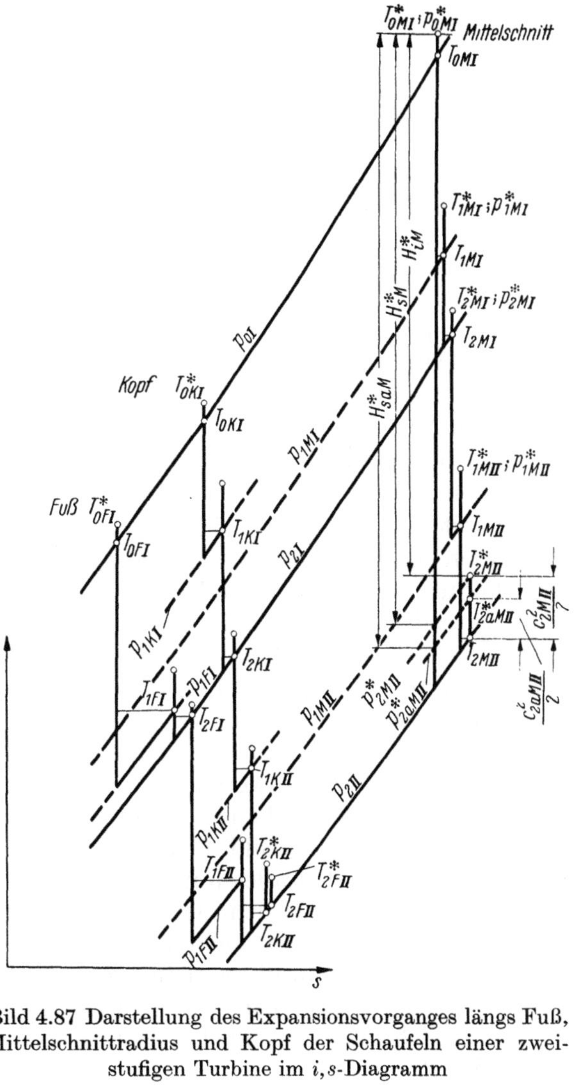

Bild 4.87 Darstellung des Expansionsvorganges längs Fuß, Mittelschnittradius und Kopf der Schaufeln einer zweistufigen Turbine im i, s-Diagramm

Die Anfangspunkte der Expansionslinien im Diagramm sind durch Druck und Temperatur vor der Turbine gemäß Bild 4.49 festgelegt. Die Verbindung zwischen den einzelnen Linien wird durch die Gleichung des radialen Druckgradienten hergestellt. Da der Fall radial konstanter Reaktion wegen der schwach oder gar nicht verwundenen Laufschaufel mit ihren festigkeitsmäßigen Nachteilen und wegen der noch fehlenden Erprobung solcher Methoden wie der Leitschaufelneigung bei der Gasturbine bisher kaum vorkommt und unsere Betrachtung dementsprechend auf das Gesetz $\alpha_1 = \text{const}$ abgestellt ist, genügt die Verwendung der Beziehung (2.49).

Zunächst ergibt sich mit dem Druck p_{1MI}, der aus der Mittelschnittrechnung übernommen wird, die Austrittsgeschwindigkeit c_{1MI} aus dem ersten Leitrad am Radius r_{1MI}. Das zugehörige Volumen v_{1MI} ist dem i, s-Schaubild zu entnehmen. Mit dem Leitradwinkel α_{1I} der Mittelschnittrechnung läßt sich dann der Druckgradient

$$\frac{dp}{dr} = \frac{(c \cos \alpha)^2}{vr}$$

an der betrachteten Stelle ermitteln. Wir benutzen ihn als Ausgangswert für die graphische Bestimmung der Druckverteilung im gesamten Spalt zwischen dem ersten Leit- und dem ersten Laufrad.

Zu diesem Zwecke zeichnen wir in einem p,r-Diagramm (s. Bild 4.88) durch den Punkt (p_{1MI}; r_{1MI}) eine Gerade mit der gefundenen Steigung $(dp/dr)_{1MI}$. Diese Gerade schneidet die benachbarten Stromlinien — außer 1 *FI*, 1 *MI* und 1 *KI* sind noch vier weitere mit den Nummern *2*, *3*, *5* und *6* durch die zugehörigen Ordinaten dargestellt — in den Punkten *3'* und *5'*. Dadurch ist die erste Näherung für den Gegendruck an diesen Stromlinien gegeben. Über das damit erhaltene Gefälle bestimmt man nun wieder die absolute Strömungsgeschwindigkeit c und das neue spezifische Volumen v. Da der Leitkranzwinkel im vorliegenden Falle derselbe geblieben ist, ergibt sich für jede Stromlinie aus der letzten Gleichung wieder der Druckgradient und erneut eine Gerade mit der entsprechenden Steigung. Man kann den Fehler, den man dadurch begeht, daß man statt auf der noch nicht bekannten Druckverteilungskurve auf der jeweiligen Tangente von einer Stromlinie zur anderen wandert, vermindern, indem man diese neuen Geraden nicht an den Endpunkten der vorangehenden Gerade, sondern in der Mitte zwischen zwei Stromlinien anträgt. Außer den ersten Näherungen für die Drücke auf den Stromlinien *2* und *6*, gegeben durch die Punkte *2'* und *6'*, erhält man so bereits in den Punkten 3'' und *5''* die zweiten Näherungen für die Drücke auf den vorangehenden Stromlinien. Hat man das Verfahren bis zu den Randstromlinien fortgesetzt, so läßt sich eine das Tangentenpolygon in den zweigestrichenen Punkten berührende Kurve zeichnen, die mit genügender Genauigkeit den Druckverlauf hinter dem ersten Leitrad darstellt. Hiermit sind auch die Drucklinien p_{1FI} und p_{1KI} in Bild 4.87 gefunden.

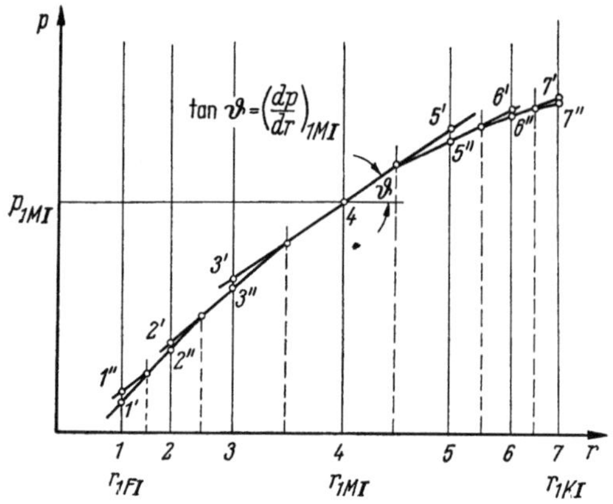

Bild 4.88 Graphische Lösung der Differentialgleichung für den radialen Druckanstieg

Es können nunmehr in endgültiger Form die Absolutgeschwindigkeiten hinter dem ersten Leitrad bestimmt werden. Über die örtlichen Umfangsgeschwindigkeiten kommen wir dann weiter zu den Relativgeschwindigkeiten vor dem ersten Laufrad. Sie liefern die Anfangspunkte (T^*_{1I}; p^*_{1I}) der Laufradexpansion im i,s-Diagramm. Der Austrittswinkel β_2 der Relativströmung wird oft so gewählt, daß die Absolutgeschwindigkeit hinter dem Laufrad auf allen Radien achsparallel gerichtet ist, d. h. $\alpha_2 = 90°$. In diesem Fall verschwindet der radiale Druckgradient hinter der Stufe, und die Expansion verläuft auf allen Stromlinien bis zum gleichen — bereits durch die Mittelschnittrechnung festgelegten — Enddruck p_{2I}, wie es in Bild 4.87 vorausgesetzt ist. Natürlich steht auch der Verwirklichung eines Austrittsdralles hinter der Stufe nichts im Wege. Dann ist aber wieder der Druckgradient zu berücksichtigen. Man kann diesen Weg z. B. zur Erhöhung der Belastung bei den Stufen einer mehrstufigen Turbine gehen; ausgenommen ist dabei die Endstufe, wo der Austrittsdrall im allgemeinen einen Energieverlust bedeutet.

An den Verlauf des Austrittswinkels β_2 längs des Radius sind noch zwei weitere Forderungen zu richten. Der Winkel braucht bereits auf dem Mittelschnittradius mit dem Wert aus der Mittelschnittrechnung nicht übereinzustimmen; außerdem kann er von dort nach innen und außen nach verschiedenen Gesetzen verlaufen. Es muß daher analog zur Kontrolle des Gasdurchsatzes hinter dem Leitrad nach Gl. (4.81) jetzt mit Hilfe der Beziehung

$$\dot{m} = 2\,\pi \int\limits_{r_{2i}}^{r_{2a}} \sin\beta_2\, r_2 w_2 \varrho_2\, dr_2$$

die Kontinuität hinter dem Laufrad geprüft werden. Ist sie nicht erfüllt, so hat man die β_2-Verteilung entsprechend zu korrigieren. Diese Funktion ist darüber hinaus so zu wählen, daß die Fertigung der Schaufel ohne Schwierigkeiten möglich ist. Ein zu stark veränderlicher Verlauf ist zu vermeiden, auch wenn dadurch eine stärkere Änderung von α_2 an Fuß und Kopf der Schaufel in Kauf genommen werden muß (vgl. das Beispiel in Abschnitt II. 34). Natürlich wird man in der ersten Annahme selten einen Verlauf finden, der allen Anforderungen genügt.

Bei der Zeichnung der Geschwindigkeitsdreiecke der Stufe ist zu beachten, daß sich die Umfangsgeschwindigkeit des Turbinenrotors längs schräg zur Drehachse liegender Meridianstromlinien ändert. Sie kann also auf ein und demselben Stromfaden in den Ein- und Austrittsebenen der Laufräder verschiedene Werte u_1 und u_2 haben. Diese unterschiedlichen Werte sind dann auch an c_1 bzw. w_2 anzutragen, um vom Absolutsystem der Geschwindigkeiten zum Relativsystem zu kommen und umgekehrt. –

Wir waren bei der Betrachtung von Bild 4.87 – vom Anfangszustand vor der Turbine ausgehend – bis zum Druck p_{2I} hinter der ersten Stufe gekommen. Von hier aus läuft die Berechnung in genau gleicher Weise durch die zweite Stufe ab. Auch der Druck p_{2II} hinter der Turbine ist konstant über dem Radius vorausgesetzt (drallfreie Abströmung), während derjenige p_{1II} hinter dem zweiten Leitrad wieder vom Fuß über Schaufelmitte zum Kopf ansteigt. Je nach der Größe der absoluten Austrittsgeschwindigkeit c_{2II} auf den verschiedenen Radien sind die Gesamtdrücke hinter der Turbine unterschiedlich. Eingetragen ist nur die Linie $p^*_{2MII} = \text{const.}$

Neben seiner Bedeutung für die Durchführung der Turbinenberechnung zeigt das Diagramm noch einmal in anschaulicher Weise die Vorgänge innerhalb der Maschine auf. Man erkennt an der Gefälleaufteilung die in jeder Stufe von innen nach außen zunehmende Reaktion. Man sieht auch, wie die radiale Temperaturverteilung vor der Turbine für die entsprechenden Verteilungen in den folgenden Strömungsebenen bestimmend ist. Stets haben wir am mittleren Stromfaden im Vergleich zu den Verhältnissen an Fuß und Kopf stark überhöhte Temperaturen. Allerdings wird dieser Unterschied infolge der aus Gl.(2.21) folgenden Proportionalität von Temperaturabsenkung und Anfangstemperatur und der stärkeren Reibungsverluste in Nähe der Kanalwände nach hinten zu geringer. Die Differenz in den Geschwindigkeitszahlen von Fuß und Kopf bewirkt, daß sich die Temperaturbeziehung $T_{0FI} < T_{0KI}$ vor der Turbine bereits in $T_{2FII} > T_{2KII}$ hinter der Turbine umgewandelt hat. Diese Tendenz der gegenseitigen Annäherung und Überschneidung der Temperaturen am Turbinenaustritt wird mit wachsender Stufenzahl bei größerem zu verarbeitendem Gefälle noch ausgeprägter.

Infolge der höheren Anfangstemperatur ist das isentrope Gefälle am mittleren Stromfaden größer als an Fuß und Kopf. Außerdem wird dieses Gefälle infolge der guten Geschwindigkeitszahlen in Schaufelmitte mit wesentlich besserem Wirkungsgrad verarbeitet als an den Kanalrändern. Beide Umstände kommen in der Divergenz der Drucklinien und der unterschiedlichen Neigung der Expansionslinien in Bild 4.87 anschaulich zum Ausdruck. Sie zwingen zu einer abschließenden Kontrolle der Mehrschnittrechnung auf dem Wege der Mittelung der Stromliniengefälle und -wirkungsgrade.

4.244. Kontrolle des Wirkungsgrades

Bereits in Abschn. 4.231. hatten wir festgestellt, daß das in einem Leitrade verarbeitete isentrope Gefälle zwar längs des Radius veränderlich ist, daß aber die insgesamt umgesetzte Energie von der speziellen Betrachtungsweise unabhängig sein und somit durch Mittel- und Mehrschnittrechnung in gleicher Größe ausgewiesen werden muß. Diese Überlegung führte auf Gl. (4.62), die sich für die ganze mehrstufige Turbine in der Form

$$\overline{H^*_s}\,\dot{m} = \int_{\dot{m}} H^*_s \, d\dot{m}$$

schreibt. Hier kann man noch von $d\dot{m}$ nach dr übergehen. Die für die Integration zu benutzende Strömungsebene läßt sich dann beliebig im Eintritt, Inneren oder Austritt der

Turbine wählen, wenn die der Ermittlung von H_s^* zugrunde gelegten Meridianstromlinien wirkliche Stromlinien sind, d. h. mit den Bahnlinien der Strömung in der Meridianebene zusammenfallen. Bei der von uns gewählten Festlegung der Meridianstromlinien (s. Abschn. 4.242.) besteht diese Freiheit nicht. Ohne genauere Untersuchungen hierüber anzustellen, verwenden wir näherungsweise die Austrittsebene.

Natürlich muß der durch die letzte Beziehung ausgedrückte Sachverhalt auch für die spezifische innere Arbeit bestehen, d. h. wir haben ebenso

$$\overline{H_i^*}\dot{m} = \int_{\dot{m}} H_i^* \, d\dot{m} .$$

Dividiert man diesen Ausdruck durch den vorangehenden, so findet man den inneren sentropen Wirkungsgrad der gesamten Turbine in der Form

$$\overline{\eta_{iT}} = \frac{\int_{\dot{m}} H_i^* \, d\dot{m}}{\int_{\dot{m}} H_s^* \, d\dot{m}} = \frac{\int_{\dot{m}} \eta_{iT} H_s^* \, d\dot{m}}{\int_{\dot{m}} H_s^* \, d\dot{m}} , \tag{4.89}$$

also dargestellt in Abhängigkeit vom Verlauf des *örtlichen* Wirkungsgrades über $\dot{m}$.

Aus der Mehrschnittrechnung sind die Funktionen H_i^* und H_s^* bekannt. Sie lassen sich an jedem Stromfaden in Bild 4.87 ablesen. Haben wir drallfreien Abstrom von der Turbine, so braucht daher nur noch für die Austrittsebene

$$d\dot{m} = 2\pi r \varrho c \, dr$$

gesetzt zu werden, um die beiden Integrale in (4.89) graphisch berechnen und $\overline{\eta_{iT}}$ bestimmen zu können. Dieser Wirkungsgrad soll mit dem in der Mittelschnittrechnung erhaltenen identisch sein. Ist die Bedingung erfüllt, so kann die Mehrschnittauslegung als beendet angesehen werden.

Vielfach ist die völlige Übereinstimmung des aus Mittel- und Mehrschnittrechnung gewonnenen Wirkungsgrades trotz sorgfältiger Rechnung nicht zu erreichen. Neben den anderen Vereinfachungen des Berechnungsverfahrens (vgl. Abschn. 4.11) kommt hierin die willkürliche Festsetzung der Turbinenaustrittsebene als Integrationsebene zum Ausdruck. So gehen die auftretenden Unterschiede normalerweise auf etwa die Hälfte zurück, wenn man Gl. (4.89) durch

$$\overline{\eta_{iT}} = \frac{\int_{\dot{m}} i_{0I}^* \, d\dot{m}_{0I} - \int_{\dot{m}} i_{2z}^* \, d\dot{m}_{2z}}{\int_{\dot{m}} i_{0I}^* \, d\dot{m}_{0I} - \int_{\dot{m}} i_{2sz}^* \, d\dot{m}_{2z}}$$

ersetzt und damit dem Unterschied der Massenverteilung in Ein- und Austrittsebene der Turbine Rechnung trägt. Im allgemeinen kann die hier verbliebene Unsicherheit aber in Kauf genommen werden, indem man den kleineren der beiden erhaltenen Wirkungsgrade als real ansieht und so auf der sicheren Seite der Rechnung bleibt.

Eine Bemerkung erfordert noch die Turbine mit drallbehafteter Abströmung von der letzten Stufe. Dieser Fall kann vorliegen, wenn durch einschränkende Bedingungen das zu verarbeitende Gefälle nicht anders in den Stufen unterzubringen ist oder wenn die drallfreie Abströmung einem vom Auslegungspunkt abweichenden Betriebszustand vorbehalten bleiben soll. Die Drallenergie wird meist nicht zurückgewonnen und ist dann der sie erzeugenden Turbine zur Last zu legen. Das geschieht durch Einführung des Wirkungsgrades

$$\overline{\eta_{iaT}} = \frac{\int_{\dot{m}} \eta_{iT} H_s^* \, d\dot{m}}{\int_{\dot{m}} H_{sa}^* \, d\dot{m}} ,$$

der sich von (4.89) nur durch den geänderten Nenner unterscheidet. Während der Zähler als innere Leistung der Turbine nach wie vor ihren Nutzen mißt, wird im Nenner der um den Drallverlust erhöhte Aufwand an Energie in Rechnung gestellt; denn es ist mit c_u als Umfangskomponente der absoluten Austrittsgeschwindigkeit

$$H_{sa}^* \approx H_s^* + \frac{c_u^2}{2}. \tag{4.90}$$

Wie das Beispiel der zweistufigen Turbine in Bild 4.87 am mittleren Stromfaden zeigt, findet man die zur Bestimmung von H_{sa}^* erforderliche Drucklinie p_{2aII}^*, indem man von dem jeweiligen statischen Endpunkt (T_{2II}; p_{2II}) hinter der Turbine an Stelle der wirklichen Geschwindigkeitsenergie $c_{2II}^2/2$, die ja bekanntlich zu dem Gesamtzustand (T_{2II}^*; p_{2II}^*) führt, nur diejenige $c_{2aII}^2/2$ der Axialkomponente der Austrittsgeschwindigkeit aufträgt. Die Drucklinie p_{2aII}^* schneidet dann die durch den Ausgangspunkt (T_0^*; p_0^*) der Expansion verlaufende Isentrope im Endpunkt von H_{sa}^*. Natürlich hat man dieses Verfahren zur Berechnung von $\overline{\eta_{iaT}}$ auch für den Fuß- und Kopfschnitt und alle übrigen hier nicht eingetragenen Stromlinien durchzuführen.

5. Schaufelprofilierung

Nach der Mittelschnittrechnung, die die Abmessungen und das Arbeitsschema der Gasturbine im großen festlegt, und der Mehrschnittrechnung, die die Strömungsbedingungen jedes Schaufelelementes klärt, ist die Profilierung der Schaufel der dritte große Abschnitt im Entwurf einer Gasturbine. Es gilt nunmehr die Profilformen zu ermitteln, die mit minimalem Energieverlust die laut Geschwindigkeitsdreieck erforderliche Umlenkung und Beschleunigung der Gasströmung auf jedem Radius bewerkstelligen, die außerdem bei Abweichung vom Auslegungszustand — insbesondere bei Vorhandensein eines Eintrittsstoßes der Strömung — noch mit gutem Wirkungsgrad arbeiten und die schließlich aneinandergereiht eine Schaufel liefern, die bei geringem Gewicht und harmonischer Form ein Minimum an Fertigungsaufwand erfordert und ein Maximum an Festigkeit besitzt.

Hinsichtlich des örtlichen Profils auf einem gegebenen Radius ist das zu lösende Problem im Prinzip durch die I. Hauptaufgabe der Gittertheorie gegeben, also durch die Suche nach der Geometrie des Gitters bei gegebener Aerodynamik. Bekannt ist das Geschwindigkeitsdreieck, gefragt wird nach der Gestalt des Profiles und seiner Anordnung im Gitter, sowie nach der Druckverteilung längs der Profilkontur. Die II. Hauptaufgabe betrifft das gegenteilige Problem, nämlich die Bestimmung der Strömungsverhältnisse auf Grund des gegebenen Profilumrisses und der geometrischen Gitterkennwerte. Für eine willkürliche Zuströmrichtung ist die Richtung der Abströmung vom Gitter und wiederum die Druckverteilung am Profil zu ermitteln. Diese Aufgabe spielt erst bei der Nachrechnung der fertig entworfenen Turbine für vom Auslegungszustand abweichende Betriebsbedingungen zur Gewinnung eines Kennfeldes eine Rolle.

In die Praxis des Gasturbinenbaues hat die Verwendung gittertheoretischer Methoden bisher wenig Eingang gefunden. Ein Teil der vorhandenen Theorien scheidet für die Turbine von vornherein aus, da schwache Wölbung und geringes Dickenverhältnis der Profile vorausgesetzt werden; sie sind wohl bei Verdichtergittern, im allgemeinen aber nicht bei Turbinengittern vorhanden. Ein anderer Teil gestattet nicht die Berücksichtigung der Reibung. Die Mehrzahl setzt inkompressible Strömung im Schaufelgitter voraus; soweit eine Berücksichtigung der Kompressibilität erfolgt, sind die Theorien wiederum auf geringe Umlenkungen beschränkt oder benötigen für ihre Durchführung starke Vereinfachungen der Randbedingungen. Ein Nachteil sämtlicher Gittertheorien ist der erforderliche hohe Arbeitsaufwand für die Lösung konkreter Aufgaben; dieser Mangel verliert aber bei dem heute möglichen Einsatz programmgesteuerter Rechenmaschinen zusehends an Bedeutung. Weiter liefert die Profilberechnung zwar ein Gitter mit den verlangten Umlenkungseigenschaften, im allgemeinen aber nicht sofort das —verlustmäßig gesehen — optimale Profil. Das gilt besonders dann, wenn man das Teillastverhalten der Maschine in die Betrachtung einbezieht. Schließlich lassen sich die unter Berücksichtigung der radialen Veränderlichkeit von Gastemperatur und Schaufelverlust gittertheoretisch errechneten örtlichen Profile sowieso nicht ohne wesentliche Abänderungen ihrer Form zu einer Schaufel zusammenfügen, die eine gleichmäßige gewölbte Oberfläche ohne Dellen besitzt, festigkeitsmäßig in Ordnung ist und den fertigungstechnischen Ansprüchen des Technologen genügt.

Dessenungeachtet könnte die Profilberechnung aber natürlich für den in seiner Gestaltung noch ziemlich freien Fuß- und Kopfschnitt einer Schaufel Interesse haben. Gerade hier stoßen wir aber auf das wesentlichste Argument gegen die Anwendung der Gittertheorie, nämlich ihre ausschließliche Gültigkeit für die ebene Strömung. Sie kann bis heute in keiner Weise den Einfluß der Sekundärwirbel auf das Strömungsverhalten im Gitter berücksichtigen, wie er etwa in der Grenzschicht der in Bild 4.70 abgebildeten Schaufel zum Ausdruck kommt, so daß der relativ hohe Aufwand an Arbeit bei Heranziehung der Theorie nicht dem Nutzen für den konstruierenden Ingenieur entspricht.

Durch diese vom Standpunkt des Praktikers erfolgende Stellungnahme soll natürlich in keiner Weise die grundsätzliche Bedeutung der Gittertheorie für die Erforschung der Strömung im Schaufelgitter geschmälert werden. Abgesehen von ihrem Nutzen für die Behandlung des Axialverdichters, der wegen des hier notwendigen Verlassens der Stromfadentheorie größere Schwierigkeiten bereitet, liefert sie qualitative Erkenntnisse, die bei der Gestaltung der Turbinenschaufelprofile ständig einfließen. Bevor wir daher auf die der Ingenieurpraxis mehr angemessenen Profilierungsmethoden eingehen, soll hier wenigstens in großen Zügen ein Überblick über die wichtigsten vorliegenden Gittertheorien gegeben werden. Wir beschränken uns dabei auf einige wenige Namen von Autoren. Es haben auch andere noch Wesentliches zur Entwicklung der Methoden beigetragen, doch ist hier nicht der Ort, eine lückenlose Darstellung der Theorien zu geben.

5.1 Überblick über die Verfahren zur Gitterberechnung[1]

Die Strömung im Turbinengitter wird von einer ganzen Reihe von Parametern beeinflußt. Da sind zunächst die geometrischen Parameter des Schaufelprofils, nämlich Skelettlinienform und Dickenverteilung, mit denen auch Wölbung und größte Dicke des Profils festgelegt sind. Hinzu kommen noch die kennzeichnenden Größen der Gitteranordnung, also Teilungsverhältnis und Staffelungswinkel. Außerdem sind wirksam die Einflußfaktoren der dreidimensionalen Strömung wie Radialspalt, Fächerung und Zentrifugalwirkung im Laufrad. Schließlich hat man wie bei allen Strömungsproblemen die Reibung und die Kompressibilität des Gases zu berücksichtigen.

Alle diese Einflüsse sind für die Ausbildung der Strömung von Bedeutung. Ihre Vielzahl erschwert in gleicher Weise die empirischen wie die theoretischen Verfahren zur Behandlung des Schaufelgitters. Sämtliche bisher aufgestellten Gittertheorien lassen daher, obwohl sie immer noch langwierige Berechnungen erfordern, jeweils einige Parameter außer acht und wenden außerdem Näherungen an, die nicht immer allgemeingültig sind. Es gibt daher noch keine Theorie, die den Anforderungen der Praxis an die Durchführbarkeit und Treffsicherheit der Rechnungen völlig gerecht wird. Wir werden bei der

[1] Der theoretisch weniger interessierte Leser kann dieses Kapitel überschlagen.

Betrachtung der wichtigsten Verfahren sehen, welche Vereinfachungen im einzelnen gemacht werden.

Die bisher aufgestellten Gittertheorien lassen sich bezüglich ihrer Betrachtungsweise in drei Gruppen einteilen:

1. *Die Singularitätenverfahren.* Bei ihnen werden die Gitterprofile kontinuierlich so mit Wirbeln, Quellen und Senken belegt, daß die von diesen induzierten Geschwindigkeiten sich mit der des Grundstromes zur resultierenden Geschwindigkeit des Strömungsfeldes im Gitter zusammensetzen. Dabei ist unter der Geschwindigkeit des Grundstromes das vektorielle Mittel $\mathfrak{W}_\infty$ aus den An- und Abströmgeschwindigkeiten $\mathfrak{W}_1$ und $\mathfrak{W}_2$ zu verstehen. Wir unterscheiden hier die resultierenden Geschwindigkeiten durch große Buchstaben von den induzierten mit kleinen Buchstaben.

2. *Die Kanaltheorien.* Sie betrachten den ebenen Strömungskanal, der von zwei benachbarten Schaufelprofilen eines in Umfangsrichtung geführten Zylinderschnittes und ihren Verlängerungen durch die vorderen und hinteren Staupunktstromlinien gebildet wird. Der Vorteil liegt darin, daß jede beliebige Profilgestalt ohne Rücksicht auf Wölbung und Dicke untersucht werden kann. Im Gegensatz zu anderen Verfahren haben die Kanaltheorien in der Durchführung bei kleinen Teilungen geringere Schwierigkeiten als bei großen. Beim Entwurf des Gitters kann eine Geschwindigkeitsverteilung an der Profilkontur vorgegeben werden, die eine Beurteilung des Abreißverhaltens der Strömung und des Auftretens von Verdichtungsstößen zuläßt. Die Theorien ermöglichen daher die Konstruktion von Gittern großer Umlenkung.

3. *Die Verfahren der konformen Abbildung.* Bei diesen Methoden wird die Gitterströmung durch mehrere aufeinanderfolgende Abbildungen in eine Strömung um einen Kreis transformiert. Die letztere ist theoretisch leicht darstellbar und kann bei Kenntnis der Abbildungsfunktion zur Beschreibung der Gitterströmung benutzt werden. Die Verfahren lösen die II. Hauptaufgabe, sind aber nur für inkompressible Potentialströmungen anwendbar. Ihre Handhabung ist im allgemeinen sehr umständlich, kann jedoch z. T. durch Heranziehung des Experimentes vereinfacht werden.

Von den drei genannten Gruppen der Gittertheorien besitzen die Singularitätenverfahren den Vorzug, anschaulich und verhältnismäßig bequem in der Durchführung zu sein. Ihnen wenden wir uns daher als ersten zu.

5.11 Die Singularitätenverfahren

Am einfachsten ist ihre Anwendung auf die Berechnung der Gitterströmung um linienhafte Profile, also solche der Dicke Null, die mit ihrer Skelettlinie identisch sind. In diesem Fall hat man nur jedes Profil des Gitters mit einer Wirbelbelegung zu versehen, deren Integral über der Skelettlinie gleich der Gesamtzirkulation ist und deren Stärke sich längs dieser Linie so ändert, daß die Resultierende aus der von ihr induzierten Geschwindigkeit und der Grundströmung am Orte der Skelettlinie jeweils deren Richtung hat. Muß auch noch eine Profildicke berücksichtigt werden, so hat man zusätzlich auf der Skelettlinie eine Quell- und Senkenverteilung anzuordnen, welche die Gesamtergiebigkeit Null hat (geschlossene Profilkontur) und in ihrer Stärkeverteilung derart bestimmt ist, daß sie das Profilskelett auf die gewünschte Form aufbläht.

Für diesen allgemeinen Fall hat PISTOLESI [*41*] unter der Voraussetzung ebener Strömung das von der Gesamtbelegung des Gitters induzierte Geschwindigkeitsfeld in der Form

$$\overline{\mathfrak{w}}(z) = u - iv = \frac{e^{i\lambda}}{2t} \int_S [q(z') + i\gamma(z')] \coth\left[\frac{\pi e^{i\lambda}}{t}(z - z')\right] dz' \qquad (5.1)$$

berechnet. Hier ist $\overline{\mathfrak{w}}$ die an der x-Achse gespiegelte induzierte Geschwindigkeit mit den Komponenten u und v im Punkte $z = x + iy$ der komplexen Strömungsebene. Wie Bild 5.1 zeigt, wurde als x-Achse die nach beiden Seiten ins Unendliche verlängerte Sehne eines Profils und als y-Achse die dazu senkrecht stehende Gerade durch den Anfangspunkt der Skelettlinie gewählt. λ stellt ebenfalls einen Staffelungswinkel dar; sein Absolutbetrag ist mit dem Komplementwinkel zu α_S bzw. β_S identisch. Mit t wird die Teilung des Schaufelgitters und mit S die Skelettlinie des Profils bezeichnet. Schließlich bedeuten $q(z')$ die Quell- bzw. Senkenstärke und $\gamma(z')$ die Wirbelstärke im Singularitätenpunkt z', also einem gitterzugehörigen Punkt. Infolge der Periodizität des coth ist es dabei gleichgültig, längs welchen Gitterprofils die Integration durchgeführt wird.

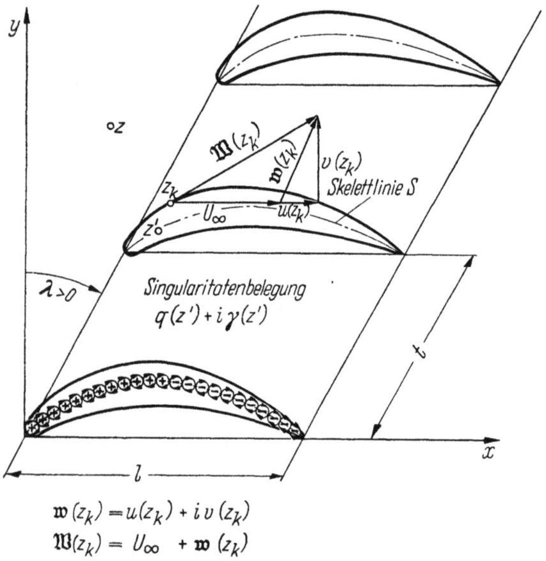

Bild 5.1 (Verdichter-)Gitter mit Singularitätenbelegung auf der Skelettlinie

Die eingangs erwähnten Integralbedingungen für Wirbel- und Quellsenkenstärke finden ihren Ausdruck in den Gleichungen

$$\Gamma = \int_S \gamma(z')\,dz' \qquad (5.2)$$

und

$$Q = \int_S q(z')\,dz' = 0, \qquad (5.3)$$

wo Γ die Gesamtzirkulation eines Profiles und Q die Gesamtergiebigkeit seiner Quellsenkenbelegung bedeuten.

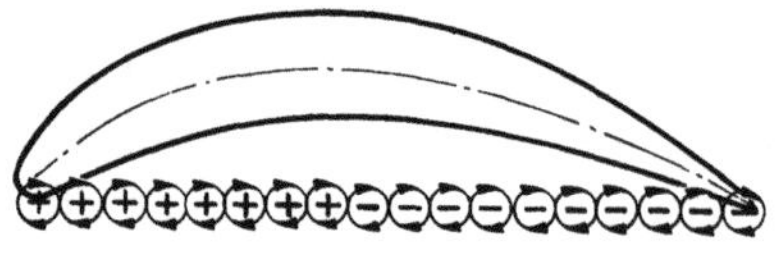

Bild 5.2 Singularitätenbelegung auf der Profilsehne

Das Geschwindigkeitsfeld des Gitters ergibt sich, indem der induzierten Geschwindigkeit nach Gl. (5.1) die ungestörte Geschwindigkeit der Grundströmung — in Bild 5.1 als U_∞ in Sehnenrichtung angenommen — überlagert wird. Dabei muß die resultierende Geschwindigkeit $\mathfrak{W}$ auf der Profilkontur mit dieser gleichgerichtet sein. Infolgedessen erhält man in Übereinstimmung mit dem Geschwindigkeitsdreieck in Bild 5.1 die Neigung der Profilkontur zu

$$\frac{dy_k}{dx} = \frac{v(z_k)}{U_\infty + u(z_k)}. \qquad (5.4)$$

Auf Grund der Beziehungen (5.1) und (5.4) wurde die I. Hauptaufgabe von Scholz [*42*] und die II. Hauptaufgabe von Schlichting [*43*] gelöst. In beiden Fällen wurde aber das Problem vereinfacht, indem die Singularitäten nicht — wie bisher angenommen — auf der Skelettlinie, sondern auf der Profilsehne angeordnet wurden (vgl. Bild 5.2). Das bedeutet eine wesentliche Erleichterung der Lösung, insbesondere für die Hauptaufgabe I. Hier kennt man ja die Form der Skelettlinie von vornherein noch nicht, da das Profil erst bestimmt werden soll.

Scholz und Schlichting lassen in Gl. (5.1) z gegen x gehen und finden

$$\overline{\mathfrak{w}}(x) = \pm\,\frac{\gamma(x) - i q(x)}{2} + \frac{e^{i\lambda}}{2t}\int_0^l [q(x') + i\gamma(x')]\coth\left[\frac{\pi\,e^{i\lambda}}{t}(x - x')\right]dx', \qquad (5.5)$$

wo das Pluszeichen für Annäherung von oben (positive y) und das Minuszeichen für Annäherung von unten (negative y) gegen die x-Achse gilt. l bedeutet die Länge der Profilsehne. Wir haben durch den Grenzübergang also einen weiteren Summanden in die Gleichung hineinbekommen.

Die in der Beziehung (5.5) auftretende Singularität bei $x = x'$ wird in der Lösung beider Hauptaufgaben dadurch aufgehoben, daß man entsprechend der Aufteilung

$$\bar{\mathfrak{w}}(x) = \bar{\mathfrak{w}}_E(x) + \bar{\mathfrak{w}}_G(x) \tag{5.6}$$

von der induzierten Geschwindigkeit $\bar{\mathfrak{w}}(x)$ des gesamten Gitters diejenige $\bar{\mathfrak{w}}_E(x)$ des Einzelprofils mit der Profilsehne auf der x-Achse abzieht und so die vom Restgitter induzierte Geschwindigkeit $\bar{\mathfrak{w}}_G(x)$ erhält. Diese ist regulär. Für das Einzelprofil liegt aber die Berechnung der induzierten Geschwindigkeiten bereits vor.

Zur Lösung der I. Hauptaufgabe wird die Skelettlinie durch Integration von

$$\frac{dy_S}{dx} = \frac{v_{E\gamma}(x) + v_G(x)}{U_\infty + u_G(x)}$$

gefunden. Dabei stellen u_G und v_G die vom Quellsenken- und Wirbelsystem des Restgitters auf der Sehne induzierten Geschwindigkeiten dar. Vom Einzelflügel, um dessen Skelettlinie es sich hier handelt, ist nur der Anteil der Wirbelbelegung (Index γ) anzusetzen, der wegen der entgegengesetzt gleichen Werte der $u_{E\gamma}$ zu beiden Seiten der Sehne auf dieser keine Komponente in x-Richtung enthält. Die Quellbelegung des Einzelflügels hat auf die Skelettlinie keinen Einfluß und wirkt sich erst bei der Berechnung der Dickenverteilung des Profiles aus. Die örtliche Profildicke wird so bemessen, daß die durch sie aus der Gitterströmung verdrängte Flüssigkeitsmenge gleich der bis hier der Quellbelegung des Einzelprofils entströmenden Menge ist. Dabei wird die Gitterstromgeschwindigkeit in eine TAYLOR-Reihe nach Potenzen des Konturabstandes von der Skelettlinie entwickelt. Man berücksichtigt hiervon in grober Annäherung nur das lineare Glied.

Während nun für die I. Hauptaufgabe die Singularitätenverteilungen $q(x')$ und $\gamma(x')$ je nach der gewünschten Profilform und Druckverteilung vorgeschrieben sind, müssen diese Funktionen in der II. Hauptaufgabe aus der vorgegebenen Gittergeometrie bestimmt werden. Dazu werden sie nach GLAUERT mit Hilfe der Transformation

$$x' = \frac{l}{2}(1 - \cos\varphi')$$

in trigonometrische Reihen entwickelt. Die Koeffizienten dieser Reihen werden durch Einsetzen der Singularitäten in $u(x)$ und $v(x)$ und Benutzung der hierfür durch die Skelettlinienneigung und Ableitung der Dickenverteilung in einzelnen Punkten des Profils gegebenen Bedingungen gefunden. SCHLICHTING empfiehlt, die Reihen als Näherung nach dem dritten Glied abzubrechen, demzufolge das gegebene Profil allerdings auch nur in drei Punkten der Sehne genau erfaßt werden kann. Die Geschwindigkeit $u_G(x)$ liefert durch Überlagerung von $u_E(x)$ und U_∞ die x-Komponente der Geschwindigkeit auf der Sehne, die mit Hilfe des RIEGELS-Faktors [*44*] in die Konturgeschwindigkeit umgerechnet werden kann.

Mit Hilfe der FOURIER-Koeffizienten der Wirbelverteilung kann auch die Zirkulation des Gitterprofils erhalten werden. Sie ergibt sich durch Integration von Gl. (5.2) zu

$$\Gamma = U_\infty l \pi \left(A_0 + \frac{1}{2} A_1\right),$$

wo A_0 und A_1 die ersten beiden Koeffizienten der trigonometrischen Reihe sind. Hieraus folgt die Differenz der Projektionen der Ein- und Austrittsgeschwindigkeit auf die Gitterfront

$$\Delta w_u = \frac{\Gamma}{t}$$

und damit die Abströmrichtung sowie Umlenkung des Gitters.

Die von SCHLICHTING und SCHOLZ angegebenen Verfahren zur Lösung des durch Gl. (5.1) gegebenen Problems sind vorzugsweise für inkompressible, reibungsfreie Strömungen anwendbar. Außerdem wird ihre Gültigkeit durch die Anordnung der Singularitäten auf der Profilsehne auf Profile kleiner Dicke und Wölbung eingeschränkt. Solche liegen normalerweise bei Verdichtergittern, im allgemeinen aber nicht bei Turbinengittern vor. Für unsere Zwecke scheiden diese beiden Verfahren daher aus.

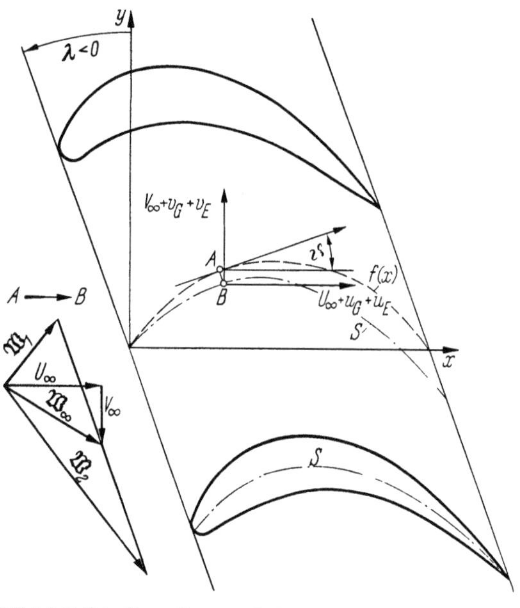

Bild 5.3 Die Iteration nach CZIBERE von der Trägerkurve der Singularitäten zur Skelettlinie an einem Turbinenprofil

Ein auch für große Dicken und Wölbungen geeignetes Berechnungsverfahren ergibt sich, wenn man die Singularitätenanordnung auf der Skelettlinie nach Bild 5.1 beibehält. Die Lösung des Problems gelang CZIBERE [89] durch ein Iterationsverfahren für die I. Hauptaufgabe. Er benutzt im ersten Iterationsschritt der Skelettlinienberechnung als Träger der Quell-, Senken- und Wirbelverteilung einen Kreisbogen, der die geforderte Ablenkung des Stromes näherungsweise herbeiführen würde.

Die Trägerkurve wird zur Berechnung der längs ihr induzierten Geschwindigkeiten als Funktion $y = f(x)$ eingeführt (s. Bild 5.3); desgleichen wird auch die Verteilung der Singularitäten, die ebenfalls die Bedingungen (5.2) und (5.3) zu erfüllen hat, als Funktion der unabhängigen Veränderlichen x angenommen. An Stelle der Gl. (5.5) erhält man die konjugiert komplexe Form der induzierten Geschwindigkeit, die sich längs der singularitätentragenden Kurve ausbildet, zu

$$\overline{\mathfrak{w}}(x) = \pm \frac{\gamma(x) - i q(x)}{2} e^{-i\vartheta} + \frac{e^{i\lambda}}{2t} \int_0^l [q^*(x') + i\gamma^*(x')] \coth\left[\frac{\pi e^{i\lambda}}{t}(x - x' + i[f(x) - f(x')])\right] dx'. \quad (5.7)$$

Hierin bedeuten $q(x)$ und $\gamma(x)$ die auf der Trägerkurve unterzubringenden Quell- und Wirbelverteilungen; $q^*(x')$ und $\gamma^*(x')$ sind ihre entsprechenden auf die x-Achse transformierten Werte. ϑ ist der Neigungswinkel der Tangente an die Skelettlinie gegen die x-Achse.

Das in Gl. (5.7) auftretende Integral ist als CAUCHY-Hauptwert zu nehmen. Dazu wendet CZIBERE wiederum die von SCHOLZ und SCHLICHTING vorgenommene Überlagerung nach Gl. (5.6) an. Auch in diesem Fall wird $\overline{\mathfrak{w}}_G(x)$ regulär. Die Formel für $\overline{\mathfrak{w}}_E(x)$ erhält man, wenn man in $\overline{\mathfrak{w}}(x)$ den Grenzübergang $t \to \infty$ durchführt. Aus ihr ergibt sich dann, daß die Quellsenkenverteilung des Einzelprofils bei Anordnung auf der Skelettlinie im Gegensatz zur Verteilung auf der Sehne auch eine y-Komponente v_{Eq} der Geschwindigkeit induziert. Die Skelettlinienanordnung hat außerdem zur Folge, daß die früher nicht zur Wirkung kommende x-Komponente u_{Eq} nun einen Einfluß auf die Skelettlinie erhält. Damit diese zur Stromlinie wird, muß deshalb auch die Quellsenkenverteilung des betrachteten Einzelflügels zur Berechnung der Skelettlinie herangezogen werden. Zugleich erkennt man, daß eine von der Wirbelbelegung des Einzelflügels induzierte x-Komponente $u_{E\gamma}$ entsteht. Unter Berücksichtigung aller auf der Trägerkurve induzierten Geschwindigkeiten und der zu überlagernden Grundströmung $\mathfrak{W}_\infty$, deren Richtung jetzt noch von der

x-Richtung abweichen möge ($V_\infty \neq 0$), muß folglich die kinematische Strömungsbedingung

$$\frac{dy_S}{dx} = \frac{V_\infty + v_G + v_{Eq} + v_{E\gamma}}{U_\infty + u_G + u_{Eq} + u_{E\gamma}} \tag{5.8}$$

erfüllt sein, wenn die Trägerkurve Skelettlinie sein soll.

Zunächst ist das noch nicht der Fall, d. h. die letzte Gleichung bestimmt eine Kurve, die nicht mit der Trägerkurve identisch ist. Diese Kurve wird von Czibere in einem zweiten Iterationsschritt als verbesserte Trägerkurve benutzt. Bei der Übertragung der von den Singularitäten des Kreisbogens induzierten Geschwindigkeiten auf die neue Kurve werden die Geschwindigkeiten des Restgitters näherungsweise in ihren Beträgen gleichgehalten, während diejenigen des Einzelflügels voll umgerechnet werden. Dies muß so erfolgen, daß die Durchströmung entsprechender Bogenstücke der Trägerkurven in Normalenrichtung gleich bleibt. Daraus resultiert die an die Stelle von Gl. (5.8) tretende Iterationsbeziehung

$$\frac{dy_S}{dx} = \frac{V_\infty + v_G - (u_{Eq} + u_{E\gamma})\, f'(x) + v_{Eq} + v_{E\gamma}}{U_\infty + u_G},$$

die für $f'(x) = \frac{dy_S}{dx}$ wieder in Gl. (5.8) übergeht.

Die Iteration müßte nun so oft wiederholt werden, bis wirklich $f'(x) = \frac{dy_S}{dx}$ wird, also bis die Trägerkurve mit der Skelettlinie ganz zusammenfällt. Czibere gibt aber an, daß die Abweichung zwischen dem Kreisbogen und der Skelettlinie des ersten Iterationsschrittes nicht mehr als 2 bis 3% der Länge der Profilsehne beträgt, wenn die Umlenkung kleiner als 50° ist. Diese Genauigkeit entspricht derjenigen eines nach Scholz berechneten Profils von 10 bis 15° Umlenkung und ist für die Praxis hinreichend. Im Falle einer stärkeren Umlenkung ist noch ein zweiter Iterationsschritt durchzuführen. Dieser ist aber komplizierter, weil die Trägerkurve kein Kreisbogen mehr ist.

Die Berechnung der Profilkontur erfolgt sodann in gleicher Weise mit denselben Näherungen wie im Verfahren von Scholz.

Eine exakte Lösung des Gitterströmungsproblems nach der Singularitätenmethode ohne die Näherungen der bisher betrachteten Verfahren wird möglich, wenn man in der aus Bild 5.4 ersichtlichen Weise die Profil*konturen* mit einer Wirbelbelegung versieht. Man kommt dann ohne zusätzliche Quellsenkenverteilung aus; denn die auf einer geschlossenen Linie kontinuierlich angeordneten Wirbel liefern bei Überlagerung einer Translationsströmung schon für sich einen Körper endlicher Dicke. Diesen Weg geht Martensen [*45*], wobei er in seiner Theorie von vornherein die Wirbelbelegung zugunsten der Geschwindigkeitsverteilung eliminiert. Es ist ja bekannt, daß die Wirbelbelegung $\gamma(s) = \frac{d\Gamma}{ds}$ auf dem Profilrand von der Größe der dort herrschenden örtlichen Geschwindigkeiten sein muß, um die geforderte potentialtheoretische Gitterströmung zu erhalten. Das Verfahren ist, obschon nur für die II. Hauptaufgabe, auch für Turbinenprofile großer Wölbung und Dicke brauchbar. Allerdings fehlt noch die Berücksichtigung des Einflusses von Kompressibilität und Reibung.

Martensen formuliert zunächst die potentialtheoretischen Bedingungen für die Stromfunktion Ψ eines Einzelprofiles:

1. $\Delta\Psi = \frac{\partial^2\Psi}{\partial x^2} + \frac{\partial^2\Psi}{\partial y^2} = 0,$

2. $\left(\frac{\partial\Psi}{\partial y}\right)_\infty = W_\infty \cos\alpha, \quad \left(\frac{\partial\Psi}{\partial x}\right)_\infty = -W_\infty \sin\alpha,$

3. $\Psi = \text{const}$ auf dem Profilrand.

Hier bedeutet die erste Bedingung die Grundvoraussetzung für jede Stromfunktion, nämlich die Erfüllung der LAPLACEschen Differentialgleichung. Punkt 2 stellt den Ausdruck für die Randbedingung der Stromfunktion im Unendlichen auf Grund der dort vorhandenen Geschwindigkeit dar. Es ist nämlich W_∞ der Betrag der Geschwindigkeit vor und hinter dem Profil und α die Neigung ihres Vektors gegen die x-Achse. Punkt 3 gibt die Randbedingung für Ψ im Endlichen wieder.

Die ersten beiden Forderungen werden durch eine Stromfunktion erfüllt, die aus einem Ansatz von GOLDSTEIN und JERISON [46] gewonnen wurde:

$$\Psi(x,y) = W_\infty(y\cos\alpha - x\sin\alpha) + \frac{1}{2\pi}\int_{\mathfrak{C}_0} W \ln\frac{1}{r}\,ds + \text{const.} \tag{5.9}$$

Dabei bedeuten — wie an einem Gitterprofil in Bild 5.4 veranschaulicht — $r = \sqrt{(x-\xi)^2 + (y-\eta)^2}$ den Betrag der Vektordifferenz von Aufpunkt und laufendem Belegungspunkt, $\mathfrak{C}_0$ die Profilkontur und ds ein Element der Bogenlänge auf der Kontur.

Zur Erfüllung der dritten Forderung wird $\left(\frac{\partial\Psi}{\partial n}\right)_{\mathfrak{C}_0} = -\frac{W}{2}$ gesetzt, wobei W die gesuchte Geschwindigkeit auf der Kontur darstellt. Es läßt sich beweisen, daß dann auch $\frac{\partial\Psi}{\partial s} = 0$ gilt, wie es für die Kontur als Stromlinie erforderlich ist. Folglich wird allen drei Forderungen genügt, wenn man aus Gl. (5.9) die Ableitung $\left(\frac{\partial\Psi}{\partial n}\right)_{\mathfrak{C}_0}$ bildet und hierfür den obigen Wert einführt. Man erhält dann die Integralgleichung zweiter Art

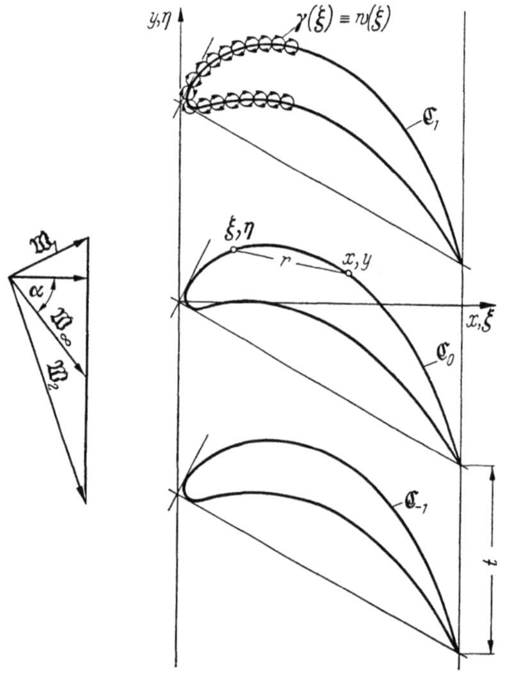

Bild 5.4 Turbinengitter mit Wirbelbelegung $\gamma(\xi)$ auf der Kontur

$$W + \frac{1}{\pi}\frac{\partial}{\partial n}\int_{\mathfrak{C}_0} W \ln\frac{1}{r}\,ds$$
$$= -2W_\infty\frac{\partial}{\partial n}(y\cos\alpha - x\sin\alpha),$$

der die Konturgeschwindigkeit genügen muß.

Mit Hilfe dieser Entwicklung am Einzelprofil kann die entsprechende Integralgleichung auch für das Gitter aufgestellt werden. In diesem Fall haben aber W_∞ und α eine andere Bedeutung, da das Unendliche des Gitters nicht mit dem Unendlichen des Einzelprofils identisch ist. MARTENSEN betrachtet daher die entsprechenden Gittergrößen als freie Parameter und klammert die Forderung 2 aus. Er benutzt als Lösungsansatz den ebenfalls von GOLDSTEIN und JERISON herrührenden Ausdruck für die Stromfunktion, der jetzt auch die Teilung t als unabhängige Variable enthält:

$$\Psi(x,y,t) = W_\infty(y\cos\alpha - x\sin\alpha)$$
$$+ \frac{1}{2\pi}\int_{\mathfrak{C}_0} W \ln\frac{1}{\sqrt{\cosh\frac{2\pi}{t}(x-\xi) - \cos\frac{2\pi}{t}(y-\eta)}}\,ds + \text{const.} \tag{5.9a}$$

Hierin bedeutet W_∞ wie früher den Betrag des vektoriellen Mittels der An- und Abströmung (W_1 und W_2), und α ist die Neigung von W_∞ gegen die Gitternormale (Bild 5.4).

Der Ansatz (5.9a) erfüllt zunächst wieder die Forderung 1. Die Befriedigung der Bedingung 3 wird auch hier durch $\left(\frac{\partial \Psi}{\partial n}\right)_{\mathfrak{C}_0} = -\frac{W}{2}$ erreicht. In gleicher Weise wie beim Einzelprofil wird daher durch Differentiation der Gl. (5.9a) für das Gitter eine Integralgleichung zweiter Art für die Konturgeschwindigkeit jedes beliebigen Profils gewonnen:

$$W + \frac{1}{\pi}\frac{\partial}{\partial n}\int\limits_{\mathfrak{C}_0} W \ln \frac{1}{\sqrt{\cosh\frac{2\pi}{t}(x-\xi) - \cos\frac{2\pi}{t}(y-\eta)}}\, ds$$

$$= -2 W_\infty \frac{\partial}{\partial n}(y\cos\alpha - x\sin\alpha).$$

MARTENSEN zeigt die Stetigkeit des Kerns dieser Gleichung und beweist die Existenz ihrer Lösung nach den FREDHOLMschen Sätzen für Integralgleichungen zweiter Art. Zur praktischen Lösung wird sie in ein lineares Gleichungssystem überführt, wobei die Integration durch eine Summation ersetzt wird.

Um die Gesamtheit aller möglichen Lösungen zu erhalten, wird das Gleichungssystem für drei inhomogene Seiten gelöst. Sie entsprechen den beiden zirkulationsfreien ($\Gamma = 0$) Hauptanströmungsrichtungen senkrecht ($\alpha = 0$) und parallel $\left(\alpha = \frac{\pi}{2}\right)$ zur Gitterfront und der reinen Zirkulationsströmung mit $W_\infty = 0$. Durch Superposition dieser Grundlösungen kann man für jede beliebige Anströmung $\mathfrak{W}_1$ den Geschwindigkeits- und Druckverlauf an der Profilkontur sowie die Abströmung $\mathfrak{W}_2$ ermitteln. Bei Profilen mit spitzer Hinterkante wird jedoch die Bestimmung des Abströmwinkels mehr oder weniger ungenau, weil hier die zur Erfüllung der obigen Bedingung 3 noch notwendige Voraussetzung einer viermal stetigen Differenzierbarkeit der Kontur nicht gegeben ist.

Die numerischen Rechnungen lassen sich bequem für den Rechenautomaten programmieren, so daß lediglich der Staffelwinkel, das Teilungsverhältnis und die Profilkoordinaten eingegeben zu werden brauchen. Die Rechnung wird ohne irgendeinen Eingriff automatisch durchgeführt und endigt mit dem Ausdrucken der drei Grundlösungen.

MARTENSEN zeigt auch, wie man eine zweite Integralgleichung für den Geschwindigkeitsverlauf am Gitterprofil erhält, wenn man die dritte Forderung in naheliegenderer Weise dadurch erfüllt, daß die Stromfunktion von GOLDSTEIN und JERISON — Gl. (5.9a) — nicht in normaler, sondern in tangentialer Richtung differenziert wird. Dann geht man sofort von $\frac{\partial \Psi}{\partial s} = 0$ aus und erhält folglich eine Integralgleichung erster Art mit singulärem Kern, die schon von ISAY [*47*] gefunden und nach der Theorie von SCHMEIDLER gelöst wurde. Diese Lösung hat aber den Nachteil, daß ihre Existenz nur durch Erfüllung einer die Teilung einschränkenden Bedingung nachgewiesen werden kann. Damit auch hier die FREDHOLMschen Sätze angewandt werden können, gibt MARTENSEN eine Methode an, die Integralgleichung erster Art mit singulärem Kern in eine solche zweiter Art mit stetigem Kern zu überführen. Welche der beiden von ihm aufgestellten Integralgleichungen für die Rechnung geeigneter ist, kann nur von Fall zu Fall entschieden werden.

5.12 Die Kanaltheorien

Die bisher besprochenen Verfahren der Gitterberechnung lassen den Einfluß der Reibungsverluste und der Kompressibilität des Gases auf den Strömungsverlauf außer acht. Im Transschallgebiet, also etwa im Bereich der Anström-MACH-Zahl zwischen 0,6 und 1, sind aber beide Einflüsse von Bedeutung. Das gilt besonders für Verzögerungsgitter, wo Grenzschichtablösungen und örtlich auftretende Verdichtungsstöße die Quelle mit zunehmender MACH-Zahl steil ansteigender Verluste bilden und die Zunahme des Gitterstromes vorzeitig sperren können. Bei Beschleunigungsgittern, mit denen wir es hier zu tun haben, ist eine Vernachlässigung dieser Einflüsse eher vertretbar. Dennoch können auch im Fall der Turbine Profile vorliegen, die eine stärkere Empfindlichkeit gegen sie aufweisen.

Der Einfluß der Reibung auf den Profilwiderstand des Gitters wurde von SCHOLZ und SPEIDEL [*48*] in Verfolg der Hauptaufgabe II durch Heranziehung der Grenzschichttheorie geklärt und ist damit der Berechnung zugängig. SCHOLZ [*42*] sowie SCHLICHTING und FEINDT [*60*] versuchen auch, die Auswirkung der MACH-Zahl bei der Berechnung der Gitterströmung zu erfassen, und zwar durch Anwendung der PRANDTLschen Regel; dies muß aber für Turbinengitter ausscheiden, da die von PRANDTL vorgenommene Linearisierung der Potentialgleichung der Gasdynamik nur für schwach gewölbte, dünne Profile zulässig ist, deren Anströmrichtung nur wenig von der Sehnenrichtung abweicht.

Ein sehr brauchbares Verfahren der Gitterberechnung unter Einschluß des MACH-Zahleffektes hat nun STANITZ [*49, 50*] entwickelt, wobei er von der älteren Kanaltheorie ausgeht, die auch für größere Wölbungen und kleinere Teilungsverhältnisse, wie sie bei Gasturbinen vorkommen, genauere Ergebnisse als das Singularitätenverfahren liefert. Das reibungsbedingte Ablösungsverhalten der Strömung wird weitgehend berücksichtigt. Dabei löst STANITZ die I. Hauptaufgabe.

Bei dem Verfahren wird der Gitterkanal zwischen zwei benachbarten Staupunktstromlinien, dessen geometrische Maße noch unbekannt sind, derart in eine Φ, Ψ-Ebene transformiert, daß er auf einen beiderseitig unendlich langen Streifen zwischen den parallelen Geraden $\Psi = 0$ und $\Psi = \pi/2$ abgebildet ist. Φ und Ψ stellen die Potential- und Stromlinien der Ausgangsströmung dar (s. Bild 5.5), die also zu Koordinaten eines rechtwinkligen Systems gemacht werden. Für die Abbildung ist es erforderlich, die Staupunkte selber auszuschalten und den Kanal in der ersichtlichen Weise an Ein- und Austrittskante der Profile zu „glätten", wodurch sich sowohl auf der Druck-, als auch auf der Saugseite eines Profils je zwei ausgezeichnete Punkte D, E und C, F ergeben. Diese Punkte sind so festgelegt, daß die Potentialdifferenzen $(\Phi_C - \Phi_A)$ und $(\Phi_D - \Phi_B)$ einerseits sowie $(\Phi_F - \Phi_H)$ und $(\Phi_E - \Phi_G)$ andererseits auf beiden Profilseiten von einer stromaufwärts gelegenen Stelle mit der gegebenen Anströmgeschwindigkeit bis zur Nase bzw. von der Hinterkante bis zur gegebenen Abströmgeschwindigkeit gleich groß sind.

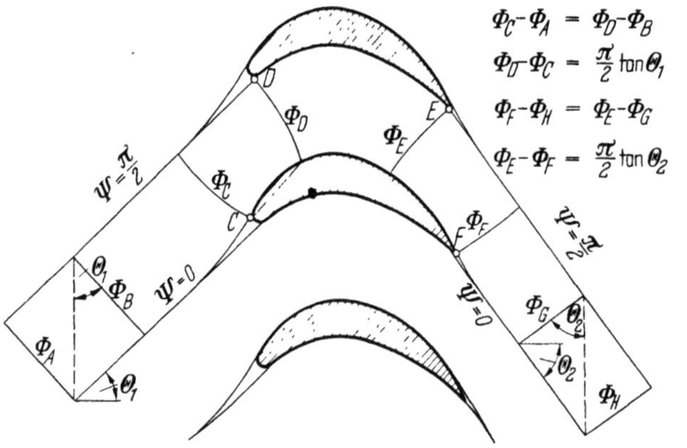

Bild 5.5 Kanal zwischen benachbarten Staupunktstromlinien $\Psi = 0$ und $\Psi = \pi/2$ mit Geschwindigkeitspotentiallinien

Bezeichnen wir mit STANITZ die Geschwindigkeit auf der Profilkontur mit Q, so gilt

$$Q = \frac{d\Phi(s)}{ds} = Q(s).$$

Es ist Q in gleicher Weise wie Φ eine Funktion der Bogenlänge s auf der Profilkontur. Durch Eliminierung von s erhält man die Darstellung

$$Q = Q(\Phi).$$

Diese Funktion wird zunächst für inkompressible Strömung auf der Ober- und Unterseite des Profiles so vorgesehen, daß die verlangte Umlenkung bzw. Geschwindigkeitsänderung

$(Q_2 - Q_1)$ erreicht wird und ein günstiges Verhalten des Schaufelgitters zu erwarten ist. Bild 5.6 zeigt dafür ein Beispiel. Hier bedeuten die Potentiale

Φ_C, Φ_{CC} Beginn und Ende der Beschleunigung auf der Saugseite,
Φ_D, Φ_{DD} „ „ „ „ Verzögerung „ „ Druckseite,
Φ_E, Φ_{EE} Ende und Beginn der Beschleunigung auf der Druckseite,
Φ_F, Φ_{FF} „ „ „ „ Verzögerung „ „ Saugseite.

Die maximale Geschwindigkeit auf der Saugseite und die minimale auf der Druckseite sowie die Verzögerungen am Ende der Saugseite und am Anfang der Druckseite werden so begrenzt, daß in der wirklichen Strömung keine Verdichtungsstöße auftreten und ein Abreißen der Grenzschicht unter Berücksichtigung der REYNOLDS-Zahl vermieden wird. Dabei ist die Verzögerung an der Profilnase nicht so kritisch wie die vor der Hinterkante, da die Grenzschicht an der Nase noch dünn ist. Die Begrenzung kann durch das Verhältnis der Bogenlängen ohne und mit Einschluß der Verzögerungsstrecke ausgedrückt werden, also im Falle der Saugseite durch

$$\lambda = \frac{s_{FF} - s_C}{s_F - s_C}.$$

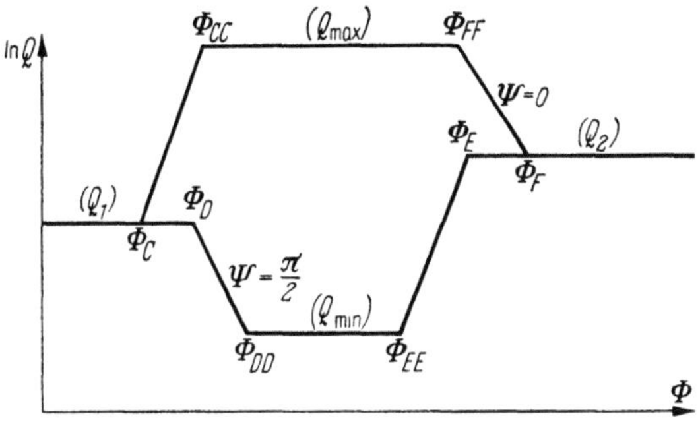

Bild 5.6 Beispiel eines vorgeschriebenen, stückweise linearen Verlaufes von $\ln Q = f(\Phi)$ (nach STANITZ [49])

Die hierfür maximal zulässigen Werte sind für gegebene Q und Re einer Untersuchung von GOLDSTEIN und MAGER [51] zu entnehmen. Unter Einhaltung dieser Zahlen wird das Teilungsverhältnis maximal bemessen, damit die Reibungsverluste gering bleiben. Dazu werden im Rahmen der obigen Einschränkungen die Differenz von Q_{max} auf der Saugseite und Q_{min} auf der Druckseite möglichst groß und die Bogenlängen, über welche diese Geschwindigkeiten konstant verlaufen, möglichst lang gehalten. Auf diese Weise werden auch gefährliche Verdichtungsstöße in Verzögerungsgittern vermieden.

Nach STANITZ kann das Q_{min} bei vorgegebenem Q_{max} aus der Formel

$$\Delta\Theta = \frac{1}{\pi}\left[(\Phi_C + \Phi_{CC}) \ln \frac{Q_{max}}{Q_1} + (\Phi_{FF} + \Phi_F) \ln \frac{Q_2}{Q_{max}} - (\Phi_D + \Phi_{DD}) \ln \frac{Q_{min}}{Q_1} - (\Phi_{EE} + \Phi_E) \ln \frac{Q_2}{Q_{min}}\right] \tag{5.9b}$$

bestimmt werden. Sind alle Φ-Werte festgesetzt, so läßt sich die Gleichung auch iterativ bezüglich der Umlenkung $\Delta\Theta = \Theta_1 + \Theta_2$ sowie der Geschwindigkeiten Q_{max} und Q_{min} anwenden. — Der Beginn der Verzögerung auf der Saugseite wurde durch das Verhältnis λ festgelegt. Die Lage des Endes der Verzögerung kann dann aus

$$\Phi_F = \Phi_{FF} + \frac{1-\lambda}{\lambda}\left[(\Phi_{CC} - \Phi_C)\frac{Q_{max} - Q_1}{Q_1 \ln \frac{Q_{max}}{Q_1}} + \Phi_{FF} - \Phi_{CC}\right]\frac{Q_2 \ln \frac{Q_2}{Q_{max}}}{Q_2 - Q_{max}} \tag{5.9c}$$

ermittelt werden.

Die so bestimmte Geschwindigkeitsverteilung bietet die Gewähr optimaler Gittereigenschaften. Sie liefert die Grundlage für die Berechnung der inkompressiblen Strömung, kann aber darüber hinaus auch für die kompressible Strömung verwendet werden. Besonders vorteilhaft hat STANITZ die Berechnung der kompressiblen Strömung mit linearisierter Isentrope gestaltet. In diesem Falle wird nach TSCHAPLYGIN die isentrope $p(v)$-Funktion durch die Tangente in einem Aufpunkt, also durch eine lineare Beziehung zwischen Druck und spezifischem Volumen, ersetzt. Untersuchungen haben gezeigt, daß die derart berechneten Profile sich kaum von den exakt für kompressible Strömung ermittelten unterscheiden; die Rechenzeit geht dabei aber auf rund 30 Prozent zurück.

Bei linearisierter Isentrope tritt in der kompressiblen Strömung an die Stelle der Geschwindigkeit Q der Geschwindigkeitsparameter

$$Q_k = \frac{q^*}{1 + \sqrt{1 + q^*}},$$

und das Potential hat die besondere Form

$$\Phi = \frac{\pi}{2\Delta\Psi^*} \int q^*\, ds,$$

wo q^* eine Funktion der MACH-Zahl und $\Delta\Psi^*$ die Differenz der Stromfunktionswerte an der Druck- und Saugseite des Kanales für die kompressible Strömung darstellen. Im übrigen bleiben die angegebenen Formeln ungeändert. An Hand von Gl. (5.9b) kann die Umlenkung der kompressiblen Strömung kontrolliert werden, wobei die $Q_{k\,\max}$- und $Q_{k\,\min}$-Werte gegenüber $Q_{\max}$ und $Q_{\min}$ neu festgelegt werden müssen. Mittels Gl. (5.9c) kann Φ_F neu bestimmt werden.

Liegt nunmehr die Geschwindigkeitsverteilung auf der Profilkontur fest, so lassen sich auch die Neigungen Θ der Kontur und daraus ihre Koordinaten x und y ermitteln. Wir bleiben bei der kompressiblen Strömung mit linearisierter Isentrope. Mit Hilfe einer LAPLACEschen Differentialgleichung für Θ findet man in der Φ, Ψ-Ebene für beliebige Aufpunkte

$$\Theta(\Phi, \Psi) = -\frac{1}{2\pi} \int\limits_{-\infty}^{\infty} \left[\left(G \frac{\partial \ln Q_k}{\partial \Phi} \right)_{\frac{\pi}{2}} - \left(G \frac{\partial \ln Q_k}{\partial \Phi} \right)_0 \right] d\Phi,$$

wo die Indizes 0 und $\pi/2$ beziehungsweise Saug- und Druckseite der Kontur bedeuten. G ist die GREENsche Funktion zweiter Art. Nach Vorliegen der Neigungswinkel Θ erhält man die Konturkoordinaten zu

$$x = \frac{2}{\pi} \Delta\Psi^* \int\limits_{\Psi^*} \frac{\cos\Theta}{q^*}\, d\Phi$$

und

$$y = \frac{2}{\pi} \Delta\Psi^* \int\limits_{\Psi^*} \frac{\sin\Theta}{q^*}\, d\Phi.$$

Neben vielen Vorzügen hat das Verfahren von STANITZ den Nachteil, daß die Profile von den „Inseln" zwischen benachbarten Kanälen gebildet werden (s. Bild 5.5) und daß man daher keine richtigen Staupunkte erhält. Die Inseln laufen an der Nase und Hinterkante sehr spitz zu und müssen durch Kurven, die tangential an die Begrenzungslinien der Inseln herangehen, abgerundet werden. Versuche von STANITZ haben gezeigt, daß die Einflüsse dieser Abrundungen auf die Umlenkung und den Druckverlust des Gitters vernachlässigbar klein sind — außer auf der Druckseite an der Nase. Hier muß man sorgfältig so abrunden, daß am Eintritt in das Gitter keine engste Stelle zwischen den benachbarten Schaufeln entsteht. In extremen Fällen schlechten Einlaufes in den Schaufelkanal hat man die Verzögerung auf der Druckseite in Nasennähe zu vermindern.

Bei dem Gitterberechnungsverfahren von STANITZ wird durch geeignete Vorgabe der Geschwindigkeitsverteilung unter maximaler Gitterbelastung das Auftreten von Verdichtungsstößen und Grenzschichtablösungen vermieden, so daß die verlangte Umlenkung mit geringsten Verlusten erfolgt. Die Lösung der I. Hauptaufgabe der Gittertheorie geschieht mathematisch nahezu exakt. ALBRING [52] hat ebenfalls ein Verfahren zur Lösung dieser Aufgabe mit Hilfe der Kanaltheorie entwickelt. Hierbei handelt es sich aber um ein Näherungsverfahren, das vor allem „einfacher und schneller" zum Ziele führen soll. In diesem Falle wird nicht die Geschwindigkeitsverteilung am Profil vorgegeben, sondern es wird zunächst rein geometrisch bei gegebener Teilung für eine verlustlose Strömung mit der geforderten Zu- und Abströmgeschwindigkeit ein Gitterkanal samt Potential- und Stromlinien konstruiert. Man baut dabei das Maschennetz zeichnerisch mit Hilfe von Kreisschablonen (inkompressible Strömung) oder Ellipsenschablonen (kompressible Strömung) — für gleiche $\Delta\Phi$- und $\Delta\Psi$-Werte — auf. Als Berandung des Netzes ergibt sich dann das Gitterprofil, für das die Druckverteilung berechnet wird. Zur Verbesserung der Verteilung kann die Gitterkonstruktion iterativ geändert werden. Auf diese Weise läßt sich insbesondere der Reibung Rechnung tragen.

Für die Strömung in den Leit- und Laufrädern einer Gasturbine bedeuten die durch die Scheibenabmessungen gegebenen großen Potential- und Stromfunktionsdifferenzen eine zu grobe Näherung. Die zuverlässige Bestimmung der kritischen Mach-Zahl ist nicht möglich, und zur Bestimmung der Winkelübertreibung an der vorderen und hinteren Profilkante fehlt jede Festlegung. Man hat bei dem erhaltenen Gitter mit großen Abweichungen von der Optimalform zu rechnen. Trotzdem ist das Verfahren pädagogisch wertvoll; denn es bietet einen guten Einblick in die Potentialströmung durch Schaufelgitter.

5.13 Die Verfahren der konformen Abbildung

Die Gitterberechnungsverfahren, welche nach der Methode der konformen Abbildung arbeiten, ähneln sich alle in den einzelnen Transformationen. Die Mehrzahl von ihnen bildet das Gitter in einer Reihe von aufeinanderfolgenden Schritten auf eine Figur ab, die annähernd einen Kreis darstellt. Die einzelnen Profile des Gitters fallen dabei — in verschiedenen Riemannschen Flächen liegend — aufeinander. Wenn das gelungen ist, wenden die Verfahren zuletzt die Transformation von Theodorsen [53] an, welche die kreisähnliche Figur in einen exakten Kreis überführt. Dabei geht das unendlich Ferne vor und hinter dem Gitter in zwei außerhalb des Kreises liegende singuläre Punkte über, von denen der dem ersteren entsprechende eine Wirbelquelle und der andere eine Wirbelsenke darstellt. Quell- und Senkenstärke sind entsprechend der Kontinuitätsbedingung für die dem Gitter zu- und entströmende Flüssigkeit gleich groß. Die Wirbelstärke kann sich in beiden Punkten entsprechend den Werten des Linienintegrals der gitterparallelen Geschwindigkeitskomponente unendlich weit vor und hinter dem Gitter nach Größe und Richtung unterscheiden. Die komplexen Potentiale der beiden Singularitäten liefern zusammen mit denjenigen ihrer im Innern des Kreises liegenden Spiegelbilder, die den Kreis zur festen Wand machen, das Stromliniensystem der Bildebene. Beispielsweise findet man im einfachen Fall symmetrischer Lage der Singularitäten zum Kreis das in Bild 5.7 wiedergegebene System. Hieraus kann über die bekannte Abbildungsfunktion nunmehr auf die Strömung in der Gitterebene zurückgeschlossen werden. — Zu den Verfahren, die den hier geschilderten Weg gehen, gehören die von Howell [54] und Murai [55].

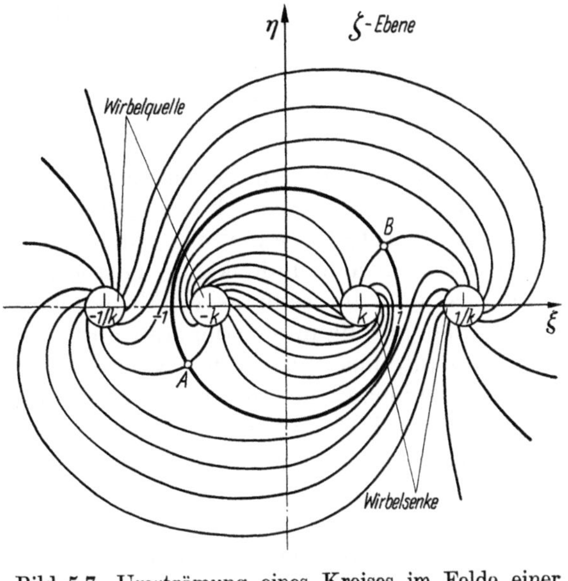

Bild 5.7 Umströmung eines Kreises im Felde einer Wirbelquelle und einer Wirbelsenke als Bild der Gitterströmung

Das HOWELL-Verfahren kann nur bei Vorliegen geringer Profilwölbung und -dicke und großen Teilungsverhältnisses des Gitters angewendet werden, ist also für Turbinengitter ungeeignet. Es benutzt als ersten Schritt zur konformen Abbildung der Gitterströmung auf den Kreis die Abbildungsfunktion

$$\zeta_1 = \tanh z, \tag{5.9d}$$

wobei das Gitter derart in der z-Ebene liegt, daß die Richtung der Gitterfront mit derjenigen der y-Achse und die Mitte eines Profiles mit dem Koordinatenursprung zusammenfällt sowie die Teilung gleich der Periode $i\pi$ des $\tanh z$ ist (s. Bild 5.8). Durch die Abbildungsfunktion wird ein Streifen der Breite $i\pi$ auf die ganze ζ_1-Ebene übertragen. Das im Streifen enthaltene Gitterprofil geht dabei in ein S-förmiges Profil über. Dieses wird durch zwei weitere Transformationen mittels der Abbildung nach SHUKOWSKI zunächst in eine ellipsenähnliche und dann in eine kreisähnliche Figur umgewandelt. Die THEODORSEN-Transformation bringt sie auf eine exakte Kreisform.

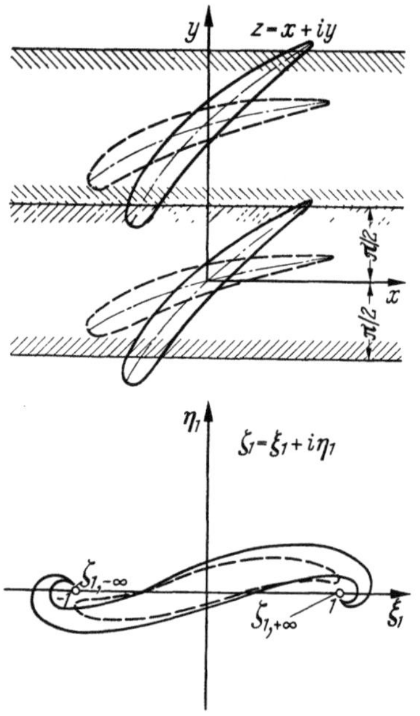

Bild 5.8 Abbildung $\zeta_1 = \tanh z$ für Verzögerungsgitter kleiner Teilung

Voraussetzung der Anwendbarkeit des Verfahrens ist, daß das einzelne Gitterprofil ganz im Abbildungsstreifen liegt (s. gestrichelte Kontur in Bild 5.8), und zwar sollten die Profilenden möglichst weit von den Streifenbegrenzungen entfernt sein. Andernfalls ergeben sich Schwierigkeiten, die bereits beim ersten Transformationsschritt sichtbar werden. Die Enden des S-förmigen Profiles der ζ_1-Ebene beginnen dann, sich in Richtung der Punkte $\zeta_{1,-\infty}$ und $\zeta_{1,+\infty}$ umzubiegen, welche die Bildpunkte des negativ und positiv Unendlichen der z-Ebene in Richtung der x-Achse darstellen. In diesem Fall würden die Abweichungen der ellipsenähnlichen Figur von der Ellipse und der kreisähnlichen Figur vom Kreis so groß werden, daß die Durchführung des HOWELLschen Verfahrens auf praktische Schwierigkeiten stößt.

Ganz ausgeschlossen von der Anwendung des Verfahrens sind damit die Fälle, in denen die Profilkanten über die Streifenbegrenzungen hinausragen (ausgezogene Kontur in Bild 5.8). Hier reichen die Enden des S-förmigen Profiles bereits über den von $\zeta_{1,-\infty}$ und $\zeta_{1,+\infty}$ längs der Abszisse nach beiden Seiten ins Unendliche geführten Schnitt der ζ_1-Ebene bis auf die nächste RIEMANNsche Fläche. Die Voraussetzungen der Methode sind praktisch nur durch schwach umlenkende Gitter erfüllt, die bei einem Staffelungswinkel λ von höchstens $\pm 30°$ im Teilungsverhältnis über 0,7 liegen. Stark umlenkende Gitter scheiden vollkommen aus, da infolge der starken Wölbung und des kleinen Teilungsverhältnisses die Austrittskante fast stets in den Nachbarstreifen hineinragt.

Für Turbinengitter mit großen Wölbungs- und Dickenverhältnissen bis zu verhältnismäßig kleinen Teilungsverhältnissen herab verwendbar ist das Abbildungsverfahren von MURAI. Es ist außerdem im Gegensatz zu allen anderen Verfahren, welche die konforme Abbildung benutzen, — von zeichnerischen Kontrollen der Rechnung abgesehen — rein analytisch durchführbar.

MURAI geht von der WEINIGschen Abbildung eines einfachen Plattengitters auf den Kreis [*56*] aus. Dabei faßt er die Platten als Sehnen eines Turbinenschaufelgitters auf, so daß die Profile selber auf eine ellipsenähnliche Kontur abgebildet werden. Läßt man die Abszisse des x,y-Systems mit einer Sehne des Gitters zusammenfallen, wobei der Koordinatenursprung in Sehnenmitte liegt, so lautet die Transformation

$$z = \frac{t/l}{2\pi}\left\{e^{-i\lambda}\ln\frac{\zeta_1 - \zeta_{1,-\infty}}{-\zeta_1 + \zeta_{1,+\infty}} + e^{i\lambda}\ln\frac{\zeta_1 - 1/\overline{\zeta}_{1,-\infty}}{\zeta_1 - 1/\overline{\zeta}_{1,+\infty}}\right\}.$$

Wie Bild 5.9 zeigt, ist hier z die physikalische Gitterebene und ζ_1 die Bildebene. $\lambda < 0$ bedeutet wieder den Staffelwinkel des Gitters; $\zeta_{1,-\infty}$ und $\zeta_{1,+\infty}$ stellen auch in diesem Fall die Bildpunkte von $x = -\infty$ bzw. $x = +\infty$ dar. Die überstrichenen Buchstaben sind die konjugiert komplexen Werte der Bildpunkte. In der Darstellung der z-Ebene ist die Sehnenlänge gleich 1 gesetzt, da sich auf diese Weise die Behandlung der Abbildungsfunktion erleichtert.

Eine Analyse der WEINIGschen Transformation zeigt, daß sie sich für $\zeta_{1,-\infty} = -a$ (reell), $\zeta_{1,+\infty} = +a$ und $\lambda = 0$, also in der Form

$$z = \frac{t/l}{2\pi} \ln \frac{a + \zeta_1}{a - \zeta_1} \frac{a\zeta_1 + 1}{a\zeta_1 - 1},$$

in zwei aufeinanderfolgende Abbildungen zerlegen läßt, die prinzipiell mit den ersten beiden Transformationen von HOWELL identisch sind. Der letzten Gleichung kann man nämlich leicht die Gestalt

$$\tanh\left(\frac{\pi l}{t} z\right) = \frac{a}{a^2 + 1}\left(\zeta_1 + \frac{1}{\zeta_1}\right)$$

geben, und hier steht links der Ausdruck (5.9d) — lediglich der Maßstab der physikalischen Ebene ist anders normiert —, während wir rechts die SHUKOWSKI-Transformation vorfinden.

Die WEINIGsche Transformation ist somit ebenfalls streifenweise periodisch, allerdings wegen der geänderten Normierung des Maßstabes der physikalischen Ebene mit der Periode $i\,t/l$ bzw. im allgemeineren Fall $\lambda \neq 0$ mit $i\,t/l \cos\lambda$. Man könnte daher die gleichen Schwierigkeiten erwarten wie bei dem HOWELL-Verfahren. Diese treten aber nicht auf, da bei MURAI Profilsehne und x-Achse aufeinanderfallen und somit die Profilkanten immer im Innern des Streifens liegen. Lediglich der Profilrücken kann dicht an die obere Streifenbegrenzung heranfallen oder sogar über diese hinausragen, wie in Bild 5.9 zu sehen ist. Die dadurch entstehende Schwierigkeit wird im Prinzip durch eine Parallelverschiebung des Koordinatensystems beseitigt, die das Profil mehr in die Mitte des Streifens bringt:

$$z = \frac{t/l}{2\pi}\left\{e^{-i\lambda} \ln \frac{\zeta_1 - \zeta_{1,-\infty}}{-\zeta_1 + \zeta_{1,+\infty}} + e^{i\lambda} \ln \frac{\zeta_1 - 1/\bar{\zeta}_{1,-\infty}}{\zeta_1 - 1/\bar{\zeta}_{1,+\infty}}\right\} + z_E.$$

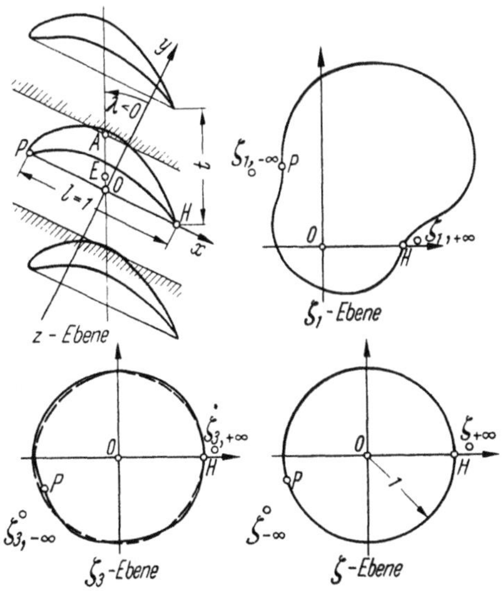

Bild 5.9 Konforme Abbildung eines Gitters (nach MURAI [55])

Dabei wird gleichzeitig im Punkt $\left(-\frac{t}{2l}\sin\lambda;\ i\frac{t}{2l}\cos\lambda\right)$ — in Bild 5.9 mit A bezeichnet —; der nach WEINIG ins Unendliche der ζ_1-Ebene fällt, die Abbildungsfunktion nunmehr regulär. Anders ausgedrückt: Durch passende Wahl des Punktes z_E werden Unendlichkeitsstellen der Abbildungsfunktion von der Profilkontur ausgeschlossen. Die Anpassung der Transformation an das Gitter ist noch dadurch erleichtert, daß in den Werten $\zeta_{1,-\infty}$ und $\zeta_{1,+\infty}$ zwei weitere freie Parameter vorliegen. $\zeta_{1,-\infty}$, $\zeta_{1,+\infty}$ und z_E ergeben sich gleichzeitig aus den von MURAI aufgestellten Bedingungsgleichungen.

Zur Abbildung der ellipsenähnlichen auf die kreisähnliche Figur (Übergang von der ζ_1-Ebene zur ζ_3-Ebene in Bild 5.9) wendet MURAI im Unterschied von HOWELL nicht die SHUKOWSKI-Transformation an, die den Profilhinterkantenwinkel Null erfordert, sondern die KÁRMÁN-TREFFTZ-Abbildung mit endlichem Hinterkantenwinkel. Diese Maßnahme verbessert sicher das Verfahren dahingehend, daß die Abbildung eines dicken Gitterprofiles auf den Kreis erleichtert wird. Im letzten Schritt (Übergang von ζ_3 zu ζ in Bild 5.9) wird dann in üblicher Weise wieder die THEODORSEN-Transformation benutzt.

Die Darlegungen zeigen, daß die umfassendere Anwendungsmöglichkeit des MURAI-Verfahrens gegenüber dem HOWELL-Verfahren auf der zweckmäßiger gewählten Lage der Profilsehne im Koordinatensystem beruht. Man erkennt aber auch, daß das zulässige Teilungsverhältnis nach unten immer noch begrenzt ist. In der Projektion auf die y-Achse müssen die Saugseiten der Profile noch einen gewissen Mindestabstand von den benachbarten Profilkanten haben. Hier setzt eine Verbesserung von ŌBA *[97]* ein, der der WEINIGschen Transformation noch zwei weitere vorschaltet. Es handelt sich um die HOWELL-Transformation Gl. (5.9d) mit darauffolgender Drehstreckung und Parallelverschiebung, die so gewählt werden, daß in der anschließenden inversen Transformation ein neues Ausgangsgitter mit sehr kleiner Wölbung und vergrößerter Teilung entsteht. Dadurch wird die Genauigkeit der Abbildung der Profilkontur auf den Kreis nach MURAI noch gesteigert und der Anwendungsbereich des Verfahrens erweitert.

Die vorstehend geschilderten Abbildungsverfahren stimmen darin überein, daß sie ganz bestimmte Transformationen in ebenfalls bestimmter Reihenfolge anwenden. Ihre Leistungsfähigkeit hängt dabei von der Art dieser Transformationen ab. Ihre Möglichkeit beruht auf der Tatsache, daß grundsätzlich jede beliebige Profilgitterströmung auf eine Strömung um den Einheitskreis abgebildet werden kann. Zunächst läßt sich das Gitter der z-Ebene durch eine periodische Funktion überhaupt auf eine einzelne Kontur der ζ_1-Ebene derart konform abbilden, daß die Bildströmung in das Äußere dieser Kontur fällt. Dann folgt weiter aus dem RIEMANNschen Abbildungssatz, daß das Äußere der Einzelkontur stets durch eine analytische Funktion noch auf das Äußere des Einheitskreises der ζ-Ebene abgebildet werden kann. Durch die Vorgabe der zu verwendenden Transformationen in den obigen Verfahren ist natürlich die Geometrie der Gitter, die hiermit behandelt werden können, gewissen Einschränkungen unterworfen. Ganz frei von Begrenzungen wird man, wenn man die erforderliche Abbildungsfunktion direkt aus der Gittergeometrie bestimmen kann. Das gelingt mit Hilfe eines von TRAUPEL *[57]* stammenden Kunstgriffes unter Heranziehung experimenteller Methoden.

Man geht von der Erkenntnis aus, daß in den einander zugeordneten Punkten der z- und ζ-Ebene auch die Netze der Potential- und Stromlinien beider Ebenen eindeutig und umkehrbar aufeinander bezogen sind. Das komplexe Potential $(\Phi + i\Psi)$ der ζ-Ebene ist für alle Anströmungsfälle des Gitters in allgemeiner Form bekannt, da es über die beiden Singularitäten in $\zeta_{1,-\infty}$ und $\zeta_{1,+\infty}$ und ihre Spiegelbilder am Kreis nur von den Zu- und Abströmbedingungen im Unendlichen der z-Ebene abhängt. Kennt man also auch nur für eine einzige spezielle Anströmung des Gitters die Verteilung des komplexen Potentials in der z-Ebene, so kann man die Zuordnung der Punkte der z- und ζ-Ebene, d. h. die konforme Abbildung, nach den Punkten gleichen komplexen Potentials ermitteln. Diese Zuordnung bleibt in allen anderen Anströmungsfällen bestehen und gibt die Möglichkeit, hierfür nunmehr das komplexe Potential der z-Ebene aus demjenigen der ζ-Ebene zu bestimmen. Begnügt man sich — wie bei den meisten anderen Methoden — mit der Ermittlung der Strömungsgeschwindigkeiten auf der Profilkontur, wo die Stromfunktion Ψ gleich Null gesetzt wird, so erfolgt die Zuordnung direkt über das reelle Potential Φ. Als spezielle Ausgangsverteilung des Potentials in der z-Ebene wählt man zweckmäßigerweise diejenige bei Anströmung des Profilgitters senkrecht zur Gitterfront mit der Zirkulation Null. Sie tritt zwar in der Praxis nicht auf, kann aber auf Grund der elektrischen Analogie leicht im elektrolytischen Trog verwirklicht und ausgemessen werden. Diesen Weg ging u. a. HACKESCHMIDT *[58]*.

Bei HACKESCHMIDT liegen die Wirbelquellen und -senken — wie in Bild 5.7 — auf der reellen Achse symmetrisch zum Kreis. Ihre Anordnung ist grundsätzlich willkürlich, was verschiedenen Möglichkeiten der Zuordnung der Punkte z und ζ entspricht. Im vorliegenden

Fall wird ihre Lage durch den Abszissenwert k fixiert, einen Parameter, der allein durch die Gittergeometrie gegeben ist. Man findet ihn aus dem komplexen Potential der zirkulationslosen Strömung in der Bildebene ζ, indem man dieses für die dann auf der ξ-Achse liegenden Bilder A und B (s. Bild 5.7) des vorderen und hinteren Gitterstaupunktes auf dem Einheitskreis schreibt. Die entstehenden Gleichungen lassen sich nach k auflösen, das dadurch als Funktion der gemessenen Potentialdifferenz vom Eintritt zum Austritt des Gitters dargestellt wird. Die Abhängigkeit der Potentialverteilung auf dem Einheitskreis vom Zentriwinkel des Kreises ist gleichzeitig die Abbildungsfunktion, durch welche die Gitterprofilpunkte bestimmten Potentials auf die Kreispunkte bestimmten Zentriwinkels bezogen werden.

Hackeschmidt ist es auch gelungen, den Ausdruck für die bei Vorhandensein einer Zirkulation entstehende Geschwindigkeit auf dem Profil in zwei Faktoren zu zerlegen, von denen der erste die Geschwindigkeit der zirkulationsfreien Strömung bei Anströmung senkrecht zur Gitterfront darstellt, während der zweite in expliziter Form für jeden Profilpunkt den Einfluß der Zirkulation und des normalerweise von 90° (senkrechte Zuströmung) abweichenden Anströmwinkels enthält. Auf diese Weise laßt sich aus der im elektrolytischen Trog gemessenen speziellen Geschwindigkeitsverteilung sofort jede andere wirkliche Verteilung berechnen. Vorausgesetzt, daß die Messungen mit ausreichender Genauigkeit durchgeführt werden, scheint das Verfahren für praktische Zwecke wegen seiner großen Freiheit in der Gittergeometrie und wegen des relativ geringen Aufwandes vorteilhaft zu sein. Allerdings versagt es wie alle Methoden der konformen Abbildung dort, wo der Einfluß der Kompressibilität nicht mehr vernachlässigt werden kann. Das ist natürlich bei Turbinengittern recht häufig der Fall.

Zusammenfassend können wir feststellen, daß sich zwar für den Entwurf und die Nachrechnung des Gitterprofils eine sehr große Anzahl von Verfahren anbietet. Davon ist aber nur ein Teil für die großen Dicken- und Wölbungsverhältnisse des Turbinenprofils verwendbar. Von diesen scheidet wieder eine Anzahl aus, wenn Reibung und Kompressibilität der Strömung berücksichtigt werden müssen. Somit bleibt aus unserer Übersicht praktisch — und zwar nur für die I. Hauptaufgabe — das Verfahren von Stanitz übrig. Dies erfordert jedoch einen Arbeitsaufwand, der für industrielle Zwecke reichlich hoch ist. Es ist außerdem auf die ebene Strömung beschränkt. Berücksichtigt man schließlich die schon dargelegten konstruktiven Anforderungen an die Gesamtheit der Profile einer Turbinenschaufel, so erscheint es berechtigt, ingenieurmäßige Profilierungsmethoden zu entwickeln, die die allgemeinen Optimalbedingungen der Gitterströmung berücksichtigen, ohne jedoch mathematisch strenge Lösungen des Problems darzustellen. Auch die II. Hauptaufgabe, für die die Gittertheorie bisher überhaupt nur im reibungsfreien inkompressiblen Fall wirklich befriedigende Lösungen bereitstellt, benötigt für die Praxis eine einfache Behandlung, die etwa auf Kontinuitäts- und Impulsbeziehungen aufbaut. Zur Vorbereitung dieser praktischen Verfahren treffen wir nunmehr einige allgemeine Feststellungen über die Strömung im Schaufelgitter.

5.2 Allgemeines über Profile im Gitterverband

Die nachfolgenden Betrachtungen sind auf zwei Charakteristika des Schaufelgitters ausgerichtet: auf seine Umlenkungseigenschaften und auf die auftretenden Verluste. Durch erstere ist der Zusammenhang mit dem Geschwindigkeitsdreieck, durch letztere der zu erwartende Turbinenwirkungsgrad gegeben. Beide sind natürlich maßgebend durch die Profilform bestimmt und werden häufig in Abhängigkeit von dieser studiert, wobei das Profil zum Aufbau von Gittern verschiedener Teilungsverhältnisse und Staffelungswinkel benutzt und die vom Wirkungsgrad her gesehene Optimalanordnung bestimmt wird. Es läßt sich auf diese Weise die Güte verschiedener Profile quantitativ miteinander vergleichen. Natürlich werden die Bestwerte jeweils erreicht, wenn der von zwei benachbarten

Profilen gebildete Kanal seine günstigste Form hat. Er ändert ja das Maß seiner Verengung in Strömungsrichtung und die Zuordnung von Saugseitenkrümmung zu Kanalquerschnitt mit dem Teilungsverhältnis und dem Staffelungswinkel. Leider ist dem Profil seine Optimalanordnung im Gitter aber nicht ohne weiteres anzusehen. Sie kann bei gleicher geometrischer Umlenkung, d. h. gleicher Winkeldifferenz von Ein- und Austrittstangente der Skelettlinie, je nach Wölbungsrücklage und Dickenverteilung sehr verschieden sein und liefert dann auch unterschiedliche Strömungsumlenkungen. Mit Rücksicht auf die Belange des Turbinenentwurfs ist daher eine solche Betrachtungsweise unzweckmäßig, und wir ziehen es vor, das Profil von vornherein bei gegebenem Teilungsverhältnis und Staffelungswinkel im Zusammenhang mit den benachbarten Profilen — also im Gitterverband — zu untersuchen und dabei den Einfluß der Profilform auf die zwischen den Schaufeln vorhandenen Kanäle zu beobachten. Diese Methode gestattet, *das Profil direkt vom Strömungskanal her aufzubauen*, also die Lösung der Hauptaufgabe I in anschaulicher Weise durchzuführen. Sie erleichtert auch die Lösung der Hauptaufgabe II in der für die Bestimmung des Teillastverhaltens der Turbine wichtigen Variante der Ermittlung des Eintrittsstoßverlustes eines Gitters.

Unsere Betrachtungen haben sich auf Profilformen zu erstrecken, die den gesamten Bereich von Überdruck bis Gleichdruck erfassen. Moderne Gasturbinen werden zwar normalerweise als Reaktionsturbinen ausgelegt, wobei sich die Schaufelkanäle zwischen den Profilen in Strömungsrichtung verengen. Die Mehrschnittrechnung zeigte aber, daß wir selbst in diesem Fall im Bereich der Laufschaufelfüße sehr geringe Beschleunigungen des Gases erhalten können, die auf Profilgitter von annähernd Gleichdruckcharakter führen.

5.21 Winkelübertreibung

Wir verstehen unter Winkelübertreibung die bei endlicher Schaufelzahl (Teilungsverhältnis größer als Null) notwendige Übertreibung der Skelettlinienwinkel an Vorder- und Hinterkante der Schaufel gegenüber der Strömungsrichtung weit vor und hinter dem Gitter, um aerodynamisch stoßfreie Anströmung[1] des Profiles und die gewünschte Abströmrichtung im Unendlichen zu erhalten. Man hat also eine Eintritts- und eine Austrittswinkelübertreibung zu unterscheiden, die für die Wirkung des Gitters von grundsätzlich verschiedener Bedeutung sind. Entstehung und Auswirkung dieser beiden Größen sind an Hand der Bilder 5.10 und 5.11 zu verstehen.

Die erstere Darstellung zeigt ein ruhendes Gitter aus unendlich vielen Profilen von verschwindender Dicke (Teilungsverhältnis Null), das unter dem Winkel $\mathring{\alpha}_0 = \alpha_{0\,\mathrm{geom}}$ stoßfrei mit der Geschwindigkeit c_0 angeströmt wird. Hier setzen sich die Stromlinien von der Eintrittsebene des Gitters nach vorn geradlinig fort, d. h. die Geschwindigkeit ist im gesamten Zuströmbereich konstant und die Eintrittswinkelübertreibung gleich Null. Da die Strömung vollkommen geführt wird und schaufelkongruent durch das Gitter verläuft, wird sie auch ohne Austrittswinkelübertreibung unter dem Winkel $\alpha_1 = \alpha_{1\,\mathrm{geom}}$ das Gitter verlassen. Die Geschwindigkeit c_1 ist von der Austrittsebene des Gitters nach hinten in Größe und Richtung ebenfalls unveränderlich. Eine derartige Strömungsumlenkung ohne Winkelübertreibung werden wir sowohl bei reibungsfreier als auch bei reibungsbehafteter Strömung feststellen.

Anders liegen die Dinge bei der im folgenden Bild dargestellten aerodynamisch stoßfreien Strömung einer nunmehr als reibungsfrei vorausgesetzten Flüssigkeit durch ein Gitter aus ebenfalls verschwindend dicken Profilen, aber mit endlicher Schaufelzahl

[1] Bei aerodynamisch stoßfreier Anströmung ($i = \mathring{i}$) geht die an sich gekrümmte Staupunktstromlinie glatt, d. h. ohne Knick, in die Skelettlinie des Profils über (s. Bild 5.11). Im Gegensatz dazu stimmt bei der geometrisch stoßfreien Anströmung ($i = 0$) die Richtung der Geschwindigkeit weit vor dem Gitter mit der Anfangsrichtung der Skelettlinie überein. Beide Möglichkeiten treffen zusammen im Fall des unendlich dichten Gitters ($\mathring{i} = 0$; s. Bild 5.10).

(Teilungsverhältnis von Null verschieden). Die Stromlinien im Innern des von zwei benachbarten Profilen gebildeten Kanales verlaufen nun nicht mehr schaufelkongruent. Infolge des Druckgradienten quer zur Strömungsrichtung von der Druckseite des einen zur Saugseite des anderen Profils werden sie nach der Saugseite hin abgedrängt und dadurch entkrümmt. Die Strömung erfährt insgesamt eine kleinere Umlenkung, als es der Schaufel-

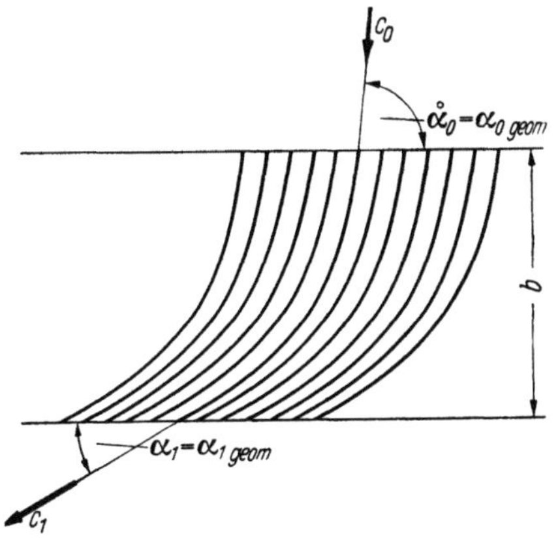

Bild 5.10 Stoßfreie Gitterströmung bei verschwindender Profildicke und unendlicher Schaufelzahl

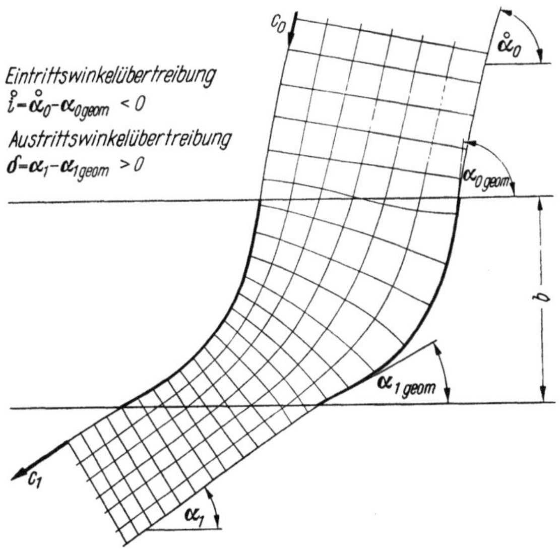

Bild 5.11 Aerodynamisch stoßfreie Potentialströmung bei verschwindender Profildicke und endlicher Schaufelzahl

krümmung entspricht. Sowohl an der Eintritts- als auch an der Austrittskante des Profils haben wir also eine Winkelübertreibung $\mathring{\imath}$ bzw. δ, d. h. einen Richtungsunterschied zwischen den Profiltangenten und den ungestörten Zu- und Abflußgeschwindigkeiten. Zahlenmäßig ergibt sich hierfür an der Eintrittsseite ein negativer, an der Austrittsseite ein positiver Wert. Das Druckfeld im Schaufelkanal und damit die Größe der Winkelübertreibung ist natürlich von den Gitterparametern — insbesondere von dem Umlenkwinkel, dem Krümmungsverlauf des Profils und dem Teilungsverhältnis — abhängig.

In Bild 5.11 war eine reibungsfreie Strömung vorausgesetzt, um die Winkelübertreibung auf ihre wesentlichen Ursachen zurückführen zu können. Natürlich wird die Größe dieser Erscheinung aber durch eine vorhandene Zähigkeit des strömenden Mediums wesentlich beeinflußt. Desgleichen wirkt sich die in der Praxis immer vorhandene endliche Profildicke noch merkbar aus. Die an einem Stromlinienbild der wiedergegebenen Art festgestellten Winkelübertreibungen sind daher nicht ohne weiteres auf ein wirkliches Gitter zu übertragen. Im allgemeinen wird man zur Erlangung brauchbarer Unterlagen für den Schaufelentwurf auf Versuchsergebnisse zurückgreifen müssen. Für Profile schwacher Wölbung, Teilungsverhältnis über 1 und Staffelwinkel über 45° ist eine Berücksichtigung der endlichen Profildicke nach Ruden [*59*] möglich. Wenn der Dickeneinfluß in diesem Bereich wegen der Kleinheit des Effektes auch geringere Bedeutung hat, so geben die angestellten Überlegungen doch einen Einblick in den Mechanismus des Vorganges.

Ruden berechnete die Störungsgeschwindigkeiten v_a und v_u in axialer und in Umfangsrichtung, die am Orte der Profilsehne eines aus dem Gitter entfernt gedachten Profiles durch die endliche Dicke der übrigen Profile hervorgerufen werden und sich der bei verschwindender Dicke dort vorhandenen Geschwindigkeit c überlagern (vgl. Bild 5.12). Dazu dachte er sich die Profilmittellinien — also Linien, wie sie in Bild 5.11 gezeichnet sind — durch Quellverteilungen aufgeblasen. Zur rechnerischen Vereinfachung war die Quellbelegung längs der geraden Profilsehnen angenommen. Das Potential dieser Belegung liefert nun die Störungsgeschwindigkeiten

$$v_a = c_d \sin \alpha_S \frac{\pi}{6} \frac{F_P}{t^2}$$

und

$$v_u = c_d \cos \alpha_S \frac{\pi}{6} \frac{F_P}{t^2},$$

wo c_d die am Ort des fortgelassenen Profils unter dem Einfluß der Profildicke vorhandene Geschwindigkeit, α_S den Staffelungswinkel, F_P den Flächeninhalt des Profiles und t die Teilung bedeutet. Die Resultierende v der Störungsgeschwindigkeiten hat wegen

$$\frac{v_a}{v_u} = \tan \alpha_S$$

die Richtung der an der Gitterfront gespiegelten Profilsehne. Diese Beziehungen gestatten die Berechnung des Winkels Δ zwischen c und c_d, um den also die Strömung im Gitter durch den Dickeneinfluß gedreht wird, während die Geschwindigkeiten weit vor und weit hinter dem Gitter ungeändert bleiben.

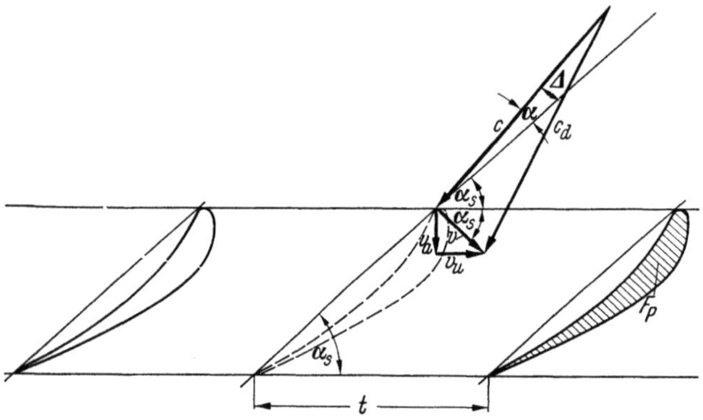

Bild 5.12 Störungsgeschwindigkeiten im Schaufelgitter als Folge der endlichen Profildicke

Zunächst ist auf Grund des Sinussatzes

$$\sin \Delta = \frac{v}{c_d} \sin (2\alpha_S + \alpha)$$

mit α als Anstellwinkel der Profilsehne gegen die unkorrigierte Geschwindigkeit c, wie sie bei unendlich dünnen Schaufeln vorliegt. Schreibt man hier

$$v = \frac{v_a}{\sin \alpha_S} = c_d \frac{\pi}{6} \frac{F_P}{t^2},$$

so ergibt sich

$$\sin \Delta = \frac{\pi}{6} \frac{F_P}{t^2} \sin (2\alpha_S + \alpha).$$

Da wegen der Kleinheit von Δ an Stelle des Sinus näherungsweise auch der Bogen gesetzt werden kann, läßt sich feststellen, daß die Winkeländerung der Strömung direkt der Profilfläche proportional ist, wobei die Dicken*verteilung* längs der Profilsehne eine untergeordnete, im Rahmen der Näherungsannahmen verlorengegangene Bedeutung hat. Die Winkeländerung wirkt sich als Anstellwinkelvergrößerung (im Falle des Verdichtergitters dagegen als Anstellwinkelverkleinerung) aus und hat somit bei beschleunigter Strömung eine gleich große Zunahme der absoluten Eintrittswinkelübertreibung und Abnahme der Austrittswinkelüberteibung zur Folge. Soll ein bei verschwindender Dicke des Profiles vorhandener stoßfreier Betrieb des Gitters wieder hergestellt werden, so ist der Eintrittswinkel der Schaufel um den Winkel Δ zu vergrößern. Wird die alte Abströmrichtung verlangt, so hat man den Austrittswinkel der Schaufel in gleicher Weise um Δ zu erhöhen. Die Berücksichtigung der endlichen Profildicke erfordert also gegenüber dem unendlich dünnen Profil ein Aufdrehen der ganzen Schaufel bei gleichbleibender Profilkrümmung.

Wenn man die zuletzt gefundene Gleichung unter Verwendung der Näherungen $\sin \Delta \approx \Delta$, $F_P \approx 0{,}7dl$ und $2\alpha_S + \alpha \approx 2\alpha_S$ in der Form

$$\frac{\Delta}{d/l} \approx \frac{0{,}37}{(t/l)^2} \sin 2\alpha_S \tag{5.10}$$

schreibt, ist ein Vergleich dieser Abschätzung mit genaueren Rechnungsergebnissen und Messungen von Wolf [*111*] leicht möglich. Er wird in Bild 5.13 durchgeführt.

Das Diagramm zeigt eine Auftragung der Mehr- bzw. Minderablenkung $\frac{\delta_d}{d/l}$ infolge Dickeneinfluß über dem Staffelungswinkel α_S für verschiedene Teilungsverhältnisse t/l. Wir sprechen von Mehr- oder Minderablenkung, da die durch die Dicke hervorgerufene Änderung δ_d der Austrittswinkelübertreibung δ immer eine Ablenkung zur Gitterfront hin bedeutet und sich somit die Umlenkung beim Beschleunigungsgitter vergrößert und beim Verzögerungsgitter verkleinert. Die ausgezogenen Linien stellen Rechenergebnisse für ungewölbte Profile, nämlich NACA 0010 mit 30% Dickenrücklage und ein nicht normiertes Profil mit 40% Dickenrücklage, in reibungsloser Strömung dar, die mit Hilfe des Schlichting-Verfahrens [*43*] gewonnen wurden. Das benutzte Verfahren dürfte hier recht genaue Werte liefern. Die Ergebnisse fallen für beide Profile genau zusammen, woraus zu erkennen ist, daß die Profilform bei nicht zu starken Abweichungen der Dickenrücklagen praktisch keinen Einfluß hat. Strichpunktiert wurden noch zwei Kurven für t/l gleich 0,5 und 0,8 eingetragen, welche die Ergebnisse von Messungen an dem 40%-Profil wiedergeben. Wie insbesondere der direkt mögliche Vergleich beim Teilungsverhältnis 0,5 zeigt, liegen die Ergebnisse der Windkanaluntersuchungen etwas höher. Das ist durchaus zu verstehen, da durch die Grenzschichten und die endliche Hinterkantendicke (vgl. Abschn. 5.212.1) eine zusätzliche Winkeländerung hervorgerufen wird. Schließlich stellen die gestrichelten Kurven den Wert $\frac{\Delta}{d/l}$ nach Gl. (5.10) dar.

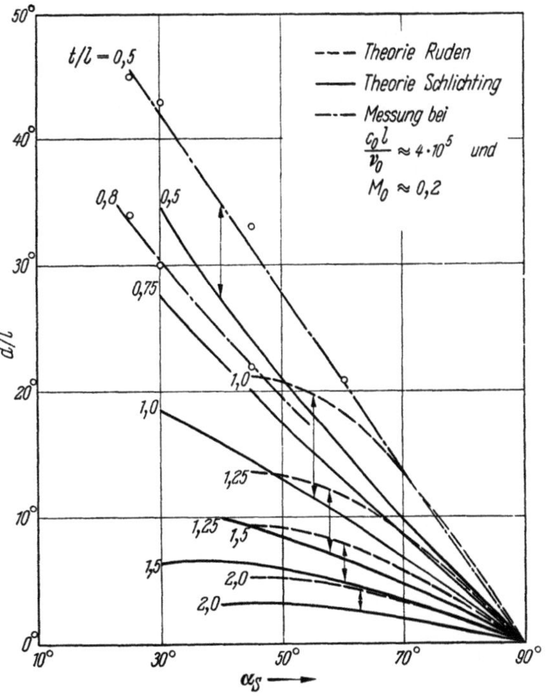

Bild 5.13 Mehr- bzw. Minderablenkung (und Änderung der Eintrittswinkelübertreibung) durch Dickeneinfluß

Bei Betrachtung des Bildes wird deutlich, daß die Übereinstimmung zwischen der recht rohen Abschätzung nach Gl. (5.10) und den Ergebnissen der genaueren Theorie für $t/l \geqq 1{,}5$ befriedigend ist. Sogar bei $t/l = 1{,}0$ liefert die Rudensche Formel noch ein qualitativ und größenordnungsmäßig richtiges Bild. Bei noch kleineren Teilungsverhältnissen müssen die Abweichungen natürlich erheblich werden. Für praktische Zwecke benutzt man daher besser unmittelbar die ausgezogenen Kurven des Bildes 5.13 zur Ermittlung des Dickeneinflusses auf die Austrittswinkelübertreibung schwach gewölbter Profile, zumal hier der Reibungseinfluß gleich mit abgeschätzt werden kann.

Praktisch liefert Bild 5.13 auch noch die Dickenkorrektur $\frac{\mathring{i}_d}{d/l}$ der Eintrittswinkelübertreibung $\mathring{i}$. Berechnet man nämlich diesen Wert für die symmetrischen Profile ebenfalls nach Schlichting, so ergeben sich Kurven, die nur geringfügig von den ausgezogenen Linien abweichen. Die Differenz liegt im Rahmen der durch die Vernachlässigung von

Wölbung und Reibung bedingten Gesamtgenauigkeit. Man könnte daher näherungsweise an die Ordinate neben $\frac{\delta_d}{d/l}$ noch $\frac{\mathring{i}_d}{d/l}$ schreiben bzw. beide Werte wie in Gl. (5.10) in der Bezeichnung $\frac{\Delta}{d/l}$ zusammenfassen. Auch die Gleichheit der Dickenwirkung für Ein- und Austrittsseite des Gitters wird durch die einfache RUDENsche Betrachtung also schon richtig vorausgesagt.

Bei Gittern aus dicken und stark gewölbten Profilen ist natürlich weder die Verwendung von Bild 5.13 noch die der Formel (5.10) möglich. Hier muß die Summierung der Winkelübertreibung aus den Werten des Skelettliniengitters und des Dickeneinflusses ganz aufgegeben werden. An ihre Stelle treten die Heranziehung von Versuchsergebnissen und die Folgerung aus Kontinuitätsbetrachtungen, wie in der Einzelbehandlung von Ein- und Austrittswinkelübertreibung in den folgenden Unterabschnitten ersichtlich ist.

Einen Eindruck von der Größenordnung und Veränderlichkeit der Winkel $\mathring{i}$ und δ geben experimentelle Untersuchungen von DÖGE und HERRMANN [66], die bei niedrigen MACH-Zahlen durchgeführt wurden. Wählt man aus den veröffentlichten Messungen diejenigen für die drei Staffelungswinkel $\beta_S = 40°$, 60° und 80° mit gleichzeitig von 0,08 über 0,16 auf 0,24 zunehmendem Wölbungsverhältnis f/l aus, wie es auch bei wirklichen Turbinengittern vorliegen wird, so erhält man die in Bild 5.14 dargestellte Abhängigkeit der Ein- und Austrittswinkelübertreibung vom Teilungsverhältnis. Beide nehmen mit kleiner werdendem t/l winkelmäßig stark ab und wechseln sogar ihr Vorzeichen. Eine Verkleinerung des Staffelungswinkels wirkt etwa im gleichen Sinne wie die Verringerung des Teilungsverhältnisses, wenn die Verhältnisse hier auch in der Gesamtheit der Messungen nicht so klar liegen. Insbesondere spielt die gleichzeitige Veränderung des Wölbungsverhältnisses eine Rolle.

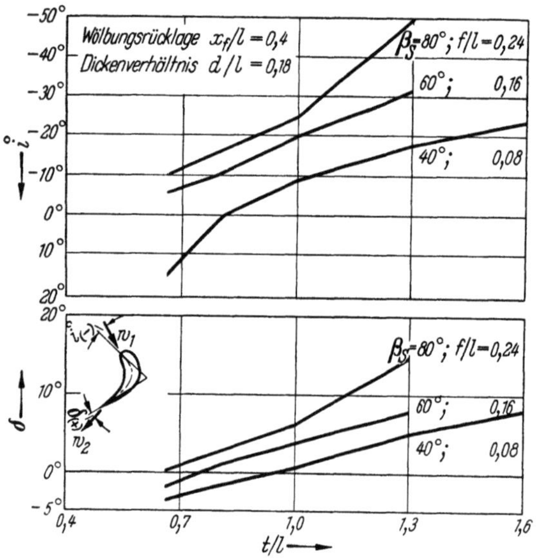

Bild 5.14 Ein- und Austrittswinkelübertreibung dreier Turbinengitter in Abhängigkeit vom Teilungsverhältnis (nach DÖGE und HERRMANN [66])

Treten in den vorangehenden Darlegungen Eintrittswinkelübertreibung und Austrittswinkelübertreibung gleichberechtigt auf, so haben beide — wie schon bemerkt — für die Praxis der Turbine eine sehr unterschiedliche Bedeutung. Eine nicht genau bestimmte Übertreibung des Eintrittswinkels vergrößert zwar den Eintrittsstoßverlust, ändert aber — abgesehen vom Einfluß des verringerten Wirkungsgrades — nicht die Leistung der Turbine, da die Anströmrichtung im Unendlichen ja vorgegeben ist. Eine falsche Austrittswinkelübertreibung beeinflußt dagegen die Abströmrichtung und somit die Wellenleistung. Im allgemeinen erfordert daher die Bestimmung des letzteren Winkels die größere Sorgfalt. Beide Winkelübertreibungen werden in der weiteren Betrachtung getrennt behandelt.

5.211. Eintrittswinkelübertreibung und Eintrittsstoßverlust

In der Vergangenheit wurden von mehreren Autoren Messungen an Schaufelgittern veröffentlicht, bei denen zur Ermittlung des Einflusses der Anströmrichtung auf die Strömungsverluste der Zuströmwinkel über einen weiten Bereich von starkem Rückenstoß bis zu starkem Bauchstoß variiert war. Eine ältere Messung dieser Art zeigt Bild 5.15.

Sie stammt von Knörnschild und Leist [*61*], die an drei ebenen Gittern mit den Profilen A, B und C bei einem Teilungsverhältnis von etwa 0,7 die Veränderung der für den Gesamtdurchsatz geltenden Geschwindigkeitszahl bestimmten. Das Profil A stellt ein typisches Dampfturbinengleichdruckprofil mit scharfer Eintrittskante dar. Die Profile B und C sind ebenfalls für den Gleichdruckbetrieb gedacht und mit demselben Austrittswinkel wie A ausgeführt. Sie wurden aber gegenüber A an der Eintrittskante aufgebogen und mit einem größeren Nasenradius versehen.

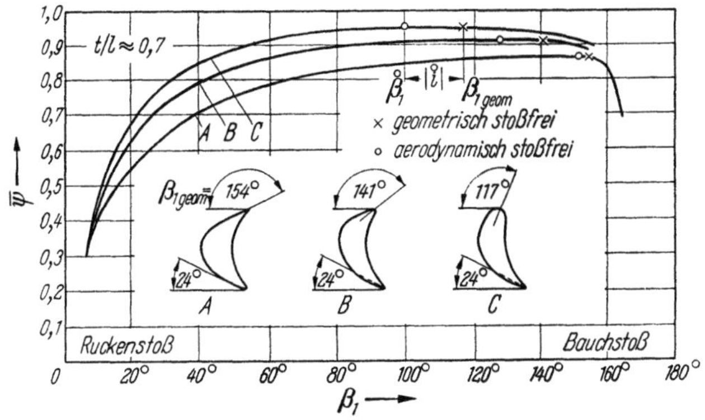

Bild 5.15 Abhängigkeit der Geschwindigkeitszahl vom Anströmwinkel des Gitters (nach Knörnschild und Leist [*61*])

Im Diagramm ist für jedes Gitter die Veränderung der Geschwindigkeitszahl $\bar{\psi}$ mit dem Anströmwinkel β_1 dargestellt. Auf den Kurven wurden jeweils der Betriebszustand geometrisch stoßfreier Anströmung durch ein Kreuz gekennzeichnet. In diesem Fall stimmt der Winkel β_1 zwischen Anströmrichtung im Unendlichen und Gitterfront mit dem Schaufeleintrittswinkel, gegeben durch die Richtung der Eintrittstangente an die Skelettlinie, überein. Es ist ersichtlich, daß die durch einen Kreis gekennzeichneten Maxima der Kurven noch links von den Zuständen geometrisch stoßfreier Anströmung liegen. Wir können diese Punkte etwa als die Zustände aerodynamisch stoßfreier Anströmung ansprechen. Die β_1-Differenz zwischen den zusammengehörigen Kreuzen und Kreisen würde dann die jeweilige Eintrittswinkelübertreibung darstellen. Sie ist also — wie sich in Ergänzung der aus Bild 5.14 gezogenen Folgerungen ergibt — offensichtlich auch stark von der Profilform abhängig und nimmt mit wachsendem Eintrittsradius des Profiles in ihrem Absolutbetrage zu.

Wandern wir von den Punkten stoßfreien Zustandes auf der Abszisse entsprechend wachsenden β_1 nach rechts, so gelangen wir in den Bereich des Bauchstoßes. Die Profile werden jetzt mehr von ihrer Bauchseite her angeströmt. Abnehmende β_1 führen in den Bereich des Rückenstoßes. Bei aerodynamisch stoßfreier Anströmung arbeitet das Gitter also mit einem geometrischen Rückenstoß, wie schon aus Bild 5.11 zu erkennen ist. Umgekehrt haben wir bei geometrisch stoßfreiem Betrieb einen aerodynamischen Bauchstoß. Von der Seite der Profilverluste her gesehen hat für uns in erster Linie der aerodynamische Stoß Bedeutung. Wir erkennen, daß zunehmender Stoß eine fallende Geschwindigkeitszahl zur Folge hat. Dabei ist der Bauchstoß im vorliegenden Falle gefährlicher als der Rückenstoß, insbesondere bei großem Winkel $\beta_{1\,\mathrm{geom}}$ bzw. $\mathring{\beta}_1$. Bei Winkeln $\mathring{\beta}_1$ unter $(90° + \mathring{i})$ scheint sich diese Rangordnung umzukehren (vgl. Bild 5.16). Allerdings wirkt ein großer Nasenradius ausgleichend auf die unterschiedliche Bedeutung der beiden Stöße. Dementsprechend weist das Profil C im Gegensatz zu A ein sehr flaches Optimum und einen ziemlich symmetrischen Verlauf der Geschwindigkeitszahl auf. Es reagiert in weiten Grenzen wenig auf die Zuströmrichtung und ist für Rücken- und Bauchstoß gleich unempfindlich. Hier ist die genaue Kenntnis und Berücksichtigung der Eintrittswinkelübertreibung von untergeordneter Bedeutung. Falls es die Verbindung der verschiedenen Profile, die eine Laufschaufel zusammensetzen, erfordert, kann ein Stoßwinkel von 10° ohne weiteres zugelassen werden.

Im Hinblick auf die spätere Betrachtung des Zusammenhanges zwischen Profilform und Strömungsverlusten sei hier noch hervorgehoben, daß das Profil C dem Profil A offensichtlich über weite Bereiche überlegen ist. Das gilt sogar noch bei einem Zuströmwinkel, der der Auslegung des Profiles A entspricht. Die Ursache für diese Überlegenheit ist darin zu suchen, daß der Schaufelkanal sich beim Profil C gegen den Austritt etwas verengt und daß die Krümmung des Kanals nicht so groß ist. Dazu kommt die starke Abrundung der Vorderkante, die die Gefahr des Ablösens der Strömung sowohl auf Saug- als auch auf Druckseite des Profils stark verringert.

Die Versuche von Knörnschild und Leist waren durch die Verwendung von Schaufelgittern gekennzeichnet, die sich im wesentlichen durch Eintrittswinkel und Nasenradius der verwendeten Profile unterschieden, während insbesondere die Austrittsseite und der Gittertyp (Gleichdruck) erhalten blieb. Demgegenüber ist es von Interesse, in einer von Vogel [62] veröffentlichten Versuchsreihe den Einfluß des Gittertyps (Beschleunigung, Gleichdruck, Verzögerung) auf die Stoßabhängigkeit der Schaufelverluste kennenzulernen. Da die untersuchten Gitter einfach durch Änderung des Staffelungswinkels, d. h. Drehung der Profile unter Beibehaltung ihrer Kontur, gewonnen wurden, liegt in allen Fällen der gleiche Eintrittsradius vor. Eine Veränderung der Eintrittswinkelübertreibung von Kurve zu Kurve ist dieses Mal also allein eine Folge des variablen Staffelungswinkels.

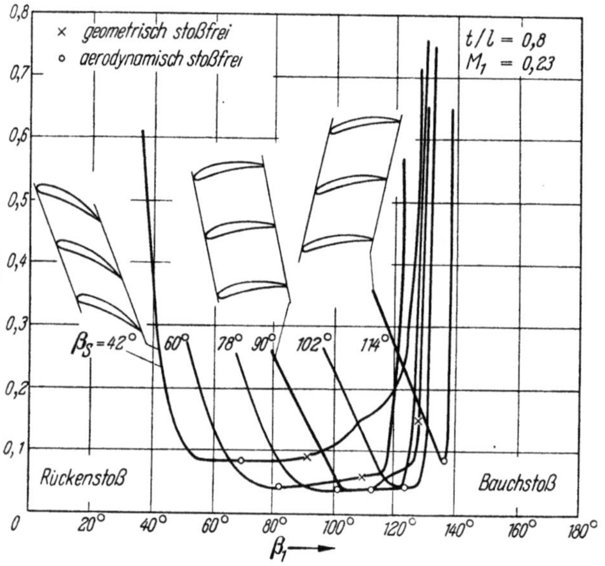

Bild 5.16 Abhängigkeit des Verlustbeiwertes vom Anströmwinkel des Gitters (nach Vogel [62])

Die gemessenen Gitterverluste sind in Abhängigkeit vom Zuströmwinkel in Bild 5.16 dargestellt. Statt durch die Geschwindigkeitszahl $\bar{\psi}$ wurden sie durch den Verlustbeiwert

$$\zeta_{vws} = \frac{1}{t} \int_0^t \frac{p_1^* - p_2^*}{q_s}\, dt$$

mit p_1^* und p_2^* als den Gesamtdrücken vor und hinter dem Schaufelgitter und q_s als Staudruck senkrecht zur Gitterfront charakterisiert, da die Geschwindigkeitszahl bei den hier in die Untersuchung einbezogenen Verzögerungsgittern ja nicht anwendbar ist. Im Gegensatz zu dem $\bar{\psi}$-Wert von Knörnschild und Leist erfaßt der ζ_{vws}-Wert von Vogel nur die Verluste der ebenen Strömung, ist also frei von Randeinflüssen. Jede Kurve des Diagrammes ist für einen bestimmten Staffelungswinkel gültig. Dieser wurde von $\beta_S = 42°$ (Turbinengitter) bis $\beta_S = 114°$ (Verdichtergitter) variiert. Wie in Bild 5.15 sind jeweils die Zustände geometrisch stoßfreier Anströmung durch ein Kreuz gekennzeichnet. Allerdings war dieses nur bei den drei linken Kurven möglich, da die geometrisch stoßfreie Anströmung bei den übrigen Staffelungswinkeln auf den nach rechts steil ansteigenden Kurvenästen außerhalb des gezeichneten Bereiches liegt. Die genannten Zustände lassen sich unmittelbar auf Grund der Profilform bestimmen und verschieben sich von Kurve zu Kurve um denselben Betrag, um den sich auch β_S ändert. Die Punkte aerodynamisch stoßfreier Anströmung können etwa in den Minima der Kurven angenommen werden, von denen allerdings nur das bei $\beta_S = 114°$ ganz eindeutig ist. Bei $\beta_S = 42°$ wurde die Mitte des horizontalen Bereichs als der fragliche Zustand betrachtet. Da die Kreise von Kurve zu Kurve im Mittel um den Betrag der β_S-Änderung verschoben sind, scheint die Eintrittswinkelübertreibung sich in diesem Fall nicht sehr stark mit dem Staffelungswinkel zu ändern. Sie erreicht Absolutwerte über 20°.

Auch in Bild 5.16 haben wir auf der linken Seite den Rückenstoß, auf der rechten den Bauchstoß. Die Kurven bestätigen hinsichtlich der Rangordnung beider, daß jeweils derjenige gefährlicher ist, für den $\beta_1 < \mathring{\beta}_1 < 90° + \mathring{i}$ oder $\beta_1 > \mathring{\beta}_1 > 90° + \mathring{i}$ gilt. Bei kleinen β_S ist das der Rückenstoß, bei großen der Bauchstoß. Bei demjenigen Staffelungswinkel etwa, wo der Winkel β_1 den Wert $(90° + \mathring{i})$ erreicht, sind beide Stöße gleichwertig. Abgesehen davon, daß das untersuchte Profil am günstigsten im Bereich $60° < \beta_S < 102°$ arbeitet und bei $\beta_S = 42°$ und 114° schon ein merkbarer Anstieg des minimalen Verlustbeiwertes zu verzeichnen ist, erkennen wir, daß die Stoßempfindlichkeit mit zunehmender Verzögerung im Schaufelkanal wächst. Turbinengitter lassen einen wesentlich größeren Anströmwinkelbereich zu als Verdichtergitter. Das ist für den praktischen Turbinenbau von Nutzen, da er infolge Fehlens ausreichender experimenteller Unterlagen in den meisten Fällen zu einer Abschätzung des $\mathring{i}$-Wertes gezwungen ist.

Nicht ausreichend ist eine Schätzung allerdings für die Ermittlung des Stoßverlustes bei starken Abweichungen vom Auslegungszustand der Turbine. Solche Abweichungen treten im Falle der Fluggasturbine während des Betriebes in unterschiedlichen Laststufen und bei nach Geschwindigkeit und Höhe wechselnden Flugbedingungen auf. Sie werden besonders groß bei Leerlauf des Strahltriebwerkes und *noch* niedrigeren Drehzahlen, die zwar nicht für den stationären Zustand, wohl aber für das Anlaß- und Beschleunigungsverhalten der Maschine von Bedeutung sind. Hierbei können die Stoßwinkel 70° und mehr betragen. Eine Berechnung des Wirkungsgrades der Turbine ist dennoch wünschenswert, um auch in diesen extremen Zuständen das Gesamtverhalten der Maschine beurteilen zu können. Dazu ist die genauere Kenntnis der Abminderung der Geschwindigkeitsbeiwerte unter so starken Stoßwinkeln erforderlich. Ganz zuverlässige Werte kann man nur entsprechenden Gittermessungen entnehmen. Leider liegen diese aber in den meisten Fällen für das in Frage kommende Schaufelgitter nicht vor, und allgemeingültige Darstellungen mit Erfassung einer größeren Zahl von Gitterparametern gibt es schon gar nicht. So bleibt nur die Möglichkeit, auf theoretischem Wege einen Anhaltspunkt für den Stoßverlust zu suchen.

Wir haben bereits in Abschn. 4.232.12 den Austrittsstoßverlust behandelt. Wenn wir hier im Zusammenhang mit den Vorgängen an der Profilvorderkante von einem Eintrittsstoßverlust sprechen, so bringen wir in der doppelten Verwendung des Stoßbegriffes zum Ausdruck, daß beide Verluste letzten Endes auf die gleiche Ursache zurückzuführen sind. Diese Ursache ist eine plötzliche Änderung des Strömungsquerschnittes. Beim Austrittsstoß handelte es sich um die unstetige Kanalerweiterung im Gitteraustritt infolge der endlichen Hinterkantendicke des Profils. Beim Eintrittsstoß ergibt sich eine sprunghafte Querschnittsänderung durch die erzwungene unstetige Richtungsänderung der Strömung in der Eintrittsebene des Gitters. Diese kann sowohl eine plötzliche Erweiterung als auch eine plötzliche Verengung sein.

Zur Veranschaulichung der Verhältnisse sind in Bild 5.17 je zwei Schaufeln aus zwei Beschleunigungsgittern dargestellt, die im Austrittswinkel übereinstimmen, während die Eintrittswinkel in verschiedenen Quadranten liegen. Bei beiden Gittern wurde die Profildicke der Einfachheit halber gleich Null angenommen und die Winkelübertreibung vernachlässigt. Im einen Fall entfernt sich bei stoßfreier Anströmung die Strömungsrichtung längs des Schaufelkanals stetig weiter von der Achsrichtung, im anderen dreht die Strömungsrichtung durch die Achsrichtung hindurch. Haben wir nun einen Bauchstoß, so verringert sich links bzw. vergrößert sich rechts die ursprüngliche „Kanalbreite" d_b beim Eintritt in das Gitter auf den zum stoßfreien Zustand gehörigen Wert d_0. Beim Rückenstoß dagegen wächst links bzw. verkleinert sich rechts die Ausgangsbreite d_r auf den gleichen Betrag d_0. Sind auch *beide* Vorgänge infolge ihres unstetigen Charakters mit Strömungsverlusten durch Ablösungserscheinungen und verstärkte Wirbelbildung verbunden, so wirkt sich die Querschnittserweiterung natürlich noch schädlicher aus als die Querschnittsverengung. Als ungünstigste Stöße sind demnach links der Rückenstoß und rechts der Bauchstoß anzusprechen, d. h. — in Übereinstimmung mit den Feststellungen zu Bild 5.16 — jeweils die Stöße, die den kleineren Winkel β_1 (links) bzw. $(180° - \beta_1)$ (rechts) zwischen Anströmgeschwindigkeit und Gitterfront aufweisen. Wir können auch die Regel aufstellen: Von Rücken- und Bauchstoß an den Profilen eines Schaufelgitters ist derjenige gefährlicher, der zu einer Erweiterung des Strömungsquerschnittes im Gittereintritt führt. Obwohl wir in Bild 5.17 Beschleunigungsgitter zeichneten, ist diese Regel selbstverständlich nicht auf solche beschränkt.

Eine genaue Berechnung des mit dem Eintrittsstoß verbundenen Energieverlustes der Strömung ist bisher nicht möglich. Dafür ist dieser Vorgang in seinen Einzelheiten noch zu wenig zu übersehen. Eine Abschätzung gelingt aber, wenn man die Annahme macht, daß der Stoßverlust der kinetischen Energie der Stoßkomponente der Anströmgeschwindigkeit proportional ist. Wir machen uns das an Hand von Bild 5.18 klar.

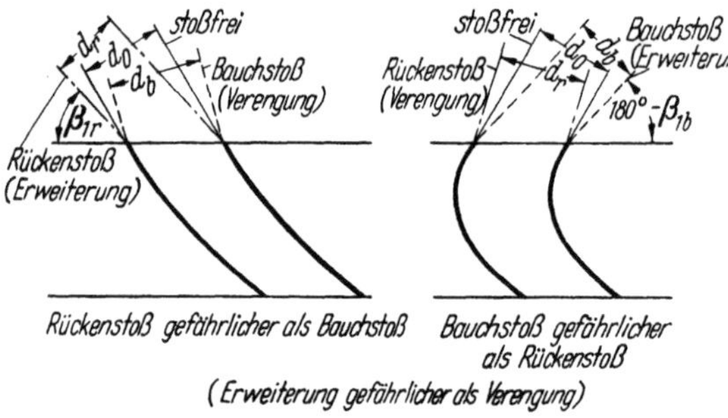

Bild 5.17 Eintrittsstoß und Kanalquerschnittsänderung

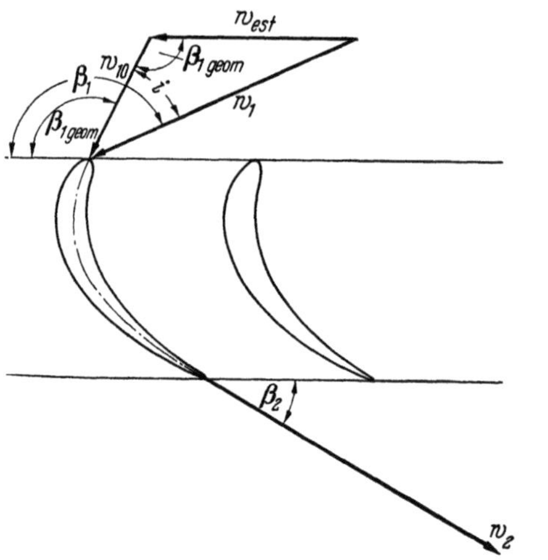

Bild 5.18 Anströmung eines Schaufelgitters mit Stoß

Das Bild zeigt uns ein Profilgitter, das mit einer Geschwindigkeit w_1 unter dem Eintrittswinkel β_1 offensichtlich nicht stoßfrei angeströmt wird. Zerlegt man die Geschwindigkeit über den Winkel i in eine stoßfreie Komponente w_{10} und eine Komponente w_{est}, die parallel zur Gitterfront liegt, so gibt uns w_{est} als Stoßkomponente ein Maß für den zu erwartenden Verlust. Vom theoretischen Standpunkt sollte man hier an Stelle des geometrischen Stoßwinkels i besser den aerodynamischen Stoßwinkel $(i-\mathring{i})$ verwenden, wobei $\beta_{1\text{geom}}$ durch $\mathring{\beta}_1$ zu ersetzen wäre. Abgesehen davon, daß dieser Übergang in der Endformel (5.13) immer noch durchgeführt werden kann, basieren die vorliegenden Versuche zur Ermittlung des dort eingehenden empirischen Zahlenfaktors auf der Verwendung des geometrischen Stoßwinkels, so daß wir diesen zunächst ebenfalls verwenden. Wir tragen damit auch dem Umstand Rechnung, daß $\mathring{i}$ meist nicht genau bekannt ist.

Die der Geschwindigkeitskomponente w_{est} äquivalente kinetische Energie muß — zumindest in einem gewissen Prozentsatz — als verloren angesehen werden. Die Verlustenergie kann demnach

$$h_{\text{est}} = \sigma \frac{w_{\text{est}}^2}{2} \tag{5.11}$$

geschrieben werden, wo der Stoßverlustfaktor σ kleiner als 1 ist. Nach Flügel [63] kommt σ bei Dampfturbinengittern mit scharfkantigen Profilen und enger Teilung nahe an den Wert 1 heran. Bei weiten Gittern mit tragflügelähnlichen Profilen kann der Stoßfaktor nach Blomert [64] bis auf 0,4 absinken.

Die Stoßkomponente w_{est} läßt sich durch Anwendung des Sinussatzes auf das Geschwindigkeitsdreieck auf den von den Geschwindigkeiten w_1 und w_{10} eingeschlossenen Stoßwinkel i zurückführen. Da der Gegenwinkel von w_1 gleich dem stoßfreien Anströmwinkel $\beta_{1\text{geom}}$ ist, finden wir sofort

$$\frac{w_{\text{est}}}{w_1} = \frac{\sin i}{\sin \beta_{1\text{geom}}}.$$

Somit gilt für die Verlustenergie noch die Beziehung

$$h_{\text{est}} = \sigma \frac{w_1^2}{2} \frac{\sin^2 i}{\sin^2 \beta_{1\text{geom}}}. \tag{5.12}$$

Sie ermöglicht die Herstellung eines Zusammenhanges zwischen den beiden Geschwindigkeitszahlen ψ_{est} und ψ, von denen die erstere den Eintrittsstoß einschließe, während die letztere für stoßfreie Anströmung Gültigkeit besitze. Dieser Zusammenhang ergibt sich durch Darstellung der Abströmgeschwindigkeit w_2 mit Hilfe beider Zahlen. Wir betrachten dazu den Expansionsvorgang im i, s-Diagramm (Bild 5.19).

Ist der Anfangszustand der Strömung durch den Punkt $(T_1; p_1)$ und die Geschwindigkeitsenergie $h_{w1} = w_1^2/2$ gegeben, so wird der Endpunkt durch das Wertepaar $(T_2; p_2)$ bestimmt. Als isentropes statisches Gefälle steht der Betrag h_s zur Verfügung. In der bisherigen Schreibweise ist also

$$w_2 = \psi_{est} \sqrt{2(h_s + h_{w1})}.$$

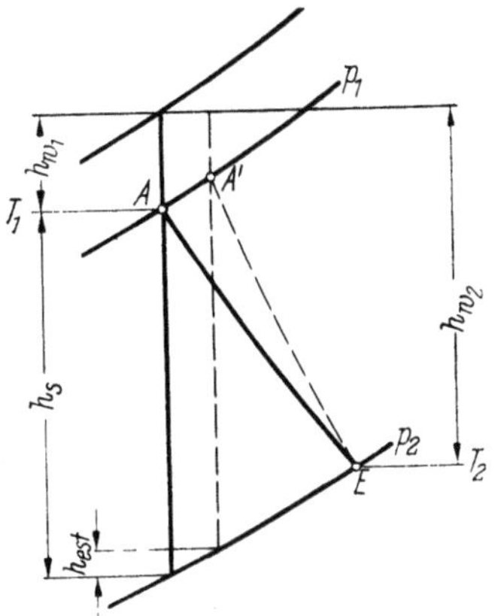

Bild 5.19 Strömung mit Eintrittsstoß im i, s-Diagramm

Der Expansionsvorgang verläuft längs der ausgezogenen Linie AE. Wir müssen den gleichen Endpunkt $(T_2; p_2)$ erhalten, wenn wir die Stoßwirkung direkt in Form der Verlustenergie berücksichtigen und den Rest des isentropen Gefälles mit der Geschwindigkeitszahl ψ umgesetzt denken, also

$$w_2 = \psi \sqrt{2(h_s + h_{w1} - h_{est})}.$$

Diesem gedachten Prozeß entspricht die gestrichelte Linie $A'E$ im i, s-Diagramm. Ihr hypothetischer Anfangspunkt A' ist durch eine Geschwindigkeitsenergie gekennzeichnet, die — praktisch parallele Isobaren vorausgesetzt — um die Stoßverlustenergie kleiner ist als im Punkt A. Die Anfangstemperatur ist entsprechend erhöht.

Die letzten beiden Gleichungen lassen sich nun zu der Form

$$\frac{w_2^2}{\psi_{est}^2} - \frac{w_2^2}{\psi^2} = 2 h_{est}$$

zusammenfassen. Durch Einführung von Gl. (5.12) wird hieraus

$$w_2^2 \left(\frac{1}{\psi_{est}^2} - \frac{1}{\psi^2}\right) = \sigma w_1^2 \frac{\sin^2 i}{\sin^2 \beta_{1geom}}$$

bzw. nach Multiplikation mit ψ^2/w_2^2

$$\left(\frac{\psi}{\psi_{est}}\right)^2 = 1 + \sigma \psi^2 \left(\frac{w_1}{w_2}\right)^2 \left(\frac{\sin i}{\sin \beta_{1geom}}\right)^2.$$

Damit ist der Zusammenhang zwischen den Geschwindigkeitszahlen der Strömungen ohne und mit Eintrittsstoß am Gitter gefunden. Für die praktische Verwendung der Beziehung ist aber leider die Kenntnis des Geschwindigkeitsverhältnisses w_1/w_2 erforderlich. Sie wird im allgemeinen erst nach Ermittlung des Geschwindigkeitsdreieckes gegeben sein, so daß die Anwendung der letzten Gleichung eine Iteration erfordert. Diese läßt sich allerdings vermeiden, wenn annähernd gleiche Axialgeschwindigkeit

$$w_a = w_1 \sin \beta_1 = w_2 \sin \beta_2$$

vor und hinter dem Gitter vorausgesetzt werden darf. Dann kann nämlich das Geschwindigkeitsverhältnis durch ein Sinusverhältnis ersetzt werden:

$$\left(\frac{\psi}{\psi_{est}}\right)^2 = 1 + \sigma \psi^2 \left(\frac{\sin \beta_2}{\sin \beta_{1geom}}\right)^2 \left(\frac{\sin i}{\sin \beta_1}\right)^2.$$

Wir haben nunmehr die in der vorstehenden Gleichung auftretenden Winkel β_2 und $\beta_{1\,geom}$ zu diskutieren. Der erstere Winkel verändert sich bei Variation von β_1 nur wenig und kann unter den Verhältnissen des Turbinengitters näherungsweise mit dem Austrittswinkel $\beta_{2\text{geom}}$ der Schaufeln gleichgesetzt werden. $\beta_{1\text{geom}}$ ist von vornherein gleich dem Eintrittswinkel der Schaufeln. Damit kann

$$\frac{\sin\beta_2}{\sin\beta_{1\text{geom}}} \approx \frac{\sin\beta_{2\text{geom}}}{\sin\beta_{1\text{geom}}} = \frac{1}{\mu_{\text{geom}}}$$

als Gitterkennzahl eingeführt werden, wo μ_{geom} dem durch Gl. (4.67a) eingeführten Beschleunigungswert $\mathring{\mu}$ des Gitters ganz ähnlich ist. Ersetzen wir auch noch β_1 durch $(\beta_{1\text{geom}} + i)$, so wird

$$\left(\frac{\psi}{\psi_{\text{est}}}\right)^2 = 1 + \frac{\sigma\psi^2}{\mu^2_{\text{geom}}}\left(\frac{\sin i}{\sin(\beta_{1\text{geom}} + i)}\right)^2.$$

Es ist nur natürlich, daß der erhaltene Ausdruck für das Verhältnis unserer beiden Geschwindigkeitszahlen in starkem Maße vom Stoßverlustfaktor σ abhängt. Dabei ist dieser Faktor leider sehr mit Profilform und Gitterweite veränderlich, wie schon im Zusammenhang mit Gl. (5.11) hervorgehoben wurde. Diese starke Veränderlichkeit kommt auch in den Versuchen von Hausenblas [65] zum Ausdruck, der für das Produkt $\sigma\psi^2 = \chi$ an den verschiedensten Gittern Werte von 0,2 bis 0,8 fand. Für moderne Turbinengitter kann man etwa mit $\chi = 0{,}4$ rechnen. Behalten wir die Abkürzung χ bei, so können wir das bisher erhaltene Ergebnis durch Auflösung nach ψ_{est}/ψ auf die für die Praxis wertvolle Form

$$\frac{\psi_{\text{est}}}{\psi} = \frac{1}{\sqrt{1 + \frac{\chi}{\mu^2_{\text{geom}}}\left(\frac{\sin i}{\sin(\beta_{1\text{geom}} + i)}\right)^2}} \tag{5.13}$$

bringen. Sie ermöglicht es, für ein gegebenes Gitter die Geschwindigkeitszahl in Abhängigkeit vom Stoßwinkel zu bestimmen.

Wie aus der Ableitung ersichtlich ist, gilt Gl. (5.13) strenggenommen nur für gleiche Axialgeschwindigkeit vor und hinter dem Gitter. Wir dürfen sie aber auch für unterschiedliche Axialgeschwindigkeiten verwenden, also als allgemeingültig betrachten. Der dadurch entstehende Fehler ist an sich gering, da die Geschwindigkeitsunterschiede normalerweise nicht groß sind, und wird im übrigen durch die Streuungsmöglichkeit von χ überdeckt.

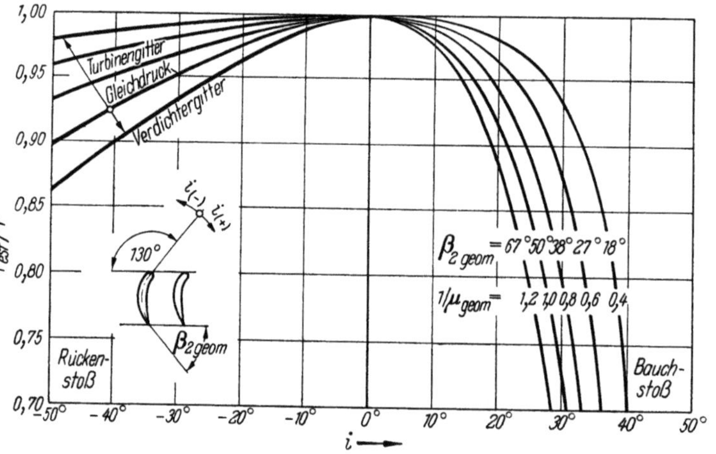

Bild 5.20 Geschwindigkeitszahl in Abhängigkeit vom Stoßwinkel nach Gl. (5.13) mit $\chi = 0{,}4$

Bild 5.20 zeigt als Beispiel die Auswertung der Gl. (5.13) für $\chi = 0{,}4$ und $\beta_{1\text{geom}} = 130°$ mit $1/\mu_{\text{geom}}$ als Parameter. Es wurde ψ_{est}/ψ direkt über dem Stoßwinkel aufgetragen, wobei wir auf der linken Seite des Diagrammes wieder Rückenstoß, auf der rechten Bauchstoß haben. Der reziproke Beschleunigungswert wurde so variiert, daß ein großer $\beta_{2\text{geom}}$-Bereich von den Turbinengittern über die Gleichdruckbeschaufelung bis zu den Verdichtergittern überdeckt wurde. In Übereinstimmung mit der oben formulierten Regel erweist sich der Bauchstoß für sämtliche Gitter als der gefährlichere; in Übereinstimmung mit den Versuchsergebnissen zeigen sich die Verdichtergitter als stoßempfindlicher als die Turbinengitter.

Abschließend können wir noch kurz prüfen, welchen Einfluß der bereits erwähnte Übergang vom geometrischen Stoß auf den aerodynamischen Stoß in Gl. (5.13) hat. Wir erhalten

$$\frac{\psi_{\text{est}}}{\psi} = \frac{1}{\sqrt{1 + \frac{\mathring{\chi}}{\mathring{\mu}^2}\left(\frac{\sin(i - \mathring{i})}{\sin(\beta_{1\text{geom}} + i)}\right)^2}}\,.$$

Von den beiden Sinuswerten ändert sich wegen $\mathring{\beta}_1 - \mathring{i} = \beta_{1\text{geom}}$ nur der obere; μ_{geom} geht direkt in $\mathring{\mu}$ über, und χ ist durch einen Wert $\mathring{\chi}$ zu ersetzen, der grundsätzlich von dem ersteren etwas abweichen kann. Praktisch kann man $\mathring{\chi}/\mathring{\mu}^2 \approx \chi/\mu^2_{\text{geom}}$ annehmen, so daß der Einfluß von $\mathring{i}$ leicht abzuschätzen ist. Es wird deutlich, daß bei Vorliegen von sehr großen Eintrittswinkelübertreibungen die Bestimmung von ψ_{est}/ψ für Betriebszustände extremen Stoßes unsicher werden kann.

Wenn unsere Abschätzung auch nicht die Zuverlässigkeit einer Messung besitzt, so ist das Ergebnis im ganzen gesehen doch vertrauenerweckend. Wir werden daher bei Kennfeldrechnungen gern von ihr Gebrauch machen. In diesem Fall ist die Anwendung von Gl. (5.13) besonders einfach. Für jedes Schaufelgitter einer Turbine liegen ja die Werte ψ, μ_{geom} und $\beta_{1\text{geom}}$ fest und führen auf eine bestimmte Kurve $\psi_{\text{est}} = f(i)$, die für alle Betriebszustände der Turbine innerhalb eines nicht zu großen Bereiches benutzt werden kann.

5.212. Austrittswinkelübertreibung

Verstehen wir entsprechend der zu Beginn von Abschn. 5.21 gegebenen Erklärung unter Austrittswinkelübertreibung die bei endlicher Schaufelzahl notwendige Übertreibung des Hinterkantenwinkels der Schaufel, um eine gewünschte Abströmrichtung im Unendlichen zu erhalten, so haben wir in die Betrachtung auch eine Erscheinung einzuschließen, die normalerweise nicht unter den Begriff Winkelübertreibung gefaßt wird, die aber von gleicher Bedeutung ist. Gemeint ist die Strahlablenkung durch Expansion in den Schrägabschnitten der Schaufelkanäle bei überkritischem Gefälle. Zwar handelt es sich hier um eine Richtungsänderung der aus dem Gitter austretenden Strömung, die nicht durch unzureichende Führung des Gases, sondern durch die Volumenzunahme des überkritisch expandierenden Mediums bedingt ist. Doch werden wir auch bei der Austrittswinkelübertreibung im eigentlichen Sinne andersartige Effekte, wie z. B. den Einfluß der endlichen Hinterkantendicke, berücksichtigen müssen. Außerdem wirkt sich die überkritische Strahlablenkung als Aufdrehen der Strömung aus, das nur durch Zudrehen der Schaufelhinterkante kompensiert werden kann. Zunächst wenden wir uns aber dem unterkritischen Fall zu.

5.212.1 Austrittswinkelübertreibung im eigentlichen Sinne. Haben wir den bereits in Bild 5.11 betrachteten Fall der aerodynamisch stoßfreien, reibungslosen Anströmung eines Gitters endlicher Schaufelzahl bei verschwindender Profildicke, so wirkt sich die Winkelübertreibung als Minderablenkung der Strömung aus und wird z. T. auch so bezeichnet. Ihr Zahlenwert ist dann positiv, da der Abströmwinkel den Hinterkantenwinkel überwiegt. Besitzen die Profile entgegen der obigen Annahme eine endliche Dicke und verlassen wir die Vorstellung der reibungslosen Strömung, so verringert sich (beim Turbinengitter) die Minderablenkung um den im Falle schwacher Wölbung durch Gl. (5.10) gegebenen Winkel Δ bzw. die in Bild 5.13 aufgetragene Größe δ_d. Dabei wird in der genannten Gleichung die Profildicke allein (ohne Reibung) unter Vernachlässigung ihrer genauen Verteilung längs der Sehne in allgemeiner Form durch die Profilfläche erfaßt. Insbesondere ist keine bestimmte Voraussetzung für das Aussehen der Schaufelhinterkante gemacht. Ein weiterer die Minderablenkung verringernder und außer der Reibung in den Meßwerten von Bild 5.13 bereits erhaltener Effekt tritt nun auf, wenn die Schaufel nicht spitz ausläuft, sondern eine endliche Hinterkantendicke besitzt. Dadurch können wir sogar zu negativen Winkelübertreibungen kommen, d. h. die Strömung ist hinter dem Gitter noch unter den Austrittswinkel der Schaufel umgelenkt.

Wir legen der Betrachtung das Geschwindigkeitsdreieck des Bildes 5.21 zugrunde, welches durch Zusammenfassung der beiden Dreiecke aus Bild 4.55 gewonnen wurde. Hier ist die Geschwindigkeit c_1', wie sie unmittelbar vor Erreichen der Austrittsebene des Gitters zwischen den Schaufeln auftritt, in die Axialkomponente c_{1a}' und Umfangskomponente c_{1u}' zerlegt. Die erstere erleidet infolge des Überganges vom Schaufelgitter in den anschließenden freien Ringraum eine Verzögerung auf den Wert c_{1a}. Beide Größen sind durch die Kontinuitätsgleichung miteinander verknüpft, die sich bei Vernachlässigung der Verdrängungsdicken der Grenzschichten mit den Bezeichnungen von Bild 4.55 einfach

$$\frac{c_{1a}}{c_{1a}'} = \frac{t - s}{t} = \xi$$

schreibt. Im Gegensatz dazu bleibt die Umfangskomponente der Strömung erhalten, da nach dem Verlassen des Gitters dem Medium kein Impuls mehr erteilt wird:

$$c_{1u} = c_{1u}'.$$

Auf diese Weise schließen die beiden Geschwindigkeiten c_1' vor und c_1 nach Verlassen des Schaufelgitters einen Winkel δ_s ein, der einem Zudrehen der Strömung entspricht (s. Bild 5.21).

Die Eigenart des Geschwindigkeitsdreieckes hat zur Folge, daß auch das Verhältnis der Tangenswerte der beiden Winkel $(\alpha_1' - \delta_s)$ und α_1' gleich dem Verengungsfaktor ist:

$$\frac{\tan(\alpha_1' - \delta_s)}{\tan \alpha_1'} = \frac{c_{1a}}{c_{1a}'} = \xi.$$

Damit erhält man einen zusätzlichen Ablenkungswinkel

$$\delta_s = \alpha_1' - \operatorname{arc\,tan}(\xi \tan \alpha_1').$$

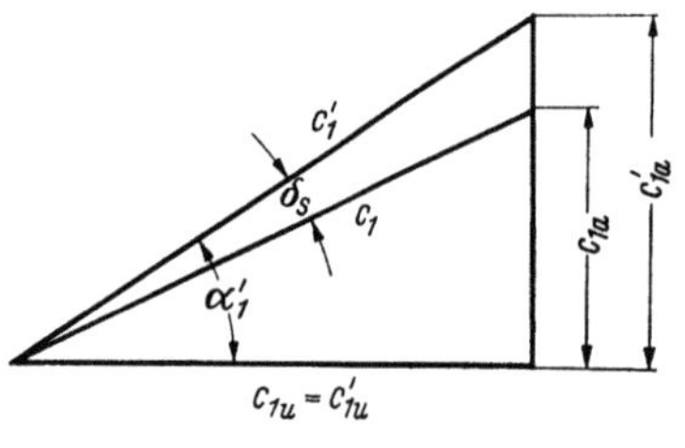

Bild 5.21 Einfluß der endlichen Hinterkantendicke auf die Abströmung von einem Schaufelgitter

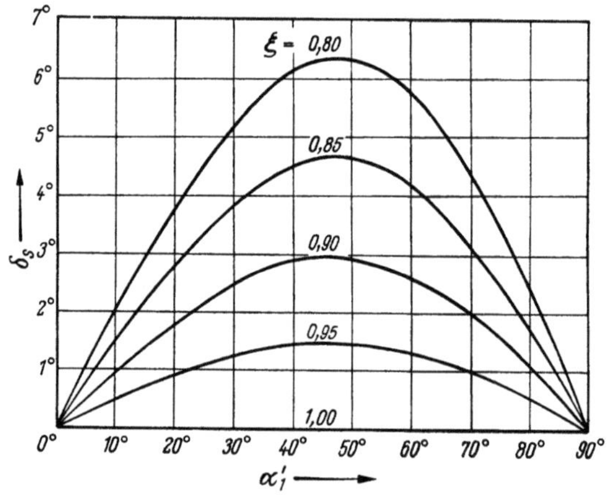

Bild 5.22 Strömungsablenkung durch den Einfluß der endlichen Hinterkantendicke

Er wurde in Bild 5.22 über α_1' mit ξ als Parameter aufgetragen. Der Winkel verschwindet sowohl bei α_1' gleich 0° als auch 90°, im ersten Fall wegen des Nullwerdens der Axialkomponente, im zweiten wegen desjenigen der Umfangskomponente von c_1'. Beide sind für das Zustandekommen der Ablenkung Voraussetzung. Sofern die Gasströmung unmittelbar vor Verlassen des Schaufelgitters die Richtung der Austrittstangente an die Profilskelettlinie besitzt — man darf das im Rahmen dieser Betrachtung voraussetzen —, ist im übrigen α_1' mit dem Schaufelwinkel $\alpha_{1\text{geom}}$ identisch.

Der Winkel δ_s kann bei den üblichen Hinterkantenwinkeln der Turbinenschaufeln immerhin einige Grade ausmachen. Er wächst mit kleiner werdendem ξ, also wenn das Schaufelmaß s im Verhältnis zur Teilung t zunimmt. Dabei kann man in reibender Strömung nunmehr noch die Verdrängungsdicken der Druck- und Saugseitengrenzschicht in s einbeziehen. Allerdings bringt die im Vergleich mit der Druckseite größere Dicke der Saugseitengrenzschicht gleichzeitig eine scheinbare Verlagerung des hinteren Endes der Skelettlinie in Richtung steilerer Abströmung mit sich. Dieser Effekt ist aber von untergeordneter Bedeutung, so daß wir ihn hier außer acht lassen können. Verringert man also bei gegebener Profil- und damit Hinterkantenform das Teilungsverhältnis eines Gitters, so werden gleichzeitig δ_d und δ_s anwachsen, letzteres infolge der Grenzschichtwirkung auch bei spitz endenden Profilen. Dieser Umstand erklärt zum überwiegenden Teil den Einfluß des Teilungsverhältnisses auf die Austrittswinkelübertreibung in Bild 5.14, insbesondere das Unterschreiten von $\delta = 0$. Dabei liegen die Winkel δ um so niedriger, je kleiner der Staffelungswinkel ist. Das ist auch nicht anders zu erwarten, da nach Bild 4.55 der Wert s bei gegebener Hinterkantendicke mit kleiner werdendem Austrittswinkel der Schaufel anwächst.

Von Interesse ist auch die Auswertung der in Bild 5.16 wiedergegebenen Messungen nach der Seite der Minderablenkung, da hier der Einfluß des Staffelungswinkels isoliert ist. Das auf Grund der vom Autor mitgeteilten Daten leicht zu gewinnende Ergebnis wurde in Bild 5.23 dargestellt. Auf den Kurven wurde wieder jeweils durch ein Kreuz der Zustand geometrisch stoßfreier und durch einen Kreis derjenige aerodynamisch stoßfreier Anströmung gekennzeichnet. Es ist ersichtlich, daß vom Zustand des Gleichdruckbetriebes (etwa $\beta_S = 90°$) bzw. senkrecht zur Gitterfront erfolgender Abströmung (etwa $\beta_S = 102°$) aus die Winkelübertreibung mit abnehmendem Staffelungswinkel fällt und schließlich negativ wird, während sie bei zunehmendem Staffelungswinkel ansteigt. Der erstere Umstand stimmt mit der Erfahrung aus Bild 5.14 überein, wobei jetzt der Einfluß des Staffelungswinkels infolge der Unveränderlichkeit des Wölbungsverhältnisses noch klarer herauskommt. Die zweite Tatsache ist aber sofort verständlich, wenn man berücksichtigt, daß bei Verzögerungsgittern δ_s natürlich im Sinne einer Vergrößerung der Minderablenkung wirkt. Auch überwiegt hier die Dicke der Saugseitengrenzschicht wesentlich diejenige der Druckseitengrenzschicht, jedenfalls in stärkerem Maße als bei Beschleunigungsgittern. Das Profil wird also durch Einbeziehung der Grenzschichten scheinbar entkrümmt. Man kann grundsätzlich sagen, daß bei Verdichtergittern im Gegensatz zu Turbinengittern nur positive Winkelübertreibungen auftreten.

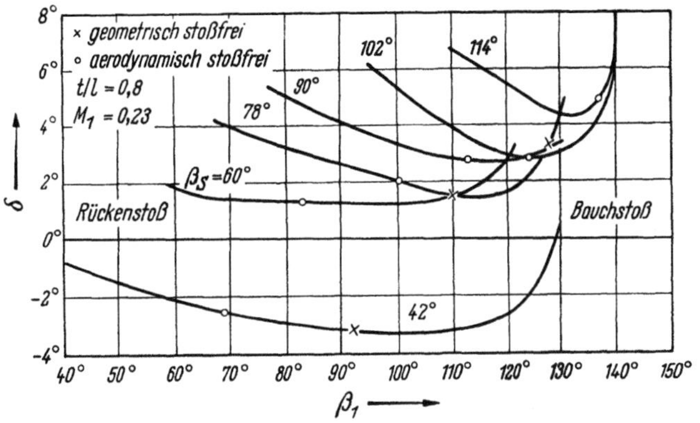

Bild 5.23 Austrittswinkelübertreibung für die Schaufelgitter und Anströmverhältnisse von Bild 5.16

Die etwa am Orte der Verlustminima angenommenen aerodynamisch stoßfreien Zustände fallen bei $\beta_S = 90°$ und $102°$ mit den Minima der Minderablenkung in Bild 5.23 zusammen. Bei Turbinengittern senkt sich die Minderablenkung durch Bauchstoß, bei Verdichtergittern durch Rückenstoß noch um einen — allerdings unter 1° liegenden — Betrag ab. Ein wesentlicher Anstieg ist aber in beiden Fällen bei Überschreitung bestimmter Bauch- und Rückenstoßwinkel zu verzeichnen. Hier erweist sich das Verzögerungsgitter wiederum als erheblich empfindlicher als das Beschleunigungsgitter. Der Anstieg verläuft im übrigen bei Bauchstoß mit seiner Strömungsablösung von der hinteren Saugseite steiler als bei Rückenstoß mit seinen Ablösungserscheinungen an der vorderen Druckseite und kann bei Teillastuntersuchungen an einer Turbine eine Rolle spielen.

In der Praxis ist eine treffsichere Vorhersage über die Austrittswinkelübertreibung eines gegebenen Gitters trotz der obigen Erkenntnisse über die Auswirkung einzelner Einflüsse sehr schwierig. Vielfach werden die Minderablenkungen im stoßfreien Betrieb durch Beziehungen von der Form

$$\delta = f\left(\frac{x_f}{l}, \beta_S\right) \cdot \Theta_{S\beta} \cdot \left(\frac{t}{l}\right)^n$$

mit $\Theta_{S\beta}$ als Skelettlinienkrümmungswinkel und $n \leqq 1$ als Exponenten erfaßt. Dabei gibt es für die Funktion f jedoch unterschiedliche analytische und graphische Darstellungen, und auch die Angaben über n sind sowohl innerhalb der Verdichterliteratur als auch für Verdichter und Turbine uneinheitlich. Wir verzichten daher hier auf die Verwendung einer derartigen Formel und benutzen für die Turbine zur Ermittlung der Strömungsrichtung nach erfolgter Umlenkung lieber die sogenannte Sinusregel, die an Hand von Bild 5.24 hergeleitet werden kann.

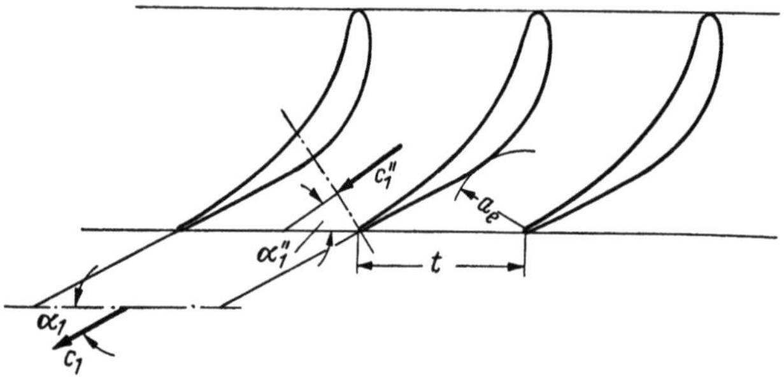

Bild 5.24 Zur Bestimmung der Abströmrichtung vom Gitter bei unterkritischem Gefälle

Vergleichen wir zu diesem Zwecke die Abströmgeschwindigkeit c_1 im ausgeglichenen Strömungsfeld hinter dem Gitter mit der mittleren Geschwindigkeit c_1'' im engsten Querschnitt eines Schaufelkanals, so liefert die Kontinuitätsgleichung im kompressiblen Fall

$$\varrho_1 c_1 t \sin \alpha_1 = \varrho_1'' c_1'' a_e,$$

wo a_e den kleinsten Wandabstand zweier benachbarter Profile darstellt — eine Größe, die sowohl vom Schaufelaustrittswinkel als auch von der Profildicke abhängt. Dementsprechend ist der Sinus des gesuchten Abströmwinkels

$$\sin \alpha_1 = \frac{\varrho_1'' c_1''}{\varrho_1 c_1} \frac{a_e}{t}. \tag{5.14}$$

Der Winkel kann also durch Verringerung von a_e auf dem Wege einer Profilverdickung bei gegebener Teilung verkleinert werden und umgekehrt. Bei festgehaltenem Schaufelaustrittswinkel bedeutet das eine direkte Beeinflussung der Minderablenkung durch die Profildicke.

Das Produkt ϱc erreicht bei Schallgeschwindigkeit bekanntlich sein Maximum. Im Fall $M_1 \approx 1$ haben wir daher $\varrho_1'' c_1'' \approx \varrho_1 c_1$, und es wird einfach

$$\sin \alpha_1 = \frac{a_e}{t}. \tag{5.15}$$

Bei kleineren Mach-Zahlen liefert diese Formel dagegen zu kleine Winkel, so daß wir auf die Beziehung (5.14) zurückzugreifen haben. Legt man hier wie früher beim Vergleich von c_1 und c_1' — diesmal näherungsweise — Gleichheit der Umfangskomponenten von c_1 und c_1'' zugrunde, also

$$c_1 \cos \alpha_1 = c_1'' \cos \alpha_1'', \tag{5.16}$$

so wird aus Gl. (5.14) nunmehr

$$\sin \alpha_1 = \frac{\varrho_1''}{\varrho_1} \frac{\cos \alpha_1}{\cos \alpha_1''} \frac{a_e}{t}. \tag{5.17}$$

Dabei läßt sich das Verhältnis der Gasdichten nach TRAUPEL [67] noch auf die MACH-Zahl M_1 zurückführen.

Zunächst ist bei Voraussetzung isentroper Zustandsänderung

$$\frac{\varrho_1''}{\varrho_1} = \left(\frac{p_1''}{p_1}\right)^{\frac{1}{\varkappa}}.$$

Die Berechnung des Druckgliedes gelingt dann mit Hilfe der Energiegleichung

$$\frac{c_1''^2 - c_1^2}{2} = \frac{\varkappa}{\varkappa - 1} R T_1 \left[1 - \left(\frac{p_1''}{p_1}\right)^{\frac{\varkappa-1}{\varkappa}}\right],$$

die durch Einführung der MACH-Zahl $M_1 = c_1/\sqrt{\varkappa R T_1}$ auf die Form

$$\left(\frac{c_1''}{c_1}\right)^2 - 1 = \frac{2}{\varkappa - 1} \frac{1}{M_1^2}\left[1 - \left(\frac{p_1''}{p_1}\right)^{\frac{\varkappa-1}{\varkappa}}\right]$$

gebracht werden kann. Berücksichtigt man noch Gl. (5.16), so wird

$$\left(\frac{p_1''}{p_1}\right)^{\frac{1}{\varkappa}} = \left\{1 - \frac{\varkappa - 1}{2} M_1^2 \left[\left(\frac{\cos \alpha_1}{\cos \alpha_1''}\right)^2 - 1\right]\right\}^{\frac{1}{\varkappa-1}}$$

Einführung dieses Ausdruckes in die Beziehung (5.17) liefert den gesuchten Zusammenhang

$$\tan \alpha_1 = \frac{1}{\cos \alpha_1''} \left\{1 - \frac{\varkappa - 1}{2} M_1^2 \left[\left(\frac{\cos \alpha_1}{\cos \alpha_1''}\right)^2 - 1\right]\right\}^{\frac{1}{\varkappa-1}} \frac{a_e}{t}. \tag{5.18}$$

Da die eckige Klammer normalerweise positiv ist ($\alpha_1 < \alpha_1''$), nimmt α_1 mit wachsendem M_1 ab. Die Umlenkung im Schaufelgitter vergrößert sich also mit ansteigender MACH-Zahl. Dieser Umstand trat bereits in der Zuordnung der α_1 und M_0 in Bild 4.60 in Erscheinung. Nach Gl. (4.72a) kann ja M_0 hier ohne weiteres die Rolle von M_1 übernehmen.

Für die praktische Verwendung der erhaltenen Formel hat man die Trajektorie a_e in die engste Stelle eines Schaufelkanals einzuzeichnen und den Winkel α_1'' zu messen. Der auf der rechten Seite auftretende Winkel α_1 wird in erster Näherung mit Hilfe von Gl. (5.15) bestimmt. Die Genauigkeit dieser Bestimmung ist ausreichend, da α_1 nur in einem stets kleinen Korrekturglied auftritt. In vielen Fällen kann man natürlich die Kompressibilität überhaupt vernachlässigen und direkt mit Formel (5.17) für $\varrho_1''/\varrho_1 = 1$ arbeiten. Dann entfällt auch die Vorabschätzung von α_1. — Das ganze Verfahren setzt selbstverständlich voraus, daß das Teilungsverhältnis des Gitters hinreichend klein ist, etwa $t/l < 0{,}75$. Stehen die Schaufeln nicht sehr eng im Gitter, so daß größere Fehler bei der Anwendung der Methode zu erwarten sind, kann man sich auf folgende Weise helfen. Man „halbiert" den Kanal zwischen zwei Schaufeln, indem man von dem in der Austrittsebene des Gitters auf Mitte Teilung liegenden Punkt die Stromlinie nach vorn zu zeichnet. Nunmehr wird die Trajektorie a_e einmal vom Anfangspunkt der Stromlinie zum benachbarten Schaufelrücken und dann von der anderen Schaufel zur Stromlinie hin gezeichnet. Bestimmt man für beide Teilkanäle die Werte $\tan \alpha_1$, so hat man in ihrem arithmetischen Mittel den Tangens des Abströmwinkels vom Gitter.

Die Abweichung des Austrittswinkels α_1 vom Gesetz (5.15) bei $M_1 < 1$ läßt sich auch in der Form

$$\alpha_1 = \arcsin \frac{a_e}{t} + \delta_\alpha \left(M_1, \frac{a_e}{t}\right) \tag{5.19}$$

durch den Korrekturwinkel δ_α erfassen, der von M_1 und nochmals von a_e/t abhängt und für $M_1 = 1$ verschwindet. Diese Darstellung ist besonders für die Auswertung und Verwendung experimenteller Ergebnisse geeignet. So findet man bei LEE [68] als Zusammenfassung verschiedener Daten von herkömmlichen Turbinenschaufeln die in Bild 5.25 wiedergegebene Abhängigkeit. Hier ist δ_α über M_1 mit $\arcsin a_e/t$ als Parameter aufgetragen. Die Korrektur verschwindet danach bei $\alpha_1 = 20°$. Bei kleinen Winkeln gilt ja $\cos\alpha_1 \approx \cos\alpha_1''$, so daß Gl. (5.15) hinreichend erfüllt ist. Man erhält sie für diesen Fall direkt aus der genaueren Beziehung (5.18). Für größere Werte α_1 ergeben sich aber ansehnliche Korrekturbeträge, die in Übereinstimmung mit der Schlußfolgerung über den MACH-Zahleinfluß aus Gl. (5.18) bei wachsendem M_1 wieder abnehmen.

Vorstehende Ausführungen beziehen sich auf den Fall der ebenen Strömung. Schon die bei endlicher Schaufellänge durch die seitlichen Kanalwände hervorgerufene Sekundärströmung beeinflußt die Richtung der Abströmung vom Schaufelgitter zusätzlich, und zwar längs der Spannweite in verschiedener Weise. Diese Wirkung ist eng mit dem Grenzschichtverlauf auf dem Schaufelrücken verknüpft, wie er in Bild 4.70 gezeigt ist. An den Stellen großer Grenzschichtdicke ergibt sich eine zusätzliche Minderablenkung, die deutlich in der von GUKASSOWA [36] gemessenen α_1-Verteilung des Bildes 5.26 zum Ausdruck

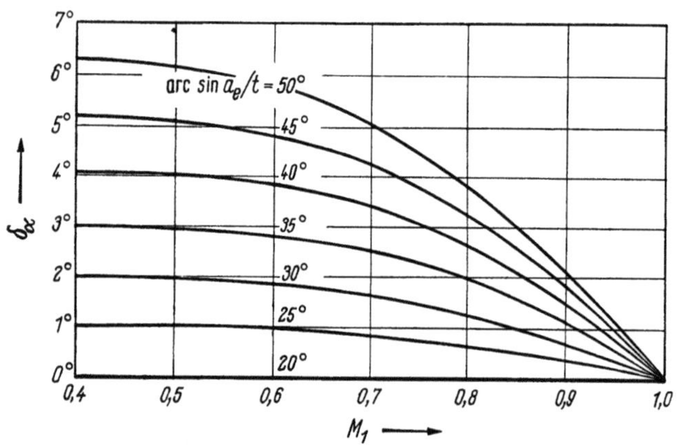

Bild 5.25 MACH-Zahlkorrektur für den Abströmwinkel des Schaufelgitters (nach LEE [68])

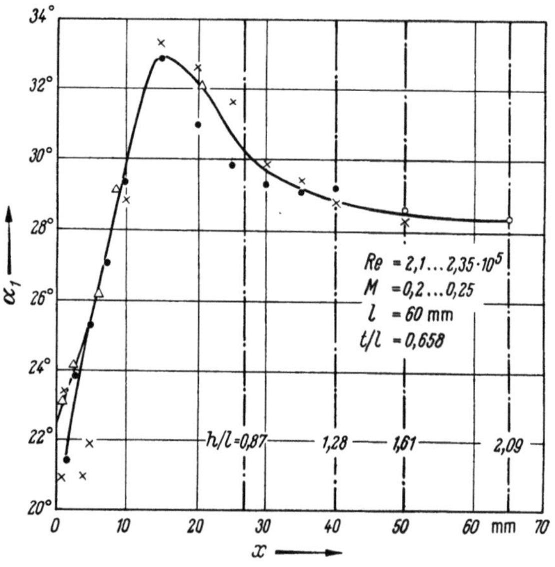

Bild 5.26 Änderung des Abströmwinkels über der Schaufelhöhe eines geraden Gleichdruckgitters bei vier verschiedenen Seitenverhältnissen der Schaufeln (nach GUKASSOWA [36])

kommt. Die Messung gehört zu dem in Bild 4.73 dargestellten Verlauf des Wertes φ^2 eines Gleichdruckgitters und bezieht sich daher ebenfalls auf vier verschiedene Seitenverhältnisse der Schaufeln. Alle Punkte folgen im wesentlichen der durch die eingezeichnete Kurve festgelegten Tendenz. Das Maximum der Kurve liegt etwa 4° über dem Abströmwinkel der ungestörten Strömung im Mittelteil der Schaufeln. Bemerkenswert ist der Abfall des Winkels unter denjenigen der ebenen Strömung nach der Kanalwand hin. Dadurch stimmt der Mittelwert von α_1 — und zwar in der Definition

$$\overline{\alpha_1} = \frac{\int_0^h \alpha_1 c_{1a}\,dx}{\int_0^h c_{1a}\,dx}$$

— praktisch mit dem Abströmwinkel der ebenen Strömung überein, vorausgesetzt, daß das Seitenverhältnis der Schaufeln nicht sehr klein ist. — Die Messungen liegen nicht ganz so klar im Fall des Überdruckgitters von Bild 4.74, wo auch die Werte φ^2 bei großem Seitenverhältnis weniger differenziert sind.

Von weiterem Einfluß auf die Abströmrichtung am Schaufelgitter ist schließlich der Radialspalt über einer Laufschaufel. Auch hier müssen wir uns auf die Wiedergabe eines speziellen Versuchsergebnisses beschränken, da die Kompliziertheit der Verhältnisse eine einwandfreie theoretische Behandlung noch nicht zuläßt. So wurde in Bild 5.27 der Winkel β_2 der Relativgeschwindigkeit hinter dem Laufrad einer einstufigen Versuchsturbine für fünf verschiedene bezogene Spaltgrößen s/h über der dimensionslosen Schaufelhöhe aufgetragen. $\lambda = 0$ kennzeichnet den Schaufelfuß, $\lambda = 1$ den Schaufelkopf. Es zeigen sich im Bereiche des Radialspaltes sehr starke Vergrößerungen des Abströmwinkels, die bei den — in der Praxis allerdings nicht vorkommenden — Spielen s/h von 0,030 und mehr über 20° erreichen können. Erst bei 80% der Schaufelhöhe klingt der Einfluß des Radialspaltes ab. Wie insbesondere die Kurve für den kleinsten Spalt erkennen läßt, fehlen an der Laufschaufel die in Bild 5.26 sichtbaren Auswirkungen der Sekundärströmung. Diese Erscheinung ist nach den Ausführungen in Abschn. 4.232.22 nicht un-

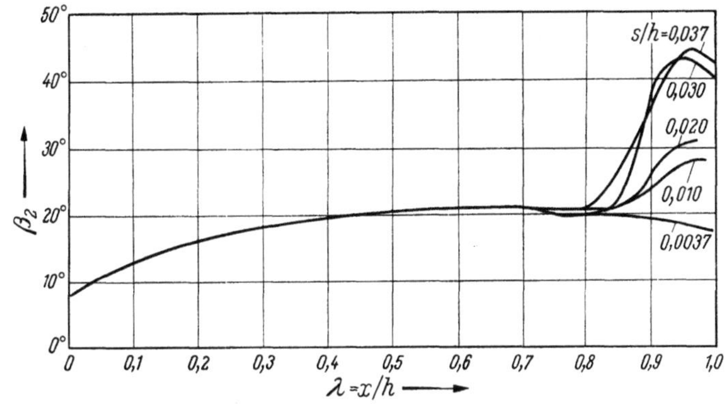

Bild 5.27 Einfluß des Radialspaltes auf die Abströmung vom Laufrad

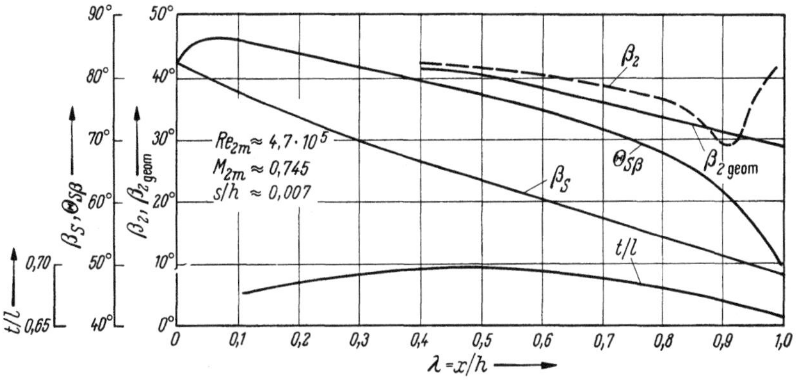

Bild 5.28 Spaltbedingte Minderablenkung der Strömung am Laufrad einer Luftfahrtgasturbine

verständlich und dürfte als Folge der Relativbewegung der äußeren Kanalwand und der Zentrifugierung der Schaufelgrenzschichten anzusprechen sein. Wir können also für die Abschätzung der durch räumliche Einflüsse bedingten zusätzlichen Austrittswinkelübertreibung im eigentlichen Sinne bei Leiträdern Bild 5.26, bei Laufrädern Bild 5.27 zugrunde legen.

Die letztgenannte Darstellung läßt noch die Frage offen, welche der verschiedenen Kurven für den Fall der Praxis kennzeichnend ist. Sie wird durch Bild 5.28 beantwortet, das das Ergebnis von Messungen hinter der letzten Stufe einer Original-Luftfahrtgasturbine zeigt. Es wurde die Absolutgeschwindigkeit hinter dem Laufrad für jeden Radius nach Größe und Richtung bestimmt und über die zugehörige Umfangsgeschwindigkeit auf die Relativgeschwindigkeit umgerechnet. Im Diagramm ist der ermittelte Austrittswinkel der Relativströmung dem Hinterkantenwinkel der Schaufel — gemessen an der Profilskelettlinie — gegenübergestellt. Zur Kennzeichnung der Gittergeometrie wurde noch der radiale Verlauf von Teilungsverhältnis, Staffelungswinkel und Skelettlinienumlenkwinkel aufgetragen. Die zu r_m gehörigen mittleren Werte von REYNOLDS-Zahl und MACH-Zahl — bezogen auf den Gaszustand hinter dem Laufradgitter — sowie die relative Spalthöhe sind ebenfalls aus dem Bild zu ersehen. Natürlich ist die Angabe des letzteren Wertes infolge der verschiedenen Wärmedehnungen von Rotor und Gehäuse der heißen Maschine etwas unsicher, doch gliedert sich die Zuordnung eines $s/h \approx 0{,}007$ zur maximalen Minderablenkung von 12,5° am Außenradius gut in die Ergebnisse des Bildes 5.27 ein. Etwas ausgeprägter und mehr nach außen verschoben als in diesem Bild ist das Minimum der β_2-Kurve, in dem eine schwache Mehrablenkung erreicht wird — eine noch stärkere, durch die Besonderheiten der rotierenden Schaufel hervorgerufene Differenzierung des Laufrades gegen das Leitrad.

Bei der Profilierung einer Laufschaufel kann man der spaltbedingten Minderablenkung teilweise durch Wahl einer entsprechenden Winkelkorrektur (Zudrehen der Schaufelhinterkante am Außenradius) Rechnung tragen. Der Rest ist bei der Anströmung eines etwaigen folgenden Leitrades zu berücksichtigen.

5.212.2 Strahlablenkung bei überkritischem Gefälle. Ein normales Beschleunigungsgitter, wie es für Leit- und Laufräder von Überdruckturbinen verwendet wird, weist die engste Stelle des Schaufelkanales am Ende der Bauchseite des einen begrenzenden Profiles auf. Von hier aus stromabwärts ist die Strömung in einem etwa dreieckigen Kanalabschnitt, dem sogenannten Schrägabschnitt, nur noch einseitig von dem hinteren Teil der Saugseite des anderen begrenzenden Profiles geführt. Der Schrägabschnitt ist von besonderer Bedeutung für die Beschleunigung der Strömung bei überkritischem Gefälle am Schaufelgitter.

Solange wir unterkritisches Gefälle haben, ist der Druck im engsten Querschnitt des Kanals (AB in Bild 5.30) etwa gleich dem Gegendruck des Gitters. Bei überkritischem Gefälle wird an der engsten Stelle gerade der kritische Druck erreicht. Die weitere Druckabsenkung geht mit einer Expansion ins Überschallgebiet unter gleichzeitiger Umlenkung der Strömung im Schrägabschnitt vor sich.

Das Wesen der Erscheinung läßt sich durch einen Vergleich mit der PRANDTL-MEYER-Strömung längs einer plötzlich endenden Wand verstehen, die in unserem Fall durch die untere Kanalbegrenzung mit dem Ende A (vgl. Bild 5.29) gegeben ist. Das Gas strömt entlang dieser Wand, also bis zum Querschnitt AB, mit Schallgeschwindigkeit. In A fällt der Druck plötzlich vom kritischen Wert p_1'' auf den Enddruck p_1 des überkritischen Gefälles ab. Die Strömung wird unter dem Einfluß dieser Druckabsenkung zur achsparallelen Richtung hin abgelenkt und beschleunigt. Dabei sind die Strömungsparameter jeweils auf den von A aus gezogenen Strahlen, von denen AB und AC zwei Vertreter darstellen, konstant. Diese Strahlen sind MACHsche Störungslinien. Ist der Enddruck p_1 etwa längs des Strahles AC erreicht, so strömt das Gas von hier aus geradlinig weiter. Sein Geschwindigkeitsvektor vom Betrage c_1 schließt mit der Normalen zu AC den durch

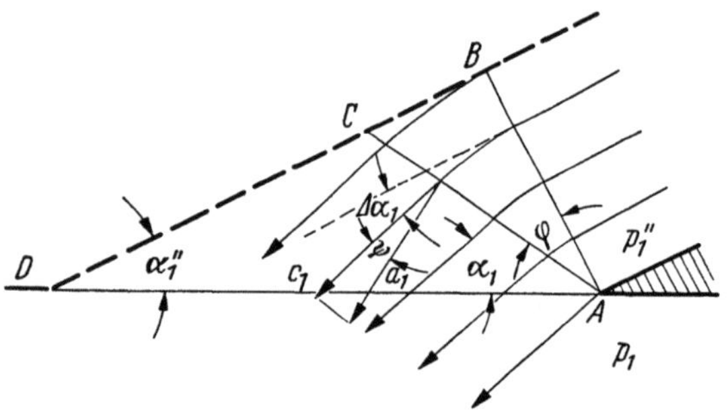

Bild 5.29 PRANDTL-MEYER-Strömung längs einer plötzlich endenden Wand

$$\cos \psi = \frac{a_1}{c_1}$$

mit a_1 als örtlicher Schallgeschwindigkeit bestimmten Winkel ψ ein. Dabei ist der Endstrahl AC der Nachexpansion gegenüber dem Anfangsstrahl AB um einen Winkel φ gedreht, der durch die Gleichung

$$\tan \left[\varphi \sqrt{\frac{\varkappa - 1}{\varkappa + 1}}\right] = \sqrt{\frac{\varkappa - 1}{\varkappa + 1}} \tan \psi$$

festgelegt ist. Beide Winkel zusammen ergeben die Ablenkung der Strömung zu

$$\Delta\alpha_1 = \varphi - \psi \tag{5.20}$$

und damit — ausgehend von der Geschwindigkeitsrichtung an der engsten Stelle des Gitters — den Abströmwinkel

$$\alpha_1 = \alpha_1'' + \Delta\alpha_1.$$

Natürlich stellt dieses Ergebnis für die Schaufelgitterströmung nur einen Näherungswert dar, da die für seine Ableitung zugrunde gelegte Strömung in Wirklichkeit durch den Einfluß der Kanalwand BD gestört wird. Der in Bild 5.29 gezeichnete Stromlinienverlauf setzt eine unendliche Kanalweite AB voraus. Ist diese nicht gegeben, so muß die durch B laufende Stromlinie aus Kontinuitätsgründen der Kanalwand bis D folgen. Kinematisch wird dieses durch den Einfluß der an der Wand BD reflektierten von A ausgehenden Strahlen, die ja Verdünnungslinien darstellen, bewirkt. Die Strahlen selber verlaufen dabei nicht mehr ganz geradlinig. Die reflektierten Verdünnungswellen haben zur Folge, daß die Entspannung an der Schaufelwand größer als an der Ecke ist. Das ist auch anschaulich verständlich, da das Anlegen der Stromlinie unterhalb B an die Wand dort eine stärkere Zunahme des Stromfadenquerschnittes als an der Ecke A erfordert. Die Strömungen von benachbarten Schaufelkanälen treten dann aber mit verschiedenen Geschwindigkeiten und Richtungen in der Berührungsebene aus dem Gitter aus. Die Folge ist ein von der Schaufelhinterkante ausgehender Verdichtungsstoß.

In Bild 5.30 ist das Schema einer wirklichen Strömung mit Nachexpansion im Schrägabschnitt nach Stetschkin [8] wiedergegeben. Dabei handelt es sich um den allgemeinen Fall gekrümmter Schaufeln endlicher Dicke mit stumpfen Austrittskanten. Wir sehen hier gestrichelt gezeichnet die von A ausgehenden und an der Saugseite des gegenüberliegenden Profiles reflektierten Verdünnungswellen. Da es sich nicht mehr um Schaufelkanäle handelt, die geradlinig mit Schallgeschwindigkeit durchströmt werden, ist die Linie, auf der die Schallgeschwindigkeit durchschritten wird, nur schwer bestimmbar und im allgemeinen unbekannt. Sie stimmt auf jeden Fall nicht mehr mit dem Strahl AB überein. Den von der Schaufelhinterkante ausgehenden, die Strömung zweier benachbarter Schaufelkanäle wieder in Einklang bringenden Verdichtungsstoß finden wir als ausgezogene Linie DE. Er macht den Expansionsunterschied zwischen Schaufeldruck- und -saugseite wieder rückgängig.

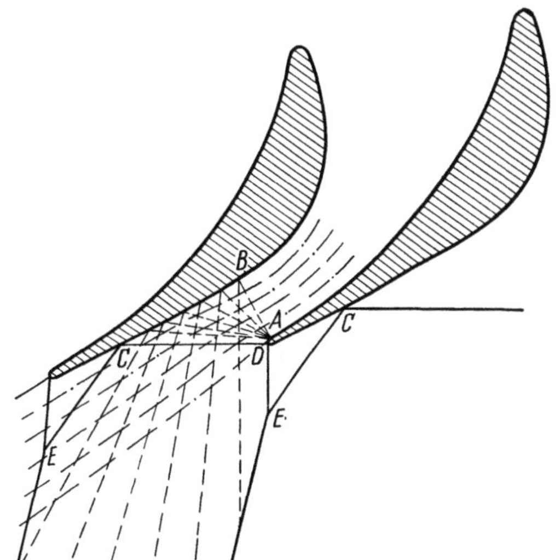

Bild 5.30 Schema einer Strömung mit Nachexpansion im Schrägabschnitt (nach Stetschkin [8])

Außer dem Stoß DE geht von der Schaufelhinterkante noch ein solcher DC aus, der als Auswirkung einer Überexpansion im Schrägabschnitt angesehen werden muß. Bei dieser sinkt der Druck unter den Gegendruck p_1 ab. Die Folge ist ein Verdichtungsstoß am Austritt aus der Gitterebene. Der Stoß wird genauso wie die Verdünnungswellen an der Schaufelsaugseite reflektiert und läuft als CE weiter. Aus der Wechselwirkung der Stöße DE und CE entsteht schließlich der Stoß EF, in den — ihn so allmählich abbauend — nacheinander die reflektierten Verdünnungswellen einmünden. Die Abströmung vom Gitter durchquert natürlich, wie die eingetragenen Stromlinien zeigen, die einzelnen Verdünnungswellen und Verdichtungsstöße, wobei fortschreitend die Charakteristikenfelder sämtlicher folgenden Schaufelkanäle erreicht werden. Infolge des zunehmenden Abstandes vom Schaufelgitter werden dabei aber die Stoßstärken laufend kleiner.

Man sieht, daß die Berücksichtigung der endlichen Kanalweite AB die Behandlung der Nachexpansion im Schrägabschnitt wesentlich kompliziert hat. Es ist zwar auch klargeworden, daß das einfache Bild der PRANDTL-MEYER-Strömung nur in der Umgebung des Punktes A eine weitgehend zutreffende Vorstellung des Expansionsvorganges vermittelt. Macht man aber dieses Zugeständnis, so ist sie doch geeigneter, einen Überblick über das Wesen der Nachexpansion zu geben. Insbesondere können wir mit ihrer Hilfe die Grenze dieses Vorganges bestimmen, durch die gleichzeitig der maximale noch mit einer Leistungszunahme der Turbine verbundene Ablenkungswinkel $\Delta\alpha_1$ festgelegt wird.

Offenbar ist die Nachexpansionsfähigkeit eines Schrägabschnittes dann erschöpft, wenn der Strahl AC von Bild 5.29 mit dem Austritt AD aus dem Schaufelkanal zusammenfällt. Zwar kann man den Druck p_1 hinter dem Gitter theoretisch noch beliebig weit unter den auf der Linie AD erreichten Wert $p_{1\min}$ absenken, doch erhöht der Druckabfall außerhalb des Gitters nur noch die Axialkomponente der Geschwindigkeit. In Umfangsrichtung ist ja kein Druckgradient mehr vorhanden. Praktisch ist allerdings der Druck $p_1 = 0$ nicht erreichbar. Expansion ins Vakuum würde wegen der endlichen Grenzgeschwindigkeit und der verschwindenden Gasdichte einen unbegrenzten Strömungsquerschnitt verlangen, der im Ringkanal der Turbine nicht zur Verfügung steht.

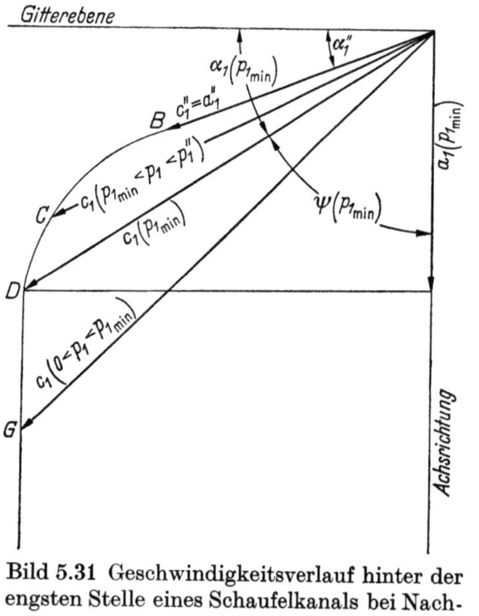

Bild 5.31 Geschwindigkeitsverlauf hinter der engsten Stelle eines Schaufelkanals bei Nachexpansion

Die Änderung von c_1 mit p_1 wird durch Bild 5.31 veranschaulicht. Haben wir im Querschnitt AB die anfängliche Schallgeschwindigkeit $c_1'' = a_1''$ unter dem Winkel α_1'', so ist auf dem Strahl AC bereits die Überschallgeschwindigkeit c_1 mit dem größeren Winkel α_1 vorhanden. Im Endquerschnitt AD erreichen wir schließlich den Wert $c_1(p_{1\min})$ mit der Schallgeschwindigkeit $a_1(p_{1\min})$, die wegen der mit der Expansion abgesunkenen Temperatur natürlich kleiner als a_1'' ist, als Axialkomponente. Die Geschwindigkeit $c_1(p_{1\min})$ schließt mit der Gitterfront den Winkel $\alpha_1(p_{1\min})$ und mit der Achsrichtung den Winkel $\psi(p_{1\min})$ ein. Liegen die Endpunkte der bisher betrachteten Geschwindigkeitsvektoren noch auf einer gekrümmten Linie BCD, so wandern sie bei Absenkung des Druckes unter $p_{1\min}$ längs einer achsparallelen Geraden bis zu einem Endpunkt (etwa G), bei dem die kontinuitätsmäßig gegebene Grenze der Expansion erreicht ist.

Der Minimaldruck $p_{1\min}$ kann leicht bestimmt werden, wenn man von den Kontinuitätsbeziehungen für die Querschnitte AB und AD in Bild 5.29 ausgeht. Dabei betrachten wir den Querschnitt AD nunmehr im Gegensatz zu der vereinfachten Darstellung wieder als voll durchströmt. Es ist dann

$$F_{AB} = \frac{\dot{m}}{\varrho_1'' a_1''}$$

und

$$F_{AD} = \frac{\dot{m}}{\varrho_1(p_{1\min}) \cdot a_1(p_{1\min})}.$$

Dividiert man diese beiden Ausdrücke durcheinander, so fällt der sekundliche Massendurchsatz heraus, und man erhält

$$\cos\varphi(p_{1\min}) = \frac{F_{AB}}{F_{AD}} = \frac{\varrho_1(p_{1\min})}{\varrho_1''}\,\frac{a_1(p_{1\min})}{a_1''}.$$

Bei polytroper Expansion ist hier

$$\frac{\varrho_1(p_{1\min})}{\varrho_1''} = \left(\frac{p_{1\min}}{p_1''}\right)^{\frac{1}{n}}$$

und

$$\frac{a_1(p_{1\min})}{a_1''} = \sqrt{\frac{T_{1\min}}{T_1''}} = \left(\frac{p_{1\min}}{p_1''}\right)^{\frac{n-1}{2n}},$$

also

$$\cos\varphi(p_{1\min}) = \left(\frac{p_{1\min}}{p_1''}\right)^{\frac{n+1}{2n}}.$$

Diese Gleichung haben wir nach $p_{1\min}$ aufzulösen. Berücksichtigen wir noch, daß $\varphi(p_{1\min})$ und α_1'' Komplementwinkel sind, so wird

$$p_{1\min} = p_1'' \sin^{\frac{2n}{n+1}} \alpha_1''. \tag{5.21}$$

Die Anwendung der letzten Beziehung ist sehr einfach, wenn man den Polytropenexponenten n für die Gasströmung vom engsten Querschnitt bis zur Austrittsebene des Schaufelkanals abschätzen kann. Andernfalls führt uns die Beziehung (2.18) weiter, nämlich

$$n = \frac{\varkappa[1 + \zeta_c(\delta - 1)]}{1 + \zeta_c(\delta\varkappa - 1)} \tag{5.22}$$

mit

$$\delta = \frac{c_1^2(p_{1\min})}{c_1^2(p_{1\min}) - a_1''^2},$$

wo mit Hilfe von

$$c_1^2(p_{1\min}) = 2\,\frac{\varkappa}{\varkappa - 1}\,R\,T_1''\left[1 - \left(\frac{p_{1\min}}{p_1''}\right)^{\frac{n-1}{n}}\right] + a_1''^2 \tag{5.23}$$

auch

$$\delta = 1 + \frac{a_1''^2}{2RT_1''}\,\frac{\varkappa - 1}{\varkappa}\,\frac{1}{1 - \left(\frac{p_{1\min}}{p_1''}\right)^{\frac{n-1}{n}}}$$

geschrieben werden kann. Beachten wir noch, daß α_1'' gleich der zur Temperatur T_1'' gehörigen Schallgeschwindigkeit ist und das Druckverhältnis in der letzten Gleichung nach Gl. (5.21) durch α_1'' ausgedrückt werden kann, so wird einfach

$$\delta = 1 + \frac{\varkappa - 1}{2\left(1 - \sin^{\frac{2n-2}{n+1}} \alpha_1''\right)}. \tag{5.24}$$

(5.22) und (5.24) stellen zwei Gleichungen für die beiden Unbekannten n und δ dar.

Natürlich muß für die Bestimmung von n der Verlustkoeffizient ζ_c bekannt sein. Er braucht nicht mit demjenigen der Strömung vor der engsten Stelle des Schaufelkanals, also einer Unterschallströmung, identisch zu sein. Im Gegensatz zu diesem erfaßt er ja nicht in erster Linie Reibungsverluste, sondern die Verluste, die mit dem irreversiblen Charakter der Verdichtungsstöße zusammenhängen. Eine Berechnung dieses Verlustkoeffizienten wurde von Traupel [69] geliefert.

Die Traupelsche Theorie baut auf einer eindimensionalen Betrachtung der Nachexpansion im Schrägabschnitt auf. Entgegen dem durch Bild 5.30 gekennzeichneten zweidimensionalen Charakter der Strömung wird also die Annahme längs der Teilung gleichmäßiger Abströmung getroffen. Wir können uns auch vorstellen, daß die Verhältnisse hinreichend weit hinter dem Gitter untersucht werden, wo alle Ungleichheiten ausgeglichen sind. Dadurch erhält man eine für die Zwecke der Praxis genügend einfache Darstellung des Vorganges. Über die Verlustzahl hinaus ergibt sich die Größe der Strahlablenkung in genauerer Weise, als es durch Gl. (5.20) erfolgen kann.

Zunächst gilt in unveränderter Form die an Hand von Bild 5.24 abgeleitete Beziehung (5.14), also

$$\sin \alpha_1 = \frac{\varrho_1'' c_1''}{\varrho_1 c_1} \frac{a_e}{t},$$

wo a_e wieder die Breite an der engsten Stelle des Schaufelkanals bedeutet. Haben wir dort Schallgeschwindigkeit und vereinfachen wir nun das Schaufelgitter auf die Form des Bildes 5.32, indem wir die Schaufelenden unendlich dünn und gerade voraussetzen, so können wir schreiben

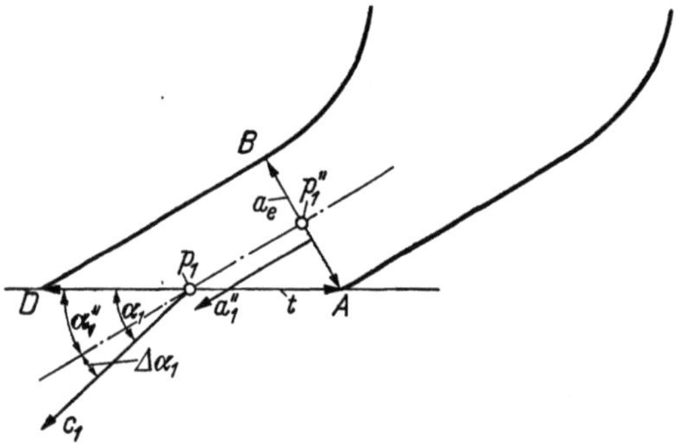

Bild 5.32 Strahlablenkung bei überkritischem Gefälle

$$\sin \alpha_1 = \frac{\varrho_1'' a_1''}{\varrho_1 c_1} \sin \alpha_1'' \tag{5.25}$$

oder unter Berücksichtigung der polytropen Zustandsänderung

$$\sin \alpha_1 = \frac{p_1''}{p_1} \left(\frac{p_1}{p_1''}\right)^{\frac{n-1}{n}} \frac{a_1''}{c_1} \sin \alpha_1''.$$

Hier läßt sich der zweite Faktor auf der rechten Seite aus der für p_1 statt $p_{1\min}$ geschriebenen Gl. (5.23) berechnen. Man eliminiert so wieder den Polytropenexponenten und erhält

$$\sin \alpha_1 = \frac{p_1''}{p_1} \frac{a_1''}{c_1} \left[1 - \frac{\varkappa - 1}{2\varkappa} \frac{c_1^2 - a_1''^2}{R T_1''}\right] \sin \alpha_1''. \tag{5.26}$$

Da $(1 - \zeta_c)$ mit dem Quadrat der Geschwindigkeitszahl für die Expansion hinter dem engsten Kanalquerschnitt identisch ist, gilt weiter in Analogie zu Gl. (5.23)

$$c_1^2 = (1 - \zeta_c) \left\{2 \frac{\varkappa}{\varkappa - 1} R T_1'' \left[1 - \left(\frac{p_1}{p_1''}\right)^{\frac{\varkappa-1}{\varkappa}}\right] + a_1''^2\right\}. \tag{5.27}$$

Schließlich erhalten wir noch eine von den vorangehenden unabhängige Gleichung durch Anwendung des Impulssatzes auf die Kontrollfläche $ABDA$ in Richtung α_1''. Wir haben dabei nur die Flächen AB und DA zu berücksichtigen, da BD nicht durchströmt wird und außerdem in Richtung α_1'' liegt. Es ist

$$\dot m a_1'' + p_1'' a_e = \dot m c_1 \cos \Delta\alpha_1 + p_1 t \sin \alpha_1'' \tag{5.28}$$

bzw. wegen $t \sin \alpha_1'' = a_e$ auch

$$c_1 \cos \Delta a_1 - a_1'' = \frac{a_e (p_1'' - p_1)}{\dot m}.$$

Wir haben nur noch die Kontinuitätsbedingung

$$\dot m = a_e \varrho_1'' a_1''$$

einzuführen, um zu erhalten

$$\cos \Delta\alpha_1 = \frac{1}{c_1} \left(a_1'' + \frac{p_1'' - p_1}{\varrho_1'' a_1''}\right)$$

oder unter Einführung von α_1 und Benutzung der Gasgleichung

$$\cos (\alpha_1 - \alpha_1'') = \frac{1}{c_1} \left[a_1'' + \frac{R T_1''}{a_1''} \left(1 - \frac{p_1}{p_1''}\right)\right]. \tag{5.29}$$

In den Beziehungen (5.26), (5.27) und (5.29) liegen uns drei Gleichungen für die drei Unbekannten ζ_c, α_1 und c_1 vor; denn α_1'', p_1'', T_1'', a_1'', $\varkappa$ und p_1 können als bekannt bzw. gegeben vorausgesetzt werden. Eine Auswertung des Systems wurde von TRAUPEL für $\varkappa = 1{,}3$ durchgeführt. Das Ergebnis ist in den Bildern 5.33, 5.34 und 5.35 durch die Kurvenäste zwischen $p_1/p_1'' = 1$ und der gestrichelten Grenzlinie graphisch dargestellt.

Ausgangspunkt unserer ganzen Betrachtung war die Frage nach der Richtung der Abströmung vom Schaufelgitter im Zusammenhang mit der Austrittswinkelübertreibung.

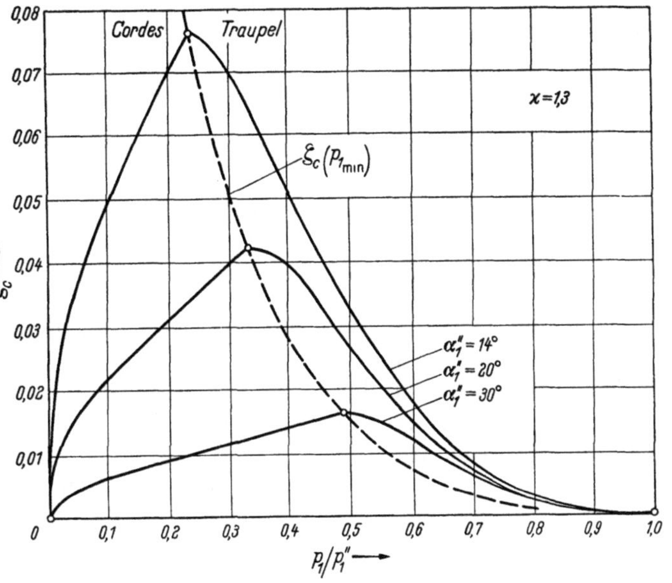

Bild 5.33 Verlustziffer bei Expansion bis $p_1 = 0$

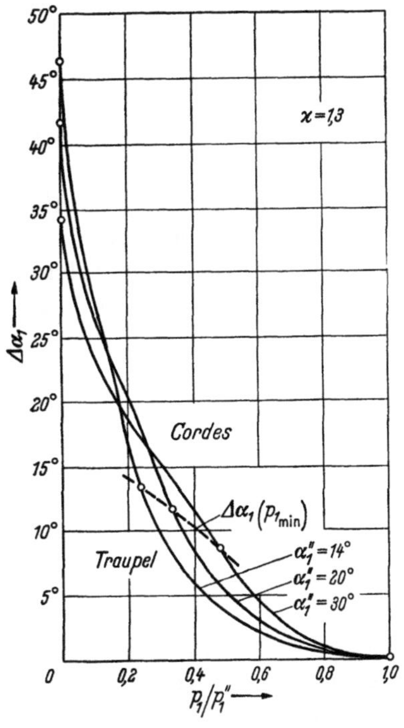

Bild 5.34 Strahlablenkungswinkel bei Expansion bis $p_1 = 0$

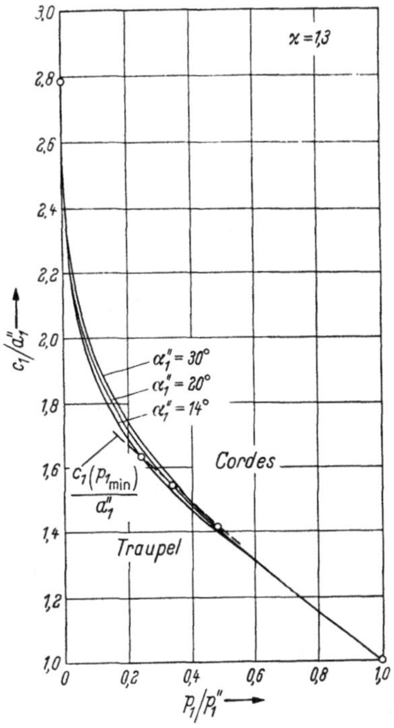

Bild 5.35 Endgeschwindigkeit bei Expansion bis $p_1 = 0$

Diese Frage konnte bisher nur durch Einbeziehung aller die Strömung beeinflussenden Parameter in die Untersuchung behandelt werden und führte so zu einer Gesamtbetrachtung der Nachexpansion. Neben α_1 sind gleichberechtigt c_1 und ζ_c in der Rechnung aufgetreten. Die weitere Diskussion des Ergebnisses bezieht sich daher zweckmäßigerweise auf Ablenkungswinkel, Endgeschwindigkeit und auftretende Verluste gemeinsam.

Das erste der drei genannten Bilder zeigt den Verlustwert ζ_c über dem Druckverhältnis p_1/p_1'' für die drei Schaufelwinkel $\alpha_1'' = 14°$, $20°$ und $30°$. Die gestrichelte Grenzlinie verbindet die Punkte, in denen die TRAUPELsche Lösung eine horizontale Tangente erreicht. Rein rechnerisch läßt sich die Lösung noch weiter nach links fortsetzen, ist aber in diesem Bereich physikalisch sinnlos, da die horizontale Tangente nach CORDES *[70]* mit dem Erschöpfen der Nachexpansionsfähigkeit des Schrägabschnittes identisch ist. Im Sinne einer PRANDTL-MEYER-Strömung heißt das, daß der Endstrahl der Verdünnungswelle gerade in die Austrittsebene des Gitters fällt. Die gestrichelte Linie ist also als Parameterdarstellung

$$\zeta_c(p_{1\min}) = f(\alpha_1''), \quad \frac{p_{1\min}}{p_1''} = g(\alpha_1'') \tag{5.30}$$

zu deuten. In $\zeta_c(p_{1\min})$ ist dabei der in Gl. (5.22) einzusetzende Wert ζ_c gefunden. Natürlich muß dann aber auch der Enddruck nach Gl. (5.21) mit demjenigen der Parameterdarstellung (5.30) übereinstimmen, jedenfalls im Rahmen der in den unterschiedlichen Voraussetzungen beider Theorien begründeten Abweichungen.

In Bild 5.36 wurden beide Beziehungen einander gegenübergestellt, indem der Minimaldruck direkt über dem Schaufelaustrittswinkel aufgetragen wurde. Die Übereinstimmung ist sehr gut. Der verbleibende Unterschied wird dadurch erklärt, daß der Gl. (5.21) noch der allgemeine Fehler des PRANDTL-MEYER-Verfahrens anhaftet, immer zu große Ablenkungen und damit zu kleine Drücke zu liefern. Allerdings ist dieser Fehler hier durch die Heranziehung der Kontinuitätsgleichung für die Ableitung von Gl. (5.21) weitgehend gemildert. Er tritt wesentlich stärker in Erscheinung, wenn man die reine Eckumströmung unter völliger Vernachlässigung der gegenüberliegenden Wand mit der Lösung der eindimensionalen Theorie vergleicht.

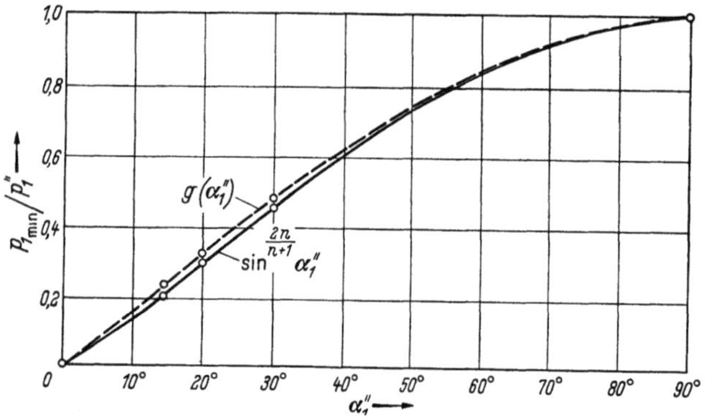

Bild 5.36 Vergleich des Minimaldruckes der Nachexpansion nach Gl. (5.21) und Gl. (5.30)

Nach PRANDTL-MEYER gilt für die Austrittsebene des Schaufelgitters bei maximaler Nachexpansion (vgl. Bild 5.31)

$$\sin \alpha_1(p_{1\min}) = \frac{a_1(p_{1\min})}{c_1(p_{1\min})} = \frac{1}{M_1(p_{1\min})} . \tag{5.31}$$

Setzt man für die Ergebnisse der eindimensionalen Theorie

$$\sin \alpha_1(p_{1\min}) = \frac{k}{M_1(p_{1\min})} \tag{5.32}$$

an, so kann man k aus den Winkel- und Geschwindigkeitswerten auf den gestrichelten Grenzlinien von Bild 5.34 und 5.35 bestimmen. Diese Grenzlinien haben die gleiche Bedeutung wie diejenige in Bild 5.33, zeigen also ebenfalls das Erreichen der maximalen Nachexpansion im Schrägabschnitt an. An Hand der Auftragung von k über α_1'' in Bild 5.37 ist nun ein Vergleich der beiden Theorien ohne Ergänzung der zweidimensionalen Theorie durch die Kontinuitätsgleichung möglich. Es zeigt sich, daß erst von $\alpha_1'' = 30°$ ab der Zahlenkoeffizient in Gl. (5.32) die Größenordnung 1 erreicht. Mit weiter wachsendem Schaufelaustrittswinkel gleichen sich aber beide Berechnungsmethoden sehr schnell an, so daß sie nunmehr gleichberechtigt nebeneinander treten können.

Auf Grund der Erkenntnis des Charakters der TRAUPELschen Grenzlinien konnten die Kurven der Bilder 5.33 bis 5.35 von CORDES über diese hinaus bis $p_1/p_1'' = 0$ fortgesetzt werden. Sie erfassen in dem Bereich unterhalb von $p_{1\,\min}/p_1''$ die zusätzliche Expansion außerhalb des Schaufelgitters im anschließenden Ringraum. Da seitlich führende Wände für das Gas hier fehlen, kann diese Expansion nur in axialer Richtung erfolgen. Sie erfordert also nunmehr eine Änderung der Kanalhöhe in Achsrichtung.

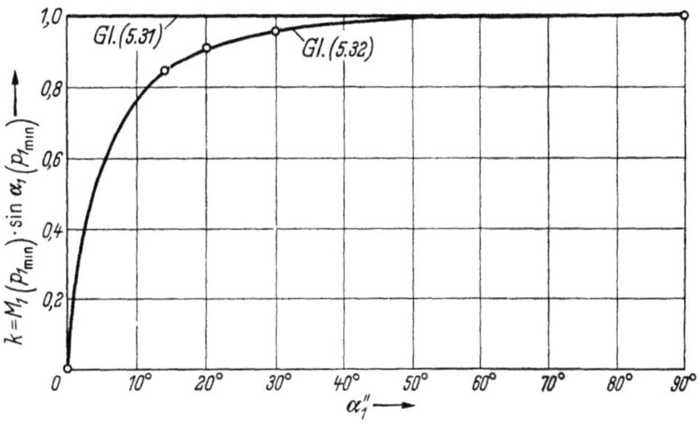

Bild 5.37 Vergleich der Abströmung bei maximaler Nachexpansion nach Gl. (5.31) und Gl. (5.32)

Für die Berechnung der Kurvenfortsetzungen betrachten wir in einem ersten Schritt den Strömungsverlauf nach Austritt des Gases aus dem Schaufelgitter, also beginnend in der Ebene DA mit den Zustandswerten $p_{1\min}$, $c_1(p_{1\,\min})$, $\alpha_1(p_{1\,\min})$ der TRAUPELschen Grenzlinien, für sich. Der einfacheren Schreibung wegen nennen wir die Anfangswerte im folgenden kurz p, c und α, wie wir auch bei den übrigen Anfangsgrößen nähere Kennzeichnungen fortlassen wollen. Als Kontrollraum wählen wir den gesamten von der Austrittsfläche F des Schaufelgitters und dem nach der Kanalerweiterung erhaltenen Endquerschnitt F_1 begrenzten Ringraum, von dem der auf eine Teilung entfallende Ausschnitt in Bild 5.38 dargestellt ist (z_{Sch} = Schaufelzahl). Wie ersichtlich, wird dabei ein in Achsrichtung konstanter Radius r_f vorausgesetzt, der den Ringkanal in seinen Querschnittsflächen halbiert. Dieser Fall ist rechnerisch einfach und läßt bereits alle wesentlichen Eigenschaften der Strömung im Ringraum erkennen.

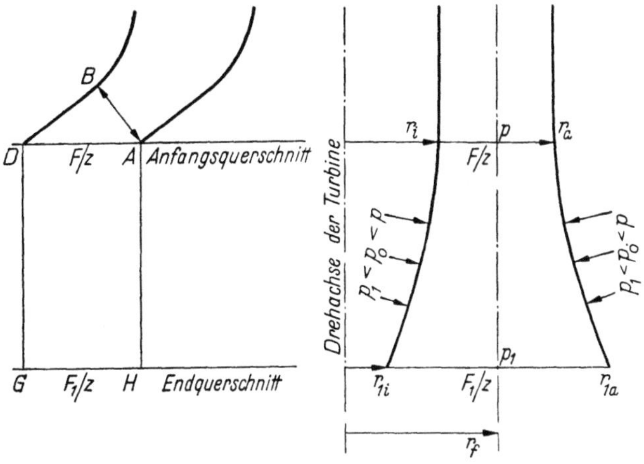

Bild 5.38 Kontrollraum für die Berechnung der Expansion außerhalb des Schaufelgitters

Das Geschehen wird durch vier Gleichungen beherrscht. Als Ausdruck der Kontinuität haben wir

$$\varrho c F \sin\alpha = \varrho_1 c_1 F_1 \sin\alpha_1 .$$

Der Impulssatz für die axiale Richtung unterscheidet sich von demjenigen nach Gl. (5.28) dadurch, daß wir infolge der nichtzylindrischen inneren und äußeren Kanalwand auf der linken Seite ein weiteres Druckglied erhalten. Es stellt die von den Wänden auf die Strömung ausgeübte Axialkraft dar. Damit wird

$$\varrho c^2 F \sin^2\alpha + pF + 2\pi\left(\int_{r_{1i}}^{r_i} p_ö r\, dr + \int_{r_a}^{r_{1a}} p_ö\, r\, dr\right) = \varrho_1 c_1^2 F_1 \sin^2\alpha_1 + p_1 F_1, \quad (5.33)$$

wo p_δ den örtlichen, von Querschnitt zu Querschnitt veränderlichen Druck darstellt. Wegen des konstanten flächenhalbierenden Radius haben wir als Impulssatz für die Umfangsrichtung

$$c \cos \alpha = c_1 \cos \alpha_1 .$$

Schließlich können wir noch den Energiesatz unter Verzicht auf die von TRAUPEL eingeführte Verlustziffer aufschreiben. Wir haben keine Veranlassung, den Expansionsvorgang im Ringkanal ebenfalls als irreversibel zu betrachten. Auch aus Kompatibilitätsgründen ist die Einführung einer weiteren Variablen nicht erforderlich. Also ist noch

$$c_1^2 = 2 \frac{\varkappa}{\varkappa - 1} RT \left[1 - \left(\frac{p_1}{p} \right)^{\frac{\varkappa - 1}{\varkappa}} \right] + c^2 .$$

Der Klammerausdruck in Gl. (5.33) läßt sich durch Umformung als reine Funktion von p_1 darstellen. Damit haben wir in den letzten vier Beziehungen eine ausreichende Anzahl von Gleichungen zur Bestimmung von ϱ_1, c_1, F_1 und α_1. Die übrigen auftretenden Größen einschließlich p_1 können ja als bekannt vorausgesetzt werden.

Trägt man α_1 — dieses erneut in der Form $\Delta \alpha_1 = \alpha_1 - \alpha_1''$ — und c_1 über p_1 auf, wobei wieder ein dimensionsloser Maßstab gewählt wird, so ergibt sich die gesuchte Fortsetzung der Kurven in Bild 5.34 und 5.35. Zur Ausbildung der so festgelegten Strömung ist erforderlich, daß die Kanalquerschnittsfläche F_1 nach kleineren Drücken hin zunächst abnimmt, um erst dann unbegrenzt anzuwachsen. Das ist eine Folge des Aufdrehens der Geschwindigkeit c_1 (Übergang von D nach G in Bild 5.31), wodurch die Axialkomponente zunächst trotz des Überschallbereiches stärker anwächst als das spezifische Volumen. Allgemein gilt

$$\frac{F}{F_1} = \left(\frac{p_1}{p} \right)^{\frac{1}{\varkappa}} \left[1 + \frac{2}{(\varkappa - 1) M^2 \sin^2 \alpha} \left(1 - \left(\frac{p_1}{p} \right)^{\frac{\varkappa - 1}{\varkappa}} \right) \right]^{\frac{1}{2}} ; \tag{5.34}$$

das Maximum dieser Funktion wird bei

$$\frac{p_1}{p} = \left(\frac{2}{\varkappa + 1} \, \frac{1 + \dfrac{2}{(\varkappa - 1) M^2 \sin^2 \alpha}}{\dfrac{2}{(\varkappa - 1) M^2 \sin^2 \alpha}} \right)^{\frac{\varkappa}{\varkappa - 1}}$$

erreicht. Soll das Maximum gerade bei $p_1/p = 1$ auftreten, so muß

$$\sin \alpha = \frac{1}{M}$$

sein. Diese für die Austrittsebene des Schaufelgitters gültige Bedingung ist nach Bild 5.37 exakt bei $\alpha_1'' = 90°$ erfüllt. Hier erweitert sich der Kanal wie ein Stromfaden nach Durchschreiten der kritischen Geschwindigkeit. Mit guter Näherung gilt das aber schon bei $\alpha_1'' \geqq 30°$. Erst unterhalb dieses Winkels nimmt also die Einschnürung des Ringkanals — obwohl vorher schon vorhanden — wesentliche Werte an. Im übrigen ist die Voraussetzung eines bestimmten Querschnittverlaufes für die Verwirklichung des erhaltenen Geschwindigkeitsgesetzes nicht weiter auffallend. Sie besteht in gleicher Weise bei der Herstellung einer der BERNOULLIschen Gleichung entsprechenden Druckänderung.

Nach Gl. (5.34) wächst der Kanalquerschnitt F_1 für $p_1 \to 0$ über alle Grenzen. Bei dem von uns betrachteten Ringkanal (s. Bild 5.38) ist durch die Schranke $r_{1i} = 0$ ein größtmöglicher Querschnitt F_1 und damit niedrigst erreichbarer Druck p_1 festgelegt. Diese Einschränkung ist bei der Verwendung von Bild 5.34 und 5.35 sowie des nun zu betrachtenden Diagrammes 5.33 zu berücksichtigen.

Zur Fortsetzung der Verlustziffer ζ_c über $p_{1\,\mathrm{min}}/p_1''$ hinaus nach kleineren Drücken verfolgen wir den Ablauf der Expansion im i,s-Diagramm Bild 5.39. Der Strömungsvorgang kann einmal direkt vom Anfangszustand (p_1'', a_1'') bis zum Enddruck p_1 gerechnet werden und führt dann auf den Verlust

$$\zeta_c\left(\frac{a_1''^2}{2} + h_s\right),$$

der in üblicher Weise auf der Drucklinie p_1 aufgetragen ist. Zerlegt man dagegen den Vorgang in der oben gewählten Form in die Expansion von (p_1'', a_1'') bis $p_{1\,\mathrm{min}}$ und von $[p_{1\,\mathrm{min}}, c_1(p_{1\,\mathrm{min}})]$ bis p_1, so tritt im ersten Abschnitt der Verlust

$$\zeta_c(p_{1\,\mathrm{min}})\cdot\left(\frac{a_1''^2}{2} + h_s(p_{1\,\mathrm{min}})\right) \tag{5.35}$$

auf der Linie $p_{1\,\mathrm{min}}$ auf, während der zweite Abschnitt verlustlos durchlaufen wird. In beiden Fällen wächst die Entropie um denselben Betrag

$$s_1 - s_1'' = s_1(p_{1\,\mathrm{min}}) - s_1'' \tag{5.36}$$

an.

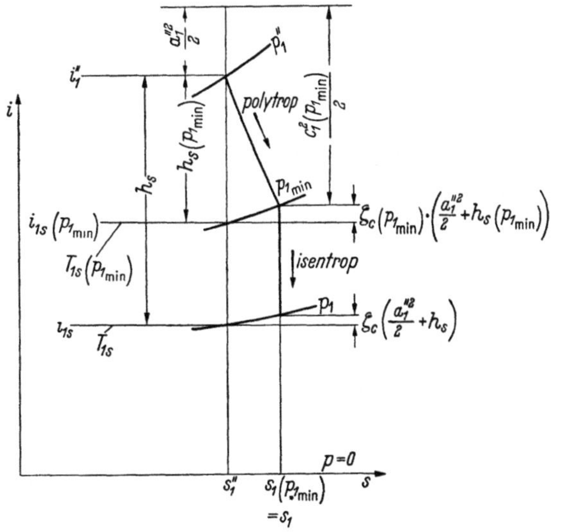

Bild 5.39 Nachexpansion im Schrägabschnitt und hinter dem Schaufelgitter, dargestellt im i, s-Diagramm

Da in dem interessierenden kleinen Bereich die Drucklinien nur sehr wenig gekrümmt verlaufen, läßt sich die Isobarenbeziehung

$$ds = \frac{di}{T}$$

durch

$$\Delta s = \frac{\Delta i}{T}$$

annähern. Demnach können an Stelle der Entropiedifferenzen von Gl. (5.36) die entsprechenden Verluste eingeführt werden. Man erhält

$$\frac{\zeta_c}{T_{1s}}\left(\frac{a_1''^2}{2} + h_s\right) = \frac{\zeta_c(p_{1\,\mathrm{min}})}{T_{1s}(p_{1\,\mathrm{min}})}\left(\frac{a_1''^2}{2} + h_s(p_{1\,\mathrm{min}})\right)$$

oder

$$\zeta_c = \zeta_c(p_{1\,\mathrm{min}})\,\frac{\dfrac{a_1''^2}{2} + h_s(p_{1\,\mathrm{min}})}{\dfrac{a_1''^2}{2} + h_s}\,\frac{T_{1s}}{T_{1s}(p_{1\,\mathrm{min}})}.$$

Mit

$$a_1''^2 = \varkappa R T_1''$$

und Einführung der Drücke in h und T wird schließlich

$$\zeta_c = \zeta_c(p_{1\,\mathrm{min}})\,\frac{1 + \dfrac{2}{\varkappa - 1}\left[1 - \left(\dfrac{p_{1\,\mathrm{min}}}{p_1''}\right)^{\frac{\varkappa-1}{\varkappa}}\right]}{1 + \dfrac{2}{\varkappa - 1}\left[1 - \left(\dfrac{p_1}{p_1''}\right)^{\frac{\varkappa-1}{\varkappa}}\right]}\left(\frac{p_1}{p_{1\,\mathrm{min}}}\right)^{\frac{\varkappa-1}{\varkappa}}. \tag{5.37}$$

In der erhaltenen Gleichung stellt — wie man bei Multiplikation mit dem Nenner des Bruches leicht einsieht — der Faktor

$$\zeta_{c\,\mathrm{konst.Verl.}} = \zeta_c(p_{1\,\min})\,\frac{1+\frac{2}{\varkappa-1}\left[1-\left(\frac{p_{1\,\min}}{p_1''}\right)^{\frac{\varkappa-1}{\varkappa}}\right]}{1+\frac{2}{\varkappa-1}\left[1-\left(\frac{p_1}{p_1''}\right)^{\frac{\varkappa-1}{\varkappa}}\right]}$$

den Koeffizienten eines Verlustes dar, der im ganzen Bereich $0 \leqq p_1 \leqq p_{1\,\min}$ konstant gleich dem bei $p_1 = p_{1\,\min}$ auftretenden Verlust nach Gl. (5.35) gehalten wird. Die Form

$$\zeta_c = \zeta_{c\,\mathrm{konst.Verl.}}\left(\frac{p_1}{p_{1\,\min}}\right)^{\frac{\varkappa-1}{\varkappa}}$$

zeigt, daß dieser Verlust bei Expansion auf Drücke unter $p_{1\,\min}$ proportional zu $p_1^{(\varkappa-1)/\varkappa}$ abgebaut wird, eine dem Wärmerückgewinn in mehrstufigen Turbinen analoge Erscheinung.

Mit Hilfe von Gl. (5.37) kann nun die Fortsetzung der ζ_c-Kurven in Bild **5.33** über die gestrichelte Grenze hinaus berechnet werden, so daß das Problem der Nachexpansion voll gelöst ist. Betrachten wir zusammenfassend das erhaltene Ergebnis, so ist festzustellen:

Der Verlustbeiwert ζ_c erreicht gemeinsam mit dem Verlust selber ein Maximum in der Austrittsebene des Schaufelgitters. Dieses Maximum wächst bei gleichzeitiger Verschiebung nach kleineren Drücken entsprechend der Zunahme der Nachexpansionsfähigkeit mit abnehmendem Schaufelwinkel an. (Sein Größtwert ist $\zeta_c = 0{,}592$ bei $\alpha_1'' = 0$ und $p_{1\,\min} = 0$.) Am Orte des Maximums weist die Funktion $\zeta_c = f(p_1/p_1'')$ eine Unstetigkeit der Ableitung auf. Diese kennzeichnet den Übergang von der polytropen zur isentropen Expansion. Trotz der schon in dem kleinen Bereich praktisch interessierender Schaufelwinkel ($14° \leqq \alpha_1'' \leqq 30°$) merkbar unterschiedlichen Verluste sind die zugehörigen Geschwindigkeitskurven nur wenig differenziert. Die größten Unterschiede in c_1 treten bei $p_1/p_1'' = 0{,}2$ auf. Von hier an setzt nach kleineren Drücken hin auch ein wesentlich stärkerer Anstieg der Kurven ein. Die Endgeschwindigkeit im Vakuum ist infolge des völligen Wärmerückgewinns bis $p_1 = 0$ für alle Schaufelwinkel gleich. Besonders interessant ist hier der Verlauf des Strahlablenkungswinkels über dem Druckverhältnis. Während er innerhalb des Schaufelgitters bei größerem Schaufelwinkel höher liegt als bei niedrigerem, dabei aber im Austritt den kleineren Endwert erreicht, kehrt sich außerhalb des Gitters durch Überschneidung in der Gegend von $p_1/p_1'' = 0{,}2$ die Reihenfolge der Kurven um, dabei für den größeren Schaufelwinkel im Vakuum wiederum den kleineren Endwert ergebend. Bei voller Ausschöpfung der Nachexpansionsfähigkeit des Schrägabschnittes ohne weitere Druckabsenkung erreicht man ein $\Delta\alpha_1$ von 8° bis 13°.

5.22 Zusammenhang zwischen Profilform und Strömungsverlusten

Haben wir uns auf den vorangehenden Seiten sehr ausführlich mit der Frage der Winkelübertreibung befaßt, so geschah dies, um zur Vermeidung des Eintrittsstoßverlustes die aerodynamisch stoßfreie Anströmung des Schaufelgitters und zur Sicherstellung der geforderten Turbinenleistung die notwendige Strömungsumlenkung gewährleisten zu können. Die Kenntnis der Winkelübertreibung an Ein- und Austrittskante der Schaufeln gibt die Möglichkeit, aus der laut Geschwindigkeitsdreieck auftretenden Zu- und Abströmrichtung die Richtung der Ein- und Austrittstangente an die Skelettlinie zu ermitteln. Auf Einzelheiten des praktischen Verfahrens gehen wir in Abschn. 5.3 ein. Hier haben wir vor Besprechung der ingenieurmäßigen Profilierungsmethoden noch den Einfluß der übrigen Profilcharakteristika auf die Strömungsverluste zu betrachten.

Als bezeichnende Kennwerte des Profils betrachtet man normalerweise den Eintrittskantenradius, die Austrittskantendicke, die größte Profildicke und ihre Rücklage, den Wölbungspfeil und seine Rücklage. Abgesehen davon, daß wir den Einfluß der Austrittskantendicke bereits in Abschn. 4.232.12 behandelt haben, zeigt die Untersuchung der Geschwindigkeitszahlen φ und ψ in Abhängigkeit vom Umlenkwinkel θ in Abschn. 4.232.11, daß wir obige Einteilung bei Turbinenschaufelgittern besser fallen lassen und stattdessen zu einer Ganzheitsbetrachtung übergehen, die von der Beurteilung des durch zwei benachbarte Profile gebildeten Schaufelkanales geleitet wird. Das schließt nicht aus, daß wir gelegentlich etwa den Begriff der Dickenrücklage oder Wölbungsrücklage benutzen. Die obigen, am einzelnen Tragflügelprofil entwickelten Merkmale verlieren aber bei Turbinenschaufelgittern ihre Bedeutung, da sie jedes für sich nichts aussagen, in ihrer den Verlauf des Schaufelkanals bestimmenden Gesamtheit — vermehrt um das Teilungsverhältnis des Gitters — aber zu unübersichtlich sind. Es gibt bis heute auch keine einzige vermessene Gitterfamilie, bei der nicht aus Gründen der Einschränkung des Versuchsprogrammes einer oder mehrere der genannten Parameter konstant gehalten wurden, obwohl sie innerhalb einer wirklichen Schaufel variiert werden müssen, so daß die vielen auf den verschiedenen Radien in den verschiedenen Stufen einer einzigen Turbine unter Berücksichtigung der Festigkeits- und Fertigungsbelange zu verwirklichenden unterschiedlichen Profilgitter ohnehin nicht auf Grund dieser Parameter allein optimal bestimmt werden können. Wir können aber für alle Arten von Schaufeln allgemeingültige Gestaltungsrichtlinien aufstellen, deren Befolgung uns Profile mit kleinen Strömungsverlusten liefert, wenn wir von dem Zusammenhang zwischen Profilform und Schaufelkanal ausgehen und die Optimalbedingungen für die in letzterem auftretende Strömung beachten.

Die Gestaltung von Bauch- und Rückenseite zwischen Vorder- und Hinterkante des Profils ist maßgebend für den Verlauf des Schaufelkanals, d. h. für den Ablauf der Strömungsbeschleunigung von der Eintritts- zur Austrittsebene des Gitters, und für die Druckverteilung längs der Profiloberfläche, d. h. für die Ablösungsgefahr der Strömung. Um die folgenden Ausführungen besser zu verstehen, wurde in Bild 5.40 noch einmal der Stromlinienverlauf für die inkompressible Potentialströmung durch ein ebenes Gitter — diesmal mit endlicher Profildicke — nach SHIRIZKI [1] dargestellt. Infolge der Umlenkung ist das strömende Medium einer Fliehkraft ausgesetzt, die einen Druckanstieg quer zur Strömung von der Saugseite zur Druckseite des Profils zur Folge hat, kenntlich am zunehmenden Abstand der Stromlinien. Die Berechnung der Druckverteilung längs der Profilkontur hat das in Bild 5.41 gezeigte Ergebnis. Es wurden die örtlichen Druckunterschiede gegenüber dem statischen Druck in der Eintrittsebene des Gitters, bezogen auf den Staudruck der Anströmung, längs der Profilsehne aufgetragen; durch römische Zahlen für die Bauchseite und arabische Zahlen für die Rückenseite wurde der Zusammenhang zwischen den jeweiligen Konturpunkten und den zugehörigen Drücken hergestellt. Man erkennt den großen Unterschied zwischen Druck- und Saugseite des Profils, der für die auf die Schaufel übertragene Gaskraft verantwortlich ist.

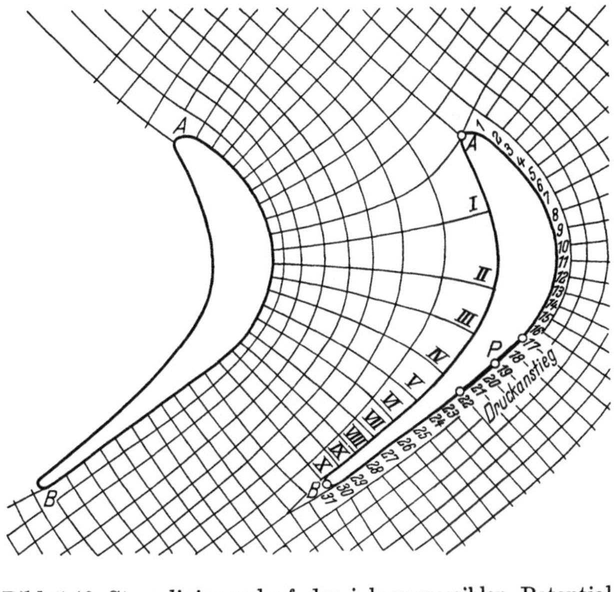

Bild 5.40 Stromlinienverlauf der inkompressiblen Potentialströmung durch ein Schaufelgitter (nach SHIRIZKI [1])

Uns interessieren besonders die Partien der Schaufeloberfläche, an denen in Strömungsrichtung ein Druckanstieg vorliegt. Ein solcher ist ja immer mit einer Verzögerung der Grenzschicht und infolgedessen mit einer Abrißgefahr der Strömung verbunden. Die Druckseite zeigt keinen derartigen Anstieg, sondern der Druck fällt vom Staupunkt A aus monoton bis zur Hinterkante B ab. Bei manchen Profilen ist im Bereich von II bis III ein Anstieg vorhanden, der aber verhältnismäßig ungefährlich ist. Tritt eine Ablösung auf, so legt sich die Strömung im allgemeinen wegen des von IV aus folgenden starken Druckabfalles wieder am Profil an, ohne große Verluste erlitten zu haben. Anders ist die Situation auf der Saugseite. Hier führt der große Druckanstieg von *17* nach *22* mit Sicherheit zum Abriß, ohne daß ein folgender Druckabfall die Strömung wieder gesunden läßt.

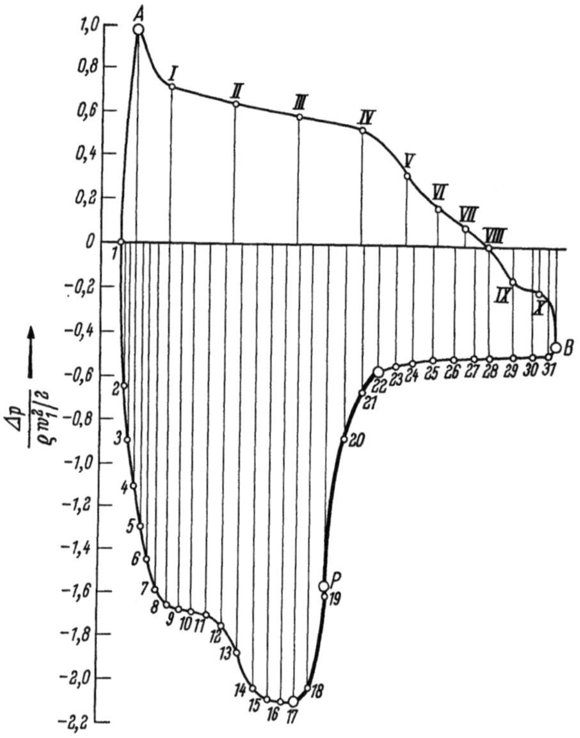

Bild 5.41 Druckverlauf über der Sehne für die Profilkontur von Bild 5.40 (nach SHIRIZKI [*1*])

Aus dieser Betrachtung läßt sich folgern, daß die Profildruckseite keine sehr großen Anforderungen an die Profilierung stellt. Sie kann weitgehend im Hinblick auf den gewünschten Querschnittsverlauf längs des Kanals oder auf fertigungstechnische Forderungen hin gestaltet werden. Anders die Saugseite. Hier ist vor allem dem Verlauf der Konturkrümmung in Strömungsrichtung Aufmerksamkeit zu schenken.

Wie BETZ [*72*] zeigen konnte, bewirkt ein Krümmungssprung in der Kontur (unstetige zweite Ableitung der entsprechenden Funktion) eine senkrechte Wendetangente in der zugehörigen Druckverteilung, und selbst ein Krümmungsknick (unstetige dritte Ableitung) macht sich noch durch eine leichte Einbeulung der Druckverteilung an der betreffenden Stelle bemerkbar. So ist in der Tat der steile Druckanstieg zwischen den Stellen *17* und *22* dadurch bedingt, daß sich im Punkt P an den gekrümmten Teil der Saugseite ohne Übergang ein Geradenstück anschließt. Auch durch die Messung kann der nachteilige Einfluß einer derartigen Profilgestaltung belegt werden. Wir zeigen dazu die beiden mit dem Interferometer des Institutes für Strahltriebwerke an der TU Dresden gewonnenen Bilder 5.42 und 5.43.

Es handelt sich hierbei um Aufnahmen des Strömungsverlaufes im Schaufelkanal zweier ebener Gitter, die in allen Parametern bis auf den Krümmungsverlauf der Profilsaugseite übereinstimmen. Während das Profil in Bild 5.42 von Eintrittskante bis Austrittskante eine knickfreie, stetig veränderliche Krümmung der Saugseite aufweist, wurde der Rücken des Profiles in Bild 5.43 aus einem Kreisbogen und einer Geraden aufgebaut, die an der durch einen Pfeil kenntlich gemachten Stelle zusammenstoßen. Hier liegt also ein Krümmungssprung. Beide Gitter sind Beschleunigungsgitter und werden aerodynamisch stoßfrei mit einer Eintritts-MACH-Zahl von rund 0,22 angeströmt. Die in den Bildern sichtbaren Interferenzstreifen stellen Isotachen der Strömung dar. Man erkennt deutlich, daß wir im Fall stetig veränderlicher Krümmung an der Saugseite von Eintrittsebene zu Austrittsebene des Gitters zunehmende Geschwindigkeit haben. Sämtliche Isotachen verlaufen quer durch den Kanal von einer Schaufel zur anderen. Nur das Totwasser hinter dem Profilende ist durch eine kleine geschlossene Linie gekennzeichnet. Im Gegensatz dazu kehren die von der Saugseite ausgehenden Isotachen in der Umgebung des Krümmungssprunges beim anderen Schaufelgitter stromabwärts wieder zur gleichen Saugseite zurück, so eine Verzögerung der Strömung hinter der Unstetigkeitsstelle der Konturkrümmung andeutend. Zwar kommt es hier — wie die am Profil anliegende Grenzschicht zeigt — wegen der engen Teilung noch nicht zu einem Abreißen der Strömung, doch ist die Gefahr dafür viel größer als bei der stetig gekrümmten Saugseite.

Bild 5.42 Interferenzaufnahme der Strömung durch ein Schaufelgitter bei stetig veränderlicher Krümmung der Profilsaugseite (Anström-MACH-Zahl 0,222)

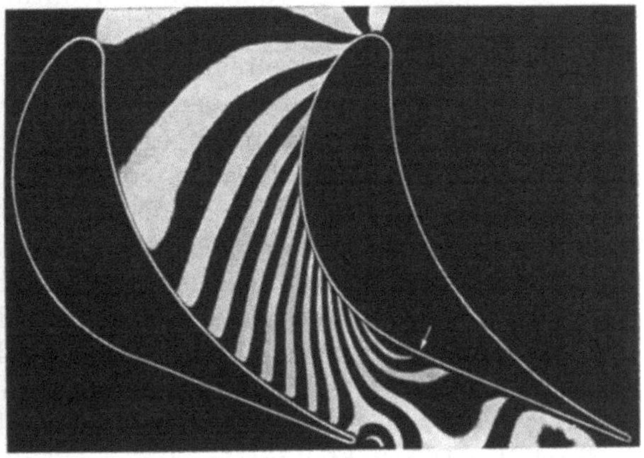

Bild 5.43 Interferenzaufnahme der Strömung durch ein Schaufelgitter bei Vorhandensein eines Krümmungssprunges auf der Profilsaugseite (Anström-MACH-Zahl 0,220)

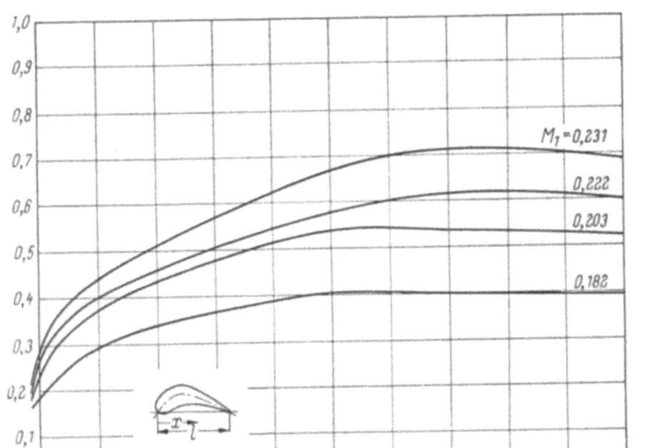

Bild 5.44 MACH-Zahlverlauf über der Sehne für die Saugseite des Profiles von Bild 5.42

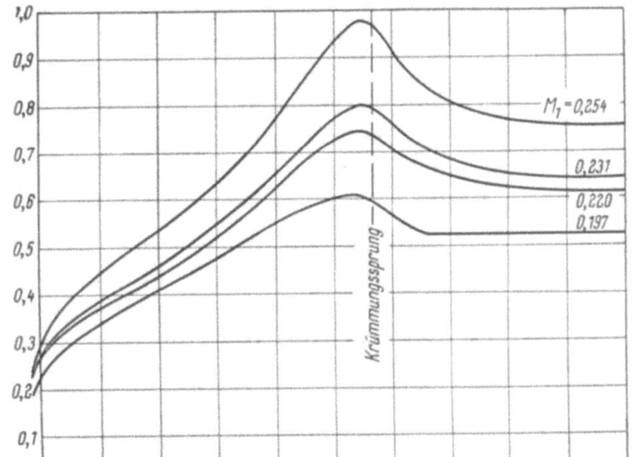

Bild 5.45 MACH-Zahlverlauf über der Sehne für die Saugseite des Profiles von Bild 5.43

Das in den Interferenzbildern sichtbare Verhalten der Strömung wird quantitativ erfaßt in den Diagrammen 5.44 und 5.45, die den an beiden Profilsaugseiten gemessenen Verlauf der örtlichen MACH-Zahl über der Profilsehne zeigen. Die Messungen umfassen einen Bereich der Anström-MACH-Zahl von 0,182 bis 0,254. Während das erstgenannte Bild bei allen Betriebszuständen den praktisch nirgends verzögerten Geschwindigkeitsverlauf der stetig gekrümmten Saugseite erkennen läßt, zeigt das zweite die klaren Maxima der Geschwindigkeit mit anschließender Verzögerung an der Stelle des Krümmungssprunges. Diese Stelle ist durch die eingetragene gestrichelte Linie gekennzeichnet. Wenn die Wendetangente der MACH-Zahl wegen des Einflusses der Grenzschicht im vorliegenden Fall auch nicht vertikal liegt, so sehen wir doch, daß sich das Maximum der Geschwindigkeit mit zunehmender Anström-Mach-Zahl immer stärker herauswölbt und daß wir dadurch bei der Kontur mit Krümmungssprung bereits örtliche Schallgeschwindigkeit auf der Saugseite erhalten werden, wenn die stetig gekrümmte Kontur noch weit davon entfernt ist. Die Überlegenheit des Profiles mit stetig gekrümmter Saugseite zeigt sich daher besonders bei höheren Anström-Mach-Zahlen.

Die vorstehend gewonnenen Erkenntnisse beziehen sich natürlich nicht nur auf die Kombination von Kreisbogen und Gerade, sondern gelten in gleicher Weise für unstetig gekrümmte Profilsaugseiten, die aus zwei aneinandergesetzten Kreisbogen mit unterschiedlichen Radien entstanden sind. Solche sind auch heute noch weitgehend in Gebrauch (s. z. B. [*73*]). Wir ziehen demgegenüber die stetig gekrümmte Saugseite mit nach hinten wachsendem Krümmungsradius vor. Dabei achten wir darauf, daß die Stellen stärkster Krümmung der Profilsaugseite noch im weiten Teil des Schaufelkanals — genauer gesagt am Beginn oder im vorderen Teil einer Kanalverengung — liegen. Die Abnahme des Kanalquerschnittes wird besonders gut sichtbar, wenn man die im Abstand a_e verlaufende Äquidistante zur Bauchseite des gegenüberliegenden Profiles einzeichnet. Sie geht aus von dem im engsten Querschnitt liegenden Punkt der Saugseite und kennzeichnet mit dieser zusammen die Änderung des Kanalquerschnittes (s. Bild 5.48). Unsere Maßnahme hat den Zweck, der Ablösungstendenz der Grenzschicht in Bereichen großer Fliehkraftwirkung durch den Druckabfall infolge der anschließenden Kanalverengung entgegenzuwirken. Da die Fliehkraft nicht nur von der Krümmung, sondern auch von der Bahngeschwindigkeit des Gasteilchens abhängt, halten wir diese Kraft selber gering, indem wir bei Schaufelgittern höherer Reaktion, also größerer Beschleunigung, nach hinten eine stärkere Zunahme des Krümmungsradius verwirklichen als bei schwächerer Reaktion. Der kleinste Radius befindet sich also immer im Bereich größerer Kanalbreite. Dabei soll normalerweise ein Wert $r_k/a_k \geqq 1$ eingehalten werden, d. h. der kleinste Krümmungsradius r_k des Profils soll nicht unter die dort vorhandene Weite a_k des Schaufelkanals sinken.

Von Einfluß auf den Strömungsverlust des Schaufelgitters ist auch die Ausbildung der Profilnase. Grundsätzlich gilt hier dasselbe wie für die Saugseite, d. h. die Nasenkontur muß — vom Radius der Vorderkante ausgehend — stetig gekrümmt verlaufen und ohne Krümmungssprung in Druck- und Saugseite übergehen (s. Form *a* in Bild 5.46). Zu vermeiden ist ein zu großer Radius mit nahezu halbkreisförmiger Ausbildung der Nase (Form *b*). Hier ergibt sich schon bei stoßfreier Anströmung die oben diskutierte vertikale Wendetangente in der Druckverteilung an den Stellen des Überganges vom Halbkreis zur anschließenden Profilkontur. Bei Anströmung mit Eintrittsstoß verstärkt sich die Neigung

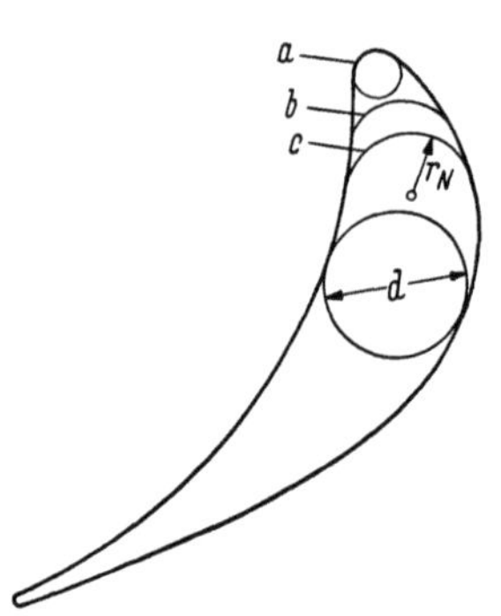

Bild 5.46 Ausbildung der Profilnase

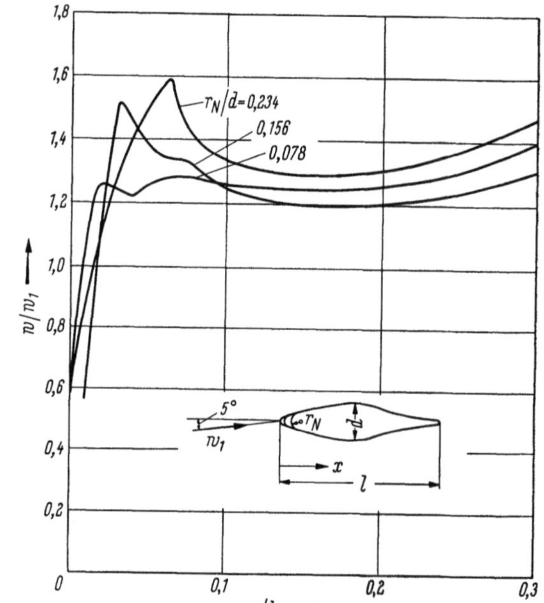

Bild 5.47 Potentialtheoretische Geschwindigkeit auf der stoßabgewandten Seite eines gestreckten Turbinenprofiles bei 5° Eintrittsstoß (nach Kuneš und Čtvrtník [*74*])

zum Abreißen der Strömung auf der stoßabgewandten Seite unter gleichzeitiger Verbreiterung des gefährdeten Gebietes. Die Verhältnisse werden durch die in Bild 5.47 wiedergegebenen Versuchsergebnisse von Kunes und Čtvrtník [*74*] beleuchtet. Wir sehen hier die potentialtheoretische Geschwindigkeitsverteilung, wie sie mit Hilfe der elektrohydrodynamischen Analogie in einem Prinzipversuch an dem abgebildeten gestreckten Turbinenprofil bei 5° Eintrittsstoß auf der stoßabgewandten Seite in Nasennähe gemessen wurde. Das Profil wurde nacheinander mit drei verschiedenen Verhältnissen von Nasenradius zu größter Dicke, nämlich 0,078; 0,156 und 0,234, untersucht, wobei die Vergrößerung des Radius durch einfache Rundung in der Art von Bild 5.46 geschah. Am günstigsten erwies sich die Ausgangsform. Bei dieser treten nur unwesentliche örtliche Verzögerungen der Strömung an der Profilkontur auf. Schon beim doppelten und noch mehr beim dreifachen Radius haben wir aber einen ganz ausgeprägten Bereich abnehmender Geschwindigkeit, also ansteigenden Druckes.

In der Praxis werden nun doch vielfach größere Nasenradien verwendet. Sie kommen den Festigkeitsforderungen entgegen und sollen sogar eine größere Unempfindlichkeit gegen Eintrittsstoß der Strömung garantieren. Wie die angeführten Versuche zeigen, ist mit letzterem aber nur dann zu rechnen, wenn auch der große Radius nur zur Herstellung eines Schmiegungskreises dient, ohne auf einem großen Bereich die Profilnase selber zu liefern. Darüber hinaus ist jede Diskontinuität der Form, wie eine bei der Fertigung entstandene scharfe Kante, zu beseitigen, da sie die Strömung im Schaufelkanal wesentlich stören und damit den Wirkungsgrad der Turbine verschlechtern kann.

Wurde bereits früher hervorgehoben, daß für die Austrittskante der Schaufel ein möglichst kleiner Radius vorzusehen ist, so haben wir an dieser Stelle noch einmal zu vermerken, daß bei *gleichem* Radius das verjüngt auslaufende Ende (Typ *3* in Bild 4.59) dem parallel begrenzten (Typ *2* mit kleinerer Dicke) überlegen ist. Ersteres weist ein viel kürzeres Totwasser auf, so daß kontinuitätsmäßig trotz endlicher Hinterkantendicke am Eintritt in ein folgendes Schaufelgitter schon wieder mit dem Verengungsfaktor $\xi = 1$ gerechnet werden kann.

Die Wahl der Austrittswinkelübertreibung im eigentlichen Sinne ist weitgehend unserem eigenen Ermessen überlassen, wenn wir die freie Profilkonstruktion unter Berücksichtigung von Gl. (5.19) der Verwendung einer Systematik vorziehen. Betrachten wir nur Gitter, die bereits die durch das Geschwindigkeitsdreieck vorgegebene Abströmung verwirklichen, so hängt sie lediglich noch von der gewählten Austrittsrichtung der Skelettlinie ab. Im allgemeinen bevorzugen wir die Herstellung der Winkelübertreibung Null, indem wir mit einer gewissen Berechtigung — aber ohne Beweis — in der Übereinstimmung von hinterem Skelettlinienwinkel und Abströmwinkel weit hinter dem Gitter ein Kriterium günstigsten Abflusses vom Profil sehen. —

Haben wir uns dergestalt einen Überblick über den Zusammenhang zwischen Profilform und Strömungsverhalten verschafft, der die Vermeidung von Verlustquellen durch entsprechende Gestaltung der Kontur gestattet, so ist die Frage berechtigt, mit welcher Genauigkeit das zeichnerisch festgelegte Profil später in der Werkstatt hergestellt werden muß. Die Frage nach den zulässigen Fertigungstoleranzen besitzt für die Praxis des Triebwerkbaus große Bedeutung, da ihre Beantwortung die Kosten des Triebwerkes mitbestimmt. Natürlich lassen sich dafür keine allgemeingültigen, für jedes Triebwerk passenden Zahlen nennen. Wohl aber gibt es auch hier allgemeine Richtlinien, die mit der vorstehend dargelegten unterschiedlichen Bedeutung der einzelnen Konturabschnitte des Profils für die Strömung zusammenhängen.

Wir sahen bereits, daß ein Abreißen der Strömung auf der Bauchseite des Profils nicht zu erwarten oder — wenn es auftritt — bedeutungslos ist. Auch ein Abreißen auf der Saugseite im Bereich vor der engsten Stelle des Schaufelkanals hat wegen der anschließend beschleunigten Strömung für den Gitterverlust nicht die Bedeutung wie der gleiche Vorgang hinter dem engsten Querschnitt, abgesehen davon, daß die Wahrscheinlichkeit des Abreißens hinten im allgemeinen größer ist. Die schärfsten Anforderungen an die Fertigungsgenauigkeit sind daher nach [75] auf der Saugseite im Bereich von B bis C (s. Bild 5.48) zu stellen, wobei der Punkt C noch etwas oberhalb der engsten Stelle gewählt ist. Sein Abstand von dieser beträgt 10 bis 13% der Sehnenlänge des Profiles.

Von großer Wichtigkeit für die Arbeit der Turbine ist ferner die möglichst weitgehende Einhaltung des zeichnerisch festgelegten engsten Querschnittes selber, da er das vom Schaufelgitter verarbeitete Wärmegefälle bestimmt. In die enge Tolerierung einzubeziehen ist daher noch die Hinterkantendicke d_H bzw. der Abschnitt BD der Bauchseite. Der Bereich BD hat eine Breite von 5 bis 20% der Sehnenlänge, wobei die kleineren Werte für stark verengte, die größeren für schwach verengte Schaufelkanäle in Frage kommen. Je weniger der Kanal verengt ist, um so größer ist die Gefahr, daß schon geringe Abweichungen von der theoretischen Profilform zur Entstehung eines in Strömungsrichtung konstanten oder gar durch Vorverlegung der engsten Stelle wieder sich erweiternden Querschnittes führen.

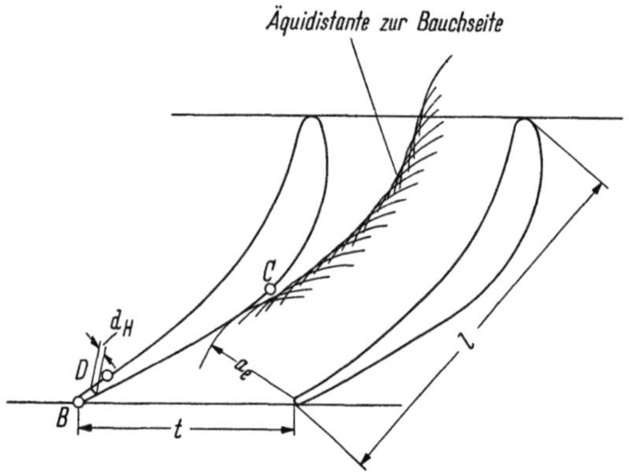

Bild 5.48 Festlegung von Toleranzbereichen an einer Turbinenschaufel

Für den Vorderteil der Saugseite und erst recht für die Bauchseite des Profils kann der Fertigung mehr Freiheit gelassen werden. So wäre etwa bei einer mittleren Strahltriebwerksturbine für die Hinterkantendicke d_H und den Bereich DBC eine Toleranz von $-0{,}2$ mm, für die restliche Profilkontur eine solche von $-0{,}3$ mm möglich. An Stelle der letzten Festsetzung wäre auch noch eine Trennung in Vorderteil der Saugseite mit $-0{,}3$ mm und Bauchseite mit $-0{,}35$ mm oder so ähnlich denkbar. Voraussetzung ist dabei immer, daß die festigkeitsmäßigen und konstruktiven Belange solche Werte zulassen. Insbesondere können bei Laufschaufeln kleinere Toleranzen erforderlich werden als bei Leitschaufeln, wenn die Grenzen der zulässigen Eigenschwingungsfrequenzen sehr eng sind.

Natürlich ist neben der richtigen Differenzierung der Toleranzen ihre absolute Größe für die Gleichmäßigkeit des Fertigungsproduktes wichtig. Beide Faktoren zusammen entscheiden darüber, ob innerhalb einer Serie der spezifische Kraftstoffverbrauch eines Triebwerkes um 1,5% oder um 4% schwankt, wie es in einer Fabrikation als Folge unterschiedlicher Tolerierung der Leitschaufeln von Verdichter und Turbine tatsächlich festgestellt wurde.

5.3 Ingenieurmäßige Schaufelprofilierung

Bereits im vorigen Abschnitt wurde darauf hingewiesen, daß wir hier die Lösung der I. Hauptaufgabe der Gittertheorie, die Bestimmung von Gitter- und Schaufelgeometrie zu einem gegebenen Geschwindigkeitsdreieck, nicht nur unter Verzicht auf die gittertheoretische Berechnung, sondern auch unter Loslösung von jeglicher Systematik unter alleiniger Berücksichtigung gewisser Grundgesetze und Regeln durchführen, die selber allerdings wesentliche Erkenntnisse theoretischer Untersuchungen und systematischer Messungen in verallgemeinerter Form ausdrücken.

Es dürfte aus den bisherigen Darlegungen klar geworden sein, daß damit die grundsätzliche Notwendigkeit der Gittertheorie und ihres weiteren Ausbaues in keiner Weise in Frage gestellt wird, daß aber ihre heutige Anwendungsmöglichkeit in den Augen des entwickelnden Ingenieurs anders als in denjenigen des reinen Wissenschaftlers erscheint. Dabei ist die Stellungnahme des Ingenieurs nicht etwa durch mangelnde Beweglichkeit in dem Sinne bedingt, daß „die Praxis häufig nicht geneigt sein wird, durch Jahrzehnte bewährte Profilformen einfach über Bord zu werfen und ganz neu anzufangen" [76]. Im Gegenteil kann man sagen, daß sich in zwei verschiedenen Gasturbinen im allgemeinen nicht ein einziges Profil wiederholt. Die Gittertheorie ist eher noch zu schwerfällig, um den vielfältig wechselnden Anforderungen der Praxis gerecht zu werden.

In dem grundsätzlichen Verzicht auf die Verwendung einer *geometrischen* Systematik stimmen wir mit der Schlußfolgerung der Karlsruher VDI-Strömungstagung [76] überein. Trotz der großen Bedeutung der *aerodynamisch* gegründeten Profilsystematik für die Grundlagenforschung auf dem Gebiet der Gitterströmung bietet aber auch diese der Praxis noch zu wenig Bewegungsmöglichkeit. Es gibt eben noch keine sämtliche in Frage kommenden Parameter umfassende fertige Systematik, sondern nur die theoretischen Ansätze zur Berechnung eines jeweils interessierenden Bereiches. Diese Berechnung ist aber neben ihrer Aufwendigkeit stets an Voraussetzungen geknüpft, die gewöhnlich nicht ganz zutreffen. Soweit Systematiken aus reinen Messungen aufgebaut sind, lassen sie meist mehrere geometrische Parameter — z. B. Wölbungsrücklage und Dickenrücklage — konstant. Wir übergehen daher alle Ansätze in dieser Richtung und wenden uns nunmehr direkt der von uns vorgezogenen Methode zu.

5.31 Der einzelne Schaufelschnitt

Greifen wir noch einmal auf die Ausführungen in Abschn. 4.16 zurück, so ergeben sich die Hauptabmessungen eines Profiles folgendermaßen: Über die Strömungswinkel β_1 und β_2 findet man mit Hilfe von Gl. (4.44) das Verhältnis b/t. Diese Angabe genügt zur dimensionslosen Aufzeichnung der Skelettlinie, wenn man Schaufelwinkel gleich Strömungswinkel setzt oder auch eine Winkelübertreibung einrechnet (vgl. Bild 4.30). Zur Festlegung des Absolutmaßstabes wird noch die Sehnenlänge l an Hand der Beziehung (4.47) bestimmt. Sie liefert die Größe von b und t im Metermaß.

Stillschweigende Voraussetzung dieser Konstruktion ist die Wahl der richtigen Wölbungsrücklage für die dimensionslose Skelettlinie. Sie bestimmt weitgehend die Lage der stärksten Saugseitenkrümmung zum Schaufelkanal. Diese soll sich — wie im vorangehenden Abschnitt gezeigt — nach Möglichkeit dort befinden, wo der Kanal sich merkbar zu verengen beginnt. Bei kleineren Abströmwinkeln β_2 ist das im vorderen Teil des Profiles der Fall. Demnach muß die größte Wölbung mit abnehmendem β_2 nach vorn wandern. Wir erreichen auf diese Weise eine Schwächung des für die Grenzschicht ungünstigen steilen Druckanstieges zum hinteren Ende der Saugseite. Eine Abschätzung der günstigsten Wölbungsrücklage ist an Hand von Bild 5.49 möglich. Hier wurde *der* Bereich von x_f/l über dem reziproken geometrischen Beschleunigungswert durch Schraffur gekennzeichnet, der von guten, z. T. in wirklichen Turbinen bewährten Profilgittern eingenommen wird. Infolge der Bedingungen des Zusammenhanges mit den benachbarten Profilen in den fertigen Schaufeln (s. Abschn. 5.32) ordnen die Werte sich auch bei Einbeziehung weiterer Gitterparameter nicht zu systematischen Kurven. Dennoch werden die geringeren Wölbungsrücklagen der Gitter mit kleinem Austrittswinkel im Bilde deutlich sichtbar.

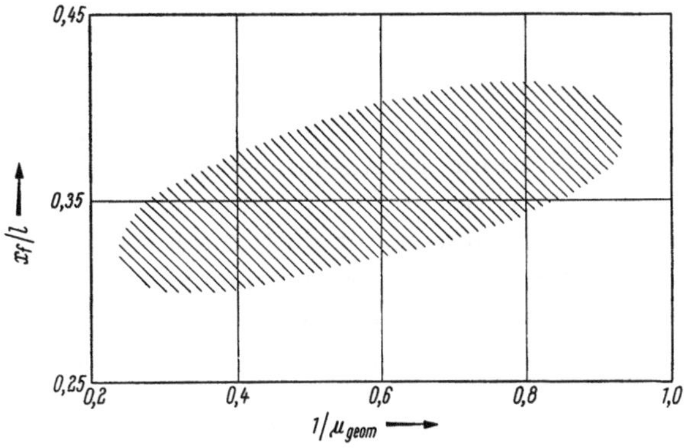

Bild 5.49 Bereich der günstigsten Wölbungsrücklage

Liegt die auszuführende Wölbungsrücklage einmal fest, so gibt es nur noch einen sehr engen Bereich des Staffelungswinkels, den das Profil haben kann. Sie bestimmt zusammen mit den Ein- und Austrittswinkeln $\beta_{1\,\text{geom}}$ und $\beta_{2\,\text{geom}}$ die Form der Skelettlinie selber, insbesondere die Größe des Wölbungspfeiles. Wir machen uns das an Hand der Konstruktion in Bild 5.50 klar.

Hier ist im Punkt A der Gitterfront die Eintrittskante des Profils festgelegt und dementsprechend der Schaufelwinkel $\beta_{1\,\text{geom}}$ angetragen worden. Der freie Schenkel des Winkels stellt zusammen mit seiner rückwärtigen Verlängerung die Eintrittstangente an die Skelettlinie dar. Schlägt man nun mit der Sehnenlänge l als Radius einen Kreis um A, so haben wir in diesem den geometrischen Ort der Profilhinterkante. Im Bild sind einige Lagen der Hinterkante (*1*, *2*, ..., *6*) eingezeichnet. Durch jeden der gefundenen Punkte läßt sich eine Gerade unter dem Winkel $\beta_{2\,\text{geom}}$ zur Gitterfront ziehen, welche die Austrittstangente der Skelettlinie bei der betreffenden Hinterkantenlage sein muß. Nunmehr können wir die Skelettlinien tangierend an Ein- und Austrittsrichtung einzeichnen. Durch die vorgegebene Lage der Berührungspunkte entsteht zwangsläufig ein Krümmungsverlauf, der in der Reihenfolge *1* bis *6* zunehmende Wölbung und Wölbungsrücklage bedeutet. Das ist an den eingetragenen Kreisen $x_f/l = \text{const}$ und Wölbungspfeilen klar ersichtlich. Wir können ohne weiteres diejenige Hinterkantenlage — etwa Nr. *3* — erkennen, in der die verlangte Wölbungsrücklage vorhanden ist. Damit ist in der Tat ein ausgezeichneter Staffelungswinkel festgestellt.

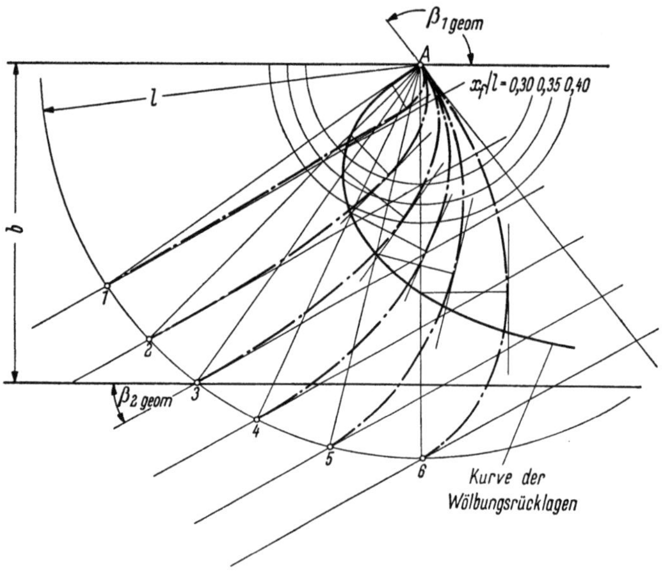

Bild 5.50 Ermittlung der Skelettlinie bei gegebenem $\beta_{1\,\text{geom}}$, $\beta_{2\,\text{geom}}$ und l

Da die Sehnenlänge l mit ihrem Absolutmaß in die Konstruktion eingeht, ist gleichzeitig die Gitterbreite b als Abstand der Profilhinterkante von der Gittereintrittsebene in ihrer absoluten Größe gefunden worden. Das Verfahren kann daher benutzt werden, um an Stelle der Betrachtung in Abschn. 4.16 in einem Gang Form und absolute Größe der Profilskelettlinie als Ausgangsbasis der Profilkonstruktion zu finden.

Mit der Gitterbreite b ist über das vorbestimmte Verhältnis b/t auch der Absolutbetrag der Teilung t und somit die Schaufelzahl z_{Sch} festgelegt. Der vorstehend beschriebene Weg kann daher bei den verschiedenen Schaufelschnitten, aus denen sich z. B. eine Laufschaufel zusammensetzt, nur ein einziges Mal gegangen werden — normalerweise bei der Bestimmung des Fußprofiles. Für die übrigen Profile — insbesondere für das im allgemeinen als zweites konstruierte Kopfprofil — hat man nunmehr von z_{Sch} ausgehend t und über das wieder vorbestimmte b/t die Größe b zu ermitteln. Sie stellt jetzt die Ausgangsgröße für die Zeichnung der Skelettlinie dar und führt in einer zu Bild 5.50 inversen Konstruktion auf die Länge l der Profilsehne. Die erhaltene Sehnenlänge soll dabei natürlich nicht unter dem laut Beziehung (4.47) erforderlichen Minimalwert liegen. Diese und andere Bedingungen müssen schon bei der Festlegung der Ausgangsparameter für die Gesamtschaufel (s. Abschn. 5.322.) im Auge behalten werden.

Die von der Gitterbreite ausgehende Gewinnung der Skelettlinie ist in Bild 5.51 dargestellt. Wieder wurde in der Eintrittskante A der Winkel $\beta_{1\,\text{geom}}$ an die Gitterfront angetragen und sein freier Schenkel nach rückwärts verlängert. Die Eintrittstangente an die Skelettlinie ist also in gleicher Weise wie vorher bestimmt. An Stelle des Kreises mit dem Radius l um A haben wir aber jetzt in der Parallelen zur Gittereintrittsebene im Abstand b

den geometrischen Ort für die Profilhinterkante. Greifen wir wieder einige mögliche Lagen *1*, *2*, *3* und *4* heraus, so verlaufen alle weiteren Schritte wie in Bild 5.50. Die entstehenden Skelettlinien weisen lediglich unterschiedliche Sehnenlängen auf, und die Linien $x_f/l =$ const sind nicht mehr Kreise, sondern Parallelen zur Gitterfront. Die verlangte

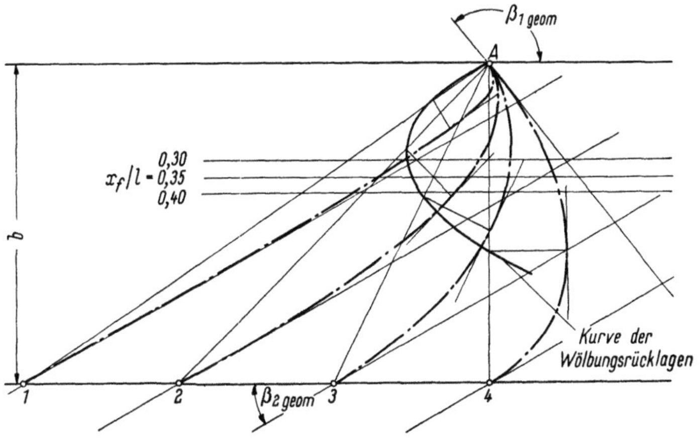

Bild 5.51 Ermittlung der Skelettlinie bei gegebenem $\beta_{1\,\mathrm{geom}}$, $\beta_{2\,\mathrm{geom}}$ und b

Wölbungsrücklage bestimmt wieder die tatsächlich in Frage kommende Skelettlinie und dieses Mal auch die zu verwirklichende Sehnenlänge. — Natürlich braucht bei der praktischen Durchführung der Schaufelprofilierung die Skelettlinienkonstruktion nicht in der hier geschilderten Ausführlichkeit durchgeführt zu werden. Diese diente nur der Klarlegung der Verhältnisse.

In die Skelettlinie gehen bereits über die verwirklichten Winkel $\beta_{1\,\mathrm{geom}}$ und $\beta_{2\,\mathrm{geom}}$ die Winkelübertreibungen an Ein- und Austrittskante des Profils ein. Diejenige am Profilende wählen wir im Fall unterkritischer Expansion gemäß den Ausführungen in Abschn. 5.22 gleich Null, d. h. wir setzen $\beta_{2\,\mathrm{geom}} = \beta_2$, wobei wir während der Festlegung des Profildickenverlaufes auf die Einhaltung des Abströmwinkels β_2 zu achten haben (s. unten). Natürlich ist bei überkritischer Expansion die Strahlablenkung im Schrägabschnitt gesondert zu berücksichtigen.

Der Winkel $\beta_{1\,\mathrm{geom}}$ ist zur Gewinnung aerodynamisch stoßfreier Anströmung um den Betrag der Eintrittswinkelübertreibung $\mathring{\imath}$ größer zu wählen als der Anströmwinkel β_1. Wir können dann damit rechnen, daß das Gitter mit minimalem spezifischem Verlust arbeitet. Stellen wir das Verhalten des Gitters durch eine Polare $c_a = f(c_{wp})$ — also durch die Abhängigkeit des Auftriebsbeiwertes vom Profilwiderstandsbeiwert — dar, so liegen wir im Punkt $c_{wp\,\mathrm{min}}$. Die genaue Bestimmung der Eintrittswinkelübertreibung ist aber im allgemeinen schwierig. Auch kommt es eigentlich weniger auf die Erreichung des minimalen Profilwiderstandsbeiwertes als vielmehr auf diejenige des Minimums der Gleitzahl $\varepsilon = c_{wp}/c_a$ an. Hierbei liegt der vordere Staupunkt der Strömung immer noch in unmittelbarer Nähe der Profileintrittskante, allerdings eher etwas nach der Druckseite des Profiles zu. Die Abrißgefahr durch Bauchstoß wird für die Strömung bei Änderung der Betriebsbedingungen also etwas größer. Dafür liegen aber als Auswertung britischer Schaufelgittermessungen Angaben von Carter (referiert in [77]) über die zur Erreichung von $\varepsilon_{\mathrm{min}}$ notwendigen Winkel i_{opt} zwischen Anströmgeschwindigkeit w_1 und Skelettlinien-Eintrittstangente vor.

Um bei verschiedenen Gittern von einem Teilungsverhältnis auf ein anderes umrechnen zu können, wurde die optimale Zuströmrichtung i_{opt} durch Einführung einer Korrektur Δi auf diejenige $i_{\mathrm{opt}\,\infty}$ eines einzeln stehenden Profiles zurückgeführt:

$$i_{\mathrm{opt}} = i_{\mathrm{opt}\,\infty} + \Delta i. \tag{5.38}$$

Dabei sind die Daten des Einzelprofiles durch geeignete Rückrechnung von den Gitterwerten auf das Teilungsverhältnis $t/l = \infty$ erhalten worden, ohne Rücksicht darauf, welche Versuchswerte sich bei einem Einzelprofil wirklich ergeben würden. Es handelt sich um eine reine Rechenmethodik, bei der nicht etwa die Eigenschaften der Einzelschaufel erfaßt werden sollen. Die Gitterkorrektur Δi ist durch die Gleichung

$$\Delta i = \frac{1}{2} c_a \frac{l}{t} n$$

gegeben, in der n eine dimensionslose, vom Staffelungswinkel β_S und Teilungsverhältnis t/l abhängige Größe darstellt. Δi wird also im Bogenmaß berechnet.

Man braucht für die Anwendung von Gl. (5.38) die Werte $i_{\text{opt}\,\infty}$ und n. Ersterer ist für kreisbogenförmige Skelettlinien oder parabolische Skelettlinien mit 50% Wölbungsrücklage (ausgezogen) und für parabolische Skelettlinien mit 40% Wölbungsrücklage (gestrichelt) in Bild 5.52 über der geometrischen Umlenkung Θ_S, also der Änderung der

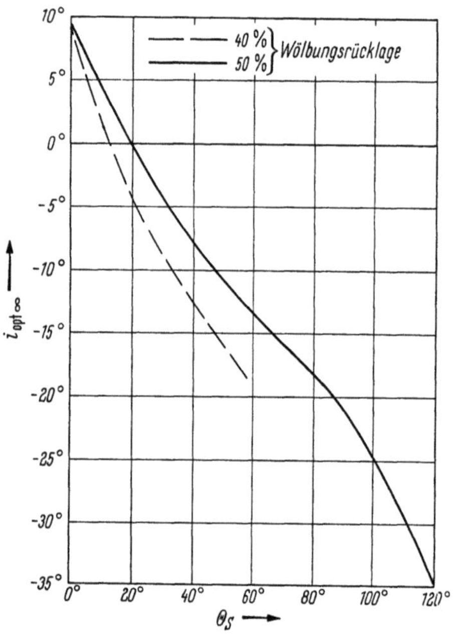

Bild 5.52 Optimale relative Zuströmwinkel (nach CARTER, s. in [77])

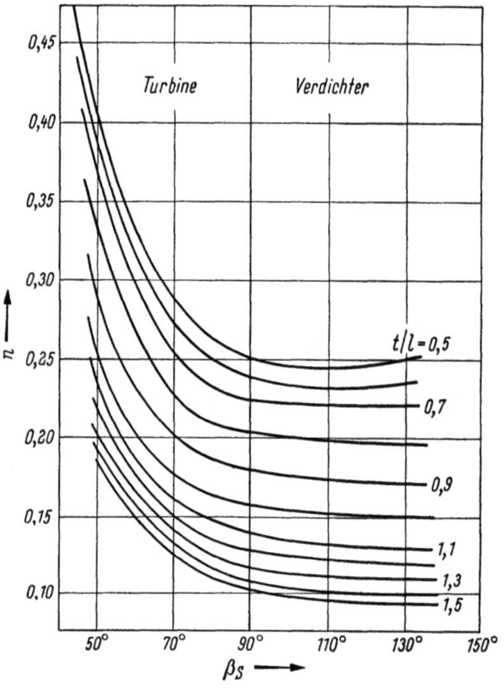

Bild 5.53 Koeffizient der Gitterkorrektur (nach CARTER, s. in [77])

Skelettlinienneigung von Ein- zu Austrittskante des Profiles, aufgetragen. Die zugrunde liegenden Profile hatten ein Dickenverhältnis von 10% und eine Dickenrücklage von 30 bis 35% in gestreckter Form. Die Größe n kann für den sowohl Turbinen- als auch Verdichtergitter umfassenden Staffelungswinkelbereich von 45° bis 140° und für Teilungsverhältnisse zwischen 0,5 und 1,5 dem Bild 5.53 entnommen werden. Es hat für Wölbungsrücklagen von 40 bis 50% Gültigkeit.

Schwierigkeiten macht u. U. die Wahl des einzusetzenden Auftriebsbeiwertes c_a. Wir umgehen sie, indem wir die ganze sog. Belastungszahl

$$c_a \frac{l}{t} = \frac{2 \Delta w_u}{w_\infty} \tag{5.39}$$

aus der verlangten Strömungsumlenkung $\Delta w_u = w_{1u} - w_{2u}$ und dem Betrag der Geschwindigkeit $\mathfrak{w}_\infty = (\mathfrak{w}_1 + \mathfrak{w}_2)/2$ berechnen. Es handelt sich bei Gl. (5.39) um die bekannte Hauptbemessungsgleichung für Axialkompressoren (s. z. B. [*16*], S. 97), die auch in unserem Fall Gültigkeit besitzt. —

Wenn die Skelettlinie für das gesuchte Profil vorliegt, beginnt der zweite Teil der Profilkonstruktion, nämlich die Ermittlung des Dickenverlaufes. Wir gehen dabei von der Profilhinterkante aus, die wir zunächst zweimal im Abstand t voneinander, also für zwei benachbarte Schaufeln, mit der gewünschten Stärke um das Skelettlinienende herumlegen. Sodann bestimmen wir aus der nunmehr für das Laufradgitter geschriebenen Beziehung (5.19) zu β_2 und M_2 den erforderlichen Wert a_e/t. Da Gl. (5.19) nur graphisch durch Bild 5.25 gegeben ist, muß auch diese Bestimmung graphisch geschehen, indem β_2 für $M_2 = \text{const}$ über a_e/t aufgetragen wird. Mit der Verhältniszahl ist der kleinste Abstand a_e zweier benachbarter Profile ebenfalls bekannt. Schlagen wir (Phase *1* in Bild 5.54) mit a_e als Radius einen Kreisbogen von dem rechts gezeichneten Ende der Profilbauchseite aus, so muß dieser Kreisbogen die Rückenseite des links entstehenden Profiles berühren. Damit kann die Saugseite dieses Profiles von der Hinterkante aus bis etwas über den Berührungspunkt mit dem Kreis hinaus gezeichnet werden. Die Bauchseite ergibt sich im gleichen Bereich durch Verdoppelung des Abstandes Saugseite—Skelettlinie. Sollte sich hierbei einmal nicht die gewünschte Verjüngung der Profilhinterkante erzielen lassen oder an der Berührungsstelle von Saugseite und Kreisbogen eine für die weitere Kanalgestaltung ungünstige Profildicke auftreten, so kann man die Skelettlinie unter Beibehaltung ihrer Ein- und Austrittsrichtung innerhalb gewisser Grenzen noch variieren.

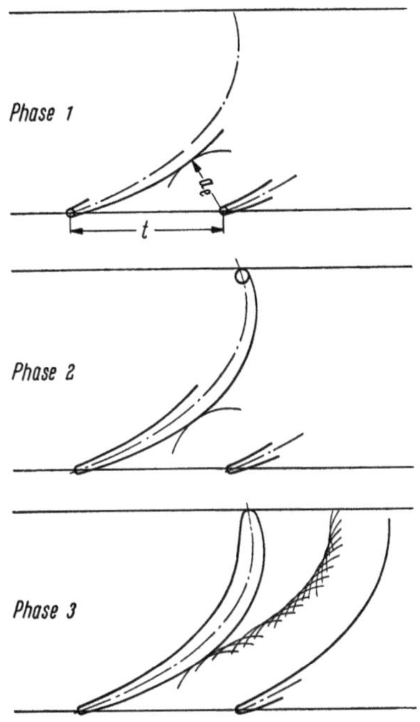

Bild 5.54
Phasen der Profilkonstruktion

Im weiteren Ablauf der Konstruktion wird der Nasenradius eingezeichnet und die Saugseite bis zu diesem hin ergänzt (Phase *2* in Bild 5.54). Die Druckseite entsteht in ihrem restlichen Teil wieder automatisch aus der Abstandsbedingung zur Skelettlinie. Sie wird auch für das benachbarte Profil eingetragen. Wir haben damit die Möglichkeit, vom Berührungspunkt der Saugseite mit dem Kreisbogen ausgehend die Äquidistante zur rechten Bauchseite zu zeichnen und die Güte der Saugseite zu prüfen (Phase *3* in Bild 5.54). Sie soll sämtlichen oben aufgestellten Forderungen genügen: Stetiger Krümmungsverlauf mit im hinteren Teil zur Austrittskante wachsendem Krümmungsradius; stärkste Krümmung am Beginn merklicher Kanalverengung; kleinster Krümmungsradius nicht unter der zugehörigen Kanalweite; Aufnahme des Nasenkreises als Schmiegungskreis. Ist das der Fall, so können wir unsere Aufgabe als gelöst betrachten. —

Das geschilderte Verfahren läßt sich in gleicher Weise für die Schaufelgitter von Leit- und Laufrädern anwenden, und zwar sowohl für Reaktions- als auch für Gleichdruckbeschaufelungen. Dabei wird man aber reine Umlenkgitter ohne Beschleunigung, wie sie höchstens am Fuß der Laufschaufel auftreten können, schon durch entsprechende Auslegung der Turbine vermeiden. Treten solche — strömungstechnisch ungünstigen — Gitter dennoch auf, so ist natürlich die obige auf die Kanalverengung bezogene Bedingung nicht mehr zu erfüllen. Im übrigen gestatten aber die Freiheiten der Konstruktion, für jeden gegebenen Fall die optimale Lösung zu finden. Treten ausnahmsweise einmal besondere Schwierigkeiten auf, so kann durch Änderung der Schaufelzahl, d. h. von t, unter Beibehaltung von b und a_e/t eine weitere Beeinflussung des Profilgitters erfolgen. Dabei wird sich dann auch l meist etwas ändern.

5.32 Die Gesamtschaufel

Wir haben das Gitterprofil bisher losgelöst aus dem Zusammenhang der Gesamtschaufel nach rein strömungstechnischen Gesichtspunkten beurteilt und gestaltet. In Wirklichkeit ist es nur Teil einer Aneinanderreihung von kontinuierlich veränderlichen Profilen, die sich zur Turbinenschaufel zusammenfügen, im einzelnen aber unterschiedliche Sehnenlänge, Dicke, Wölbung usw. aufweisen. Dadurch entstehen zusätzliche Forderungen. Die Abmessungen eines Profiles müssen mit denen der Nachbarprofile verträglich sein. Sämtliche Parameter müssen, über dem Radius aufgetragen, harmonisch verlaufende Kurven liefern. Es dürfen sich auf der Schaufeloberfläche keine Unstetigkeiten, Beulen oder Dellen ergeben. Auch die Schnitte mit beliebigen zur Schaufellängsachse parallelen Ebenen sollen glatte Kurven sein. Die Oberfläche muß sich durch ein möglichst einfaches Fertigungsverfahren herstellen lassen. Darüber hinaus unterliegt jedes Profil bestimmten Anforderungen von seiten der Festigkeit. Die auftretenden Zentrifugalkräfte, Biegemomente, Schwingungs- und Wärmewechselbeanspruchungen beeinflussen die erforderliche Profildicke, die Kantenradien usw. Die Schaufel muß so geformt sein, daß nirgends die zulässigen Festigkeitsspannungen überschritten werden. Auf alle diese Umstände und ihre Berücksichtigung bei der Profilgestaltung ist nun noch einzugehen.

5.321. Leitschaufel

Bei der Leitschaufel liegen die Verhältnisse noch am einfachsten. Hier haben wir keine stark unterschiedlichen Fuß- und Kopfprofile. Starke Verwindungen werden im allgemeinen vermieden, so insbesondere bei der Auslegung für das Drallgesetz $\alpha = \text{const}$. Durch das Fehlen der Zentrifugalbeanspruchung kommt man auf allen Radien mit einem Dickenverhältnis von etwa 10% aus. Bei kurzen Schaufeln kann oft durchgehend das gleiche Profil verwendet werden. Ein- und Austrittskante sind dann parallel. Wird letztere radial im Leitrad eingestellt, so läuft die Verlängerung der Eintrittskante aber nicht durch die Drehachse. Ordnet man erstere radial an, so bekommt die Austrittskante eine Neigung entgegen der Umlaufrichtung der Laufschaufeln, die wegen ihres ungünstigen Einflusses auf die Reaktionsgradverteilung (s. Abschn. 4.21) unerwünscht ist. Auch haben wir kein konstantes Teilungsverhältnis über der Kanalhöhe. Deswegen zieht man es im allgemeinen — vor allem bei längeren Schaufeln — vor, das Profil längs des Radius in sich ähnlich so zu verändern, daß sowohl Ein- als auch Austrittskante in ihrer Projektion auf die Kanalquerschnittsfläche radial gerichtet sind und das Gitter ein über der Schaufelhöhe unveränderliches Teilungsverhältnis erhält (s. Bild 5.55). Dabei muß die Gitterbreite von innen nach außen wachsen. Auf eine manchmal an den Schaufelenden durchgeführte Beschneidung der Nasenpartien der Profile wird im Zusammenhang mit Bild 5.59 noch eingegangen.

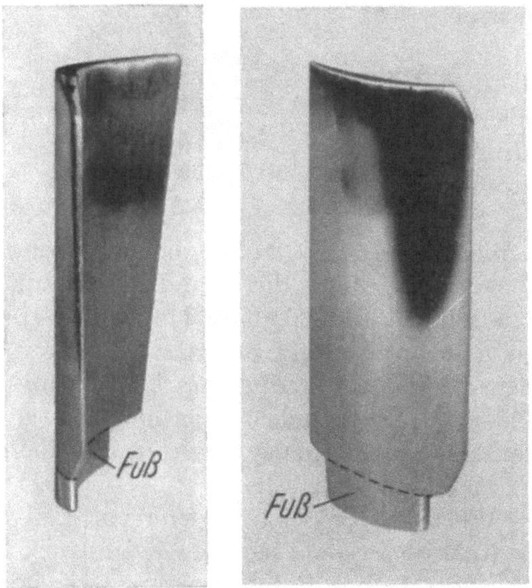

Bild 5.55 Leitschaufel einer modernen Gasturbine (Drallgesetz $\alpha = \text{const}$). Vorder- und Seitenansicht

Die Leitschaufeln sind festigkeitsmäßig vor allem durch Wärmewechselspannungen gefährdet. Bei Belastungswechsel (Beschleunigung und Verzögerung des Triebwerkes)

treten infolge verschieden schnellen Aufheizens oder Abkühlens der dünnen Kanten einerseits und des stärkeren Profilmittelteils andererseits wechselnde Wärmespannungen in den Schaufeln auf. Die in den Kanten verlaufenden Randfasern werden durch den Mittelteil abwechselnd an einer ihrer Temperatur entsprechenden Dehnung oder Kontraktion gehindert. Die Folge ist eine Ermüdung des Werkstoffes und das Auftreten von Rissen in Ein- und Austrittskante der Schaufel nach einer hinreichend großen Anzahl von Lastwechseln. Das gilt besonders für das im heißesten Teil der Turbine liegende erste Leitrad einer mehrstufigen Turbine. Diese Erscheinung führt zu der Forderung nach einer möglichst konstanten Dickenverteilung über der Skelettlinie des Leitschaufelprofiles. Wir werden also versuchen, die Forderung nach gutem Wirkungsgrad mit einem Profil minimalen Dickenverhältnisses zu erfüllen. Im übrigen ist die Eintrittskante durch einen hinreichend großen Nasenradius zu schützen, was im allgemeinen möglich ist. Schwierigkeiten macht die gleiche Maßnahme an der Abflußkante, da diese aus strömungstechnischen Gründen möglichst dünn sein sollte. Im Hinblick auf die erwähnte Rißgefahr darf hier aber in der Tat eine bestimmte Dicke nicht unterschritten werden. Sie liegt bei Profilen von 60 mm Sehnenlänge um 1,5 mm herum. Im übrigen werden die Leitschaufeln der ersten Stufe lose eingebaut, um eine freie Verwölbung der Endflächen zu ermöglichen und weitere Zwangskräfte zu vermeiden.

Ein wesentlich besseres Verhalten als Vollschaufeln zeigen Hohlschaufeln. Hier wird durch Abbau der Materialanhäufung in Profilmitte eine gleichmäßigere Aufheizung und Abkühlung der ganzen Schaufel erreicht. Man ist in der Wahl des Profildickenverhältnisses wieder frei. Auch hier läßt sich aber eine gewisse — wenn auch etwas niedriger liegende — Hinterkantendicke nicht unterschreiten, da die Höhlung wegen der erforderlichen Wandstärke der Schaufel nicht bis in die Kante selber hinein erstreckt werden kann.

Die Fertigung der angestrebten günstigen Profilformen macht bei Leitschaufeln keine Schwierigkeiten. Sie können durch spanabhebende Bearbeitung in jeder gewünschten Gestalt hergestellt werden. Heute verwendet man auch weitgehend den — besonders für Hohlschaufeln geeigneten — Präzisionsguß, der nur noch ein nachträgliches Polieren der Oberfläche erfordert. Somit können wir die Frage der Leitschaufeln als erledigt ansehen.

5.322. Laufschaufel

Die Laufschaufel zeichnet sich im Gegensatz zur Leitschaufel meist durch starken Unterschied in Fuß- und Kopfprofil aus. Infolge der in der Regel von außen nach innen abnehmenden Reaktion haben wir am Fuß eine starke Umlenkung mit geringer Beschleunigung im Schaufelgitter, am Kopf dagegen geringe Umlenkung und starke Beschleunigung. Das führt zu einem sehr verschiedenen Staffelungswinkel und Wölbungsverhältnis. Darüber hinaus sind die Laufschaufeln im Gegensatz zu den Leitschaufeln erheblich durch Zentrifugalkräfte beansprucht. Mit Rücksicht auf geringe Zugspannungen im Blatt ist ein bestimmtes Flächenverhältnis von Kopf- zu Fußprofil einzuhalten, das sich je nach Temperatur und Schaufellänge in den Grenzen von 1 : 2 bis 1 : 4 bewegt. Der erste Wert kommt für eine End-, der zweite für eine Anfangsstufe in Frage. Der Flächenverlauf zwischen Fuß- und Kopfprofil wird durch die Festigkeitsrechnung vorgegeben. Er ist nicht über der Schaufelhöhe linear veränderlich, sondern zeigt in Schaufelmitte kleinere Flächen, wodurch das Blatt leichter und der Schaufelfuß entlastet wird. Die unterschiedlichen Querschnittsflächen führen zu einer erheblichen Veränderlichkeit des Profildickenverhältnisses von innen nach außen.

Es ist übrigens nicht gesagt, daß der im ersten Gang zugrunde gelegte Flächenverlauf und die daraufhin erfolgte Schaufelprofilierung zu einer endgültigen Lösung der Aufgabe führt. Die fertige Schaufel muß nämlich noch auf ihr Eigenschwingungsverhalten nachgerechnet werden. Ergeben sich dabei für Grund- oder Oberschwingungen Resonanzmöglichkeiten, so muß der Flächenverlauf oder die Profilform oder beides noch einmal geändert werden. Um die Schaufel nicht durch Schwingungsbrüche im hinteren äußeren Blatteil zu gefährden, ist es gut, das Kopfprofil in seinem hinteren Teil durch ausreichende Krümmung steif zu halten.

Normalerweise entwerfen wir also zunächst das Fuß- und Kopfprofil unter Einhaltung des verlangten Flächenverhältnisses, im übrigen aber nach den in Abschn. 5.31 behandelten Gesichtspunkten. Dabei ergeben sich zwangsläufig die Dicken dieser beiden Profile. Dann sind die Zwischenprofile unter Vorgabe eines entsprechenden radialen Sehnenlängen- und Dickenverlaufes so zu gestalten, daß der gewünschte Flächenverlauf verwirklicht wird. Bei der Konstruktion der Schaufel werden diese Profile in radialer Richtung schwerpunktmäßig so aufgereiht, daß das von den Gaskräften ausgeübte Biegemoment durch ein entsprechendes von den Fliehkräften herrührendes Moment kompensiert und der Schaufelfuß in der Turbinenscheibe gleichmäßig nur durch Zug belastet wird.

Die Herstellung solcher Schaufeln durch Genauschmieden im Gesenk oder den neuerdings angewandten Präzisionsguß macht keine Schwierigkeiten. Auch die — besonders im Versuchsbetrieb vorgezogene — Fertigung nach einem Kopierverfahren ist ohne weiteres möglich. Ein Fräser wird hierbei von einer Unterschaufel aus gesteuert und bearbeitet nach und nach den ganzen Schaufelmantel. Wir brauchen bei der Profilierung also keine Rücksicht auf die Fertigung zu nehmen. Das Kopierverfahren läßt sich aber wesentlich vereinfachen und damit verbilligen, wenn man die Profilierung von vornherein in passender Weise lenkt. Eine solche Möglichkeit wurde von Bredendick angegeben.

Das genannte Verfahren gestattet, die gesamte Bauchseite der Schaufel mit einem Walzenfräser in einem Durchgang in relativ kurzer Zeit herzustellen, so daß nur noch die Rückenseite sowie die Ein- und Austrittskante in herkömmlicher Weise mit einem Scheibenfräser bearbeitet zu werden braucht. Die Schaufel wird dabei quer zu ihrer Längsachse an dem Walzenfräser vorbeigeführt, und zwar derart, daß die entworfenen Bauchkonturen von Fuß- und Kopfprofil genau eingehalten werden. Man erreicht das, indem man die Schaufel auf eine Wippe spannt, die fest mit dem Frästisch verbunden ist. Sie führt mit dem Frästisch die gleiche Vorschubbewegung aus, kann aber außerdem noch eine Bewegung senkrecht zur Tischebene ausführen und dabei um eine zur Vorschubrichtung parallele Achse geschwenkt werden. Für die Profile zwischen Fuß und Kopf der Schaufel ergeben sich dann zwangsläufig ganz bestimmte Bauchseitenkonturen, die in ihrer Form allerdings dadurch beeinflußt werden können, daß man den Winkel zwischen Fräserachse und Schaufellängsachse in gewissen Grenzen ändert. Die endgültig gewählten Bauchseitenkonturen sind dann für die Profilkonstruktion zugrunde zu legen.

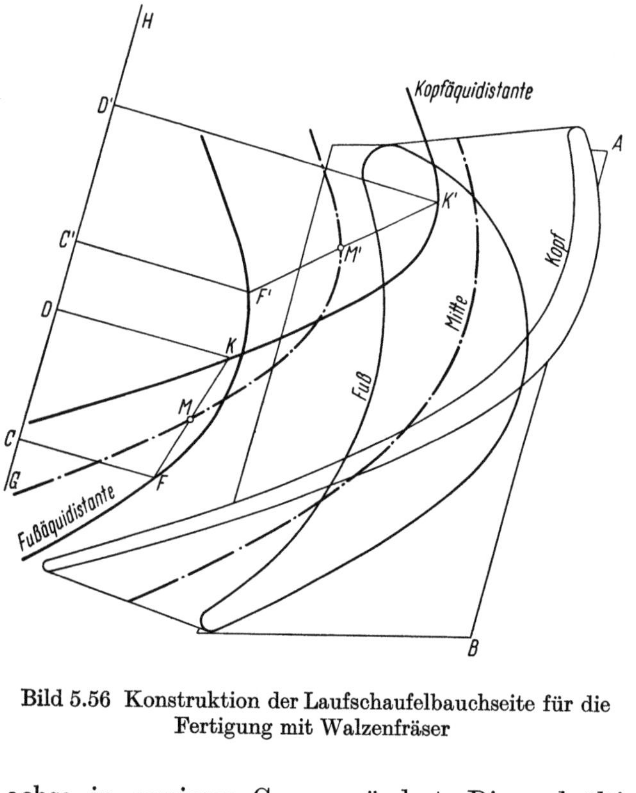

Bild 5.56 Konstruktion der Laufschaufelbauchseite für die Fertigung mit Walzenfräser

Um eine der obigen Fertigung angepaßte Konstruktion durchführen zu können, denken wir uns — umgekehrt wie auf der Maschine — die Schaufel feststehend und dafür den Fräser dem Verfahren entsprechend bewegt. Wir zeichnen uns zunächst (s. Bild 5.56)

das entworfene Fuß- und Kopfprofil in der für die festigkeitsseitig erwünschte Biegeentlastung des Schaufelfußes erforderlichen Lage zueinander auf; die Profilschwerpunkte müssen dann entsprechend gegeneinander verschoben sein. (Manchmal legt man auch die Schwerpunkte S von Fuß- und Kopfprofil wie in Bild 5.57 einfach aufeinander und erreicht die Biegeentlastung durch nachträgliches geringes Neigen der ganzen Schaufel.) Konstruieren wir nun zu den Bauchseiten die Äquidistanten mit dem gewählten Fräserradius, so muß sich die Fräserachse entlang dieser beiden Äquidistanten bewegen. Wir können die Lage und auf die Zeichenebene projizierte Länge FK der Fräserachse zwischen den Äquidistanten bzw. deren Projektion CD auf eine zum Frästisch und der Vorschubrichtung AB parallele Ebene GH frei wählen. Tischebene und Ebene GH stehen dabei senkrecht zur Zeichenebene. Durch die Wahl von CD legen wir uns auf einen bestimmten Winkel zwischen auf den Frästisch projizierter Fräserachse und Schaufellängsachse fest. Das Fertigungsverfahren bedingt, daß während des ganzen Bearbeitungsvorganges die festgelegte Projektion CD der Fräserachse konstant bleibt. Wenn sich die Achse von FK nach $F'K'$ bewegt, so muß demnach CD gleich $C'D'$ sein. Wir finden daher alle Lagen der Fräserachse auf den Äquidistanten, indem wir die Strecke CD auf der Spur der Ebene GH wandern lassen und jeweils die zugehörigen Punkte auf den Äquidistanten aufsuchen. Ihre Verbindungslinien stellen die gesuchten Lagen dar.

Halbieren wir nun die Strecke FK bzw. $F'K'$, so geben uns die erhaltenen Punkte M bzw. M' die zugehörigen Lagen derjenigen Stelle der Fräserachse, deren zugeordneter Umfang das Mittelprofil bearbeitet. Durch Halbierung *aller* nach obiger Angabe gefundenen Projektionen der Fräserachse gewinnen wir eine Vielzahl von Punkten, die zusammen mit M und M' die Äquidistante des Mittelprofils liefern. Von dieser ausgehend, läßt sich sofort die Bauchseite des Mittelprofils zeichnen.

Um zum vollständigen Mittelprofil zu gelangen, tragen wir noch den Eintritts- und Austrittskantenradius so ein, daß die entstehenden Schmiegungskreise mit der Bauchseite korrespondieren und die gemeinsamen Tangenten der entsprechenden Fuß- und Kopfkreise berühren (s. Bild 5.57). Dadurch ergeben sich in der Projektion auf die Zeichenebene geradlinige Ein- und Austrittskanten, die nicht Bedingung, aber für die Konstruktion von Vorteil sind. Durch die Mittelpunkte der Kantenkreise und die vorgegebenen Winkel $\beta_{1\,\mathrm{geom}}$ und $\beta_{2\,\mathrm{geom}}$ sind die Ein- und Austrittstangenten der Skelettlinie festgelegt. Einen im mittleren Teil der Skelettlinie liegenden Punkt findet man, indem man die bereits in Bild 5.54, Phase *1*, behandelte Konstruktion zur Verwirklichung der Austrittswinkelübertreibung Null anwendet, d. h. den Berührungspunkt des Kreises vom Radius a_{eM} und der Saugseite aufsucht, und die an dieser Stelle entstehende Profildicke halbiert. Von den drei erhaltenen Bestimmungsgrößen ausgehend, hat man die Skelettlinie unter Berücksichtigung der schon vorhandenen Bauchseite so zu zeichnen, daß das Profil die verlangte Fläche besitzt und die automatisch mitentstehende Saugseite den in Abschn. 5.22 diskutierten Optimalbedingungen genügt.

In gleicher Weise erhält man bei weiterer Unterteilung der Fräserachse die übrigen für die Konstruktionszeichnung benötigten Schaufelschnitte. Die Festlegung der Skelettlinien bzw. Saugseiten ist hierbei noch durch eine zusätzliche — grundsätzlich für jede Schaufel unabhängig vom Fertigungsverfahren geltende — Bedingung eingeengt: Der Schaufelrücken muß ebenso wie die Bauchseite eine gewölbte, aber beulen- und dellenfreie Oberfläche sein. Man überzeugt sich davon, indem man in der aus Bild II.12 ersichtlichen Weise strahlenförmig mehrere Schnitte durch die Schaufel legt und die Saugseitenschnittpunkte auf eine entsprechende Schar von Parallelen herunterlotet, deren Entfernungen voneinander den radialen Abständen der Profile entsprechen. Dabei müssen sich „glatte", von Schnitt zu Schnitt stetig ineinander übergehende Kurven ergeben.

Bei auftretenden Schwierigkeiten der Konstruktion ist eine erste Möglichkeit zur Beeinflussung der entstehenden Mittelprofile die Variation der Länge CD, also die Änderung des Winkels zwischen Fräserachse und Schaufelachse. Weiter kann die Richtung der Spur der Ebene GH hinsichtlich der Sehne des Fuß- bzw. Kopfprofils anders gewählt werden, was auf eine Drehung der ganzen Schaufel um ihre Achse innerhalb der Aufspannung hinausläuft. Schließlich kann die Bauchseite der Mittelprofile in der Nähe der Schaufelkanten dadurch beeinflußt werden, daß man die Fuß- und Kopfäquidistante außerhalb des Bereiches der zugehörigen Profile — wo also der Fräser an diesen nicht mehr im Eingriff ist — statt geradlinig in geeigneter Weise gekrümmt fortsetzt (s. z. B. in Bild 5.57 bei X und Y). Hierdurch ist vor allem der Ein- und Austrittswinkel der Mittelprofile zu verändern.

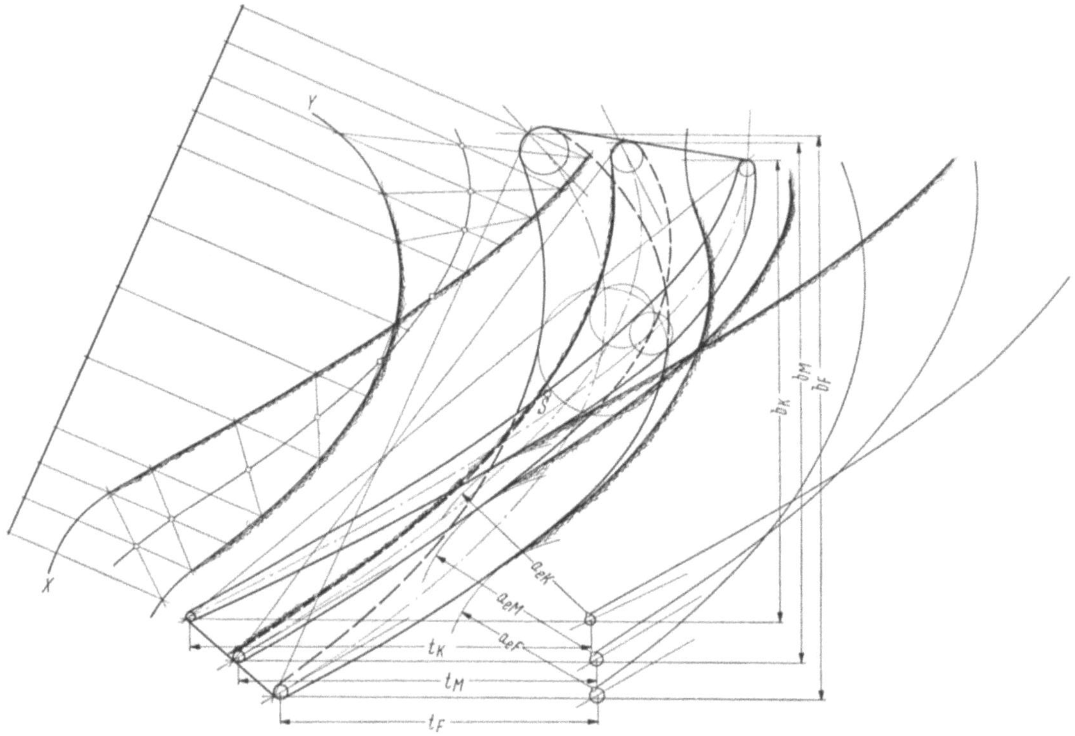

Bild 5.57 Gesamtdarstellung der Konstruktion einer Laufschaufel (Mittelprofil für Herstellung auf der Wippe)

Die Konstruktion der Turbinenschaufel für die Wippe wird natürlich wesentlich erleichtert, wenn man die zu verwirklichenden geometrischen Parameter von vornherein den Möglichkeiten des Verfahrens anpaßt. Gewisse Abweichungen von den für das einzelne Schaufelgitter ermittelten Optimalwerten sind schon für jedes Fertigungsverfahren einfach durch den Zusammenhang der Profile in der Gesamtschaufel erzwungen. So erhält man im allgemeinen aus der Betrachtung der einzelnen Gitter einen radialen b/t-Verlauf, der von innen nach außen zuerst schwach ansteigt und dann stark abfällt. Eine solche Tendenz läßt sich natürlich nicht verwirklichen, da schon bei konstanter Gitterbreite b das Verhältnis

$$\frac{b}{t} = \frac{b\,z_{\mathrm{Sch}}}{2\,\pi\,r}$$

umgekehrt proportional zu r ist und in Wirklichkeit infolge des von Fuß zu Kopf abnehmenden Staffelungswinkels noch b mit wachsendem Radius abnimmt (vgl. Bild 5.57). Man wird also einen *durchgehend* fallenden Verlauf von b/t ausführen müssen, wobei man die Fuß- und Kopfwerte gegenüber den Optimalwerten anhebt, um in der für den Gesamtwirkungsgrad wichtigen Schaufelmitte keine zu große Abweichung vom Optimum zu erhalten. Wie in Abschn. 5.31 bereits angedeutet, ist damit nach Wahl der Sehnenlänge des Fußprofiles in der Größe des erwünschten Minimalwertes die Länge l des Kopfprofiles gegeben. Sie wird im allgemeinen größer als $l_{\min}$ sein.

Speziell für die Fertigung auf der Wippe ist es wichtig, den kleinsten Bauchseitenradius von Fuß- und Kopfprofil nicht zu gering zu wählen. Es muß nämlich beachtet werden, daß der Fräserradius höchstens zwei Drittel dieses kleinsten Bauchseitenradius betragen darf, da anderenfalls der Fräser über einen zu großen Bereich mit der Schaufel im Eingriff ist. Zu kleine Bauchseitenradien führen daher auf zu schwache Fräser, die der bei der Bearbeitung der Schaufel auftretenden Beanspruchung nicht gewachsen sind.

Nützlich für die Verwendung des Walzenfräsers ist eine weitgehende Monotonisierung aller Profilparameter über der Schaufellänge, d. h. dieselben sollen vom Fuß zum Kopf wachsen bzw. abnehmen, ohne zwischendurch ein Maximum oder Minimum zu durchlaufen. Am günstigsten ist ein annähernd linearer Verlauf. Das ist eine Folge der Verwendung gerader Linien als Erzeugende der Schaufelbauchseite. Bei nichtmonotonem Verhalten einer geometrischen Größe wird man daher überlegen, wie man geeignete Korrekturen an Stellen anbringen kann, wo sie für die Ausbildung der Strömung wenig Bedeutung haben. Eine solche Korrektur erfordert z. B. oft der Verlauf des Eintrittswinkels $\beta_{1\,\mathrm{geom}}$.

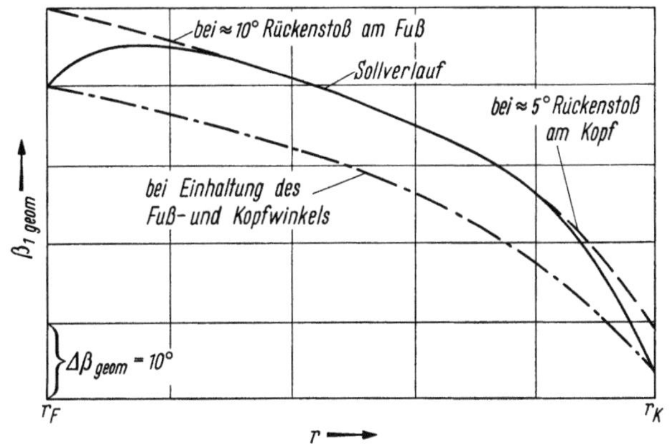

Bild 5.58 Anpassung des Verlaufes von $\beta_{1\,\mathrm{geom}}$ an die Fertigung der Schaufel

Betrachten wir die in Bild 5.58 wiedergegebene ausgezogene $\beta_{1\,\mathrm{geom}}$-Kurve, die bei Vernachlässigung der Eintrittswinkelübertreibung ($\beta_{1\,\mathrm{geom}} = \beta_1$) oft entsteht, so bereitet besonders die Verwirklichung des plötzlichen Winkelabfalles zum Fuß hin Schwierigkeiten. Würde man Fuß- und Kopfprofil mit dem geforderten Eintrittswinkel ausstatten, dann ergäben sich an den im mittleren Teil der Schaufel liegenden Profilen größere Abweichungen des $\beta_{1\,\mathrm{geom}}$ von den Sollwerten, wie sie etwa die strichpunktierte Linie zeigt. Die Gesamtabweichung kann wesentlich kleiner gehalten werden, wenn man von vornherein im Sinne einer Monotonisierung der Kurve den Eintrittswinkel des Fußprofils um etwa 10° vergrößert. Der entstehende geometrische Rückenstoß ist für dieses Profil mit seinem großen Nasenradius ohne Bedeutung bzw. wirkt sogar im Sinne einer Winkelübertreibung. Nunmehr läßt sich aber nach dem langgestrichelten Übergang die ausgezogene Kurve meist bis zum äußeren Schaufelende ausführen. Unter Umständen ist zum Abbau der starken Krümmung in der Nähe des Kopfes auch dort noch einmal die Zulassung eines kleinen geometrischen Rückenstoßes erforderlich, wie es die kurzgestrichelte Linie andeutet. Im allgemeinen kann der erforderliche Krümmungsverlauf jedoch durch entsprechende Gestaltung der Saugseiten der mittleren Profile in Nähe der Nase (Auftragung von Material) erreicht werden.

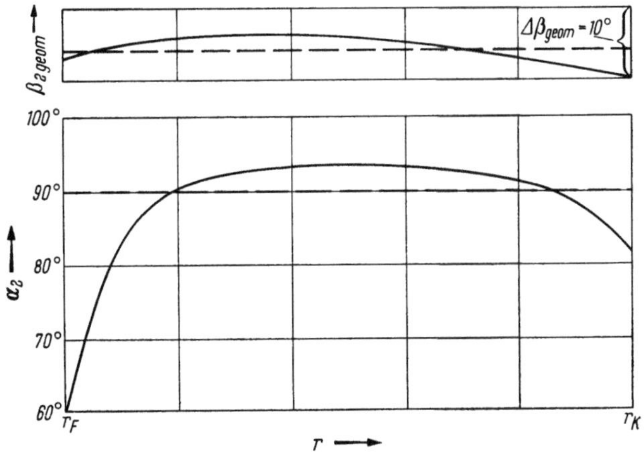

Bild 5.59 Festlegung von $\beta_{2\,\mathrm{geom}}$ im Hinblick auf Drallverlust und Schaufelfertigung
— — — Mittelschnittrechnung

Nicht bei allen geometrischen Parametern läßt sich ein monotoner Verlauf erzwingen, z. B. nicht bei $\beta_{2\,\mathrm{geom}}$, das meist ein Maximum im mittleren Schaufelteil besitzt. Hier wird man bemüht sein, schon von der Festlegung der Geschwindigkeitsdreiecke her für eine geringe Veränderlichkeit des Parameters zu sorgen. So zeigt Bild 5.59 einen typischen

$\beta_{2\,geom}$-Verlauf über der Schaufelhöhe sowie die zugehörige α_2-Änderung. In der Mittelschnittrechnung ist in diesem Fall $\alpha_2 = 90°$, d. h. drallfreie Abströmung, vorgesehen. Würde man diese Bedingung identisch für jeden Radius erfüllen, so hätten wir an den Schaufelenden untragbar kleine Winkel $\beta_{2\,geom}$, in Schaufelmitte ein sehr ausgeprägtes Maximum. Die $\beta_{2\,geom}$-Kurve wird gestreckt, wenn man dafür die α_2-Kurve in der aus dem Bild ersichtlichen Weise an den Enden herabbiegt und in Schaufelmitte etwas über die 90°-Linie legt. Im Fall einer Endstufe bleibt dabei der Drallverlust noch vernachlässigbar klein, da die Abweichung von der axialen Abströmung in Schaufelmitte gering ist und die Randpartien der Strömung energiearm sind. Handelt es sich um eine Zwischenstufe, so ist die veränderte Abströmung im folgenden Leitrad zu berücksichtigen. Bei unverwundenen Leitschaufeln werden dann zu große Rückenstöße in den Randpartien vermieden, indem man hier die Profile von der Nase her beschneidet (vgl. Bild 5.55). Infolge der Krümmung der Skelettlinie verkleinert sich dabei der geometrische Eintrittswinkel unter 90°. Als Ergebnis dieser Bemühungen sind die Winkeländerungen der gestreckten $\beta_{2\,geom}$-Kurve so gering, daß ihre Verwirklichung keine Schwierigkeiten mehr bereitet.

Insgesamt gesehen läßt sich feststellen, daß trotz der genannten Zugeständnisse an das Fertigungsverfahren die aufgezeigte Methode relativ schnell und einfach zu gut profilierten Turbinenschaufeln führt. Bild 5.60 zeigt ein Muster dieser Konstruktionsart. Hier erkennt man noch eine Zuschärfung der Schaufel am Kopf durch Anbringung einer Schräge, die vom Endprofil nur die Bauchseite stehen läßt. Sie dient gleichzeitig einer Verringerung des Spaltverlustes nach dem Prinzip der Labyrinthdichtung und einer Entlastung der Schaufel bei etwaigem Anlaufen am Gehäuse. Der Übergang vom Schaufelblatt zum Fuß ist zur besseren Überleitung der Kräfte mit einem Radius versehen. Schaufeln dieser Art werden mit gutem Erfolg in mehreren heute fliegenden Strahltriebwerken verwendet, wo die Turbinen Wirkungsgrade von 92% (zweistufig, TL) bis 94% (fünfstufig, PTL) erreichen.

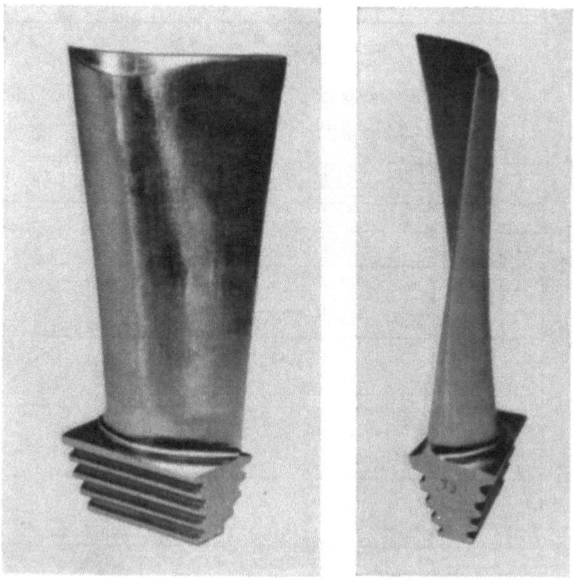

Bild 5.60 Laufschaufel einer modernen Gasturbine. Seiten- und Vorderansicht

Wenn auch das geschilderte Konstruktionsprinzip aus dem Wunsche nach einem rationelleren Kopierfräsverfahren entstanden ist, so besitzt es doch darüber hinaus grundsätzliche Bedeutung. Es liefert im Gegensatz zu einer völlig freien Konstruktion mit größerer Sicherheit Schaufeloberflächen, die ohne Buckel und Vertiefungen harmonisch gekrümmt verlaufen. Man kann es daher auch dann verwenden, wenn die Fertigung dem Konstrukteur keinerlei Einschränkungen auferlegt. Selbstverständlich wird man es in diesem Fall aber freier handhaben, da z. B. die Einhaltung eines Mindestradius für die Bauchseite nicht mehr erforderlich ist.

6. Bestimmung der im axialen Schaufelgitter wirkenden Gaskräfte

In den vorangehenden Kapiteln wurden die Grundlagen für die Berechnung und Profilierung der mehrstufigen axialen Gasturbine gebracht. Sie gestatten den vollständigen Entwurf der Turbine vom strömungstechnischen Standpunkt aus, wobei allerdings den Festigkeitsgesichtspunkten weitgehend Rechnung getragen wird. Selbstverständlich hat man sich aber während und nach Fertigstellung des Entwurfes noch durch eine gesonderte Festigkeitsrechnung von der ausreichenden Sicherheit der Bauteile — insbesondere der Schaufeln — zu überzeugen und die vom Turbinenrotor herrührende axiale Belastung der Lager zu prüfen.

In die Festigkeitsrechnung für die Turbinenschaufeln gehen — neben den Fliehkräften bei rotierenden Gittern — die an diesen angreifenden Gaskräfte ein. Sie treten sowohl bei den Leit- als auch bei den Laufschaufeln auf; in beiden Fällen haben sie eine Biegebeanspruchung dieser Bauteile zur Folge. Beim Rotor liefern ihre axialen Komponenten zusammen mit dem Beitrag der inneren Kanalwand einen wesentlichen Anteil des sogenannten Achsschubes der Turbine. (Der andere Anteil ist durch den Druckunterschied auf den Turbinenscheiben bedingt.) Die Gaskräfte hängen unmittelbar mit dem Strömungszustand in der Maschine zusammen. Ihre Bestimmung ist ein Teil der strömungstechnischen Berechnung der Turbine. Wir haben sie daher in den Kreis unserer Betrachtung einzubeziehen. Dabei beginnen wir mit den Gaskräften, die auf ein einzelnes Schaufelelement infinitesimaler radialer Breite dr einwirken.

6.1 Die radial veränderliche Schaufelbelastung

Entsprechend der von Rademacher und Hultsch [*78*] gegebenen Darstellung legen wir der Rechnung einen allgemeinen, nicht zylindrisch begrenzten Strömungskanal zugrunde, bei dem aber Innen- und Außenkontur im Bereich eines Leit- oder Laufrades durch gerade Linien angenähert werden. In Bild 6.1 ist oben ein solcher Bereich im Meridianschnitt dargestellt. Aus der Schaufel, die trotz der hier erfolgenden Wahl des Buchstaben w für die Bezeichnung der Geschwindigkeit und der Indizes 1 und 2 für Ein- und Austrittsebene grundsätzlich eine Leit- oder Laufschaufel sein kann, wurde ein der Stromlinie durch den Endpunkt des Radius r_1 folgendes Element von der Breite dr_1 auf der Eintrittsseite und dr_2 auf der Austrittsseite herausgeschnitten, wobei sich die Radienelemente wie die Längen der Eintritts- und Austrittskante der Schaufel verhalten:

$$\frac{dr_1}{dr_2} = \frac{h_1}{h_2}. \tag{6.1}$$

Die auf dieses Element in Umfangs- und Achsrichtung wirkenden Gaskräfte können aus den entsprechenden Impulsänderungen der zwischen den gestrichelten Linien bzw. den ihnen entsprechenden Mantelflächen eines Stromringes im Bereich einer Schaufelteilung von der Ebene *1* bis zur Ebene *2* strömenden Gasmasse ermittelt werden. Die Annahme einer Erweiterung des Stromringes im Verhältnis der von der Ein- zur Austrittsebene zunehmenden Schaufelhöhe entspricht voll der Festlegung des Stromlinienverlaufes für die Mehrschnittrechnung.

Der für die Anwendung des Impulssatzes auf die Einzelschaufel benötigte Kontrollraum wird in der — in eine Ebene abgewickelten — Projektion auf den Zylinder vom Radius $r_m = (r_1 + r_2)/2$ (s. Bild 6.1 unten) durch die beiden gestrichelt eingezeichneten Stromlinien AB und CD begrenzt. Entsprechend finden wir das Äquivalent der gesamten,

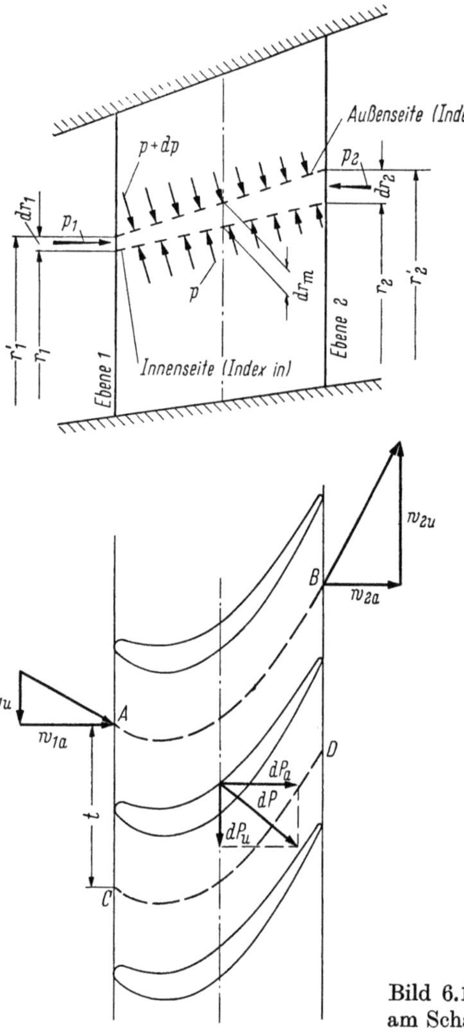

auf *alle* in Umfangsrichtung vorhandenen Profile des Elementargitters wirkenden Gaskräfte in den Impulsänderungen der den ganzen geschlossenen Kontrollring durchsetzenden Gasmasse wieder. Wir betrachten im folgenden stets diesen geschlossenen Ring, da in vielen Fällen bei Durchführung der Rechnung die endgültige Schaufelzahl noch gar nicht feststeht und im übrigen die Einzelkräfte sofort mittels Division durch diese Schaufelzahl aus den Gesamtkräften gewonnen werden können.

Bei der Durchströmung des Schaufelgitters sinkt der Druck von p_1 auf p_2, während sich die Geschwindigkeit nach Größe und Richtung von w_1 auf w_2 ändert. Vernachlässigen wir die Änderung der Radialkomponente der Geschwindigkeit, so können wir uns mit der Betrachtung der Axial- und der Umfangskomponente in der Abwicklung des Zylinderschnittes begnügen. Die Ermittlung der radiusabhängigen Schaufelbelastung verlangt nun die Herstellung des Zusammenhanges zwischen der Änderung des Druckes und der Geschwindigkeitskomponenten einerseits und den Kraftkomponenten dP_u und dP_a andererseits. Wir beginnen mit der Behandlung des Kräftegleichgewichtes in Umfangsrichtung.

Bild 6.1 Festlegung des Kontrollraumes für die Bestimmung der am Schaufelelement angreifenden Gaskräfte

6.11 Umfangskomponente der Belastung

Die Berechnung der Umfangskomponente dP_u macht wenig Schwierigkeiten. Der Impulssatz liefert sofort

$$z_{\text{Sch}}\, dP_u = (w_{1u} - w_{2u})\, d\dot{m}. \qquad (6.2)$$

In dieser Gleichung ist unter den in Bild 6.1 gewählten Verhältnissen w_{1u} als positiv zu betrachten. w_{2u} muß dann positiv oder negativ sein, je nachdem es in der Richtung mit w_{1u} übereinstimmt oder nicht.

Infolge der Kontinuität der den Stromring durchfließenden Masse gilt nun

$$d\dot{m} = 2\pi r_1 \varrho_1 w_{1a}\, dr_1 = 2\pi r_2 \varrho_2 w_{2a}\, dr_2. \qquad (6.3)$$

Setzt man beide Ausdrücke für $d\dot{m}$ in Gl. (6.2) ein, so ergeben sich zwei verschiedene Beziehungen für $z_{\text{Sch}} dP_u$, die sich dadurch unterscheiden, daß im ersten Fall die Verteilung der Schaufelbelastung über der Eintrittshöhe h_1 in der Ebene 1, im zweiten Fall die entsprechende Verteilung über der Austrittshöhe h_2 in der Ebene 2 erhalten wird. Integration führt in beiden Fällen zur gleichen Gesamtkraft $z_{\text{Sch}} P_u$. Bevorzugt man die Größen der Ebene 2, so wird

$$z_{\text{Sch}}\, dP_u = 2\pi r_2 \varrho_2 w_{2a} (w_{1u} - w_{2u})\, dr_2. \qquad (6.4)$$

Wir können nach der vorstehenden Gleichung sofort die Schaufelbelastung dP_u/dr_2 berechnen. Bei der Festigkeitsrechnung wird nun angenommen, daß das Kraftelement dP bzw. seine Komponenten dP_u und dP_a auf der Mitte der Gitterbreite (strichpunktierte Linie in Bild 6.1) an der Schaufel angreifen. Es wird also nach dP_u/dr_m gefragt. Diese Darstellung der Belastung gewinnen wir leicht, wenn wir mit Hilfe von $h_m = (h_1 + h_2)/2$ schreiben

$$\frac{dr_2}{dr_m} = \frac{h_2}{h_m} \tag{6.5}$$

und somit Gl. (6.4) überführen in

$$z_{\text{Sch}}\, dP_u = 2\pi \frac{h_2}{h_m} r_2 \varrho_2 w_{2a} (w_{1u} - w_{2u})\, dr_m . \tag{6.6}$$

Wie die gewonnene Beziehung zeigt, wird auch die Belastung in der Mittelebene noch über die Strömungsparameter in der Austrittsebene berechnet. Das ist nicht zu umgehen, da die Stromdichteverteilung in der Mittelebene unbekannt ist. Die Schreibweise der Gleichung vereinfacht sich etwas, wenn man sich auf den beidseitig durch konzentrische Zylinder begrenzten Turbinenkanal beschränkt. In diesem Fall ist

$$r_1 = r_2 = r_m = r \qquad \text{und} \qquad h_1 = h_2 = h_m = h, \tag{6.7}$$

und man erhält

$$z_{\text{Sch}}\, dP_u = 2\pi r \varrho_2 w_{2a} (w_{1u} - w_{2u})\, dr . \tag{6.8}$$

6.12 Axialkomponente der Belastung

Während bei der Anwendung des Impulssatzes zur Bestimmung der Größe dP_u keine Druckkräfte zu berücksichtigen waren, weil der Druck in Umfangsrichtung konstant ist, müssen nun bei der Ermittlung von dP_a diese Kräfte beachtet werden. Zum besseren Verständnis schreiben wir den Satz zunächst in seiner ausführlichen Form an. Es ist

$$2\pi r_1 p_1\, dr_1 + w_{1a}\, d\dot{m} + F_{au}(\bar{p} + d\bar{p}) = z_{\text{Sch}}\, dP_a + 2\pi r_2 p_2\, dr_2 + w_{2a}\, d\dot{m} + F_{in}\bar{p} .$$

Hier bezeichnen F_{au} und F_{in} die axialen Projektionen der freien Mantelflächen an Außen- und Innenseite des Stromringes; ferner bedeutet

$$\bar{p} = \frac{1}{F_{in}} \int_{F_{in}} p\, dF_{in}$$

den auf der Innenseite des Stromringes wirkenden mittleren Druck und sinngemäß $d\bar{p}$ den Unterschied der mittleren Drücke auf den beiden Mantelflächen.

Fassen wir die einzelnen Glieder des Impulssatzes in der Form

$$z_{\text{Sch}}\, dP_a' = 2\pi (r_1 p_1\, dr_1 - r_2 p_2\, dr_2) + (w_{1a} - w_{2a})\, d\dot{m} \tag{6.9}$$

und

$$z_{\text{Sch}}\, dP_a'' = F_{au}(\bar{p} + d\bar{p}) - F_{in}\bar{p} \tag{6.10}$$

zusammen, so wird

$$z_{\text{Sch}}\, dP_a = z_{\text{Sch}}\, dP_a' + z_{\text{Sch}}\, dP_a'' . \tag{6.11}$$

In dieser Gleichung stellt der erste Summand die Kraft dar, die von der Strömung auf die Schaufeln und die als starre, mit den Schaufeln fest verbundene Wände gedachten Mantelflächen des Stromringes ausgeübt wird. Sie ist kleiner als die auf die Schaufeln allein ausgeübte Kraft, da Schaufelanteil und Mantelanteil entgegengesetztes Vorzeichen haben. Der Unterschied beider, eben der Mantelanteil, ist durch den zweiten Summanden gegeben. Er stellt die Axialkomponente der resultierenden Kraft dar, die sich auf Grund des Flächen- und Druckunterschiedes zwischen der äußeren und inneren Mantelfläche des kegligen Stromringes ergibt. Diese Kraft tritt in der letzten Gleichung zusätzlich auf, weil die Mantelflächen keine festen Begrenzungsflächen sind.

Nachfolgend sollen nun die Größen $z_{\text{Sch}} dP'_a$ und $z_{\text{Sch}} dP''_a$ einzeln entwickelt und erst im Anschluß daran zu der Gesamtgröße $z_{\text{Sch}} dP_a$ zusammengesetzt werden.

Zunächst erhält man durch Einführung von Gl. (6.3) in Gl. (6.9)

$$z_{\text{Sch}}\, dP'_a = 2\pi\, [r_1 p_1\, dr_1 - r_2 p_2\, dr_2 + r_2 \varrho_2 w_{2a} (w_{1a} - w_{2a})\, dr_2].$$

Berücksichtigt man hier noch die Beziehungen (6.1) und (6.5), so wird

$$z_{\text{Sch}} dP'_a = 2\pi \left[\frac{h_1}{h_m} r_1 p_1 - \frac{h_2}{h_m} r_2 p_2 + \frac{h_2}{h_m} r_2 \varrho_2 w_{2a} (w_{1a} - w_{2a})\right] dr_m. \tag{6.12}$$

Zur Ableitung der Größe $z_{\text{Sch}} dP''_a$ bringen wir Gl. (6.10) auf die Form

$$z_{\text{Sch}}\, dP''_a = (F_{au} - F_{in})\, \bar{p} + F_{au}\, d\bar{p}. \tag{6.13}$$

Die Mantelkraft ist hier in zwei Anteile zerlegt, von denen der erste durch den Unterschied der Flächen, der zweite durch den Unterschied der Drücke bedingt ist. Mit den Bezeichnungen von Bild 6.1 wird

$$F_{au} = \pi\, (r_2'^2 - r_1'^2) - (F_{Gi} + dF_{Gi})$$

und

$$F_{in} = \pi (r_2^2 - r_1^2) - F_{Gi},$$

wo F_{Gi} die Summe der axialen Projektionen der Profilquerschnitte vom Radius r_1 bis zum Radius r_2, also eine für das betreffende Gitter charakteristische Funktion, bedeutet. Der Druck $\bar{p}$ bzw. $(\bar{p} + d\bar{p})$ wirkt ja nicht auf der vollen Ringfläche, sondern nur auf den in den einzelnen Schaufelkanälen liegenden Anteilen. Bei Berücksichtigung der Beziehung

$$r' = r + dr$$

wird nun

$$F_{au} = \pi (r_2^2 + 2 r_2\, dr_2 + dr_2^2 - r_1^2 - 2 r_1\, dr_1 - dr_1^2) - (F_{Gi} + dF_{Gi})$$

bzw. nach Vernachlässigung der Glieder zweiter Ordnung

$$F_{au} = \pi (r_2^2 - r_1^2) + 2\pi\, (r_2\, dr_2 - r_1\, dr_1) - (F_{Gi} + dF_{Gi}). \tag{6.14}$$

Es ergibt sich damit für die Differenz der Projektionen der freien Mantelflächen

$$F_{au} - F_{in} = 2\pi\, (r_2\, dr_2 - r_1\, dr_1) - dF_p. \tag{6.15}$$

Um zu einem für die Rechnung geeigneten Ausdruck für den mittleren Druck auf den freien Mantelflächen des Stromringes zu kommen, setzen wir ihn näherungsweise gleich dem arithmetischen Mittel der Drücke vor und hinter dem Gitter, also

$$\bar{p} \approx \frac{p_1 + p_2}{2}. \tag{6.16}$$

Dementsprechend ist

$$d\bar{p} \approx \frac{dp_1 + dp_2}{2}. \tag{6.17}$$

Durch Einsetzen der Ausdrücke (6.14) bis (6.17) in Gl. (6.13) erhält man, wenn hier ebenfalls die Glieder zweiter Ordnung vernachlässigt werden,

$$z_{\text{Sch}}\, dP_a'' = \pi \left[\left(r_2\, dr_2 - r_1\, dr_1 - \frac{1}{2\pi} \frac{dF_{Gi}}{dr_m}\, dr_m\right)(p_1 + p_2) + \frac{1}{2}\left(r_2^2 - r_1^2 - \frac{1}{\pi} F_{Gi}\right)\left(\frac{dp_1}{dr_1}\, dr_1 + \frac{dp_2}{dr_2}\, dr_2\right)\right].$$

Geht man wieder mit Hilfe von Gl. (6.1) und (6.5) auf das Kraftelement am mittleren Radius über, so ergibt sich schließlich

$$z_{\text{Sch}}\, dP_a'' = \pi \left[\left(\frac{h_2}{h_m} r_2 - \frac{h_1}{h_m} r_1 - \frac{1}{2\pi} \frac{dF_{Gi}}{dr_m}\right)(p_1 + p_2) + \frac{1}{2}\left(r_2^2 - r_1^2 - \frac{1}{\pi} F_{Gi}\right)\left(\frac{h_1}{h_m} \frac{dp_1}{dr_1} + \frac{h_2}{h_m} \frac{dp_2}{dr_2}\right)\right] dr_m. \tag{6.18}$$

Wir haben nun nur noch die beiden Ausdrücke (6.12) und (6.18) in (6.11) einzusetzen, um die Axialkomponente der Gaskraft am Schaufelgitterelement zu gewinnen. Mit Umordnung der p-Glieder wird

$$z_{\text{Sch}}\, dP_a = \pi \left[\left(\frac{h_1}{h_m} r_1 + \frac{h_2}{h_m} r_2\right)(p_1 - p_2) - \frac{1}{2\pi} \frac{dF_{Gi}}{dr_m}(p_1 + p_2) + 2\, \frac{h_2}{h_m} r_2 \varrho_2 w_{2a} (w_{1a} - w_{2a}) + \frac{1}{2}\left(r_2^2 - r_1^2 - \frac{1}{\pi} F_{Gi}\right)\left(\frac{h_1}{h_m} \frac{dp_1}{dr_1} + \frac{h_2}{h_m} \frac{dp_2}{dr_2}\right)\right] dr_m. \tag{6.19}$$

Hier sind auf der rechten Seite sämtliche Größen aus der Mehrschnittrechnung bzw. der durchgeführten Profilierung bekannt. Letztere ist für die Bestimmung der Funktion $F_{Gi}(r_m)$ erforderlich. Eine wesentliche Vereinfachung der Gleichung tritt ein, wenn wir wieder auf den achsparallel begrenzten Turbinenkanal übergehen. Zu den schon bei der Berechnung der Umfangskomponente der Belastung benutzten Beziehungen (6.7) tritt noch

$$F_{Gi} = 0 \quad \text{und} \quad \frac{dF_{Gi}}{dr_m} = 0.$$

Damit erhalten wir in diesem Sonderfall

$$z_{\text{Sch}}\, dP_a = 2\pi r\, [p_1 - p_2 + \varrho_2 w_{2a} (w_{1a} - w_{2a})]\, dr,$$

also einen Ausdruck, in dem lediglich noch der Druckunterschied auf den Stirnflächen des Stromringes und die Änderung des Axialimpulses vorkommen.

6.2 Der Axialschub des Schaufelgitters

Als Ergebnis der beiden vorangehenden Abschnitte verzeichnen wir in den Gln. (6.6) und (6.19) die Darstellungen der Umfangs- und der Axialkomponente der am Schaufelgitterelement angreifenden Gaskraft. Sie liefern den radialen Verlauf der Schaufelbelastung in beiden Koordinatenrichtungen. Durch Integration der Gl. (6.6) vom Innenradius r_{mi} bis zum Außenradius r_{ma} kann die Umfangskraft eines ganzen axialen Schaufelgitters bestimmt werden, und zwar sowohl für Leit- als auch für Laufradgitter, wenn man jeweils die zugehörigen absoluten oder relativen Geschwindigkeitskomponenten der Ein- und Austrittsebene des Gitters einsetzt. Dabei ist es gleichgültig, ob man die Schaufeln als frei, in der Innenwand des Kanales (Laufrad) oder in Innen- und Außenwand des Kanales (Leitrad) fest eingespannt betrachtet, da die Kanalwände zur Umfangskraft keinen Beitrag liefern. Sie können keinen Anteil daran haben, weil ihre Projektion in Umfangsrichtung verschwindet. Im Gegensatz dazu ergibt die Integration der Gl. (6.19) eine Kraft, die wir ausdrücklich als die Axialkraft der nicht eingespannten Schaufeln des Gitters ansprechen müssen. Sie stellt also noch nicht den Axialschubbeitrag des gesamten der Strömung ausgesetzten Teiles eines Lauf- oder Leitrades dar. Hier ist der Einfluß der Kanalwände zusätzlich in Rechnung zu stellen. (Von dem Beitrag der nicht angeströmten Teile des Schaufelrades, z. B. einer Turbinenscheibe, wird an dieser Stelle nicht gesprochen.)

6.21 Ermittlung aus der radialen Belastungsverteilung

Um zu einer allgemeinen Darstellung des Axialschubes eines Schaufelgitters zu gelangen, ist es zweckmäßig, von der Axialkraft der nicht eingespannten Schaufeln auszugehen. Dabei können wir statt der Integration der Gl. (6.19) natürlich auch diejenige der Ausgangsbeziehung (6.11) zugrunde legen. Es ist dann

$$z_{\text{Sch}} P_a = \int_{P_a'} z_{\text{Sch}}\, dP_a' + \int_{P_a''} z_{\text{Sch}}\, dP_a''. \tag{6.20}$$

Im Zusammenhang mit dem Einfluß der begrenzenden Wände auf den Axialschub des Gitters ist das zweite Glied auf der rechten Seite der Gleichung von Interesse. Es stellt ja die Summe der in den elementaren Stromringen von der Strömung auf die Ringmäntel ausgeübten Axialkräfte dar. Dabei müssen sich die in zwei benachbarten Ringen auf die gemeinsame Mantelfläche wirkenden Kräfte wegen der Gleichheit der dort vorhandenen Drücke jedesmal aufheben. Lediglich die Kräfte an den Außenseiten des äußersten und innersten Stromringes bleiben bestehen. Wir sehen das an Hand der in Bild 6.2 gezeichneten drei Ringe mit den Nummern $n + 1$, n und $n - 1$ leicht ein.

Für sie gilt bei Voraussetzung kleiner, aber endlicher Dicke entsprechend Gl. (6.10)

$$\begin{aligned} z_{\text{Sch}} \Delta P''_{a,n+1} &= F_{au,n+1} (\bar{p} + \Delta \bar{p})_{n+1} - F_{in,n+1} \bar{p}_{n+1}, \\ z_{\text{Sch}} \Delta P''_{a,n} &= F_{au,n} (\bar{p} + \Delta \bar{p})_{n} - F_{in,n} \bar{p}_{n}, \\ z_{\text{Sch}} \Delta P''_{a,n-1} &= F_{au,n-1} (\bar{p} + \Delta \bar{p})_{n-1} - F_{in,n-1} \bar{p}_{n-1}. \end{aligned}$$

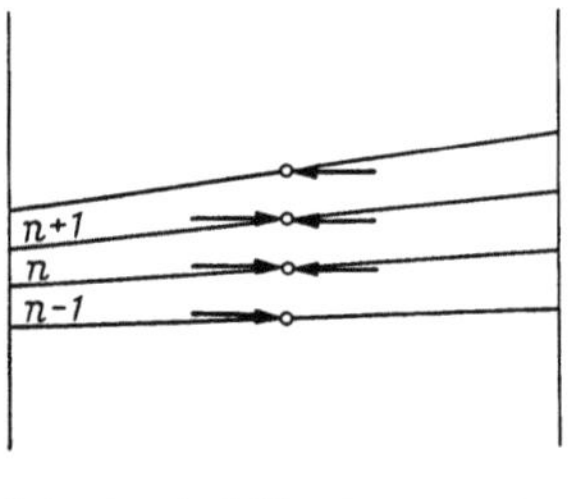

Bild 6.2 Axialkräfte auf den Mantelflächen benachbarter Stromringe

Es bestehen nun folgende Identitäten:

$$F_{in,n+1} \equiv F_{au,n}, \qquad F_{in,n} \equiv F_{au,n-1},$$

$$\bar{p}_{n+1} \equiv (\bar{p} + \Delta \bar{p})_n, \quad \bar{p}_n \equiv (\bar{p} + \Delta \bar{p})_{n-1}.$$

Also ist

$$\sum_{\nu=n-1}^{n+1} z_{\text{Sch}} \Delta P''_{a,\nu} = F_{au,n+1} (\bar{p} + \Delta \bar{p})_{n+1} - F_{in,n-1} \bar{p}_{n-1}.$$

Erstreckt man im vorstehenden Ausdruck die Summe über sämtliche im Turbinenkanal liegenden Stromringe, wobei man ihre Dicke gegen Null gehen läßt, so ergibt sich

$$\int_{P_a''} z_{\text{Sch}}\, dP_a'' = F_a \bar{p}_a - F_i \bar{p}_i. \tag{6.21}$$

Der obigen Ableitung entsprechend bedeuten hier $\bar{p}_a$ und $\bar{p}_i$ die mittleren Drücke an der äußeren und inneren Kanalwand und F_a und F_i die axialen Projektionen dieser Begrenzungsflächen, soweit sie Strömungsflächen und nicht von den Endprofilen der Schaufeln verdeckt sind. Das Integral ist also mit der von der Strömung auf die Kanalwände ausgeübten Axialkraft identisch, welche die im ersten Summanden von Gl. (6.20) steckende gleiche, aber dort mit entgegengesetztem Vorzeichen auftretende Kraft kompensiert und somit $z_{Sch} P_a$ erst zur Axialkraft der nicht eingespannten Schaufeln macht. Durch Einsetzen von Gl. (6.21) in Gl. (6.20) wird

$$z_{Sch}\, P_a = \int_{P_a'} z_{Sch}\, dP_a' + F_a \bar{p}_a - F_i \bar{p}_i . \qquad (6.22)$$

Betrachten wir nun die Schaufeln des Gitters als innen eingespannt, d. h. fest mit der inneren Kanalwand verbunden, so haben wir den Fall des Laufradgitters. Die innere Kanalwand wird dabei von der Außenfläche des Scheibenkranzes gebildet. Die auf sie einwirkende Strömungskraft ist jetzt Teil des Axialschubes des Schaufelgitters. Sie darf also in dem Integral der Gl. (6.22) nicht mehr durch $F_i \bar{p}_i$ kompensiert werden, und wir erhalten

$$(z_{Sch}\, P_a)_{\text{Laufradgitter}} = \int_{P_a'} z_{Sch}\, dP_a' + F_a \bar{p}_a .$$

In entsprechender Weise gelangen wir schließlich zum Axialschub des Leitradgitters, wenn wir die Schaufeln auch noch mit der Außenwand des Turbinenkanals fest verbunden annehmen. Die auf dieser Wand lastende Strömungskraft geht als letzter Bestandteil in den Axialschub ein. Damit verschwindet aus der Gl. (6.22) auch noch das Glied $F_a \bar{p}_a$, und wir haben zu schreiben

$$(z_{Sch} P_a)_{\text{Leitradgitter}} = \int_{P_a'} z_{Sch}\, dP_a' .$$

Die durch die letzten drei Gleichungen unterschiedenen Fälle lassen sich in einer einzigen Beziehung zusammenfassen, wenn man zwei Faktoren a und i einführt, die bei den freien Schaufeln die Werte 1 und 1, beim Laufradgitter die Werte 1 und 0 und beim Leitradgitter die Werte 0 und 0 haben. Berücksichtigen wir dabei noch die Gl. (6.12), so ist

$$z_{Sch} P_a = 2\pi \int_{r_{mi}}^{r_{ma}} \left[\frac{h_1}{h_m} r_1 p_1 - \frac{h_2}{h_m} r_2 p_2 + \frac{h_2}{h_m} r_2 \varrho_2 w_{2a} (w_{1a} - w_{2a}) \right] dr_m + a F_a \bar{p}_a - i F_i \bar{p}_i . \quad (6.23)$$

Im Sonderfall des achsparallel begrenzten Turbinenkanals fallen die Faktoren a und i wegen $F_a = F_i = 0$ wieder aus der Gleichung heraus. Alle drei Möglichkeiten des Schaufelgitters werden dann durch die einzige Beziehung

$$z_{Sch} P_a = 2\pi \int_{r_i}^{r_a} r [p_1 - p_2 + \varrho_2 w_{2a} (w_{1a} - w_{2a})]\, dr$$

erfaßt. Sie tritt gleichwertig neben die entsprechende Gleichung für die Umfangskraft des Schaufelgitters mit achsparallel begrenztem Kanal, die durch Integration von Gl. (6.8) gewonnen wird.

6.22 Ermittlung aus den Größen der Mittelschnittrechnung

Die bisher erhaltenen Beziehungen setzen die Kenntnis der radial veränderlichen Gaszustände vor und hinter dem Gitter voraus, d. h. es muß die Mehrschnittrechnung vorliegen. Bei Projektrechnungen von Strömungsmaschinen begnügt man sich jedoch zunächst mit einer Mittelschnittrechnung, bei der die Gitter einschließlich des Kanals aus den Mittelwerten der Gaszustände errechnet werden. Es ist vorteilhaft, wenn man hierfür bereits die Axialschübe der Gitter abschätzen kann.

Für ein Leitradgitter, bei dem $a = i = 0$ ist, erhält man eine brauchbare Formel, wenn man ausgeht von der integrierten Gl. (6.9), nämlich

$$(z_{\text{Sch}} P_a)_{\text{Leitradgitter}} = z_{\text{Sch}} P'_a = 2\pi \int_{r_{1i}}^{r_{1a}} r_1 p_1 \, dr_1 - 2\pi \int_{r_{2i}}^{r_{2a}} r_2 p_2 \, dr_2 + \int_{\dot{m}} (w_{1a} - w_{2a}) \, d\dot{m}.$$

Mit passender Definition der Werte $p_{1\,\text{mittel}}$, $p_{2\,\text{mittel}}$ und $(w_{1a} - w_{2a})_{\text{mittel}}$, d. h. Mittelung über der Eintrittsfläche F_1, der Austrittsfläche F_2 bzw. dem Massendurchsatz $\dot{m}$, läßt sich diese Beziehung überführen in

$$(z_{\text{Sch}} P_a)_{\text{Leitradgitter}} = p_{1\,\text{mittel}} F_1 - p_{2\,\text{mittel}} F_2 + \dot{m} \, (w_{1a} - w_{2a})_{\text{mittel}}. \qquad (6.24)$$

Hier können die Mittelwerte in guter Näherung durch die entsprechenden Größen der Mittelschnittrechnung ersetzt werden.

Beim Laufradgitter mit $a = 1$ und bei den nicht eingespannten Schaufeln, wo überdies $i = 1$ gilt, muß noch $F_a \bar{p}_a$ bzw. zusätzlich $F_i \bar{p}_i$ bekannt sein. Die Flächen F_a und F_i sind auf Grund des vorliegenden Kanalverlaufes mit der Genauigkeit bestimmbar, mit der die Flächen der Schaufelendprofile abgeschätzt werden können. Mehr Schwierigkeiten macht die Ermittlung der Drücke $\bar{p}_a$ und $\bar{p}_i$. Hierfür müssen die Wanddrücke in Ein- und Austrittsebene des Gitters unter vereinfachenden Annahmen mit Hilfe der Drallgesetze näherungsweise berechnet werden. Natürlich entfallen diese Unbequemlichkeiten wieder beim achsparallel begrenzten Turbinenkanal, wo Gl. (6.24) für alle drei Fälle von Schaufelgittern in gleicher Weise Gültigkeit besitzt.

7. Die Turbine bei Abweichung vom Auslegungszustand

Unsere bisherigen Betrachtungen umfaßten die Gesetzmäßigkeiten, die den Wirkungsgrad einer Turbine bestimmen, und die Gesichtspunkte, nach denen unter Beachtung der Zusammenarbeit mit den übrigen Baugruppen des Strahltriebwerkes die Auswahl der Entwurfsparameter erfolgt. Sie zeigten uns den Weg, wie man bei gegebenen Auslegungsdaten eine Turbine berechnet und profiliert. Für den Auslegungszustand, der durch die in der Zeiteinheit durchgesetzte Gasmasse $\dot{m}$, das innere Gesamtgefälle H_i^* und die Drehzahl n gekennzeichnet ist, soll der Wirkungsgrad möglichst hoch sein. Die Turbine ist also für diesen Zustand optimal auszulegen.

Nun arbeitet keine Turbine nur in diesem Auslegungszustand. Schon beim Anlassen des Triebwerkes und Beschleunigen auf Vollast ändert sich die Drehzahl von Null bis zu einem maximalen Wert. Mit ihr wandeln sich der Gasdurchsatz, das Gefälle und der Wirkungsgrad. Hierbei handelt es sich noch um einen instationären Betrieb. Ein großer Teil der durchlaufenen Drehzahlen, nämlich der Bereich oberhalb der Leerlaufdrehzahl, wird aber in den Teillaststufen des Triebwerkes auch stationär gefahren. Darüber hinaus ändern sich bei den Turbinen von Strahltriebwerken $\dot{m}$, H_i^*, n und η_{iT} noch mit der Flughöhe und der Fluggeschwindigkeit.

In diesem Zusammenhang taucht also die grundsätzliche Frage nach dem Verhalten der Turbine bei großen Abweichungen des Betriebszustandes vom Auslegungszustand auf. Wir benötigen ein Gesetz, das in graphischer oder analytischer Form die veränderlichen Größen in ihrer gegenseitigen Abhängigkeit zusammenfaßt. Dabei beschränken wir uns auf stationäre Zustände, deren Behandlung schon für sich eine Reihe von Schwierigkeiten mit sich bringt. Instationäre Vorgänge, insbesondere die Beschleunigung bis auf Leerlauf, betrachten wir näherungsweise als Aufeinanderfolge einer Reihe quasistationärer Zustände, die jeder als einzelner der hier zu untersuchenden Gesetzmäßigkeit gehorchen. Wie wir sehen werden, ist diese Gesetzmäßigkeit im allgemeinen ein graphisch gegebenes

Kennfeld, das die Turbinenparameter in Form von Ähnlichkeitskenngrößen enthält. Nur mit gewissen Einschränkungen ist eine analytische Wiedergabe des betrieblichen Verhaltens der Gasturbine möglich. Das Kennfeld kann von Fall zu Fall durch Versuche an der Turbine oder an einem Modell derselben gewonnen werden; es kann aber auch durch Berechnung ermittelt werden. Letzteres Verfahren setzt die Lösung der II. Hauptaufgabe der Gittertheorie — wenn auch meist in einer einfacheren, die strengen, aber aufwendigen Methoden der Gittertheorie gar nicht benutzenden Form — voraus. Das analytische Gesetz basiert auf der theoretischen Durchdringung des Expansionsprozesses in der Turbine und besitzt im Rahmen seines Anwendungsbereiches Allgemeingültigkeit.

7.1 Das Turbinenkennfeld[1]

Wegen seines praktisch unbegrenzten, alle interessierenden Betriebszustände umfassenden Geltungsbereiches wenden wir uns zunächst dem Kennfeld der Turbine zu. Dieses hat ganz verschiedenes Aussehen, je nachdem, welche der in Abschn. 2.2 behandelten dimensionslosen oder höchstens durch Fortlassung konstanter Faktoren dimensionsbehaftet gewordenen Kenngrößen zur Darstellung des Turbinenverhaltens benutzt werden. Man kann etwa die Auftragung

$$\frac{u}{c_{0s}^*} = f_1\left(\frac{u}{\sqrt{T_{0I}^*}},\ \varphi_{0I}^*\right); \quad \eta_{iT} = f_2\left(\frac{u}{\sqrt{T_{0I}^*}},\ \varphi_{0I}^*\right) \tag{7.1}$$

wählen, bei der $u/\sqrt{T_{0I}^*}$ und u/c_{0s}^* als Koordinaten und die anderen beiden Größen als Parameter aufgefaßt werden. Genauso berechtigt ist eine Auftragung

$$\frac{p_{0I}^*}{p_{2z}^*} = f_3\left(\frac{\dot{V}_{0I}^*}{\sqrt{T_{0I}^*}},\ \frac{n}{\sqrt{T_{0I}^*}}\right); \quad \eta_{iT} = f_4\left(\frac{\dot{V}_{0I}^*}{\sqrt{T_{0I}^*}},\ \frac{n}{\sqrt{T_{0I}^*}}\right) \tag{7.2}$$

mit $\dot{V}_{0I}^*/\sqrt{T_{0I}^*}$ und p_{0I}^*/p_{2z}^* als Koordinaten und den restlichen Kennwerten als Parametern. Beide Darstellungsarten haben ihre Vor- und Nachteile, die unten noch näher zu diskutieren sind. Hier halten wir zunächst nur fest, daß sie ausdrücklich $\varkappa = \text{const}$ voraussetzen.

Wie im erwähnten Abschn. 2.2 näher ausgeführt, hat bereits die dimensionslose Kennfelddarstellung zur Voraussetzung, daß der Isentropenexponent unveränderlich ist. Das gilt sowohl hinsichtlich der Expansion des Gases von Stufe zu Stufe bei einem gegebenen Betriebszustand der mehrstufigen Turbine als auch für den Übergang von einem Betriebszustand zum anderen bzw. von einem strömenden Medium zum anderen. In vermehrtem Umfange ist dieser Umstand bei der vereinfachten Darstellung der Kennfelder durch dimensionsbehaftete Größen zu beachten, wenn das Produkt $\varkappa R T_{0I}^*$ — wie in $u/\sqrt{T_{0I}^*}$, $n/\sqrt{T_{0I}^*}$ und $\dot{V}_{0I}^*/\sqrt{T_{0I}^*}$ — zu T_{0I}^* verkürzt wird. Nun ist aber in Wirklichkeit $\varkappa$ schon für ein und dasselbe Medium mit der Temperatur veränderlich. Selbst wenn man zur Berücksichtigung der Änderung des Isentropenexponenten längs des Strömungsweges in der Maschine mit einem für den jeweiligen Anfangs- und Endzustand gemittelten Wert rechnet oder die örtliche Veränderung durch Verfolgung des Expansionsprozesses im i,s-Diagramm genau erfaßt, bleibt doch die Abhängigkeit des $\varkappa$ von der Anfangstemperatur T_{0I}^*.

[1] Die hier gegebenen Darlegungen fußen auf Arbeiten, die der Verfasser mit seinen Mitarbeitern in den Jahren 1947—1953 in der Sowjetunion durchführte, und sind seit 1955 in seinen Vorlesungen an der Technischen Universität Dresden enthalten. Zu ähnlichen Ergebnissen gelangte im gleichen Zeitraum HAUSENBLAS, von dessen Veröffentlichungen [*81*] und [*82*] erwähnt seien.

Unter der Voraussetzung, daß sich Anfangs- und Endtemperatur relativ gleich ändern, gilt für das Verhalten der mittleren spezifischen Wärme des betrachteten Temperaturbereiches in Abhängigkeit von der Anfangstemperatur (s. etwa [*99*])

$$\frac{\overline{c_p}}{\overline{c_p}'} = \left(\frac{T^*_{0I}}{T^{*\prime}_{0I}}\right)^{\mu},$$

wobei der Exponent μ zu 0,167 angenommen werden kann. Für die relative Änderung ergibt sich danach

$$\frac{d\,\overline{c_p}}{\overline{c_p}} = \mu\,\frac{d\,T^*_{0I}}{T^*_{0I}}.$$

Berücksichtigt man hier, daß

$$c_p = \frac{\varkappa R}{\varkappa - 1}$$

und folglich

$$\frac{d c_p}{c_p} = -\frac{1}{\varkappa - 1}\,\frac{d\varkappa}{\varkappa}$$

ist, so wird schließlich

$$\frac{d\bar{\varkappa}}{\bar{\varkappa}} = -(\bar{\varkappa} - 1)\,\mu\,\frac{d T^*_{0I}}{T^*_{0I}}.$$

Die erhaltene Beziehung liefert uns die relative Änderung des mittleren Isentropenexponenten für den bei Gasturbinenuntersuchungen interessierenden Temperaturbereich. Nimmt man maximale Abweichungen des Temperaturniveaus von -50% und $+20\%$ an, die jedoch in der Praxis kaum auftreten werden, so wandelt sich $\bar{\varkappa}$ um $+2{,}5$ bis 3% bzw. -1%.

Kleine Änderungen von $\varkappa$ kann man wenigstens zum Teil berücksichtigen, wenn man an Stelle der in Gl. (7.1) und (7.2) verwendeten die dimensionsbehafteten Kenngrößen $u/\sqrt{\varkappa T^*_{0I}}$, $n/\sqrt{\varkappa T^*_{0I}}$ und $\dot{V}^*_{0I}/\sqrt{\varkappa T^*_{0I}}$ benutzt. (Kommen Änderungen der Gaskonstante R in Frage, so hat man diese ebenfalls unter die Wurzel zu setzen. Ihr Einfluß wird dann exakt erfaßt.) Es bleibt aber die Tatsache, daß unsere Kennfelder in gewissem Umfange temperaturabhängig sind und — strenggenommen — keine Allgemeingültigkeit besitzen.

Der genannte Umstand wirkt sich so aus, daß man für die gleiche Turbine bei Änderung des Betriebszustandes unter Beibehaltung der Gastemperatur in der Eintrittsebene je nach der Wahl von T^*_{0I} etwas voneinander abweichende Kennfelder erhält. Bei Aufstellung mehrerer solcher Kennfelder wäre man grundsätzlich in der Lage, für eine beliebige Temperatur durch Interpolation zwischen den Kennfeldern die richtigen Daten der Turbine zu bestimmen. Der Einfluß von $\varkappa$ ist nun im allgemeinen nicht so bedeutend, daß sich die Beschaffung mehrerer Kennfelder lohnt, zumal sich schon die Temperaturen bei den am meisten gefahrenen Betriebszuständen nicht sehr unterscheiden. Beispielsweise zeigt Bild 7.0 die Verschiebung der Drehzahllinien in einem Diagramm gemäß Gl. (7.2), wie sie sich auf Grund einer Variation des Isentropenexponenten um $\pm 5\%$ gegenüber einem Ausgangswert $\varkappa_0$ errechnet. Bei allen Drehzahlen wächst die Durchsatzgröße bzw. vermindert sich die Gefällegröße mit steigendem $\varkappa$. Zur Sichtbarmachung des Effektes wurde aber eine $\varkappa$-Änderung angenommen, die erheblich über den oben schon als maximal ermittelten Bereich von -1% bis $+3\%$ hinausgeht. Man begnügt sich daher normalerweise mit einem einzigen Kennfeld, das für die Anfangstemperatur des Auslegungszustandes aufgestellt wird und daher für die hauptsächlich vorkommenden Laststufen hinreichend genau ist, und verzichtet auf letzte Genauigkeit bei stark abweichenden Zuständen, wo bei gerechneten Kennfeldern durch erforderliche Annahmen eine gewisse Ungenauigkeit ohnehin nicht zu vermeiden ist.

In manchen Fällen, z. B. beim Vergleich der im Triebwerk arbeitenden Gasturbine mit einer luftdurchströmten Modellturbine, kann trotzdem die Notwendigkeit bestehen, den Einfluß eines geänderten $\varkappa$ genauer zu erfassen. Hierfür lassen sich Näherungsformeln benutzen, durch welche die Größen eines für $\varkappa_g$ ermittelten Kennfeldes mit denen für einen anderen Isentropenexponenten $\varkappa_h$ verbunden werden. Das Verfahren geht auf KÜHL [*80*] sowie CORDES und BECKMANN [*88*] zurück. Es werden dabei folgende Voraussetzungen gemacht:

1. Die Turbine besteht aus einer großen Zahl von einzelnen Stufen mit geringen Gefällen, so daß wohl die Lieferzahl, nicht aber MACH-Zahl und Isentropenexponent Einfluß auf die Stufenkennwerte $(u/c_{0s}^*)_\nu$ und $\eta_{i\nu}$ haben. (ν ist dabei die Stufennummer.)

2. Der Vergleich wird aus rechnerischen Gründen so durchgeführt, daß Kennfeldpunkte betrachtet werden, die die Gleichung

$$\left(\frac{v_{0I}^*}{v_{2z}^*}\right)_g = \left(\frac{v_{0I}^*}{v_{2z}^*}\right)_h$$

erfüllen.

3. Der innere polytrope Wirkungsgrad der Turbine stimmt bei beiden Vorgängen überein, d. h.

$$\eta_{i\,\mathrm{pol}\,Tg} = \eta_{i\,\mathrm{pol}\,Th}.$$

Die letzten beiden Voraussetzungen lassen sich auch so verstehen, daß bei der Beziehung zweier Kennfelder aufeinander, von denen jedes vier Variable enthält, zwei beliebige Variable gleichgehalten werden können. Die Umrechnung der restlichen beiden Größen sowie aller anderen üblichen Ähnlichkeitswerte hängt dann natürlich von der getroffenen Auswahl bei der Gleichsetzung ab.

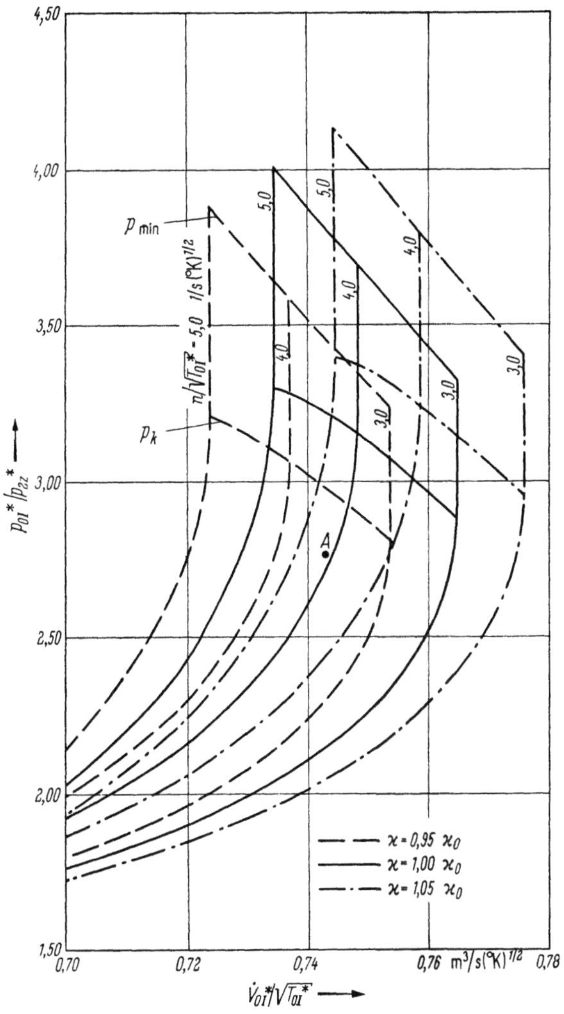

Bild 7.0 Einfluß des Isentropenexponenten auf das Turbinenkennfeld

Folgen wir anfangs KÜHL, so werden zunächst die zu $\varkappa_g$ und $\varkappa_h$ gehörigen Polytropenexponenten n_g und n_h aus der durch Auflösung von Gl. (2.29a) nach n gewonnenen Beziehung

$$n = \frac{\varkappa}{\varkappa - (\varkappa - 1)\,\eta_{i\,\mathrm{pol}\,T}}$$

bestimmt. Damit schreibt sich die erste Umrechnungsformel

$$\left(\frac{p_{0I}^*}{p_{2z}^*}\right)_g = \left(\frac{p_{0I}^*}{p_{2z}^*}\right)_h^{\frac{n_g}{n_h}}. \tag{7.3}$$

Polytropenexponent und Druckverhältnis legen eine Rechengröße

$$\vartheta = \frac{1 - \left(\frac{p^*_{2z}}{p^*_{0I}}\right)_g^{\frac{n_h-1}{n_g}}}{1 - \left(\frac{p^*_{2z}}{p^*_{0I}}\right)_g^{\frac{n_g-1}{n_g}}}$$

fest, die in den Korrekturwert

$$\alpha = \frac{\varkappa_g - 1}{\varkappa_h - 1}\,\vartheta$$

und zusammen mit n_g und n_h in den weiteren Korrekturwert

$$\beta = \frac{1}{2}\left[\frac{\left(\frac{n_h - 1}{n_g - n_h}\,\frac{1-\vartheta}{\vartheta}\right)^{\frac{1}{n_g-1}}}{\left(\frac{n_g - 1}{n_g - n_h}\,(1-\vartheta)\right)^{\frac{1}{n_h-1}}} + 1\right]$$

eingeht. Mit der letzten Gleichung haben wir β als Mittelwert der von KÜHL angegebenen Grenzwerte angenommen. Die Korrekturgrößen α und β ermöglichen den Übergang von einem Isentropenexponenten zum anderen für vier weitere Kennfeldwerte. Es ist

$$\left(\frac{u}{\sqrt{\varkappa T^*_{0I}}}\right)_g = \frac{1}{\sqrt{\alpha}}\left(\frac{u}{\sqrt{\varkappa T^*_{0I}}}\right)_h; \quad \left(\frac{n}{\sqrt{\varkappa T^*_{0I}}}\right)_g = \frac{1}{\sqrt{\alpha}}\left(\frac{n}{\sqrt{\varkappa T^*_{0I}}}\right)_h; \qquad (7.4;7.5)$$

$$\varphi^*_{0Ig} = \frac{1}{\beta}\,\varphi^*_{0Ih}; \quad \left(\frac{\dot V^*_{0I}}{\sqrt{\varkappa T^*_{0I}}}\right)_g = \frac{1}{\beta\sqrt{\alpha}}\left(\frac{\dot V^*_{0I}}{\sqrt{\varkappa T^*_{0I}}}\right)_h. \qquad (7.6;7.7)$$

Nach CORDES und BECKMANN ergeben sich die beiden letzten hier benötigten Beziehungen unter Einführung der Hilfsgröße

$$\vartheta' = \frac{1 - \left(\frac{p^*_{2z}}{p^*_{0I}}\right)_g^{\frac{1}{\eta_{i\,\mathrm{pol}\,T}}\frac{n_h-1}{n_g}}}{1 - \left(\frac{p^*_{2z}}{p^*_{0I}}\right)_g^{\frac{1}{\eta_{i\,\mathrm{pol}\,T}}\frac{n_g-1}{n_g}}}$$

als

$$\left(\frac{u}{c^*_{0s}}\right)_g = \sqrt{\frac{\vartheta'}{\vartheta}}\left(\frac{u}{c^*_{0s}}\right)_h \quad \text{und} \quad \eta_{iTg} = \frac{\vartheta'}{\vartheta}\,\eta_{iTh}. \qquad (7.8;\,7.9)$$

Sie treten als notwendige Ergänzungen der vorangehenden Umrechnungsformeln auf, wenn das für den Betrieb mit einem Medium des Isentropenexponenten $\varkappa_g$ in graphischer Form vorliegende Kennfeld einer Turbine in ein neues Kennfeld übergeführt werden soll, welches das Verhalten der Turbine mit einem Gas des Exponenten $\varkappa_h$ beschreibt. Dabei werden je nach der Darstellungsart die Gln. (7.4), (7.6), (7.8) und (7.9) oder diejenigen (7.3), (7.5), (7.7) und (7.9) gebraucht.

Praktisch ist beim Wechsel des Isentropenexponenten nicht einmal eine Umrechnung oder Umzeichnung des Kennfeldes erforderlich. Es genügt, sich in der Art von Bild 7.1 und 7.2 die geänderte Bedeutung der Koordinaten und Parameter zu vergegenwärtigen. Die im Diagramm für den Exponenten $\varkappa_g$ abgelesenen Zahlenwerte können dann jederzeit auf die reinen Kennfeldgrößen für den Exponenten $\varkappa_h$ zurückgeführt werden.

In den weitaus meisten Fällen reicht die Darstellung (7.1) oder (7.2) für die praktische Beurteilung der Turbine und die Berechnung der Charakteristiken eines Strahltriebwerkes aus. Wir wenden uns nunmehr diesen beiden Auftragungsmöglichkeiten im einzelnen zu.

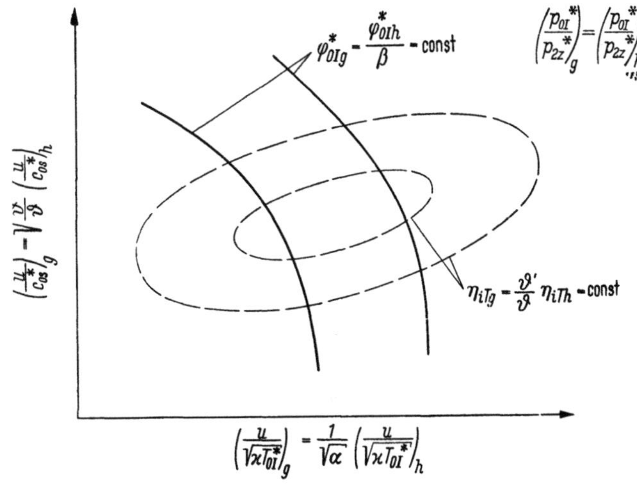

Bild 7.1 Wechsel des Isentropenexponenten beim Kennfeld nach Gl. (7.1)

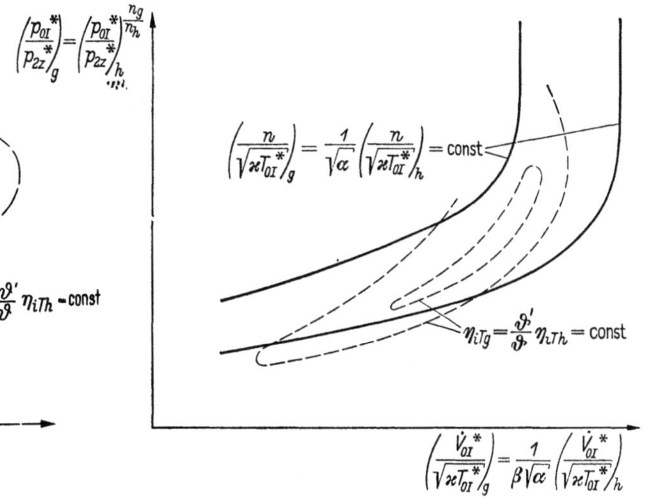

Bild 7.2 Wechsel des Isentropenexponenten beim Kennfeld nach Gl. (7.2)

7.11 u/c_{0s}^* und η_{iT} als Funktion von $u/\sqrt{T_{0I}^*}$ und φ_{0I}^*

Von den vier in der Überschrift dieses Abschnittes genannten Kenngrößen ist die erste ein Maß für das in der Turbine verarbeitete Gefälle, die dritte eines für die Drehzahl und die vierte ein solches für den Gasdurchsatz. Über ihr Wesen als Laufzahl, „MACH-Zahl" und Lieferzahl wurde alles Notwendige in Abschn. 2.2 gesagt. Die Bedeutung von η_{iT} als Wirkungsgrad ist evident. Wir haben nunmehr für den allgemeinen Fall der mehrstufigen Turbine diese Ähnlichkeitszahlen auf die Ursprungsgrößen der Maschine zurückzuführen. Das soll derart geschehen, daß sich unabhängig von der Stufenzahl die Absolutwerte der Ähnlichkeitszahlen stets in der gleichen Größenordnung ergeben. Dann ist eine optimale Basis für den Vergleich unterschiedlicher Turbinen über ihre Kennfelder gegeben.

Der wesentlichste Schritt in der angezeigten Richtung ist die Einführung einer Umfangsgeschwindigkeit

$$u_T = \sqrt{\sum_{\nu=I}^{z} u_{M\nu}^2}\,,$$

wie sie bereits in der PARSONSschen Kennzahl $\sum_{\nu=I}^{z} u_\nu^2/H$ des Dampfturbinenbaues in quadratischer Form benutzt wird. In ihr ist die Arbeitsfähigkeit sämtlicher Stufen einer Turbine zusammengefaßt, so daß sie in gleicher Weise mit dem gesamten Turbinengefälle verglichen werden kann wie die Umfangsgeschwindigkeit der Einzelstufe mit dem Stufengefälle. Dieser „Umfangsgeschwindigkeit der Gasturbine" entspricht energiemäßig gesehen eine mittlere Umfangsgeschwindigkeit der Stufen von

$$u_{St} = \sqrt{\frac{\sum_{\nu=I}^{z} u_{M\nu}^2}{z}} = \frac{u_T}{\sqrt{z}}. \tag{7.10}$$

Hat man die Größe u_T für eine gegebene Turbine bei einer bestimmten Drehzahl — z. B. für den Auslegungszustand — einmal ermittelt, so kann man sie auf andere Drehzahlen leicht gemäß der Beziehung

$$u_T = \mathrm{const}\; n$$

umrechnen.

In der Laufzahl u/c_{0s}^* setzen wir nun für u den Wert u_T ein. Der Nenner dieser Kenngröße wurde durch Gl. (2.5) als eine dem isentropen Gefälle H_s^* äquivalente Geschwindigkeit eingeführt. Wir sahen aber bereits in Abschn. 4.244., daß es bei Vorliegen eines Austrittsdralles hinter der Turbine zweckmäßig ist, den Turbinenwirkungsgrad auf ein isentropes Gefälle zu beziehen, das entsprechend Gl. (4.90) um den Drallverlust erhöht ist. Dieses Vorgehen hat für Kennfeldbetrachtungen vermehrte Bedeutung, da ja gerade bei großen Abweichungen vom Auslegungszustand erhebliche Drallkomponenten der Austrittsgeschwindigkeit auftreten. Dementsprechend verwenden wir auch im Zähler der Laufzahl die Größe

$$c_{Csa}^* = \sqrt{2\,H_{sa}^*}\,.$$

Insgesamt gehen wir also von u/c_{0s}^* auf u_T/c_{0sa}^* über und tragen die letztere Ähnlichkeitszahl im Kennfeld ein. Als Turbinenwirkungsgrad haben wir dann natürlich die Größe

$$\eta_{iaT} = \frac{H_i^*}{H_{sa}^*} \tag{7.11}$$

zu betrachten.

Da unsere dritte Kennzahl, nämlich $u/\sqrt{T_{0I}^*}$, den Charakter einer Mach-Zahl besitzt, hat hier die Verwendung der Geschwindigkeit u_T keinen Sinn. Wir setzen stattdessen im Zähler den Wert u_{St} ein, der allerdings mit Hilfe von Gl. (7.10) wieder auf u_T zurückgeführt wird. Außerdem nehmen wir noch R unter die Wurzel. Das hat den einzigen, formalen Grund, daß diese Veränderliche dann wie die anderen drei dimensionslos ist. Damit ergibt sich als weitere Kennfeldgröße der Ausdruck $u_T/\sqrt{zRT_{0I}^*}$.

Als letzte Variable haben wir die Lieferzahl $\varphi_{0I}^* = c_{0aI}^*/u$ ins Auge zu fassen. Allgemein bedeutet die Lieferzahl das Verhältnis der mittleren Eintrittsgeschwindigkeit in die Kreiselradmaschine zur Umfangsgeschwindigkeit. Da bei einer Turbine üblicherweise mit Gesamtwerten der Gasparameter gerechnet wird, ist es zweckmäßig, für die Eintrittsgeschwindigkeit die Größe

$$c_{0aI}^* = \frac{\dot V_{0I}^*}{F_{0I}} = \frac{\dot m}{\varrho_{0I}^* F_{0I}} = \frac{\dot m R T_{0I}^*}{p_{0I}^* F_{0I}} \tag{7.12}$$

zu wählen, wobei F_{0I} die Eintrittsfläche vor der Turbine bedeutet. Als Umfangsgeschwindigkeit kommt auch hier u_{St} in Frage. Auf diese Weise ergibt sich

$$\varphi_{0I}^* = \frac{c_{0aI}^*\sqrt{z}}{u_T}\,.$$

Zusammenfassend stellen wir fest, daß jedem Kennfeldpunkt eindeutig umkehrbar ein Wertequadrupel

$$\left(\frac{u_T}{\sqrt{2H_{sa}^*}},\ \frac{H_i^*}{H_{sa}^*},\ \frac{u_T}{\sqrt{zRT_{0I}^*}},\ \frac{\dot m R\,T_{0I}^*\sqrt{z}}{p_{0I}^* F_{0I}\,u_T}\right)$$

zugeordnet wird. Hier sind z, F_{0I} und R Konstanten des Systems. Gibt man die Drehzahl u_T und den Durchsatz $\dot m$ vor, so werden durch die vier Kenngrößen der Reihe nach die thermodynamischen Werte H_{sa}^*, H_i^*, T_{0I}^* und p_{0I}^* bestimmt. Der Expansionsvorgang kann im i,s-Diagramm voll übersehen werden.

Haben wir nun durch die Bezugnahme auf H_{sa}^* erreicht, daß die Wirkungsgrade des Kennfeldes ein reales Bild von der Güte der Turbine unter Berücksichtigung des Drallverlustes geben, so bringt diese Maßnahme doch auch eine gewisse Schwierigkeit mit sich. Wie Bild 7.3 zeigt, führt uns ein Kennfeldpunkt von T_{0I}^* und p_{0I}^* aus über H_{sa}^* und H_i^* zu einem Expansionsendpunkt, der zwar auf der richtigen Drucklinie p_{2az}^*, aber bei einer Temperatur T_{2z}^* liegt. Als Eintrittszustand für die Berechnung einer Schubdüse muß aber strenggenommen von dem Punkt $(T_{2az}^*; p_{2az}^*)$ ausgegangen werden. Die Drallenergie ist ja am Schubdüsenbeginn noch voll in der Strömung enthalten. Sie wird zwar als für die Schuberzeugung nicht nutzbar angesehen, ist deswegen aber noch nicht in Verlustwärme umgewandelt, die zu einer Erhöhung der Gesamttemperatur führen würde. In der Nähe des Auslegungspunktes ist der auftretende Fehler normalerweise sehr klein. Bei größeren Abweichungen des Betriebszustandes wird er in Kauf genommen, da in diesem Bereich das Kennfeld selber meist etwas unsicher ist, jedenfalls dann, wenn es auf reinen Rechnungen basiert.

Eine exakte Bestimmung des Anfangszustandes der Schubdüsenexpansion wäre dann möglich, wenn man außer dem aus dem Kennfeld erhaltenen Endpunkt der Turbinenströmung auch noch den vorhandenen Austrittsdrall kennen würde. In diesem Fall ließe sich die Umrechnung von T^*_{2z} auf T^*_{2az} durchführen. Zu dem Zwecke könnte man grundsätzlich $c_{2uz}/\sqrt{RT^*_{0I}}$, das bei Teillastrechnungen sowieso anfällt, als fünfte Variable in das Kennfeld aufnehmen. Man würde dann eine weitere Schar von Parameterkurven erhalten. Wir beschränken uns hier auf die oben betrachteten vier Variablen und haben nunmehr deren Änderung im Kennfeld zu diskutieren.

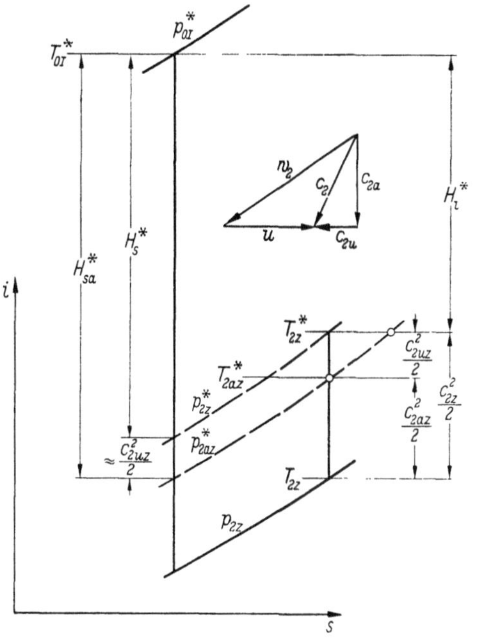

Bild 7.3 Turbinenprozeß mit Austrittsdrall im i, s-Diagramm

Benutzen wir $u_T/\sqrt{zRT^*_{0I}}$ und u_T/c^*_{0sa} als Koordinaten des Systems, so liefern η_{iaT} und $c^*_{0aI}\sqrt{z}/u_T$ zwei Scharen von Parameterkurven, wie sie in Bild 7.4 für eine zweistufige Reaktionsturbine zu sehen sind. Das Wirkungsgradfeld weist ein Maximum auf, das in dem gezeigten Fall bei $u_T/\sqrt{zRT^*_{0I}} = 0{,}51$ und $u_T/c^*_{0sa} = 0{,}58$ liegt. Aus dem letzteren Umstand kann man unter Zugrundelegung von Bild 4.7 mit der Annahme $c_{0s} \approx c^*_{0sa}$ schließen, daß die Turbine des Kennfeldes eine mittlere Reaktion von $\mathfrak{r} \approx 0{,}3$

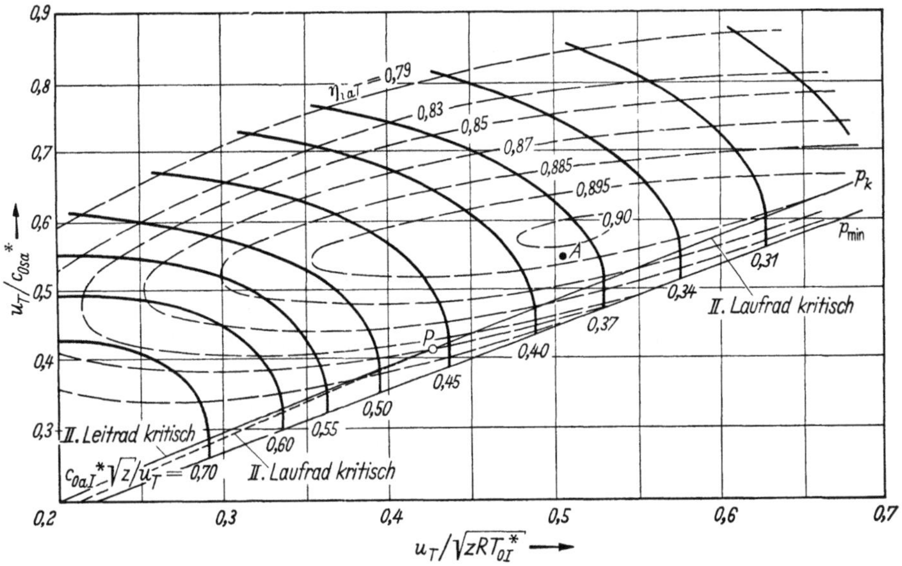

Bild 7.4 Gerechnetes Kennfeld einer zweistufigen Reaktionsturbine (identisch mit derjenigen von Bild 7.5)

besitzt. Wir vergleichen dabei die zweistufige Kennfeldturbine mit der einstufigen Ausführung, auf die sich die Meßergebnisse des Bildes 4.7 beziehen, und nutzen auf diese Weise schon die durch die Eliminierung des Stufenzahleinflusses auf das Kennfeld gebotenen Möglichkeiten. Im Gegensatz zu den Wirkungsgradkurven weisen die einzelnen Linien der Schar $c_{0aI}^* \sqrt{z}/u_T = \text{const}$ nur sehr geringe Unterschiede in ihrer Gestalt auf. Sie verlaufen sämtlich — fast wie parallel verschoben — von größeren Laufzahlen zu kleineren, wobei die „MACH-Zahl" nach anfänglich starker Zunahme einem Endwert zustrebt, der zwischen zwei Linien p_k und $p_{\min}$ unverändert beibehalten wird.

Die Linie p_k verbindet alle Kennfeldpunkte miteinander, bei denen — von großen u_T/c_{0sa}^* kommend — erstmalig im engsten Querschnitt eines Gitters der Turbine die kritische Geschwindigkeit gerade erreicht ist. In allen übrigen Gittern liegen die Geschwindigkeiten noch unterkritisch. Meistens ist das Gitter mit der kritisch gewordenen Strömung das letzte der Turbine. Dies braucht aber nicht unbedingt der Fall zu sein, da grundsätzlich jedes Schaufelgitter — abhängig von der Auslegung der Turbine und dem gewählten Anfangszustand $(T_{0I}^*; p_{0I}^*)$ — bei Gefällevergrößerung als erstes seine kritische Geschwindigkeit erreichen kann. In der Tat haben wir in unserem Beispiel links von dem auf der Linie p_k eingetragenen Punkt P den kritischen Zustand im II. Leitrad, rechts davon im II. Laufrad.

Steigert man das Gefälle bei festgehaltenem Anfangszustand $(T_{0I}^*; p_{0I}^*)$ und fester Umfangsgeschwindigkeit u_T über den der Linie p_k entsprechenden Wert hinaus, so ändert sich der Gasdurchsatz $\dot{m}$ nicht mehr, da er durch den engsten Querschnitt mit kritischer Geschwindigkeit begrenzt wird. Nach Gl. (7.12) ist dann auch c_{0aI}^* unveränderlich. Aus der Konstanz von c_{0aI}^*, T_{0I}^*, u_T und natürlich auch z und R folgt, daß $c_{0aI}^* \sqrt{z}/u_T$ und $u_T/\sqrt{z R T_{0I}^*}$ ebenfalls konstant sein müssen. In der Tat muß also — wie oben festgestellt — die Linie $c_{0aI}^* \sqrt{z}/u_T = \text{const}$ unterhalb der Grenze p_k geradlinig nach unten verlaufen. Mit dem Gasdurchsatz bleiben bei der Gefällesteigerung auch die Drücke und die Geschwindigkeitsdreiecke der vor dem mit kritischer Geschwindigkeit durchströmten Gitter liegenden Schaufelkränze unverändert. Lediglich beim kritisch durchströmten Gitter findet eine Nachexpansion im Schrägabschnitt statt, die entweder bis zur Erschöpfung der Nachexpansionsfähigkeit geht — dann handelt es sich um das Endgitter der Turbine — oder in dem Maße erfolgt, bis sich auch in einem der etwaigen folgenden Schaufelgitter die kritische Geschwindigkeit einstellt. Spätestens nach einigen Wiederholungen dieses Vorganges arbeitet das letzte Gitter der Turbine kritisch. In unserem Beispiel ist das links von P auf der gestrichelten Linie der Fall. Sie stellt die Fortsetzung des rechten Teiles der Linie p_k dar, wenn wir die kritischen Zustände ein und desselben Gitters durch einen Kurvenzug zusammenfassen. Senkt man den Enddruck noch weiter ab, so wird nach Erschöpfung der Nachexpansionsfähigkeit des letzten Gitters schließlich sein Druck $p_{\min}$ (vgl. Abschn. 5.212.2) erreicht. Damit ist die Turbine an ihrer Leistungsgrenze angekommen. Eine weitere Expansion führt nur zu einer Vergrößerung der Geschwindigkeit hinter der Turbine.

Die Linie $p_{\min}$ des Kennfeldes verbindet alle Zustände, bei denen die Nachexpansionsfähigkeit des letzten Schaufelgitters gerade restlos ausgenutzt ist. Sie begrenzt also den Bereich, der für die Arbeit der Turbine von Interesse ist. Hier enden infolgedessen auch sämtliche Kurven der beiden Parameterscharen, insbesondere also die geraden Abschnitte der Linien $c_{0aI}^* \sqrt{z}/u_T = \text{const}$.

Das in diesem Abschnitt behandelte Kennfeld ist von besonderer Bedeutung für grundsätzliche Vergleiche verschiedener Turbinen hinsichtlich ihrer Auslegungsprinzipien. Der Einfluß von Reaktion, Drallgesetz, Gefälleverteilung usw. auf Lage des Wirkungsgradmaximums (das durchaus nicht mit dem Auslegungspunkt A — s. Bild 7.4 — zusammenfallen muß), Steilheit des Kennfeldes und ähnliche interessierende Merkmale wird hier besonders übersichtlich, wenn auch das bisher vorliegende Material noch nicht ausreicht, um alle diese Fragen beantworten zu können. Mehr zugeschnitten auf die praktischen

Zwecke der Verarbeitung des Kennfeldes einer einzelnen gegebenen Turbine bei Untersuchung der Regulierung oder des Höhenverhaltens eines Strahltriebwerkes ist die nun zu betrachtende Darstellungsart.

7.12 p_{0I}^*/p_{2z}^* und η_{iT} als Funktionen von $\dot{V}_{0I}^*/\sqrt{T_{0I}^*}$ und $n/\sqrt{T_{0I}^*}$

Wir haben es hier mit einer Form des Kennfeldes zu tun, die bei reziprok genommenem Druckverhältnis auch für Axialverdichter verwendet wird. Von den vier jetzt gewählten Kenngrößen ist wiederum die erste das Gefällemaß und die zweite der Gütemaßstab. Die dritte Größe bestimmt den Gasdurchsatz, während durch die vierte die Drehzahl festgelegt wird. Bis auf η_{iT} stellen alle Werte abgeleitete Größen dar, die aus den eigentlichen Ähnlichkeitszahlen durch Kombination und Verkürzung entstanden sind.

Wie im vorigen Abschnitt soll der Austrittsdrall des Gases der Turbine als Verlust in Rechnung gestellt werden. Wir haben dann mit dem Gesamtdruck

$$p_{2az}^* = p_{2z} + \frac{\varrho_{2z} c_{2az}^2}{2}$$

hinter der letzten Stufe zu rechnen (vgl. Bild 7.3). Setzen wir ihn statt p_{2z}^* in das Druckverhältnis ein, so nimmt es die Gestalt p_{0I}^*/p_{2az}^* an. In dieser Form verwenden wir die erste Kenngröße auch im Kennfeld. Analog führen wir für η_{iT} wieder die durch Gl. (7.11) definierte Form η_{iaT} ein. Die restlichen beiden Kenngrößen bleiben unverändert, so daß dieses Mal jedem Kennfeldpunkt ein Wertequadrupel

$$\left(\frac{p_{0I}^*}{p_{2az}^*}, \frac{H_i^*}{H_{sa}^*}, \frac{\dot{V}_{0I}^*}{\sqrt{T_{0I}^*}}, \frac{n}{\sqrt{T_{0I}^*}}\right)$$

entspricht. Dabei stellen die ersten beiden Verhältniszahlen dimensionslose, die letzten beiden dimensionsbehaftete Größen dar. Manchmal werden auch letztere noch dimensionslos gemacht, indem man sie in der Gestalt $\dot{V}_{0I}^* \sqrt{T_{0IA}^*} / \dot{V}_{0IA}^* \sqrt{T_{0I}^*}$, $n \sqrt{T_{0IA}^*} / n_A \sqrt{T_{0I}^*}$ auf die entsprechenden Werte des Auslegungszustandes (Index A) bezieht. Diesen normierten Zahlen kommt aber keine grundsätzliche Bedeutung zu, da der Auslegungszustand zwar vom Standpunkt des Verwendungszweckes, nicht aber aus der Charakteristik der Turbine heraus definiert ist. Wir verzichten daher auf eine derartige Maßnahme.

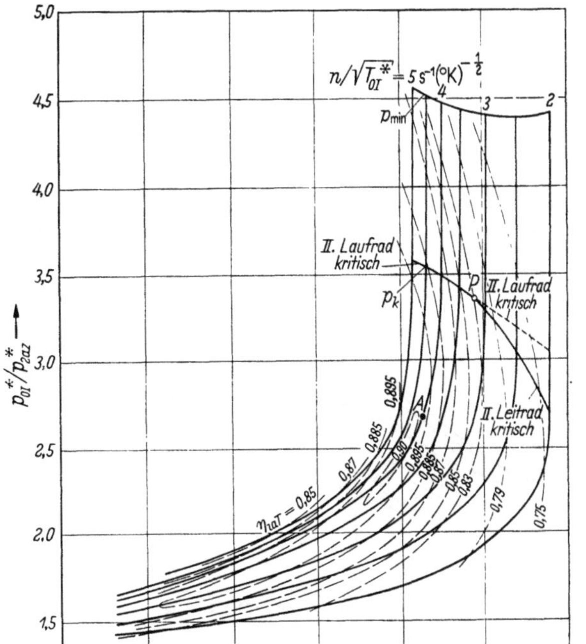

Bild 7.5 Gerechnetes Kennfeld einer zweistufigen Reaktionsturbine (identisch mit derjenigen von Bild 7.4)

In Bild 7.5 ist das Kennfeld einer zweistufigen Reaktionsturbine mit den hier betrachteten Variablen dargestellt, und zwar handelt es sich um die gleiche Turbine wie im Fall des Bildes 7.4. Beide Kennfelder lassen sich also rechnerisch ineinander überführen. Äußerlich zeigen sie ein ganz verschiedenes Aussehen, wenn auch natürlich das aus Bild 7.4 abgelesene Verhalten der Turbine in Bild 7.5 wiederzufinden sein muß.

Von den beiden Kurvenscharen des Diagramms ist die eine wiederum die Schar $\eta_{iaT} = \text{const}$. In gleicher Weise wie früher erkennen wir eine innerste Kurve, die den Bereich der höchsten Wirkungsgrade kennzeichnet. Dicht an dieser Kurve liegt der Auslegungspunkt A. Die andere Kurvenschar ($n/\sqrt{T_{0I}^*} = \text{const}$) entspricht der früheren Abszisse $u_T/\sqrt{zRT_{0I}^*}$, während die jetzige Abszisse $\dot{V}_{0I}^*/\sqrt{T_{0I}^*}$ mit dem früheren Parameter $c_{0aI}^*\sqrt{z}/u_T$ zu vergleichen ist. Hier haben also Abszisse und Parameter die Rollen getauscht. Die neuen Parameterkurven steigen mit wachsendem $\dot{V}_{0I}^*/\sqrt{T_{0I}^*}$ immer stärker an, bis sie bei p_k eine vertikale Tangente erreicht haben. Diese behalten sie bis $p_{\min}$ bei. Die Bedeutung der beiden Linien p_k und $p_{\min}$ ist die gleiche wie in Bild 7.4. Wie dort ist erstere durch einen Punkt P in die Äste kritischer Laufradströmung und kritischer Leitradströmung unterteilt und der Laufradast durch eine gestrichelte Linie über P hinaus verlängert. In dem Verlauf von $n/\sqrt{T_{0I}^*} = \text{const}$ kommt also zum Ausdruck, daß bei festem T_{0I}^*, p_{0I}^* und n bei Absenkung des Enddruckes p_{2az}^* das Volumen $\dot{V}_{0I}^*$ bis zum erstmaligen Auftreten kritischer Geschwindigkeit in einem der Turbinengitter anwächst, um dann bis zur Erschöpfung der Nachexpansionsfähigkeit im letzten Laufrad konstant zu bleiben. Die Rolle der verschiedenen Gitter wird in dieser Auftragung durch die Auseinanderziehung des überkritischen Bereiches besonders gut sichtbar. Über $p_{\min}$ hinaus ist das Kennfeld wiederum nicht fortgesetzt, da wir ja bei noch größerem Druckverhältnis keine Leistungserhöhung der Turbine mehr erhalten.

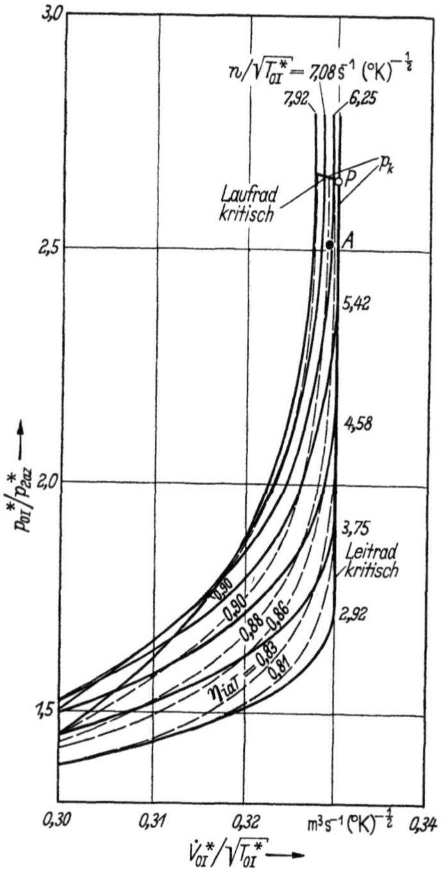

Bild 7.6 Gerechnetes Kennfeld einer einstufigen Turbine hoher Austritts-MACH-Zahl im Leitkranz

Der Vorteil der zuletzt betrachteten Darstellungsart ist die Möglichkeit, unmittelbar das Durchsatzvolumen, das Druckverhältnis und die Drehzahl für einen Kennfeldpunkt abzulesen. Ein Nachteil besteht aber darin, daß Turbinen unterschiedlicher Größe und Stufenzahl mit ihrem Optimalwirkungsgrad in sehr verschiedenen Bereichen des Koordinatensystems und bei sehr unterschiedlichen $n/\sqrt{T_{0I}^*}$ liegen können. Der Vergleich von Turbinen ist daher sehr erschwert. Als Beispiel für die Größenordnung möglicher Unterschiede stellen wir dem Kennfeld in Bild 7.5 dasjenige von Bild 7.6 gegenüber.

Es handelt sich in diesem Fall um eine einstufige Turbine wesentlich kleineren Gasdurchsatzes und höherer Drehzahl. Demgemäß liegt das Optimum des Wirkungsgrades bei erheblich kleineren Zahlenwerten der Kennfeldkoordinaten und größerem $n/\sqrt{T_{0I}^*}$. Das ganze Kennfeld schrumpft dadurch zusammen; es ist in Bild 7.6 schon im 2,5fachen Maßstab von Bild 7.5 dargestellt.

Abgesehen von diesen äußerlichen Unterschieden zeigt das Kennfeld des Bildes 7.6 noch eine grundsätzliche Abweichung von demjenigen des Bildes 7.5, welche die besondere Bedeutung des ersten Leitkranzes für das Betriebsverhalten der Turbine beleuchtet. Laufen nämlich bei der zweistufigen Turbine die Linien $n/\sqrt{T_{0I}^*}$ nach rechts in eine Schar senkrechter Parallelen aus, so münden sie bei der einstufigen Maschine von einem gewissen unteren Zahlenwert des Parameters an sämtlich in eine einzige senkrechte Gerade. Dieses Verhalten hat nichts mit der Stufenzahl der Turbinen zu tun, sondern ist eine Folge des unterschiedlichen Kritischwerdens der Gitterströmungen bei Steigerung des Gefälles. Die Linien $n/\sqrt{T^*_{0I}}$ münden immer dann in eine einzige Senkrechte, wenn das bei Gefällesteigerung als erstes die kritische Geschwindigkeit erreichende Schaufelgitter dasjenige des vordersten Leitkranzes ist. Die Mündungssenkrechte ist dabei identisch mit dem Ast der — hier geknickten — Linie p_k, der die kritischen Zustände im ersten Leitkranz erfaßt. Der zweite Ast gibt die Betriebszustände an, bei denen zuerst Schallgeschwindigkeit in einem nachfolgenden Gitter auftritt. Im Fall unserer einstufigen Turbine muß dieses natürlich das Laufrad sein. Dieser Ast spielt die gleiche Rolle wie die ganze Linie p_k bei der zweistufigen Turbine.

Das Aussehen des Kennfeldes und damit insbesondere das Durchsatzverhalten der Turbine ist also vor allem durch das Verhältnis der Auslegungs-MACH-Zahl im Austritt des ersten Leitkranzes zu denjenigen der übrigen Gitter bestimmt. Legt man etwa durch das Kennfeld in Bild 7.5 einen horizontalen Schnitt bei $p^*_{0I}/p^*_{2az} = 3{,}0$, so wächst für konstantes T^*_{0I}, p^*_{0I} und p^*_{2az} — also bei festgehaltenem Anfangszustand und Enddruck — längs dieses Schnittes das sekundliche Volumen $\dot{V}^*_{0I}$ und damit der Massendurchsatz

$$\dot{m} = \frac{\dot{V}^*_{0I}}{v^*_{0I}}$$

mit fallender Drehzahl n langsam an. Dieses Anwachsen besteht noch über das Kritischwerden des zweiten Leitrades hinaus fort, eine Folge der Veränderung der Gefälleverteilung auf die einzelnen Gitter durch die Änderung der Drehzahl. Demgegenüber steigt zwar längs eines entsprechenden Schnittes im Kennfeld von Bild 7.6 — etwa bei $p^*_{0I}/p^*_{2az} = 2{,}0$ — der Massendurchsatz ebenfalls zunächst mit abnehmendem n etwas an, bleibt aber nach Erreichen kritischer Geschwindigkeit im Leitkranz unabhängig von der Drehzahl konstant. Das ist das Verhalten, wie es von den Dampfturbinen her bekannt ist (s. z. B. [*83*]).

7.13 Berechnung des Turbinenkennfeldes

In der Entwicklung von Strahltriebwerken hat die Kenntnis des Turbinenkennfeldes große Bedeutung, da sie für die Beurteilung des Triebwerksverhaltens im praktischen Flugeinsatz, für die Vorausberechnung der Leistungs- und Kraftstoffverbrauchs-Charakteristiken und ähnliche Fragen unbedingte Voraussetzung ist. Ein gemessenes Kennfeld wird frühestens nach dem Bau einer Modellturbine oder Fertigstellung des ersten Versuchsmusters des Triebwerkes zur Verfügung stehen. Abgesehen von dem für Modellversuche notwendigen Aufwand und den Schwierigkeiten der Turbinenvermessung über einen ausreichend großen Kennfeldbereich im Volltriebwerk kommen diese Ergebnisse für die schon beim Entwurf notwendige Abstimmung der einzelnen Triebwerksbaugruppen aufeinander und für die Beurteilung der Gesamtkonzeption des Entwurfes zu spät. Wir legen daher im folgenden einen Weg zur Berechnung des Turbinenkennfeldes dar.

Die Ausgangsbasis der Berechnung ist die Mittelschnittauslegung der Turbine, die mit ihren in Ähnlichkeitsgrößen umgerechneten Werten von Gasdurchsatz, Drehzahl, Gefälle und Wirkungsgrad bereits einen Punkt des Kennfeldes liefert. Weitere Punkte werden nun ermittelt, indem man unter Beibehaltung des Anfangszustandes (T^*_{0I}; p^*_{0I}) des Auslegungspunktes (vgl. das in Abschn. 7.1 über den Einfluß des Isentropenexponenten Gesagte) entlang eines mittleren Stromfadens — d. h. in einer Mittelschnittrechnung — die Turbine jeweils für beliebig angenommene Drehzahlen und Gasdurchsätze nachrechnet, wobei sich für jede Annahme von Drehzahl und Durchsatz ein zugeordnetes Gefälle und ein bestimmter Wirkungsgrad ergeben. Nach Umformung in Ähnlichkeitsgrößen lassen sich die Ergebnisse als Kennfeldpunkte darstellen.

Zweckmäßigerweise trifft man die Auswahl der zu berechnenden Kennfeldpunkte derart, daß man zunächst bei einer konstanten Drehzahl — z. B. der Auslegungsdrehzahl — den Gasdurchsatz variiert und so hierfür Abhängigkeiten des Gasdurchsatzes und des

Wirkungsgrades vom Gefälle erhält, die man dann als Kurven zeichnen kann. In gleicher Weise lassen sich für andere Drehzahlen ähnliche Kurven aufstellen. In den Bildern 7.7 und 7.8 sind die Ergebnisse solcher Rechnungen unter Verwendung der beim Kennfeld des Bildes 7.4 gewählten Ähnlichkeitsgrößen aufgezeichnet. Bild 7.7 erfaßt dabei die Lieferzahl $c^*_{0aI}\sqrt{z}/u_T$ (Gasdurchsatz) und Bild 7.8 den Wirkungsgrad η_{iaT} in Abhängigkeit der gleichen Kennwerte u_T/c^*_{0sa} (Gefälle) und $u_T/\sqrt{z\,R\,T^*_{0I}}$ (Drehzahl). Die Diagramme stellen eine Zusammenfassung von senkrechten Schnitten durch jeweils eine der beiden Scharen von Parameterkurven des Bildes 7.4 dar. Sie sind besonders geeignet zur zweckmäßigen Festlegung der Ausgangswerte für die einzelnen Rechnungen und zur laufenden Kontrolle der anfallenden Resultate hinsichtlich ihres Strakens auf Kurven. Die Vereinigung der in den Bildern 7.7 und 7.8 aufgezeichneten Ergebnisse führt uns zum gesuchten Kennfeld.

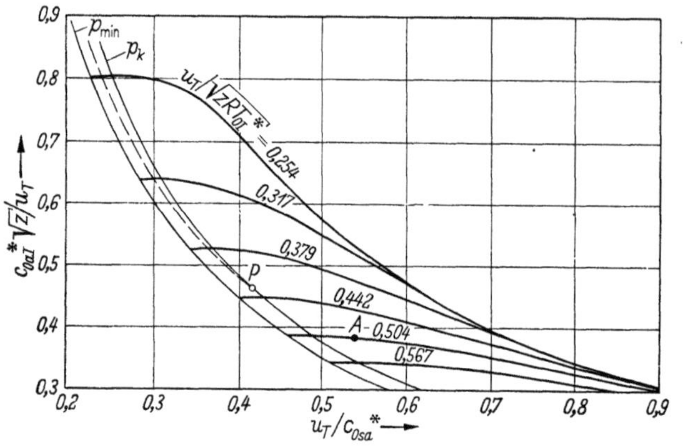

Bild 7.7 Hilfsauftragung für die Berechnung des Kennfeldes von Bild 7.4

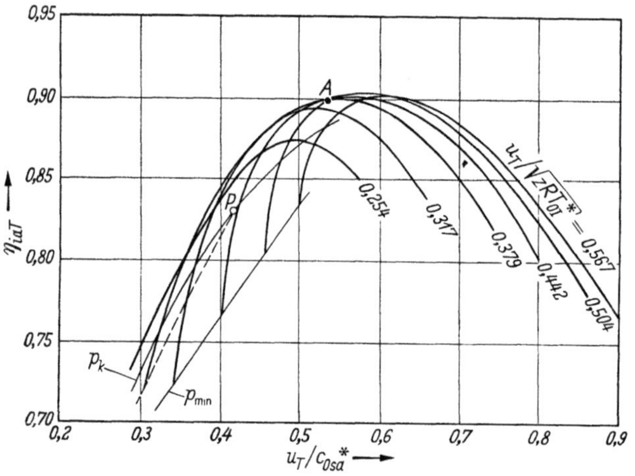

Bild 7.8 Hilfsauftragung für die Berechnung des Kennfeldes von Bild 7.4

Natürlich werden wir bei den Betriebsbedingungen, die stark vom Auslegungszustand der Turbine abweichen, im Laufe der Rechnung feststellen, daß die einzelnen Schaufelgitter mit mehr oder minder starken Eintrittsstößen angeströmt werden. Eine Ausnahme bildet nur der erste Leitkranz, der seinen Zustrom direkt aus der Brennkammer erhält und somit von den wechselnden Einflüssen vorangehender Gitter auf die Eintrittsrichtung der Strömung unabhängig ist. Wie in Abschn. 5.211. gezeigt wurde, sind die Eintrittsstöße mit einer Verminderung der Geschwindigkeitszahlen verbunden, die nunmehr hier in Rechnung zu setzen ist. Dazu stellen wir unter Verwendung von Gl. (5.13) für sämtliche Schaufelgitter der Turbine mit Ausnahme des ersten Leitkranzes ein Diagramm auf, das die Geschwindigkeitszahlen φ_{est} und ψ_{est} in Abhängigkeit vom geometrischen Stoßwinkel i zeigt. (Natürlich ließe sich hier auch eine Eintrittswinkelübertreibung berücksichtigen.) Diese Unterlage wird für sämtliche Kennfeldpunkte benutzt.

Eine weitere generelle Festlegung hat man vor Beginn der Rechnung hinsichtlich der axialen Flächen vor und hinter den einzelnen Gittern zu treffen. Diese sind grundsätzlich aus der Auslegungsrechnung der Turbine bekannt und so gewählt, daß einer etwaigen geringen Zufuhr von Luft oder Entnahme von Verbrennungsgas innerhalb der Turbine Rechnung getragen ist. Ein derartiger Fall kann z. B. bei der Kühlung von Turbinenschaufeln oder Heizung vereisungsgefährdeter Triebwerksteile auftreten und führt zu einer Veränderung des Gasdurchsatzes von Gitter zu Gitter. Um nun den Einfluß dieser kleinen örtlichen Veränderung des Durchsatzes nicht für jeden Kennfeldpunkt gesondert berücksichtigen zu müssen, ersetzen wir die Flächen der Auslegungsrechnung durch reduzierte Flächen, und zwar in der Weise, daß mit konstantem Gasdurchsatz entlang des Turbinenkanals gerechnet werden kann. Dazu hat man nur an Stellen verminderten Durchsatzes die Fläche entsprechend dem Minderbetrag zu vergrößern und umgekehrt.

7.131. Bestimmung eines Kennfeldpunktes im unterkritischen Bereich

Nach dem allgemeinen Überblick über den Rechnungsgang und der Vorbereitung der Berechnungsunterlagen können wir uns nun mit den Einzelheiten der Kennfeldrechnung befassen, wobei wir uns zunächst auf den einfachsten Fall der überall in der Turbine unterkritisch bleibenden Strömung beschränken.

Gegeben ist ein Betriebszustand der Turbine durch Gesamttemperatur T_{0I}^* und Gesamtdruck p_{0I}^* in der Eintrittsebene sowie durch Gasdurchsatz $\dot{m}$ und Drehzahl n. Die ersten drei Werte legen über die Kontinuitätsbeziehung für die Eintrittsfläche F_{0I} auch die Eintrittsgeschwindigkeit c_{0I} und den statischen Anfangspunkt (T_{0I}; p_{0I}) fest. Von hier ausgehend muß das Gas zunächst entlang einer mit der bekannten Geschwindigkeitszahl des ersten Leitkranzes ermittelten Polytrope $\varphi_I = \text{const}$ expandieren (s. Bild 7.9). Die Expansion wird dabei so weit gehen, daß die Kontinuitätsgleichung

$$\dot{m} = F_{1I} c_{1aI}/v_{1I} = F_{1I} c_{1I} \sin \alpha_{1I}/v_{1I}$$

für den Austrittsquerschnitt F_{1I} des Leitkranzes erfüllt ist. Wir finden also den gesuchten Endpunkt im i,s-Diagramm als Schnittpunkt der Polytrope mit der sogenannten FANNO-Linie, nämlich der in das Diagramm eingetragenen Darstellung der umgeformten Kontinuitätsgleichung

$$\frac{\dot{m}}{F_{1I} \sin \alpha_{1I}} = \frac{c_{1I}}{v_{1I}} = \text{const.} \qquad (7.13)$$

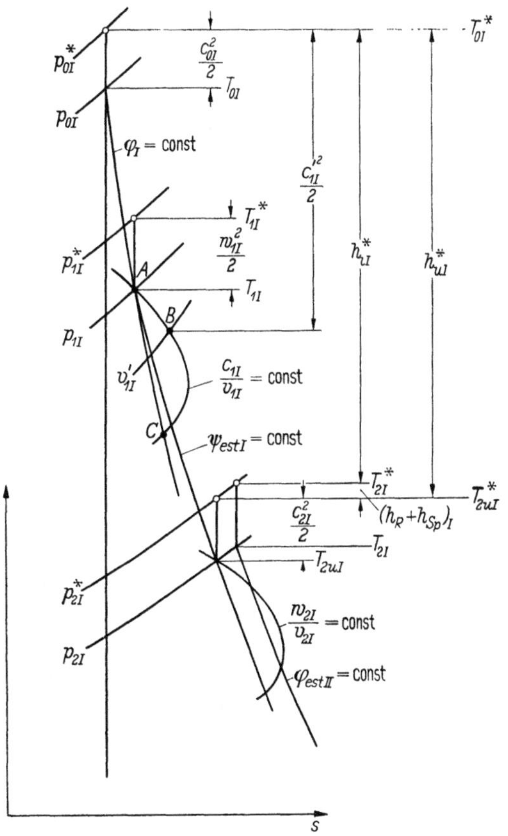

Bild 7.9 Bestimmung von Kennfeldpunkten im unterkritischen Bereich (mehrstufige Turbine)

Für die Konstruktion der FANNO-Linie hat man zunächst aus Gasdurchsatz, Austrittsfläche und Leitkranzwinkel den Wert der Konstanten zu ermitteln. Dann liefert Gl. (7.13) zu jedem c_{1I} ein zugehöriges v_{1I}. Ein Punkt der FANNO-Linie wird also als Schnittpunkt zweier geometrischer Örter gefunden, von denen der eine die im Abstand $c_{1I}/2$ zu $T_{0I}^* = \text{const}$ gezogene Parallele, der andere die Linie $v_{1I} = \text{const}$ ist. Bild 7.9 zeigt ein Beispiel dieser Bestimmung für die Größen c_{1I}' und v_{1I}', die auf den Punkt B führen.

Im Fall unterkritischer Abströmung vom Leitkranz hat nun die Polytrope zwei Schnittpunkte mit der FANNO-Linie, von denen der obere (A) der gesuchte ist. Zwar genügt auch der untere (C) der Kontinuitätsbedingung im Leitkranzaustritt, aber im Überschallgeschwindigkeitsbereich, den wir ja ausschließen und der in einer konvergenten Düse, wie wir sie bei Strahltriebwerken verwenden, bekanntlich auch nicht erreicht werden kann.

Haben wir den Schnittpunkt A gefunden, so läßt sich das Geschwindigkeitsdreieck des Leitrades zeichnen und die relative Eintrittsgeschwindigkeit w_{1I} des folgenden Laufrades mit dem zugehörigen Winkel β_{1I} ermitteln. In bekannter Weise übertragen wir die Geschwindigkeitsenergie $w_{1I}^2/2$ in das i,s-Diagramm und bekommen damit den Gesamtzustand $(T_{1I}^*; p_{1I}^*)$ vor dem Laufrad. Nunmehr wiederholen wir das obige Verfahren zur Nachrechnung dieses Rades.

Wir zeichnen von $(T_{1I}; p_{1I})$ aus die Polytrope $\psi_{\text{est}\,I} = \text{const}$. Hier haben wir lediglich zu beachten, daß die Geschwindigkeitszahl des Gitters jetzt durch den Eintrittsstoß der Strömung gegenüber derjenigen im Auslegungszustand verringert ist. Wir machen also Gebrauch von unserem vorbereiteten Stoßdiagramm. Der geometrische Stoßwinkel ergibt sich dabei unter Vernachlässigung der Eintrittswinkelübertreibung als Differenz zwischen dem eben erhaltenen Wert β_{1I} und dem entsprechenden Wert der Auslegungsrechnung, wenn dieser als $\beta_{1\,\text{geom}\,I}$ im Profil verwirklicht wird. Dann tragen wir die FANNO-Linie des Laufrades mit Hilfe der Gleichung

$$\frac{\dot{m}}{F_{2I}\sin\beta_{2I}} = \frac{w_{2I}}{v_{2I}} = \text{const}$$

in das i,s-Diagramm ein. Der obere Schnittpunkt dieser FANNO-Linie mit der Polytrope zeigt uns den Gaszustand hinter dem Laufrad an, so daß wir das Geschwindigkeitsdreieck des Laufradgitters ermitteln können. Die der absoluten Austrittsgeschwindigkeit c_{2I} entsprechende spezifische Energie wird über dem Schnittpunkt aufgetragen und liefert die spezifische Umfangsarbeit h_{uI}^* der ersten Stufe. Um zur inneren Arbeit h_{iI}^* und damit zum Gesamtanfangspunkt $(T_{2I}^*; p_{2I}^*)$ der Expansion in der folgenden Stufe zu gelangen, haben wir nun noch gemäß Bild 4.3 die Summe $(h_R + h_{Sp})_I$ von Radreibung und Spaltverlust in Rechnung zu stellen.

Eine genaue Bestimmung der Einzelbeträge von Radreibung und Spaltverlust ist sehr umständlich, ihr Einfluß auf den Wirkungsgrad aber bei der Gasturbine an sich nicht groß. Es erscheint daher für die Berechnung von Kennfeldpunkten zweckmäßig und ausreichend, beide Verlustanteile zu einer einzigen Größe zusammenzufassen und hierfür immer den gleichen Prozentsatz des isentropen Stufengefälles — bezogen auf Gesamtwerte — anzusetzen wie beim Auslegungspunkt.

Das Geschwindigkeitsdreieck des ersten Laufrades gibt uns noch analog zu demjenigen des Leitrades durch Vergleich des erhaltenen Winkels α_{2I} mit $\alpha_{2\,\text{geom}\,I}$, das dem entsprechenden Strömungswinkel der Auslegungsrechnung gleichgesetzt ist, den Stoßwinkel für das nachfolgende zweite Leitrad. Damit können wir den Rechnungsgang in derselben Weise wie für die erste Stufe auch durch alle weiteren Stufen fortsetzen und kommen zu einem ganz bestimmten statischen und Gesamtzustand am Ende der Turbine, so daß sich das verarbeitete isentrope Gefälle und der Turbinenwirkungsgrad ermitteln lassen. Natürlich wird dabei dem Einfluß des Drallverlustes auf den Wirkungsgrad gemäß der Definition in Gl. (7.11) Rechnung getragen. Der untersuchte Betriebszustand ist nun in allen Bestimmungszahlen bekannt. Die Umwandlung der gefundenen Werte in Kennfeldgrößen liefert den gewünschten Kennfeldpunkt.

7.132. Besonderheiten des überkritischen Bereiches

Wir haben im vorangehenden Abschnitt ausdrücklich vorausgesetzt, daß die Geschwindigkeit des Gases in den verschiedenen Schaufelgittern immer unterkritisch bleibt. Erhöhen wir jetzt bei festgehaltenem Gesamtanfangszustand und unveränderter Drehzahl allmählich den Gasdurchsatz, so muß aber einmal in einem der Gitter an der engsten Stelle die kritische Geschwindigkeit erreicht werden. Darüber hinaus kann durch Nachexpansion im Schrägabschnitt infolge weiterer Druckabsenkung hinter der Turbine sogar überkritische Geschwindigkeit im Gitteraustritt erhalten werden. Diese Erscheinungen verlangen besondere Aufmerksamkeit und mögen der Einfachheit halber an einer einstufigen Turbine betrachtet werden. Die gewonnenen Erkenntnisse sind dann leicht auf mehrstufige Turbinen zu übertragen. Es sei in diesem Zusammenhang auch auf Abschn. 7.11 verwiesen, wo bereits in allgemeiner Form auf das Verhalten mehrstufiger Turbinen im überkritischen Bereich eingegangen wurde.

Untersuchen wir zunächst den Einfluß einer Durchsatzsteigerung auf die FANNO-Linie! Dazu wurde in Bild 7.10 von $(T_0; p_0)$ aus wieder die Polytrope $\varphi = \text{const}$ des Leitrades und eine sie in zwei Punkten schneidende (gestrichelte) FANNO-Linie gezeichnet, die dem unterkritischen Betrieb des Gitters entspricht. Mit wachsendem Gasdurchsatz, d. h. zunehmendem Zahlenwert der Konstanten in Gl. (7.13), verschiebt sich nun die FANNO-Linie nach links unten, bis sie die Polytrope im Punkt A_k gerade noch berührt (ausgezogene Linie). In diesem Berührungspunkt werden beim Druck p_{1k} mit dem spezifischen Volumen v_{1k} der kritische Gasdurchsatz $\dot{m}_k$ und die kritische Geschwindigkeit c_{1k} erreicht. Eine weitere Steigerung des Gasdurchsatzes ergibt keinen gemeinsamen Punkt von Polytrope und entsprechender FANNO-Linie (strichpunktierte Linie) mehr. Dies zeigt uns an, daß eine derartige Masse in der Zeiteinheit von dem Leitradgitter nicht mehr verarbeitet werden kann, da hierfür der engste Leitradquerschnitt zu klein ist.

Bei dieser Betrachtung haben wir aus zeichnerischen Gründen — mit Rücksicht auf Bild 7.10 — den Punkt $(T_0; p_0)$ festgehalten. Das bedeutet infolge der mit der Durchsatzänderung verbundenen Änderung der Eintrittsgeschwindigkeit in die Turbine auch eine — in Bild 7.10 gezeichnete — Vertikalverschiebung von $(T_0^*; p_0^*)$ nach maximal $(T_{0k}^*; p_{0k}^*)$. In Wirklichkeit wird auch bei der Berechnung des überkritischen Kennfeldbereiches der Gesamtanfangszustand festgehalten, und Durchsatzänderungen ziehen eine Vertikalverschiebung des Anfangspunktes der Polytrope $\varphi = \text{const}$ nach sich.

Ermitteln wir nun für den kritischen Zustand im Leitrad bei der gewählten Drehzahl das Geschwindigkeitsdreieck und setzen wir, wie im vorigen Abschnitt gezeigt, die Rechnung für das Laufrad fort, so können wir — je nach der angenommenen Drehzahl und der engsten Querschnittsfläche des Laufradgitters — zu folgenden Zuständen hinter dem Laufrad kommen, die völlig den möglichen Zuständen hinter dem Leitrad entsprechen:

1. Die von A_k ausgehende Polytrope $\psi_{\text{est}} = \text{const}$ und die FANNO-Linie des Laufrades (nicht gezeichnet) haben keinen gemeinsamen Punkt. Der kritische Durchsatz des Leitrades kann dann vom Laufrad nicht verarbeitet werden. Wir bekommen keinen Kennfeldpunkt. Um noch einen möglichen Betriebspunkt zu erhalten, müßte das Leitrad von einer kleineren Masse in der Zeiteinheit durchströmt werden; es müßte also unterkritisch arbeiten. Die Grenze des maximal möglichen Gasdurchsatzes der Turbine ist dann erreicht, wenn im Laufrad gerade die kritische Geschwindigkeit auftritt. Dieses ist also im vorliegenden Falle maßgebend für den maximalen Durchsatz.

2. Die FANNO-Linie (nicht gezeichnet) berührt gerade noch die Polytrope. Es tritt hier der seltene Fall ein, daß in Leitrad und Laufrad gleichzeitig die kritische Geschwindigkeit erreicht wird. Der zugehörige Kennfeldpunkt liegt auf der Linie p_k des Bildes 7.4 bzw. 7.5.

3. Die FANNO-Linie (gestrichelt) schneidet die Polytrope in zwei Punkten, von denen der obere (B) den möglichen Betriebszustand angibt. Bei kritischer Geschwindigkeit im Leitrad wird das Laufrad mit unterkritischer Geschwindigkeit durchströmt. Auch in diesem Fall erhalten wir einen Kennfeldpunkt auf der Linie p_k.

Sind wir mit dem Erreichen kritischer Geschwindigkeit im Leitrad auch an der Durchsatzgrenze für den gegebenen Anfangszustand der Expansion in der Turbine angekommen, so ist doch noch eine weitere Druckabsenkung hinter dem Laufrad möglich. Zu ihrer Untersuchung legen wir von den vorstehenden drei Möglichkeiten die letzte zugrunde, da wir dabei alle weiteren Besonderheiten der überkritischen Expansion in einer Turbine kennenlernen können. Wir nehmen also an, daß der Gaszustand hinter dem Leitrad durch A_k, derjenige hinter dem Laufrad durch B gekennzeichnet ist.

Erniedrigen wir also nunmehr den Enddruck hinter der Turbine unter seinen bisher erreichten Wert p_2, so sinkt auch der Druck hinter dem Leitrad unter den kritischen Druck p_{1k}, wodurch die Leitradaustrittsgeschwindigkeit bei unverändertem Gasdurchsatz über die kritische Geschwindigkeit c_{1k} hinaus gesteigert wird. Wir haben eine Nachexpansion im Schrägabschnitt (s. Abschn. 5.212.2), die entsprechend dem vorhandenen abgesenkten Druck $p_{1\ddot{u}k}$ zu einer bestimmten überkritischen Geschwindigkeit $c_{1\ddot{u}k}$ bei einem bestimmten spezifischen Volumen $v_{1\ddot{u}k}$ führt. Wir nehmen dabei an, daß der neue Gaszustand (Punkt $A_{\ddot{u}k}$ in Bild 7.10) ebenfalls auf der Polytrope $\varphi = \text{const}$ liegt, d. h. daß das überkritische Gefälle mit den gleichen prozentualen Verlusten umgesetzt wird wie das unterkritische Gefälle.

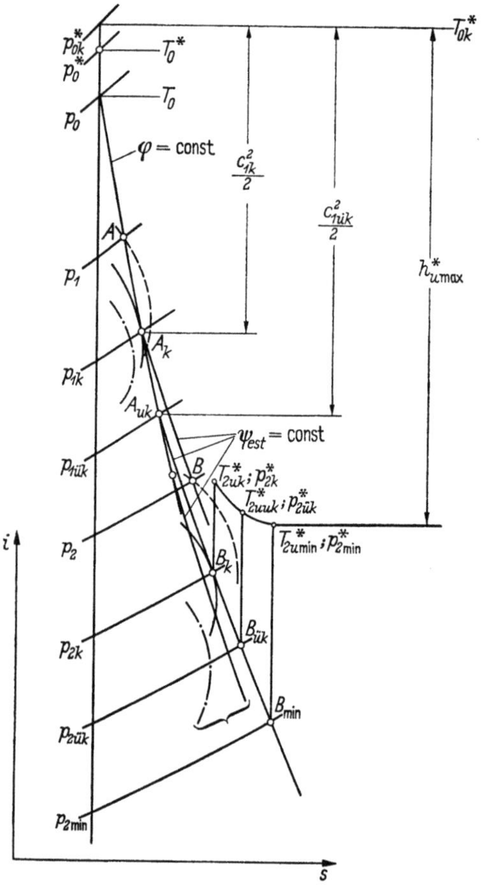

Bild 7.10 Bestimmung von Kennfeldpunkten im überkritischen Bereich (einstufige Turbine)

Mit der Absenkung des Enddruckes unter p_2 steigt auch die relative Abströmgeschwindigkeit vom Laufrad an. Das ist eine Folge des von v_{1k} auf $v_{1\ddot{u}k}$ vergrößerten spezifischen Volumens. Hat man nun für die Errechnung eines Kennfeldpunktes jenseits der Linie p_k den Druck $p_{1\ddot{u}k}$ willkürlich zwischen p_{1k} und $p_{1\,\mathrm{min}}$ gewählt — wobei der zugehörige Laufradenddruck erst noch gefunden werden muß —, so kann man diese Relativgeschwindigkeit nach Zeichnung des Geschwindigkeitsdreieckes mit $c_{1\ddot{u}k}$ unter Berücksichtigung der Strahlablenkung im Schrägabschnitt [nach Gl. (5.25) oder Bild 5.34] in der oben beschriebenen Weise über Polytrope und Fanno-Linie des Laufrades ermitteln. Der Anfangspunkt der Polytrope liegt dabei natürlich nicht mehr in A_k, sondern in $A_{\ddot{u}k}$.

Wenn die Abströmgeschwindigkeit vom Laufrad bis zum Erreichen des Druckes $p_{1\,\mathrm{min}}$ hinter dem Leitrad unterkritisch bleibt, ist damit die Leistungsgrenze der Turbine gefunden. Wird die Geschwindigkeit vorher kritisch, so ist der Nachexpansion im Schrägabschnitt des Leitrades vorzeitig eine Grenze gesetzt. Sobald man sie überschreitet, ergibt sich kein Schnittpunkt von Fanno-Linie und Polytrope des Laufrades mehr; der Laufradquerschnitt ist dann für das durchzusetzende Gasvolumen zu klein.

Der Zustand kritischer Geschwindigkeit im Laufrad ist von besonderem Interesse. Wir müssen ihn als erstes ermitteln, wenn wir auch im Schrägabschnitt des Laufrades durch entsprechende Druckabsenkung zu überkritischen Geschwindigkeiten kommen wollen. Wir brauchen nämlich den zugehörigen Endpunkt der Nachexpansion des Leitrades zur Festlegung des Anfangspunktes der Laufradpolytrope im i,s-Diagramm und den Stoßwinkel am Laufradeintritt als Bestimmungsgröße der Geschwindigkeitszahl ψ_{est}. In Bild 7.10 sei $A_{\ddot{u}k}$ nun der überkritische Endpunkt der Leitradexpansion, der gerade auf den kritischen Zustand B_k im Laufrad führt. Alle Nachexpansionspunkte des Laufrades müssen also auf der durch $A_{\ddot{u}k}$ und B_k gehenden Polytrope liegen. Als unterster Punkt ergibt sich der durch den Druck $p_{2\,\mathrm{min}}$ nach Gl. (5.21) oder Bild 5.36 bestimmte Zustand B_{min}.

Aus den Betrachtungen des Abschn. 5.212.2 ist uns bekannt, daß bei Erreichen von p_{min} die Umfangskomponente der Austrittsgeschwindigkeit des Schaufelgitters ihren

Größtwert annimmt. Im vorliegenden Fall bedeutet das, daß bei einer weiteren Druckabsenkung hinter der Turbine keine Vergrößerung von Δc_u und damit der Umfangsarbeit mehr erzielt wird. Wir haben die Leistungsgrenze der Turbine erreicht. Das Auftreten der Leistungsgrenze beim Punkt $B_{\min}$ ist natürlich auch im i,s-Diagramm zu erkennen. Wenn man nämlich zu den statischen Endpunkten B_k, $B_{ük}$ und $B_{\min}$ hinter dem Laufrad die jeweiligen Gesamtzustände $(T^*_{2uk};\, p^*_{2k})$, $(T^*_{2uük};\, p^*_{2ük})$ und $(T^*_{2u\min};\, p^*_{2\min})$ aufträgt und sie durch eine Kurve verbindet, so biegt diese Kurve allmählich auf und verläuft vom letzten Punkt an parallel zu den Temperaturlinien nach rechts weiter, ein nunmehr unveränderliches $h^*_{u\max}$ anzeigend.

Mit $B_{\min}$ ist der Zustand gefunden, der den zu den vorgegebenen Werten von Gesamtanfangstemperatur und Drehzahl gehörigen Kennfeldpunkt auf der Linie $p_{\min}$ liefert. Sämtliche ihn charakterisierende Ähnlichkeitsgrößen einschließlich des Wirkungsgrades können aus dem i,s-Diagramm bestimmt werden.

7.133. Vergleich von Rechnung und Messung

Bei der in den vorangehenden beiden Abschnitten gegebenen Methodik der Kennfeldberechnung handelt es sich um ein Verfahren, das neben den strengen Gesetzmäßigkeiten der kompressiblen Strömung und der Kinematik der Turbine empirische Zahlen und vereinfachende Annahmen über das Verhalten von Schaufelgittern in extremen Betriebszuständen zugrunde legt. Damit entsteht natürlich die Frage nach der Zuverlässigkeit des Verfahrens. Zu ihrer Beantwortung müßte ein umfassender Vergleich des gerechneten Kennfeldes einer Turbine mit einem gemessenen Kennfeld erfolgen. Leider liegen dem Verfasser keine in hinreichend großem Bereich gemessenen Kennfelder von solchen Turbinen vor, über die auch alle erforderlichen Unterlagen für die Nachrechnung zur Verfügung stehen. Wir müssen uns daher mit einem allgemeinen Eindruck von der Übereinstimmung gerechneter und gemessener Kennfelder begnügen, indem wir dem Kennfeld von Bild 7.4 eine nach den gleichen Ähnlichkeitsgrößen ausgewertete Messung von GOLDSTEIN [84] in Bild 7.11 gegenüberstellen.

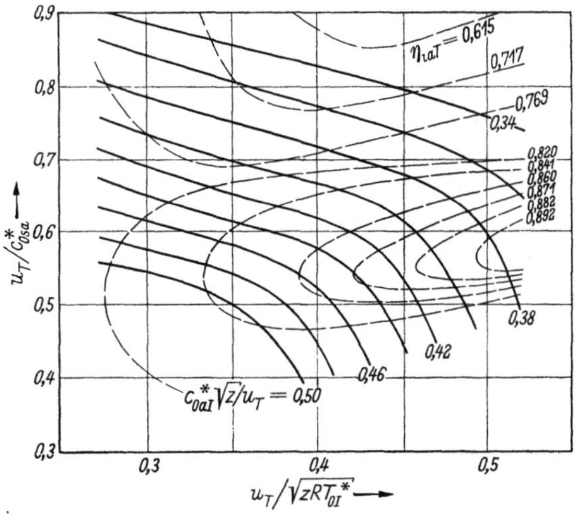

Bild 7.11 Gemessenes Kennfeld einer zweistufigen Turbine

Es handelt sich ebenfalls um eine zweistufige Turbine, die aber mit Kaltluft als Arbeitsmittel gefahren wurde. Auch hier stellt der gemessene Bereich nur einen Ausschnitt aus der ganzen Fläche des gerechneten Kennfeldes dar, der sich unter Weglassung der Werte $u_T/c^*_{0sa} < 0{,}4$ auf das Gebiet links vom Wirkungsgradmaximum erstreckt. Dabei deckt sich die Lage der beiden Wirkungsgradmaxima. Der Verlauf der Linien $c^*_{0aI}\sqrt{z}/u_T = \text{const}$ ist absolut ähnlich, wobei jedoch im gemessenen Kennfeld die Linie p_k noch nicht ganz erreicht wird. Die Linien konstanten Wirkungsgrades zeigen bis herab zu etwa 0,80 — ein Wert, der noch beiden Kennfeldern gemeinsam ist — das gleiche Verhalten. Innerhalb dieses Gebietes ist also die qualitative Übereinstimmung von Rechnung und Messung zufriedenstellend.

Die Wirkungsgradlinien unterhalb 0,80 lassen in der GOLDSTEINschen Messung ein auffälliges Aufbiegen nach links oben erkennen, statt sich wie die übrigen zu ellipsenähnlichen Kurven zu krümmen. Ob das gerechnete Kurven ebenfalls tun würden, ist nicht bekannt. Man vermeidet hier im allgemeinen gerechnete Werte, da die Bestimmung des Stoßeinflusses auf die Geschwindigkeitszahlen bei derartig großen Abweichungen vom Auslegungszustand doch schon mit einer gewissen Unsicherheit belastet ist. Hinzu kommt ein Umstand, der noch nicht erwähnt wurde. Wir haben bei sehr starken Eintrittsstößen mit Strömungsablösungen an den Profilen eines Schaufelgitters zu rechnen. Das entstehende Totwasser kann zu scheinbaren Verengungen des Austrittsquerschnittes führen. An Stelle der Querschnitte F_1, F_2 usw. hätten wir dann bei der Nachrechnung der Turbine scheinbare Querschnitte $\mu_1 F_1$, $\mu_2 F_2$ usw. in Rechnung zu stellen, wo die Faktoren $\mu < 1$ die Füllungsgrade der Gitter bestimmen würden. Der Füllungsgrad könnte dabei als Funktion $\mu = f(\psi_{est}/\psi)$ gegeben sein. Auf diese Zusammenhänge machte erstmalig FLÜGEL [*63*] aufmerksam. Es liegen aber darüber noch keine genaueren Kenntnisse vor, so daß die Berechnung sehr extremer Betriebszustände etwas unsicher bleibt. — Es besteht natürlich auch die Möglichkeit, worauf HAUSENBLAS [*81*] hinweist, daß das Abbiegen der drei obersten GOLDSTEINschen Wirkungsgradkurven nicht reell ist, sondern auf Meßungenauigkeiten beruht, indem die zu messenden Größen in diesem Teil des Kennfeldes sehr klein werden.

7.2 Näherungsformeln für das Betriebsverhalten der Turbine

Die Ermittlung eines Turbinenkennfeldes auf rechnerischem oder versuchsmäßigem Wege erfordert einen beträchtlichen Aufwand an Zeit und Arbeitskraft. Für die rechnerische Bestimmung muß außerdem zumindest die Mittelschnittauslegung der Turbine vorliegen; für den Versuch wird sogar eine fertige Turbine im Modellmaßstab bzw. in Großausführung benötigt. Demgegenüber braucht der Thermodynamiker, der den Kreisprozeß des Strahltriebwerkes festzulegen hat und damit erst die Entwurfsdaten für die Turbine liefert, schon vor Durchführung des Turbinenentwurfes Unterlagen über das Teillastverhalten der Turbine; denn das unterschiedliche Verhalten des Triebwerkes unter wechselnden Flugbedingungen ist wesentlich mitbestimmend für die Auswahl des Kreisprozesses. Natürlich müssen solche Unterlagen analytischer Natur sein, können nur Näherungscharakter besitzen und werden von dem wirklichen Kennfeld um so mehr abweichen, je weiter der betrachtete Betriebszustand vom Auslegungspunkt der Turbine entfernt ist. Trotz des letzteren Umstandes ist die Bedeutung derartiger Gesetzmäßigkeiten für den entwickelnden Ingenieur groß. Wir haben sie daher hier in den Kreis unserer Betrachtungen einzubeziehen. Dabei handelt es sich um Näherungsdarstellungen der Veränderung des Gasdurchsatzes und solche der Variation des Wirkungsgrades bei Wechsel des Betriebszustandes.

7.21 Gesetze der Durchsatzänderung

Die ältesten Untersuchungen über das Teillastverhalten der Turbine sind der Veränderung des Gasdurchsatzes gewidmet und gehen naturgemäß auf die Dampfturbine zurück. Klassische Bedeutung erlangte dabei das von STODOLA [*7*] auf empirischem Wege gefundene „Gesetz des Dampfkegels", das sich als Sonderfall der später von FLÜGEL [*63*] abgeleiteten „Mengendruckgleichung" erwies. Beide Beziehungen haben den Nachteil, daß sie theoretisch nur für unendlich viele Stufen und unendlich kleine Stufengefälle gelten, eine Bedingung, der die Dampfturbinen mit ihren großen Stufenzahlen noch einigermaßen nahekommen, die aber bei Gasturbinen praktisch nie erfüllt ist. Dieser Nachteil veranlaßte LINNECKEN [*85*], ausgehend vom Durchflußgesetz der Düse, eine verbesserte Mengendruckgleichung aufzustellen, die auch auf wenige Stufen und im Grenzfall auf eine Stufe angewendet werden kann. Eine direkte Herleitung der LINNECKENschen

Gleichung aus der Zustandsänderung in der Turbine gab BECKMANN [86]. Da hierbei die bisher allgemeinste Form eines Mengendruckgesetzes gefunden wurde, ist es zweckmäßig, sämtliche interessierenden Zusammenhänge an Hand der BECKMANNschen Ansätze zu studieren.

7.211. Herleitung der Durchsatzgesetze

Wir haben eingangs eine grundsätzliche Feststellung zu treffen. Die im Abschn. 7.1 behandelten Kennfelddarstellungen beruhen sämtlich auf der Anwendung von Ähnlichkeitsgrößen, die die Gesamtzustandswerte des expandierenden Gases — im Buchstabensymbol gekennzeichnet durch ein Sternchen — enthalten. Diese Darstellung hat sich für den Thermodynamiker als außerordentlich praktisch erwiesen, wie bereits an Hand von Gl. (2.1) und Gl. (2.2) dargelegt wurde. Dessenungeachtet werden die Einzelvorgänge in den Stufen in statischen Zustandsgrößen betrachtet. Die endgültige Form des Kennfeldes entsteht dadurch, daß an Stelle des erreichten statischen Endzustandes der unter Beachtung der Kontinuität errechnete Endzustand in Gesamtwerten aufgetragen wird. Wir werden zur Herleitung der Durchsatzgesetze ebenfalls zunächst den Expansionsverlauf in der Turbine längs einer Polytropen durch die statischen Zustandswerte eines Gases verfolgen. Lediglich den Anfangspunkt dieser Linie legen wir in den Gesamtzustand vor der Turbine.

Ausgangspunkt der Expansion sei also der Kesselzustand (T^*_{0I}; p^*_{0I}). Dadurch ist die Zulaufgeschwindigkeit mit erfaßt. Von diesem Punkt aus führt die Polytrope

$$\frac{T}{T^*_{0I}} = \left(\frac{p}{p^*_{0I}}\right)^{\frac{n-1}{n}} = \left(\frac{\varrho}{\varrho^*_{0I}}\right)^{n-1}$$

bis zum statischen Endpunkt der Expansion (s. Bild 7.12). Das ist insofern nicht korrekt, als der tatsächliche Zustandsverlauf vom Punkt (T_{0I}; p_{0I}) ausgeht. Die von uns verwendete Polytrope ist eine Annäherung dieses Zustandsverlaufes, die uns aber der Notwendigkeit enthebt, die Zulaufgeschwindigkeit explizit ausdrücken zu müssen. Natürlich werden wir bei derartigem Vorgehen auch zu einem Durchsatzgesetz gelangen, das den Gesamtanfangsdruck mit dem statischen Enddruck verbindet. Wir werden aber zeigen, daß kein großer Fehler entsteht, wenn wir in der Schlußformel den statischen Druck formal durch den zugeordneten Gesamtdruck ersetzen und so auch die Austrittsgeschwindigkeit schon mit einbeziehen. Dadurch wird dann eine Form der Durchsatzgleichung gewonnen, die einen unmittelbaren Vergleich mit unseren Kennfeldauftragungen gestattet und für den Thermodynamiker bequem verwendbar ist. Diese Form ist aber gegenüber der ursprünglichen, die die Expansion bis auf den statischen Enddruck betrachtet, eine Näherungsform.

Zur Herleitung des Zusammenhanges zwischen Gasdurchsatz und Betriebsbedingung der Turbine gehen wir vom Ausdruck für die Kontinuität im Endquerschnitt eines bestimmten Leit- oder Laufrades aus. Die Kennzeichnung der Stufe durch eine römische Zahl als Index lassen wir hier der Einfachheit halber fort. Dafür führen wir einen Index ε ein, der 1 oder 2 sein kann, je nachdem ob es sich um ein Leit- oder Laufrad handelt. Es ist — ins Quadrat erhoben — der Durchsatz

$$\dot{m}^2 = \varrho_\varepsilon^2 c_{\varepsilon a}^2 F_\varepsilon^2 .$$

Diese Form ist identisch mit der Gleichung

$$\frac{1}{2}\,\frac{\dot{m}^2}{F_\varepsilon^2}\,\frac{2h_{\varepsilon s}}{c_{\varepsilon a}^2} = \varrho_\varepsilon^2 h_{\varepsilon s},$$

die durch Einführung der für den Radaustritt definierten Drosselzahl

$$\sigma_{\varepsilon s} = \frac{c_{\varepsilon a}^2}{2 h_{\varepsilon s}}$$

übergeht in

$$\frac{1}{2} \frac{\dot{m}^2}{\sigma_{\varepsilon s} F_\varepsilon^2} = \varrho_\varepsilon^2 h_{\varepsilon s}.$$

Die Drosselzahl soll im allgemeinen auf das statische isentrope Gefälle des Rades $h_{1s} = i_0 - i_{1s}$ oder $h_{2s} = i_1 - i_{2us}$ bezogen werden; nur für das erste Leitrad vereinbaren wir, um die Zulaufgeschwindigkeit mit zu erfassen, eine Sonderregelung. Hier ist $h_{1sI} = i_{0I}^* - i_{1sI}$ zu setzen.

Nach dem Energiesatz gilt nun bei isentropen Prozessen $di_s = dp/\varrho$. Für ein Rad mit endlichem Druckgefälle $\Delta p_\varepsilon = p_{\varepsilon-1} - p_\varepsilon$ bedeutet das

$$h_{\varepsilon s} = \frac{\Delta p_\varepsilon}{\tilde{\varrho}_\varepsilon}, \tag{7.13a}$$

wo die letztere Gleichung als Definition der mittleren Dichte $\tilde{\varrho}_\varepsilon$ des betrachteten Rades — natürlich gemittelt längs der Isentropen (Punkt A in Bild 7.12) — angesehen werden soll. Die Kontinuitätsgleichung lautet dann

$$\frac{1}{2} \frac{\dot{m}^2}{\sigma_{\varepsilon s} F_\varepsilon^2} = \frac{\varrho_\varepsilon^2}{\tilde{\varrho}_\varepsilon} \Delta p_\varepsilon. \tag{7.14}$$

Rechnet man je Rad mit einem kleinen Druckgefälle und einer entsprechend geringen Dichteänderung, dann kann näherungsweise $\varrho_\varepsilon = \tilde{\varrho}_\varepsilon$ gesetzt werden, und der Übergang

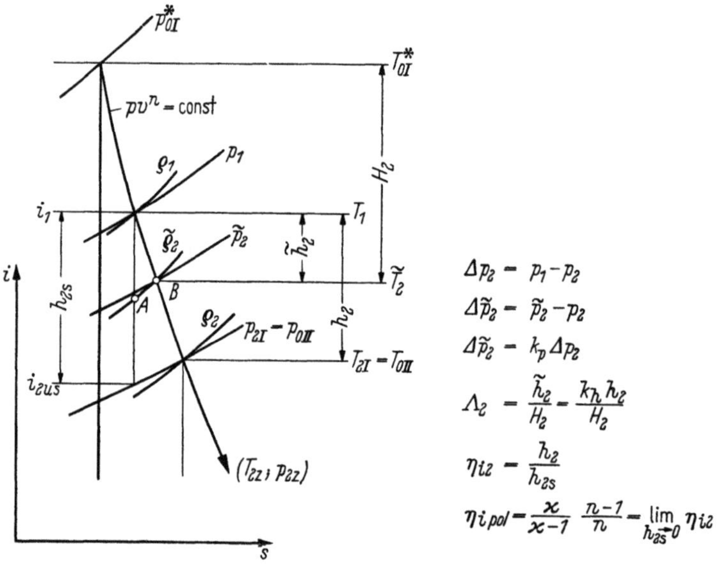

Bild 7.12 Polytrope zur Herleitung der Durchsatzgesetze

vom einzelnen Rad auf die Gesamtturbine wird zu einer Gleichung führen, die streng durch die Turbine mit unendlich vielen Stufen realisiert wird, deren jede ein verschwindendes Druckgefälle besitzt. Hier soll jedoch ein Ansatz benutzt werden, der die Dichteänderungen innerhalb der Stufen berücksichtigt und daher auch für Turbinen gültig ist, die nicht durch die Annahme unendlich großer Stufenzahl und verschwindenden Stufengefälles beschrieben werden können.

Um die Abweichung des Wertes ϱ_ε von $\tilde{\varrho}_\varepsilon$ zu erfassen, entwickeln wir die Funktion $\varrho = \varrho(p)$ an der Stelle $\tilde{\varrho}_\varepsilon$ (Punkt B in Bild 7.12) nach Potenzen von $\Delta\tilde{p}_\varepsilon = \tilde{p}_\varepsilon - p_\varepsilon$ und erhalten

$$\varrho_\varepsilon = \tilde{\varrho}_\varepsilon - \varrho'(\tilde{p}_\varepsilon)\,\Delta\tilde{p}_\varepsilon + \cdots.$$

Hieraus folgt

$$\varrho_\varepsilon^2 = \tilde{\varrho}_\varepsilon^2 - 2k_\varrho\tilde{\varrho}_\varepsilon\,\varrho'(\tilde{p}_\varepsilon)\,\Delta\tilde{p}_\varepsilon,$$

wobei die Größe k_ϱ den Fehler kompensiert, der durch die Vernachlässigung der Glieder zweiter und höherer Ordnung entstanden ist. Wir dürfen nun Proportionalität von $\Delta\tilde{p}_\varepsilon$ und Δp_ε annehmen, d. h.

$$\Delta\tilde{p}_\varepsilon = k_p\Delta p_\varepsilon = k_p\tilde{\varrho}_\varepsilon h_{\varepsilon s}, \tag{7.15}$$

wo k_p ein Faktor von der Größenordnung 0,5 ist, der von Stufe zu Stufe etwas veränderlich sein kann. Damit geht Gl. (7.14) über in

$$\frac{1}{2}\frac{\dot{m}^2}{\sigma_{\varepsilon s}F_\varepsilon^2} = [\tilde{\varrho}_\varepsilon - 2k_\varrho k_p\tilde{\varrho}_\varepsilon h_{\varepsilon s}\varrho'(\tilde{p}_\varepsilon)]\,\Delta p_\varepsilon.$$

Zweckmäßigerweise bringen wie sie noch auf die dimensionslose Form

$$\frac{1}{2R}\frac{\dot{m}^2 R}{p_{0I}^*\varrho_{0I}^*}\frac{1}{\sigma_{\varepsilon s}F_\varepsilon^2} = \left[\frac{\tilde{\varrho}_\varepsilon}{\varrho_{0I}^*} - 2k_\varrho k_p\frac{\tilde{\varrho}_\varepsilon}{\varrho_{0I}^*}h_{\varepsilon s}\varrho'(\tilde{p}_\varepsilon)\right]\frac{\Delta p_\varepsilon}{p_{0I}^*}.$$

Wir können nunmehr von unserer Voraussetzung Gebrauch machen, daß die Zustandsänderung in der Turbine durch die bereits beschriebene Polytrope bestimmt ist. Auf diese Weise erhalten wir

$$\frac{1}{2R}\frac{\dot{m}^2R^2T_{0I}^*}{p_{0I}^{*2}}\frac{1}{\sigma_{\varepsilon s}F_\varepsilon^2} = \left[\left(\frac{\tilde{p}_\varepsilon}{p_{0I}^*}\right)^{\frac{1}{n}} - 2\frac{k_\varrho k_p}{n}\left(\frac{\tilde{p}_\varepsilon}{p_{0I}^*}\right)^{\frac{1}{n}}h_{\varepsilon s}\frac{\varrho_{0I}^*}{p_{0I}^*}\left(\frac{\tilde{p}_\varepsilon}{p_{0I}^*}\right)^{\frac{1-n}{n}}\right]\frac{\Delta p_\varepsilon}{p_{0I}^*}.$$

Berücksichtigen wir hier Gl. (2.44) und führen wir $\eta_{i\varepsilon} = h_\varepsilon/h_{\varepsilon s}$ sowie die Abkürzung $\pi_\varepsilon = p_\varepsilon/p_{0I}^*$ bzw. $\tilde{\pi}_\varepsilon = \tilde{p}_\varepsilon/p_{0I}^*$ ein, so wird weiter

$$\frac{1}{2R}\left(\frac{\dot{V}_{0I}^*}{\sqrt{T_{0I}^*}}\right)^2\frac{1}{\sigma_{\varepsilon s}F_\varepsilon^2} = \left[\tilde{\pi}_\varepsilon^{\frac{1}{n}} - 2\frac{k_\varrho k_p}{n}\frac{h_\varepsilon}{\eta_{i\varepsilon}}\frac{\varrho_{0I}^*}{p_{0I}^*}\tilde{\pi}_\varepsilon^{\frac{2-n}{n}}\right]\Delta\pi_\varepsilon.$$

An dieser Stelle definieren wir die Verhältniszahl

$$\Lambda_\varepsilon = \frac{\tilde{h}_\varepsilon}{H_\varepsilon} = \frac{k_h h_\varepsilon}{H_\varepsilon} = k_h\frac{i_0 - i_1}{i_{0I}^* - \bar{i}_1} \quad \text{bzw.} \quad k_h\frac{i_1 - i_2}{i_{0I}^* - \bar{i}_2}, \tag{7.16}$$

durch welche der bis zum Druck $\tilde{p}_\varepsilon$ gewonnene Anteil des inneren statischen Radgefälles auf das bis dorthin von den vorhergehenden Rädern (einschließlich des betrachteten) insgesamt gelieferte innere statische Gefälle bezogen wird (vgl. Bild 7.12). Der Anteilfaktor k_h hat wiederum die Größenordnung 0,5 und verhält sich ähnlich wie k_p. Die Größe Λ_ε besitzt zunächst den Charakter einer Hilfsgröße. Sie ändert sich sowohl beim Übergang von einem Rad zum anderen als auch bei verschiedenen Belastungen der betrachteten Turbine und bei Änderungen der Drehzahlgröße. Ihr Mittelwert in der in Gl. (7.20) noch zu definierenden Form wird sich jedoch als für die Turbine charakteristische Größe erweisen.

Schreiben wir unter gleichzeitiger Berücksichtigung von Gl. (2.29a), die auch für die statische Zustandsänderung Gültigkeit besitzt,

$$\frac{1}{2R}\left(\frac{\dot{V}_{0I}^*}{\sqrt{T_{0I}^*}}\right)^2\frac{1}{\sigma_{\varepsilon s}F_\varepsilon^2} = \left[\tilde{\pi}_\varepsilon^{\frac{1}{n}} - 2k_\varrho\frac{k_p}{k_h}\frac{\Lambda_\varepsilon}{n-1}\frac{\varkappa-1}{\varkappa}\frac{\eta_{i\mathrm{pol}}}{\eta_{i\varepsilon}}H_\varepsilon\frac{\varrho_{0I}^*}{p_{0I}^*}\tilde{\pi}_\varepsilon^{\frac{2-n}{n}}\right]\Delta\pi_\varepsilon,$$

so führt uns Gl. (2.8) bzw. Gl. (2.21) schließlich auf den Ausdruck

$$\frac{1}{2R}\left(\frac{\dot V^*_{0I}}{\sqrt{T^*_{0I}}}\right)^2 \frac{1}{\sigma_{\varepsilon s} F_\varepsilon^2} = \left[\tilde\pi_\varepsilon^{\frac{1}{n}} - \frac{2\Lambda_\varepsilon}{n-1} k_\varrho \frac{k_p}{k_h}\frac{\eta_{i\,\mathrm{pol}}}{\eta_{i\varepsilon}} \tilde\pi_\varepsilon^{\frac{2-n}{n}}\left(1-\tilde\pi_\varepsilon^{\frac{n-1}{n}}\right)\right]\Delta\pi_\varepsilon. \qquad (7.17)$$

Eine solche Beziehung (7.17) besteht für jedes einzelne der $2z$ Räder einer Turbine und ist im Rahmen der getroffenen Voraussetzungen exakt gültig. Um der in der gesamten Turbine erhaltenen Druckabsenkung zu entsprechen, summieren wir über alle Stufen und erhalten mit $k = k_\varrho (k_p/k_h)(\eta_{i\,\mathrm{pol}}/\eta_{i\varepsilon})$

$$\frac{1}{2R}\left(\frac{\dot V^*_{0I}}{\sqrt{T^*_{0I}}}\right)^2 \sum_{\nu=1I}^{2z} \frac{1}{\sigma_{\nu s} F_\nu^2} = \sum_{\nu=1I}^{2z}\left[\tilde\pi_\nu^{\frac{1}{n}} - \frac{2\Lambda_\nu}{n-1} k_\nu \tilde\pi_\nu^{\frac{2-n}{n}}\left(1-\tilde\pi_\nu^{\frac{n-1}{n}}\right)\right]\Delta\pi_\nu. \qquad (7.18)$$

Der auf der rechten Seite stehende Ausdruck kann als $\sum_{\nu=1I}^{2z} f(\tilde\pi_\nu)\Delta\pi_\nu$ durch die in Bild 7.13 schraffierte Fläche graphisch wiedergegeben werden. Diese stellt die Summe einer Anzahl von Flächenstreifen dar, deren jeder durch seine Höhe und Breite bestimmt ist. Die Gesamtfläche ändert ihren Betrag in erster Näherung nicht, wenn wir ihre obere treppenförmige Begrenzung durch eine vermittelnde Kurve ersetzen, die durch die Punkte $[\tilde\pi_\nu, f(\tilde\pi_\nu)]$ hindurchläuft, d. h. es ist

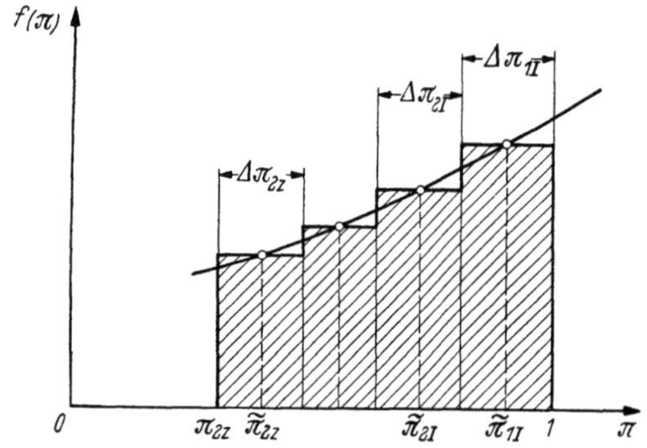

Bild 7.13 Annäherung der Summe in Gl. (7.18) durch ein Integral (zweistufige Turbine)

$$\sum_{\nu=1I}^{2z} f(\tilde\pi_\nu)\,\Delta\pi_\nu \approx \int_{\pi_{2z}}^{1} f(\pi)\,d\pi.$$

Wir definieren nun für jedes Rad einen Korrekturfaktor k'_ν und einen Mittelwert $\bar k_\nu$ derart, daß Rechteck und Fläche unter der Funktion f in folgender Beziehung stehen:

$$f(\tilde\pi_\nu)\,\Delta\pi_\nu = k'_\nu \underset{\nu\text{ tes Rad}}{\int_{\pi_\varepsilon}^{\pi_{\varepsilon-1}}} f(\pi)\,d\pi = k'_\nu\left[\underset{\nu\text{ tes Rad}}{\int_{\pi_\varepsilon}^{\pi_{\varepsilon-1}}} \pi^{\frac{1}{n}}\,d\pi - \frac{2}{n-1}\bar k_\nu \underset{\nu\text{ tes Rad}}{\int_{\pi_\varepsilon}^{\pi_{\varepsilon-1}}} \Lambda\pi^{\frac{2-n}{n}}\left(1-\pi^{\frac{n-1}{n}}\right)d\pi\right]$$

Der Korrekturfaktor k'_ν, der die durch die Einführung der Integration entstandenen Fehler kompensiert, ergibt sich zu einem sehr einfachen Ausdruck, wenn die Freiheit, die man bei der Wahl der vermittelnden Funktion f in Λ noch besitzt, in geeigneter Weise ausgenützt wird. Es ist

$$k'_\nu = \frac{\eta_{i\,\mathrm{pol}}}{\eta_{i\nu}}.$$

Dabei weist der Index ν bereits darauf hin, daß man wegen der Änderung des isentropen Wirkungsgrades von Rad zu Rad auch mit einer Änderung von k'_ν rechnen muß, die aber im allgemeinen gering ist. Außerdem gilt für alle Räder

$$\bar k_\nu = 1.$$

Den Gang der Berechnung von k' und $\bar k$, der hier unterdrückt wird, findet man in [86].

Verwertet man diese Erkenntnisse, dann folgt aus Gl. (7.18)

$$\frac{1}{2R}\left(\frac{\dot V^*_{0I}}{\sqrt{T^*_{0I}}}\right)^2 \frac{\bar\eta_i}{\eta_{i\,\mathrm{pol}}} \sum_{\nu=1I}^{2z} \frac{1}{\sigma_{\nu s} F_\nu^2} = \int_{\pi_{2z}}^{1}\left[\pi^{\frac{1}{n}} - \frac{2\Lambda}{n-1}\pi^{\frac{2-n}{n}}\left(1-\pi^{\frac{n-1}{n}}\right)\right]d\pi = J, \qquad (7.19)$$

wo $\bar{\eta}_i$ ein mittlerer Wert der isentropen Wirkungsgrade aller Räder ist. Den Quotienten $\bar{\eta}_i/\eta_{i\,\mathrm{pol}}$ können wir in guter Näherung gleich Eins setzen.

Zur Berechnung des Integrals J ist die Kenntnis des Verlaufes der Funktion Λ über π für verschiedene π_{2z} erforderlich. Diese Funktion läßt sich im Einzelfall bei vorgegebenem Betriebszustand einer Turbine natürlich leicht numerisch ermitteln (s. Bild 7.14). Sie hängt aber wesentlich von der Gefälleverteilung auf die einzelnen Stufen und den Reaktionsgraden der Stufen ab, so daß hinreichend einfache Angaben in allgemeiner Form nicht erwartet werden können. Um zu einer für die betrachtete Turbine charakteristischen Zahl zu kommen, führen wir daher den Mittelwert

$$\bar{\Lambda} = \frac{\int\limits_{\pi_{2z}}^{1} \Lambda(\pi, \pi_{2z})\, \pi^{\frac{2-n}{n}} \left(1 - \pi^{\frac{n-1}{n}}\right) d\pi}{\int\limits_{\pi_{2z}}^{1} \pi^{\frac{2-n}{n}} \left(1 - \pi^{\frac{n-1}{n}}\right) d\pi} \tag{7.20}$$

(Gefälleziffern) ein und schreiben

$$J = \int\limits_{\pi_{2z}}^{1} \pi^{\frac{1}{n}}\, d\pi - \frac{2\bar{\Lambda}}{n-1} \int\limits_{\pi_{2z}}^{1} \pi^{\frac{2-n}{n}} \left(1 - \pi^{\frac{n-1}{n}}\right) d\pi. \tag{7.21}$$

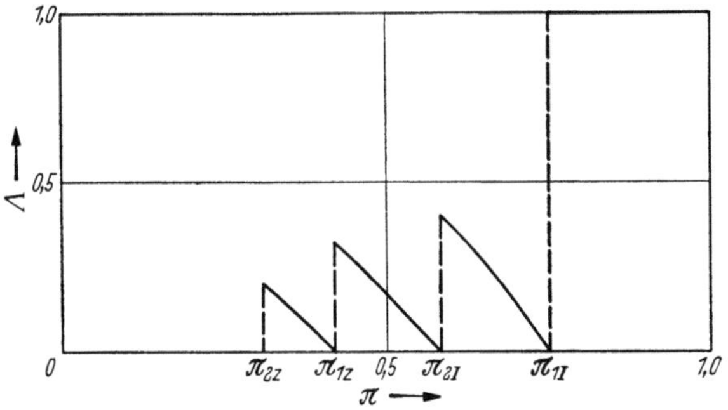

Bild 7.14 Beispiel für den Verlauf $\Lambda = \Lambda(\pi)$ (zweistufige Turbine)

Zahlreiche Rechnungen haben gezeigt, daß $\bar{\Lambda}$ bei Veränderung von π_{2z} annähernd konstant bleibt und auch durch Veränderungen der Drehzahlgröße $n/\sqrt{T_{0I}^*}$ nur unwesentlich beeinflußt wird. $\bar{\Lambda}$ wird so zu dem erwarteten charakteristischen Wert der betrachteten Turbine. Für verschiedene Stufenzahlen können in grober Übersicht — die Gruppen könnten noch nach der Größe des Reaktionsgrades unterteilt werden — die folgenden Größenordnungen auftreten:

z	$\bar{\Lambda}$
1	0,5 ···1,0
2	0,3 ···0,5
3	0,25···0,3
4 und mehr	0,25

Extremfälle sind die Turbine mit $z = \infty$ und verschwindend gering belasteten Stufen mit $\Lambda \equiv 0$, $\bar{\Lambda} = 0$ und die einstufige Gleichdruckturbine mit $\Lambda \equiv 1$, $\bar{\Lambda} = 1$.

Die wesentliche Bedeutung von $\bar{\Lambda}$ liegt in dem Zusammenhang mit dem kritischen Druckverhältnis π_{2zk} oder kurz π_k der Turbine, also dem Druckverhältnis, bei dem die Größe J ihr Maximum annimmt. Der Wert $\bar{\Lambda}$ kann durch π_k ausgedrückt werden. Hierzu ist allerdings noch die folgende Bemerkung nötig: Der als Abszisse des Maximums des Integrals J erklärte Wert π_k ist sicherlich kritisches Druckverhältnis der Turbine, wenn der Ausdruck

$$\frac{1}{2R} \frac{\bar{\eta}_i}{\eta_{i\,\mathrm{pol}}} \sum_{\nu=1I}^{2z} \frac{1}{\sigma_{\nu s} F_\nu^2}$$

für alle Betriebspunkte als Konstante betrachtet werden kann; denn dann fällt das Maximum von J auch mit dem Maximum von $\dot{V}_{0I}^*/\sqrt{T_{0I}^*}$ zusammen. Diese Voraussetzung wird im folgenden auch gemacht. Sie wird aber schon an dieser Stelle benutzt.

Die Bestimmungsgleichung für π_k ist

$$\left(\frac{dJ}{d\pi_{2z}}\right)_k = -\pi_k^{\frac{1}{n}} + \frac{2\bar{\Lambda}}{n-1} \pi_k^{\frac{2-n}{n}} \left(1 - \pi_k^{\frac{n-1}{n}}\right) = 0.$$

Sie liefert

$$\bar{\Lambda} = \frac{n-1}{2} \frac{1}{\pi_k^{\frac{1-n}{n}} - 1} \tag{7.22}$$

Für die einstufige Aktionsturbine wird daraus wegen $\bar{\Lambda} = 1$

$$\pi_k = \left(\frac{n+1}{2}\right)^{\frac{n}{1-n}}, \tag{7.23}$$

also der bekannte Wert des kritischen Druckverhältnisses einer einfachen Düse. Die vorliegende Theorie gibt demnach diesen bekannten Fall richtig wieder. Betrachtet man eine Überdruckstufe, dann wird $\bar{\Lambda}$ Werte im Intervall 0,5 bis 1 annehmen. Gl. (7.22) wird dann π_k-Werte liefern, die kleiner als der in Gl. (7.23) angegebene Wert sind. Im Grenzfall der Reaktion 1 hat das Laufrad ganz die Funktion des Leitrades der Gleichdruckstufe übernommen. Hier wird wieder $\Lambda \equiv 1$, $\bar{\Lambda} = 1$, und Gl. (7.23) kann erneut herangezogen werden.

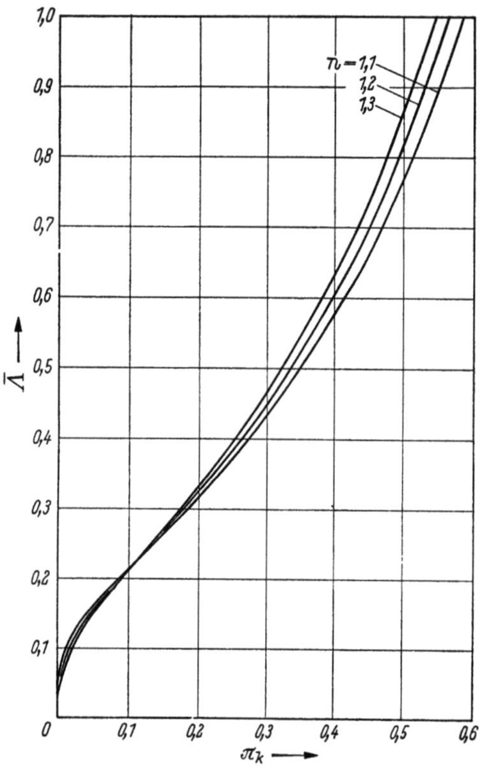

Bild 7.15 Zusammenhang der Kennzahl $\bar{\Lambda}$ mit dem kritischen Druckverhältnis der Turbine

Der Zusammenhang von $\bar{\Lambda}$ und π_k ist graphisch in Bild 7.15 dargestellt. Er kann zur Abschätzung des kritischen Druckverhältnisses einer Turbine Verwendung finden, wenn man $\bar{\Lambda}$ an Hand von Gl. (7.20) aus den Auslegungsdaten der Maschine berechnet. Fehler können dadurch auftreten, daß in der Praxis die Drosselzahlen der einzelnen Stufen und damit $\sum_{\nu=1I}^{2z} (1/\sigma_{\nu s} F_\nu^2)$ nicht exakt konstant sind.

Wir benutzen hier Gl. (7.22), um π_k in Gl. (7.21) einzuführen und so das kritische Druckverhältnis zur Charakterisierung der Turbine zu verwenden. Die Ausführung der Integration liefert dann

$$J = \frac{\frac{n}{n+1}}{1 - \pi_k^{\frac{n-1}{n}}} \left[1 - \frac{n+1}{2} \pi_k^{\frac{n-1}{n}} - \pi_{2z}^{\frac{n+1}{n}} + \frac{n+1}{2} \pi_k^{\frac{n-1}{n}} \pi_{2z}^{\frac{2}{n}}\right] \tag{7.24}$$

Der erhaltene Ausdruck ist unmittelbar gleich der linken Seite von Gl. (7.19). Schreibt man die daraus entstehende Beziehung direkt hin, so liegt eine vollständige Beschreibung des Durchflußverhaltens einer Turbine vor. Das Wesentliche einer Mengendruckgleichung besteht nun in der folgenden Vereinfachung:

1. Wir können die Größe $\sum_{\nu=1I}^{2z} (1/\sigma_{\nu s} F_\nu^2)$ bei relativ großen Änderungen des Betriebspunktes der Turbine als Konstante ansehen, wenn wir die Düsenendflächen F_ν unverändert lassen (Füllungsgrad konstant gleich 1 angenommen). Betrachten wir als Beispiel die über alle Räder geführte Summe $\sum (1/\sigma_s F^2)$ in Abhängigkeit von Druckverhältnis und Drehzahlgröße in Bild 2.11, dann ergeben sich Änderungen von nur wenigen Prozent in den praktisch wichtigen Betriebsbereichen. Aber nicht nur die Summe $\sum_{\nu=1I}^{2z} (1/\sigma_{\nu s} F_\nu^2)$, auch jede Drosselzahl $\sigma_{\nu s}$ zeigt ein angenähert konstantes Verhalten.

Ferner werden noch die anschließenden, z. T. bereits vorausgesetzten Vereinfachungen benutzt:

2. Die Gaskonstante soll nicht verändert werden.

3. Der Polytropenexponent n wird als Konstante betrachtet, d. h. man wird im allgemeinen weder Veränderungen von $\varkappa$ noch große Abweichungen der Wirkungsgrade zulassen. Beides kann für viele praktisch wichtige Fälle angenommen werden.

4. Das kritische Druckverhältnis π_k geht mit einem festen Wert (etwa dem Wert für $n/\sqrt{T_{0I}^*} = (n/\sqrt{T_{0I}^*})_A$ des vollständigen Kennfeldes) ein und wird als der Maschine eigentümliche Größe betrachtet.

Auf diese Weise erhält man aus den Gln. (7.19) und (7.24) die allgemeinste, BECKMANNsche Form der Mengendruckgleichung

$$\left(\frac{\dot{V}_{0I}^*}{\sqrt{T_{0I}^*}}\right)^2 = C\left[1 - \frac{n+1}{2}\pi_k^{\frac{n-1}{n}} - \pi_{2z}^{\frac{n+1}{n}} + \frac{n+1}{2}\pi_k^{\frac{n-1}{n}}\pi_{2z}^{\frac{2}{n}}\right]. \tag{7.25}$$

In C und π_k enthält sie zwei den Erfordernissen entsprechend wählbare Konstanten. Erstere wird im allgemeinen so festgelegt, daß der Auslegungspunkt der Turbine die Gleichung erfüllt. π_k legt von der Belastung Zeugnis ab.

Die gewonnene Beziehung hat Gültigkeit im Falle $\pi_{2z} \geqq \pi_k$. Für $\pi_{2z} < \pi_k$ wird sie durch den Ausdruck

$$\frac{\dot{V}_{0I}^*}{\sqrt{T_{0I}^*}} = \left(\frac{\dot{V}_{0I}^*}{\sqrt{T_{0I}^*}}\right)_{\max}$$

ergänzt. Nach Erreichen der kritischen Geschwindigkeit im engsten Querschnitt eines der Schaufelgitter wächst ja der Gasdurchsatz nicht mehr an.

Die Durchflußreaktion (7.25) enthält alle bekannten Sonderfälle.

Für $\pi_k = 0$ ergibt sich

$$\left(\frac{\dot{V}_{0I}^*}{\sqrt{T_{0I}^*}}\right)^2 = \text{const}\left[1 - \pi_{2z}^{\frac{n+1}{n}}\right]. \tag{7.26}$$

Das ist die Mengendruckgleichung von FLÜGEL. Sie beschreibt eine Turbine, die erst bei verschwindendem Gegendruck kritisch wird, d. h. den Grenzfall der unendlichstufigen Turbine mit verschwindendem Stufengefälle. Die Gleichung hat mit guter Näherung Gültigkeit bei großer Stufenzahl und geringem Stufengefälle, ein Fall, der eher bei Dampfturbinen als bei Gasturbinen gegeben ist.

Setzen wir in Gl. (7.26) an die Stelle des Exponenten $(n+1)/n$ näherungsweise den Wert 2 und halten wir die Eintrittstemperatur T_{0I}^* konstant, so wird

$$\dot{V}_{0I}^{*2} = \text{const}\,[1 - \pi_{2z}^2]. \tag{7.27}$$

Wir haben damit das von STODOLA aus Versuchen ermittelte „Gesetz des Dampfkegels" gewonnen. Sein Name rührt daher, daß Gl. (7.27) durch Multiplikation mit

$$\varrho_{0I}^{*2} = \left(\frac{p_{0I}^*}{RT_{0I}^*}\right)^2 = \text{const}\; p_{0I}^{*2}$$

auf die Form

$$\dot{m}^2 = \text{const}\; p_{0I}^{*2}\,(1 - \pi_{2z}^2)$$

bzw.

$$\frac{\dot{m}^2}{\text{const}\; p_{0I}^{*2}} + \frac{p_{2z}^2}{p_{0I}^{*2}} = 1 \tag{7.28}$$

gebracht werden kann. Das ist die Gleichung eines Kegels im $\dot{m}, p_{0I}^*, p_{2z}$-System, dessen Spitze im Ursprung des Koordinatensystems liegt und der von den Ebenen $p_{0I}^* = \text{const}$ in den sogenannten Dampfellipsen geschnitten wird (vgl. Bild 7.17). Durch den Kegel werden alle bei konstanter Eintrittstemperatur überhaupt möglichen Zuordnungen von Dampf- bzw. Gasmasse, Anfangsdruck und Enddruck der Turbine erfaßt, solange eine hinreichend große Stufenzahl in der Maschine vorhanden ist.

Die Näherung $(n+1)/n \approx 2$ läuft auf den Ersatz der Mengendruckgleichung (7.26) durch eine Ellipsengleichung hinaus. In gleicher Weise kann die verallgemeinerte Mengendruckgleichung (7.25) durch eine Ellipsengleichung angenähert werden, die dann im Gegensatz zum Dampfkegelgesetz auch bei kleinen Stufenzahlen Gültigkeit besitzt. Um zu dieser Näherung zu kommen, entwickelt man etwa beide Glieder in Gl. (7.25), die Potenzen von π_{2z} enthalten, nach Potenzen von $(\pi_{2z} - \pi_k)$. Die Reihen können nach dem quadratischen Glied abgebrochen werden. Man erhält so eine Gleichung der Form

$$\left(\frac{\dot{V}_{0I}^*}{\sqrt{T_{0I}^*}}\right)^2 = \text{const}\,[a_1 - a_2\,(\pi_{2z} - \pi_k)^2] \tag{7.29}$$

mit den beiden von π_k abhängigen Konstanten a_1 und a_2. Für eine vorgegebene Turbine mit festem π_k stellt sie eine Ellipse dar, die die Gl. (7.25) besonders in der Umgebung des kritischen Druckverhältnisses gut approximiert. Gl. (7.29) ist im Gegensatz zur Ausgangsbeziehung wegen der Vernachlässigung der höheren Reihenglieder im allgemeinen noch nicht so beschaffen, daß sich für $\pi_{2z} = 1$ verschwindender Durchsatz ergibt. Das kann man erreichen, indem man die Konstanten a_1 und a_2 entsprechend korrigiert, wobei sich die Güte der Approximation nicht wesentlich ändert. Gl. (7.29) geht dann über in

$$\left(\frac{\dot{V}_{0I}^*}{\sqrt{T_{0I}^*}}\right)^2 = \text{const}\,[(1 - \pi_k)^2 - (\pi_{2z} - \pi_k)^2]\,. \tag{7.30}$$

Die Beziehung ist vom Standpunkt der praktischen Anwendbarkeit aus gesehen sehr vorteilhaft. Sie wurde von Linnecken zum ersten Male bei Untersuchungen des Verhaltens von Stufen und Stufengruppen von Dampfturbinen benutzt. Für die Anwendung ist die Kenntnis des kritischen Turbinendruckverhältnisses π_k erforderlich. In vielen Fällen wird man sich mit Schätzwerten behelfen können. Wo eine Schätzung schwer fällt, bleibt die im Zusammenhang mit Bild 7.15 erwähnte Bestimmung über den im Auslegungspunkt errechneten Wert von $\bar{\Lambda}$.

Alle unsere bisherigen Überlegungen wurden so durchgeführt, daß der Ausgangspunkt der Expansion als Gesamtzustand betrachtet wurde, während für den Endzustand die statischen Werte einzutragen waren. Wir hatten angekündigt, daß wir wie bei der Kennfeldrechnung auch hier für den Endzustand Gesamtzustände einführen werden; dadurch wollen wir zu Formeln kommen, die sich in der Praxis bequem anwenden lassen. Wir nehmen diese Ersetzung sogleich an der grundlegenden Gl. (7.25) vor, so daß die anderen Formen von Mengendruckgleichungen mit erfaßt sind.

Gl. (7.25) gibt einen Zusammenhang

$$\left(\frac{\dot{V}_{0I}^*}{\sqrt{T_{0I}^*}}\right)^2 = C f(\pi_{2z}, \pi_k)$$

vor. Es läßt sich nun zeigen [*86*], daß der demselben Betriebsverhalten entsprechende Zusammenhang in Gesamtwerten in guter Näherung durch

$$\left(\frac{\dot{V}_{0I}^*}{\sqrt{T_{0I}^*}}\right)^2 = C' f(\pi_{2z}^*, \pi_k^*)$$

mit $\pi_{2z}^* = \pi_{2z}(p_{2z}^*/p_{2z})$ und $\pi_k^* = \pi_k(p_{2z}^*/p_{2z})_k$ und der gleichen Funktion f gegeben werden kann. Die Veränderung der ursprünglichen Relation liegt in der neuen Konstanten C', die jetzt so zu wählen ist, daß für die Durchsatzgröße $(\dot{V}_{0I}^*/\sqrt{T_{0I}^*})_A$ des Auslegungspunktes das Gesamtdruckverhältnis π^*_{2zA} erreicht wird. Wir erhalten so für Gl. (7.25)

$$\left(\frac{\dot V^*_{0I}}{\sqrt{T^*_{0I}}}\right)^2 = C'\left[1 - \frac{n+1}{2}\pi_k^{*\frac{n-1}{n}} - \pi_{2z}^{*\frac{n+1}{n}} + \frac{n+1}{2}\pi_k^{*\frac{n-1}{n}}\pi_{2z}^{*\frac{2}{n}}\right] \tag{7.31}$$

Auch alle übrigen Gleichungen, die wir für statische Werte abgeleitet haben, müssen dann auf dieselbe Weise ihr Analogon finden:

$$\left(\frac{\dot V^*_{0I}}{\sqrt{T^*_{0I}}}\right)^2 = \text{const}\,[(1-\pi_k^*)^2 - (\pi^*_{2z} - \pi^*_k)^2] \qquad (\text{Linnecken}), \tag{7.32}$$

$$\left(\frac{\dot V^*_{0I}}{\sqrt{T^*_{0I}}}\right)^2 = \text{const}\left[1 - \pi_{2z}^{*\frac{n+1}{n}}\right] \qquad (\text{Flügel}), \tag{7.33}$$

$$\dot V^{*2}_{0I} = \text{const}\,[1 - \pi^{*2}_{2z}] \qquad (\text{Stodola}). \tag{7.34}$$

Natürlich ist für die praktische Anwendung der Beziehung (7.32) nunmehr die Kenntnis des kritischen Druckverhältnisses π^*_k erforderlich. Es läßt sich durch Berechnung von $(p^*_{2z}/p_{2z})_k$ leicht auf das mit Hilfe von Bild 7.15 bestimmbare π_k zurückführen. Allgemein gilt auf Grund von Gl. (2.10)

$$\frac{p^*_{2z}}{p_{2z}} = \left[1 + \frac{\varkappa - 1}{\varkappa R T_{2z}}\,\frac{c^2_{2z}}{2}\right]^{\frac{\varkappa}{\varkappa-1}}$$

Setzt man

$$\frac{\varkappa - 1}{\varkappa R} = \frac{1}{c_p}$$

und

$$\frac{c_{2z}}{\sqrt{T_{2z}}} = \frac{\dot m}{F_{2z}\sin\alpha_{2z}\,\varrho_{2z}\sqrt{T_{2z}}} = \frac{\dot V^*_{0I}\,\varrho^*_{0I}}{F_{2z}\sin\alpha_{2z}\,\varrho_{2z}\sqrt{T_{2z}}} = \frac{\dot V^*_{0I}\,p^*_{0I}\sqrt{T_{2z}}}{F_{2z}\sin\alpha_{2z}\,p_{2z}\,T^*_{0I}}$$

$$= \frac{\dot V^*_{0I}/\sqrt{T^*_{0I}}}{F_{2z}\sin\alpha_{2z}}\,\frac{1}{\pi_{2z}^{\frac{n+1}{2n}}},$$

so wird

$$\frac{p^*_{2z}}{p_{2z}} = \left[1 + \frac{(\dot V^*_{0I}/\sqrt{T^*_{0I}})^2}{2\,c_p F^2_{2z}\sin^2\alpha_{2z}\,\pi_{2z}^{\frac{n+1}{n}}}\right]^{\frac{\varkappa}{\varkappa-1}}.$$

Hier kann der Zähler des auf der rechten Seite stehenden Bruches noch durch den Ausdruck (7.30) ersetzt werden. Im Falle $\pi_{2z} = \pi_k$ erhalten wir

$$\left(\frac{p^*_{2z}}{p_{2z}}\right)_k = \left[1 + \frac{K(1-\pi_k)^2}{2c_pF^2_{2z}\sin^2\alpha_{2zk}\,\pi_k^{\frac{n+1}{n}}}\right]^{\frac{\varkappa}{\varkappa-1}},$$

wo K die in Gl. (7.30) vorkommende Konstante bedeutet und α_{2zk} durch den Wert α_{2zA} des Auslegungszustandes anzunähern ist.

7.212. Diskussion der Durchsatzgesetze

Einer der wesentlichen Unterschiede zwischen Gasturbine und Dampfturbine ist die im allgemeinen erheblich kleinere Stufenzahl der ersteren. Insbesondere haben wir es bei den Gasturbinen der Strahltriebwerke durchwegs mit niedrigen Stufenzahlen zu tun. Wir müssen daher erwarten, daß in diesem Fall die BECKMANNsche bzw. LINNECKENsche Durchsatzgleichung das Turbinenkennfeld merklich besser annähert als die Formeln von

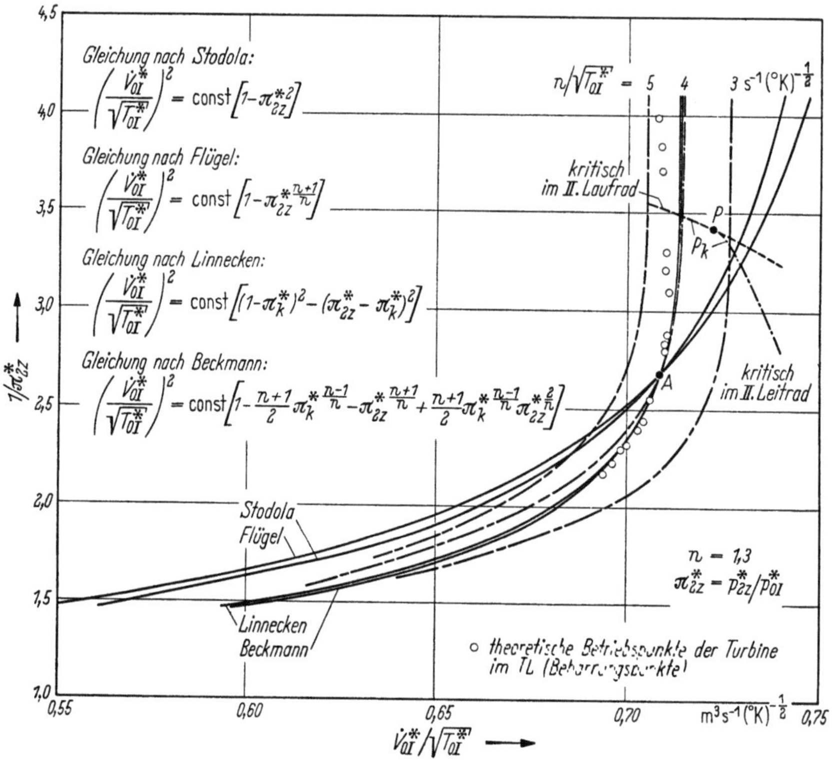

Bild 7.16 Vergleich von Dampfkegel und Mengendruckgleichungen mit dem Turbinenkennfeld

FLÜGEL und STODOLA. Unsere Erwartung wird bestätigt durch Bild 7.16, in dem alle vier Beziehungen — diejenige von STODOLA unter Wiedereinbeziehung der Temperatur — mit den Kennfeldlinien $n/\sqrt{T_{0I}^*} = \text{const}$ der zweistufigen Turbine von Bild 7.5 verglichen sind.

Aus dem früheren Diagramm wurden die Linien $n/\sqrt{T_{0I}^*} = 3, 4$ und $5\,s^{-1}(°\text{K})^{-\frac{1}{2}}$, die Grenze p_k des unterkritischen Bereiches und der Auslegungspunkt A übernommen. Die zu vergleichenden Durchsatzlinien wurden durch entsprechende Wahl der Konstanten in Gl. (7.31), (7.32), (7.33) und (7.34) so festgelegt, daß sie durch den Auslegungspunkt der Turbine hindurchlaufen. Für π_k^* war dabei das Druckverhältnis im Schnittpunkt der betreffenden Linie mit der Grenze p_k eingesetzt worden.

Wie nicht anders zu erwarten, fallen die BECKMANNsche und die LINNECKENsche Linie einerseits und die FLÜGELsche und die STODOLAsche andererseits dicht zusammen, so daß für die praktische Anwendung jeweils der zweiten der Vorzug zu geben ist; die Ellipsengesetze sind in der Handhabung einfacher. Während aber die für die vielstufige Turbine gültige STODOLA-Linie in dem vorliegenden Fall der zweistufigen Turbine — besonders nach dem kritischen Gefälle hin — stark von den $n/\sqrt{T_{0I}^*}$-Kurven abweicht, stimmt die LINNECKEN-Linie in ihrem Charakter sehr gut mit dem allgemeinen Verlauf der Kennfeldkurven überein. Beide zeigen den gleichen starken Anstieg bei Annäherung an die Grenzlinie p_k. Unterhalb des Auslegungspunktes ist der Verlauf der verallgemeinerten Mengendruckgleichung etwas steiler als derjenige der Kennfeldkurven.

Natürlich kommt in Bild 7.16 auch die in den Durchsatzgesetzen liegende Vereinfachung der Turbinenbetrachtung im Vergleich zur Beschreibung des Verhaltens durch ein Kennfeld zum Ausdruck. Die eine Durchsatzlinie von LINNECKEN (oder BECKMANN) tritt an die Stelle sämtlicher Kurven $n/\sqrt{T_{0I}^*} = \text{const}$. Der Einfluß der MACH-Zahl ist also fortgefallen, eine Folge der als konstant vorausgesetzten Drosselzahl. In der Praxis wirkt sich dieser Umstand nicht sehr nachteilig aus. Die verschiedenen $n/\sqrt{T_{0I}^*}$-Linien liegen sowieso dicht beieinander und werden erst durch Wahl eines sehr großen Abszissenmaßstabes, wie er in den Bildern 7.5 und 7.16 vorliegt, auseinandergezogen. Außerdem fallen die möglichen Betriebspunkte der Turbine im Strahltriebwerk sämtlich auf eine einzige Kurve, die im praktisch interessanten Bereich kaum, darüber hinaus nur wenig von der verallgemeinerten Mengendruckgleichung abweicht. Wir sehen auch das in Bild 7.16.

Hier wurde eine Anzahl von Betriebspunkten als Kreise eingezeichnet, die sich rechnerisch unter Zugrundelegung eines theoretischen Verdichterkennfeldes und des Turbinenkennfeldes in Bild 7.5 für die Arbeit der Turbine in einem Turbinenluftstrahltriebwerk (TL) ergeben. Das Triebwerk ist so ausgelegt, daß in einem weiten Drehzahlbereich kritischer Gasaustritt in der Schubdüse auftritt. Die Punkte schließen daher einen Bereich sehr großer Änderungen des TL-Betriebszustandes ein. Es ist bekannt, daß Turbinendurchsatzgröße und -druckverhältnis für ein TL praktisch als konstant betrachtet werden können, solange das Druckverhältnis in der Schubdüse überkritisch ist und die Schubdüsenendfläche festgehalten wird. Betriebspunkte mit einer Endfläche, die dem Auslegungswert gleich kommt, liegen deshalb im Turbinenkennfeld praktisch im Auslegungszustand. Oberhalb des Auslegungspunktes erscheinen Betriebspunkte, die sich bei überkritischem Druckverhältnis in der Schubdüse und einer gegenüber der Auslegung — bei den obersten Punkten sogar extrem — vergrößerten Schubdüsenendfläche ergeben. Betriebspunkte, die unterhalb des Auslegungspunktes liegen, erscheinen bei starker Drehzahlabsenkung.

Alle praktisch interessierenden Punkte, d. h. auf alle Fälle solche, die unterhalb der Linie p_k liegen, werden durch die verallgemeinerte Mengendruckgleichung so gut erfaßt, daß diese Beziehung das Turbinenkennfeld bei thermodynamischen Triebwerksbetrachtungen geradezu ersetzen kann. Abweichungen treten erst bei Annäherung an die Linie p_k und bei überkritischer Expansion innerhalb der Turbine auf, also dann, wenn die MACH-Zahl-Einflüsse wesentlich werden. Die gute Übereinstimmung von Betriebspunkten und verallgemeinerter Mengendruckgleichung im unteren Bereich der Linie kann als nochmalige Rechtfertigung der benutzten Voraussetzung $\sigma_{vs} = \text{const}$ gelten.

Gibt die Betrachtung der Ähnlichkeitsgrößen im Kennfeld ein sehr einfaches Bild vom Betriebsverhalten der Turbine, so hat die Untersuchung des unmittelbaren Zusammenhanges der Ausgangsgrößen $\dot{m}$, p_{0I}^* und p_{2z}^* in einem dreiachsigen Koordinatensystem den Vorzug der größeren Anschaulichkeit. Wir waren bereits in Gl. (7.28), wo nunmehr p_{2z} ebenfalls durch $p_{2z}{}^*$ ersetzt werden kann, auf diesen Zusammenhang übergegangen, um die Bezeichnung der STODOLAschen Formel als Gesetz des Dampfkegels zu begründen. Eine entsprechende Gleichung läßt sich aus der LINNECKEN-Formel (7.32) ableiten. Auch sie ist durch einen Kegel darstellbar, der im Gegensatz zu demjenigen von STODOLA für endliche Stufenzahlen mit nichtverschwindendem Stufengefälle Gültigkeit hat und letzteren als Grenzfall $\pi_k^* = 0$ einschließt. Es ist für das Verständnis des Betriebsverhaltens der Turbine zweckmäßig, beide Kegel etwas näher zu untersuchen, wobei wir mit demjenigen von STODOLA beginnen.

Zur Bestimmung der Konstanten in der für $p_{2z}{}^*$ benutzten Gl. (7.28) schreiben wir diese Beziehung für den Auslegungspunkt A der Turbine, gekennzeichnet durch die Zustandswerte $\dot{m}_A$, p_{0IA}^* und p_{2zA}^*, und lösen nach const auf:

$$\text{const} = \frac{\dot{m}_A^{2*}}{p_{0I}{}_A^{*2} - p_{2z}{}_A^{*2}}\,.$$

Einführung des gewonnenen Ausdruckes in die modifizierte Gl. (7.28) liefert

$$\frac{\dot m^2}{\dot m_A^2 \dfrac{p_{0I}^{*2}}{p_{0IA}^{*2} - p_{2zA}^{*2}}} + \frac{p_{2z}^{*2}}{p_{0I}^{*2}} = 1\,. \tag{7.35}$$

Der STODOLA-Kegel ist also dadurch gekennzeichnet, daß er mit jeder Ebene $p_{0I}^* = \text{const}$ eine Ellipse mit den Halbachsen

$$\dot m_A \frac{p_{0I}^*}{\sqrt{p_{0IA}^{*2} - p_{2zA}^{*2}}} \qquad \text{und} \qquad p_{0I}^*$$

in $\dot m$- und p_{2z}^*-Richtung gemeinsam hat. In Bild 7.17 sind die durch den Auslegungspunkt verlaufende sowie eine weitere derartige Ellipse dargestellt. Wir erhalten aus Gl. (7.35) als Schnittlinien des Kegels mit der Ebene $\dot m = 0$ die Gerade

$$p_{2z}^* = p_{0I}^*,$$

mit der Ebene $p_{2z}^* = 0$ die Gerade

$$\dot m = \frac{\dot m_A}{\sqrt{p_{0IA}^{*2} - p_{2zA}^{*2}}}\, p_{0I}^*\,. \tag{7.36}$$

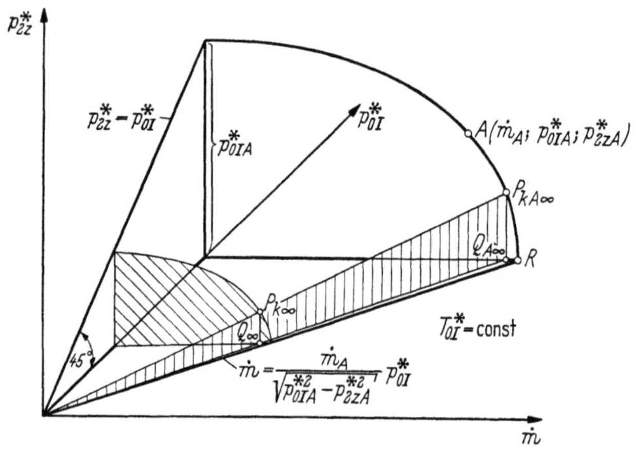

Bild 7.17 Dampfkegel (Stufenzahl der Turbine unendlich)

Jeder Punkt der Kegeloberfläche stellt einen möglichen Betriebszustand der Turbine dar. Kritische Geschwindigkeit, deren Auftreten in den Schaufelgittern die Gültigkeit unserer Durchsatzgesetze begrenzt, wird voraussetzungsgemäß erst bei verschwindendem Enddruck — auf der durch A gehenden Ellipse also im Punkt R — erhalten. Die Linie OR ist mit ihrer Verlängerung über R hinaus der geometrische Ort aller möglichen kritischen Betriebszustände. Wird der STODOLA-Kegel näherungsweise für vielstufige Turbinen verwendet, so erreicht man bei Expansion längs der Ellipse durch den Auslegungspunkt schon bei endlichem p_{2z}^* den kritischen Zustand (etwa im Punkt $P_{kA\infty}$). Da der Durchsatz nun nicht weiter anwachsen kann, wird der Kegel längs der Dreiecksfläche $OP_{kA\infty}Q_{A\infty}$ beschnitten und die Schnittfläche als überkritischer Betriebsbereich aufgefaßt. Der Vergleich mit der für den überkritischen Bereich tatsächlich gültigen Fläche $OP_{kAe}Q_{Ae}$ in Bild 7.18 zeigt, daß der entstehende Fehler merkbar sein kann; denn durch die Abweichung der endlichstufig gerechneten Ellipse von der unendlichstufig gerechneten wird dem Punkt P_{kAe} unter Umständen ein merklich anderer Durchsatz zugeordnet als dem Punkt $P_{kA\infty}$.

Um zu dem Kegel der endlichstufigen Turbine zu kommen, halten wir nun auch in Gl. (7.32) die Temperatur T_{0I}^* konstant. Mit Ausklammerung des unveränderlichen Wertes $(1 - \pi_k^*)^2$ ergibt sich

$$\dot V_{0I}^{*2} = \text{const}\left[1 - \frac{(\pi_{2z}^* - \pi_k^*)^2}{(1 - \pi_k^*)^2}\right].$$

Behandelt man die Gleichung in derselben Art wie Gl. (7.27), so kommt man zu

$$\frac{\dot m^2}{\text{const}\; p_{0I}^{*2}} + \frac{(p_{2z}^* - \pi_k^* p_{0I}^*)^2}{(1 - \pi_k^*)^2 p_{0I}^{*2}} = 1\,. \tag{7.37}$$

Die Konstante der Gleichung wird wiederum durch die Zustandswerte des Auslegungspunktes dargestellt, also

$$\text{const} = \frac{\dot m_A^2}{p_{0IA}^{*2} - \dfrac{(p_{2zA}^* - \pi_k^* p_{0IA}^*)^2}{(1 - \pi_k^*)^2}}\,.$$

Einsetzen dieses Ausdruckes in Gl. (7.37) liefert

$$\frac{\dot m^2}{\dot m_A^2 \dfrac{p_{0I}^{*2}}{p_{0IA}^{*2} - \dfrac{(p_{2zA}^* - \pi_k^* p_{0IA}^*)^2}{(1-\pi_k^*)^2}}} + \frac{(p_{2z}^* - \pi_k^* p_{0I}^*)^2}{(1-\pi_k^*)^2 p_{0I}^{*2}} = 1. \qquad (7.38)$$

Damit ist der Kegel der endlichstufigen Turbine gefunden. Er unterscheidet sich von dem STODOLA-Kegel vor allem dadurch, daß seine mit den Ebenen $p_{0I}^* = \text{const}$ gemeinsamen Ellipsen mit den Halbachsen

$$\dot m_A \frac{p_{0I}^*}{\sqrt{p_{0IA}^{*2} - \dfrac{(p_{2zA}^* - \pi_k^* p_{0IA}^*)^2}{(1-\pi_k^*)^2}}} \quad \text{und} \quad (1-\pi_k^*)\,p_{0I}^*$$

bei festgehaltenen Scheitelpunkten durch Verschiebung der Mittelpunkte um den Betrag $\pi_k^* p_{0I}^*$ in p_{2z}^*-Richtung zusammengedrückt sind. Da der Auslegungspunkt A nach wie vor auf dem Kegel liegen muß, wurden dabei auch die in $\dot m$-Richtung zeigenden Halb-

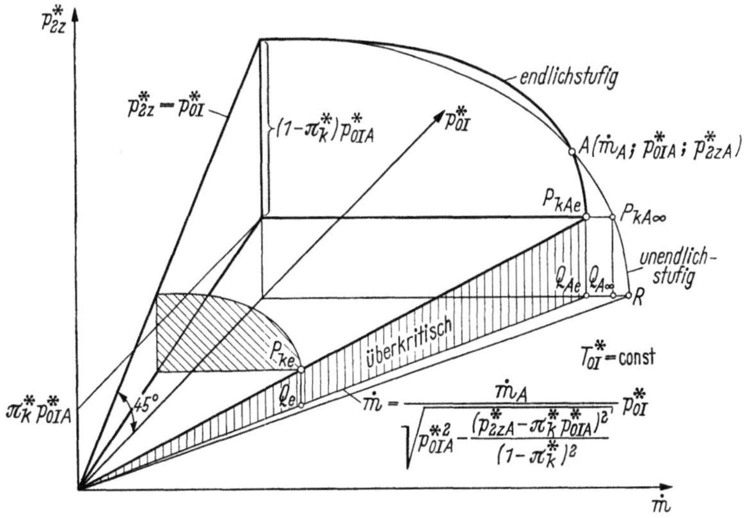

Bild 7.18 Kegelgesetz der endlichstufigen Turbine

achsen verkürzt, wie der Vergleich der in Bild 7.18 durch A gezeichneten Ellipsen erkennen läßt. Die Endpunkte dieser Halbachsen fallen nunmehr mit den kritischen Punkten P_{ke} zusammen, so daß die Ebene des überkritischen Bereiches $O P_{kAe} Q_{Ae}$ den Kegel tangiert.

Wie Gl. (7.38) für $\dot m = 0$ zeigt, hat der neue Kegel mit der p_{0I}^*, p_{2z}^*-Ebene ebenfalls die Gerade $p_{2z}^* = p_{0I}^*$ gemeinsam. Das ist verständlich: Bei fehlendem Durchsatz können Anfangs- und Enddruck nur gleich sein. Die Schnittlinie des Kegels mit der $\dot m$, p_{0I}^*-Ebene ist bei $\pi_k^* > 0$ uninteressant, da $p_{2z}^* = 0$ auf alle Fälle überkritische Zustände liefert, die nicht mehr auf dem Kegel liegen. Dagegen ist jetzt der mathematische Ausdruck für die Linie OQ_{Ae} von Nutzen, da er den Zusammenhang von Durchsatz und Anfangsdruck für sämtliche überkritischen Betriebszustände wiedergibt. Man erhält ihn für $p_{2z}^* = \pi_k^* p_{0I}^*$ aus Gl. (7.38) als

$$\dot m = \frac{\dot m_A}{\sqrt{p_{0IA}^{*2} - \dfrac{(p_{2zA}^* - \pi_k^* p_{0IA}^*)^2}{(1-\pi_k^*)^2}}}\; p_{0I}^* = \text{const}\; p_{0I}^*.$$

Die Formel geht für $\pi_k^* \to 0$ in Gl. (7.36) über, d. h. die Linie OQ_{Ae} in Bild 7.18 wird zur Linie OR in Bild 7.17, wie sich der gesamte Kegel der endlichstufigen Turbine zum STODOLAschen Dampfkegel wandelt.

Die Betrachtung der beiden Ellipsen durch den Auslegungspunkt A in Bild 7.18 macht den Verlauf der Stodola- und Linnecken-Kurve in Bild 7.16 verständlich. Wir finden im Kennfeld im Prinzip die Ellipsenpunkte, reziprok über der gleichen Abszisse aufgetragen, wieder. Das Auseinanderlaufen der Kurven im Kennfeld oberhalb von A ist identisch mit der Divergenz der Ellipsen unterhalb von A. An diesem Beispiel wird der anschauliche Charakter des Durchsatzkegels besonders deutlich. —

Wie wir den entsprechenden Gleichungen entnehmen können, sind in den Durchsatzgesetzen Drehzahl und Wirkungsgrad der Turbine nicht enthalten. Beide wurden durch die Voraussetzung konstanter Raddrosselziffern und Durchflußquerschnitte sowie gleichbleibenden Polytropenexponenten eliminiert. Dabei läuft die erste Annahme direkt auf eine Unabhängigkeit von der Drehzahl hinaus, während die beiden anderen den Einfluß der Drehzahl über die Annahme eines unveränderlichen Wirkungsgrades beseitigen. Der Wirkungsgrad selbst hängt stark von der Drehzahl ab, wie uns das Kennfeld in Bild 7.5 zeigt (Richtung senkrecht zu $n/\sqrt{T_{0I}^*} = \text{const}$).

Solange also die Grundvoraussetzung konstanten Wirkungsgrades erfüllt ist, können wir unsere Durchsatzgesetze als zutreffend ansehen und dabei jedem Kegelpunkt beliebige Drehzahlen zuordnen. Das ist nach dem Kennfeld gerade längs der diese Gesetze wiedergebenden Linien (Richtung von $n/\sqrt{T_{0I}^*} = \text{const}$) noch am ehesten der Fall. Darüber hinaus ist — wie bereits festgestellt wurde — der Einfluß der Drehzahl auf den Durchsatz auch bei veränderlichem Wirkungsgrad schwach. Das ist eine unmittelbare Folge davon, daß nach praktischen Erfahrungen der Wirkungsgrad selber den Durchsatz nur wenig beeinflußt. Dennoch hat aber die Veränderung des Wirkungsgrades längs einer Linie konstanter Drosselung Bedeutung für die Charakteristiken eines Strahltriebwerkes, nämlich in Hinsicht auf dessen Kraftstoffverbrauch. Aus diesem Grunde, nicht wegen des Durchsatzverhaltens des Triebwerkes, ist es erforderlich, nunmehr den Wirkungsgradverlauf etwas näher zu betrachten.

7.22 Gesetze der Wirkungsgradänderung

Einigermaßen genaue Aussagen über das Wirkungsgradverhalten einer Gasturbine zu machen, ist wesentlich schwieriger als eine Voraussage über den Durchsatz. Soweit theoretische Ansätze vorliegen und auch im Abschn. 4.12 behandelt wurden, beziehen sie sich auf die einzelne Turbinenstufe und setzen die Kenntnis von kinematischen Größen wie u/c_1 und $\mathfrak{r}$ und Verlustgrößen wie ζ_c' und ζ_w' voraus. Hier geht es aber um das Verhalten der ganzen mehrstufigen Turbine in Abhängigkeit von solchen Größen, die den Betriebszustand der Gesamtturbine beschreiben, und dabei ist uns der Zusammenhang zwischen den gleichzeitigen Änderungen der Grundparameter in den einzelnen Stufen unbekannt. Wir sind daher weitgehend auf die statistische Auswertung des Materials angewiesen, das uns in Form von Kennfeldern für einzelne spezielle Gasturbinen zur Verfügung steht. Es handelt sich in überwiegendem Maße um theoretische Kennfelder, die mit den in Abschnitt 7.13 dargelegten Methoden gewonnen wurden.

Da wir nach den Ausführungen im Zusammenhang mit Bild 7.16 das Durchsatzverhalten eines Strahltriebwerkes im gesamten in Frage kommenden Betriebsbereich sehr gut mit Hilfe der durch den Auslegungspunkt A gelegten Linnecken-Linie darstellen können, da also dieses Gesetz im Kennfeld sämtliche Betriebszustände festlegt, die tatsächlich von der Turbine bei der Arbeit im Triebwerk durchlaufen werden, ist für uns die Abhängigkeit des Wirkungsgrades von π_{2z}^* längs dieser Linie von besonderem Interesse. Es wäre nützlich, parallel zu Gl. (7.32) auch für den Wirkungsgrad η_{iaT} — in diesem Abschnitt kurz mit η bezeichnet — eine Gleichung $\eta = f(\pi_{2z}^*)$ angeben zu können. Das ist mit größter Allgemeingültigkeit möglich, wenn man sich auf den maximalen Wirkungsgrad $\eta_{\max L}$ auf der Linnecken-Linie bezieht.

Im allgemeinen fällt der Auslegungspunkt der Turbine nicht genau mit dem Punkt maximalen Wirkungsgrades $\eta_{\max}$ im Kennfeld zusammen. Dabei kann die Turbine sehr wohl die unter den gegebenen Auslegungsbedingungen mögliche Optimallösung darstellen. Der Auslegungswirkungsgrad η_A liegt dann eben auf der Einhüllenden der dreidimensional über der $(p_{0I}^*/p_{2z}^*,\ \dot{V}_{0I}^*/\sqrt{T_{0I}^*})$-Ebene aufgetragenen Wirkungsgrade sämtlicher möglichen Kennfelder und ist höher als der an derselben Stelle der Ebene liegende Maximalwirkungsgrad eines anderen Kennfeldes. Gewöhnlich besteht auch zwischen dem Auslegungspunkt und dem Punkt höchsten Wirkungsgrades $\eta_{\max L}$ auf der LINNECKEN-Linie noch ein Unterschied. Einen Eindruck von der Größenordnung der relativen Abweichungen

$$\frac{\eta_{\max L} - \eta_A}{\eta_A} \quad \text{und} \quad \frac{\dfrac{1}{\pi_{2zA}^*} - \dfrac{1}{\pi_{\eta\,\max L}^*}}{\dfrac{1}{\pi_{2zA}^*}}$$

vermittelt Tafel 7.1, in der für eine Reihe verschiedener Turbinen die Hauptkennwerte, nämlich Stufenzahl, Auslegungsparameter und mittlerer Reaktionsgrad im Auslegungspunkt, der Wirkungsgrad- und Druckabweichung gegenübergestellt sind. Die Auslegungs-

Tafel 7.1 *Unterschied zwischen dem Auslegungspunkt und dem Punkt höchsten Wirkungsgrades $\eta_{\max L}$ für verschiedene Turbinen*

Turbine	A	B 1)	C	D	E	F 2)	G	Hausenblas [81]	Goldstein [84] 3)	H	I	K
Stufenzahl	1	1	1	1	2	2	2	2	2	3	4	4
$\left(\frac{u_T}{\sqrt{2H_{sa}^*}}\right)_A$	0,525	0,540	0,559	0,584	0,505	0,544	0,568	0,572	0,572	0,568	0,617	0,642
$\left(\frac{u_T}{\sqrt{zRT_{0I}^*}}\right)_A$	0,481	0,694	0,476	0,684	0,454	0,509	0,515	0,511	0,511	0,523	0,577	0,596
$\left(\frac{\dot{m}RT_{0I}^*\sqrt{z}}{p_{0I}^* F_{0I} u_T}\right)_A$	0,371	0,285	0,375	0,360	0,637	0,381	0,384	0,377	0,377	0,345	0,334	0,316
$\bar{r}_A$	0,430	0,441	0,352	0,397	0,439	0,347	0,427	nicht bekannt		0,431	0,469	0,481
$\frac{\eta_{\max L}-\eta_A}{\eta_A}$	0,001	0,016	0	0	0,004	0	0	0	0	0	0	0,002
$\frac{1/\pi_{2zA}^* - 1/\pi_{\eta\,\max L}^*}{1/\pi_{2zA}^*}$	0,061	0,011	-0,014	0,016	0,190	0,032	-0,078	0	0	0,025	-0,043	0,162

1) Kennfeld s. Bild 7.6
2) Kennfelder s. Bilder 7.4 und 7.5
3) Kennfeld s. Bild 7.11

□ Größtwert innerhalb einer Zeile
○ Kleinstwert innerhalb einer Zeile
⬚ ◌ den Extremwerten sehr nahe kommende Werte

parameter wurden dabei in der in Abschn. 7.11 definierten Form angegeben, da nur diese Darstellungsart — wenn das überhaupt erhofft werden kann — Feststellungen allgemeiner Art gestattet. Der mittlere Reaktionsgrad ist durch den Ausdruck

$$\bar{r} = \frac{\sum\limits_{\nu=I}^{z} (i_{1s} - i_{2s})_\nu}{i_{0I} - i_{2sz}}$$

als Verhältnis der Summe der isentropen statischen Laufradgefälle zum isentropen statischen Gefälle der Gesamtturbine definiert. Die Daten der Turbinen A bis K entstammen eigenen Rechnungen; in den beiden restlichen Fällen konnte ein theoretisches Ergebnis von HAUSENBLAS und ein experimentelles von GOLDSTEIN herangezogen werden.

Die Turbinen wurden in der Tafel nach innerhalb konstanter Stufenzahl steigenden Laufzahlen $(u_T / \sqrt{2 H_{sa}^*})_A$ geordnet.

Der Größtwert $(\eta_{\max L} - \eta_A)/\eta_A$ beträgt 0,016. Dieser Wert sollte jedoch als Ausnahme betrachtet werden. Er gehört zu einer Turbine, deren Kennfeld bereits als Extremfall diskutiert wurde und die in Tafel 7.1 gleichzeitig den Höchstwert von $(u_T / \sqrt{z R T_{0I}^*})_A$ sowie den Kleinstwert von $(\dot{m} R T_{0I}^* \sqrt{z} / p_{0I}^* F_{0I} u_T)_A$ aufweist. Eine mittlere relative Abweichung ergibt sich — bedingt durch eine Reihe von Turbinen, die im Auslegungspunkt hinsichtlich des Wirkungsgrades maximal liegen — zu 0,002. Im übrigen ist kein systematischer Zusammenhang zwischen Auslegungsdaten und Wirkungsgradabweichung zu erkennen.

Die in der letzten Zeile der Tafel wiedergegebenen Druckabweichungen sind im allgemeinen größer. Insbesondere sind auch dann Druckabweichungen vorhanden, wenn die Wirkungsgradabweichung verschwindet. Das liegt daran, daß die LINNECKEN-Linie weitgehend der Krümmung der gebogenen Wirkungsgradovale im Kennfeld vom Typ Bild 7.5 folgt. Dabei ändert sich der Wirkungsgrad in größerer Umgebung des Maximums kaum, während die Lage des Maximums durch den Wirkungsgradabfall auf der Linie nach beiden Seiten scharf definiert ist.

Besonders große Druckabweichungen zeigen die Turbinen E und K mit 0,190 und 0,162. Sie stellen wiederum Extremfälle dar, wie die in der Tafel eingerahmten Auslegungsparameter beweisen, die gerade bei diesen Turbinen gleichzeitig Größt- bzw. Kleinstwerte erreichen. Sieht man von diesen beiden Ausnahmefällen ab, so ergibt sich für den Absolutwert der Druckabweichung ein Mittel von 0,028.

Der im allgemeinen geringe Unterschied von Auslegungspunkt und Punkt höchsten Wirkungsgrades ermöglicht es, bei der Suche nach einem Gesetz für die Änderung des Wirkungsgrades infolge Verlassens des Auslegungszustandes von der Veränderlichkeit des Verhältnisses $\eta/\eta_{\max L}$ längs der LINNECKEN-Linie durch den Auslegungspunkt auszugehen. In Bild 7.19 wurde dieser Ausdruck für jede der zwölf Turbinen von Tafel 7.1 über $\pi_{\eta \max L}^*/\pi_{2z}^*$, also dem umgekehrten Verhältnis der zu beiden Wirkungsgraden gehörigen Druckverhältnisse, aufgetragen. Dabei sind die zu ein und derselben Turbine gehörigen Punkte durch das gleiche Symbol gekennzeichnet, ohne aber durch eine Kurve verbunden zu sein. Die Symbole wurden so gewählt, daß gleicher Umriß gleiche Stufenzahl andeutet. Es springt sofort ins Auge, daß die Veränderlichkeit des Wirkungsgrades mit zunehmender Stufenzahl abnimmt (was durch Bild 7.20 noch erhärtet wird). Diese Erscheinung ist ohne weiteres verständlich, da bei der vielstufigen Turbine die vorderen Stufen durch eine Senkung des Druckverhältnisses zunächst kaum beeinflußt werden und der mittlere Stufenwirkungsgrad daher höher bleibt als derjenige der einstufigen Turbine. Die Untersuchung des Wirkungsgradverhaltens erhält dadurch bei der im Gegensatz zur Dampfturbine meist wenigstufigen Gasturbine besondere Bedeutung.

Die in Bild 7.19 eingetragenen Punkte liegen sämtlich unterhalb von $\eta/\eta_{\max L} = 1$ und annähernd symmetrisch zur Linie $\pi_{\eta \max L}^*/\pi_{2z}^* = 1$. (Das wäre nicht der Fall bei einer Auftragung von η/η_A über π_{2zA}^*/π_{2z}^*.) Der Verlauf der Punkte kann durch die Funktion

$$\frac{\eta}{\eta_{\max L}} = 1 - \alpha \left(\frac{\pi_{\eta \max L}^*}{\pi_{2z}^*} - 1 \right)^2 \tag{7.39}$$

dargestellt werden, wo α eine für jede Turbine charakteristische Konstante ist. Zu ihrer zahlenmäßigen Bestimmung wurde die der Gl. (7.39) entsprechende Kurvenschar für die Parameterwerte α von 0,1 bis 1,4 in Bild 7.19 eingezeichnet.

Es zeigt sich nun, daß offensichtlich eine Abhängigkeit der Form

$$\alpha = f\left[\left(\frac{u_T}{\sqrt{2 H_{sa}^*}} \right)_A , \ z \right]$$

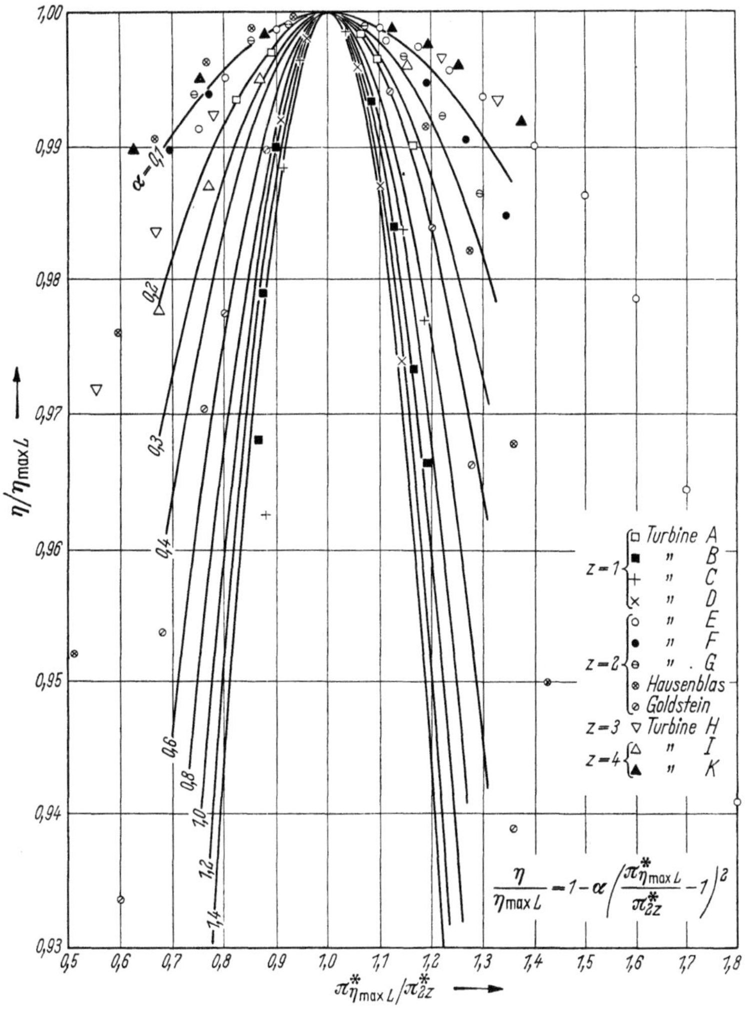

Bild 7.19 Veränderung des Turbinenwirkungsgrades längs der LINNECKEN-Linie durch den Auslegungspunkt

besteht. Wir brauchen nur die aus Bild 7.19 erhaltenen α über den Werten $(u_T/\sqrt{2H^*_{sa}})_A$ der einzelnen Turbinen auftragen, wobei die letzteren Kennzahlen aus Tafel 7.1 zu entnehmen sind. In Bild 7.20 ist das unter Verwendung eines logarithmischen Maßstabes für die Ordinate geschehen. Dabei wurden für jede Turbine die beiden, etwas unterschiedlichen α-Werte des linken ($\pi^*_{\eta \max L}/\pi^*_{2z} < 1$) und rechten ($\pi^*_{\eta \max L}/\pi^*_{2z} > 1$) Kurvenastes von Bild 7.19 berücksichtigt, so daß jeder Punkt in Bild 7.20 — mit dem Index l bzw. r versehen — zweimal auftaucht. Trotz der Streuung der Punkte ist eine deutliche Scheidung nach Gruppen gleicher Stufenzahl zu erkennen, wobei die kleineren α in Übereinstimmung mit der bereits festgestellten geringeren Wirkungsgradveränderlichkeit zu den größeren Stufenzahlen gehören. Außerdem

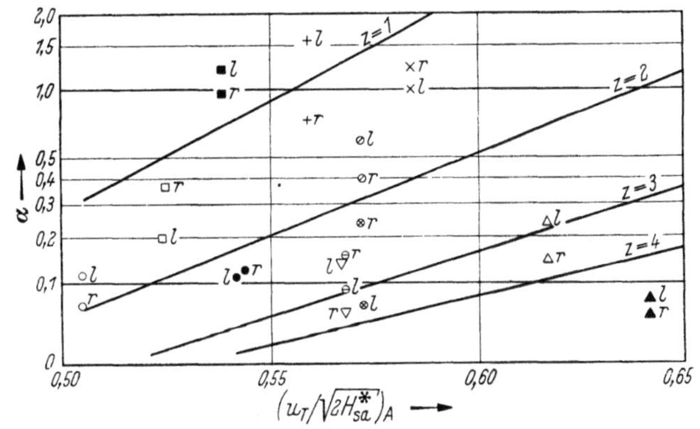

Bild 7.20 Einflußzahl α für die Veränderlichkeit des Wirkungsgrades in Abhängigkeit von Laufzahl und Stufenzahl (Bedeutung der Symbole wie in Bild 7.19)

steigen die α — besonders bei kleiner Stufenzahl — eindeutig mit zunehmendem $(u_T/\sqrt{2H_{sa}^*})_A$ an. Sie lassen sich im Mittel gut durch die vier eingetragenen Geraden $z = 1, 2, 3$ und 4 wiedergeben. Wir erkennen also:

Mit Rücksicht auf das Teillastverhalten ist die vielstufige Turbine der wenigstufigen und die hochbelastete der schwachbelasteten überlegen. Insbesondere die einstufige Turbine sollte für eine niedrige Laufzahl ausgelegt sein.

Bis zum Vorliegen weiterer Erkenntnisse können die Geraden des Bildes 7.20 gut zur Ermittlung des Zahlenfaktors α in Gl. (7.39) herangezogen werden. Dabei hat die unterste Linie praktisch auch Gültigkeit für alle $z > 4$. Die Beziehung (7.39) besitzt allgemeine Bedeutung und beschreibt insbesondere das Verhalten *sämtlicher* in Tafel 7.1 enthaltenen Turbinen.

Nun sind im allgemeinen bei der Auslegung einer Turbine zunächst nur η_A und π_{2zA}^*, nicht aber $\eta_{\max L}$ und $\pi_{\eta\max L}^*$ bekannt. In diesem Fall kann auf Grund unserer Untersuchung über die Größenordnung der Wirkungsgrad- und Druckabweichung meist in guter Näherung die Beziehung

$$\frac{\eta}{\eta_A} \approx 1 - \alpha\left(\frac{\pi_{2zA}^*}{\pi_{2z}^*} - 1\right)^2 \tag{7.40}$$

verwendet werden. Größere Fehler sind nur bei extremen Auslegungsbedingungen zu erwarten, für welche die Turbinen B, E und K in Tafel 7.1 ein Beispiel geben. Auch in solchen Fällen dürfte aber die Gl. (7.40) der vielfach üblichen Annahme $\eta = \text{const}$ vorzuziehen sein.

Für die Gasturbine des Strahltriebwerkes ist die Kenntnis des Wirkungsgradverlaufes parallel zur Durchsatzänderung auf der LINNECKEN-Linie (also im wesentlichen in Richtung der $n/\sqrt{T_{0I}^*}$-Linien des Kennfeldes in Bild 7.5) im allgemeinen ausreichend. Im Dampfturbinenbau, wo man den Kesselzustand vor der Turbine unabhängig von der Drehzahl konstant halten kann, und bei der Verwendung der Gasturbine als von einem Gaserzeuger gespeister und von diesem drehzahlmäßig unabhängiger Nutzleistungsturbine interessiert man sich auch noch für das Verhalten des Wirkungsgrades in anderen Richtungen, insbesondere längs einer Linie p_{0I}^*/p_{2az}^* bzw. — wie wir hier kurz schreiben wollen — $p_{0I}^*/p_{2z}^* = \text{const}$, also eines waagerechten Schnittes durch das Kennfeld. Für einen derartigen Schnitt durch den Punkt maximalen Wirkungsgrades bzw. dicht dabei liegende Punkte (wie den Auslegungspunkt) kann näherungsweise die von KREUTER *[83]* in Auswertung einer größeren Anzahl von Messungen gewonnene, in Bild 7.21 dargestellte Abhängigkeit als gültig angesehen werden.

Streng genommen setzt die Verwendung der Kurven noch die von KREUTER genannte, in Bild 7.21 aber nicht erwähnte Bedingung $\dot{V}_{0I}^*/\sqrt{T_{0I}^*} = \text{const}$ voraus. Bei den zugrunde liegenden Messungen erwies sich der Gasdurchsatz für konstantes Enthalpiegefälle als unabhängig von der Drehzahl — ein Fall, der nach den Ausführungen am Schluß von Abschn. 7.12 auf Vorliegen kritischen Druckverhältnisses im ersten Leitkranz hinweist und Zusammenlaufen sämtlicher $n/\sqrt{T_{0I}^*}$-Linien in einen einzigen vertikalen Ast bedeutet. Der Bereich abnehmenden Durchsatzes, der nach Bild 7.6 oberhalb einer von p_{0I}^*/p_{2z}^* abhängenden Drehzahl zu erwarten ist, wurde offensichtlich noch nicht erreicht. Bei Verwendung von Bild 7.21 für eine Turbine, die durch ein Kennfeld der Form von Bild 7.5 charakterisiert ist, müßte also eigentlich angenommen werden, daß die Änderung von $\dot{V}_{0I}^*/\sqrt{T_{0I}^*}$ längs einer Linie $p_{0I}^*/p_{2z}^* = \text{const}$ zumindest gering ist. Im allgemeinen ist diese Voraussetzung erfüllt; man beachte den großen Abszissenmaßstab in Bild 7.5. Nur dann wird ja die LINNECKEN-Linie auch in ausreichendem Maße das Kennfeld ersetzen können — jedenfalls in dem beschränkten Bereich der Drehzahlgröße $n/\sqrt{T_{0I}^*}$, der im allgemeinen durch das Kennfeld erfaßt wird. Einem einzelnen Punkt der Linie können dann sämtliche in diesem Bereich liegenden Punkte der für die betreffende Turbine gültigen Wirkungsgradkurve des Bildes 7.21 zugeordnet werden — ein Hinweis, daß der Durchsatzkegel nicht nur von der Drehzahl, sondern trotz der bei seiner Ableitung vorausgesetzten Unveränderlichkeit des Wirkungsgrades auch von diesem weitgehend unabhängig ist. Für jeden Kegelpunkt kann die Drehzahl noch in weiten Grenzen frei gewählt werden, wodurch dann der Wirkungsgrad festgelegt ist. Man wird Bild 7.21 aber mangels anderer Unterlagen auch dann näherungsweise verwenden, wenn $\dot{V}^*_{0I}/\sqrt{T^*_{0I}}$ längs $p^*_{0I}/p^*_{2z} = \text{const}$ stärker veränderlich ist. Damit wird die Annahme gemacht, daß bei einem Auseinanderziehen der $n/\sqrt{T^*_{0I}}$-Linien von Kennfeld zu Kennfeld die η-Kurven in

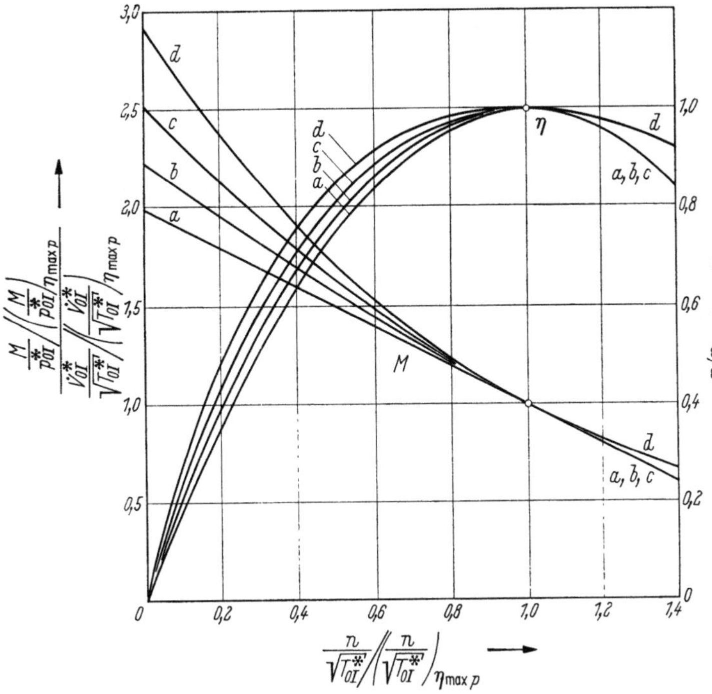

Bild 7.21 Veränderung des Wirkungsgrades und des Drehmomentes der Turbine längs einer Linie $p^*_{0I}/p^*_{2z} = \text{const}$ durch den Auslegungspunkt

a einstufige Curtis-Turbinen mit 3—4 Kränzen; *b* einstufige Gleichdruckturbinen; *c* mehrstufige Kammerturbinen mit rd. 30% Reaktion; *d* mehrstufige Trommelturbinen mit rd. 50% Reaktion

gleichem Maß verbreitert werden. Im übrigen überschreiten wir mit der Verfolgung des Wirkungsgrades in dem genannten Bild bis herab zum Wert Null natürlich den in den Gasturbinenkennfeldern normalerweise erfaßten Bereich wesentlich.

Das Diagramm zeigt den Verlauf von $\eta/\eta_{\max p}$ über $(n/\sqrt{T^*_{0I}})/(n/\sqrt{T^*_{0I}})_{\eta \max p}$. Dabei soll der Index max p am Wirkungsgrad andeuten, daß es sich um den Größtwirkungsgrad auf der Linie $p^*_{0I}/p^*_{2z} = \text{const}$ handelt. Diese liegt zunächst in der Nähe des Auslegungsdruckverhältnisses. In Ermangelung besserer Unterlagen wird man die gefundene Gesetzmäßigkeit aber auch für andere Druckverhältnisse verwenden, wobei $\eta_{\max p}$ vom Größtwert $\eta_{\max}$ des gesamten Kennfeldes bzw. von η_A merklich abweicht und näherungsweise durch Gl. (7.40) bestimmt wird. Die Verknüpfung der Drehzahl n mit $\sqrt{T^*_{0I}}$ weicht von der ursprünglichen Auftragung Kreuters ab, wird aber durch die bei den Versuchen jeweils konstant gehaltene Anfangstemperatur möglich und verallgemeinert das Ergebnis. Der Index am Nenner der Abszissengröße bezieht diesen auf den Zustand, bei dem der Wirkungsgrad $\eta_{\max p}$ erreicht wird.

Insgesamt enthält Bild 7.21 vier Wirkungsgradkurven, die für die dort angegebenen Turbinentypen Gültigkeit haben. Davon interessiert die Kurve a nur den Dampfturbinenbauer. Curtis-Turbinen, also solche mit Umsetzung des ganzen Gefälles im ersten Leitkranz und nachfolgender schrittweiser Herabsetzung der entstandenen hohen Geschwindigkeit in mehreren Laufschaufelkränzen auf gemeinsamem Radkörper und dazwischenliegenden Umkehrkränzen, sind im Gasturbinenbau wegen ihres schlechten Wirkungsgrades nicht gebräuchlich. Reine Gleichdruckturbinen (Typ *b*) kommen wegen ihres geringeren Wirkungsgrades auch nur selten vor. Von den Typen *c* und *d* dürfte letzterer am meisten den Gasturbinen der Strahltriebwerke entsprechen, obwohl Kammerturbinen auch und Trommelturbinen mehr dem Prinzip, nicht der Konstruktion nach verwendet werden. Bei den Kammerturbinen sitzt jeder Laufkranz auf besonderem Radkörper, der von seinen Nachbarn durch Leitradwände getrennt ist; diese sind bis zu den Naben der Laufräder geführt, so daß die Abdichtung gegen das Leitradgefälle auf kleinem Durchmesser erfolgt (s. Bild 4.25). Bei den Trommelturbinen sind die Laufkränze auf einer gemeinsamen Trommel bzw. einem massiven zylindrischen Radkörper angeordnet. Im Prinzip ähnlich, in der Konstruktion durch Beibehaltung der einzelnen Laufradscheiben aber anders ist die Turbine von Bild 4.24.

Für die Curtis-Stufen stellt die Wirkungsgradkurve eine Parabel dar. Etwas völliger als diese ist der Verlauf des Wirkungsgradverhältnisses bei den Gleichdruckstufen. Die Kurve der Kammerturbinen liegt noch darüber, erreicht aber infolge der hierbei verwendeten Profile mit scharfkantigen Eintrittsnasen nicht die Wirkungsgradverhältnisse der Trommelturbinen, welche die im Gasturbinenbau üblichen Profile mit stark gerundeten Eintrittsnasen aufweisen. Diese runden Nasen sind vermutlich auch der Grund für den flacheren Verlauf der Kurve bei Drehzahlverhältnissen größer als 1. Der Wirkungsgradverlauf *d* wird sehr gut durch die Funktion

$$\frac{\eta}{\eta_{\max p}} = 1 - \left| \frac{\dfrac{n}{\sqrt{T^*_{0I}}}}{\left(\dfrac{n}{\sqrt{T^*_{0I}}}\right)_{\eta \max p}} - 1 \right|^{2,7} \tag{7.41}$$

wiedergegeben[1].

Bild 7.21 enthält für die genannten vier Turbinentypen auch noch den Verlauf des vom Gas auf die Turbinenwelle übertragenen Drehmomentes in Form der Ähnlichkeitsgröße

$$\frac{M}{p^*_{0I}} = \frac{1}{R} \frac{\dot{V}^*_{0I}}{\sqrt{T^*_{0I}}} \cdot \frac{H^*_i}{T^*_{0I}} \cdot \frac{1}{2\pi} \frac{\sqrt{T^*_{0I}}}{n}, \tag{7.42}$$

und zwar ist die Verhältniszahl

$$\frac{\dfrac{\dfrac{M}{p^*_{0I}}}{\left(\dfrac{M}{p^*_{0I}}\right)_{\eta \max p}}}{\dfrac{\dfrac{\dot{V}^*_{0I}}{\sqrt{T^*_{0I}}}}{\left(\dfrac{\dot{V}^*_{0I}}{\sqrt{T^*_{0I}}}\right)_{\eta \max p}}} = \frac{\dfrac{\eta}{\eta_{\max p}}}{\dfrac{\dfrac{n}{\sqrt{T^*_{0I}}}}{\left(\dfrac{n}{\sqrt{T^*_{0I}}}\right)_{\eta \max p}}} \tag{7.43}$$

---

[1] Sie stellt nur den näherungsweise für beliebige Druckverhältnisse verwendeten Spezialfall $p^*_{0I}/p^*_{2z} = \text{const} = (p^*_{0I}/p^*_{2z})_A$ einer allgemeineren Beziehung

$$\frac{\eta}{\eta_A} = 1 - \left| \frac{\dfrac{u}{c^*_0}}{\left(\dfrac{u}{c^*_0}\right)_A} - 1 \right|^{2,7}$$

mit $c^*_0 = \sqrt{2 c_p T^*_{0I} \left[1 - (p^*_{2z}/p^*_{0I})^{\frac{\varkappa - 1}{\varkappa}}\right]}$ dar, durch welche Versuchsergebnisse über das Teillastverhalten von Turbinen (z. B. diejenigen von Ainley [33]) gut mit Hilfe der Laufzahl dargestellt werden.

aufgetragen. Die Beziehung des Drehmomentes M auf den Druck $p_{0I}{}^*$ geschieht wiederum in Abweichung von KREUTER und ist dieses Mal durch die Unveränderlichkeit des Anfangsdruckes innerhalb jeder Versuchsreihe begründet. Gl. (7.43) folgt direkt aus Gl. (7.42), wenn man die Konstanz des isentropen Gefälles in der Form

$$\frac{\eta}{\eta_{\max p}} = \frac{\dfrac{H_i^*}{T_{0I}^*}}{\left(\dfrac{H_i^*}{T_{0I}^*}\right)_{\eta \max p}}$$

berücksichtigt.

Die Auftragung des Drehmomentes in der Form von Gl. (7.43) wird bei Zugrundelegung der vorstehend diskutierten Wirkungsgradkurven der Bedingung $p_{0I}^*/p_{2z}^* = \text{const}$ gerecht, erfordert aber für eine breitere Anwendungsmöglichkeit Kenntnis des Verhaltens von $\dot{V}_{0I}^*/\sqrt{T_{0I}^*}$. Über die rechte Seite der Gleichung können zwar die M-Kurven unmittelbar aus den η-Kurven berechnet werden. Ist der KREUTERsche Fall konstanten Wertes $\dot{V}_{0I}^*/\sqrt{T_{0I}^*}$ gegeben, so liefern sie auch sofort das Bild der Drehmomentenänderung über der Drehzahl. In allen anderen Fällen muß jedoch die Änderung des Gasdurchsatzes noch eingerechnet werden.

Im einzelnen erweist sich die Drehmomentcharakteristik der Curtis-Stufen als Gerade. Das Anfahrmoment ist doppelt so groß wie das Moment in dem Betriebszustand, wo der Höchstwert des Wirkungsgrades erreicht wird. Die Gleichdruckstufen erreichen ein etwas höheres Anfahrmoment. Bis auf den 2,5fachen Wert des Momentes im Scheitelpunkt der Wirkungsgradkurven wächst es bei den Kammerturbinen an. Das höchste Drehmomentverhältnis — rund 2,9 — haben die Trommelturbinen. Sie zeigen auch in Analogie zu den Wirkungsgradkurven den auf ihre günstigere Profilform zurückzuführenden flacheren Abfall bei Drehzahlverhältnissen über 1. Eine formelmäßige Darstellung der Kurve d ergibt sich durch Einsetzen von Gl. (7.41) in Gl. (7.43). Die absolute Größe des erreichten Wirkungsgrades hat nach BLOMERT [*64*] keinen Einfluß auf das Drehmomentverhältnis, wohl aber der Reaktionsgrad. Das kommt auch in der unten folgenden Gl. (7.44) zum Ausdruck.

Infolge der geringen Krümmung der Drehmomentlinien lassen sich diese leicht aufzeichnen, wenn das Anfahrmoment bekannt ist. Hierfür kann eine einfache Abschätzung gegeben werden. Wir setzen dabei voraus, daß Gasdurchsatz $\dot{m}$ und Geschwindigkeitszahl ψ des Laufrades unabhängig von der Drehzahl als konstant angesehen werden können, daß die Zuströmgeschwindigkeit c_0 vor der Stufe klein gegenüber der Abströmgeschwindigkeit c_1 vom Leitkranz ist und daß die Stufe mit vernachlässigbarem Austrittsdrall ausgelegt ist.

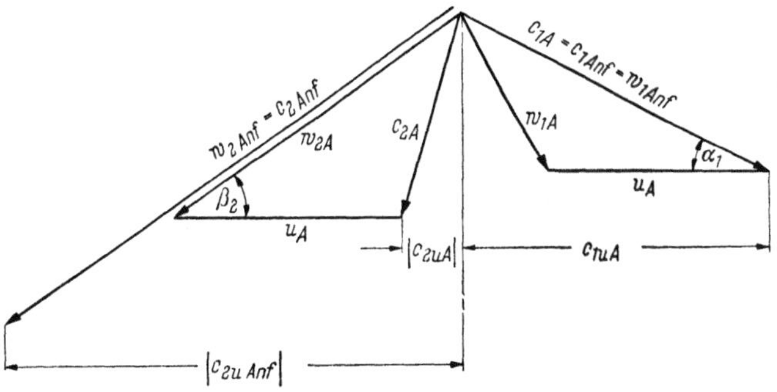

Bild 7.22 Turbinenstufe mit gleichbleibenden Gaseintrittsparametern bei Auslegungsdrehzahl und Drehzahl Null

Auf Grund der EULERschen Turbinengleichung in der Form

$$M = \dot{m} r (c_{1u} - c_{2u})$$

ergibt sich mit Rücksicht auf die Voraussetzung $\dot{m} = \text{const}$ für das Verhältnis des Anfahrmomentes zu dem Drehmoment im Auslegungszustand unter Verwendung der Bezeichnungen von Bild 7.22

$$\frac{M_{\text{Anf}}}{M_A} = \frac{c_{1uA} - c_{2u\,\text{Anf}}}{c_{1uA} - c_{2uA}}.$$

Berücksichtigt man die Voraussetzung $|c_{2uA}| \ll c_{1uA}$, so wird weiter

$$\frac{M_{\mathrm{Anf}}}{M_A} = 1 - \frac{c_{2u\,\mathrm{Anf}}}{c_{1uA}} = 1 + \frac{c_{2\,\mathrm{Anf}} \cos\beta_2}{c_{1A} \cos\alpha_1}.$$

Der Vorzeichenwechsel ist durch die gegenläufige Rechnung der Winkel α und β (vgl. Bild 2.1) bedingt. Nun ist nach Bild 4.3

$$c_{1A} = \sqrt{2(i_0^* - i_{1A})}$$

und wegen des Fehlens einer vom Gas verrichteten Arbeit

$$c_{2\,\mathrm{Anf}} = \sqrt{2(i_0^* - i_{2\,\mathrm{Anf}})}.$$

Hier kann auf Grund der Voraussetzung $\psi = \mathrm{const}$ die Enthalpie $i_{2\,\mathrm{Anf}}$ durch i_{2A} ersetzt werden. Damit erhält man

$$\frac{M_{\mathrm{An.}}}{M_A} = 1 + \frac{\cos\beta_2}{\cos\alpha_1} \sqrt{\frac{i_0^* - i_{2A}}{i_0^* - i_{1A}}}.$$

Nun formen wir noch den Radikanden etwas um, indem wir mit Rücksicht auf die Voraussetzung $c_0 \ll c_1$ und den im Vergleich zur Enthalpieänderung geringen Betrag der Entropieänderung in der Stufe schreiben

$$\frac{i_0^* - i_{2A}}{i_0^* - i_{1A}} \approx \frac{i_0 - i_{2sA}}{i_0 - i_{1sA}} = \frac{1}{1 - \mathfrak{r}_A},$$

und gelangen so zu der gesuchten Formel

$$\frac{M_{\mathrm{Anf}}}{M_A} = 1 + \frac{\cos\beta_2}{\cos\alpha_1} \sqrt{\frac{1}{1 - \mathfrak{r}_A}}. \tag{7.44}$$

Die Gültigkeit der Beziehung erstreckt sich auf den gesamten für die Praxis in Frage kommenden Bereich von α_1, β_2 und $\mathfrak{r}_A$. In dem für die Anwendung uninteressanten Fall von Reaktionen der Größenordnung 1 muß sie natürlich versagen, da hier die Voraussetzungen $c_0 \ll c_1$ und $|c_{2uA}| \ll c_{1uA}$ nicht mehr erfüllt sind. Bei Vergleich von Gl. (7.44) mit den Meßergebnissen in Bild 7.21 ist zu beachten, daß die im Dampfturbinenbau als Gleichdruckturbinen bezeichneten Stufen durchaus eine geringe Reaktion haben können und in den Fällen *c* und *d* der genaue Reaktionsgrad nicht bekannt ist.

Die beiden Kurven *d* in Bild 7.21 und Gl. (7.44) geben uns die Möglichkeit, in allen Fällen der Verwendung der Gasturbine als drehzahlvariabler, von einem Gaserzeuger gespeister Antrieb das Anfahr- und Teildrehzahlverhalten der Anlage zu beurteilen. Dieser Fall ist bei allen Triebwerken gegeben, die mit einer sogenannten Losturbine ausgerüstet sind, wo nämlich die Nutzleistungsturbine nur durch Gaskupplung mit der den Verdichter antreibenden Turbine verbunden ist. Er liegt auch dann vor, wenn ein ganzes Strahltriebwerk als Gaserzeuger für eine an Stelle der Schubdüse nachgeschaltete Turbine zum Antrieb von Schiffsschrauben, Notstromaggregaten und ähnlichen Leistungsverbrauchern verwendet wird. Hierbei sind die Betriebsbedingungen der nachgeschalteten Turbine denen der durch Bild 7.21 gekennzeichneten Dampfturbinen sehr ähnlich, und es besteht gerade ein Interesse an dem Turbinenverhalten über einen sehr weiten Drehzahlbereich bis herab zum Wert Null.

Anhang

I. Thermodynamische Hilfsmittel zur Turbinenberechnung

I.1 Allgemeines

Bei der Berechnung der thermodynamischen Zustandsänderungen in einem strömenden wirklichen Gas werden meist die Gleichungen des vollkommenen Gases benutzt. Dies ist jedoch für genauere Betrachtungen nur zulässig, wenn die Veränderlichkeit der spezifischen Wärme des Gases berücksichtigt wird. Es ist bekannt, daß die spezifischen Wärmen wirklicher Gase von der Temperatur und vom Druck abhängig sind. Während die letztere Abhängigkeit bei den im Gasturbinenbau vorkommenden Drücken vernachlässigt werden kann, muß jedoch der erhebliche Einfluß der Temperatur berücksichtigt werden.

Man rechnet üblicherweise mit mittleren spezifischen Wärmen in dem von einer Zustandsänderung erfaßten Temperaturbereich. Abgesehen davon, daß die Definition eines einheitlichen Mittelwertes für die spezifische Wärme Schwierigkeiten bereitet, ist oft der Temperaturbereich gar nicht von vornherein bekannt. Man ist dann zunächst auf eine Schätzung angewiesen, die möglicherweise ein oder mehrere Male verbessert werden muß. Um dieses fortgesetzte Berechnen- und Korrigierenmüssen zu umgehen, wurden bereits mehrere Verfahren vorgeschlagen, von denen das von Heinrich *[90]* sowie Keenan und Kaye *[91]* angegebene wegen seiner praktischen Vorteile hier verwendet werden soll.

I.2 Gastafeln

Das angegebene Verfahren benutzt genügend fein unterteilte und einfach interpolierbare Funktionstafeln für die von einer beliebig wählbaren, aber festen Ausgangstemperatur T_0 an zählende Enthalpie

$$i(T) = \int_{T_0}^{T} c_p(T)\, dT \tag{I.1}$$

und für die dimensionslose Hilfsfunktion

$$j(T) = \frac{\lg e}{R} \int_{T_0}^{T} \frac{c_p(T)}{T}\, dT. \tag{I.2}$$

Es wird bei Verwendung dieser Tafeln nicht nur die Notwendigkeit der Vorausbestimmung mittlerer c_p-Werte umgangen, sondern gleichzeitig auch das Rechnen mit der unbequemen Potenzgleichung

$$\frac{p_2}{p_1} = \left(\frac{T_2}{T_1}\right)^{\frac{c_p}{R}} \tag{I.3}$$

für die isentrope Zustandsänderung vermieden. Im folgenden sei kurz das Zustandekommen der Hilfsfunktion gezeigt.

Bei nur mit der Temperatur veränderlichem c_p-Wert schreibt sich die schon im Abschnitt 2.12 benutzte Gl. (2.12) für die Entropieänderung, die aus den beiden Hauptsätzen der Thermodynamik hervorgeht,

$$\Delta s = s - s_0 = \int_{T_0}^{T} \frac{c_p(T)}{T}\, dT - R \ln \frac{p}{p_0}.$$

Multiplizieren wir diese Gleichung mit $\lg e/R$ und führen wir den Briggsschen Logarithmus ein, so ergibt sich

$$\frac{\lg e}{R}\, \Delta s = \frac{\lg e}{R} \int_{T_0}^{T} \frac{c_p(T)}{T}\, dT - \lg \frac{p}{p_0}. \qquad \text{(I.4)}$$

Hierbei ist das erste Glied rechts neben dem Gleichheitszeichen die Hilfsfunktion Gl. (I.2), die ebenfalls allein von der Temperatur abhängt.

Für die durch $(T_0; p_0)$ festgelegte Isentrope ergibt sich wegen $\Delta s = 0$ und $j(T_0) = 0$ aus Gl. (I.4) insbesondere

$$j(T) - j(T_0) - \lg \frac{p}{p_0} = 0. \qquad \text{(I.5)}$$

Der Bau dieser Beziehung legt es nahe, durch den Ansatz

$$j(T) = \lg \pi(T)$$

die weitere Hilfsfunktion

$$\pi(T) = 10^{\frac{\lg e}{R} \int_{T_0}^{T} \frac{c_p(T)}{T} dT} = e^{\frac{1}{R} \int_{T_0}^{T} \frac{c_p(T)}{T} dT} \qquad \text{(I.6)}$$

einzuführen. Hiermit geht Gl. (I.5) über in

$$\lg \frac{\pi(T)}{\pi(T_0)} - \lg \frac{p}{p_0} = 0$$

bzw.

$$\frac{p}{p_0} = \frac{\pi(T)}{\pi(T_0)}.$$

Die erhaltene Relation muß für jedes Wertepaar $(T; p)$ der Isentropen gelten, also auch für zwei derartige Paare $(T_1; p_1)$ und $(T_2; p_2)$. Division der entsprechenden Gleichungen liefert

$$\frac{p_2}{p_1} = \frac{\pi(T_2)}{\pi(T_1)},$$

d. h. eine von p_0 unabhängige Beziehung, die allgemeine Bedeutung hat und an die Stelle von Gl. (I.3) treten kann.

Für die Aufgabe, aus den gegebenen Werten T_1, T_2 und p_1 den isentrop erreichbaren Druck p_2 zu bestimmen, ist es nach dem Obigen nützlich, die Funktion $\pi(T)$ fertig tabuliert vorliegen zu haben. Man hat dann nur die Werte $\pi_1 = \pi(T_1)$ und $\pi_2 = \pi(T_2)$ aufzusuchen und ist in der Lage, sofort $p_2 = p_1 \pi_2/\pi_1$ zu berechnen. Dieser Rechengang kann in die Lösung vieler umfassenderer Aufgaben der Thermodynamik eingebaut werden, die dadurch in ihrer Behandlung wesentlich vereinfacht werden. In Anbetracht der großen Vorteile des Verfahrens ist hier eine Gastafel beigefügt, welche die Temperatur in der Form T [°K], die Enthalpie i [kJ/kg] nach Gl. (I.1) und die Hilfsfunktion π nach Gl. (I.6) umfaßt (s. Tafel I.1).

Tafel I.1 *Enthalpie i und Hilfsfunktion π für Verbrennungsgas mit λ = 4*

$$R = 0{,}2872 \frac{\text{kJ}}{\text{kg grd}}$$

T [°K]	i [kJ/kg]		$\pi \cdot 10^{-10}$		T [°K]	i [kJ/kg]		$\pi \cdot 10^{-10}$	
250	251,88	1,016	0,72040	0,010434	475	483,14	1,046	7,1400	0,05560
255	256,96	1,016	0,77257	0,010986	480	488,37	1,046	7,4180	0,05720
260	262,04	1,016	0,82750	0,011540	485	493,60	1,048	7,7040	0,05880
265	267,12	1,016	0,88520	0,012100	490	498,84	1,050	7,9980	0,06044
270	272,20	1,016	0,94570	0,012680	495	504,09	1,050	8,3002	0,06216
275	277,28	1,016	1,0091	0,01330	500	509,34	1,052	8,6110	0,06390
280	282,36	1,016	1,0756	0,01394	505	514,60	1,052	8,9305	0,06572
285	287,44	1,016	1,1453	0,01456	510	519,86	1,054	9,2591	0,06760
290	292,52	1,018	1,2181	0,01522	515	525,13	1,054	9,5971	0,06948
295	297,61	1,020	1,2942	0,01592	520	530,40	1,058	9,9445	0,07130
300	302,71	1,020	1,3738	0,01662	525	535,69	1,060	10,301	0,0730
305	307,81	1,020	1,4569	0,01732	530	540,99	1,060	10,666	0,0752
310	312,91	1,020	1,5435	0,01806	535	546,29	1,060	11,042	0,0772
315	318,01	1,020	1,6338	0,01882	540	551,59	1,062	11,428	0,0792
320	323,11	1,022	1,7279	0,01958	545	556,90	1,064	11,824	0,0812
325	328,22	1,024	1,8258	0,02040	550	562,22	1,066	12,230	0,0834
330	333,34	1,024	1,9278	0,02124	555	567,55	1,066	12,647	0,0856
335	338,46	1,024	2,0340	0,02208	560	572,88	1,066	13,075	0,0878
340	343,58	1,024	2,1444	0,02292	565	578,21	1,066	13,514	0,0900
345	348,70	1,024	2,2590	0,02376	570	583,54	1,066	13,964	0,0922
350	353,82	1,026	2,3778	0,02464	575	588,87	1,070	14,425	0,0944
355	358,95	1,026	2,5010	0,02560	580	594,22	1,072	14,897	0,0970
360	364,08	1,028	2,6290	0,02660	585	599,58	1,074	15,382	0,0994
365	369,22	1,028	2,7620	0,02760	590	604,95	1,074	15,879	0,1018
370	374,36	1,028	2,9000	0,02860	595	610,32	1,074	16,388	0,1044
375	379,50	1,028	3,0430	0,02958	600	615,69	1,076	16,910	0,1068
380	384,64	1,028	3,1909	0,03060	605	621,07	1,076	17,444	0,1094
385	389,78	1,030	3,3439	0,03166	610	626,45	1,078	17,991	0,1122
390	394,93	1,030	3,5022	0,03278	615	631,84	1,080	18,552	0,1150
395	400,08	1,030	3,6661	0,03392	620	637,24	1,080	19,127	0,1178
400	405,23	1,032	3,8357	0,03506	625	642,64	1,082	19,716	0,1202
405	410,39	1,032	4,0110	0,03622	630	648,05	1,084	20,317	0,1226
410	415,55	1,034	4,1921	0,03738	635	653,47	1,086	20,930	0,1254
415	420,72	1,036	4,3790	0,03860	640	658,90	1,088	21,557	0,1286
420	425,90	1,036	4,5720	0,03986	645	664,34	1,088	22,200	0,1320
425	431,08	1,038	4,7713	0,04112	650	669,78	1,088	22,860	0,1352
430	436,27	1,038	4,9769	0,04242	655	675,22	1,088	23,536	0,1380
435	441,46	1,040	5,1890	0,04380	660	680,66	1,092	24,226	0,1408
440	446,66	1,040	5,4080	0,04520	665	686,12	1,094	24,930	0,1440
445	451,86	1,042	5,6340	0,04660	670	691,59	1,096	25,650	0,1474
450	457,07	1,042	5,8670	0,04798	675	697,07	1,096	26,387	0,1508
455	462,28	1,042	6,1069	0,04938	680	702,55	1,096	27,141	0,1540
460	467,49	1,042	6,3538	0,05084	685	708,03	1,098	27,911	0,1572
465	472,70	1,044	6,6080	0,05240	690	713,52	1,098	28,697	0,1606
470	477,92	1,044	6,8700	0,05400	695	719,01	1,100	29,500	0,1640

Tafel I.1 (Fortsetzung)

T [°K]	i [kJ/kg]		$\pi \cdot 10^{-10}$		T [°K]	i [kJ/kg]		$\pi \cdot 10^{-10}$	
700	724,51	1,102	30,320	0,1680	950	1007,76	1,162	101,02	0,432
705	730,02	1,104	31,160	0,1720	955	1013,57	1,164	103,18	0,442
710	735,54	1,104	32,020	0,1758	960	1019,39	1,166	105,39	0,450
715	741,06	1,106	32,899	0,1794	965	1025,22	1,168	107,64	0,456
720	746,59	1,108	33,796	0,1828	970	1031,06	1,168	109,92	0,464
725	752,13	1,110	34,710	0,1864	975	1036,90	1,168	112,24	0,472
730	757,68	1,110	35,642	0,1906	980	1042,74	1,170	114,60	0,482
735	763,23	1,112	36,595	0,1950	985	1048,59	1,170	117,01	0,488
740	768,79	1,112	37,570	0,1990	990	1054,44	1,172	119,45	0,496
745	774,35	1,114	38,565	0,2026	995	1060,30	1,174	121,93	0,504
750	779,92	1,114	39,578	0,2064	1000	1066,17	1,174	124,45	0,514
755	785,49	1,116	40,610	0,2108	1005	1072,04	1,176	127,02	0,522
760	791,07	1,118	41,664	0,2152	1010	1077,92	1,176	129,63	0,530
765	796,66	1,118	42,740	0,2200	1015	1083,80	1,178	132,28	0,538
770	802,25	1,122	43,840	0,2246	1020	1089,69	1,178	134,97	0,546
775	807,86	1,124	44,963	0,2294	1025	1095,58	1,180	137,70	0,556
780	813,48	1,124	46,110	0,2338	1030	1101,48	1,182	140,48	0,564
785	819,10	1,124	47,279	0,2382	1035	1107,39	1,182	143,30	0,574
790	824,72	1,126	48,470	0,2422	1040	1113,30	1,182	146,17	0,584
795	830,35	1,126	49,681	0,2464	1045	1119,21	1,182	149,09	0,592
800	835,98	1,128	50,913	0,2510	1050	1125,12	1,184	152,05	0,602
805	841,62	1,130	52,168	0,2562	1055	1131,04	1,184	155,06	0,612
810	847,27	1,130	53,449	0,2618	1060	1136,96	1,186	158,12	0,620
815	852,92	1,130	54,758	0,2678	1065	1142,89	1,188	161,22	0,628
820	858,57	1,132	56,097	0,2736	1070	1148,83	1,188	164,36	0,640
825	864,23	1,134	57,465	0,2788	1075	1154,77	1,190	167,56	0,652
830	869,90	1,136	58,859	0,2834	1080	1160,72	1,190	170,82	0,662
835	875,58	1,138	60,276	0,2880	1085	1166,67	1,190	174,13	0,670
840	881,27	1,138	61,716	0,2930	1090	1172,62	1,192	177,48	0,680
845	886,96	1,140	63,181	0,2988	1095	1178,58	1,192	180,88	0,690
850	892,66	1,140	64,675	0,3050	1100	1184,54	1,194	184,33	0,702
855	898,36	1,142	66,200	0,3110	1105	1190,51	1,196	187,84	0,714
860	904,07	1,142	67,755	0,3168	1110	1196,49	1,198	191,41	0,724
865	909,78	1,142	69,339	0,3224	1115	1202,48	1,198	195,03	0,734
870	915,49	1,144	70,951	0,3280	1120	1208,47	1,198	198,70	0,744
875	921,21	1,146	72,591	0,3338	1125	1214,46	1,198	202,42	0,756
880	926,94	1,148	74,260	0,3400	1130	1220,45	1,198	206,20	0,768
885	932,68	1,150	75,960	0,3460	1135	1226,44	1,198	210,04	0,780
890	938,43	1,150	77,690	9,3520	1140	1232,43	1,198	213,94	0,790
895	944,18	1,150	79,450	0,3586	1145	1238,42	1,202	217,89	0,802
900	949,93	1,152	81,243	0,3654	1150	1244,43	1,202	221,90	0,814
905	955,69	1,152	83,070	0,3718	1155	1250,44	1,204	225,97	0,826
910	961,45	1,152	84,929	0,3782	1160	1256,46	1,206	230,10	0,836
915	967,21	1,154	86,820	0,3846	1165	1262,49	1,206	234,28	0,846
920	972,98	1,156	88,743	0,3912	1170	1268,52	1,206	238,51	0,862
925	978,76	1,158	90,699	0 3982	1175	1274,55	1,206	242,82	0,880
930	984,55	1,160	92,690	0,4052	1180	1280,58	1,208	247,22	0,896
935	990,35	1,160	94,716	0,4128	1185	1286,62	1,208	251,70	0,908
940	996,15	1,160	96,780	0,4206	1190	1292,66	1,210	256,24	0,914
945	1001,95	1,162	98,883	0,4274	1195	1298,71	1,212	260,81	0,920

Tafel I.1 (Fortsetzung)

T [°K]	i [kJ/kg]		$\pi \cdot 10^{-10}$		T [°K]	i [kJ/kg]		$\pi \cdot 10^{-10}$	
1200	1304,77	1,212	265,41	0,932	1325	1457,30	1,230	404,33	1,318
1205	1310,83	1,212	270,07	0,946	1330	1463,45	1,232	410,92	1,332
1210	1316,89	1,212	274,80	0,962	1335	1469,61	1,232	417,58	1,346
1215	1322,95	1,214	279,61	0,980	1340	1475,77	1,232	424,31	1,364
1220	1329,02	1,216	284,51	0,996	1345	1481,93	1,232	431,13	1,386
1225	1335,10	1,216	289,49	1,006	1350	1488,09	1,232	438,06	1,408
1230	1341,18	1,216	294,52	1,016	1355	1494,25	1,234	445,10	1,424
1235	1347,26	1,216	299,60	1,032	1360	1500,42	1,234	452,22	1,438
1240	1353,34	1,218	304,76	1,052	1365	1506,59	1,234	459,41	1,452
1245	1359,43	1,218	310,02	1,070	1370	1512,76	1,234	466,67	1,468
1250	1365,52	1,218	315,37	1,086	1375	1518,93	1,236	474,01	1,488
1255	1371,61	1,218	320,80	1,096	1380	1525,11	1,238	481,45	1,510
1260	1377,70	1,220	326,28	1,106	1385	1531,30	1,238	489,00	1,530
1265	1383,80	1,222	331,81	1,120	1390	1537,49	1,238	496,65	1,552
1270	1389,91	1,222	337,41	1,138	1395	1543,68	1,238	504,41	1,570
1275	1396,02	1,222	343,10	1,154	1400	1549,87	1,238	512,26	1,586
1280	1402,13	1,224	348,87	1,166	1405	1556,06	1,240	520,19	1,604
1285	1408,25	1,224	354,70	1,178	1410	1562,26	1,242	528,21	1,626
1290	1414,37	1,224	360,59	1,196	1415	1568,47	1,242	536,34	1,646
1295	1420,49	1,224	366,57	1,216	1420	1574,68	1,242	544,57	1,666
1300	1426,61	1,226	372,65	1,232	1425	1580,89	1,242	552,90	1,688
1305	1432,74	1,226	378,81	1,250	1430	1587,10	1,242	561,34	1,710
1310	1438,87	1,228	385,06	1,268	1435	1593,31	1,244	569,89	1,732
1315	1445,01	1,228	391,40	1,284	1440	1599,53	1,244	578,55	1,758
1320	1451,15	1,230	397,82	1,302	1445	1605,75	1,244	587,34	1,784
					1450	1611,97		596,26	

Die Gastafel ist gültig für ein Verbrennungsgas, das aus der Verbrennung eines mittleren Kohlenwasserstoffes mit etwa 14% Wasserstoff und 86% Kohlenstoff (Massenteile) entsteht. Es wurde dabei mit einer Luftüberschußzahl $\lambda = 4$ gerechnet, die bei Luftfahrtgasturbinen einen guten Mittelwert darstellt. Der Gastafel liegen die spezifischen Wärmen von Keenan und Kaye [92] zugrunde. Sie gelten für nicht zu hohe Drücke, da die Abhängigkeit vom Druck vernachlässigt ist.

In der Gastafel sind die Enthalpie und die Hilfsfunktion π für Temperaturschritte von fünf Grad angegeben. Der Abstand ist so gewählt, daß man überall linear interpolieren kann. Hinter jeder Größe wurden außerdem auf den Zwischenzeilen ihre Differenzen für ein Grad zur Erleichterung der Interpolation eingetragen. Im Falle der Enthalpie sind diese Differenzen wegen $c_p = di/dT$ identisch mit der wahren spezifischen Wärme bei konstantem Druck. Als Bezugstemperatur T_0 wurde in der Tafel der absolute Nullpunkt gewählt. — Die Anwendung der Gastafel ist im einzelnen aus dem Berechnungsbeispiel (Abschn. II) zu ersehen.

I.3 Das i, s-Diagramm

Wir können mit Hilfe der T, i, π-Tafel ohne Schwierigkeiten ein i, s-Diagramm entwickeln. Das Arbeiten mit i, s-Diagrammen ist besonders einfach und anschaulich. Bei entsprechender Wahl des Maßstabes reicht ihre Genauigkeit in vielen Fällen aus. Da die Aufstellung von Wärmeschaubildern schon mehrfach in der Literatur gezeigt wurde, so

u. a. von Faltin [93] und Pawlowitsch [94], dürfen wir uns hier auf das Wesentliche beschränken. Wir gehen dabei von Gl. (I.4) in der einfachen Form

$$\frac{\lg e}{R}(s - s_0) = \lg\frac{\pi(T)}{\pi(T_0)} - \lg\frac{p}{p_0} \tag{I.7}$$

aus.

Legen wir in der vorstehenden Beziehung einen beliebigen Bezugszustand (T_0; p_0; s_0) fest, so lassen sich leicht die Gleichungen $s_p = f(T)$ für die Linien $p = \text{const}$ und $s_v = f(T)$ für die Linien $v = \text{const}$ bestimmen.

Zunächst ergibt sich die Isobare $p = p_0$ aus Gl. (I.7) als

$$(s - s_0)_{p_0} = \frac{R}{\lg e}\lg\frac{\pi(T)}{\pi(T_0)}. \tag{I.8}$$

Dieser Ausdruck stellt eine Kurve im T,s-Schaubild und — da jeder Temperatur T eine Enthalpie i zugeordnet ist — gleichzeitig im i,s-Diagramm dar, die mit Hilfe der Gastafel aufgezeichnet werden kann. Für alle anderen Isobaren gilt auf Grund von Gl. (I.7) und Gl. (I.8)

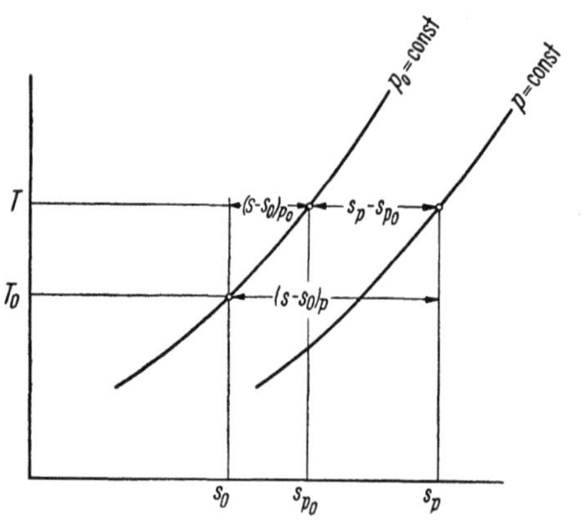

Bild I.1 Zur Konstruktion des T,s- bzw. i,s-Diagrammes

$$(s - s_0)_p = (s - s_0)_{p_0} - \frac{R}{\lg e}\lg\frac{p}{p_0}$$

bzw.

$$s_p - s_{p_0} = -\frac{R}{\lg e}\lg\frac{p}{p_0}. \tag{I.9}$$

Die drei hier vorkommenden Entropiedifferenzen sind in Bild I.1 graphisch dargestellt. Da $(s_p - s_{p_0})$ unabhängig von T ist, ergeben sich sämtliche Isobaren $p = \text{const}$ durch Parallelverschiebung um diesen Betrag in Richtung der Abszissenachse aus der Kurve $p_0 = \text{const}$. Beziehung (I.9) stellt die Gleichung der Isotherme dar.

In ähnlicher Weise lassen sich die Linien $v = \text{const}$ ermitteln. Wir ersetzen dazu den Druck in Gl. (I.7) mit Hilfe der allgemeinen Gasgleichung $p = RT/v$ durch das spezifische Volumen, also

$$\frac{\lg e}{R}(s - s_0) = \lg\frac{\pi(T)}{\pi(T_0)} - \lg\left(\frac{T}{T_0}\,\frac{v_0}{v}\right).$$

Für die Isochore $v = v_0$ ergibt sich daraus

$$(s - s_0)_{v_0} = \frac{R}{\lg e}\left(\lg\frac{\pi(T)}{\pi(T_0)} - \lg\frac{T}{T_0}\right) \tag{I.10}$$

und für alle anderen Isochoren

$$(s - s_0)_v = (s - s_0)_{v_0} + \frac{R}{\lg e}\lg\frac{v}{v_0}$$

bzw.

$$s_v - s_{v_0} = \frac{R}{\lg e}\lg\frac{v}{v_0}. \tag{I.11}$$

Auch hier hat man zunächst die Kurve (I.10) aufzuzeichnen und diese um die Beträge (I.11) parallel zur Abszissenachse zu verschieben. Die letzte Gleichung stellt wieder die Isotherme dar, diesmal auf v an Stelle von p bezogen.

Wie die allgemeine Gasgleichung zeigt, gilt für $T = \text{const}$ die Beziehung

$$\frac{p}{p_0} = \frac{v_0}{v}.$$

Damit stimmen die rechten Seiten von Gl. (I.9) und Gl. (I.11) überein, und wir haben

$$s_p - s_{p_0} = s_v - s_{v_0}.$$

Die Abstände der Isobaren und Isochoren in Richtung der Abszissenachse sind für gleiches Druckverhältnis untereinander und wechselseitig gleich.

Mit Hilfe der hier beigefügten Gastafel (Tafel I.1) baut man leicht ein i,s-Diagramm auf, das den bei Flugzeuggasturbinen vorkommenden Bereich der Zustandsparameter umfaßt. Es wird zweckmäßig so gestaltet, daß die Isobare $p_0 = 1$ bar durch den Punkt $i_0 = 0$, d. h. $T_0 = 0\,^\circ$K, und $s_0 = 0$ läuft. Wahl des Enthalpiemaßstabes 1 kJ/kg $\triangleq$ 1 mm ermöglicht ein verhältnismäßig genaues Arbeiten mit diesem Schaubild.

II. Beispiel für die Auslegung einer Turbine[1]

II.1 Aufgabenstellung

Für das TL-Triebwerk eines Langstreckenflugzeuges ist die Axialturbine auszulegen. Es wird dabei besonderer Wert auf große Lebensdauer der Bauteile und niedrigen spezifischen Kraftstoffverbrauch, also guten Turbinenwirkungsgrad, gelegt. Wegen des geringen Unterschiedes der Turbinengefälle eines TL am Boden und in der Höhe und wegen der dadurch erzielten Erleichterung der Reifmachungsarbeit am Prüfstand erfolge die Auslegung für Startschub am Stand.

Aus der thermodynamischen Berechnung des Kreisprozesses mögen sich folgende Daten ergeben haben:

Gasdurchsatz	$\dot{m} = 60$ kg/s	Gasdruck vor Turbine	$p_{0I}^* = 11{,}5$ bar
Gastemperatur vor Turbine	$T_{0I}^* = 1050\,^\circ$K	Inneres Turbinengefälle	$H_i^* = 350$ kJ/kg.

Die Drehzahl ist von dem anzutreibenden Axialverdichter vorgegeben zu

$$n = 150\ \text{s}^{-1}.$$

Für den Turbinenwirkungsgrad wird mindestens $\eta_{iT} = 0{,}92$ gefordert, wobei drallfreie Abströmung vorausgesetzt ist.

II.2 Mittelschnittrechnung

II.21 Festlegung der Stufenzahl

Bei Annahme von $\eta_{iT} \approx 0{,}92$ ist

$$H_s^* = \frac{H_i^*}{\eta_{iT}} = 380{,}4\ \frac{\text{kJ}}{\text{kg}}.$$

Nehmen wir nun zunächst an, daß alle Stufen das gleiche Gefälle verarbeiten und axialen Gasaustritt ($\alpha_2 = 90°$) haben, so erhält man für einen Reaktionsgrad von $\mathfrak{r} = 0{,}4$ bis $0{,}5$

[1] In diesem Zahlenbeispiel werden Geschwindigkeiten und ihre Komponenten grundsätzlich als absolute Größen behandelt. Insbesondere findet die in der Liste der Formelzeichen gegebene Vorzeichenregel für c_u und w_u hier keine Anwendung.

und Schaufelwinkel $\alpha_1, \beta_2 = 20°$ bis $30°$ nach Bild 4.5 ein

$$\left(\frac{u}{c_{0s}'^{*}}\right)_{\text{opt}} = 0{,}62 \cdots 0{,}67 .$$

Die mittlere Umfangsgeschwindigkeit sei entsprechend der geforderten langen Lebensdauer der Turbine nur zu etwa $u = 300$ m/s gewählt; sie führt auf

$$c_{0s}'^{*} \approx c_{0s}^{*} = 484 \cdots 448 \, \frac{\text{m}}{\text{s}}$$

bzw.

$$h_s^* = 117 \cdots 100 \, \frac{\text{kJ}}{\text{kg}} .$$

Nach Gl. (4.33) ergibt sich dann eine Stufenzahl

$$z = \frac{(1 + \alpha) H_s^*}{h_s^*} ,$$

d. h.

$$z = 3{,}32 \cdots 3{,}88 ,$$

wenn für α etwa 0,02 angenommen wird.

Man hat also zwischen einer drei- und einer vierstufigen Ausführung zu wählen. Es scheint so, als ob unter den getroffenen Annahmen eine vierstufige Turbine einen besseren Wirkungsgrad ergeben würde. Für eine geringere Triebwerksmasse würden jedoch drei Stufen sprechen.

Um eine Entscheidung zu treffen, müssen wir noch folgendes bedenken: Die ersten Stufen einer Turbine lassen sich mit Austrittsdrall ausführen, damit sie stärker belastet werden können. Das Wirkungsgradoptimum verschiebt sich dabei mit zunehmendem Drallwinkel ($\alpha_2 > 90°$) nach kleinerem u/c_{0s}^*. Man würde also aus diesem Grunde $z = 3$ Stufen wählen dürfen. Weiterhin können wir aber Bild 4.7 entnehmen, daß auch die tatsächlich gemessenen Optimalwerte von η_u' für $\mathfrak{r} = 0{,}4 \cdots 0{,}5$ näher an $u/c_{0s} \approx u/c_{0s}^* = 0{,}6$ liegen, wobei wir $c_0 \approx c_2$ annehmen. Schließlich läßt sich noch aus Bild 4.6 ersehen, daß die Spalt- und Radreibungsverluste das Wirkungsgradoptimum nach kleinerem u/c_1 und damit ebenfalls nach kleinerem u/c_{0s}^* verschieben. Wir können also feststellen, daß eine dreistufige Turbinenausführung nicht nur geringere Masse, sondern auch besseren Turbinenwirkungsgrad als eine vierstufige geben wird. Wir werden die Turbine also mit $z = 3$ Stufen ausführen.

II.22 Festlegung des Turbinenkanals

Wir haben jetzt den Turbinenkanal überschläglich festzulegen, indem wir Ein- und Austrittsquerschnitt abschätzen und die Durchmesser so bestimmen, daß die angenommene Umfangsgeschwindigkeit erreicht wird. Eine Bestätigung und daher genaue Fixierung des Kanals kann erst bei der Ermittlung der Geschwindigkeitsdreiecke für den Mittelschnitt erfolgen.

Die Querschnitte der Turbine seien so gewählt, daß die Gasgeschwindigkeiten etwa betragen

$$\text{im Eintritt} \quad c_{0I} \approx 100 \text{ m/s},$$

$$\text{im Austritt} \quad c_{2z} \approx 200 \text{ m/s}.$$

Wir vereinfachen die Bestimmung der Ein- und Austrittsflächen, wenn wir ihnen die Gasdichten in den Gesamtzuständen der Strömung zugrunde legen, müssen aber zur Kenntnis nehmen, daß die wirklichen Geschwindigkeiten dann etwas größer werden.

Es muß zunächst der Gaszustand am Turbinenaustritt ermittelt werden. Wir verwenden dazu die in Abschn. I.2 wiedergegebene T, i, π-Tafel. Der Rechnungsgang wird in Tafel II.1 dargestellt. Die zu verwendende Gaskonstante ist

$$R = 0{,}2872 \; \frac{\text{kJ}}{\text{kg grd}}.$$

Tafel II.1 *Ermittlung des Gaszustandes am Turbinenaustritt*

Lfd. Nr.	Größe	Einheit	Rechengang und Hinweise	Zahlenwert	
1	T_{0I}^*	°K	gegeben	1050	
2	i_{0I}^*	J/kg	$f(T_{0I}^*)$, Tafel I.1	11,251	$\cdot 10^5$
3	π_{0I}^*	—	$f(T_{0I}^*)$, Tafel I.1	152,1	$\cdot 10^{10}$
4	H_i^*	J/kg	gegeben	3,5	$\cdot 10^5$
5	i_{2z}^*	J/kg	$i_{0I}^* - H_i^*$	7,751	$\cdot 10^5$
6	T_{2z}^*	°K	$f(i_{2z}^*)$, Tafel I.1	745,7	
7	H_s^*	J/kg	Abschn. II.21	3,804	$\cdot 10^5$
8	i_{2sz}^*	J/kg	$i_{0I}^* - H_s^*$	7,447	$\cdot 10^5$
9	π_{2sz}^*	—	$f(i_{2sz}^*)$, Tafel I.1	33,48	$\cdot 10^{10}$
10	p_{2z}^*	N/m²	$p_{0I}^* \, \pi_{2sz}^* / \pi_{0I}^*$	2,531	$\cdot 10^5$
11	ϱ_{2z}^*	kg/m³	$p_{2z}^* / R T_{2z}^*$	1,182	

Vor der Turbine haben wir die Gesamtdichte

$$\varrho_{0I}^* = \frac{p_{0I}^*}{R T_{0I}^*} = 3{,}814 \; \frac{\text{kg}}{\text{m}^3}.$$

Damit ergeben sich die anzustrebenden Flächen

$$F_{0I} = \frac{\dot m}{\varrho_{0I}^* \, c_{0I}^*} \approx \frac{\dot m}{\varrho_{0I}^* \, c_{0I}} = 0{,}1573 \text{ m}^2,$$

$$F_{2z} = \frac{\dot m}{\varrho_{2z}^* \, c_{2z}^*} \approx \frac{\dot m}{\varrho_{2z}^* \, c_{2z}} = 0{,}2538 \text{ m}^2.$$

Bei der Festlegung der Stufenzahl hatten wir die mittlere Umfangsgeschwindigkeit zu etwa 300 m/s angesetzt. Damit ist der mittlere Kanalradius praktisch festgelegt. Man erhält ihn mit

$$\omega = 2\pi n = 942{,}5 \text{ s}^{-1}$$

zu

$$r_m = \frac{u}{\omega} = 0{,}3183 \text{ m}.$$

Wir wählen

$$r_m = 315 \text{ mm}.$$

Die Kanalhöhen sind dann

$$h = \frac{F}{2\pi r_m},$$

also

$$h_{0I} = 79{,}5 \text{ mm}, \qquad h_{2z} = 128{,}2 \text{ mm}.$$

Wir runden die erhaltenen Zahlenwerte auf und kompensieren damit die Geschwindigkeitsvergrößerungen etwas, die durch die Verwendung der Gesamtzustandsgrößen in der

Kontinuitätsgleichung zustandekommen. Demgemäß verwenden wir

$$h_{0I} = 80\ \text{mm}, \qquad h_{2z} = 130\ \text{mm}$$

und erhalten für Ein- und Austrittsquerschnitt folgende Maße:

$$r_{0aI} = 355\ \text{mm} \quad \text{bzw.} \quad r_{2az} = 380\ \text{mm},$$
$$r_{0iI} = 275\ \text{mm} \quad \text{bzw.} \quad r_{2iz} = 250\ \text{mm}.$$

Für die Aufzeichnung des Kanalstraks müssen die Gitterbreiten bekannt sein. Wir legen diese nach hinten steigend fest, um dem Abfall der Reynolds-Zahl zu begegnen, die ja durch die Profillänge bestimmt ist, und um das Seitenverhältnis der Schaufeln nicht zu groß werden zu lassen. Leit- und Laufgitter einer Stufe sollen zunächst gleiche Breite haben, und zwar

$$b_I = 36\ \text{mm}, \qquad b_{II} = 40\ \text{mm}, \qquad b_{III} = 44\ \text{mm}.$$

In Abschn. 4.16 ist für den Axialspalt der Richtwert $\Delta/l = 0{,}10 \cdots 0{,}25$ angegeben. Die Profillängen werden zwischen 50 und 70 mm liegen. Wir können für den Axialspalt daher gleichmäßig 10 mm ansetzen.

Nun lassen sich die Kanalkonturen vorentwerfen. Sie werden so gewählt, daß ein möglichst kontinuierlicher Übergang von Ein- zu Austrittsquerschnitt vorhanden ist. Wir können natürlich keine Kurven mit stetiger Ableitung wählen, sondern müssen Polygonzüge verwenden, wobei die Knickstellen jeweils an den Eintrittsebenen der Gitter liegen, die ja auch die Rechenebenen sind. Bild II.1 zeigt den Vorentwurf für den Kanal (schwach ausgezogen).

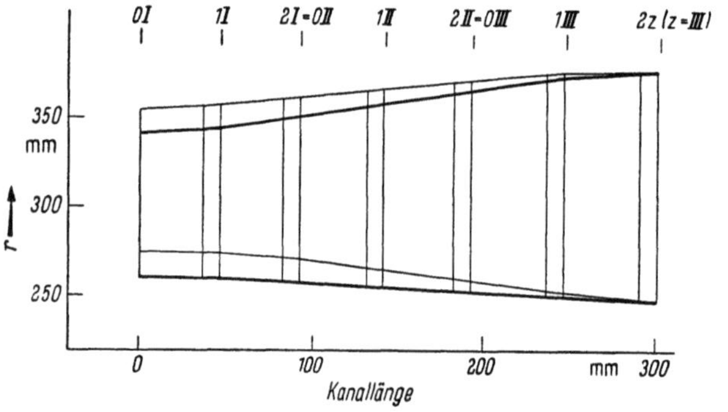

Bild II.1 Vorentwurf des Turbinenkanales

Dieser Kanal muß jetzt in den Gesamtstrak des Triebwerkes eingefügt werden. Dabei sind meist noch Änderungen erforderlich. Die zwischen Verdichter und Turbine liegende Brennkammer muß einen kontinuierlichen Übergang von einem zur anderen bilden. Der Verdichteraustritt liegt gewöhnlich auf kleinerem Radius als der Turbineneintritt. Aus diesem Grunde muß der Turbinenkanal am Eintritt meist etwas gesenkt werden. Man erhält so bei mehrstufigen Turbinen in der Regel Kanäle mit etwas ansteigender Mittellinie. Wir tragen dieser Tatsache hier Rechnung und senken den Kanal am Eintritt ebenfalls etwas ab. Der nunmehr sich ergebende Strak ist in Bild II.1 stark ausgezogen eingetragen.

II.23 Gefälleverteilung

Nach den in Abschn. 4.15 geschilderten Gesichtspunkten wählen wir eine nach hinten fallende Gefälleverteilung, was für die geforderte große Lebensdauer günstig ist. Wir streben etwa die Aufteilung $a = 38$, 33 und 29% an. Die erste Stufe werden wir dabei mit größerem Austrittsdrall auslegen, um das höhere Gefälle unterzubringen. In der zweiten Stufe werden wir den Drall dann etwas zurücknehmen und in der letzten Stufe nach Möglichkeit axialen Austritt verwirklichen.

Infolge der besonderen Eigenschaften des TL's können wir — wie in Abschn. 4.15 begründet — damit rechnen, daß eine wesentliche Verschiebung der Stufengefälle beim Übergang vom Startzustand zum Reiseflug in der Höhe nicht eintritt.

II.24 Wahl der Reaktionsgrade

Fast bei allen Gasturbinenstufen mit Nabenverhältnissen von $\nu = 0{,}6 \cdots 0{,}8$ liegen die Reaktionsgrade im Mittelschnitt zwischen 40 und 50%. Für die erste Stufe werden wir den niedrigsten Wert vorsehen, damit die Temperatursenkung im Leitgitter möglichst groß wird. Bei der Festlegung der Reaktionsgrade müssen wir diejenigen an der Nabe kontrollieren, damit dort keine negativen Reaktionen auftreten. Bild 4.42 erlaubt eine Abschätzung der Nabenbedingungen, wobei wir uns bereits hier für eine Turbinenauslegung mit unverwundenen Leiträdern entscheiden. Wir benötigen zu dieser Abschätzung die von uns zur Kennzeichnung des Mittelschnittes bevorzugten flächenhalbierenden Radien der Rechenebenen. In der Tafel II.2 sind diese und einige weitere für die Mittelschnittrechnung erforderliche Größen bestimmt.

Die Untersuchung der Nabenreaktionsgrade ist in Tafel II.3 durchgeführt.

Tafel II.2 *Bestimmung der flächenhalbierenden Radien*

Lfd. Nr.	Größe	Einh.	Rechengang und Hinweise	Stufe I			Stufe II		Stufe III		
				Ebene *0 I*	Ebene *1 I*	Ebene *2 I*	Ebene *1 II*	Ebene *2 II*	Ebene *1 III*	Ebene *2 III*	
1	r_a	m	Kanalstrak	342	345	352	360	368	376	380	$\cdot 10^{-3}$
2	r_i	m	Kanalstrak	260	260	258	256	254	252	250	$\cdot 10^{-3}$
3	F	m²	$\pi(r_a^2 - r_i^2)$	0,1551	0,1616	0,1801	0,2013	0,2228	0,2446	0,2573	
4	r_f	m	Gl. (4.5)	304	306	309	312	316	320	322	$\cdot 10^{-3}$
5	u_f	m/s	$r_f\omega$	286,5	288,4	291,2	294,1	297,8	301,6	303,5	

Tafel II.3 *Abschätzung der Nabenreaktionsgrade*

Lfd. Nr.	Größe	Einh.	Rechengang und Hinweise	Stufe I	Stufe II	Stufe III
1	$\mathfrak{r}_M (= \mathfrak{r}_f)$	—	Annahme	0,40	0,45	0,50
2	r_{1i}/r_{1f}	—		0,850	0,820	0,788
3	α_1		geschätzt	18°	22°	28°
4	$\mathfrak{r}_i$	—	nach Bild 4.42	0,18	0,21	0,27

II.25 Bestimmung der Geschwindigkeiten c_1 und w_2

Um die Ermittlung der Geschwindigkeitsdreiecke in Angriff nehmen zu können müssen wir das in jedem Gitter umzusetzende Gefälle oder besser gleich die Geschwindigkeiten c_1 und w_2 bestimmen. Zur Abschätzung von c_1 benutzen wir Bild 4.15, und w_2 gewinnen wir aus der Näherungsformel (4.50), die lautet

$$\frac{w_2}{u} \approx \psi \sqrt{\mathfrak{r}\left(\frac{c_{0s}^*}{u}\right)^2 + \left(\frac{c_1}{u}\right)^2 + 1 - 2\frac{c_1}{u}\cos\alpha_1}\,.$$

Die Rechnung ist in Tafel II.4 dargestellt. In dieser wie auch in den folgenden Tafeln bedeuten die in der zweiten und vierten Spalte eingekreisten Zahlen jeweils die Größen der gleichlautenden laufenden Nummern der Tafel.

Die in lfd. Nr. 11 und 12 erhaltenen Geschwindigkeiten können nur als Anhaltswerte dienen; deshalb verwenden wir im weiteren Ablauf die auf 5 m/s auf- bzw. abgerundeten Werte. Die Geschwindigkeiten der Stufe III sind in Klammern gesetzt, weil sie insbesondere zur Abstimmung mit dem geforderten H_i^* noch verändert werden müssen. Man beschränkt die dabei notwendigen Wiederholungen der Rechnung auf die letzte Stufe.

Tafel II.4 *Ermittlung von c_1 und w_2*

Lfd. Nr.	Größe	Einh.	Rechengang und Hinweise	Stufe I	Stufe II	Stufe III	
1	h_s^*	J/kg	$a(1+\alpha)H_s^*$; a = prozentualer Gefälleanteil	1,475	1,281	1,125	$\cdot 10^5$
2	c_{0s}^*	m/s	$\sqrt{2h_s^*}$	543,0	506,0	474,3	
3	u^2/h_s^*	—	$u = u_{1f}$ aus Tafel II.2	0,564	0,675	0,808	
4	u/c_1	—	nach Bild 4.15 mit $h_s'^* \approx h_s^*$ abgeschätzt	0,675 (Kurve 7)	0,735 (Kurven 6, 7, 8)	0,830 (Kurve 8)	
5	$(c_{0s}^*/u)^2 \mathfrak{r}$	—	$2\mathfrak{r}/$③	1,412	1,333	1,238	
6	$(c_1/u)^2$	—	$1/$④^2	2,195	1,852	1,452	
7	⑤ + ⑥ + 1	—		4,607	4,185	3,690	
8	$2c_1 \cos\alpha_1/u$	—	$2\cos\alpha_1/$④; α_1 nach Tafel II.3	2,818	2,522	2,128	
9	⑦ − ⑧	—		1,789	1,663	1,562	
10	w_2/u	—	$\psi\sqrt{⑨}$; $\psi = 0{,}97$	1,297	1,251	1,212	
11	$c_{1\text{rech}}$	m/s	$u/$④	427,3	400,2	363,3	
12	$w_{2\text{rech}}$	m/s	$u \cdot$ ⑩	374,0	368,0	365,4	
13	c_1	m/s	auf 5 m/s auf- bzw. abgerundet	425	400	(365)	
14	w_2	m/s	auf 5 m/s auf- bzw. abgerundet	375	370	(365)	

II.26 Thermodynamische und Strömungsparameter

Die bisherigen Rechnungen stellen nur ungefähre Vorausbestimmungen dar. Es brauchte deshalb kein besonderer Wert auf Genauigkeit gelegt zu werden. Mit den nun folgenden Rechnungen sollen aber endgültige Zahlen ermittelt werden. Wir müssen uns deshalb bemühen, hier präziser zu arbeiten. Im allgemeinen werden wir eine Handrechenmaschine verwenden, wodurch sich die Genauigkeit der T, i, π-Tafel besser ausnutzen läßt.

Die Turbinenauslegung kann mit hinreichender Sicherheit auch in dem in Abschn. I.3 behandelten i, s-Diagramm durchgeführt werden. Man sollte dann möglichst logarithmisch zwischen den Druck- und Volumenlinien des Schaubildes interpolieren, wozu sich gut die Rechenschieberzunge eignet. Der weniger Geübte wird im Anfang dabei Schwierigkeiten haben und mit dem rein rechnerischen Verfahren leichter umgehen. Dieses wird daher im folgenden beibehalten.

Wir wenden uns also nun der eigentlichen Mittelschnittrechnung zu und bestimmen zunächst die Verhältnisse in der Ebene *0I* vor der Turbine.

Über die Kontinuitätsgleichung läßt sich die Stromdichte ermitteln:

$$c_{0I}\varrho_{0I} = \frac{\dot m}{F_{0I}} = 386{,}8\ \frac{\text{kg}}{\text{m}^2\text{s}}.$$

Eine explizite Berechnung von c_{0I} und ϱ_{0I} ist nicht möglich; man muß deshalb iterativ vorgehen, wobei sich gleichzeitig T_{0I} und p_{0I} ergeben.

Wir schätzen c_{0I}, bestimmen $i_{0I} = i_{0I}^* - c_{0I}^2/2$ und über Tafel I.1 noch T_{0I}, π_{0I} und p_{0I}. Damit können wir ϱ_{0I} berechnen und die oben erhaltene Stromdichte kontrollieren. Dieses Verfahren muß solange wiederholt werden, bis sich der obige Wert der Stromdichte ergibt. (In der Praxis läßt sich durch Hilfsdiagramme die Iteration umgehen.) Man erhält schließlich

$$c_{0I} = 102{,}8\ \text{m/s} \qquad p_{0I} = 11{,}3\ \text{bar}$$
$$T_{0I} = 1046\ {}^\circ\text{K} \qquad \varrho_{0I} = 3{,}763\ \text{kg/m}^3.$$

Dabei ist

$$i_{0I}^* = 1125{,}1\ \text{kJ/kg} \qquad i_{0I} = 1119{,}8\ \text{kJ/kg}$$
$$\pi_{0I}^* = 152{,}1 \cdot 10^{10} \qquad \pi_{0I} = 149{,}4 \cdot 10^{10}\ .$$

Tafel II.5 *Berechnung der thermodynamischen und Strömungsparameter*

Lfd. Nr.	Größe	Einh.	Rechengang und Hinweise	Stufe I Ebene 1I	Stufe I Ebene 2I	Stufe II Ebene 1II	Stufe II Ebene 2II	Stufe III Ebene 1III	Stufe III Ebene 2III	
1	$i_0^*; i_1^*$	J/kg	Tafel I.1	11,251	10,496	9,923	9,266	8,738	8,208	$\cdot 10^5$
2	$\pi_0^*; \pi_1^*$	—	Tafel I.1	152,1	117,4	95,4	74,2	59,8	47,6	$\cdot 10^{10}$
3	$h_1; h_2$	m	$r_a - r_i$	85,0	94,0	104,0	114,0	124,0	130,0	$\cdot 10^{-3}$
4	$F_1; F_2$	m²	Tafel II.2	0,1616	0,1801	0,2013	0,2228	0,2446	0,2573	
5	$\alpha_1; \beta_2$		Schätzung	17°	21°	22°	26°	29°	34°	
6	$\hat{\varphi}; \hat{\psi}$	—	Bild 4.54	0,983	0,973	0,982	0,984	0,989	0,991	
7	$\overline{\varphi}; \overline{\psi}$	—	Bild 4.81; 4.82	0,970	0,959	0,972	0,973	0,981	0,981	
8	ξ	—	$(t-s)/t$ (Annahme)	0,942	0,948	0,949	0,952	0,955	0,960	
9	$\overline{\varphi}_{ast}/\overline{\varphi}; \overline{\psi}_{ast}/\overline{\psi}$	—	Bild 4.58	0,999	0,999	0,999	0,999	0,999	0,999	
10	$\overline{\varphi}_{ast}; \overline{\psi}_{ast}$	—	(7) · (9)	0,969	0,958	0,971	0,972	0,980	0,980	
11	$c_1; w_2$	m/s	Tafel II.4	425,0	375,0	400,0	370,0	374,0	371,5	
12	$c_1^2/2; w_2^2/2$	J/kg	$(11)^2/2$	0,903	0,703	0,800	0,685	0,699	0,690	$\cdot 10^5$
13	$c_{1s}^2/2; w_{2s}^2/2$	J/kg	$c_1^2/2\overline{\varphi}_{ast}^2; w_2^2/2\overline{\psi}_{ast}^2$	0,962	0,766	0,848	0,725	0,728	0,719	$\cdot 10^5$
14	$i_1; i_{2u}$	J/kg	(1) — (12)	10,348	9,793	0,123	8,581	8,039	7,518	$\cdot 10^5$
15	$i_{1s}; i_{2us}$	J/kg	(1) — (13)	10,289	9,730	9,075	8,541	8,010	7,489	$\cdot 10^5$
16	$T_1; T_{2u}$	°K	Tafel I.1	973,2	925,5	867,2	819,6	771,5	724,7	
17	$T_{1s}; T_{2us}$	°K	Tafel I.1	968,2	920,0	863,0	816,0	768,9	722,1	
18	$\pi_1; \pi_{2u}$	—	Tafel I.1	111,4	90,9	70,1	56,0	44,2	34,7	$\cdot 10^{10}$
19	$\pi_{1s}; \pi_{2us}$	—	Tafel I.1	109,1	88,7	68,7	55,0	43,6	34,2	$\cdot 10^{10}$
20	$p_1/p_0^*; p_2/p_1^*$	—	(19)/(2)	0,717	0,756	0,720	0,741	0,729	0,718	
21	$p_1; p_2$	N/m²		8,246	6,570	4,924	3,861	2,987	2,310	$\cdot 10^5$
22	$\varrho_1; \varrho_2 \approx \varrho_{2u}$	kg/m³	p/RT	2,950	2,472	1,977	1,640	1,348	1,110	
23	$\sin\alpha_1; \sin\beta_2$	—	$\begin{cases}\sin\alpha_1 = \dot{m}/\varrho_1 F_1 c_1 \\ \sin\beta_2 = \dot{m}/\varrho_2 F_2 w_2\end{cases}$	0,296	0,359	0,377	0,444	0,487	0,565	
24	$\alpha_1; \beta_2$			17°13′	21°02′	22°09′	26°22′	29°09′	34°24′	
25	$\cos\alpha_1; \cos\beta_2$	—		0,955	0,933	0,926	0,896	0,873	0,825	
26	$c_{1a}; w_{2a}$	m/s	(11) · (23)	125,8	134,6	150,8	164,3	182,1	209,9	
27	$c_{1u}; w_{2u}$	m/s	(11) · (25)	405,9	349,9	370,4	331,5	326,5	306,5	
28	$u_1; u_2$	m/s	Tafel II.2	288,4	291,2	294,1	297,8	301,6	303,5	
29	$w_{1u}; c_{2u}$	m/s	(27) — (28)	117,5	58,7	76,3	33,7	24,9	3,0	
30	$\tan(\pi-\beta_1)$; $\tan(\pi-\alpha_2)$	—	(26)/(29)	1,071	2,293	1,976	4,875	7,313	69,97	
31	$\beta_1; \alpha_2$			133°02′	113°34′	116°51′	101°36′	97°47′	90°49′	
32	$w_1; c_2$	m/s	(26)/sin (31)	172,1	146,8	169,0	167,7	183,8	209,9	
33	$w_1^2/2; c_2^2/2$	J/kg	$(32)^2/2$	0,148	0,108	0,143	0,141	0,169	0,220	$\cdot 10^5$
34	$i_1^*; i_{2u}^*$	J/kg	(14) + (33)	10,496	9,901	9,266	8,722	8,208	7,738	$\cdot 10^5$
35	$T_1^*; T_{2u}^*$	°K	Tafel I.1	985,9	934,8	879,7	832,0	786,5	744,5	
36	$\pi_1^*; \pi_{2u}^*$	—	Tafel I.1	117,4	94,6	74,2	59,4	47,6	38,5	$\cdot 10^{10}$
37	$p_1^*/p_1; p_2^*/p_2$	—	(36)/(18)	1,054	1,041	1,058	1,061	1,077	1,110	
38	$p_1^*; p_2^*$	N/m²		8,691	6,839	5,210	4,097	3,217	2,564	$\cdot 10^5$

Reaktionsgrad

Lfd. Nr.	Größe	Einh.	Rechengang und Hinweise	Stufe I	Stufe II	Stufe III	
39	π_{2s}	—	$\pi_{1s} p_2/p_1$	86,9	53,9	33,7	$\cdot 10^{10}$
40	i_{2s}	J/kg	Tafel I.1	9,675	8,492	7,460	$\cdot 10^5$
41	$i_{1s} - i_{2s}$	J/kg		0,614	0,583	0,550	$\cdot 10^5$
42	$i_0 - i_{2s}$	J/kg		1,523	1,322	1,138	$\cdot 10^5$
43	r_M	—	(41)/(42)	0,403	0,441	0,483	

Umfangswirkungsgrad und Spaltverlust

Lfd. Nr.	Größe	Einh.	Rechengang und Hinweise	Stufe I	Stufe II	Stufe III	
44	h_u^*	J/kg	$i_0^* - i_{2u}^*$	1,350	1,201	1,000	$\cdot 10^5$
45	π_{2s}^*/π_0^*	—	p_2^*/p_0^*	0,595	0,599	0,626	
46	π_{2s}^*	—	(45) · (2)	90,5	57,1	37,4	$\cdot 10^{10}$
47	i_{2s}^*	J/kg	Tafel I.1	9,782	8,627	7,678	$\cdot 10^5$
48	h_s^*	J/kg	(1) — (47)	1,469	1,296	1,060	
49	η_u	—	(44)/(48)	0,919	0,927	0,943	
50	s	m	Erfahrungswert	0,5	0,5	0,5	$\cdot 10^{-3}$

Tafel II.5 (Fortsetzung)

Lfd. Nr.	Größe	Einh.	Rechengang und Hinweise	Stufe I		Stufe II		Stufe III		
				Ebene *1I*	Ebene *2I*	Ebene *1II*	Ebene *2II*	Ebene *1III*	Ebene *2III*	
51	s/h_m	—	$h_m = (h_1 + h_2)/2$	0,559		0,459		0,394		$\cdot 10^{-2}$
52	$\eta'_{i\,Sp}/\eta'_{i0}$	—	Bild 4.10	0,987		0,989		0,990		
53	$h^*_{(i)}$	J/kg	(44) · (52)	1,332		1,188		0,990		$\cdot 10^{5}$
			Radreibungsverlust und innerer Wirkungsgrad							
54	d_m	m	$\approx r_{1f} + r_{2f}$	0,615		0,628		0,642		
55	u	m/s	$\approx (u_{1f} + u_{2f})/2$	289,8		295,9		302,5		
56	ϱ	kg/m³	$(\varrho_1 + \varrho_2)/2$	2,711		1,809		1,229		
57	d_m^2	m²		0,378		0,394		0,412		
58	$(u/100)^3$	m³/s³		24,34		25,92		27,69		
59	h_R	J/kg	Gl. (4.27)	0,004		0,003		0,003		$\cdot 10^{5}$
60	h_i^*	J/kg	(53) — (59)	1,328		1,185		0,987		$\cdot 10^{5}$
61	η_i^*	—	(60)/(48)	0,904		0,914		0,931		
62	i_2^*	J/kg	(1) — (60)	9,923		8,738		7,751		$\cdot 10^{5}$
63	T_2^*	°K	Tafel I.1	936,7		833,4		745,7		
64	π_2^*	—	Tafel I.1	95,4		59,8		38,7		$\cdot 10^{10}$
65	π_2	—	$\pi_2^* p_2/p_2^*$	91,6		56,4		34,9		$\cdot 10^{10}$
66	i_2	J/kg	Tafel I.1	9,814		8,598		7,533		$\cdot 10^{5}$
			Kontrolle des Reaktionsgrades an der Nabe							
67	r_i/r_M	—	r_{1i}/r_{1f} (Tafel II.2)	0,850		0,821		0,788		
68	$\mathfrak{r}_i$	—	Bild 4.42	0,175		0,203		0,228		
			Prozentuale Gefälleverteilung							
69	$h_i^*/\Sigma h_i^*$	%		37,94		33,86		28,20		
			Innerer Turbinenwirkungsgrad							
70	H_i^*	J/kg	$i_{0I}^* - i_{2III}^* = \Sigma h_i^*$			3,500				$\cdot 10^{5}$
71	π_{2sIII}^*	—	$\pi_{0I}^* p_{2III}^*/p_{0I}^*$			33,9				$\cdot 10^{10}$
72	i_{2sIII}^*	J/kg	Tafel I.1			7,472				$\cdot 10^{5}$
73	T_{2sIII}^*	°K	Tafel I.1			720,6				
74	H_s^*	J/kg	$i_{0I}^* - i_{2sIII}^*$			3,779				$\cdot 10^{5}$
75	η_{iT}	—	H_i^*/H_s^*			0,926				

Der weitere Rechengang ist in Tafel II.5 dargestellt. Da er für Leit- und Laufgitter übereinstimmt, sind beide Rechnungsreihen nebeneinander aufgeführt. In der Rubrik „Größe" wurden deshalb von lfd. Nr. 1 bis 38 immer zwei Bezeichnungen eingetragen, wobei die erste für das Absolutsystem des Leitgitters und die zweite für das Relativsystem des Laufgitters gültig ist.

Die Rechnung verläuft zuerst in der Spalte für Ebene *1I* von lfd. Nr. 1 bis 38 und anschließend in der Spalte für Ebene *2I* nochmals von 1 bis 38. Damit ist die Expansionsströmung in den Schaufelgittern der Stufe I gefunden. Für den Übergang zur Stufe II müssen noch Spalt- und Radreibungsverlust ermittelt werden. Wir fahren also in der Rechnungsreihe für Stufe I fort von lfd. Nr. 39 bis 66; erst dann können wir bei Stufe II, Ebene *1II*, wieder von lfd. Nr. 1 beginnen. Dieses Verfahren setzen wir bis zur lfd. Nr. 66 der Stufe III fort. Anschließend werden nochmals die Reaktionsgrade an der Nabe kontrolliert. Die nunmehr sich ergebende Verteilung des inneren Stufengefälles und die Ermittlung des Turbinenwirkungsgrades bilden den Abschluß.

Wie aus Tafel II.5 zu entnehmen ist, mußten die Geschwindigkeiten c_1 und w_2 der Stufe III gegenüber der Vorabschätzung in Tafel II.4 etwas erhöht werden. Das war notwendig, um einerseits ungefähr axialen Austritt aus der Turbine zu erhalten und andererseits die geforderte innere Enthalpiedifferenz der gesamten Turbine zu gewährleisten. Wir können weiterhin sehen, daß die angestrebten und die abgeschätzten Werte wie Gefälleverteilung, Reaktionsgrade, Schaufelwinkel α_1 und Turbinenwirkungsgrad bis auf geringe Abweichungen erreicht worden sind. Die Mittelschnittrechnung ist also in Ordnung, und der gewählte Turbinenkanal bedarf keiner Korrektur. Bild II.2 zeigt die Geschwindigkeitsdreiecke der drei Stufen. In Bild II.3 sind Temperatur-, Druck- und Geschwindigkeitsverlauf durch den Turbinenkanal dargestellt. Die Verbindungen zwischen den gerechneten Werten in den ausgezeichneten Gitterebenen wurden hier zur Vereinfachung geradlinig angenommen. Bei den Laufgittern sind die Relativwerte von Geschwindigkeit, Gesamttemperatur und Gesamtdruck aufgetragen.

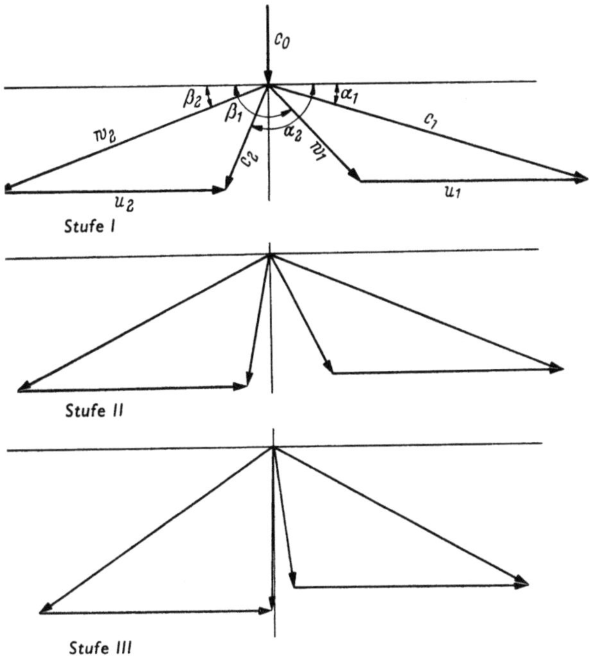

Bild II.2 Geschwindigkeitsdreiecke nach Mittelschnittrechnung

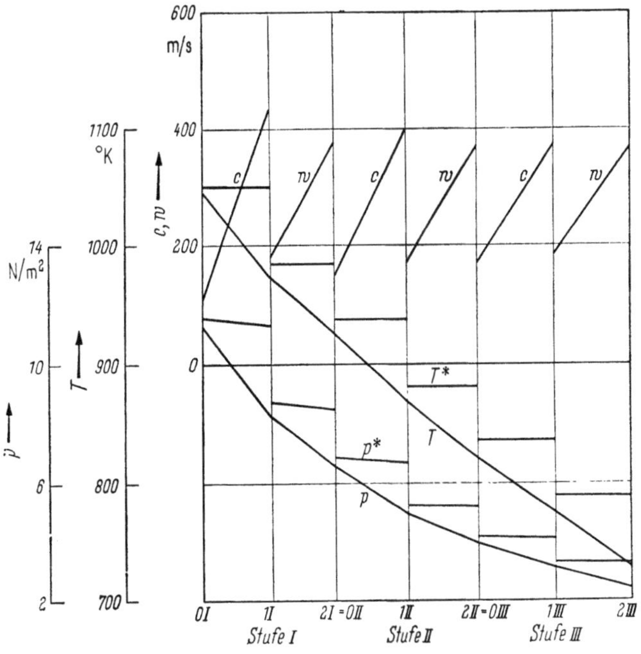

Bild II.3 Temperatur-, Druck- und Geschwindigkeitsverlauf durch den Turbinenkanal

II.3 Mehrschnittrechnung

Da der Rechengang für alle drei Stufen grundsätzlich der gleiche ist, beschränken wir uns in diesem Beispiel auf die erste Stufe.

II.31 Festlegung der Meridianstromlinien

Wir wählen für unsere Rechnung sieben Meridianstromlinien aus. Davon sind bereits drei festgelegt, nämlich die innere und die äußere Kanalwand sowie die Verbindungslinie der flächenhalbierenden Radien als mittelste Stromlinie. In der Ebene *0I* fixieren wir nun auf der inneren und äußeren Kanalhälfte jeweils zwei weitere Punkte, durch die die restlichen Meridianstromlinien laufen. Sie sollen die Höhen der beiden Kanalhälften in den Ebenen *1I* und *2I* im gleichen Verhältnis teilen wie in der Ebene *0I*.

Bild II.4 zeigt den Verlauf der ausgewählten sieben Linien im Kanalbereich der ersten Stufe. Tafel II.6 enthält ihre Radien in den Rechenebenen sowie die zugehörigen Umfangsgeschwindigkeiten.

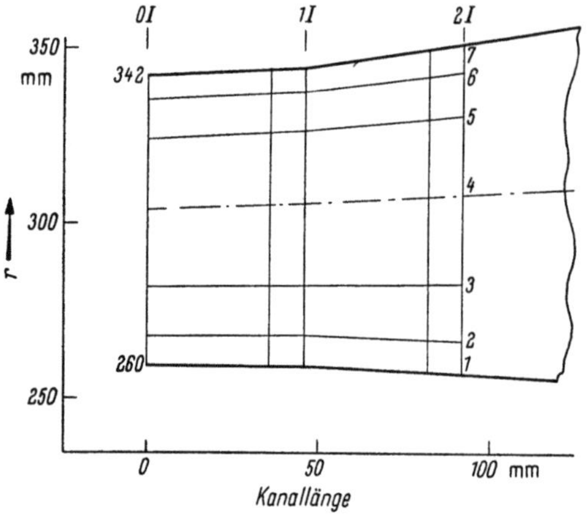

Bild II.4 Turbinenkanal im Bereich der ersten Stufe mit festgelegten Meridianstromlinien

Tafel II.6 *Die Meridianstromlinien*

Lfd. Nr.	Größe	Einh.	Stromlinie Nr. 1	2	3	4	5	6	7	
1	r_{0I}	m	260	268	282	304	324	335	342	$\cdot 10^{-3}$
2	r_{1I}	m	260,0	268,4	283,0	306,0	326,5	337,8	345,0	$\cdot 10^{-3}$
3	u_{1I}	m/s	245,0	252,9	266,7	288,4	307,8	318,4	325,2	
4	r_{2I}	m	258,0	267,3	283,5	309,0	331,6	344,1	352,0	$\cdot 10^{-3}$
5	u_{2I}	m/s	243,1	251,9	267,2	291,2	312,6	324,3	331,7	

II.32 Temperatur- und Druckverteilung in der Eintrittsebene

Da Irrtümer ausgeschlossen sind, können wir hier sowie in den folgenden Abschnitten der Einfachheit halber auf den Index *I* zur Kennzeichnung der Stufe verzichten. Andererseits haben wir die in Abschn. II.1 angegebenen Ausgangsgrößen T^*_{0I} und p^*_{0I} nunmehr in der Form $\overline{T^*_0}$ und $\overline{p^*_0}$ als Werte der Mittelschnittrechnung den örtlichen Werten auf den verschiedenen Radien gegenüberzustellen.

Zur Bestimmung der Gesamttemperaturverteilung berechnen wir für die Ebene *0*

$$\frac{h}{r_m} = \frac{r_a - r_i}{\frac{1}{2}(r_a + r_i)} = 0{,}272$$

und erhalten dafür aus Bild 4.48

$$\frac{\overline{T^*_0}}{T^*_{0\,\max}} = 0{,}963 .$$

Damit ist der Maximalwert des Temperaturprofils vor der Turbine gegeben:

$$T^*_{0\,\max} = \overline{T^*_0}\,\frac{T^*_{0\,\max}}{\overline{T^*_0}} = 1091\,{}^\circ\mathrm{K}.$$

Die örtlichen Werte können dann aus Bild 4.45 entnommen und über dem Radius aufgetragen werden. Hier lassen sich die auf den festgelegten Meridianstromlinien vorhandenen T^*_0 ablesen (s. Tafel II.7, lfd. Nr. 2).

Die statischen Temperaturen und die Druckverteilung erhalten wir über die in Abschnitt 4.22 angegebenen letzten beiden Gleichungen. Eliminiert man aus ihnen T_0, so wird

$$T^*_0 = \frac{F_0}{\dot m}\,\frac{p_0}{R}\,c_0 + \frac{1}{2c_p}\,c_0^2 .$$

Hier kann c_p als mittlere spezifische Wärme in Form des Quotienten i/T aus Tafel I.1 entnommen werden. Wir tragen $T_0^* = f(c_0)$ mit dem aus der Mittelschnittrechnung übernommenen $p_0 = \text{const}$ in einem Hilfsdiagramm auf und lesen hieraus zunächst für die an den Meridianstromlinien anliegenden T_0^*-Werte die Geschwindigkeiten c_0 ab. Sie führen in dem aus Tafel II.7 ersichtlichen Rechengang auf T_0 und p_0^*.

Tafel II.7 *Bestimmung des Temperatur- und Druckverlaufes in der Eintrittsebene*

Lfd. Nr.	Größe	Einh.	Rechengang und Hinweise	Stromlinie Nr. 1	2	3	4	5	6	7	
1	r_0	m	Tafel II.6	260	268	282	304	324	335	342	$\cdot 10^{-3}$
2	T_0^*	°K		958	995	1047	1090	1068	1025	985	
3	c_0	m/s	Hilfsdiagramm	93,9	97,4	102,5	106,7	104,6	100,4	96,5	
4	i_0^*	J/kg	Tafel I.1	10,171	10,603	11,216	11,726	11,465	11,956	10,486	$\cdot 10^5$
5	π_0^*	—	Tafel I.1	104,5	121,9	150,3	177,5	163,1	137,7	117,0	$\cdot 10^{10}$
6	$c_0^2/2$	J/kg	③²/2	0,044	0,047	0,053	0,057	0,055	0,050	0,047	$\cdot 10^5$
7	i_0	J/kg	$i_0^* - c_0^2/2$	10,127	10,556	11,163	11,669	11,410	10,906	10,439	$\cdot 10^5$
8	T_0	°K	Tafel I.1	954	991	1043	1085	1063	1021	981	
9	π_0	—	Tafel I.1	102,9	119,9	147,6	174,3	160,2	135,4	115,1	$\cdot 10^{10}$
10	p_0^*	N/m²	$\pi_0^* p_0/\pi_0$	11,48	11,49	11,51	11,51	11,50	11,49	11,49	$\cdot 10^5$

II.33 Verteilung der Geschwindigkeitszahlen

Aus Bild 4.78 entnehmen wir für einige frei gewählte Punkte x die Werte $\varphi/\hat{\varphi}$ bzw. $\psi/\hat{\psi}$. Diese multiplizieren wir mit den schon bei der Mittelschnittrechnung gewonnenen Größen $\hat{\varphi}$ bzw. $\hat{\psi}$ (s. Tafel II.5, lfd. Nr. 6). Das Ergebnis zeigt Tafel II.8.

Tafel II.8 *Geschwindigkeitszahlen ohne Hinterkanteneinfluß für 80 mm Kanalhöhe*

Lfd. Nr.	Größe	x [mm] 0	2,5	5	10	20	30	40	50	60	70	75	77,5	80
1	$\varphi/\hat{\varphi}$	0,902	0,930	0,950	0,972	0,993	0,998	1,000	0,998	0,994	0,983	0,973	0,963	0,950
2	$\psi/\hat{\psi}$	0,870	0,900	0,923	0,955	0,987	0,997	1,000	0,999	0,995	0,985	0,979	0,975	0,970
3	φ	0,887	0,914	0,933	0,956	0,976	0,981	0,983	0,981	0,977	0,966	0,956	0,946	0,934
4	ψ	0,846	0,876	0,898	0,929	0,960	0,970	0,973	0,971	0,967	0,959	0,952	0,948	0,944

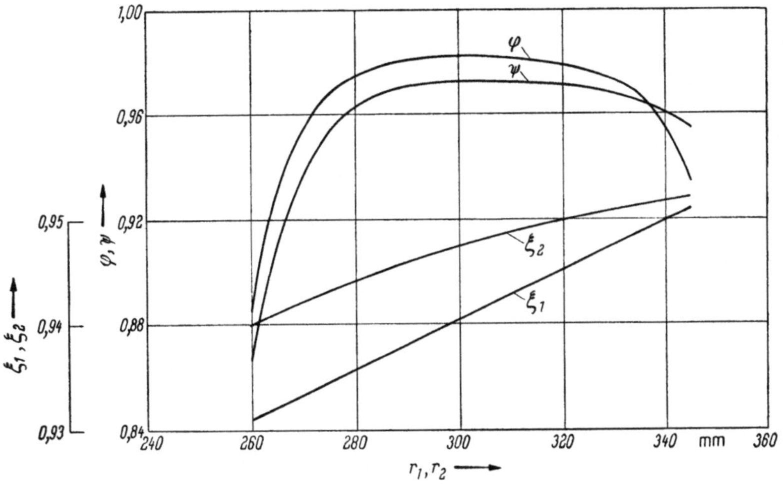

Bild II.5 Verteilung der Geschwindigkeitszahlen und Verengungsfaktoren für die erste Stufe

Die φ- und ψ-Verteilung ist in Bild II.5 über der richtigen Kanalhöhe dargestellt. Bei der φ-Verteilung wurde dabei in der Mitte ein gerades Stück mit 5 mm Länge und bei der ψ-Verteilung ein solches mit 14 mm Länge eingesetzt. Zur Berücksichtigung der endlichen Hinterkantenstärke müssen noch die radialen Verläufe der ξ-Werte angenommen werden. Diese sind in dem vorgenannten Bild in Anlehnung an ausgeführte Turbinen eingezeichnet. Dabei haben natürlich die gewählten Kurven mit den Mittelwerten (Tafel II.5, lfd. Nr. 8) in Einklang zu stehen.

Nunmehr lassen sich für die Radien der festgelegten Meridianstromlinien aus dem Diagramm die Zahlen φ und ψ mit den zugehörigen ξ-Werten ablesen. Bild 4.58 liefert für den jeweiligen Verengungswert den Abminderungsfaktor der Geschwindigkeitszahl. Dabei wird im Falle der Laufschaufel zur Vereinfachung angenommen, daß β_2 ebenso wie α_1 über der Schaufelhöhe nahezu konstant gleich dem Mittelschnittwert ist. Diese Annahme führt im vorliegenden Zusammenhang zu keinem erwähnenswerten Fehler. Mit den gefundenen Einflußfaktoren ergeben sich schließlich die endgültigen Größen φ_{ast} und ψ_{ast}. Die Zahlenwerte der Umrechnung sind aus Tafel II.9 zu ersehen.

Hiermit sind alle Voraussetzungen für die eigentliche Mehrschnittrechnung geschaffen.

Tafel II.9 *Geschwindigkeitszahlen mit Hinterkanteneinfluß für die wirkliche Kanalhöhe*

Lfd. Nr.	Größe	Einh.	Rechengang und Hinweise	Stromlinie Nr. 1	2	3	4	5	6	7	
1	r_1	m	Tafel II.6	260,0	268,4	283,0	306,0	326,5	337,8	345,0	$\cdot 10^{-3}$
2	φ	—	Bild II.5	0,887	0,949	0,978	0,983	0,976	0,961	0,934	
3	ξ_1	—	Bild II.5	0,931	0,933	0,937	0,942	0,947	0,949	0,951	
4	φ_{ast}/φ	—	nach Bild 4.58	0,999	0,999	0,999	0,999	0,999	0,999	0,999	
5	φ_{ast}	—	④ · ②	0,886	0,948	0,977	0,982	0,975	0,960	0,933	
6	r_2	m	Tafel II.6	258,0	267,3	283,5	309,0	331,6	344,1	352,0	$\cdot 10^{-3}$
7	ψ	—	Bild II.5	0,847	0,925	0,967	0,974	0,967	0,956	0,944	
8	ξ_2	—	Bild II.5	0,940	0,942	0,945	0,948	0,950	0,951	0,952	
9	ψ_{ast}/ψ	—	nach Bild 4.58	0,999	0,999	0,999	0,999	0,999	0,999	0,999	
10	ψ_{ast}	—	⑨ · ⑦	0,846	0,924	0,966	0,973	0,966	0,955	0,943	

II.34 Thermodynamische und Strömungsparameter

Die Ermittlung der Strömungsverhältnisse auf den verschiedenen Stromlinien geschieht so, wie es im Abschn. 4.24 beschrieben ist. In Tafel II.10 sind der Rechnungsgang im einzelnen und die Zahlenwerte dargestellt.

Als Auslegungsgesetz wählen wir $\alpha_1 = \text{const}$.

Wir beginnen an der mittleren Meridianstromlinie (Nr. *4*) und rechnen bis zu lfd. Nr. 13. In einem p, r-Diagramm entsprechend Bild 4.88 werden die Drücke p_1' an den Nachbarstromlinien *3* und *5* bestimmt. Damit können wir auch hier bei lfd. Nr. 2 einsetzen und bis Nr. 13 rechnen. Diesen Gang wiederholen wir bis zu den Meridianstromlinien *1* und *7* (einschließlich). Nunmehr läßt sich aus dem p, r-Diagramm die zweite Näherung p_1'' für den Druckverlauf ermitteln — die wir als genügend genau annehmen wollen — und der Rechnungsgang für die Meridianstromlinien *1*···*3* und *5*···*7* wiederholen (Tafel II.10, lfd. Nr. 14···24). Daran anschließend bestimmen wir die Durchsatzverteilung (lfd. Nr. 26) und den gesamten Gasdurchsatz durch graphische Integration (Bild II.6). Es ergibt sich hier $\dot{m} = 60{,}04$ kg/s. Die sekundliche Masse ist also etwas zu groß. Berechnen wir die notwendige Winkelkorrektur, so stellen wir fest, daß diese noch unter einer Minute liegt. Das bisherige Ergebnis soll uns deshalb genügend genau sein. Mit der lfd. Nr. 27···40 beenden wir die Rechnung für das Leitgitter.

Da wir bei der ersten Stufe einen großen Austrittsdrall haben, müssen wir hinter dem Laufrad ebenfalls den Druckanstieg nach außen berücksichtigen. Wir könnten in gleicher Weise verfahren wie beim Leitgitter. Erschwerend kommt jedoch hier hinzu, daß der Verlauf des Winkels β_2 noch nicht bekannt ist. Er muß erst geschätzt und die Schätzung durch Erfüllung der Kontinuitätsbedingung bestätigt werden. Wir wollen deshalb mit einer Näherung arbeiten. Es wird nur der Winkel an der mittleren Meridianstromlinie (Nr. *4* bzw. Index M) geschätzt, der zugehörige Druck p_2 von der Mittelschnittrechnung übernommen, hierfür in Verfolg der lfd. Nr. 41 ··· 52 in Tafel II.10, Stromlinie Nr. *4*, die Umfangskomponente c_{2u} bestimmt und der Druckgradient berechnet. Wir nehmen nun

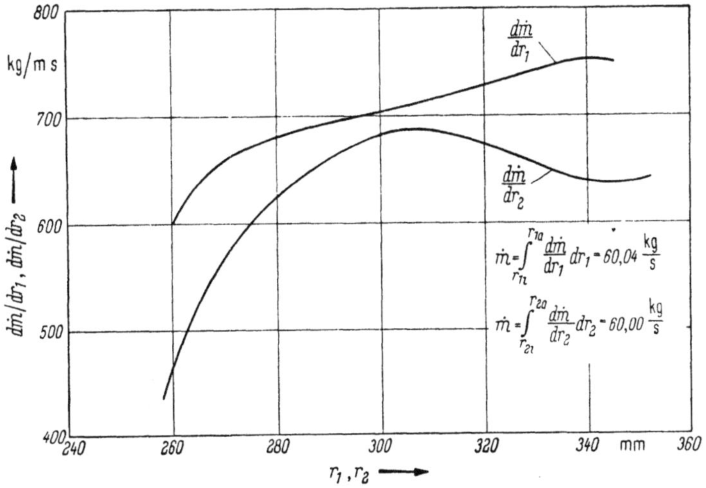

Bild II.6 Durchsatzverteilung hinter Leitgitter und Laufgitter

näherungsweise an, daß der Druckgradient an allen Meridianstromlinien gleich ist und erhalten damit einen linearen Druckanstieg. Die Drücke an den übrigen Meridianstromlinien lassen sich dann leicht bestimmen.

Das angegebene Verfahren führt erfahrungsgemäß gut zum Ziel, wenn man den zu schätzenden Winkel β_{2M} etwas größer als den Wert β_2 der Mittelschnittrechnung (s. Tafel II.5, lfd. Nr. 24) wählt, also etwa

$$\beta_{2M} = \beta_2 + 1^\circ = 22^\circ .$$

Dabei bleibt man aber unter dem in der weiteren Rechnung dann wirklich angenommenen Winkel β_{2M} (s. Tafel II.10, lfd. Nr. 53). Da Tafel II.10 bis zur lfd. Nr. 52 noch nichts über die Geschwindigkeit c_{2uM} aussagt, ist der konstante Druckgradient außerhalb der Tafel zu berechnen:

$$w_{2uM} = w_{2M} \cos \beta_{2M} = 363{,}2 \text{ m/s},$$

$$u_{2M} = 291{,}2 \text{ m/s (s. Tafel II.6)},$$

$$c_{2uM} = w_{2uM} - u_{2M} = 72{,}0 \text{ m/s},$$

$$(dp_2/dr_2)_M = \varrho_{2M} c_{2uM}^2 / r_{2M} = 40\,100 \text{ N/m}^3 .$$

Nach Ausfüllung der ganzen Zeile lfd. Nr. 42 können wir die Rechnung für alle übrigen Meridianstromlinien ebenfalls bis lfd. Nr. 52 fortsetzen.

Jetzt haben wir die schwierige Aufgabe, den β_2-Verlauf so zu wählen, daß sich eine vernünftige α_2-Verteilung ergibt und die Kontinuitätsbedingung erfüllt ist. In Tafel II.10, lfd. Nr. 53, ist ein β_2-Verlauf angegeben, der diesen Bedingungen genügt. Er läßt sich jedoch in der ersten Annahme kaum finden, sondern ist normalerweise das Ergebnis einer Iteration. Der Winkel β_2 entspricht ebenso wie der durch Weiterrechnung bis lfd. Nr. 60 erhaltene Winkel α_2 in seinem prinzipiellen Verlauf dem Bild 5.59. Unter einer vernünftigen

Tafel II.10 *Berechnung der thermodynamischen und Strömungsparameter (Mehrschnittrechnung) für Stufe I*

Lfd. Nr.	Größe	Einh.	Rechengang und Hinweise	Stromlinie Nr. 1	2	3	4	5	6	7	
			Erste Näherung für den Druckverlauf $p_1 = p_1' = f(r_1)$								
1	r_1	m		260,0	268,4	283,0	306,0	326,5	337,8	345,0	$\cdot 10^{-3}$
2	p_1	N/m²		7,381	7,556	7,869	8,246 [1]	8,582	8,711	8,792	$\cdot 10^{5}$
3	π_{1s}	—	$\pi_0^* p_1/p_0^*$	67,2	80,2	102,8	127,2	121,7	104,4	89,5	$\cdot 10^{10}$
4	i_{1s}	J/kg	Tafel I.1	9,020	9,466	10,125	10,724	10,598	10,168	9,752	$\cdot 10^{5}$
5	$c_{1s}^2/2$	J/kg	$i_0^* - i_{1s}$	1,151	1,137	1,091	1,002	0,867	0,788	0,734	$\cdot 10^{5}$
6	c_{1s}	m/s	$\sqrt{2 \cdot ⑤}$	479,8	476,9	467,1	447,7	416,4	397,0	383,1	
7	c_1	m/s	$\varphi_{ast} c_{1s}$	425,1	452,1	456,4	439,6	406,0	381,1	357,4	
8	$c_1^2/2$	J/kg	$⑦^2/2$	0,904	1,022	1,042	0,966	0,824	0,726	0,639	$\cdot 10^{5}$
9	i_1	J/kg	$i_0^* - c_1^2/2$	9,267	9,581	10,174	10,760	10,641	10,230	9,847	$\cdot 10^{5}$
10	T_1	°K	Tafel I.1	879,8	907,1	958,3	1008,0	998,2	963,1	930,1	
11	π_1	—	Tafel I.1	74,2	83,8	104,6	128,8	123,6	106,8	92,7	$\cdot 10^{10}$
12	ϱ_1	kg/m³	p_1/RT_1	2,921	2,900	2,859	2,848	2,994	3,149	3,291	
13	dp_1/dr_1	N/m³	$\varrho_1 c_1^2 \cos^2\alpha_1/r_1$ [2]	18,52	20,14	19,19	16,40	13,79	12,35	11,11	$\cdot 10^{5}$
			Zweite Näherung für den Druckverlauf $p_1 = p_1'' = f(r_1)$								
14	p_1	N/m²	Bild 4.88	7,386	7,549	7,836	8,246 [1]	8,555	8,703	8,787	$\cdot 10^{5}$
15	π_{1s}	—	$\pi_0^* p_1/p_0^*$	67,2	80,1	102,3	127,2	121,3	104,3	89,5	$\cdot 10^{10}$
16	i_{1s}	J/kg	Tafel I.1	9,020	9,463	10,112	10,724	10,588	10,165	9,752	$\cdot 10^{5}$
17	$c_{1s}^2/2$	J/kg	$i_0^* - i_{1s}$	1,151	1,140	1,104	1,002	0,877	0,791	0,734	$\cdot 10^{5}$
18	c_{1s}	m/s	$\sqrt{2 \cdot ⑰}$	479,8	477,5	469,9	447,7	418,8	397,7	383,1	
19	c_1	m/s	$\varphi_{ast} c_{1s}$	425,1	452,7	459,1	439,6	408,3	381,8	357,4	
20	$c_1^2/2$	J/kg	$⑲^2/2$	0,904	1,025	1,054	0,966	0,834	0,729	0,639	$\cdot 10^{5}$
21	i_1	J/kg	$i_0^* - c_1^2/2$	9,267	9,578	10,162	10,760	10,631	10,227	9,847	$\cdot 10^{5}$
22	T_1	°K	Tafel I.1	879,8	906,8	957,3	1008,0	997,4	962,8	930,1	
23	π_1	—	Tafel I.1	74,2	83,8	104,2	128,8	123,1	106,7	92,7	$\cdot 10^{10}$
24	ϱ_1	kg/m³	p_1/RT_1	2,921	2,899	2,850	2,848	2,987	3,147	3,291	
25	c_{1a}	m/s	$c_1 \sin\alpha_1$ [2]	125,8	134,0	135,9	130,1	120,9	113,0	105,8	

[1] Tafel II.5, lfd. Nr. 21. [2] Tafel II.5, lfd. Nr. 25 bzw. 23.

Tafel II.10 (Fortsetzung)

Lfd. Nr.	Größe	Einh.	Rechengang und Hinweise	Stromlinie Nr. 1	2	3	4	5	6	7	
26	$d\dot{m}/dr_1$	kg/m s	$2\pi r_1 \varrho_1 c_{1a}$	600,3	655,1	688,7	712,4	740,8	754,8	754,8	
27	c_{1u}	m/s	$c_1 \cos \alpha_1$	406,0	432,3	438,4	419,8	389,9	364,6	341,3	
28	u_1	m/s	Tafel II.6	245,0	252,9	266,7	288,4	307,8	318,4	325,2	
29	w_{1u}	m/s	$c_{1u} - u_1$	161,0	179,4	171,7	131,4	82,1	46,2	16,1	
30	$\tan(\pi - \beta_1)$	—	c_{1a}/w_{1u}	0,781	0,747	0,791	0,990	1,473	2,446	6,571	
31	β_1			142° 01′	143° 14′	141° 39′	135° 17′	124° 10′	112° 14′	98° 39′	
32	c_{1a}^2	m²/s²		15,83	17,96	18,47	16,93	14,62	12,77	11,19	$\cdot 10^3$
33	w_{1u}^2	m²/s²		25,92	32,18	29,48	17,27	6,74	2,13	0,26	$\cdot 10^3$
34	w_1^2	m²/s²	(32) + (33)	41,75	50,14	47,95	34,20	21,36	14,90	11,45	$\cdot 10^3$
35	w_1	m/s	$\sqrt{(34)}$	204,3	223,9	219,0	184,9	146,2	122,1	107,0	
36	$w_1^2/2$	J/kg	(34)/2	0,209	0,251	0,240	0,171	0,107	0,075	0,057	$\cdot 10^5$
37	i_1^*	J/kg	$i_1 + w_1^2/2$	9,476	9,829	10,402	10,931	10,738	10,302	9,904	$\cdot 10^5$
38	T_1^*	°K	Tafel I.1	898,0	928,6	977,8	1023,0	1007,0	969,3	935,0	
39	π_1^*	—	Tafel I.1	80,5	92,1	113,6	136,6	127,8	109,6	94,7	$\cdot 10^{10}$
40	p_1^*	N/m²	$p_1 \pi_1^*/\pi_1$	8,013	8,297	8,543	8,745	8,882	8,940	8,977	$\cdot 10^5$
41	r_2	m	Tafel II.6	258,0	267,3	283,5	309,0	331,6	344,1	352,0	$\cdot 10^{-3}$
42	p_2	N/m²	$p_{2M} \pm (dp_2/dr_2)_M \Delta r$	6,550	6,553	6,560	6,570 [3]	6,579	6,584	6,587	$\cdot 10^5$
43	π_{2us}	—	$\pi_1^* p_2/p_1^*$	65,8	72,7	87,2	102,6	94,7	80,7	69,5	$\cdot 10^{10}$
44	i_{2us}	J/kg	Tafel I.1	8,969	9,216	9,684	10,120	9,903	9,482	9,104	$\cdot 10^5$
45	$w_{2s}^2/2$	J/kg	$i_1^* - i_{2us}$	0,507	0,613	0,718	0,811	0,835	0,820	0,800	$\cdot 10^5$
46	w_{2s}	m/s	$\sqrt{2 \cdot (45)}$	318,4	350,1	378,9	402,7	408,7	405,0	400,0	
47	w_2	m/s	$\psi_{ast} w_{2s}$	269,4	323,5	366,0	391,8	395,2	386,8	377,2	
48	$w_2^2/2$	J/kg	$(47)^2/2$	0,363	0,523	0,670	0,768	0,781	0,748	0,711	$\cdot 10^5$
49	i_{2u}	J/kg	$i_1^* - w_2^2/2$	9,113	9,306	9,732	10,163	9,957	9,554	9,193	$\cdot 10^5$
50	T_{2u}	°K	Tafel I.1	866,3	883,2	920,2	957,3	939,6	904,7	873,3	
51	π_{2u}	—	Tafel I.1	69,8	75,3	88,8	104,2	96,6	83,0	72,0	$\cdot 10^{10}$
52	$\varrho_2 \approx \varrho_{2u}$	kg/m³	p_2/RT_{2u}	2,633	2,583	2,482	2,390	2,438	2,534	2,626	
53	β_2		angenommen	22° 08′	22° 59′	23° 17′	22° 17′	19° 02′	17° 32′	17° 07′	
54	$w_{2a} = c_{2a}$	m/s	$w_2 \sin \beta_2$	101,5	126,3	144,7	148,6	128,9	116,5	111,0	

[3] Tafel II.5, lfd. Nr. 21.

Tafel II.10 (Fortsetzung)

Lfd. Nr.	Größe	Einh.	Rechengang und Hinweise	Stromlinie Nr. 1	2	3	4	5	6	7	
55	$d\dot{m}/dr_2$	kg/m s	$2\pi r_2 \varrho_2 w_{2a}$	433,2	547,9	639,7	689,5	654,8	638,3	644,7	
56	w_{2u}	m/s	$w_2 \cos \beta_2$	249,5	297,8	336,2	362,5	373,6	368,8	360,5	
57	u_2	m/s	Tafel II.6	243,1	251,9	267,2	291,2	312,6	324,3	331,7	
58	c_{2u}	m/s	$w_{2u} - u_2$	6,4	45,9	69,0	71,3	61,0	44,5	28,8	
59	$\tan(\pi - \alpha_2)$	—	c_{2a}/c_{2u}	15,86	2,752	2,097	2,084	2,113	2,618	3,854	
60	α_2			93°36′	109°58′	115°30′	115°38′	115°20′	110°54′	104°33′	
61	c_{2a}^2	m²/s²		10,30	15,95	20,94	22,08	16,62	13,57	12,32	$\cdot 10^3$
62	c_{2u}^2	m²/s²		0,04	2,11	4,76	5,08	3,72	1,98	0,83	$\cdot 10^3$
63	c_2^2	m²/s²	⑥① + ⑥②	10,34	18,06	25,70	27,16	20,34	15,55	13,15	$\cdot 10^3$
64	c_2	m/s	$\sqrt{⑥③}$	101,7	134,4	160,3	164,8	142,6	124,7	114,7	
65	$c_2^2/2$	J/kg	⑥③/2	0,052	0,090	0,129	0,136	0,102	0,078	0,066	$\cdot 10^5$
66	i_{2u}^*	J/kg	$i_{2u} + c_2^2/2$	9,165	9,396	9,861	10,299	10,059	9,632	9,259	$\cdot 10^5$
67	T_{2u}^*	°K	Tafel I.1	870,9	891,0	931,3	969,0	948,4	911,5	879,1	
68	π_{2u}^*	—	Tafel I.1	71,2	78,1	93,2	109,5	100,3	85,5	74,0	$\cdot 10^{10}$
69	p_2^*	N/m²	$p_2 \pi_{2u}^*/\pi_{2u}$	6,681	6,797	6,885	6,904	6,831	6,782	6,770	$\cdot 10^5$
70	h_u^*	J/kg	$i_0^* - i_{2u}^*$	1,006	1,207	1,355	1,427	1,406	1,324	1,227	$\cdot 10^5$
71	η'_{iSp}/η'_{i0}	—	Abschn. 4.232.22, S. 149	1,000	0,998	0,993	0,987 [4]	0,981	0,977	0,975	
72	$h_{(i)}^*$	J/kg	⑦⓪ · ⑦①	1,006	1,205	1,346	1,408	1,379	1,294	1,196	$\cdot 10^5$
73	h_i^*	J/kg	$h_{(i)}^* - h_R$	1,002	1,201	1,342	1,404	1,375	1,290	1,192	$\cdot 10^5$
74	i_2^*	J/kg	$i_0^* - h_i^*$	9,169	9,402	9,874	10,322	10,090	9,666	9,294	$\cdot 10^5$
75	T_2^*	°K	Tafel I.1	871,2	891,5	932,5	971,0	951,1	914,5	882,1	
76	π_2^*	—	Tafel I.1	71,4	78,2	93,7	110,4	101,5	86,6	75,0	$\cdot 10^{10}$
				Bestimmung des Reaktionsgrades							
77	π_{2s}	—	$\pi_{1s} p_2/p_1$	59,6	69,5	85,6	101,3	93,3	78,9	67,1	$\cdot 10^{10}$
78	i_{2s}	J/kg	Tafel I.1	8,729	9,104	9,635	10,085	9,863	9,424	9,017	$\cdot 10^5$
79	$i_{1s} - i_{2s}$	J/kg	①⑥ − ⑦⑧	0,291	0,359	0,477	0,639	0,725	0,741	0,735	$\cdot 10^5$
80	$i_0 - i_{2s}$	J/kg	Tafel II.7	1,398	1,452	1,528	1,584	1,547	1,482	1,422	$\cdot 10^5$
81	r	—	⑦⑨/⑧⓪	0,208	0,247	0,312	0,403	0,469	0,500	0,517	

[4] Tafel II.5, lfd. Nr. 52.

α_2-Verteilung verstehen wir einen bis auf die Randzonen nahezu konstanten Wert von α_2. Eine Abweichung davon muß nach den Schaufelenden hin in Kauf genommen werden, da sich sonst in der β_2-Verteilung zu starke Änderungen auf kleiner Länge ergeben, die fertigungstechnisch Schwierigkeiten bereiten und auch festigkeitsmäßig ungünstige Auswirkungen haben können. Bild II.6 zeigt die Durchsatzverteilung nach lfd. Nr. 55, die graphisch integriert den Sollwert von $\dot{m} = 60{,}00$ kg/s ergibt.

Die Mehrschnittrechnung für das Laufgitter läßt sich nun bis zum Schluß (lfd. Nr. 76) ohne Schwierigkeiten fortsetzen. Damit die Übereinstimmung mit der Mittelschnittrechnung nicht verlorengeht, wird der Radreibungsverlust in lfd. Nr. 73 an allen Meridianstromlinien gleichmäßig abgesetzt. Diese Maßnahme ist theoretisch anfechtbar, jedoch zweckmäßig und infolge der Kleinheit des Radreibungsverlustes nicht diskussionswürdig. In lfd. Nr. 77···81 wurde noch der Reaktionsgrad ermittelt. Somit ist die Berechnung der ersten Stufe abgeschlossen. Bild II.7 zeigt die erhaltenen Geschwindigkeitsdreiecke.

Die Mehrschnittrechnung der übrigen Stufen erfolgt in ähnlicher Weise. Der Druckanstieg hinter dem Laufrad kann jedoch bei Stufe II vernachlässigt werden, und bei Stufe III ist er nicht vorhanden. Nach Abschluß der ganzen Rechnung muß der Turbinenwirkungsgrad nach Gl. (4.89) kontrolliert werden.

Es wurde für das vorliegende Beispiel in einer zweiten Näherung noch der Druckanstieg hinter dem Laufrad schrittweise wie beim Leitgitter bestimmt. Aus dieser Rechnung sei zum Vergleich die Druck- und Geschwindigkeitsverteilung angegeben (Tafel II.11). Wir sehen, daß die Unterschiede besonders bei der Geschwindigkeitsverteilung außerordentlich gering sind. Es genügt also durchaus, mit der ersten Näherung zu arbeiten.

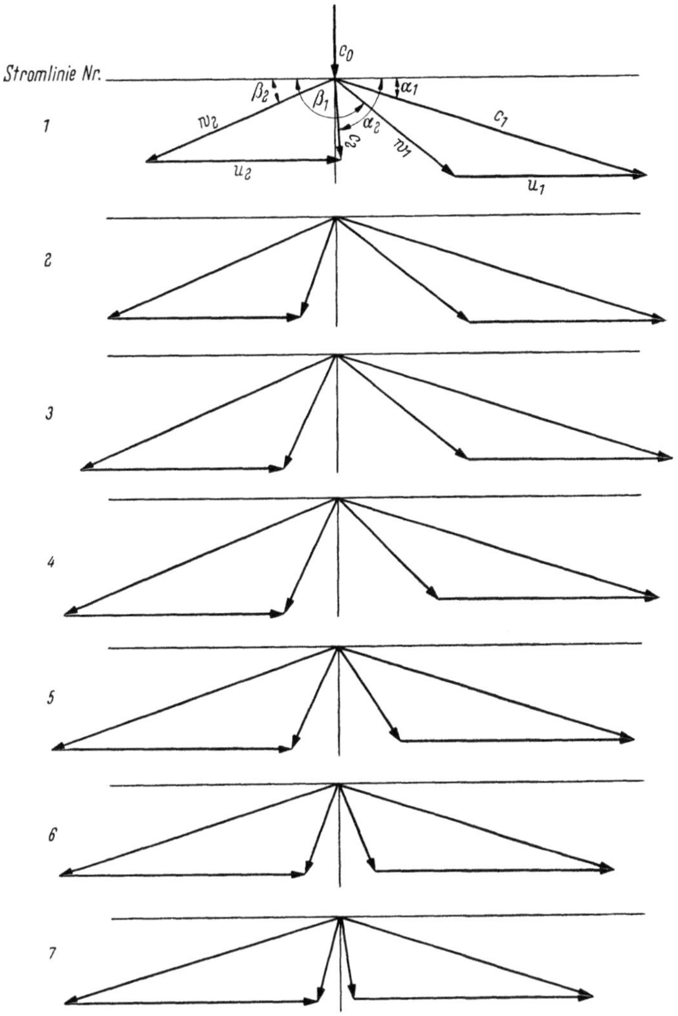

Bild II.7 Geschwindigkeitsdreiecke der Stufe I

Tafel II.11 *Druck und Geschwindigkeit hinter dem Laufrad bei Berücksichtigung der radialen Veränderlichkeit des Druckgradienten*

Lfd. Nr.	Größe	Einh.	Stromlinie Nr. 1	2	3	4	5	6	7	
1	p_2	N/m²	6,554	6,555	6,560	6,570	6,577	6,579	6,580	$\cdot 10^5$
2	w_2	m/s	269,4	322,8	366,0	391.8	395,9	386,8	378,1	

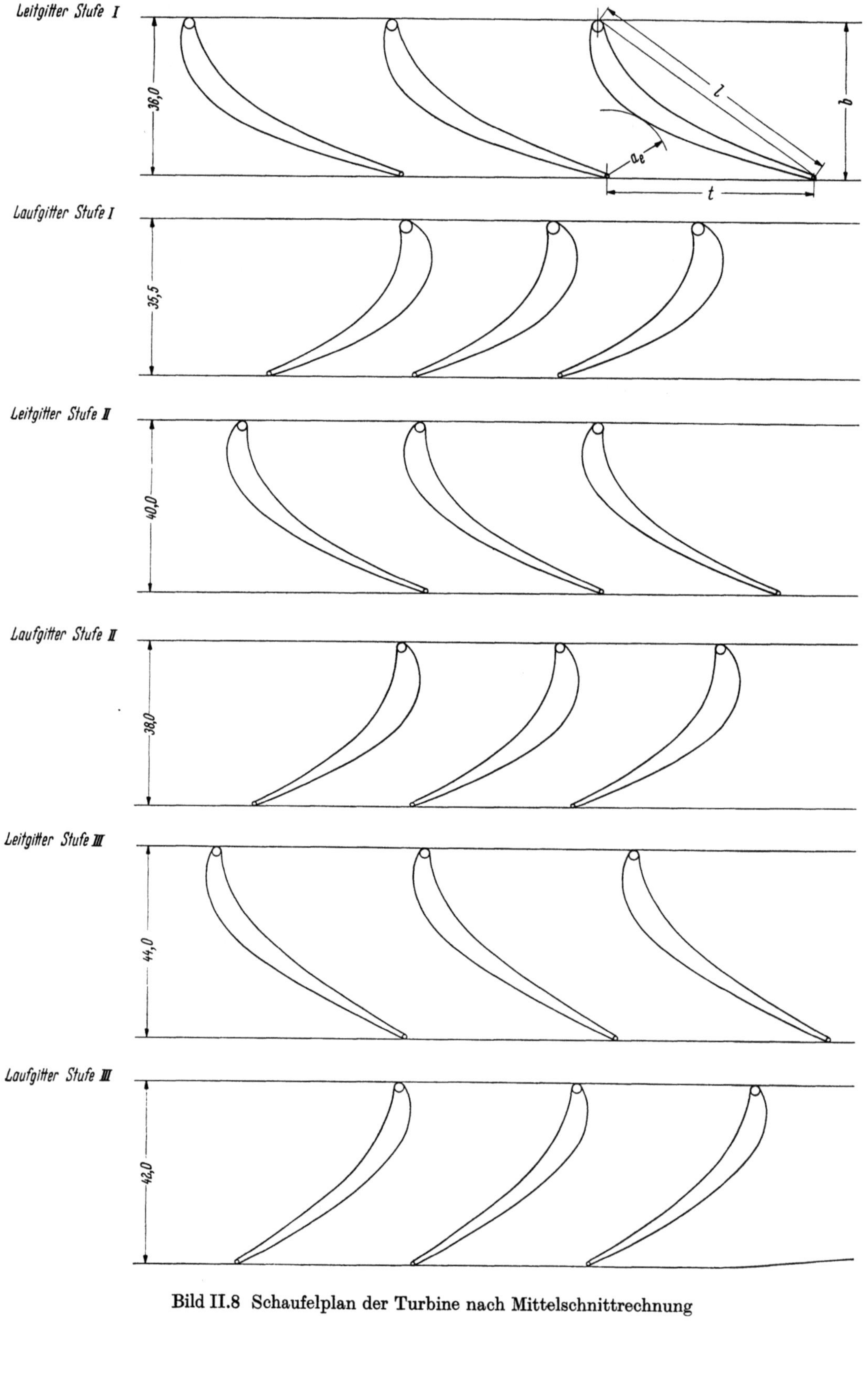

Bild II.8 Schaufelplan der Turbine nach Mittelschnittrechnung

II.4 Schaufelplan nach Mittelschnittrechnung

An Hand eines Profilplanes, der auf den Ergebnissen der Mittelschnittrechnung aufbaut, können die Schaufelzahlen für sämtliche Gitter der Turbine überschläglich festgelegt und die angenommenen Gitterbreiten überprüft werden. Da die entstehenden Profile noch nicht (vgl. Abschn. 4.11) mit den wirklichen Profilen auf dem Mittelschnittradius übereinstimmen, wie sie die Mehrschnittrechnung liefert, darf man im allgemeinen bei ihrer Konstruktion großzügig verfahren. In unserem speziellen Fall, wo nur die erste Stufe als Beispiel zahlenmäßig bis zum Ende durchgearbeitet wird, tritt der Schaufelplan nach Mittelschnittrechnung stellvertretend für den Plan der wirklichen Mittelschnittprofile ein und bietet uns einen Überblick über das Aussehen der Beschaufelung. Wir bauen ihn daher hier unter genauer Berücksichtigung aller zu erfüllenden Bedingungen auf.

Zunächst werden in Tafel II.12 die optimalen Gitterdichten nach Bild 4.28, die minimalen Profillängen nach Bild 4.32 und die Verhältnisse a_e/t nach Bild 5.25 bestimmt. Für die letzteren verwenden wir Gl. (5.19) in der Form

$$\frac{a_e}{t} = \sin\left[\alpha_1 - \delta_\alpha\left(M_1, \frac{a_e}{t}\right)\right].$$

Nunmehr lassen sich mit Hilfe der in Abschn. II.22 festgelegten Gitterbreiten b und eines als günstig erachteten Umfangskraftbeiwertes ψ_u aus $\psi_u b/t$ die Gitterteilungen t und damit die Schaufelzahlen z_{Sch} der einzelnen Leit- und Laufräder ermitteln. Da auf diese Weise über a_e/t auch die engsten Stellen der Schaufelkanäle festgelegt sind, werden wir bei der Profilkonstruktion allerdings feststellen, daß nur ganz bestimmte ψ_u-Werte vernünftige Verhältnisse in den Schaufelgittern ergeben. Man muß dann kontrollieren, ob diese Werte mit den im Abschn. 4.16 angegebenen Richtwerten übereinstimmen. Bei großen Abweichungen können die Gitterbreiten korrigiert werden. Weiterhin ist dabei auch auf eine — den Versuchserfahrungen entsprechend — günstige Staffelung der t/l-Werte zu achten, d. h. die kleineren t/l-Werte müssen den größeren Umlenkungen zugeordnet sein und umgekehrt. Die resultierenden Profillängen übersteigen dann die ermittelten minimalen in den vorderen Stufen wesentlich.

Es kann in Extremfällen vorkommen, daß die derart festgelegten Gitterbreiten und Schaufelzahlen bei der Profilierung der Schaufeln am Fuß oder Kopf noch Schwierigkeiten bereiten. In diesem Fall wäre nochmals eine Änderung erforderlich.

Die entworfenen Gitterprofile sind im Schaufelplan Bild II.8 und ihre charakteristischen Daten in Tafel II.13 zusammengestellt. Wir sehen, daß die Laufgitterbreiten geändert werden mußten.

II.5 Schaufelprofilierung nach Mehrschnittrechnung

Wir kehren nunmehr zur ersten Stufe als Beispiel für alle Stufen zurück. Es ist zweckmäßig, mit dem Entwurf der Laufschaufel zu beginnen, der erfahrungsgemäß größere Schwierigkeiten als der der Leitschaufel bereitet.

Als erstes benötigen wir die geometrischen Schaufelwinkel. Bild II.9 zeigt den Eintrittswinkel zusammen mit dem Zuströmwinkel über der Schaufelhöhe und Bild II.10 in entsprechender Weise Austritts- und Abströmwinkel. Beim Eintrittswinkel wurde im Hinblick auf die für aerodynamisch stoßfreie Anströmung notwendige Übertreibung längs der ganzen Schaufelhöhe geometrischer Rückenstoß gewählt, der am Fuß etwa 10° und am Kopf 3° beträgt. Dabei ist gleichzeitig die in Abschn. 5.332 empfohlene Monotonisierung der Kurve für die Fertigung der Schaufel auf der Wippe durchgeführt. Der Austrittswinkel wurde am Schaufelkopf um den nach Bild 5.27 abschätzbaren spaltbedingten Auf-

Tafel II.12 *Ausgangswerte der Gitterkonstruktion*

Lfd. Nr.	Größe	Einheit	Rechengang und Hinweise	Stufe I Leitg.	Stufe I Laufg.	Stufe II Leitg.	Stufe II Laufg.	Stufe III Leitg.	Stufe III Laufg.	
1	r_f	mm	Tafel II.2	306	309	312	316	320	322	
2	$\alpha_0;\beta_1$		Tafel II.5	90° 00′	133° 02′	113° 34′	116° 51′	101° 36′	97° 47′	
3	$\alpha_1;\beta_2$		Tafel II.5	17° 13′	21° 02′	22° 09′	26° 22′	29° 09′	34° 24′	
4	$\psi_u b/t$	—	Bild 4.28	0,56	0,91	0,86	0,99	0,93	1,03	
5	$T_{\infty m}$	°K	$\approx (T_0 + T_1)/2$ bzw. $(T_1 + T_2)/2$	1009	949	896	843	796	748	
6	$p_{\infty m}$	N/m²	$\approx (p_0 + p_1)/2$ bzw. $(p_1 + p_2)/2$	9,773	7,408	5,747	4,393	3,424	2,649	$\cdot 10^5$
7	$c_{\infty m}; w_{\infty m}$	m/s	$\approx (c_0 + c_1)/2$; $(w_1 + w_2)/2$	263,9	273,5	273,4	269,5	270,9	277,7	
8	$l_{m\min}$	mm	Bild 4.32	29	33	41	48	53	57	
9	M	—	c_1/a_1 bzw. w_2/a_2	0,698	0,630	0,692	0,657	0,684	0,698	
10	$\delta_\alpha;\delta_\beta$		Bild 5.25	0° 00′	0° 10′	0° 25′	1° 14′	1° 32′	2° 29′	
11	a_e/t	—	Gl. (5.19)	0,297	0,357	0,370	0,423	0,462	0,528	

Tafel II.13 *Gitterdaten des Schaufelplans nach Mittelschnittrechnung*

Lfd. Nr.	Größe	Einheit	Stufe I Leitg.	Stufe I Laufg.	Stufe II Leitg.	Stufe II Laufg.	Stufe III Leitg.	Stufe III Laufg.
1	z_{Sch}	—	40	57	47	53	41	49
2	b	mm	36,0	35,5	40,0	38,0	44,0	42,0
3	t	mm	48,1	34,1	41,7	37,5	49,1	41,3
4	l	mm	62,2	47,4	57,9	51,0	63,2	57,0
5	t/l	—	0,774	0,719	0,720	0,735	0,777	0,724
6	a_e	mm	14,3	12,2	15,5	15,9	22,7	21,8
7	ψ_u	—	0,75	0,87	0,90	0,98	1,04	1,01
8	x_f/l	—	0,315	0,312	0,309	0,312	0,299	0,320

drehwinkel der Strömung kleiner gehalten. Im übrigen soll die Profilkonstruktion für die Minderablenkung Null erfolgen.

Es werden nun über der Schaufelhöhe fünf Profilschnitte $P1 \cdots P5$ in gleichen Abständen voneinander gewählt, wobei das Fußprofil oberhalb der Abrundung vom tragenden Schaufelteil zum Blatt liegen muß, damit dieser Schnitt auch meßtechnisch erfaßbar ist. Für die einzelnen Radien sind aus den oben erwähnten Bildern die Winkel zu entnehmen und wie beim Mittelschnitt die Werte $\psi_u b/t$ und a_e/t zu bestimmen. Eine Mach-Zahl-Korrektur δ_β ist im letzteren Fall nicht erforderlich, da β_2 nicht viel über 20° hinausgeht.

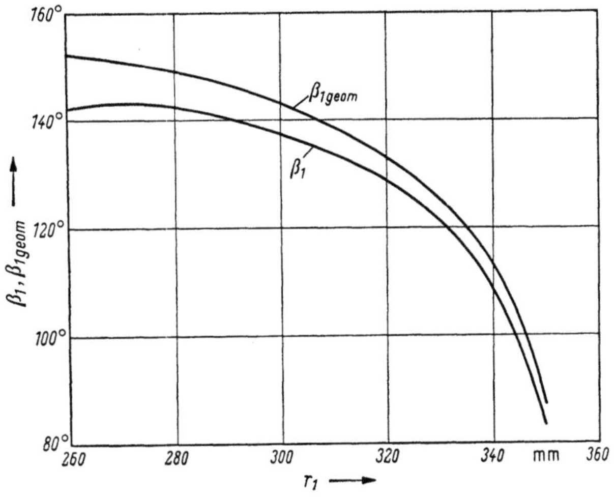

Bild II.9 Verlauf von β_1 und $\beta_{1\,\mathrm{geom}}$

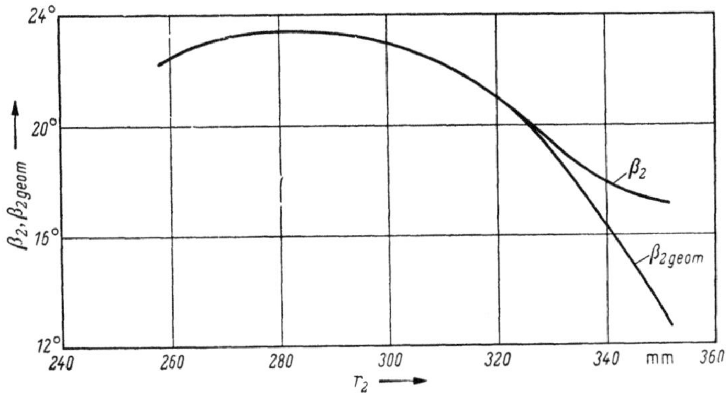

Bild II.10 Verlauf von β_2 und $\beta_{2\,\mathrm{geom}}$

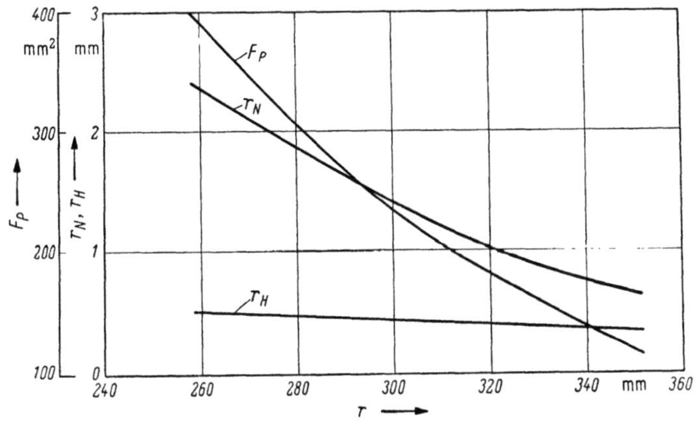

Bild II.11 Verlauf der Profilfläche und der Nasen- und Hinterkantenradien über der Schaufelhöhe

Einer Festlegung von Fuß- und Kopfschnitt nach der bereits im vorigen Abschnitt benutzten Methode steht jetzt nichts mehr im Wege. Wir wählen dabei die Gitterbreite b innen größer und außen kleiner als den bei der Mittelschnittprofilierung erhaltenen Betrag. (Dieser soll aber als Mittelwert möglichst erhalten bleiben.) Dann werden sich unter Berücksichtigung der im vorigen Abschnitt gefundenen Schaufelzahl befriedigende Verhältnisse für t/l, ψ_u sowie für die Profilform ergeben. Auf die in Abschn. II.22 bereits getroffene Festlegung des Kanalverlaufes auf Grund mittlerer Gitterbreiten, die durch die Werte von b in Tafel II.13 nochmals bestätigt wurde, wirkt sich die Vergrößerung der Gitterbreite am Schaufelfuß nicht störend aus, da die in der Laufschaufel vorhandene Veränderlichkeit von b durch eine gegenläufige, in der Leitschaufel vorhandene Tendenz (s. unten) kompensiert wird. — Über die Konstruktion der Zwischenprofile ist alles Notwendige in Abschn. 5.322 gesagt. Wir achten darauf, daß vor allem die festigkeitsseitig

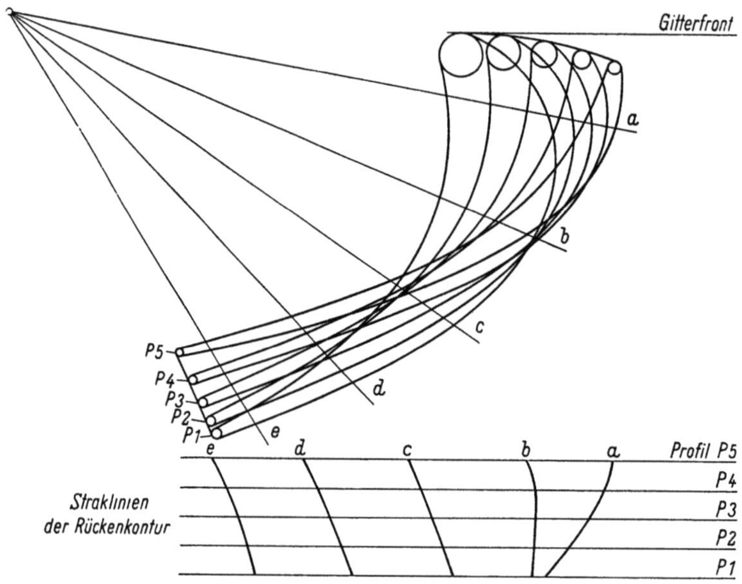

Bild II.12 Prüfung des Rückens der Laufschaufel Stufe I

Tafel II.14 *Profil- und Gitterdaten für Laufschaufel Stufe I*
Schaufelzahl: $z_{\text{Sch}} = 57$; Fräserradius: $r_F = 12$ mm; Entwurfsverfahren: Wippenkonstruktion

Lfd. Nr.	Größe	Einh.	*P1*	*P2*	*P3*	*P4*	*P5*
1	r	mm	266	287	308	329	350
2	β_1		143° 06′	140° 45′	134° 26′	122° 00′	84° 18′
3	$\beta_{1\text{geom}}$		151° 16′	147° 22′	139° 41′	126° 09′	87° 30′
4	β_2		22° 57′	23° 23′	22° 24′	19° 24′	17° 10′
5	$\beta_{2\text{geom}}$		22° 57′	23° 23′	22° 24′	19° 20′	13° 22′
6	$\psi_u b/t$	—	1,12	1,11	0,99	0,76	0,55
7	a_e/t	—	0,390	0,397	0,381	0,332	0,295
8	t	mm	29,3	31,6	34,0	36,3	38,6
9	a_e	mm	11,4	12,6	12,9	12,1	11,4
10	b	mm	41,0	39,6	37,2	34,0	30,0
11	ψ_u	—	0,80	0,89	0,90	0,81	0,71
12	l	mm	46,4	48,5	50,4	52,3	54,2
13	t/l	—	0,631	0,651	0,675	0,694	0,712
14	F_P	mm²	363,8	278,6	210,3	161,7	118,1
15	r_N	mm	2,20	1,70	1,25	0,90	0,65
16	r_H	mm	0,50	0,46	0,42	0,39	0,35
17	x_f/l	—	0,331	0,333	0,330	0,327	0,310
18	d/l	—	0,241	0,186	0,141	0,102	0,062

vorgegebenen Profilflächen und ein guter Verlauf von Nasen- und Hinterkantenradius (alle drei aus Bild II.11 ersichtlich) verwirklicht werden. Auch die Straklinien entlang der Rückenseite der Schaufel müssen harmonische Verläufe ergeben. Die letztere Prüfung wird in Bild II.12 durchgeführt. Die endgültigen Profil- und Gitterdaten sind in Tafel II.14 zusammengestellt.

Der Leitschaufelentwurf beginnt wieder mit der Bestimmung von $\psi_u b/t$ und a_e/t. Mit den bei der Mittelschnittprofilierung festgelegten Werten für Schaufelzahl und ψ_u lassen sich Gitterteilung, Gitterbreite und a_e berechnen. Die Leitschaufel wird im Gegensatz

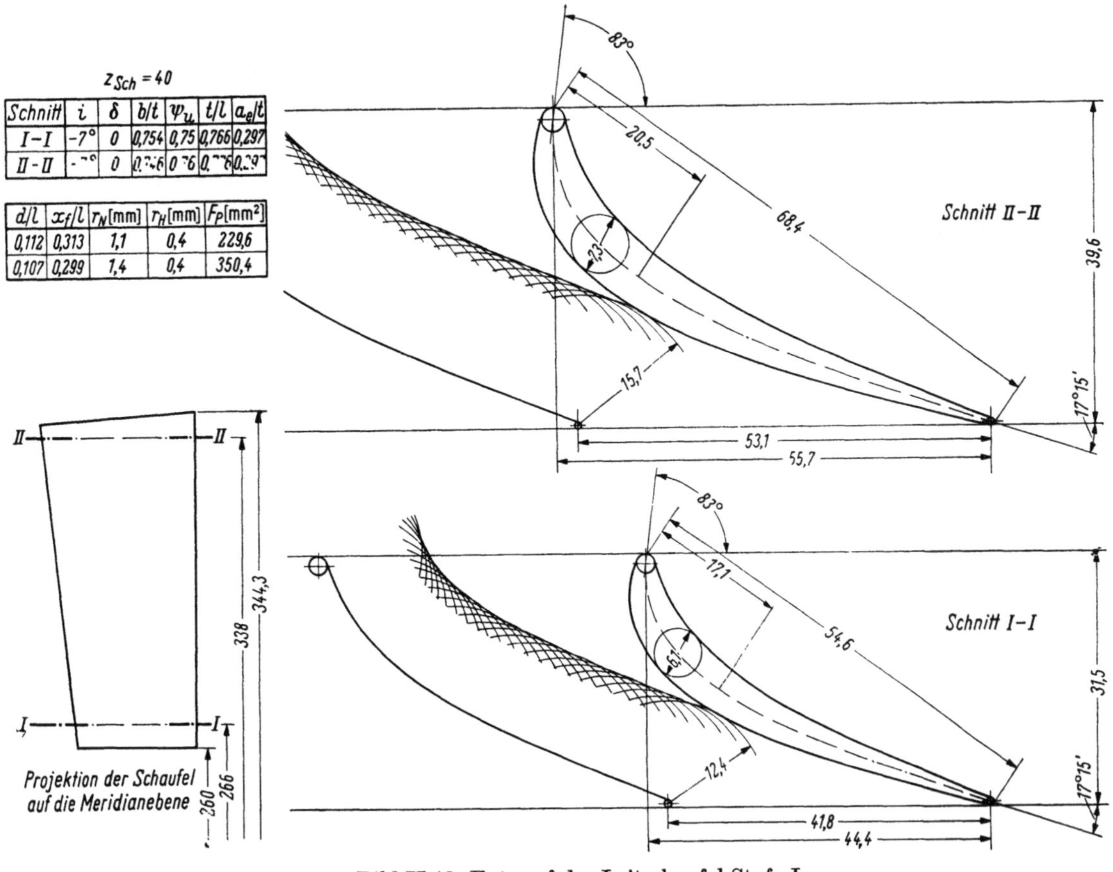

Schnitt	i	δ	b/t	ψ_u	t/l	a_e/t
I-I	-7°	0	0,754	0,75	0,766	0,297
II-II	[illegible]	0	[illegible]	[illegible]	[illegible]	[illegible]

d/l	x_f/l	r_N [mm]	r_H [mm]	F_P [mm²]
0,112	0,313	1,1	0,4	229,6
0,107	0,299	1,4	0,4	350,4

Bild II.13 Entwurf der Leitschaufel Stufe I

zur Laufschaufel mit konstantem Ein- und Austrittswinkel entworfen. Man ist dabei bemüht, b/t und ψ_u über der Schaufelhöhe ebenfalls konstant zu halten. Das führt darauf hinaus, daß im Gegensatz zur Laufschaufel die Gitterbreite von innen nach außen linear zunimmt. Wählt man über der Schaufelhöhe konstanten Hinterkantenradius und ordnet die zugehörigen Mittelpunkte radial übereinander an, so erhält man eine Leitschaufel mit senkrecht zur Drehachse stehender Hinterkante. Die Vorderkante der Schaufel ist in der Projektion auf die Meridianebene nach vorn geneigt. Da bei der Laufschaufel eine umgekehrte Tendenz besteht, d. h. da hier die Vorderkante nahezu radial steht und die Hinterkante nach außen entgegen der Durchflußrichtung zurückweicht, so ergeben sich zwischen zwei aufeinanderfolgenden Gittern über der Schaufelhöhe immer nahezu konstante Axialspalte. Diese Tendenz wird besonders bei mehrstufigen Maschinen als günstig empfunden.

Infolge der Linearität der geometrischen Parameter in radialer Richtung ist die Schaufel durch zwei Profilschnitte ausreichend bestimmt. Man legt die Schnitte zweckmäßigerweise jeweils 6 bis 10 mm über den Innen- und unter den Außenradius, damit im eingebauten Zustand der a_e-Wert kontrolliert werden kann. Das Bild II.13 zeigt den Entwurf der

Leitschaufel mit den charakteristischen Profil- bzw. Gitterdaten (Maßstab der Profile doppelt so groß wie derjenige der Schaufel). Zur Berücksichtigung der Eintrittswinkelübertreibung wurde ein geometrischer Stoß von $-7°$ verwirklicht. Die Profile sind wiederum für verschwindende Minderablenkung konstruiert, wobei der Einfluß der Sekundärströmung auf die Richtung der Abströmung vom Gitter hier wie in allen anderen Fällen vernachlässigt wurde.

Die entworfenen Schaufeln müssen nun einer Festigkeitsberechnung unterzogen werden. Dazu ist die Ermittlung der auf die Beschaufelung wirkenden Gaskräfte erforderlich, der wir uns jetzt zuwenden.

II.6 Ermittlung der radial veränderlichen Schaufelbelastung

Die Berechnung geschieht nach Gl. (6.6) und Gl. (6.19) und ist in Tafel II.15 für das Leitgitter und Tafel II.16 für das Laufgitter durchgeführt. Gl. (6.19) zergliedern wir dabei unter Einführung der Buchstaben A, B, C, D und E wie folgt:

$$z_{\mathrm{Sch}}\, dP_a = \pi \Bigg[\underbrace{\left(\frac{h_1}{h_m} r_1 + \frac{h_2}{h_m} r_2\right)(p_1 - p_2)}_{A} - \underbrace{\frac{1}{2\pi}\frac{dF_{Gi}}{dr_m}(p_1 + p_2)}_{B}$$

$$+ \underbrace{2\frac{h_2}{h_m} r_2 \varrho_2 w_{2a}(w_{1a} - w_{2a})}_{C}$$

$$+ \underbrace{\frac{1}{2}\left(r_2^2 - r_1^2 - \frac{F_{Gi}}{\pi}\right)}_{D} \underbrace{\left(\frac{h_1}{h_m}\frac{dp_1}{dr_1} + \frac{h_2}{h_m}\frac{dp_2}{dr_2}\right)}_{E}\Bigg] dr_m .$$

Das in diesem Ausdruck stehende F_{Gi} bestimmt sich aus den Einzelflächen F_P der Profile nach der Beziehung

$$F_{Gi} = z_{\mathrm{Sch}} F_P \tan\delta ,$$

wo δ der Neigungswinkel der einzelnen Meridianstromlinien gegenüber der Drehachse ist.

Es wurden in Bild II.14 für das Leitgitter und in Bild II.15 für das Laufgitter F_P, $\tan\delta$ und F_{Gi} als Funktionen von r_m dargestellt. In den F_P-Kurven kommt der charakte-

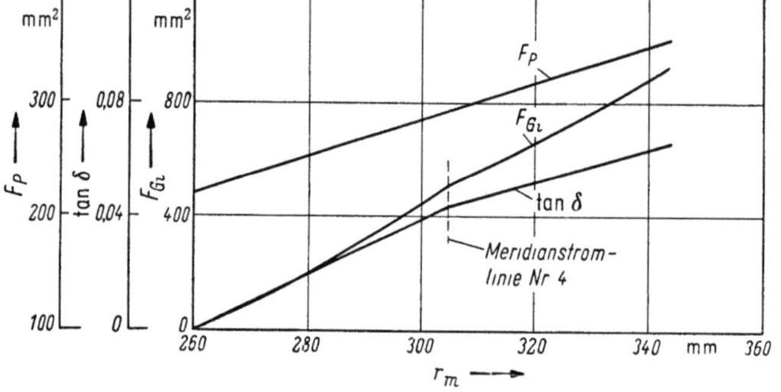

Bild II.14 Profilfläche, Meridianstromlinien-Neigung und Gitterflächenprojektion für Leitgitter Stufe I

ristische Unterschied zwischen Leit- und Laufschaufel klar zum Ausdruck. Die $\tan\delta$-Kurven und folglich auch die F_{Gi}-Kurven zeigen bei dem r_m der Meridianstromlinie Nr. *4* einen Knick. Diese an sich unwesentliche Tatsache ist eine Folge der Festlegung der mittleren Stromlinie durch die flächenhalbierenden Radien des Gesamtkanals, während alle übrigen Stromlinien durch die ähnliche Aufteilung der Höhen der beiden Teilkanäle entstanden sind. Im Gegensatz zum Leitgitter wechselt beim Laufgitter die Fläche F_{Gi} zusammen mit $\tan\delta$ im unteren Schaufelteil das Vorzeichen. Dieser Wechsel läuft mit einem Vorzeichenwechsel von $\pi(r_2^2 - r_1^2)$ parallel und zeigt die Umkehrung der Druckkraftrichtung auf der inneren Mantelfläche des elementaren Stromringes (vgl. Bild 6.1) an.

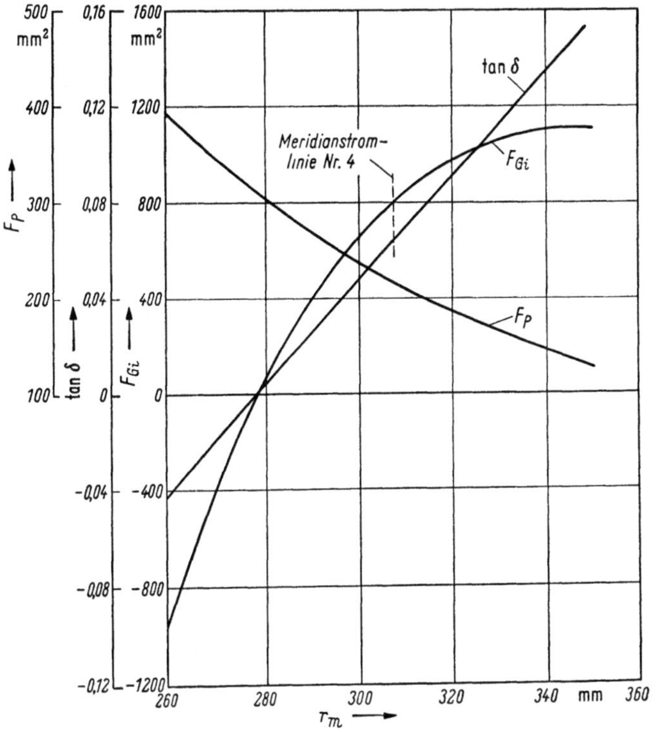

Bild II.15 Profilfläche, Meridianstromlinien-Neigung und Gitterflächenprojektion für Laufgitter Stufe I

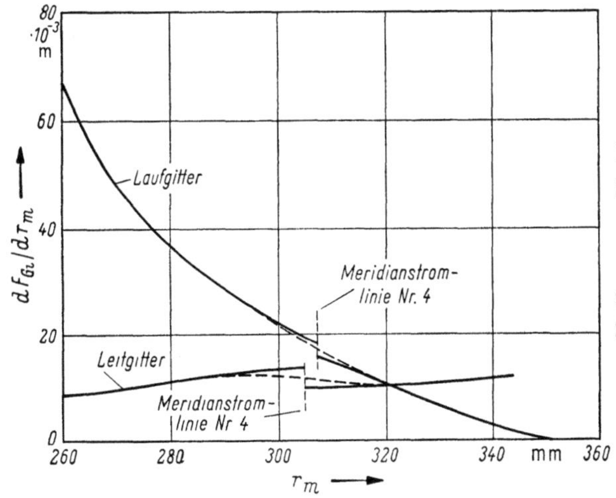

Bild II.16 dF_{Gi}/dr_m für Leit- und Laufgitter Stufe I

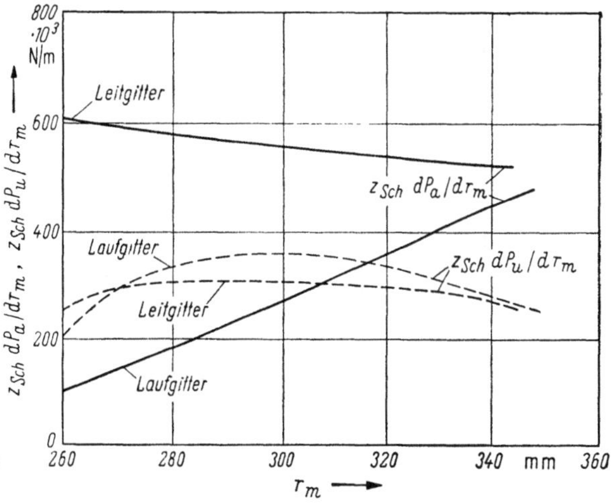

Bild II.17 Verlauf der Schaufelbelastungen für die Stufe I

Der für die Bestimmung der Axialkraft noch benötigte, graphisch ermittelte Differentialquotient dF_{Gi}/dr_m ist in Bild II.16 über dem Radius r_m dargestellt. Wir finden die Knicke der F_{Gi}-Kurven als Unstetigkeiten der Ableitungen wieder. Infolge der Kleinheit des Korrekturgliedes B gegenüber dem Hauptgliede A in der Umgebung der mittleren

Tafel II.15 *Schaufelkraftberechnung für das Leitgitter Stufe I*

Lfd. Nr.	Größe	Einh.	Rechengang und Hinweise	Stromlinie Nr. 1	2	3	4	5	6	7	
1	r_0	m		260,0	268,0	282,0	304,0	324,0	335,0	342,0	$\cdot 10^{-3}$
2	r_1	m		260,0	268,4	283,0	306,0	326,5	337,8	345,0	$\cdot 10^{-3}$
3	r_m	m		260,0	268,2	282,5	305,0	325,3	336,4	343,5	$\cdot 10^{-3}$
4	h_0/h_m	—					0,982				
5	h_1/h_m	—					1,018				
							Umfangskomponente				
6	$2\pi r_1 \varrho_1 c_{1a}$	kg/m s	Tafel II.10, lfd. Nr. 26	600,3	655,1	688,7	712,4	740,8	754,8	754,8	
7	$c_{0u} - c_{1u}$	m/s		406,0	432,3	438,4	419,8	389,9	364,6	341,3	
8	$z_{\text{Sch}}\, d P_u/d r_m$	N/m	⑤ · ⑥ · ⑦	248,1	288,3	307,4	304,4	294,0	280,2	262,3	$\cdot 10^{3}$
							Axialkomponente				
9	F_P	m²	Bild II.14	219,9	233,0	255,8	291,7	324,1	342,0	353,4	$\cdot 10^{-6}$
10	$\tan\delta$	—	Bild II.14	0	0,008	0,022	0,043	0,055	0,061	0,065	
11	F_{Gi}	m²	z_{Sch} · ⑨ · ⑩	0	73,0	222,0	507,6	713,0	838,6	921,7	$\cdot 10^{-6}$
12	$d F_{Gi}/d r_m$	m	Bild II.16	8,74	9,40	11,52	11,64	10,40	11,59	11,72	$\cdot 10^{-3}$
13	$r_0 h_0/h_m + r_1 h_1/h_m$	m		0,520	0,536	0,565	0,610	0,651	0,673	0,687	
14	$p_0 - p_1$	N/m²	Tafel II.10	3,914	3,751	3,464	3,054	2,745	2,597	2,513	$\cdot 10^{5}$
15	A	N/m	⑬ · ⑭	203,5	201,1	195,7	186,3	178,7	174,8	172,6	$\cdot 10^{3}$
16	$d F_{Gi}/2\pi d r_m$	m		1,392	1,496	1,832	1,852	1,656	1,844	1,864	$\cdot 10^{-3}$
17	$p_0 + p_1$	N/m²	Tafel II.10	18,69	18,85	19,14	19,55	19,86	20,00	20,09	$\cdot 10^{5}$
18	B	N/m	⑯ · ⑰	2,6	2,8	3,5	3,6	3,3	3,7	3,7	$\cdot 10^{3}$
19	$c_{0a} - c_{1a}$	m/s	Tafel II.10	−31,9	−36,6	−33,4	−23,4	−16,3	−12,6	−9,3	
20	C	N/m	⑤ · ⑥ · ⑲/π	−6,2	−7,8	−7,5	−5,4	−3,9	−3,1	−2,3	$\cdot 10^{3}$
21	r_1^2	m²		676	720	801	936	1066	1141	1190	$\cdot 10^{-4}$
22	r_0^2	m²		676	718	795	924	1050	1122	1170	$\cdot 10^{-4}$
23	F_{Gi}/π	m²		0	23,2	70,8	161,5	227,0	266,9	293,5	$\cdot 10^{-6}$
24	D	m²	$(r_1^2 - r_0^2 -$ ㉓$)/2$	0	88,4	264,6	519,3	686,5	816,6	853,3	$\cdot 10^{-6}$
25	$d p_0/d r_0$	N/m³	s. Laufgitter der vorangehenden Stufe, lfd. Nr. 27	0	0	0	0	0	0	0	
26	$(h_0/h_m)(d p_0/d r_0)$	N/m³		0	0	0	0	0	0	0	
27	$d p_1/d r_1$	N/m³	berechnen (Tafel II.10)	18,52	20,19	19,36	16,40	13,91	12,38	11,11	$\cdot 10^{5}$
28	$(h_1/h_m)(d p_1/d r_1)$	N/m³		18,85	20,55	19,71	16,70	14,16	12,60	11,31	$\cdot 10^{5}$
29	E	N/m³	㉖ + ㉘	1885	2055	1971	1670	1416	1260	1131	$\cdot 10^{3}$
30	$D E$	N/m	㉔ · ㉙	0	0,2	0,5	0,9	1,0	1,0	1,0	$\cdot 10^{3}$
31	$z_{\text{Sch}}\, d P_a/d r_m$	N/m	$\pi(A - B + C + DE)$	611,7	599,1	581,9	559,8	542,0	531,0	526,5	$\cdot 10^{3}$

Tafel II.16 *Schaufelkraftberechnung für das Laufgitter Stufe I*

Lfd. Nr.	Größe	Einh.	Rechengang und Hinweise	Stromlinie Nr. 1	2	3	4	5	6	7	
1	r_1	m		260,0	268,4	283,0	306,0	326,5	337,8	345,0	$\cdot 10^{-3}$
2	r_2	m		258,0	267,3	283,5	309,0	331,6	344,1	352,0	$\cdot 10^{-3}$
3	r_m	m		259,0	267,8	283,3	307,5	329,1	341,0	348,5	$\cdot 10^{-3}$
4	h_1/h_m	—					0,950				
5	h_2/h_m	—					1,050				
							Umfangskomponente				
6	$2\pi r_2 \varrho_2 w_{2a}$	kg/m s	Tafel II.10, lfd. Nr. 55	433,2	547,9	639,7	689,5	654,7	638,2	644,7	
7	$w_{1u} - w_{2u}$	m/s		410,5	477,2	507,9	493,9	455,7	415,0	376,6	
8	$z_{Sch} d P_u / d r_m$	N/m	(5) · (6) · (7)	186,7	274,5	341,1	357,6	313,3	278,1	254,9	$\cdot 10^{3}$
							Axialkomponente				
9	F_P	m²	Bild II.15	392,6	352,9	293,5	216,1	167,0	143,0	128,1	$\cdot 10^{-6}$
10	$\tan\delta$	—	Bild II.15	−0,043	−0,024	0,011	0,065	0,111	0,136	0,152	
11	F_{Gi}	m²	z_{Sch} · (9) · (10)	−973	−477	182	803	1055	1109	1111	$\cdot 10^{-6}$
12	$d F_{Gi}/d r_m$	m	Bild II.16	69,94	51,76	33,46	17,00	6,84	2,22	0	$\cdot 10^{-3}$
13	$r_1 h_1/h_m + r_2 h_2/h_m$	m		0,518	0,536	0,567	0,615	0,658	0,682	0,697	
14	$p_1 - p_2$	N/m²	Tafel II.10	0,836	0,996	1,276	1,676	1,976	2,119	2,200	$\cdot 10^{5}$
15	A	N/m	(13) · (14)	43,3	53,4	72,3	103,1	130,0	144,5	153,3	$\cdot 10^{3}$
16	$d F_{Gi}/2\pi d r_m$	m		11,13	8,24	5,33	2,71	1,09	0,35	0	$\cdot 10^{-3}$
17	$p_1 + p_2$	N/m²	Tafel II.10	13,94	14,10	14,40	14,82	15,13	15,29	15,37	$\cdot 10^{5}$
18	B	N/m	(16) · (17)	15,52	11,62	7,68	4,02	1,65	0,54	0	$\cdot 10^{3}$
19	$w_{1a} - w_{2a}$	m/s	Tafel II.10	24,3	7,7	−8,8	−18,5	−8,0	−3,5	−5,2	
20	C	N/m	(5) · 6 · (19)/π	3,5	1,4	−1,9	−4,3	−1,8	−0,7	−1,1	$\cdot 10^{3}$
21	r_2^2	m²		666	714	804	955	1100	1184	1239	$\cdot 10^{-4}$
22	r_1^2	m²		676	720	801	936	1066	1141	1190	$\cdot 10^{-4}$
23	F_{Gi}/π	m²		−309,7	−151,8	57,9	255,6	335,8	353,0	353,6	$\cdot 10^{-6}$
24	D	m²	$(r_2^2 - r_1^2 -$ (23)$)/2$	−345	−224	121	822	1532	1974	2273	$\cdot 10^{-6}$
25	$d p_1/d r_1$	N/m³	s. Leitgitter, lfd. Nr. 27	18,52	20,19	19,36	16,40	13,91	12,38	11,11	$\cdot 10^{5}$
26	$(h_T/h_m)(d p_1/d r_1)$	N/m³		17,59	19,18	18,39	15,58	13,21	11,76	10,55	$\cdot 10^{5}$
27	$d p_2/d r_2$	N/m³	berechnen (Tafel II.10)	0,004	0,204	0,417	0,393	0,274	0,146	0,062	$\cdot 10^{5}$
28	$(h_2/h_m)(d p_2/d r_2)$	N/m³		0,004	0,214	0,438	0,413	0,288	0,153	0,065	$\cdot 10^{5}$
29	E	N/m³	26 + 28	1759	1939	1883	1599	1350	1191	1062	$\cdot 10^{3}$
30	DE	N/m	(24) · 29	−0,6	−0,4	0,2	1,3	2,1	2,4	2,4	$\cdot 10^{3}$
31	$z_{Sch} d P_a / d r_m$	N/m	$\pi(A - B + C + DE)$	96,4	134,4	197,7	301,9	404,2	457,7	485,8	$\cdot 10^{3}$

Stromlinie können wir die Unstetigkeiten für die Rechnung durch die gestrichelten Kurven ausgleichen.

Von den vier Summanden A, B, C und DE, welche die Größe der Axialbelastung bestimmen, erweist sich der erste als der ausschlaggebende. Lediglich am Fuß der Laufschaufel gewinnt auch der zweite einen maßgeblichen Einfluß, der aber schnell nach außen hin abklingt. Beim achsparallel begrenzten Turbinenkanal verschwindet dieser Anteil natürlich ganz, und es bleibt in erster Näherung

$$A = 2r\,(p_1 - p_2) \approx \frac{z_{\mathrm{Sch}}}{\pi}\,\frac{dP_a}{dr}$$

als Axialbelastung übrig.

Der Verlauf von $z_{\mathrm{Sch}}\,dP_a/dr_m$ und $z_{\mathrm{Sch}}\,dP_u/dr_m$ über r_m, also das Ergebnis der in diesem Abschnitt durchgeführten Rechnung, ist noch einmal in Bild II.17 graphisch dargestellt. In der gegensinnigen Änderung der Axialbelastungen von Leitrad und Laufrad spiegelt sich die radial veränderliche Reaktion der Stufe wider. Das gegenseitige Verhältnis der Umfangsbelastungen wird im wesentlichen durch den Austrittsdrall der Stufe und die Kanalerweiterung bestimmt.

Literaturverzeichnis

[1] Žirickij, G. S.: Aviacionnye gazovye turbiny (Luftfahrt-Gasturbinen). Moskva: Oborongiz 1950.

[2] Pfleiderer, C.: Strömungsmaschinen, 2. Aufl. Berlin/Göttingen/Heidelberg: Springer 1957.

[3] Sirotkin, Ja. A.: Rasčet osesimmetričnogo vichrevogo potoka nevjazkoj sžimaemoj židkosti v osevych turbomašinach (Berechnung der axialsymmetrischen Wirbelströmung von reibungsloser kompressibler Flüssigkeit in axialen Turbomaschinen). Izv. Akad. Nauk SSSR, OTN, Mechanika i Mašinostr. (1961) 2.

[4] David, O., u. D. Rouban: Die Strömung hinter einem Turbinenleitrad nach dem Drallgesetz „Konstanter Massenstrom". Motortechn. Z. 18 (1957) 1, S. 25.

[5] Dubbels Taschenbuch für den Maschinenbau Bd. II, 12. Aufl. Berlin/Göttingen/Heidelberg: Springer1961.

[6] Žirickij, G. S., u. andere: Parovye turbiny, Vypusk II (Dampfturbinen, Lieferung II). ONTI 1935.

[7] Stodola, A.: Dampf- und Gasturbinen, 6. Aufl. Berlin: Springer 1924.

[8] Stečkin, B. S., P. K. Kazandžan, L. P. Alekseev, A. N. Govorov, Ju. N. Nečaev u. R. M. Fedorov: Teorija reaktivnych dvigatelej, lopatočnye mašiny (Theorie der Reaktionstriebwerke, Kreiselradmaschinen). Moskva: Oborongiz 1956.

[9] Pantell, K.: Versuche über Scheibenreibung. Forsch. Ing.-Wes., Ausg. B (1949/50) 4, S. 97.

[10] Anderhub, W.: Untersuchung über die Strömung im radialen Schaufelspalt. Dissertation Zürich 1912.

[11] Zietemann, C.: Die Dampfturbinen, 2. Aufl. Berlin/Göttingen/Heidelberg: Springer 1955.

[12] Speidel, L.: Berechnung der Strömungsverluste von ungestaffelten ebenen Schaufelgittern. Ing.-Arch. 23 (1954) 5, S. 295.

[13] Zweifel, O.: Die Frage der optimalen Schaufelteilung bei Beschaufelungen von Turbomaschinen, insbesondere bei großer Umlenkung in den Schaufelreihen. Brown Boveri Mitt. (Dez. 1945) S. 436.

[14] Abianc, V. Ch.: Teorija aviacionnych gazovych turbin (Theorie der Luftfahrt-Gasturbinen). Moskva: Oborongiz 1953.

[15] Schäffer, H.: Untersuchungen über die dreidimensionale Strömung durch axiale Schaufelgitter mit zylindrischen Schaufeln. Forsch. Ing.-Wes., Ausg. B, 21 (1955) 1, S. 9 und 21 (1955) 2, S. 41.

[16] Eckert, B., u. E. Schnell: Axial- und Radialkompressoren, 2. Aufl. Berlin/Göttingen/Heidelberg: Springer 1961.

[17] Constant, H.: Pyestock's Contribution to Propulsion. Flight 72 (1957) 2551, S. 921.

[18] Ainley, D. G.: An Approximate Method for the Estimation of the Design Point Efficiency of Axial-flow Turbines. C. P. No. 30 (12884) A. R. C. Technical Report, London 1950.

[19] Prandtl, L., u. H. Schlichting: Das Widerstandsgesetz rauher Platten. Werft Reed. Hafen (1934) S. 1.

[20] Schlichting, H.: Grenzschicht-Theorie. Karlsruhe: Braun 1954.

[21] Speidel, L.: Einfluß der Oberflächenrauhigkeit auf die Strömungsverluste in ebenen Schaufelgittern. Forsch. Ing.-Wes., Ausg. B, 20 (1954) 5, S. 129.

[22] Sörensen, E.: Wandrauhigkeitseinfluß bei Strömungsmaschinen. Forsch. Ing.-Wes., Ausg. B (Jan./Febr. 1937).

[23] Solochina, E. V.: Issledovanie parametrov potoka v osevom zazore gazovoj turbiny (Untersuchung der Strömungsparameter im Axialspalt der gasbeaufschlagten Turbine). Trudy MAI 68 (1956) str. 61.

[24] Keller, C.: Axialgebläse vom Standpunkt der Tragflügeltheorie. Dissertation Zürich 1934.

[25] Solochina, E. V.: O vlijanii veličiny osevogo zazora na charakteristiki gazovoj turbiny (Über den Einfluß der Größe des Axialspaltes auf die Kennwerte der gasbeaufschlagten Turbine). Trudy MAI 82 (1957) str. 59.

[26] Cordes, G.: Beitrag zur praktischen Berechnung der kompressiblen Strömung in Axialturbinen unter Berücksichtigung der radialen Veränderlichkeit von Eintrittstemperatur und Reibung. Die Technik 12 (1957) 4, S. 279.

[27] Dettmering, W.: Über die radiale Verteilung des Reaktionsgrades bei einstufigen Axialturbinen. Motortechn. Z. 17 (1956) 8, S. 289.

[28] Baxter, A. D.: British Progress in Propulsion since the War. Aircr. Engng. 25 (1953) S. 250.

[29] Cordes, G.: Auslegungsfragen von Strahltriebwerken und ihr Einfluß auf die Wirtschaftlichkeit des Luftverkehrs. Jb. Luftfahrtforsch. DDR (1959) S. 14.

[30] Ainley, D. G., u. G. C. R. Mathieson: A Method of Performance Estimation for Axial-flow Turbines. R. & M. No. 2974 (14882) A. R. C. Technical Report, London 1957.

[31] GREWE, K. H.: Druckverteilungsmessungen an ebenen Schaufelgittern bei hohen Unterschallgeschwindigkeiten. Ber. Inst. Aerodyn. DFL Braunschweig 57/16 (15. 7. 57).

[32] HUDIMOTO, B.: Aerodynamic Research on the Cascades of Turbine Blades. Techn. Rep. Engng. Res. Inst. Kyoto Univ. 5 (1956) S. 1.

[33] AINLEY, C. G.: Performance of Axial-flow Turbines. Proc. Inst. Mech. Engr. 159 (1948) S. 230.

[34] TRAUPEL, W.: Wirbelsysteme in Schaufelgittern und Turbomaschinen. VDI-Ber. 3 (1955) S. 33.

[35] HANSEN, A. G., H. Z. HERZIG u. G. R. COSTELLO: A Visualization Study of Secondary Flows in Cascades. NACA T.N. Nr. 2947, Washington 1953.

[36] GUKASOVA, E. A.: Issledovanie koncevych poteŕ v rešetkach turbinnych profilej (Untersuchung der Randverluste in Turbinenschaufelgittern). Sb. CKTI, Aėrogidrodinamika (1954) 27.

[37] SCHOLZ, N.: Über den Einfluß der Schaufelhöhe auf die Randverluste in Schaufelgittern. Forsch. Ing.-Wes. 20 (1954) 5, S. 155.

[38] GERSTEN, K.: Über den Einfluß der Geschwindigkeitsverteilung in der Zuströmung auf die Sekundärströmung in geraden Schaufelgittern. Forsch. Ing.-Wes. 23 (1957) 3, S. 95.

[39] HAAS, B.: Gasturbinen-Laufschaufeln mit gleicher Sicherheit in allen Blattquerschnitten. Konstruktion 11 (1959) 1, S. 17.

[40] LYSHOLM, A.: Versuche mit verdickten Dampfturbinenschaufeln. Arch. Wärmew. 21 (1940) S. 95.

[41] PISTOLESI, E.: Sul calcolo di schiere infinite di ali sottili. L'Aerotechnica 17 (1937).

[42] SCHOLZ, N.: Strömungsuntersuchungen an Schaufelgittern, Teil II: Ein Berechnungsverfahren zum Entwurf von Schaufelgitterprofilen. VDI-Forsch.-Heft 442, Düsseldorf 1954.

[43] SCHLICHTING, H.: Berechnung der reibungslosen inkompressiblen Strömung für ein vorgegebenes Schaufelgitter. VDI-Forsch.-Heft 447, Düsseldorf 1955.

[44] RIEGELS, F.: Das Umströmungsproblem bei inkompressiblen Potentialströmungen. Ing.-Arch. 16 (1948) S. 273 und 17 (1949) S. 94.

[45] MARTENSEN, E.: Die Berechnung der Druckverteilung an dicken Gitterprofilen mit Hilfe von Fredholmschen Integralgleichungen zweiter Art. Mitt. Max-Planck-Inst. Strömungsforsch. u. Aerodyn. Versuchsanst. Göttingen (1959) 23.

[46] GOLDSTEIN, A. W., u. M. JERISON: Isolated and Cascade Airfoils with prescribed Velocity Distribution. NACA Rep. 869 (1947).

[47] ISAY, W. H.: Beitrag zur Potentialströmung durch axiale Schaufelgitter. Z. angew. Math. Mech. 33 (1953) 12, S. 397.

[48] SCHOLZ, N., u. L. SPEIDEL: Systematische Untersuchungen über die Strömungsverluste von ebenen Schaufelgittern. VDI-Forsch.-Heft 464, Düsseldorf 1957.

[49] STANITZ, J. D.: Design of Two-Dimensional Channels with Prescribed Velocity Distributions along the Channel Walls. NACA Rep. 1115 (1953).

[50] STANITZ, J. D.: Application of a Channel Design Method to High Solidity Cascades and Tests of an Impulse Cascade with 90° of Turning. NACA Rep. 1116 (1953).

[51] GOLDSTEIN, A. W., u. A. MAGER: Attainable Circulation about Airfoils in Cascade. NACA Rep. 1115 (1953).

[52] ALBRING, W.: Ein Näherungsverfahren zur Konstruktion ebener, stoßfrei angeströmter Schaufelgitter und Berechnung ihrer Druckverteilung bei stationärer Strömung. Maschinenbautechnik 5 (1956) 4, S. 207.

[53] THEODORSEN, T., u. T. E. GARRICK: General Potential Theory of Arbitrary Wing Section. NACA Rep. 452 (1933).

[54] HOWELL, R. A.: A Theory of Arbitrary Airfoils in Cascade. Phil. Mag. 39 (1948) 7, S. 913.

[55] MURAI, H.: Theorie über die Gitterströmung beliebig geformter Flügelprofile mit großen Wölbungs- und Dickenverhältnissen. Z. angew. Math. Mech. 35 (1955) 1/2, S. 48.

[56] WEINIG, F.: Die Strömung um die Schaufeln von Turbomaschinen. Leipzig: J. A. Barth 1935.

[57] TRAUPEL, W.: Zur Potentialtheorie des Schaufelgitters. Techn. Rundschau Sulzer (1948) 2, S. 12.

[58] HACKESCHMIDT, M.: Zur Berechnung der Potentialströmung um beliebige, ebene, gerade Profilgitter unter Verwendung des elektrolytischen Troges. Maschinenbautechnik 8 (1959) 7, S. 357.

[59] RUDEN, P.: Untersuchungen über einstufige Axialgebläse. Luftfahrtforsch. 14 (1937) 7, S. 325 und 14 (1937) 9, S. 458.

[60] SCHLICHTING, H., u. G. FEINDT: Berechnung der reibungslosen Strömung für ein vorgegebenes, ebenes Schaufelgitter bei hohen Unterschallgeschwindigkeiten. Forsch. Ing.-Wes., Ausg. B, 24 (1958) S. 19.

[61] KNÖRNSCHILD, E., u. K. LEIST: Untersuchungen an Turbinenschaufelgittern. Jb. dtsch. Luftfahrtforsch. (1939) S. II 204.

[62] VOGEL, R.: Ein Windkanal mit Ejektorantrieb zur Untersuchung von Einzelprofilen und Schaufelgittern. Maschinenbautechnik 8 (1959) 9, S. 493.

[63] FLÜGEL, G.: Die Dampfturbinen bei großen Änderungen des Betriebszustandes. VDI-Z. 93 (1951) 22, S. 721.

[64] BLOMERT, J.: Über das allgemeine Verhalten von Dampfturbinen bei starken Drehzahländerungen. Dissertation Hannover 1950.

[65] HAUSENBLAS, H.: Versuche an Turbinenlaufschaufelgittern. Ing.-Arch. 19 (1951) 2, S. 75.

[66] Döge, R., u. R. Herrmann: Zur Auswertung systematischer Messungen an ebenen geraden Schaufelgittern. Maschinenbautechnik 8 (1959) 12, S. 655 und 9 (1960) S. 571.

[67] Traupel, W.: Theorie zur Berechnung des Abströmwinkels bei Turbinengittern. Z. angew. Math. Phys. (Basel) IXb (1958) S. 687.

[68] Lee, J. F.: Theory and Design of Steam and Gas Turbines. London: McGraw-Hill 1954.

[69] Traupel, W.: Die Strahlablenkung in der vollbeaufschlagten Turbine. Mitt. Inst. Therm. Turbomasch. Eidgenoss. Techn. Hochschule Zürich (1956) 3, S. 27.

[70] Cordes, G.: Zum Verständnis der Nachexpansion in und hinter den Schrägabschnitten eines Turbinenschaufelgitters. Brennstoff–Wärme–Kraft 13 (1961) 1, S. 1.

[71] Luksch, W.: Ecoulement à grande vitesse à travers des grilles planes accélératrices. Résultats obtenus par la S.N.E.C.M.A. DOCAERO Nr. 30 (1954).

[72] Betz, A.: Verlauf der Strömungsgeschwindigkeit in der Nachbarschaft einer Wand im Fall einer unstetigen Krümmungsänderung. Luftfahrtforsch. 19 (1942) S. 129.

[73] Pope, A. W.: Design and Development of Four Light-Weight High-Speed Marine Gas Turbines for Electric Generator Drive. Proc. Inst. Mech. Engr. 172 (1958) 8.

[74] Kuneš, J., u. V. Čtvrtník: Příspěvek ke studiu optimálního tvaru náběžné hrany turbinové lopatky (Beitrag zum Studium der optimalen Form der Eintrittskante einer Turbinenschaufel). Strojírenství 8 (1958) S. 669.

[75] Kopelev S. Z., u. Ja. L. Fogel': O racional'nom vybore dopuskov pri proizvodctve lopatok gazovych turbin (Über die zweckmäßige Wahl der Toleranzen bei der Fertigung von Gasturbinenschaufeln). Aviacionnaja Promyšlennost' (1957) 9, str. 47.

[76] — Zur Potentialtheorie des ebenen Schaufel-Gitters (Diskussion). VDI-Ber. 3 (1955) S. 20.

[77] Hausenblas, H.: Zusammenfassende Übersicht über britische Schaufelgittermessungen. Konstruktion 11 (1959) 12, S. 474.

[78] Rademacher, O., u. M. Hultsch: Bestimmung der Gaskräfte an Schaufeln in nicht zylindrisch begrenzten Kanälen von Strömungsmaschinen. Jb. Luftfahrtforsch. DDR (1959) S. 69.

[79] Himmelskamp, H.: Profiluntersuchungen an einem umlaufenden Propeller. Mitt. Max-Planck-Inst. Strömungsforsch. Göttingen (1950) 2.

[80] Kühl, H.: Ähnlichkeitsbetrachtungen an Kreiselverdichtern. Forsch. Ing.-Wes., Ausg. B, 13 (1942) 6. S. 235.

[81] Hausenblas, H.: Kennfelder des Turbinenteiles von Gasturbinen. Konstruktion 8 (1956) 7, S. 262.

[82] Hausenblas, H.: Die Kennfelder der Turbinenteile von Gasturbinen. Energie 9 (1957) 10, S. 373 und 9 (1957) 12, S. 494.

[83] Kreuter, K.: Das Verhalten von Dampfturbinen axialer Bauart bei starken Drehzahländerungen. Brennstoff–Wärme-Kraft 8 (1956) 1, S. 16.

[84] Goldstein, A. W.: Analysis of Performance of Jet Engine from Characteristics of Components. Aerodynamic and Matching Characteristics of Turbine Component Determined with Cold Air. NACA Rep. 878.

[85] Linnecken, H.: Die Mengendruckgleichung für eine Turbinen-Stufengruppe. Brennstoff–Wärme–Kraft 9 (1957) 2, S. 53.

[86] Beckmann, G.: Eine allgemeine Theorie der Mengendruckgleichung. Dissertation Dresden 1962.

[87] Platt, R. C.: Turbulence Factors of NACA Wind-Tunnels as Determined by Sphere Tests. NACA Rep. 558 (1936).

[88] Cordes, G., u. G. Beckmann: Der Einfluß des Isentropenexponenten auf die Kennfelder von Kreiselradmaschinen. Maschinenbautechnik 10 (1961) 9, S. 500.

[89] Czibere, T.: Berechnungsverfahren zum Entwurfe gerader Flügelgitter mit stark gewölbten Profilschaufeln, I und II. Acta Techn. Acad. Sci. Hung. Budapest XXIII (1960) S. 43 und 241.

[90] Heinrich, H.: Zur Durchführung thermodynamischer Rechnungen. Wiss. Z. Techn. Hochschule Dresden 4 (1954/55) 4, S. 539.

[91] Keenan, J. H., u. J. Kaye: A Table of Thermodynamic Properties of Air. Trans. ASME 10 (1943) S. A123.

[92] Keenan, J. H., u. J. Kaye: Gas Tables. New York: Wiley & Sons; London: Chapman & Hall 1950.

[93] Faltin, H.: Technische Wärmelehre, 2. Aufl. Halle (Saale): W. Knapp 1953.

[94] Pawlowitsch, A.: Temperatur-Entropie- und Enthalpie-Entropie-Schaubilder für Luft und Verbrennungsgas bei niedrigen Drücken unter Berücksichtigung der temperaturabhängigen spezifischen Wärme. Wiss. Z. Techn. Hochschule Dresden 9 (1959/60) S. 93.

[95] Hopkes, U.: Der Einfluß der Machzahl bei ebenen Schaufelgitterströmungen, Nachlaufmessungen und Vergleichsrechnungen bei hohen Unterschallgeschwindigkeiten. Forsch. Ing.-Wes. 26 (1960) S. 141.

[96] Wolf, H.: Die Randverluste in geraden Schaufelgittern. Dissertation Dresden 1960.

[97] Ōba, R.: Theory of Flow Profiles with Large Camber and Thickness Arranged in Cascade with Small Pitch Cord Ratio. Ing.-Arch. 27 (1959) 4, S. 276.

[98] Betz, A.: Höchstauftrieb von Flügeln an umlaufenden Rädern. Z. Flugwiss. 9 (1961) S. 97.

[99] Beckmann, G., u. G. Bork: Ähnlichkeitsbetrachtungen zum thermodynamischen Betriebsverhalten von Strahltriebwerken. Wiss. Z. Techn. Universität Dresden 11 (1962) 1, S. 87.

[100] DEJČ, M. E., u. A. G. ŠEJNKMAN: K opredeleniju optimal'noj veličiny verchnej perekryši obandažennoj turbinnoj stupeni (Zur Bestimmung der optimalen Größe der oberen Überdeckung einer bandagierten Turbinenstufe). Teploènergetika 9 (1962) 1, str. 28.

[101] TRAUPEL, W.: Thermische Turbomaschinen Bd. I. Berlin/Göttingen/Heidelberg: Springer 1958.

[102] HOFFMEISTER, M.: Zur Bildung strömungstechnischer und thermischer Mittelwerte an einer Turbomaschinenstufe. In Vorbereitung (Maschinenbautechnik).

[103] PETERMANN, H.: Strömungsverlauf und Schaufelkonstruktion mehrstufiger Axialturbinen mit 50% Reaktion. Konstruktion 8 (1956) 7, S. 253.

[104] BAMMERT, K.: Die Strömung durch vielstufige Axialturbinen mit geraden Schaufeln. Atomkernenergie 6 (1961) 7/8, S. 291.

[105] HULTSCH, M.: Über den radialen Druckgradienten bei axialen Strömungsmaschinen. In Vorbereitung (Maschinenbautechnik).

[106] SCHMIDT, G.: Untersuchungen über Axialturbinenstufen mit stoßfrei angeströmter unverwundener Laufschaufel. Motortechn. Z. 23 (1962) 5, S. 177.

[107] SENNIČENKO, M. D.: O meridional'nom profilirovanii turbinnoj stupeni (Über die Meridianprofilierung der Turbinenstufe). Teploènergetika 8 (1961) 3, str. 28.

[108] DEJČ, M. E., u. G. A. FILIPPOV: K rasčetu turbinnych stupenej s dlinnymi lopatkami peremennogo profilja (Zur Berechnung von Turbinenstufen mit langen Schaufeln veränderlichen Profils). Teploènergetika 8 (1961) 9, str. 60.

[109] DEJČ, M. E., A. V. GUBAREV, G. A. FILIPPOV u. VAN ČŽUN-CI: Novyj metod profilirovanija napravljajuščich rešetok stupenej s malymi d/l (Eine neue Methode der Profilierung der Leitschaufelgitter von Stufen mit kleinen d/l). Teploenergetika 9 (1962) 8, str. 42.

[110] CORDES, G., (Zuschrift) u. K. BAMMERT (Entgegnung): Zur Auslegung von axialen thermischen Turbomaschinen. VDI-Z. 105 (1963).

[111] WOLF, H.: Ein einfaches Berechnungsverfahren für Verdichtergitter. Maschinenbautechnik 12 (1963) 8, S. 401.

Namen- und Sachverzeichnis

721/1/63

FSC
www.fsc.org
MIX
Papier aus verantwortungsvollen Quellen
Paper from responsible sources
FSC® C105338

If you have any concerns about our products,
you can contact us on
ProductSafety@springernature.com

In case Publisher is established outside the EU,
the EU authorized representative is:
Springer Nature Customer Service Center GmbH
Europaplatz 3, 69115 Heidelberg, Germany

Printed by Libri Plureos GmbH
in Hamburg, Germany